“十四五”国家重点出版物出版规划项目·重大出版工程

中国学科及前沿领域2035发展战略丛书

学术引领系列

国家科学思想库

中国材料科学2035发展战略

“中国学科及前沿领域发展战略研究（2021—2035）”项目组

科学出版社

北京

内 容 简 介

21 世纪前 20 年，材料科学蓬勃发展，有力支撑了世界高新科技和经济社会的不断进步，我国也已经成为材料科学大国、材料产业大国和材料教育大国。《中国材料科学 2035 发展战略》面向 2035 年探讨了国际材料科学前沿发展趋势和中国从材料大国走向材料强国的可持续发展策略，深入阐述了材料科学及其各分支学科的科学意义与战略价值、发展规律与研究特点，系统分析了材料科学的发展现状与态势，凝练了材料科学的发展思路与发展方向，并提出了我国相应的优先发展领域和政策建议。

本书为相关领域战略与管理专家、科技工作者、企业研发人员及高校师生提供了研究指引，为科研管理部门提供了决策参考，也是社会公众了解材料科学发展现状及趋势的重要读本。

图书在版编目（CIP）数据

中国材料科学 2035 发展战略 / “中国学科及前沿领域发展战略研究（2021—2035）”项目组编．—北京：科学出版社，2023.5
（中国学科及前沿领域 2035 发展战略丛书）
ISBN 978-7-03-075066-2

Ⅰ. ①中…　Ⅱ. ①中…　Ⅲ. ①材料科学－发展战略－研究－中国
Ⅳ. ① TB3

中国国家版本馆 CIP 数据核字（2023）第 039678 号

丛书策划：侯俊琳　朱萍萍
责任编辑：朱萍萍　陈　琼 / 责任校对：韩　杨
责任印制：师艳茹 / 封面设计：有道文化

科学出版社 出版
北京东黄城根北街 16 号
邮政编码：100717
http://www.sciencep.com
中国科学院印刷厂 印刷
科学出版社发行　各地新华书店经销
*
2023年5月第　一　版　开本：720×1000　1/16
2023年5月第一次印刷　印张：41　1/2
字数：653 000

定价：298.00元

（如有印装质量问题，我社负责调换）

"中国学科及前沿领域发展战略研究（2021—2035）"

联合领导小组

联合工作组

《中国材料科学2035发展战略》

战略研究组

组　长　魏炳波

成　员　（按姓氏笔画排序）

丁文江　丁玉琴　马　劲　马於光　王玉忠　王笃金
叶志镇　田永君　冯　霞　冯吉才　兰新哲　成会明
吕昭平　朱　敏　朱美芳　乔金樑　刘昌胜　刘维民
关绍康　许并社　孙宝德　李　卫　李光宪　李述汤
李建国　李贺军　李晓光　杨万泰　杨振忠　余　欢
邹志刚　沈保根　张　跃　张卫红　张平祥　张立群
张联盟　陈义旺　陈克新　陈学思　苗鸿雁　林宏侠
罗宏杰　周　济　郑雁军　孟国文　南策文　段文晖
宫声凯　聂祚仁　贾金锋　徐　坚　凌　鸣　高瑞平
郭万林　郭烈锦　黄政仁　解孝林　翟启杰

论证工作组

金属材料学科

组　长　丁文江　孙宝德

成　员　（按姓氏笔画排序）

丁　轶　王　建　王立平　王昭东　邓运来　白书欣
冯　强　曲选辉　闫　娜　汤慧萍　许振明　阮　莹
严　密　李润伟　李铸国　吴　渊　吴桂林　张海峰
范润华　林　鑫　单智伟　赵永庆　赵国群　胡文彬
茹　毅　段玉平　袁广银　耿　林　郭学益　唐　宇
章　林　梁淑华　彭华新　董　杰　董安平　蒋　斌
曾小勤　疏　达　熊定邦

无机非金属材料学科

组　长　南策文　林元华

成　员　（按姓氏笔画排序）

于　岩　于浩海　万春磊　王　轲　王玉金　王发洲
王晓慧　卢明辉　叶　宁　史　迅　付前刚　吕瑞涛
刘　庄　刘　明　刘　锴　刘光华　刘向荣　刘冰冰
闫　果　孙方稳　孙华君　孙晓丹　麦立强　李　亮
李永生　李亚伟　吴晓东　吴家刚　沈　洋　张莹莹
张景贤　陈小龙　陈立东　陈芳萍　周　勇　胡章贵
施思齐　钱国栋　倪德伟　殷月伟　靳常青　廖庆亮
谭业强　熊　杰

有机高分子材料学科

组　长　王玉忠　俞燕蕾

成　员（按姓氏笔画排序）

丁建东　王孝军　王献红　王锦艳　田　明　田华雨
史林启　刘世勇　刘春太　李志波　李良彬　李勇进
杨　伟　杨　柏　汪秀丽　张广照　张先正　陈红征
武利民　林嘉平　周光远　宛新华　封　伟　赵海波
胡文兵　段　炼　顾军渭　徐志康　郭宝华　黄　飞
崔光磊　章明秋　彭慧胜　韩艳春　程群峰　傅　强
谢　涛

新概念材料与材料共性科学

组　长　魏炳波　翟　薇

成　员（按姓氏笔画排序）

王同敏　王建元　王嘉骏　王慧远　邓意达　朱建锋
任文才　刘明杰　刘学超　孙大林　孙正明　宋晓艳
张　荻　张忠华　陈　芳　周　峰　郑玉峰　郑咏梅
郑学荣　胡　亮　胡侨丹　秦高梧　耿德路　席晓丽
常　健　崔素萍　蒋成保　韩铁龙　惠希东　曾燮榕
解文军　潘明祥

秘 书 组

组　长　耿德路

成　员（按姓氏笔画排序）

王古月　王乐耘　史学涛　仵亚婷　李晓锋　张　杰

陈　娟　陈元维　易　迪　赵海波　祝国梁　晏梦雨

总　　序

党的二十大胜利召开，吹响了以中国式现代化全面推进中华民族伟大复兴的前进号角。习近平总书记强调“教育、科技、人才是全面建设社会主义现代化国家的基础性、战略性支撑”①，明确要求到 2035 年要建成教育强国、科技强国、人才强国。新时代新征程对科技界提出了更高的要求。当前，世界科学技术发展日新月异，不断开辟新的认知疆域，并成为带动经济社会发展的核心变量，新一轮科技革命和产业变革正处于蓄势跃迁、快速迭代的关键阶段。开展面向 2035 年的中国学科及前沿领域发展战略研究，紧扣国家战略需求，研判科技发展大势，擘画战略、锚定方向，找准学科发展路径与方向，找准科技创新的主攻方向和突破口，对于实现全面建成社会主义现代化“两步走”战略目标具有重要意义。

当前，应对全球性重大挑战和转变科学研究范式是当代科学的时代特征之一。为此，各国政府不断调整和完善科技创新战略与政策，强化战略科技力量部署，支持科技前沿态势研判，加强重点领域研发投入，并积极培育战略新兴产业，从而保证国际竞争实力。

擘画战略、锚定方向是抢抓科技革命先机的必然之策。当前，新一轮科技革命蓬勃兴起，科学发展呈现相互渗透和重新会聚的趋

① 习近平. 高举中国特色社会主义伟大旗帜 为全面建设社会主义现代化国家而团结奋斗——在中国共产党第二十次全国代表大会上的报告. 北京：人民出版社，2022：33.

势，在科学逐渐分化与系统持续整合的反复过程中，新的学科增长点不断产生，并且衍生出一系列新兴交叉学科和前沿领域。随着知识生产的不断积累和新兴交叉学科的相继涌现，学科体系和布局也在动态调整，构建符合知识体系逻辑结构并促进知识与应用融通的协调可持续发展的学科体系尤为重要。

擘画战略、锚定方向是我国科技事业不断取得历史性成就的成功经验。科技创新一直是党和国家治国理政的核心内容。特别是党的十八大以来，以习近平同志为核心的党中央明确了我国建成世界科技强国的“三步走”路线图，实施了《国家创新驱动发展战略纲要》，持续加强原始创新，并将着力点放在解决关键核心技术背后的科学问题上。习近平总书记深刻指出：“基础研究是整个科学体系的源头。要瞄准世界科技前沿，抓住大趋势，下好‘先手棋’，打好基础、储备长远，甘于坐冷板凳，勇于做栽树人、挖井人，实现前瞻性基础研究、引领性原创成果重大突破，夯实世界科技强国建设的根基。”①

作为国家在科学技术方面最高咨询机构的中国科学院（简称中科院）和国家支持基础研究主渠道的国家自然科学基金委员会（简称自然科学基金委），在夯实学科基础、加强学科建设、引领科学研究发展方面担负着重要的责任。早在新中国成立初期，中科院学部即组织全国有关专家研究编制了《1956—1967年科学技术发展远景规划》。该规划的实施，实现了“两弹一星”研制等一系列重大突破，为新中国逐步形成科学技术研究体系奠定了基础。自然科学基金委自成立以来，通过学科发展战略研究，服务于科学基金的资助与管理，不断夯实国家知识基础，增进基础研究面向国家需求的能力。2009年，自然科学基金委和中科院联合启动了“2011—2020年中国学科发展

① 习近平. 努力成为世界主要科学中心和创新高地 [EB/OL]. (2021-03-15). http://www.qstheory.cn/dukan/qs/2021-03/15/c_1127209130.htm[2022-03-22].

战略研究”。2012 年，双方形成联合开展学科发展战略研究的常态化机制，持续研判科技发展态势，为我国科技创新领域的方向选择提供科学思想、路径选择和跨越的蓝图。

联合开展“中国学科及前沿领域发展战略研究（2021—2035）”，是中科院和自然科学基金委落实新时代“两步走”战略的具体实践。我们面向 2035 年国家发展目标，结合科技发展新特征，进行了系统设计，从三个方面组织研究工作：一是总论研究，对面向 2035 年的中国学科及前沿领域发展进行了概括和论述，内容包括学科的历史演进及其发展的驱动力、前沿领域的发展特征及其与社会的关联、学科与前沿领域的区别和联系、世界科学发展的整体态势，并汇总了各个学科及前沿领域的发展趋势、关键科学问题和重点方向；二是自然科学基础学科研究，主要针对科学基金资助体系中的重点学科开展战略研究，内容包括学科的科学意义与战略价值、发展规律与研究特点、发展现状与发展态势、发展思路与发展方向、资助机制与政策建议等；三是前沿领域研究，针对尚未形成学科规模、不具备明确学科属性的前沿交叉、新兴和关键核心技术领域开展战略研究，内容包括相关领域的战略价值、关键科学问题与核心技术问题、我国在相关领域的研究基础与条件、我国在相关领域的发展思路与政策建议等。

三年多来，400 多位院士、3000 多位专家，围绕总论、数学等 18 个学科和量子物质与应用等 19 个前沿领域问题，坚持突出前瞻布局、补齐发展短板、坚定创新自信、统筹分工协作的原则，开展了深入全面的战略研究工作，取得了一批重要成果，也形成了共识性结论。一是国家战略需求和技术要素成为当前学科及前沿领域发展的主要驱动力之一。有组织的科学研究及源于技术的广泛带动效应，实质化地推动了学科前沿的演进，夯实了科技发展的基础，促进了人才的培养，并衍生出更多新的学科生长点。二是学科及前沿领域的发展促进深层次交叉融通。学科及前沿领域的发展越来越呈现出多学科相互渗透的发展态势。某一类学科领域采用的研究策略和技术体系所产生的基础理论与方法论成果，可以作为共同的知识基础适用于不同学科领域的多个研究方向。三是科研范式正在经历深刻变革。解决系统性复杂问题成为当前科学发展的主要目标，导致相应的研究内容、方法和范畴等的改变，形成科学研究的多层次、多尺度、动态化的基本特征。数据驱动的科研模式有力地推动了新时代科研范式的变革。四是科学与社会的互动更加密切。发展学科及前沿领域愈加重要，与此同时，“互联网 +”正在改变科学交流生态，并且重塑了科学的边界，开放获取、开放科学、公众科学等都使得越来越多的非专业人士有机会参与到科学活动中来。

“中国学科及前沿领域发展战略研究（2021—2035）”系列成果以“中国学科及前沿领域2035发展战略丛书”的形式出版，纳入“国家科学思想库－学术引领系列”陆续出版。希望本丛书的出版，能够为科技界、产业界的专家学者和技术人员提供研究指引，为科研管理部门提供决策参考，为科学基金深化改革、“十四五”发展规划实施、国家科学政策制定提供有力支撑。

在本丛书即将付梓之际，我们衷心感谢为学科及前沿领域发展战略研究付出心血的院士专家，感谢在咨询、审读和管理支撑服务方面付出辛劳的同志，感谢参与项目组织和管理工作的中科院学部的丁仲礼、秦大河、王恩哥、朱道本、陈宜瑜、傅伯杰、李树深、李婷、苏荣辉、石兵、李鹏飞、钱莹洁、薛淮、冯霞，自然科学基金委的王长锐、韩智勇、邹立尧、冯雪莲、黎明、张兆田、杨列勋、高阵雨。学科及前沿领域发展战略研究是一项长期、系统的工作，对学科及前沿领域发展趋势的研判，对关键科学问题的凝练，对发展思路及方向的把握，对战略布局的谋划等，都需要一个不断深化、积累、完善的过程。我们由衷地希望更多院士专家参与到未来的学科及前沿领域发展战略研究中来，汇聚专家智慧，不断提升凝练科学问题的能力，为推动科研范式变革，促进基础研究高质量发展，把科技的命脉牢牢掌握在自己手中，服务支撑我国高水平科技自立自强和建设世界科技强国夯实根基做出更大贡献。

“中国学科及前沿领域发展战略研究（2021—2035）”
联合领导小组
2023年3月

前　言

材料科学在21世纪前20年蓬勃发展，有力地支撑了世界高新科技和经济社会的不断进步。我国业已成为材料科学大国、材料产业大国和材料教育大国。2020年初，国家自然科学基金委员会和中国科学院联合设立了“材料科学发展战略研究（2021—2035）”战略研究项目。该项目围绕材料科学的国际前沿发展趋势和中国实现从材料大国走向材料强国的可持续发展策略两方面主题开展了为期两年的广泛调研和深入论证。来自64所材料学科优势高校和22个材料相关科研院所的410余位知名材料专家、资深管理专家和优秀中青年学者共同承担并完成了发展战略论证和研究报告撰写工作，其中包括21位中国科学院院士、10位中国工程院院士、22位校院所领导及50位国家杰出青年科学基金获得者和“长江学者”称号获得者。

为了充分调研和系统论证材料科学未来发展方向和我国相应的战略对策，项目组于2020年11月在西安召开了“中国材料科学2035学科发展战略研讨会”，又于2021年12月在宁波组织了“中国材料科学2035学科发展战略论证会”。前者重点探讨世界材料科学主要发展趋势和前沿动态，后者聚焦论证我国材料科学的发展战略思路和创新驱动途径。

本书是该战略研究项目研究成果的全面总结，共分五篇合计25

章。遵循国家自然科学基金委员会对材料科学的四个分支学科划分方式，项目组成立了五个工作组协同开展调研论证和报告撰写工作。第一篇材料科学总论，由项目负责人代表战略研究组执笔写作。第二篇金属材料学科，由上海交通大学丁文江院士和孙宝德教授牵头执笔撰写。第三篇无机非金属材料学科，由清华大学南策文院士和林元华教授牵头执笔撰写。第四篇有机高分子材料学科，由四川大学王玉忠院士和复旦大学俞燕蕾教授牵头执笔撰写。第五篇新概念材料与材料共性科学，由项目负责人和西北工业大学翟薇教授牵头执笔撰写。

本书是材料科学领域410余位专家学者集体智慧的结晶，全面分析了世界材料科学的发展趋势，并提出了我国相应的政策和策略，因版面所限恕未逐一署名。战略研究项目执行和本书撰写过程中，得到国家自然科学基金委员会高瑞平副主任和工程与材料科学部王岐东常务副主任及赖一楠处长、中国科学院学部工作局王笃金局长和林宏侠及冯霞处长、中国科学技术协会书记处吕昭平书记、陕西省科学技术厅兰新哲常务副厅长，以及西北工业大学汪劲松校长和李蕴处长的热情支持，上海交通大学和中国科学院宁波材料技术与工程研究所的有关领导也给予了大力帮助。我们在此一并表示衷心的感谢！

由于项目负责人科学视野和归纳总结能力有限，难以完全准确地表述众多高水平专家学者的广博学术观点和精深思想内涵，书中难免存在疏漏和不足，敬请各位读者批评指正。

魏炳波
《中国材料科学2035发展战略》战略研究组组长
2022年3月

摘　　要

一、材料科学的战略地位和科学意义

材料是支撑世界高新技术和现代工业经济不断发展的必需物质基础。一代材料承载一代技术，形成一个时代标志。钢铁是第一次科技革命中发明蒸汽机的必要条件。第二次科技革命实现电气化离不开有色金属材料。半导体电子材料制约着第三次科技革命中计算机技术的更新换代。新型能源材料和纳米材料加速了第四次科技革命的演变进程。象征第五次科技革命的互联网技术的出现也强烈依赖于高性能信息材料和智能材料体系。展望未来，生物医用材料将在第六次科技革命中发挥举足轻重的作用。因此，我国早就将材料科技工业列为国家战略性新兴产业。

材料科学与物质科学密切相关，但是二者的研究内容和科学目标各有侧重，并且具有明确的学科划分界面。材料是在人类生产和生活过程中已经实际应用或者显示潜在用途的各类物质。狭义地理解，物质科学是物理学、化学、生物学、天文学和地学等自然科学领域的一个重要学科。材料科学的核心导向是系统研究可以成为"器材原料"的各类物质的科学属性和应用特征，属于工程和技术科学的范畴，是一个典型的应用基础研究学科。可以认为，材料科学是自然科学与工程技术的交叉学科，与冶金、化工和机械工程等学科共同奠定了新型工业体系发展的科学基础。

二、材料科学的研究特点与发展规律

材料科学作为一个完整独立的学科体系成形于20世纪80年代，此前相关研究零散分布于冶金学、物理学、化学化工、机械工程及生物医学等科技领域。按照材料的化学组成，其研究对象主要包括金属材料、无机非金属材料和有机高分子材料等三大类型。材料科学的研究过程从物理学和化学关于物质结构与性质理论出发，采用现代数学和计算技术作为分析工具，以实验研究为基础且面向材料工程应用，主要探索各类材料的微观结构与优化设计、合成制备与成形加工，以及服役性能与循环利用。

材料学科的发展驱动力来自三个方面：首先是高科技领域对千姿百态的特种新材料的战略需求牵引；其次是材料科学前沿生长点和新兴交叉方向的萌生与蓬勃发展；最后是纯粹自然科学和智能信息技术等相关领域的重大科技突破不断提供催化和助推效应。

未来，材料学科的发展趋势将呈现六大特征：①材料科学与物质科学的交叉融合更加广泛深入；②材料科学与信息技术、人工智能和生物医学领域相互促进；③航空、航天、航海、核工业、生物医学等尖端需求给新材料带来挑战和机遇；④全新的时空概念冲击着材料科学的前沿生长点；⑤“双碳”（碳达峰、碳中和）时代强化材料绿色制造和全寿命循环利用研究；⑥高等教育的新发展促进材料学科体系的变革和重构。

三、材料科学的关键问题及发展思路

在国家自然科学基金委员会和有关部委的共同支持下，我国材料学科取得了长足发展。特别是，21世纪以来我国材料学科研究队伍规模和发表论文数量均跃居世界首位。然而，我国材料学科的原始创新能力远没达到引领国际材料科技前沿的水平。未来实现材料学科的更好发展亟待解决六个关键科学问题：一是面向世界科技前沿，策划材料科学的未来发展架构；二是面向国家重大战略需求，设计材料科学的未来重点发展方向；三是着眼全新时空背景，强化材料科学与人工智能和生物医学领域交叉融合；四是基于“双碳”目标和保护环境基本国策，贯彻材料绿色制造与全寿命控制理念；五是服务经济建设主战场，倡导材料科学–材料技术–材料工程三维融合研究；六是突破“五唯”束缚，实现从跟踪向引领材料科技前沿的根本转变。

根据两年的广泛调研和深入论证，材料学科的未来发展思路应该是：立足国家经济社会发展需求，瞄准世界材料科学与技术前沿，积极融入和促进第六次科技革命，统筹布局符合我国国情的优先发展研究方向，在追赶超越过程中逐步重构材料科学新体系。经过15年的努力，预期实现以新材料、新技术、新理论、新体系为特征的“四新”发展目标：①基础理论研究指引新材料设计，建立中国原创的高性能新材料谱系；②加强科学研究的技术化导向，建立战略性传统材料的变革性新技术系统；③追求切实可行的重点科学目标，力争智能材料、生物材料和纳米能源材料等热点领域的多方面理论突破；④基于材料科学与技术的前沿进展，建立以新概念材料和交叉共性科学为先导的“北极星型”材料学科新体系；⑤面向国民经济主战场的重大战略需求，建立先进结构材料国家实验室和新型功能智能材料国家实验室，形成材料领域的国家战略科技力量。

四、材料科学的发展策略与政策建议

（一）重点发展方向

1. 金属材料学科

在材料科学的四个分支学科中，金属材料学科重点发展方向包括：金属结构材料的强韧化新原理、新方法研究；金属功能材料的原子层次结构与性能调控机制研究；金属材料制备与加工过程的变革性理论方法和全新技术装备设计原理研究。

2. 无机非金属材料学科

无机非金属材料学科重点发展方向包括："双碳"目标牵引的新能源材料研究；满足国防科技和高端制造需求的高性能结构材料研究；满足电子信息与人工智能迫切需求的半导体晶体和功能陶瓷材料研究；面向人民生命健康的生物医用和环境治理材料研究。

3. 有机高分子材料学科

有机高分子材料学科重点发展方向包括：先进复合材料、新型智能材料、高性能生物和信息材料；探索建立"双能化–复合化–智能化–精细化–绿色化"五维归一的材料科学研究新范式。

4. 新概念材料与材料共性科学

新概念材料与材料共性科学是国家自然科学基金委员会于2019年新设立的第四个材料分支学科，其未来重点发展方向包括：新奇特材料的设计合成和结构性能研究；面向人工智能的多功能材料与材料基因调控研究；材料绿色制造和全寿命循环利用优化控制过程研究；航空、航天、能源、交通等战略领域赖以发展的新型核心材料研究。

（二）优先发展领域

1. 金属材料学科

金属材料学科优先发展领域包括：轻质高强金属材料；高温合金和轴承钢等特殊黑色金属；信息、能源和生物医药金属功能材料；材料制备与加工新工艺；材料加工高端装备。

2. 无机非金属材料学科

无机非金属材料学科优先发展领域包括：面向“双碳”目标的新能源材料；高性能结构材料；功能晶体及陶瓷；先进碳材料；量子材料。

3. 有机高分子材料学科

有机高分子材料学科优先发展领域包括：通用高分子材料高性能化和功能化的方法与理论；智能与仿生高分子材料的新概念设计原理和制备方法；目标导向的生物医用高分子材料的基础研究与应用评价方法；能源与环境高分子材料；特定服役条件下的先进高分子材料。

4. 新概念材料与材料共性科学

新概念材料与材料共性科学优先发展领域包括：未来材料的人工设计与构筑成型研究；特殊环境下材料设计与表征方法研究；材料多功能耦合与集成新原理和新机制研究；国家战略性特种材料谱系设计与传统材料变革性研究。

（三）重大交叉领域

1. 金属材料学科

金属材料学科重大交叉领域包括：金属材料加工制备的数字化与智能化理论与技术；金属材料与能源、信息和生命学科的交叉研究；金属材料与物理及化学学科的交叉研究，特别关注金属力学和物理化学性能的电子理论，即把对金属材料性能的理解从原子层面深入到更加微观的层面。

2. 无机非金属材料学科

无机非金属材料学科重大交叉领域包括：信息功能材料及器件；生物医用材料；无机非金属材料研究新范式。

3. 有机高分子材料学科

有机高分子材料学科重大交叉领域包括：有机/无机复合半导体材料和信息材料；智能与多功能高分子复合材料；先进功能有机膜材料；材料多层次多尺度复合新方法与新原理。

4. 新概念材料与材料共性科学

新概念材料与材料共性科学重大交叉领域包括：全新时空背景下材料设计制备、成型过程与服役特性研究；基于人工智能的新型材料组织性能优化调控研究；“双碳”时代传统支柱材料的绿色再生机制研究；面向临床医学的新型生物医用材料设计与合成研究。

Abstract

During the first two decades of this century, materials science has made great progress in many respects and brought various novel or advanced materials for the world's industry, especially high technology fields. At the begining of 2020, the National Natural Science Foundation of China (NSFC) and the Chinese Academy of Sciences (CAS) jointly sponsored a strategic research project about the development trends of materials science in the medium future until 2035. More than 410 distinguished materials scientists from Chinese universities, research institutes have contributed actively to this advisory study. The present book summarizes the main ideas and expectations as the four aspects below.

Ⅰ. The strategic position and scientific significance of materials science

Materials are the essential foundation to support the continuous development of the world's new high technology and modern industrial economy. A new generation of materials carries an innovative generation of technologies and represents the landmark of a new era. Iron and steel is the prerequisite to inventing steam engines which initiated the first technological revolution. Nonferrous metallic materials played a dominant role in realizing the electrification of human life and production during the second technological revolution. Semiconductors and other electronic materials acted as the key factor in innovating computer technologies for the third technological revolution. Novel energy materials and nanostructure materials promoted the evolution process for the fourth technological revolution. The emergence and implementation of internet technology, which was a characteristic of the fifth technological revolution, also relied heavily on the systems of advanced information materials and smart materials. In the future, biomedical materials will display their decisive influences on the forthcoming sixth technological revolution. Therefore, China has already classified materials science and technology industry as one of its newly thriving enterprises for state development strategy.

Materials science is closely related to matter science. But these two disciplines differentiate from each other by apparent boundaries in both preferential research contents and scientific objectives. Materials are those partial types of substances that either have already found practical applications in human production and life processes or exhibited obvious application potential. From a narrow-minded understanding, matter science is an important branch of natural sciences correlated with physics, chemistry, biology, astronomy and geology, whereas materials science belongs to the regime of engineering and technical sciences. This typically applied science discipline directs its research purposes toward the systematic investigations about the scientific nature and applied performances of useful matters, which may become the raw materials or constitutional parts to manufacture various objects and products. It may be regarded as an interdisciplinary field between natural sciences and engineering sciences. In fact, the combination of materials science with metallurgy, chemical engineering and mechanical engineering has laid the scientific basis for modern industrial systems.

II. Research methodology and evolution features of materials science

The main frame of materials science was formed as an independent and integrated science discipline in the 1980s. In earlier times, diverse materials research had been scattered among the relevant scientific fields such as metallurgy, physics, chemistry and chemical engineering, mechanical engineering, as well as biomedicine. According to the chemical constitutions of materials, there are mainly three types of materials as the research objects of this discipline: metallic materials, inorganic nonmetallic materials, and organic polymer materials. The research process of materials science originates from the physical and chemical theories about the structure and property of matter. Modern mathematics and computing techniques provide powerful analytical tools for materials research. Experimental investigations represent the keynote of materials science, which always aims at engineering applications. The prime tasks of materials science include microstructural characterization, optimized design, synthesis and preparation, deforming and processing, applied performances and cyclical applications for different kinds of materials.

The driving force to develop materials science comes from three respects. At first, the ever-increasing demands for diverse kinds of special new materials in high technology fields stimulate a great dragging effect. Secondly, the cultivation of new growth frontiers and thriving interdisciplinary directions boosts the spontaneous advancement of materials science. Thirdly, the significant breakthroughs of related fields such as pure natural sciences and intelligent information technology continually bring in catalytic and supportive forces.

In the coming years, materials science will display six developing trends: ① it interacts with matter science to a more intensive extent; ② it correlates extensively with such frontier fields as information technology, artificial intelligence and biomedicine; ③ it accelerates its development to meet the challenge and opportunity raised by the requirements from those strategic fields including aerospace, navigation, nuclear industry, biomedicine; ④ it modifies its cutting edges under the impacts of disruptive concepts emerging from an era of the new time and space ideology; ⑤ it further emphasizes the green manufacturing of materials and whole-life cyclical applications in the age of "double carbon" (carbon peak and carbon neutrality); and ⑥ the most recent progress of college education facilitates the revolutionary advancement and even reconstruction of the materials science system.

Ⅲ. Discipline frontiers and development ideology for materials science

Owing to the continuous support of NSFC and other governmental departments, China's materials science discipline has made significant achievements. In particular, both the magnitude of research teams and the number of published papers have attained the first place in the world. Nevertheless, there still exists a rather large gap between our actual creativity to accomplish original studies and the expected role of guiding the international trends of materials science and technology. In order to secure better future development, the following six issues have to be solved properly. Firstly, the future development scheme of materials science should be contrived with the mind to face the world's frontiers of science and technology. Secondly, the key development directions should be plotted to confront the national strategic demands. Thirdly, the intercrossing and merging of materials science with artificial intelligence and biomedicine fields should be encouraged effectively in the background of new time and space concepts. Fourthly, the conception of green manufacturing of materials and whole-life control ought to be implemented to follow the national "double carbon" and environmental protection policies. Fifthly, the triple comprehensive investigations to merge materials science with materials technology and materials engineering may be promoted to serve the main fields of economic construction. At last, a thorough transition from follow-up work into original research at the frontiers of materials science and technology must be driven by the establishment of a more objective evaluation system for scientific explorations.

On the basis of two years' extensive survey and systematic demonstration, the prospective guidelines for future development have been drawn up. In a word, materials science should keep the primary standpoint to meet the needs of the national economy and society advancements, focus on the world's frontiers of materials science and technology, promote and merge with the probably coming sixth technological revolution, make a comprehensive arrangement for the preferential research directions suitable for China, and gradually reconstruct a novel framework for materials science in the process of pursuing and overtaking research fronts. The following four development goals characterized by "new materials–new technology–new theory–new system" will be fulfilled through fifteen years of effort. ① To establish China's own creative spectrum system of new high performance materials through the novel material design guided by fundamental research. ② To build up the innovative technology system for strategic traditional materials by reinforcing the technical transition of scientific research. ③ To strive for multiple theoretical breakthroughs in such hot fields as intelligent materials, biological materials and nanoenergy materials through pursuing key scientific fronts with practical achievability. ④ To set up a "Polaris Pattern" disciplinary frame with new concept materials and materials common science acting as the leading polar tip according to the frontier advances of materials science and technology. ⑤ To establish two national laboratories for advanced structural materials and new functional materials respectively, which will provide efficient services to meet the strategic demands of main economic battlefield and represent the national strategic force of materials science and technology.

Ⅳ. Development strategy and policy recommendations for materials science

There is no doubt that materials science will meet greater challenges and achieve better prosperity in the coming fifteen to thirty years. As the final summary of the state-of-the-art analyses presented above, three respects of proposals are made for the development tactics of materials science, which are concisely described below.

1. Key development directions

Among the four branches of materials science, the metallic materials discipline emphasizes the research about the new principles and approaches to strengthen and toughen structural materials; the atomistic structure analyses and property modulation mechanisms of functional materials; the innovative theories and methods of preparation and processing, and the design principles for completely new technology and equipment.

The inorganic nonmetallic materials discipline lays the research stress upon the new energy materials for "double carbon" purposes; the high performance structural materials demanded by the national defense and advanced manufacture fields; the semiconductor crystals and functional ceramic materials urged by electronic information science and artificial intelligence technology; the biomedical materials to serve human life and health, and the catalytic and refining materials for environmental protection.

The organic polymer materials discipline takes the keynote study of advanced composite materials, new smart materials, high performance biological and informative materials; new paradigm of materials science research unifying the quinary factors to simultaneously realize "double functions–composite–intelligence–refining–green processing".

The fourth discipline of "new concept materials and materials common science" was newly founded by NSFC in 2019. Its key research directions lie in the design and synthesis as well as the structure and property of new or strange or special materials; the multifunctional materials and materials genome modulation correlated with artificial intelligence technology; the green manufacture of materials, the optimized control process of whole-life cyclic applications for materials; the new types of kernel materials requested by those strategic fields involving aerospace industry, power plants and advanced communication technologies.

2. Priority development areas

The metallic materials discipline chooses the preferential research upon the light and strong metallic materials; the special ferrous alloys such as superalloy and bearing steel; the metallic functional materials for information science, energy technology and biomedicine; the new principles and technology of materials preparation and processing; and the novel design of experimental apparatuses and processing equipment for materials research.

The inorganic nonmetallic materials discipline places the research priority on the new energy materials for "double carbon" goals, high performance structural materials, functional crystals and ceramics, advanced carbon materials; and quantum materials.

The organic polymer materials discipline sets the research preference at the theory and methodology to enhance the performances and functions of general polymer materials, the new conception design principles and preparation methods for intelligent and bionic polymer materials, the fundamental study and application evaluation methods of biomedical polymer materials for targeting treatment, the polymer materials for energy technology and environmental protection, and the advanced polymer materials for special service conditions.

The new concept materials and materials common science discipline stresses the preferred research about the artificial design and pattern architecture of future materials, the material design and characterization methods for extraordinary environments the new principles and mechanisms to couple and integrate the multiple functions of materials, the spectrum design of special strategic materials and the innovative exploration of kernel traditional materials.

3. Essential interdisciplinary areas

The metallic materials discipline supports the essential intercrossing research areas about the theory and technology of digitized and intellectualized metallic materials preparation and processing; intercrossing studies of metallic materials correlated with energy, information and life science; and the interpenetration with physical and chemical investigations, paying special attention to the electronic theory about the mechanical and physicochemical properties of metals and alloys, so that structural analyses can develop from the atomistic level into more microscopic scale.

The inorganic nonmetallic materials discipline encourages

intercrossing studies such as the functional materials and devices for information science, the biomedical materials for life science and human health, and the novel research format to innovate inorganic nonmetallic materials.

The organic polymer materials discipline emphasizes those intercrossing research subjects including the organic/inorganic composite semiconducting materials and information materials, the smart and multifunctional polymer composites, advanced functional organic film materials, and the new principles and methods to produce multilevel and multiscale composites.

The new concept materials and materials common science discipline concentrates the intercrossing research areas upon the material design and synthesis, deformation and processing, as well as structure modulation and applied performances in the backgrounds of new time and space conception; the optimized regulation of new material structure and property based on artificial intelligence; the green cyclic reproduction mechanisms of traditional pillar materials in the age of "double carbon" policy for environmental protection; and finally the innovative design and synthesis of new biomedical materials for clinical applications.

目　　录

第四篇 有机高分子材料学科 / 319

第一篇

材料科学总论

第一章

材料科学与科技革命

第一节 材料科学的主要内涵

一、材料科学与物质科学的联系和区别

（一）材料与物质

材料是人类生产和生活过程中已经实际应用或者显示潜在用途的各类物质。狭义地讲，材料只是可以成为制造各种物品、工具、构件、元件和机器的原料的那些物质。如图 1-1 所示，材料是物质的一个子集。世界是物质的，因此物质是一个更广泛的集合。无论是日月星辰，还是水和空气，都由自然界中的物质组成。实际上，人体本身也是由液体、固体和软物质组成的有机实体。

应用特征是材料与泛称物质的主要区别，是材料的一个重要属性。天然石材和木料是人类最早使用的原始材料。尽管天然材料至今仍有重要应用，但是当今经济社会赖以发展的主要是各种从原生态物质经由化学反应合成或物理过程制备的人工制造材料。自从人类学会使用火，用黏土烧制的陶器成

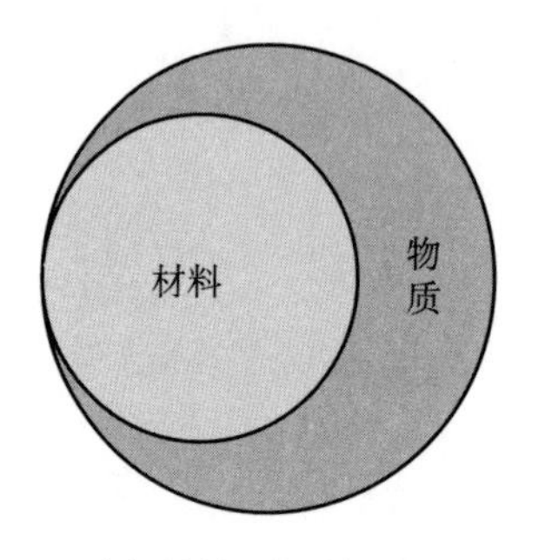

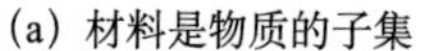
(a) 材料是物质的子集

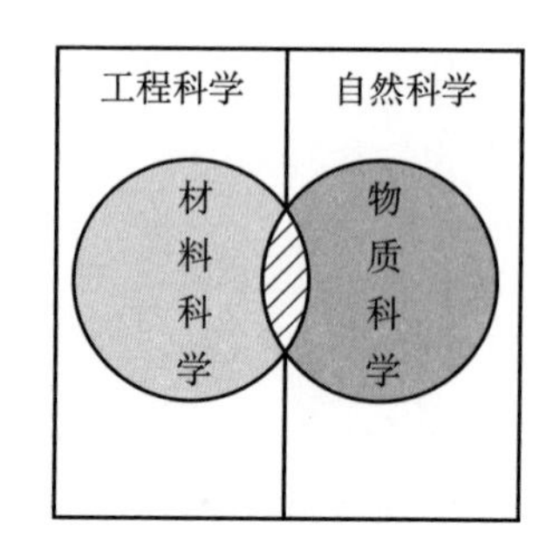

(b) 材料科学与物质科学的区别

图 1-1　材料科学与物质科学的关联

为第一种无机非金属材料，此后诞生的古老冶金术发明了青铜和铸铁。随着第一次科技革命的到来，光与电取代了火与土，现代冶金技术可以大规模生产钢铁和有色金属。化学工业不仅制备出千姿百态的无机非金属材料，而且合成了日新月异的各类有机高分子材料。

可成形加工特征是材料的另一个重要属性。绝大多数材料并不能直接应用，而是必须加工成特定形状的物品、具有承载能力的零部件或者赋有某种功能的元件乃至完整机器。因此，燃料、药材和食品等多种物质通常并不作为材料进行研究与生产制造。不过，材料和物质的界定并不是绝对的，有时其属性可以互相转化。一个典型例子就是水结成的冰：它在多数情况下被作为物质科学的研究对象，但是用于制作冰雕时则变为建筑材料。

材料科学的研究对象主要是对世界经济社会发展具有重要应用价值的各类传统材料和新兴材料。按照其化学组成，材料分为金属材料、无机非金属材料和有机高分子材料等三大类型。

（二）材料科学的研究范畴

物质科学是物理学、化学、生物学、地学和天文学的重要组成部分，属于自然科学的一个分支领域。它主要从基本粒子、分子 / 原子、介观 / 宏观直至天体尺度研究物质的结构特征、固有性质和状态演变规律，也部分地涉及物质的结构性和功能性应用。

材料科学是在工业制造和生产建设的需求牵引下形成的一个应用性学科，属于工程科学的一个分支领域（图 1-1）。它以设计和发展具有重要应用价值的各类材料为目标导向，系统地研究材料的组成结构、合成制备、成形加工及服役性能。应用性、交叉性和基础性是材料科学的三大特征。材料科学作为一个完整独立的学科体系成形于20世纪80年代。如图1-2所示，它是由冶金、机械、化工、生物、计算机、物理、数学、化学领域相关但分散的研究内容重组融合并凝聚升华而成的交叉科学分支。

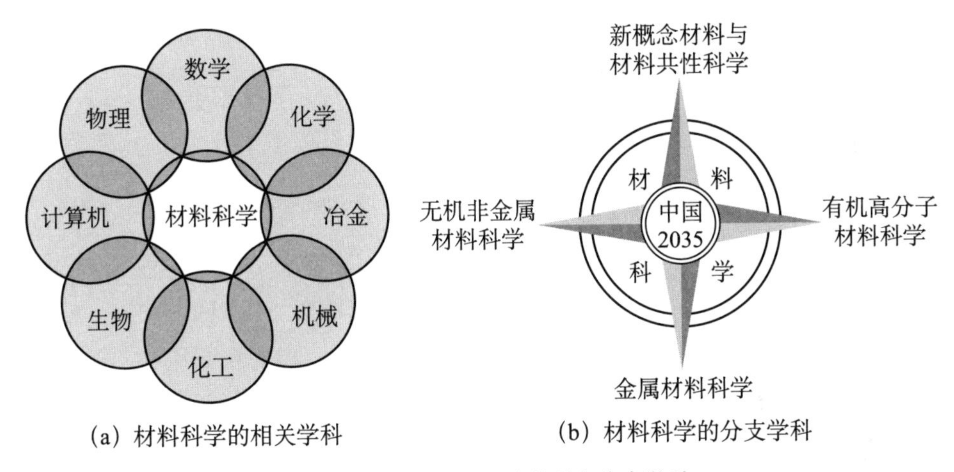

(a) 材料科学的相关学科　　(b) 材料科学的分支学科

图1-2　材料科学的相关学科和分支学科

材料科学的基础是物理学和化学中的物质结构与性质理论及热力学与动力学原理。现代数学和计算机技术为材料科学的形成和发展提供了强有力的支撑条件。金属材料、无机非金属材料、有机高分子材料的研究过程均以实验探索为主要途径。信息化时代的人工智能和大数据技术驱动了计算材料科学的发展，也带来了材料基因组设计等变革性材料科学研究的新范式。

二、材料科学的主要分支学科

（一）金属材料科学

金属材料学科的研究对象主要是钢铁、黑色金属、有色金属及以金属元素为主形成的各类合金。在元素周期表列出的118种元素中，金属元素多达90余种，占比超过3/4。17种稀土元素和核燃料主元素均为金属元素。仅从熔点角度分析，金属材料从最易熔的汞（Hg）到最难熔的钨（W）覆盖了−38.87～3422℃的宽广适用温度范围。

由于自然界中的金属很少以单质形式存在，因此绝大多数金属是从矿石或化合物经冶金过程还原而成的。如果不考虑占比较小的萃取冶金过程，主流冶炼技术产生的最初还原态金属一般是液态金属或合金熔体。因此，金属材料学科研究的全周期范围包括液态金属结构与性质、合金组成设计与凝固过程控制、成形过程原理与固态相变调控、服役性能与组织优化、腐蚀防护与循环利用、绿色制造与全寿命设计。显然，冶金科学、机械工程、凝聚态物理和工程力学是金属材料学科密切交叉的相关学科。

（二）无机非金属材料科学

无机非金属材料学科的研究对象主要是新能源材料、功能晶体、信息功能陶瓷、先进碳材料、半导体材料、量子与拓扑材料、生物医用材料、环境治理材料等新兴无机非金属材料。虽然水泥、玻璃、陶瓷和耐火材料等四类传统无机非金属材料仍然是经济社会发展必不可少的结构材料，但是已经不再是学科前沿的重点研究目标。取而代之的是超高温陶瓷、碳/碳（C/C）和陶瓷基复合材料、超硬与涂层材料，以及高熵与增材制造[①]陶瓷。

电子信息和人工智能等高科技领域的发展高度依赖半导体晶体和功能陶瓷材料；人民生命健康离不开生物活性陶瓷和无机可降解材料；航空、航天、核能等战略领域急需超高温C/C和陶瓷基复合材料；新能源和“双碳”目标的实现强烈需求高性能热电和储能材料。因此，无机非金属材料学科成为近年来材料科学中最活跃的分支领域，学科内涵覆盖了从新材料设计、合成制备过程、微观结构调控、新物性与新效应到新器件及工程应用的全链条循环。

（三）有机高分子材料科学

有机高分子材料学科的研究对象主要是通用与高性能高分子材料、功能与智能高分子材料，以及能源与环境高分子材料。虽然人工合成高分子材料的工业化生产只有100余年历史，但是塑料、橡胶、纤维、涂料和胶黏剂等五大通用高分子材料的体积产量已经超越了历史悠久的金属和无机非金属材料。有机高分子材料不仅支撑着工农业生产和国防科技事业蓬勃发展，而且

① 增材制造又称3D打印，本书不作区分。

从服装到餐具成为人们日常生活必需的重要材料。特别是，这类年轻的材料体系为生物医学、新能源技术、信息通信和绿色环保等战略科技领域提供了不可缺少的物质先导条件。

化学原理、化工技术和工程应用的交叉融合促进了有机高分子材料学科的形成与发展。从千家万户的民生供给到新型基础设施建设和“双碳”计划的实施，再到生命科学和深空探测技术，广阔的需求牵引不断为这一学科领域提供与时俱进的创新驱动力。有机高分子材料学科的研究范围涵盖有机高分子材料体系设计、合成与制备过程、结构演化与表征分析、加工成型原理、有机-无机杂化和共混复合机制、功能性元器件设计、仿生原理与结构，以及智能化绿色循环应用。

（四）新概念材料与材料共性科学

21 世纪以来，航空、航天、航海、核工业、生物等战略高科技领域对各类材料的服役性能提出越来越苛刻的要求，生命医学、信息通信和人工智能领域也对先进材料提出千奇百怪的功能诉求。这些极端的性能和功能需求激烈地挑战着材料科学的传统思想理念，从而催生一系列新的学科生长点。首先，新时空背景下诱发变革性材料研究新范式，材料设计与合成路线可以发生逆转甚至多维发散，用新概念破解新材料人工构筑的科学堡垒。其次，各类结构和功能材料呈现千变万化的特殊规律，材料科学要实现自身的健康发展必须深入探索其共性科学规律，特别是跨学科交叉前沿将为材料科学带来更广阔的发展空间。

我国在“十三五”期间已经将新材料科学与技术列为战略性新兴高科技领域之一。国家自然科学基金委员会不失时机地于 2019 年正式增设了新概念材料与材料共性科学这一新的分支学科。新概念材料与材料共性科学的主要研究范围包括基于新概念新原理的材料设计与表征新方法、材料合成制备新技术与数字化制造过程、材料多功能集成与新效应新器件、新型复合与杂化材料构筑、先进制造关键材料共性科学，以及关键工程材料交叉变革性科学探索。近年来，这一新兴领域正在成为材料科学的发展前沿。至此，我国材料科学形成了如图 1-2 所示的“北极星型”主体架构布局。

第二节　材料科学与科技革命相互促进

一、金属材料是第一次科技革命和第二次科技革命的重要先导基础

18世纪后期，蒸汽机的发明和应用引发了第一次科技革命，大机器生产取代了千百万年的手工作坊劳动，交通运输进入铁路时代。重型机械制造成为那个时期的标志性前沿技术。毫无疑问，如果没有钢铁，第一次科技革命不可能发展工业机械化大规模生产。这使金属材料研究迎来了第一个历史高光期。钢水铁水成分设计、铸造和锻压技术及热处理工艺过程是当时的重点研究内容。

第二次科技革命发生于19世纪末，发电机和电动机取代了蒸汽机，人类从机械化时代进入电气化时代。电力工程和电器制造强烈地依赖于铝、铜和磁性合金等有色金属材料，电灯、电话、电车和电影机的发明与普及应用驱动了多种新型金属材料的设计研发。特别是，汽车的发明进一步将金属材料研究推向第二个历史高光期。

航空、航天、航海和原子能技术在20世纪迅猛崛起，诱发了超高强钢、单晶高温合金、轻质钛合金、稀土镁合金、铝基复合材料及超高温难熔合金等一系列新型高性能金属材料的蓬勃发展，也带来了金属材料研究的第三次历史高潮，并形成了一个系统完整的材料科学分支领域。进入21世纪，虽然金属材料研究演变为材料科学中相对传统的学科方向，但是金属材料始终是当代工业体系的骨骼，也是支撑世界经济社会发展的脊梁。即使人类进入第五代移动通信技术（5th generation mobile communication technology，5G）时代，手机和网络技术离开金属材料也是不可想象的虚拟景况。

二、第三次科技革命和第四次科技革命依赖无机非金属材料

20世纪中期，电子计算机的问世驱动了第三次科技革命。从晶体管到大

规模集成电路芯片的设计制造完全依赖于半导体单晶材料，同时光电功能晶体材料支配着大数据传输和存储关键器件技术。这种划时代的需求变革使无机非金属材料学科的重点研究对象从水泥、玻璃、陶瓷和耐火材料等四类传统结构材料转变为新兴功能无机非金属材料。

虽然对于后来的科技革命认定尚未达成共识，但是多数观点认为20世纪后期发生了第四次科技革命。它的时代标志是系统科学、纳米科学和生物技术的迅速兴起，核心科技任务是发展新能源。因此，光伏材料、热电材料、燃料电池材料、超级电容器材料和电介质储能材料等一系列新能源材料应运而生，高温超导材料和拓扑量子材料与器件获得高科技应用，生物活性陶瓷材料和介孔纳米氧化物材料进入临床医学应用。

21世纪以来，一方面，石墨烯、富勒烯等先进碳材料及压电、铁电等信息功能陶瓷的广泛应用极大地促进了互联网技术和人工智能科学的创新发展；另一方面，废水净化材料、固废治理材料和废气催化净化材料等无机环境治理材料正在成为“双碳”目标中的战略性关键新材料。因此，无机非金属材料学科是当前材料科学中的热点领域。如果说金属材料是世界工业体系的骨骼，那么无机非金属材料则是其中枢神经系统。

三、有机高分子材料助推第五次科技革命和第六次科技革命

橡胶和塑料不仅助推了汽车工业的形成和发展，而且在航空、航天、航海工程中发挥着不可替代的作用，使人类进入现代化交通时代。第四次科技革命促进了塑料工业与生物技术的交叉融合，可以通过植物生长技术摆脱石油枯竭的危机。根据多数人的观点，第五次科技革命开始于20世纪末期，其重要标志是电子信息技术的崛起和移动通信与互联网技术的普及应用。显然，从核心芯片技术到各类显示屏直至日常手机都依赖于高性能和高功能高分子材料。

第六次科技革命正在向我们走来，其主要特征可能是生物学和生命科学带来的“创生、再生与仿生革命”。可以预测，有机高分子材料将为这次科技革命提供强有力的支撑条件和创新动力。首先，有机高分子材料学科与生物医学领域存在极密切的交叉关系，生命现象依存于有机物质形成的客观载体。

其次，有机高分子设计与合成新原理和新技术可以服务于生物创生与再生过程和临床医学组织修复与培育实践。最后，功能和智能高分子材料将与仿生科学技术相互促进和并行发展。

近年来，机器人科学和可穿戴柔性电子技术迅速兴起。有机高分子材料在这两个前沿科技领域扮演了不可或缺的角色。此外，计算材料科学和材料基因工程也在相当高的程度上起源于有机高分子材料的优化设计过程。未来半个世纪，绿色制造经济和“双碳”目标的实现更离不开有机高分子材料的创新发展。对于世界高新科技和工业体系而言，有机高分子材料发挥着相当于人类五官和血液的功能及皮肤和肌肉的性能。实际上，每次科技革命的到来都会挑战传统的材料科学观念，触发新概念、新原理的萌生和演化，最终驱动材料科学前沿的突破进展和新材料、新技术的发明创造。

第二章

材料科学的发展战略

第一节　材料科学的研究现状

一、传统材料研究日臻完善

材料科学在现代工业和经济建设的需求牵引下应运而生，经过五次科技革命的发展机遇逐步形成了相对独立且系统的学科领域。虽然 20 世纪初实现了从材料工艺探索向材料科学研究的跨越，但是其科学技术主体框架成形于 20 世纪中后期。任何一种材料在新发现或设计合成之初都是新兴材料，经过系统研究后才可以获得工程应用，最后广泛普及成为传统材料。钢铁、陶瓷和塑料等战略性结构材料，以及半导体单晶、稀土磁性合金和人工合成纤维等关键功能材料，都经历了从新兴材料到传统材料的演变过程。如图 2-1 所示，材料科学的核心目标始终是研究新兴材料和传统核心材料。

金属材料学科对钢铁、铝合金、钛合金、镁合金、高温与难熔合金、稀土合金、非晶合金等主流传统金属材料的研究已经比较全面。实际上，从液态金属结构与凝固理论、晶体相结构与位错运动理论，到固态相变热力学与

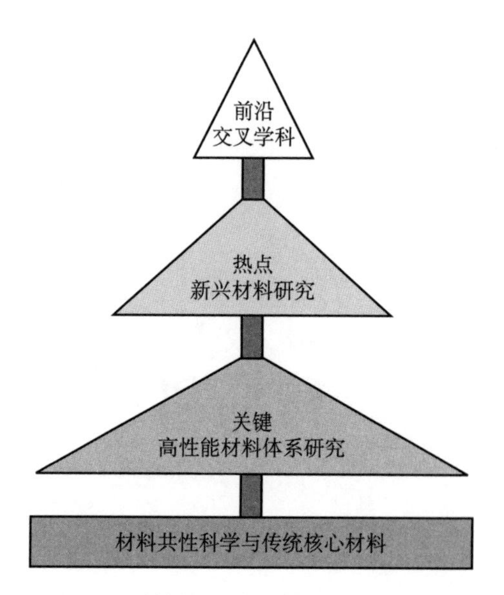

图 2-1　材料科学发展趋势与优先领域

动力学、塑性变形与回复再结晶理论，再到合金强韧化与组织调控理论、腐蚀防护与绿色循环利用理论，整整 1 个世纪的科学探索凝聚形成了当代金属材料科学体系。同时，世界范围内的钢铁和有色金属产业体系日趋完善。我国的钢产量早在 1995 年就超越了其他工业大国，并且铝、铜、镁、钛等主要有色金属产量连续17年位居世界之首，稀土金属产量更是在国际上独占鳌头。一方面，由于宏观经济结构调控和环境保护日趋严格，金属材料产业领域正在进行供给侧结构性改革和全面转型升级。另一方面，我国虽然已经成为当之无愧的金属材料大国，但是与金属材料强国尚有一定差距。事实上，国内金属材料制备和成形技术水平还不能完全满足航空、航天、高铁、航海等高端制造业的需求。超强钢、高温合金甚至高纯稀土等特种金属材料仍然没有摆脱依赖进口的被动局面。

水泥、玻璃、陶瓷和耐火材料是国民经济主战场不可或缺的战略性结构材料，支撑着土木建筑、水利水电、交通能源和冶金化工等行业的健康发展。长期以来，无机非金属材料学科对这四类关键传统无机非金属材料进行了全面深入的科学研究，从材料计算设计理论、合成制备物理化学原理，到服役性能与微观结构演变理论、协同增强和延寿原理，再到绿色低碳制备热力学、固废全量化梯级利用过程动力学，建立了无机非金属材料科学体系。近年来，我国水泥产量已占世界总产量的 60% 左右，相应的碳排放量约占全国碳排放量的 15%。同时，平板玻璃产量已超过世界总产量的 50%，而且结构陶瓷和耐火材料产量居世界首位。在这方面亟待解决的科技问题是如何提高我国传统无机非金属材料的国际市场竞争力。

传统的有机高分子材料主要是塑料、橡胶、纤维、涂料和胶黏剂等五大类通用高分子材料。学科研究方向涵盖了高分子材料设计理论、大分子合成制备原理、长链分子组织结构与性能、成型加工与改性处理、化学结构和物理性质，以及失效分析与寿命预测理论。百余年的相关研究构筑了有机高分子材料科学体系。目前，世界各国有机高分子材料科技产业已经比较完备。我国传统有机高分子材料产量跃居世界首位，对国民经济总产值的贡献达 10% 左右。但是，化学纤维和高端胶黏剂在国际竞争中仍然存在受制于人的技术壁垒。此外，“双碳”目标也给传统有机高分子材料工业带来转型升级的挑战。

二、新兴材料研究日新月异

探索发现未知的新材料和设计发明奇特的新材料一直是材料科学追求的前沿目标。如图 2-1 所示，我们可以认为，21 世纪是新材料的时代。千百万种过去的新材料演变为当代的传统材料，恰好证明材料科学的形成和发展取得了重大历史成就。一方面，传统材料并不是被遗弃的材料，只是从新颖走向普及，仍然在国民经济建设中扮演重要角色。另一方面，各种新兴材料层出不穷则展示了材料科学未来发展的勃勃生机。同时，如图 2-2 所示，跨学

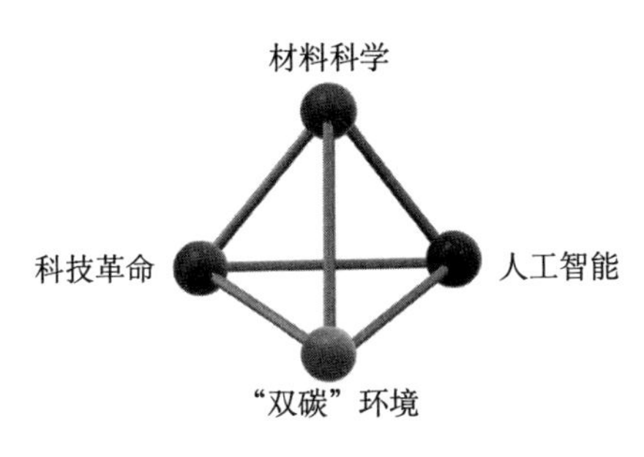

图 2-2　材料科学与时代背景

科交叉形成的计算材料科学和材料基因工程设计等前沿方向为新材料的不断萌生提供了强劲的催化途径。

21世纪以来，金属材料学科的研究特点是结构材料与功能材料并驾齐驱发展。在共性科学研究方面更加注重变革性技术的新原理探索及其孕育孵化。稀土镁合金、大块非晶合金、高熵合金、特种高温和难熔合金、新型钛合金与金属间化合物、超强钢和高性能复合材料成为金属结构材料的研究热点。新能源金属材料、新型磁性合金、纳米和非晶催化材料、智能与医用金属材料、金属构筑与超材料、金属信息材料占据了金属功能材料研究的主导地位。同时，增材制造、智能制造、绿色制造和空间制造过程的机理分析与新金属材料设计制备越来越深度融合。

无机非金属材料学科的研究重点几乎彻底从水泥、玻璃、陶瓷、耐火材料四类传统结构材料转向新能源材料、信息功能智能材料、生物医用材料、绿色环境材料等新兴材料。钙钛矿光伏材料、锂离子电池材料、热电和储能材料、自供能微型器件是当前新能源材料的研究热点。功能晶体、铁电压电介电陶瓷、热释电与电卡材料、无机发光材料、石墨烯和碳纳米管、第三代半导体材料与器件、超导与拓扑量子材料业已成为5G时代的精英族新兴材料。生物活性陶瓷、组织再生修复材料、器官再造构建材料、精准诊疗探测材料等医用级新材料正在逐步走向临床应用研究。废水/废气/废固净化材料、光催化CO_2还原材料、光/热催化海水淡化材料也因“双碳”目标牵引备受绿色环境研究领域的关注。

智能与功能高分子材料、生物医用高分子材料、环境与能源高分子材料、特种高性能高分子材料等新兴有机材料是当前有机高分子材料学科的热点研究领域。智能高分子液晶材料、形状记忆与仿生材料、柔性穿戴高分子显示材料、有机发光二极管（organic light-emitting diode，OLED）材料、导电高分子与光探测材料、光电磁功能高分子材料已经成为新一族主流有机高分子材料。抗菌高分子材料、药物控释与靶向递送材料、人体组织修复与骨科植入材料、人工肌肉与器官重构材料、基因治疗载体材料正在为人类生命健康发挥重要作用。燃料电池和锂离子电池高分子材料、相变与分子结构储能材料、绿色低碳分离膜材料是发展迅速的新能源材料。

同时，高分子共混与复合机理研究为特种高性能高分子材料的合成制备另辟蹊径。

三、材料科学与工程形成完整学科体系

20 世纪 80 年代中期，材料科学与工程成为世界高等教育系统中独立的一级学科。此前，与金属材料相关的铸造、锻压、热处理、焊接、粉末冶金和金属物理等 6 个二级学科专业分布于冶金和机械工程 2 个一级学科中，而无机非金属材料和有机高分子材料 2 个二级学科专业通常归属于化学工程一级学科。为了适应现代科技发展，我国于 1996 年前后对学科结构进行了优化调整，材料科学与工程一级学科重新划分为材料学、材料加工工程和材料物理与化学 3 个二级学科。截至 2022 年 3 月，全国共有 1377 所高等院校设立了材料科学与工程本科专业，拥有硕士点 128 个和博士点 103 个。至此，我国建成了世界上较完备的材料科学与工程人才培养体系，如图 2-3 所示。

高水平的学术组织数量和规模也是一个学科发展状况的重要标志。目前，中国科学技术协会共设立了 213 个全国性一级学会。如图 2-4 所示，与材料科学与工程相关的一级学会达到 10 个，包括中国材料研究学会、中国金属学会、中国有色金属学会、中国硅酸盐学会、中国复合材料学会、中国生物材料学会、中国晶体学会、中国稀土学会、中国颗粒学会、中国腐蚀与防护学会。这些全国性一级学会为材料科学与工程界开展国内外合作交流构建了一流的科技平台。仅以中国材料研究学会为例，它每年 7 月定期举办以材料科学为主题的中国材料大会，每年 11 月定期举办以材料技术为主题的中国新材料产业发展大会。尽管受新冠疫情防控影响，但是 2021 年在厦门召开的中国材料大会的线下参会人数仍然达到 16 000 余人，在武汉召开的中国新材料产业发展大会的线下参会人数也达到 3000 余人。近年来，中国材料大会的参会人数一直保持数倍于国际同类美国材料学会（Materials Research Society，MRS）会议的参会人数。这从侧面反映出中国已经成为世界材料科学研究大国。

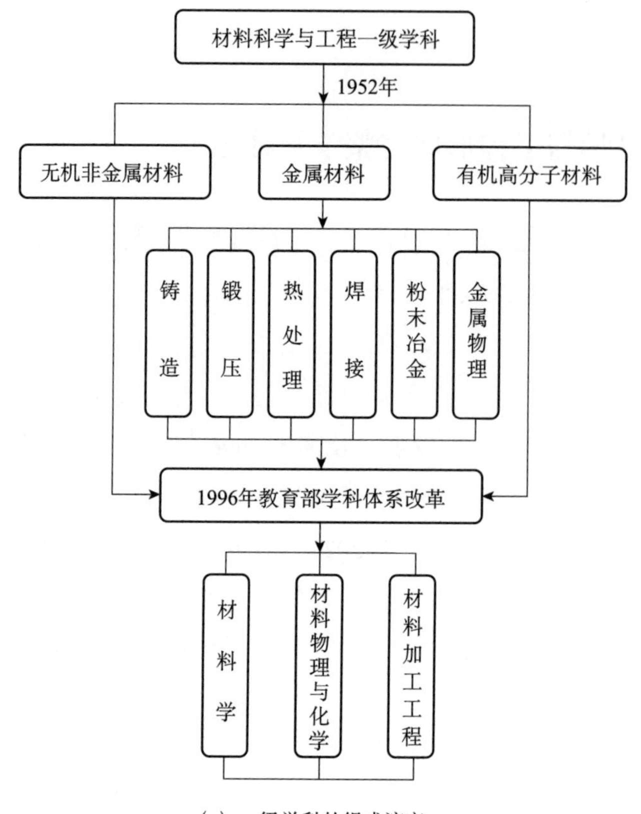

(a) 一级学科的组成演变

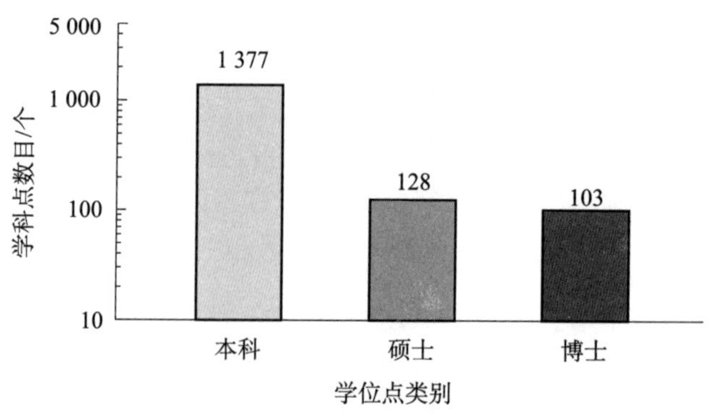

(b) 材料科学与工程学科点统计（截至2022年3月）

图 2-3　材料科学与工程学科结构演变

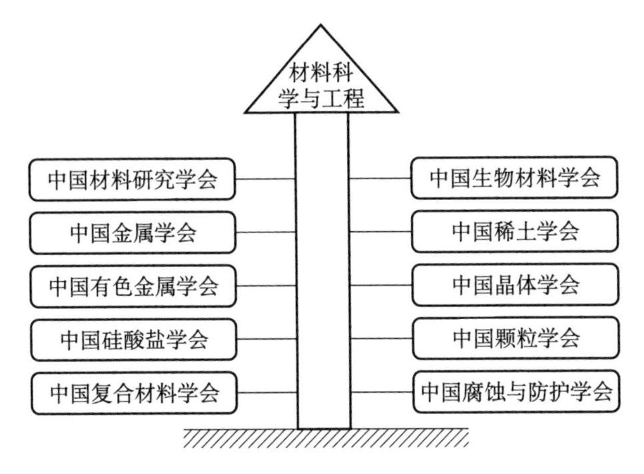

图 2-4　材料科学与工程相关一级学会

第二节　材料科学的未来趋势

一、高新科技产业与新兴材料发展相互驱动

材料科学的发展动力主要来自三个方面：一是高科技和新产业的重大需求牵引；二是相关交叉科学前沿的激励促进；三是学科体系自身不断进步和完善的原始动力。毫无疑问，国防科技工业仍然是 21 世纪高科技最密集的战略领域。航空工业对材料性能的超轻、超强、超高温要求日益苛刻，载人航天和深空探测要求材料的功能和智能化程度越来越高，海洋工程对材料腐蚀与防护性能的苛求亟待解决，原子能技术对材料的抗辐照和极端服役性能要求更是令人望而却步。一个简单的例证是，高温合金单晶叶片材料直接制约着新一代航空发动机和燃气轮机的设计研发，因此成为我国航空发动机和燃气轮机的重点攻关研究内容。

生命科学和生物技术是当今世界的焦点科学领域，甚至有可能带来第六次科技革命。由于材料是生命现象的物质载体，从人工器官培育到脑科学中神经元构建都需要材料科学提供支撑条件。电子信息、5G 通信、人工智能及新型能源等新产业集群都期待新一代半导体单晶、稀土功能材料和储氢储能材料研究取得新突破。同时，新材料和材料新技术本身已经形成了一个世界范围的高技术产业群，正在快速地将科学成果转化为工程技术。譬如，增材制造技术实现了材料科学研究与高端数字制造的有机结合，为高速轨道交通和高端机械电子制造开辟了新路径。

二、材料科学与物质科学更加交叉融合

首先，随着当代分析测试技术的不断进步，材料科学对组织形态和相结构的研究不仅达到纳米尺度，而且进一步深入原子尺度，甚至向基本粒子范畴延伸。这是一个材料科学向物质科学演变的倾向。另外，物质科学越来越重视将各种物质的新性质和新效应转变为新性能和新功能，甚至据此设计发明新构件和新器件，从而使新物质发展成为具有应用价值的新材料。这是物质科学向材料科学交叉融合的一个趋势。

其次，随着计算材料科学的迅速兴起，特别是材料基因组原理的推广应用，新材料的逆向设计与合成制备研究更多地依赖于物质微观结构理论和物理化学基本性质规律，从而使材料科学和物质科学深度融合。实际上，超材料、构筑材料、拓扑量子材料、六元环无机材料、有机光电功能半导体分子材料，以及柔性超弹性铁电氧化物薄膜等新兴材料的诞生过程均充分体现了材料科学与物质科学交叉研究特征。

最后，传统材料的组织性能和制备成形寻求跨越性提升或变革性发展依赖于物质科学的新概念和新原理。高混合熵概念启发了多元等原子比单相合金的设计制备，无序截留效应为金属间化合物强韧化提供了新途径，纳米孪晶机制为人工合成硬度超越天然金刚石的超硬材料提供了理论依据。同时，各类工程材料在超常环境中呈现的特殊服役性能为物质科学拓展了新物性研究范围。

三、新时空概念冲击着材料科学前沿生长点

当代物理学中暗物质、暗能量和时空隧道等新观念深刻冲击着传统材料科学的发展趋势，催化材料科学前沿萌生新的生长点，并促进材料科学变革

陈旧的研究范式。同时，人类对深空、深海、深地的科学探测极大地拓展了材料的应用空间范畴和合成制备与成形加工的环境边界。人脑科学和人工智能促使材料科学贯通有生与无生的界限。核聚变等大科学工程可为新概念材料的构思提供史诗般的超极端条件。

在新时代背景下，自然资源的绿色循环利用、生态环境“双碳”目标的实现，以及新能源的可持续再生等经济社会发展策略也为材料科学划定了新的生长边界条件。材料结构与功能和性能一体化设计、材料合成制备与构件和器件一体化制造、材料服役性能与损伤失效归一化预测、材料绿色制造与废料回收再生全寿命策划等集成式研究正在成为未来主流趋势。虽然新材料代表着材料科学的前沿优势方向，但是真正构成当代世界科技工业和经济社会体系框架和主体的仍然是各类传统结构和功能材料。因此，材料科学发展前沿的另一极指向如何革新人们习以为常的传统材料体系并进行颠覆性重构和全面提升换代。

第三节　材料科学的发展策略

一、材料科学以发展新材料作为主要目标

21 世纪以来，我国已经成为材料研究大国、材料产业大国和材料教育大国。为了尽快实现从材料大国向材料强国转变的战略目标，未来材料科学的发展策略应当是将新兴材料的设计制备、成形加工和工程应用作为学科重点目标。首先，聚焦新材料研究有利于材料科学的跨越式发展，一个国家材料科学方面的核心竞争力集中体现在其新材料研究和应用水平，只有抢占新材料和材料新技术的学科制高点，才能引领材料科学前沿发展的新潮流。其次，新材料研究的重要进步和突破将迅速带动国防高科技、电子信息技术、生物医学工程、人工智能和新一代通信技术、高速轨道交通和人居环境工程，以及新型能源和高端制造等国民经济主战场各行业的创新发展。

金属材料学科的近中期重点研究目标应锁定新型复合材料、大块非晶与高熵合金、稀土镁合金与高强韧金属间化合物、特种高温与难熔合金等高性能新结构材料，以及热电与储氢合金、稀土磁性合金、传感与电子互连合金、纳米催化合金、形状记忆和磁致伸缩合金、医用植入合金等新功能和智能材料。无机非金属材料学科的优先研究目标更是千姿百态的新兴材料：功能晶体、信息功能陶瓷、先进半导体与量子材料、新型碳材料、生物医用和新能源材料，以及绿色循环治理材料。有机高分子材料学科的近中期主要研究范围包括智能与仿生高分子材料、生物医用高分子材料、光电磁功能高分子材料、有机-无机杂化材料、高分子共混复合材料，以及环境与能源高分子材料。

二、强化传统材料体系的革新换代

只要投入广泛应用，任何一种新材料终究将演变为众所周知的传统材料。虽然新材料总是材料科学关注的热点和前沿，但是传统材料一直是材料谱系的中流砥柱。实际上，若离开传统材料，当代科技工业体系将不复存在。因此，材料科学的另一个前沿方向是深入探索传统材料进一步发展的新概念和新原理，用超常方式寻求传统材料结构与性能的革命性升级换代新途径。

经过五次科技革命的广泛应用，大部分金属材料已经成为传统材料。金属材料学科在近中期关注的关键传统材料主要是超强钢、新型钛合金、高性能铝合金与铜合金、单晶高温合金、低成本耐热耐蚀耐磨合金，以及绿色再生金属材料。无机非金属学科仍然对水泥、玻璃、陶瓷和耐火材料等四大类传统结构和功能材料开展深入的创新研究。有机高分子材料学科也将继续研究塑料、橡胶、纤维、涂料和胶黏剂等五大类通用高分子材料革新换代的新原理和可行路径。

三、倡导跨学科交叉前沿研究

由于不同类别材料的应用范围涉及各行各业，材料科学与许多实验性或工程性学科密切相关，从而具备跨学科交叉研究的固有特性（图1-2、图2-2）。跨学科交叉研究可以从三个方面助推材料科学的创新发展：一是相关学科的跨界需求经常为材料科学提出新挑战并激发新的前沿生长点；二是相关学科的新突破可以为材料科学提供新思路、新方法与新技术；三是跨学科交叉研究能够产生“复合学科”的助融效应。当前，材料科学与物理学、化学、生物医学、空间科学、人工智能、信息通信、计算机技术及数字制造工程等学科的交叉研究日趋深入。计算材料科学和材料基因工程都是跨学科交叉研究的典型范例。

传统材料的变革性创新突破也可以受益于跨学科交叉研究。众所周知，增材制造技术为高温合金和钛合金等传统金属材料的发展提供了全新途径。实质上，金属材料 3D 打印过程是传统快速凝固原理与当代数字制造科学的交叉复合。早在 20 世纪 70 年代，金属凝固科学技术领域就开发了快速凝固与普通车床平动加转动二坐标制造过程相结合的激光涂覆表面快速凝固技术，并成功应用于汽车工业高性能缸体耐磨活塞的制造。这可以认为是增材制造技术的雏形。正是机械工程领域的六坐标精准数字制造过程和自动控制技术两个相关学科的新突破催生了 3D 打印材料成形加工新原理。

材料共性科学的长足发展也依赖于跨学科交叉前沿研究。千姿百态的材料展现出气象万千的特殊规律。跨界的科学交流与碰撞融合能够有力地促进不同类型材料设计构筑、制备成形和工程应用过程中普遍规律的归纳凝练。在信息化时代背景下，材料科学、材料技术、材料工程、材料应用乃至材料文化将高效地融合为材料发展的多维交叉新潮流。

四、构筑材料领域的国家战略科技力量

截至 2022 年 3 月，我国建成并运行的国家级材料类科技平台共有 52 个，其中国家重点实验室 21 个、国家工程实验室 19 个、国家工程研究中心 12 个（图 2-5）。此外，我国还有省部级材料类科技平台 100 余个。这些科技平台构成了我国材料领域的集群优势，使我国材料领域的硬件水平和科研环境总体上达到当前国际先进水平。但是，大而不强、全而分散是材料科技平台体系的明显弱势。为了构筑材料领域的国家战略科技力量，材料科技平台建设策略必须从“巡洋舰组合”向“航母战斗群”转变。

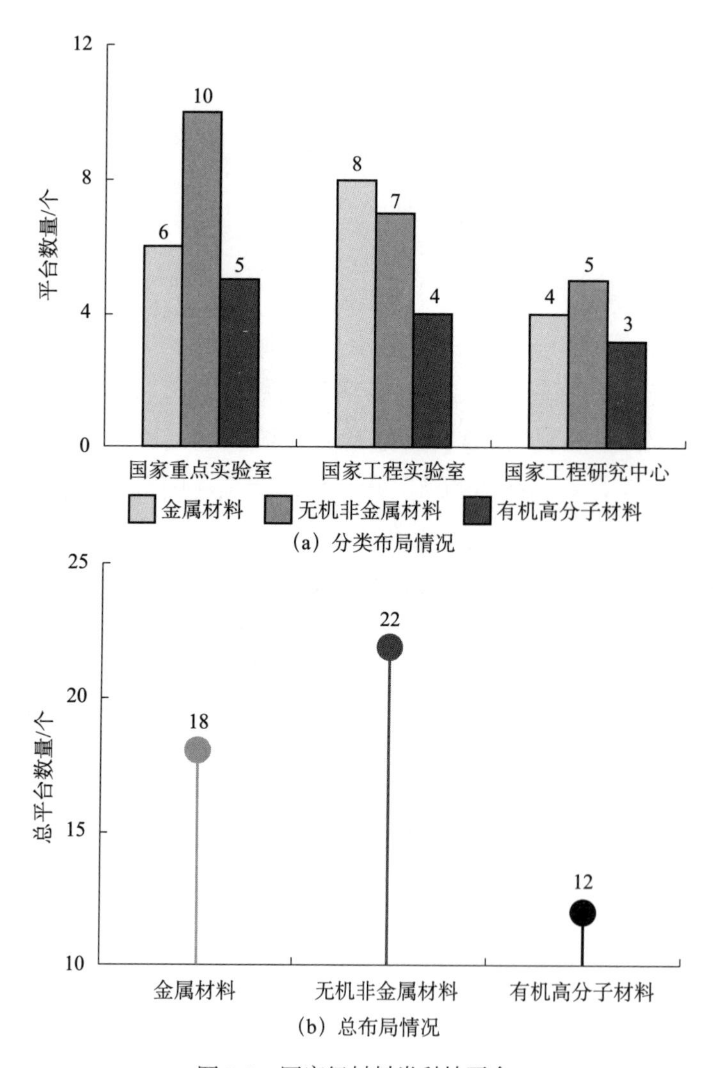

图 2-5　国家级材料类科技平台

结合国家在京沪广深地区大科学装置的战略布局和全国不同地区材料科技产业分布情况，面向国民经济主战场的长远需求，立足发展新材料和材料新技术产业，可以构思建立 2 个材料类国家实验室。在长江以北，建立以高性能结构材料为主攻方向的先进结构材料国家实验室；在长江以南，建立以新兴功能和智能材料为主攻方向的新型功 / 智能材料国家实验室。

综上所述，未来 15～30 年应该是新材料萌生发展的黄金时代、传统材料革新换代的钻石时代、材料学科交叉研究的引领时代、材料科技基地建设的航母时代、材料文化发扬光大的复兴时代。我国也将从材料大国逐步成为材料强国。

本篇参考文献

陈红征，段炼，2020. 有机–无机复合光电材料及其应用 [M]. 北京：科学出版社.

陈立东，刘睿恒，史迅，2018. 热电材料与器件 [M]. 北京：科学出版社.

党智敏，2021. 储能聚合物电介质导论 [M]. 北京：科学出版社.

国家自然科学基金委员会，2020. 2020 年度国家自然科学基金项目指南 [M]. 北京：科学出版社.

国家自然科学基金委员会，2022. 2022 年度国家自然科学基金项目指南 [M]. 北京：科学出版社.

国家自然科学基金委员会，中国科学院，2019. 空间科学 [M]. 北京：科学出版社.

国家自然科学基金委员会工程与材料学部，2017. 2016～2020 冶金与矿业学科发展战略研究报告 [M]. 北京：科学出版社.

韩雅芳，潘复生，2020. 走进前沿新材料 [M]. 合肥：中国科学技术大学出版社.

何传启，2011. 第六次科技革命的战略机遇 [M]. 北京：科学出版社.

贾明星，2019. 七十年辉煌历程 新时代砥砺前行——中国有色金属工业发展与展望 [J]. 中国有色金属学报，29(9): 1801-1808.

康飞宇，干林，吕伟，2020. 储能用碳基纳米材料 [M]. 北京：科学出版社.

李贺军，齐乐华，周计明，2013. 液固高压成形技术与应用 [M]. 北京：国防工业出版社.

麦立强，2020. 纳米线储能材料与器件 [M]. 北京：科学出版社.

聂祚仁，2021. 材料生命周期评价资源耗竭的㶲分析 [M]. 北京：科学出版社.

阮莹，胡亮，闫娜，等，2020. 空间材料科学研究进展与未来趋势 [J]. 中国科学：技术科学，50(6): 603-649.

汤慧萍，林鑫，常辉，2020. 3D 打印金属材料 [M]. 北京：化学工业出版社.

宣益民，李强，2009. 纳米流体能量传递理论与应用 [M]. 北京：科学出版社.

翟启杰，2018. 金属凝固组织细化技术基础 [M]. 北京：科学出版社.

翟薇，常健，耿德路，等，2019. 金属材料凝固过程研究现状与未来展望 [J]. 中国有色金属学报，29(9): 1953-2008.

中国材料研究学会，2020. 中国新材料产业发展报告 2019[M]. 北京：化学工业出版社.

中国工程院，中国材料研究学会，2020a. 中国新材料研究前沿报告 2020[M]. 北京：化学工业出版社.

中国工程院，中国材料研究学会，2020b. 中国新材料产业发展报告 2020[M]. 北京：化学工业出版社.

周益春，杨丽，朱旺，2021. 热障涂层破坏理论与评价技术 [M]. 北京：科学出版社.

MEYERS M A, CHAWLA K K, 2009. Mechanical behavior of materials[M]. Cambridge: Cambridge University Press.

ZHANG Y, 2017. ZnO nanostructures: Fabrication and applications[M]. Croydon: Royal Society of Chemistry.

第二篇

金属材料学科

第三章

金属材料概述

材料是社会进步和人类文明的物质基础与先导，金属工具的出现标志着人类跨入文明社会。自青铜时代以来，金属材料一直是人类制造生产工具和武器的重要原材料，并在第一次科技革命和第二次科技革命中成为经济社会发展的支柱产业。进入21世纪，虽然各类新型材料层出不穷且发展日新月异，但是金属材料在经济社会建设中仍然发挥着不可替代的脊梁作用，支撑着航空航天、武器装备、重大工程、能源动力、集成电路及芯片制造、生命健康、轨道交通、船舶海洋等重点领域的发展，是国家安全和经济快速发展的重要基石。

第一节　金属材料的发展现状及面临的问题

一、我国金属材料的发展现状

近年来，随着经济建设发展和政策引导，我国在金属材料领域取得了一系列重要进展。

（一）建成了全球门类最全、规模第一的金属材料产业体系

2020年，我国粗钢产量达到10.65亿吨，占全球产量的56.7%①②；电解铝产量为3733.70万吨，占全球产量的57.2%③；原镁产量为96.10万吨，占全球产量的85.8%④；金属磁性材料产业以年均10%～20%的速度增长，已成为全球最主要的金属磁性材料产业中心。

（二）高端关键金属材料的制备和加工技术迈上新台阶

关键战略材料综合保障能力不断提升。例如，我国研制发展了四代单晶高温合金和粉末高温合金，有效保障了我国航空发动机及船舰和电力用燃气轮机的发展；7085铝合金厚大截面材料和Ti6Al4V钛合金锻件国产化，扭转了C919大飞机部分关键材料“依赖进口、受制于人”的局面；SiC/Al、B_4C/Al、金刚石/Al等增强类铝基复合材料成功用于载人航天、探月工程、北斗导航等国家重大工程任务；高性能稀土镁合金应用于多个航空、航天产品的主承力结构件。

（三）基础研究水平显著提高

金属材料领域研究队伍规模已居世界首位，高影响力科学家人数逐年增多，科技论文数量和发明专利申请数量达到世界第一；前沿新材料取得一批核心技术专利，对金属纳米材料、金属间化合物、非晶合金、金属超材料等的研发居于世界前列。例如，在Web of Science数据库冶金和冶金工程学（metallurgy and metallurgical engineering）学科类别中，我国科研人员发表的科学引文索引（science citation index，SCI）论文数量不断增加，自2001年首次超越美国后一直居全球首位（图3-1）。

① 国家统计局.中华人民共和国2020年国民经济和社会发展统计公报[EB/OL].(2021-02-28).http://www.stats.gov.cn/xxgk/sjfb/zxfb2020/202102/ t20210228_1814159.html[2022-02-19].

② 世界钢铁协会. 2021 年世界钢铁统计数据[EB/OL]. (2022-01-12). https://worldsteel.org/zh-hans/steel-by-topic/statistics/world-steel-in-figures/[2022-02-19].

③ 世界铝业协会.主要铝产量[EB/OL].(2022-01-20).https://international-aluminium.org/statistics/primary-aluminium-production/[2022-02-19].

④ 孙前, 2021. 低碳绿色冶炼 推动镁行业高质量发展[N]. 中国有色金属报, 2021-12-07:7.

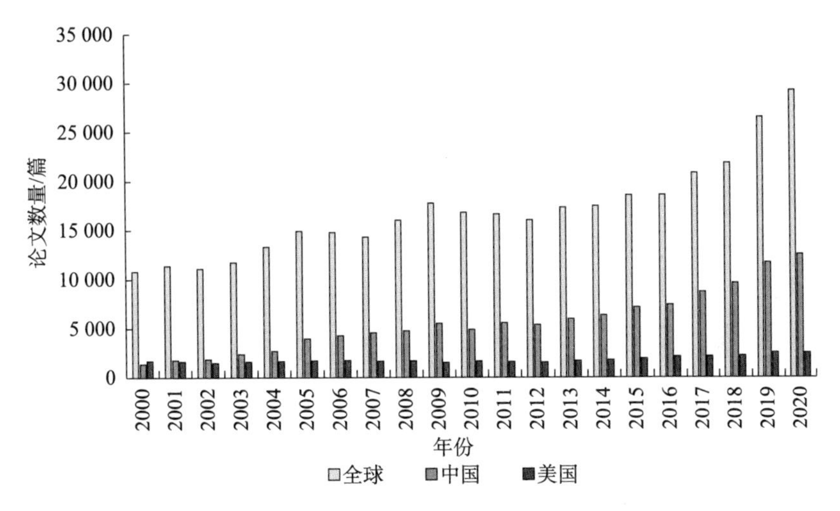

图 3-1　2000～2020 年冶金和冶金工程学学科 SCI 论文发表情况

二、我国金属材料发展面临的问题

我国在金属材料领域取得了巨大进步，但与欧洲、美国、日本等发达国家或地区相比，我国金属材料产业仍处于“大而不强、大而不优”的发展阶段，特别是部分关键技术受制于人的局面仍未有根本性改变，存在原创引领能力不足、高端金属材料支撑保障能力较弱、资源保护和利用能力不强等问题。

（一）原创引领能力不足

我国金属材料的跟踪研仿多、自主创新少，难以抢占战略制高点。例如，我国电解铝产量世界第一，但美国铝业掌握了飞机用铝材 80% 的专利；我国以 23% 的稀土资源承担了世界 90% 以上的市场供应[①]，但欧洲、美国、日本掌握了稀土功能材料所有原始专利。基础理论认知不清晰、原理机制不清楚，就很难开发原创性、革命性、颠覆性的关键核心技术。未来需努力实现前瞻性基础研究、引领性原创成果的重大突破。

① 中华人民共和国国务院新闻办公室，2012. 中国的稀土状况与政策 [N]. 人民日报，2012-06- 21:15.

（二）高端金属材料支撑保障能力较弱

这主要表现在材料开发、加工工艺和装备等方面。一是已批量开发生产的高端材料种类少，制约了其他领域的发展。例如，运载工具、能源动力、高档数控机床和机器人、国防军工等五大领域所需的347种关键材料中被国外禁运（出口管制）61种，依赖进口156种[①]；增材制造所需的高端金属材料高度依赖进口；2020年美国将生物材料也列入出口管制清单，使我国植/介入器械使用金属生物材料的供应出现了短缺。二是材料加工工艺和装备发展落后，过去对工艺和装备研制的缺失是目前我国关键材料被外国“卡脖子”的主要原因之一。例如，制备芯片用14纳米以下金属互连线所需的电化学沉积设备和工艺技术接近100%被美国垄断；国产高端轴承钢已具有国际竞争力，但由于设计、轴承制造装备、高精度机械加工等一系列技术难题限制，至今无法制造出达到国际先进水平的高端轴承；在航空发动机和燃气轮机单晶涡轮叶片方面，从合金到设备已被全面封锁，尤其是高端单晶炉的禁运，严重迟滞了我国高端单晶涡轮叶片的研制和生产；美国F-22战斗机的含钛量高达41%，我国歼–20的含钛量为20%、歼–31的含钛量为25%，中美战机在机身钛合金应用比例上的差距主要由我国钛合金加工成形的技术能力不足所导致。上述情况严重威胁我国国防安全、国民经济稳定和人民生命健康，因此提高高端金属材料的支撑保障能力刻不容缓。

（三）资源保护和利用能力不强

1. 金属材料的冶炼和加工过程对生态环境造成了压力

例如，钢铁行业碳排放量占全国碳排放总量的16%左右；电解铝行业碳排放量约占全国碳排放总量的5%；精炼1吨镁至少会产生20吨碳排放和大量废水。

2. 对资源的利用率不够高

我国铁、铜、镍、钴等12种战略性矿产对外依存度超70%[②]，铂族元素、锂、镍、钴、铼等已面临资源断供的风险。金属资源的短缺将对我国高端装

① 曹国英，新形势下材料科技发展战略的一些思考[C]. 昆明：中国工程院国际工程科技战略高端论坛——第三届材料基因工程高层论坛,2019.

② 干勇. 高端制造及新材料产业发展战略 [C]. 北京: 首届中国产业链创新发展峰会, 2020 .

备制造、氢能及新能源汽车等战略性新兴产业发展带来巨大冲击，我国迫切需要发展金属资源的高效与高值化利用、清洁循环利用等技术。

第二节　金属材料的发展机遇与挑战

目前，世界百年未有之大变局加速演进，国际形势日益错综复杂，中华民族伟大复兴与正在孕育的全球科技革命和产业变革形成历史性交汇，都为金属材料的发展带来了空前的机遇和挑战。

（一）国际形势日益错综复杂，材料科技自立自强具有重大意义

在单边主义、保护主义抬头的大背景下，发达国家不断强化对高端新材料的垄断和封锁。高端新材料技术“要不来、买不来、讨不来”已成为制约制造业高质量发展和影响高技术产业链、供应链安全的核心短板。日趋激烈的国际竞争加强了提升金属材料支撑保障能力的战略需求，为我国金属材料领域的原创性发展提供了原动力，也为强化战略资源的高效利用提供了契机。

（二）“双碳”目标和制造强国、创新驱动发展等战略发布实施

我国在全面建设社会主义现代化国家新征程中坚持创新驱动发展、深入实施制造强国战略、发展壮大战略性新兴产业、推动绿色发展、加快国防和军队现代化，明确了夺取航天强国、科技强国、交通强国等战略制高点目标。这些目标的完成需要超高强韧钢、高性能轻合金、高温合金等先进结构材料和金属能源材料、金属信息材料、金属催化材料等高端功能材料的支撑，是我国金属材料发展的重大需求。同时，“双碳”目标使钢铁产业和包括铝产业在内的有色金属产业结构优化升级迎来了重大战略机遇。

（三）新一轮科技革命和产业变革

快速发展中的新一代信息技术、新能源技术、智能制造技术、新一代生

物技术等新兴领域既需要金属材料的支撑，又促进金属材料的应用向数字化、信息化、智能化转型。例如，金属磁性材料是5G、新能源汽车、智慧城市、无人机、卫星遥感等新兴领域发展升级的重要材料支撑；金属增材制造集成先进制造、智能制造、绿色制造、新材料、精密控制于一体，是世界各大强国争相发展的重要战略制高点；利用人工智能、大数据等信息技术可以精准控制金属材料设计、制备与应用流程，能够缩短研发周期和降低研发成本。我国应紧紧抓住新科技革命这一历史机遇，积极布局促进学科交叉和技术融合，避免与世界材料强国形成新的技术鸿沟。

第三节　新机遇下的新思路

在新形势下，金属材料发展应紧紧围绕国家重大战略需求，践行绿色化、智能化发展理念，瞄准重大科学问题、关键技术难题，用好新型举国体制，开展联合攻关、合理布局、重点突破，具体思路如下。

（一）加强原创性、引领性科技攻关

通过解决材料领域重大基础科学问题、变革研发模式、发展关键共性技术、完善全链条创新能力，推动前沿新材料的研发和应用，实现我国材料领域从“跟跑”“并跑”向“领跑”的转变，把创新主动权、发展主动权牢牢掌握在自己手中。

（二）围绕重大需求、提高保障能力

对标国家重大战略和需求，发挥新型举国体制的优势联合攻关、重点突破“卡脖子”难题，保障国防和经济安全。建成与我国新材料产业发展水平相匹配的工艺装备保障体系，补齐短板。

（三）坚持绿色发展

通过优化产业结构、提高工艺水平和装备实现金属生产和加工过程的节

能减排，完成“双碳”目标；提升金属资源的高效高值化和循环化利用，减少对进口的依赖和对资源的浪费；通过发展金属能源材料、金属催化材料等支撑我国能源转型。

（四）促进多学科交叉、多技术融合

金属材料是一个多学科交叉融合的领域，它的发展既依赖于数学、物理学、化学等基础学科的发展，也与机械工程、信息工程、装备与制造技术、航空航天、汽车、核电等工业技术紧密相连。促进学科交叉和技术融合是使金属材料历久弥新、永葆活力的重要手段。

（五）加强政产学研用协同，突破材料研发及产业化瓶颈

以市场为导向加强政产学研深度融合，积极推动首台套（批次）政策和科技金融等配套政策的落实，同步推动创新链、产业链、资金链和政策链协同部署，营造良好的材料发展生态环境，加快破解材料研发和产业化应用之间的“死亡谷”。

预计到 2035 年，我国战略必争领域用关键金属材料将全面实现自主保障，并取得一批重大原创成果，形成集金属材料研发、评价 / 表征 / 标准、人才培养、国际合作等功能于一体的金属材料创新体系，实现从金属材料大国向金属材料强国的转型，为国家高水平科技自立自强提供有力支撑。

第四章

金属结构材料

金属结构材料是国民经济的关键主干材料，对高档数控机床和机器人、航空航天装备、海洋工程装备及高技术船舶、先进轨道交通装备、节能与新能源汽车、电力装备等众多关键领域的发展起到引领和支撑作用，并为解决社会发展面临的水资源、能源安全、资源环境等重大现实问题提供基础保障。我国已经建成了全球门类最全、品种与产量规模第一的金属材料产业体系，形成了庞大的材料生产规模，钢铁、有色金属、稀土金属等材料产量居世界首位；2020 年，我国粗钢产量占全球总产量的 56.7%，电解铝产量占全球总产量的 57.2%，原镁产量占全球总产量的 85.8%，通用铜材的国内自给率达到 96%。

快速发展中的新一代信息技术、新能源技术、智能制造技术、新一代生物技术等新兴领域，特别是航空航天、交通运输及武器装备等行业对结构材料的要求也越来越高，更高强度、高刚度、高硬度、耐高温、耐磨、耐蚀、抗辐照及易加工、易回收、低碳、低排放是未来结构材料的主要发展方向。目前，金属结构材料的研究主要集中在镁合金、铝合金、钛合金、高温合金、高性能钢、金属基复合材料、高熵合金、金属间化合物等方向。

第一节　镁　合　金

一、发展现状与发展态势

（一）发展现状

“十三五”时期以来，我国镁合金材料产业迅速发展，通过产学研用结合，我国已经成为世界上镁合金生产消费及科学研究的第一大国。目前全球原镁产量主要来自中国。中国有色金属学会统计数据显示，2019 年，我国原镁产量为 96.9 万吨，镁消费量为 48.5 万吨。海关总署数据显示，2021 年，我国出口各类镁产品达 47.72 万吨，同比增长 21.2%；出口金额为 19.35 亿美元，同比增长 101%；出口单价为 4052.3 美元 / 吨，同比上涨 65.8%。

当前，超过一半的镁用于制备其他合金（铝合金、钛合金等），而作为镁合金直接消费的用量约占全部镁产量的 1/3（图 4-1），主要集中在汽车轻量化、轨道交通、航空航天等三大领域。以上海交通大学、重庆大学、西安交通大学、吉林大学、东北大学、中国科学院金属研究所为代表的国内研究机构在稀土镁合金设计、铸造与变形工艺优化、微观变形与腐蚀机理等方面取得了突出的研究成绩。以青海盐湖集团、南京云海金属、山西银光华盛镁业、山西瑞格金属、西安海镁特镁业为代表的企业在原镁生产与提纯、镁合金压铸产品、镁合金深加工等上下游市场整合方面取得进展。锻造镁合金轮毂对汽车主机厂供货取得突破，高性能轻质稀土镁合金材料成功应用于直升机关键复杂承力部件，20 余种新的镁合金已成为国家标准牌号。

除了中国，一些发达国家在镁合金产业与研究方面也具有长期积累。美国三大汽车公司在过去几十年里一直致力于镁合金汽车零部件的开发和应用。加拿大镁资源丰富，拥有曾经世界上最大的镁生产与加工公司 Meridan（现被浙江万丰集团收购），镁合金热成形技术较成熟。德国在镁合金压铸领域处于世界领先地位，拥有世界知名的镁创新研究中心（Magnesium Innovation Center，MagIC）。此外，日本、韩国、挪威、澳大利亚等国在镁合金科研与应用方面也有不俗的实力。

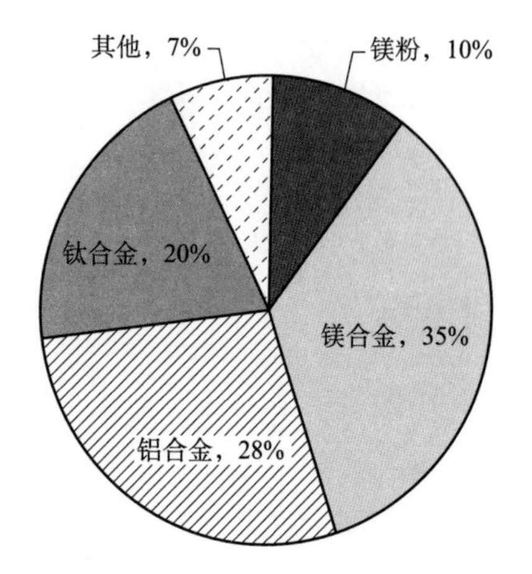

图 4-1　2020 年中国原镁消费结构占比情况

资料来源：中国有色金属学会

（二）发展态势与战略需求

虽然镁行业近年取得了长足进步，但镁的用量仍不足 100 万吨，远少于钢和铝的用量。主要问题有：第一，原镁生产技术缓慢，环保压力加大；第二，镁加工工艺发展滞后，型材生产成本高、性能不稳定，原镁产能过剩与高端深加工产品短缺并存；第三，镁合金材料牌号和种类少，强度、塑性、模量、耐蚀性等方面的不足导致其应用领域受限。

二、发展思路与发展方向

到 2035 年，镁合金材料应重点发展以下方向：原镁冶炼与提纯技术、数据驱动的材料设计、材料关键性能提升、结构功能一体化应用开拓。

目前我国原镁冶炼厂大部分采用基于固–固反应的皮江法炼镁。该方法技术较成熟、建设成本低、成品镁的纯度高，但其缺点在于能量利用率低、生产过程不连续，属于劳动密集型产业。与皮江法相比，电解法炼镁具有节能、生产过程连续、生产成本低等优势，青海盐湖集团投资的电解镁生产线已投入试运行。电解法炼镁未来需要解决纯度提升和环保性能提高两大核心问题。

随着大数据技术和人工智能技术的飞速发展，数据驱动的材料设计受到了重视。近年来，国内外研究人员应用第一性原理、热力学计算、相场计算、有限元计算和人工智能技术成功预测了部分镁合金的显微组织、力学性能和耐腐蚀性能。以材料基因工程为代表的研究新范式将成为下一代镁合金研发的重要方法，这里需要解决镁合金材料基础数据少且较分散的问题。

镁合金的主要应用场景在汽车轻量化、轨道交通、航空航天等领域。汽车轻量化、轨道交通的应用对于材料的强度、塑性、耐蚀性及成本都有严格的要求，目前商用镁合金无法满足，需要开发性能与成本可与6××× 系铝合金相媲美的镁合金，尤其是非稀土镁合金。航空航天的应用对材料刚度有较高的要求，由于合金化难以显著提升材料模量，需要将镁合金与陶瓷颗粒或纤维复合化，这里还需要解决材料刚度与塑性之间的互斥问题。

除了用于纯结构材料，以高导热镁合金、可控降解医用镁合金、电磁屏蔽镁合金等为代表的结构功能一体化材料也将进一步受到重视，这有助于扩大镁合金的工业应用场景。

三、至 2035 年预期的重大突破与挑战

预计至 2035 年，镁合金材料领域有以下重大突破点与挑战。

（1）突破低成本高品质镁冶炼技术，大幅降低原镁的生产成本。

（2）构建镁合金材料基础数据库，建立基于数据的镁合金设计方法，大幅增加商用镁合金的牌号数量。

（3）开发超高强韧镁合金，通过成分与新工艺设计，解决材料强度与塑性矛盾的问题。开发超高刚度镁合金，发展能有效提升弹性模量且不严重损伤塑性的新相设计，解决材料刚度与塑性矛盾的问题。

（4）开发高耐蚀镁合金，通过杂质元素控制、第二相设计、表面钝化膜自修复等方法，大幅提升镁合金本体耐蚀性能，降低对表面防护涂层的依赖，解决由涂层破坏带来的局部严重腐蚀问题。

（5）开发新型高强高导热镁合金、可降解医用镁合金、电磁屏蔽镁合金，在 3C① 及生物医药领域开发新应用。

---

① 3C是计算机（computer）、通信（communication）和消费电子产品（consumer electronics）三类电子产品的简称。

第二节　铝　合　金

一、发展现状与发展态势

（一）发展现状

铝及其合金广泛应用于航空航天、建筑、交通、电力、电子、通信和国防军工等领域，研制与生产高性能和高服役可靠性的铝合金材料一直是国内学术界和工业界长期不懈努力攻关的重大科技问题。发达国家多年来积累的科研与工业基础造就了其科研、标准、产业技术“领跑”和垄断地位。在交通运输装备领域，5××× 和 6××× 系铝汽车板主要生产企业分布在北美地区和欧洲，以诺贝丽斯、美国铝业、肯联铝业为代表的铝汽车板巨头形成了对整个市场的垄断。美国肯联铝业公司开发的 HSA6-T6 合金挤压型材最低屈服强度为 370 兆帕，最低抗拉强度为 400 兆帕，与采用传统铝合金材料制造的全铝汽车质量相比，可减重 30% 以上。美国奥科宁克公司成功开发了新一代汽车板生产设备与工艺微型加工（micro-mill）技术，极大地提升了汽车车身和覆盖件用铝板的性能，综合性能提升 20%，成本降低 30%。在空天飞行器领域，现代空天用铝材向着高综合性能、低密度、大规格、高均匀性和结构功能一体化方向发展。美国铝业公司、法国铝业公司及德国爱励铝业公司开发了具有低淬火敏感性的高强韧铝合金 7085、7140、7081，法国铝业公司开发了 7056-T79/T76 超高强合金用于 A380 飞机翼壁板等，俄罗斯航空材料研究所和美国铝业公司分别开发了 1460、2097、2197、2195 等铝锂合金。

由于历史原因，我国铝合金材料研究与工业发展起步较晚，技术体系与工业基础薄弱。经过近 30 年的快速发展，我国依靠后发优势和跟随研究便利，逐步占据原铝产量世界第一、铝加工产能世界第一的地位。“十三五”时期以来，我国凭借铝合金材料生产和消费大国的市场优势，迅速建立了世界上规模最大、单机与总吨位最大、装机水平高的铝合金材料加工装备，并在多个技术方向上取得了突破性进展。我国自行研制的新型高强韧铸造铝合金、第三代铝锂合金、高性能铝合金型材的性能均达到国际先进水平。在《变形铝及铝合金化学成分》（GB/T 3190—2020）中，近10年我国共增加了29个国产铝合金牌号，其中北京工业大学在国际上率先掌握了含铒弥散强化铝合金的制备和加工技术，研发的含铒5E83铝合金冷轧板、5E06铝合金热轧板和热挤压壁板等5个合金牌号列入国家标准。东北大学、中南大学、上海交通大学等在大规格高品质铝合金锭坯制备、高性能变形铝合金、铝基复合材料等研究方面达到国际先进或领先水平。中国铝业集团有限公司在汽车轻量化领域取得了一定的成果，开发了汽车用6016、6014、5182、5754铝合金并已经实现批量应用。中国铝业集团有限公司、中国航发北京航空材料研究院、有研科技集团有限公司、中南大学、东北大学等开发了超高强铝合金、高纯高损伤容限铝合金、铝锂合金和稀土铝合金等，应用于重点武器装备和重大工程。西南铝业（集团）有限责任公司研制出的10米整体环件连续刷新了铝合金整体环件的世界纪录。

（二）发展态势与战略需求

随着我国国民经济与国防军工各行业实力的持续增强，铝材产能与消费量快速增长，我国已经发展成为全球最大的铝材生产与消费国。然而以美国铝业、奥科宁克、海德鲁、诺贝丽斯等为代表的欧美公司借助在合金牌号体系、标准与专利、加工技术与装备等方面形成的垄断与先发优势，对我国铝合金高端应用领域的多种关键材料与高端装备造成了“卡脖子”制约。同时，我国政府提出的“双碳”目标对大宗基础原材料之一的铝合金工业提出了重大挑战，再生铝合金在铝合金材料中的占比将大幅提升。巨大的中国市场中空天飞行器、新能源汽车、轨道交通、电子消费品、太阳能等新兴应用领域正成为铝合金新材料研发的策源地，以需求为牵引的铝合金发展趋势、以低碳和绿色为核心的发展观念将推动我国从铝工业大国走向铝工业强国。

目前，我国铝合金材料科技发展需要重点关注以下三个方面。

（1）基于我国空天飞行器、新能源汽车、轨道交通等重点发展领域的材料需求，开展铝合金前沿、基础研究，开发高性能铝合金结构与功能材料，建立自主的铝合金体系及其标准，打破国外对铝合金材料发展方向的垄断。

（2）加大铝合金关键加工工艺与装备的研发，确保大规格铝材成分与组织均匀性，实现铝合金产品性能一致性与稳定性，解决我国当前关键铝合金材料“卡脖子”问题。

（3）响应国家政策与产业发展需求，建立创新的再生铝合金材料体系及标准，加强再生铝合金性能控制、成本控制与碳排放控制研究，拓展再生铝合金应用领域，实现高端铝合金与低碳加工协调发展。

二、发展思路与发展方向

由于我国铝合金工业发展时间短、需求变化快，目前仍有相当部分关键基础材料、核心零部件不能自给。跟随研究不能促进我国铝合金材料研究实现世界领先，基础理论研究与“专精特”新加工技术研发急待提速。到2035年，铝合金材料方面应重点发展以下方向。

（1）自主铝合金成分体系：建立基于铝合金成分设计新方法、原子间特征微结构-性能关联新原理的自主铝合金成分体系。

（2）铝合金加工新方法与装备：发展面向大规格、高性能铝合金材料均一性控制的加工方法与装备。

（3）再生铝合金体系与标准：基于应用要求，建立再生铝合金杂质元素控制与利用新方法，发展冶金质量控制新工艺与装备，形成再生铝合金材料体系与标准。

铝合金材料发展主要有以下几个关键科学问题。

（1）多元溶质元素在铝合金熔体和固相中的原子团簇行为与铝合金性能间的关联关系。

（2）基于大数据、机器学习与特征微结构赋能的铝合金材料设计与优化新方法。

（3）大规格、高均匀性铝合金材料铸锭成形、变形加工与连接方法。

（4）铝合金全流程加工过程的数字孪生体系与智能加工方法。

（5）再生铝合金高等级回收中杂质元素控制与利用方法。

铝合金材料发展主要有以下几个研究内容。

（1）研究多元溶质在铝合金熔体和固相中的原子团簇行为，建立基于溶质原子团簇的铝合金成分创新设计方法，发展特征微结构-性能关联新原理；

结合机器学习–大数据技术，建立铝合金材料优化设计新方法，最终形成自主的铝合金材料体系。

（2）研究金属凝固过程多场耦合作用检测方法，发展动态、三维和多场的先进电子显微学方法和同步辐射技术，实现图像实空间直观精确测量，研究多种类纳米相定量表征技术，揭示铝合金综合性能提升新机制，开发具有高强韧、高耐热、高导电、高耐蚀、高抗疲劳等优异综合性能的铝合金新材料。

（3）针对铝合金的大规格、低密度、高综合性能和结构功能一体化发展需求，开展超轻铝合金成分设计、大规格高品质铸坯高效成形工艺与装备、变形加工及热处理组织均一性智能化控制、焊接接头多组元偏析抑制、服役性能评价等全流程协同研究。

（4）开展铝合金凝固过程、变形过程及热处理过程的计算机模拟、数字化实时监测与组织分析相结合的材料微观组织演变过程研究，利用大数据与数字孪生技术，建立大规格高性能铝合金制造全流程数字孪生系统，开发智能化加工装备，实现大规格铝合金材料的智能化热制造。

（5）研究再生铝合金杂质元素高效率、低成本、选择性去除工艺，揭示杂质元素种类、含量及其相互作用对再生铝合金材料性能的影响规律，建立以应用性能为评价标准的再生铝合金材料体系。

三、至 2035 年预期的重大突破与挑战

预计至 2035 年，铝合金领域有以下重大突破点与挑战。

（1）发展利用人工智能与大数据技术的铝合金材料设计新方法，建立具有自主知识产权的铝合金材料体系与标准。

（2）实现空天飞行器、新能源汽车、轨道交通等领域关键铝合金材料自主可控，高端铝合金实现全面国产化，摆脱国外知识产权与技术垄断的限制。

（3）解决大规格铝合金材料性能不均匀、批次稳定性差等难题，实现高端铝合金材料加工方法与装备世界领先。

（4）建立自主的再生铝合金材料体系与应用标准，实现再生铝合金材料高效、低成本绿色制备。

第三节 钛 合 金

一、发展现状与发展态势

（一）发展现状

钛合金是先进科技产业中重要的战略金属之一，也是航空航天及国防重大装备用关键金属结构材料，受到高度重视。不仅如此，因具有比强度高、耐蚀、耐高温、耐低温、无磁、可焊、生物相容性好等优异综合性能，钛合金在海洋工程、石油化工、兵器、核工业、医疗和日常生活等领域也得到大量应用。据不完全统计，近年来我国钛合金材料研究、开发及生产相关人员规模、装备规模和钛材的产能、产量都得到扩大，尤其是钛材产量由2015年的4.86万吨增加到2020年的9.70万吨，增加幅度超过90%，已经成为除美国、俄罗斯和日本之外，第四个具有完备钛合金体系的国家。即便如此，在钛材的需求结构中，钛材主要应用于化工领域，航空航天及国防装备等高端领域用钛材的占比仅为20%，在钛合金的基础研究和高端应用方面仍有不足，部分深加工钛合金产品仍然依赖进口。因此，迫切需要按照体系发展的原则进行科技创新，发展新型高性能钛合金体系，实现我国钛产业由“大国”到“强国”的转变。

作为国防科技重要结构材料之一，钛合金材料经历长期的发展，已经形成门类齐全、体系完整的钛合金产业，每个应用领域都有1个或2个可供选择的成熟主干钛合金。根据设计功能，钛合金形成了高温钛合金、高强韧钛合金、耐蚀钛合金、低成本钛合金等体系。根据应用领域，钛合金形成了航空航天用钛合金、舰船用钛合金、装甲兵器用钛合金等体系。钛合金的设计功能和应用领域的对应关系大致为航空航天发动机用高温钛合金、航空航天结构件用高强韧钛合金、舰船用耐蚀钛合金、装甲兵器用低成本钛合金。每个领域都有不同牌号的多种钛合金可供选择。以西北有色金属研究院、中国航发北京航空材料研究院、中国科学院金属研究所、西北工业大学、上海交通大学、哈尔滨工业大学、北京航空航天大学、西安交通大学等为代表的研究机构在钛合金设计、变形加工工艺优化、微观组织演变和力学性能优化等方面取得了突出的研究成绩，以遵义钛业有限责任公司、洛阳双瑞集团公司、宝钛集团有限公司、西部超导材料科技股份有限公司、西部金属材料股份有限公司等为代表的企业在海绵钛、钛合金深加工等上下游市场整合方面取得了突出进展，列入国家标准的钛合金有 100 个牌号，少数创新研制的钛合金已经列装应用①。国际上，欧洲、美国上百个科研单位也在钛合金科研方面取得了瞩目的成绩，其中主要的研究机构包括美国俄亥俄州立大学、洛斯阿拉莫斯国家实验室、西北大学，德国马克斯–普朗克钢铁研究所，英国帝国理工学院、伯明翰大学，日本东京大学、京都大学、国立材料研究所、大阪大学，韩国浦项工业大学，澳大利亚国立大学、莫纳什大学和俄罗斯联合航空制造集团有限公司等单位。近 30 年来，钛合金材料研究 SCI 论文数量有逐年增加的趋势（图 4-2）。

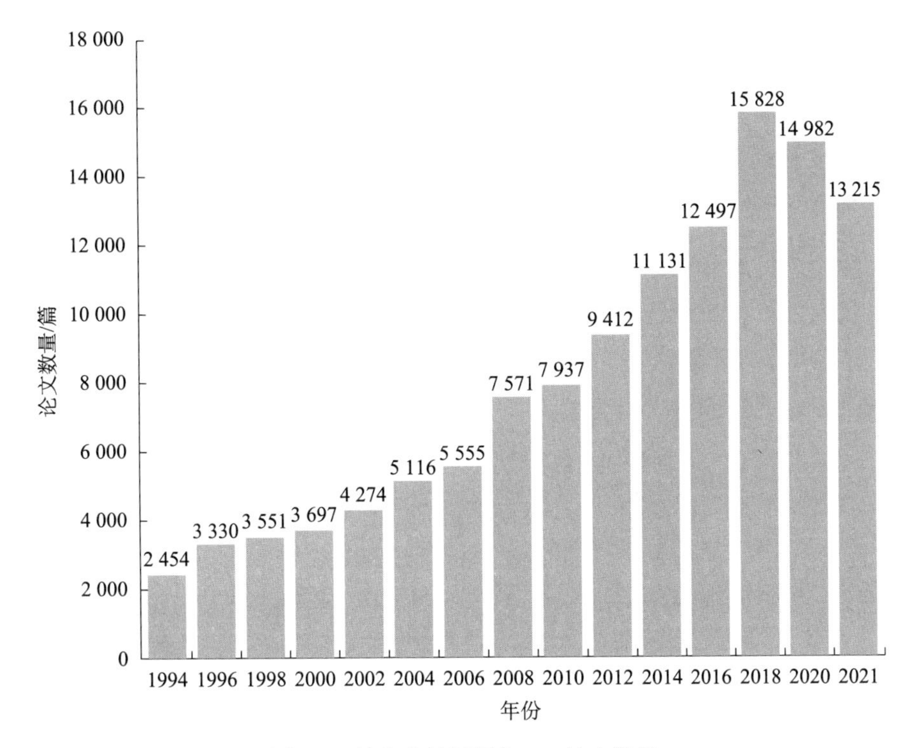

图 4-2　钛合金材料研究 SCI 论文数量

① 数据来源：国家标准《钛及钛合金牌号和化学成分》（GB/T 3620.1—2016）。

（二）发展态势与战略需求

我国国防工业和经济建设的高速发展持续带动了中国钛工业的发展，已成为航空、航天、舰船、兵器、化工、石化制造业中应用钛材的大国。在新型工业化（信息化、高效、优质、低耗、环保）和国家重大专项（第四代战斗机、大型运输机、大型客机、远程轰炸机、探月工程、火星探测、太空空间站、航母计划、深海空间站、极地空间站、海水淡化工程）的指引下，对优质钛合金材料的需求强劲。未来 10 年，仅军用飞机和发动机带动的高端钛合金需求至少在 5 万吨，年均复合增长率为 20%～25%，钛材产量也正以 30% 的速度在增长，海绵钛和钛材产量均位于历史最高水平，钛产业在国防工业和国民经济中的影响力正在不断增强。进一步提高钛材技术创新和产品升级换代能力，促进钛材加工产品性能全面升级，能够实现由规模扩张的粗犷增长模式向提升品质和技术含量的内涵增长模式转变，满足未来国防军工、武器装备及民用领域对不同类型钛合金的应用需求。

我国高端钛合金材料研发能力还比较薄弱，部分钛合金材料仍在仿制的基础上开展自主设计，仅一些发动机用钛合金牌号和规格比较成熟，占发动机用量 30% 左右的钛合金还需要进口。另外，现有钛合金牌号复杂、品种多、规格多、批量小、生产工艺特殊，性能与国外还有一定的差距，在设计—材料研制—应用研究—应用考核等环节存在脱节，产学研用结合不紧密，无法满足国内市场对高附加值和高科技含量钛合金材料的迫切需求。在“十四五”时期及今后相当长的时间里，钛合金的研究需要突破合金设计理念，形成我国自主的合金设计理论体系，逐步形成高温钛合金、高强钛合金、船用钛合金、损伤容限钛合金、医用钛合金、耐蚀钛合金体系。

随着新一代航空航天及国防装备放量期到来，军民融合不断深化，在建设创新型国家战略、科技强国战略的背景下，钛合金材料将成为重点关注对象。未来 10 年，在第四代战斗机、大型运输机、大型客机、远程轰炸机、探月工程、火星探测、太空空间站、航母计划、深海空间站、极地空间站、海水淡化工程等关系国家安全和国民经济的重要领域实现引领和取得跨越式发展，必须使钛合金具有更高强度、更高韧性、更抗损伤、更耐高温等综合性能，其应用发展方向有：新型超高强度结构钛合金、损伤容限型钛合金、低成本抗疲劳钛合金、新型高温结构钛合金、先进 Ti-Al 系金属间化合物、钛基复合材料等。从其性能潜力来看，钛合金必将是“国之重器”不可替代的战略性金属结构材料。

二、发展思路与发展方向

到 2035 年，钛合金材料应重点发展以下方向：合金定量设计与制备的基础科学研究、新型高性能钛合金的创制、钛合金新型加工技术的创新、钛合金“高精尖”产品的技术革新。

（1）合金定量设计与制备的基础科学研究：集成第一性原理、热力学/动力学计算、晶体塑性理论的多层级合金设计模型，建立多层级模型与实验验证结合的合金定量设计思路；基于钛合金相变与晶体学特征，阐明钛合金相变规律，揭示结构组织特征对钛合金力学性能的综合影响规律，强化原创性理论研究。

（2）新型高性能钛合金的创制：1500 兆帕级高强高韧损伤容限钛合金；新型高温钛合金及钛基复合材料，包括 650℃以上的高温钛合金、阻燃钛合金、Ti-Al 系金属间化合物和原位自生钛基复合材料等；1300 兆帕级以上的高强韧钛合金紧固件；智能钛合金，如形状记忆钛合金管接头、储氢钛合金等。

（3）钛合金新型加工技术的创新：发展钛合金新型加工技术，包括以电子束冷床炉为标志的钛合金低成本、短流程加工技术，钛合金近净成形技术，钛及钛合金异型管材、棒、丝材成形技术和钛合金焊接技术等；开发能够满足兵器工业、海洋工程和民用领域需求的钛合金材料，建立相应的工艺规范、标准。

（4）钛合金“高精尖”产品的技术革新：建立钛合金材料数据库及合金设计的专家系统，实现绿色制造高端产品，如高强度管材、薄壁型材、箔材、高质量超长管、大规格棒材、宽幅厚板/薄板、高质量丝材、各类型管件、球形储箱、环形气瓶、药型罩、紧固件等，解决“卡脖子”材料和技术，实现完全自主可控。

钛合金材料发展主要有以下几个关键科学问题。

（1）钛合金的定量材料设计原理：面向超高强韧、耐蚀和耐高温等特性的钛合金成分定量设计理论；基于材料基因及集成计算工程的材料设计理论，建立多层级合金设计模型与实验验证相结合的全新材料定量设计理论。

（2）钛合金制备与先进加工成形新原理：钛合金特种冶金或塑性成形过程中相转变与晶体学转变机理；多环境参数与交变载荷单耦合或多耦合作用下材料的形变损伤机理；钛合金塑性加工及服役过程中微观组织演变规律及全流程高性能与可靠性控制。

（3）钛合金材料综合强韧化新机制：基于组织类型和组织参数设计的临界钼当量条件的多元合金化、细晶强化、相变强化和强韧化组织控制等综合匹配；合金元素种类–工艺–组织组合与合金服役性能的内在关联。

钛合金材料发展主要有以下几个研究内容。

（1）高性能钛合金设计与制备基础研究：以性能需求为导向，优先发展和完善航空航天及国防装备用高性能钛合金材料的定量设计与制备体系；基于合金成分与组织的定量设计方法，开展高温钛合金、高强高韧钛合金、耐蚀钛合金、高抗冲击钛合金、低温钛合金、钛基复合材料、Ti-Al 系金属间化合物等设计与制备技术。

（2）钛合金先进加工成形新技术和新方法：发展微观组织均匀、一致性优异、批次稳定性好的钛合金大规格棒材、锻件、板材加工成形新技术；支持发展钛合金低成本、短流程加工技术，近净成形技术，异型管材、棒、丝材成形技术，建立科学的先进加工成形新理论和新方法。

（3）钛合金工艺–组织–性能全流程控制：立足高性能钛合金材料品种规格系列化和应用批次稳定化，重点支持钛合金加工成形、组织结构演化和综合性能优化的全流程控制，按体系发展，逐步摆脱“杂、乱、散”的研究局面；发展超高性能钛合金材料和特种功能钛合金材料的全流程控制与性能评价。

（4）钛合金的应用基础与技术研究：重点深化钛合金结构的应用基础研究，涵盖材料的设计方法、集成计算、强韧化机理、相变行为、工艺 / 组织 / 性能间关系、损伤容限机理、疲劳行为、腐蚀行为等；阐明服役环境多参数与交变载荷耦合作用下钛合金结构的设计与制造基础理论和技术。

三、至 2035 年预期的重大突破与挑战

预计至 2035 年，钛合金领域将有以下重大突破点与挑战。

（1）高性能钛合金设计与制备关键技术：重点突破钛合金定量设计方法，形成我国自主的钛合金设计理论体系，创制出世界领先的新型高温钛合金、高强高韧钛合金、耐蚀钛合金、高抗冲击钛合金、低温钛合金、钛基复合材料、Ti-Al 系金属间化合物等，在我国新型航空航天及国防重大装备中获得应用。

（2）钛合金构件塑性加工成形关键技术：重点突破钛合金大构件塑性加工成形关键技术，工业化实现组织均匀、一致性优异、批次稳定性好的钛合金大规格棒材、锻件、板材；实现 90% 以上国防军工高端领域钛产品完全国产化，“高精尖”产品和深加工制品的品种、规格更加齐全，并在相关工程中获得应用。

（3）低成本钛合金制备新技术和新原理：重点突破低成本钛合金的冶金技术、高效短流程加工技术，钛合金材料的成本降低 50% 以上，扩大钛合金应用领域，钛合金用量增加 50% 以上，钛产品在医疗等关系民生健康领域完全实现国产化。

（4）面向高质量和高稳定性的钛合金性能控制技术：重点突破钛合金的成分—工艺—组织—性能全流程控制技术，全面建成以结构钛合金为主体、功能钛合金 / 先进钛合金应用为附属的新型产业结构体系，形成完整的典型钛合金数据库及应用设计准则。

（5）钛合金材料制造过程的智能化与绿色化：重点突破钛合金材料高效回收循环利用和绿色生产制造的核心技术；研发变革性工艺技术，开发新合金和新产品，强化钛合金智能化和绿色化制造的原创理论与应用基础研究。

（6）钛合金结构使役环境下设计与制造技术：重点揭示多环境与交变载荷单耦合或多耦合作用下钛合金结构的形变损伤机理；极端条件下钛合金结构失效的关键因素；交叉融合材料学、力学、机械、能源和环保等领域，研制满足国家重大工程需求的钛合金材料与结构设计制造技术。

第四节 高 温 合 金

一、发展现状与发展态势

（一）发展现状

航空发动机和燃气轮机是人类迄今最复杂的工程技术领域之一，也是体现国家科技实力、工业基础和综合国力的重要标志之一。随着先进航空发动机推重比的提高，高压涡轮叶片用单晶高温合金承温能力将从当前第三代单晶的1050℃（图4-3）进一步提高到1140℃。同时，更加恶劣的高温、高盐、高湿等服役环境对舰船用和发电用燃气轮机用高温合金材料综合性能提出了越来越严格的要求。另外，重型运载火箭用大推力发动机迫切需要开展新型耐蚀高温合金研制工作。油气开发也是高温合金应用的重要领域，其中深井、深海、非常规油气钻采装备的研发需用抗复杂腐蚀和载荷的镍基高温合金制造水下钻采工具及运输管道等。

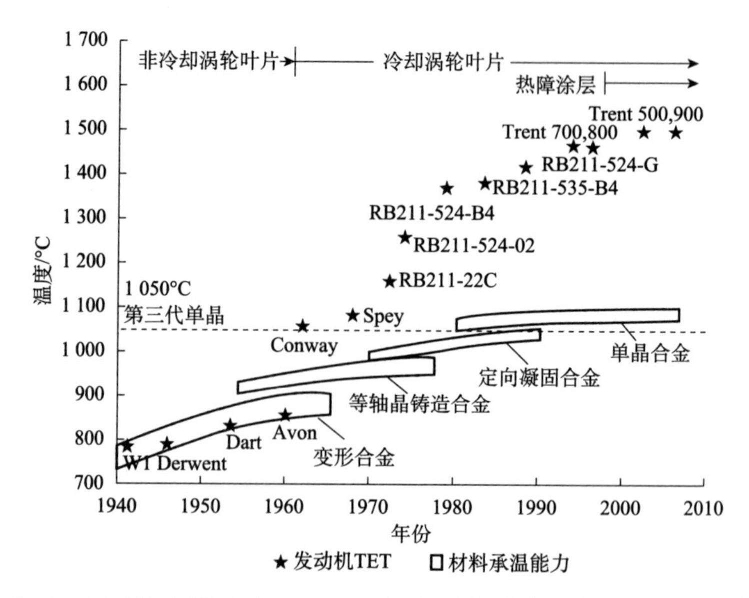

图4-3　罗尔斯·罗伊斯（Rolls-Royce）公司民用航空发动机涡轮入口温度（turbine inlet temperature，TET）及高温合金发展路线

经过60多年的发展，我国已形成高温合金研发应用体系，研发单位和生产企业装备趋近国际先进水平。但是，与发达国家相比，国内高温合金的技术与产业发展仍然存在明显差距，主要存在以下问题：高温合金品种和技术主要为跟踪仿制，缺少尖端品种和前沿技术；高温合金牌号杂乱、产业规模较小，难以满足先进装备批量生产的需求；高温合金精细化控制水平较低，批量生产的质量稳定性和经济性与国际先进水平存在明显差距。

（二）发展态势及战略需求

从总体发展趋势来看，高温合金材料和构件向着耐高温、耐蚀、高纯净、大型化、整体化、轻量化、高可靠性、低成本等方向发展。我国高温合金产业正处在上升期，品种创新和技术进步的需求迫切。突破我国高温合金的材料设计、构件制备及服役安全性评价等方面的“卡脖子”问题，并在高代次高温合金和新型高温结构材料及新型制备工艺技术方面建立创新优势，实现在我国高温合金材料与核心部件制备技术等方面的自主创新，对于我国国民经济、国防安全具有重要的战略意义。高温合金用量占先进航空发动机总量的40%～60%。预计到2030年，我国军用、民用航空发动机将达3万台，国内大型舰船用燃气轮机和电力用300兆瓦的F级重型燃气轮机将达1万台。届时，我国航空发动机及燃气轮机制造、大修换件将需用高温合金10万余吨，高温合金及部件产值将达到1500亿元。

二、发展思路与发展方向

未来，高温合金应重点发展以下方向：高温合金复杂的多组元交互作用与成分设计；热端部件冶金质量提升与精确成形控制；高温合金及热端部件服役性能损伤评价与修复技术；高温合金跨层次多尺度集成计算方法；基于创新理念的新型高温合金研发。

（1）高温合金复杂的多组元交互作用与成分设计：重点解决高性能高温合金的关键元素交互作用机理、高温强韧化机制、高温氧化腐蚀机理、缺陷-

性能关系，以及高温防护涂层界面调控机理等高温合金成分设计相关的基础理论问题，发展高性能高温合金及高相容性防护涂层。

（2）热端部件冶金质量提升与精确成形控制：重点突破母合金超高纯净熔炼技术、铸造高温合金凝固缺陷控制技术、变形高温合金组织性能调控技术、粉末高温合金近净成形技术等关键制备瓶颈，发展高温合金热端部件先进制备技术。

（3）高温合金及热端部件服役性能损伤评价与修复技术：重点解决高温合金构件在长时服役过程多场耦合作用下的组织演化机理与性能损伤机制，发展高温合金构件的服役损伤评价方法、修复技术与寿命预测理论。

（4）高温合金跨层次多尺度集成计算方法：重点针对国家重点领域核心高温部件的特点，发展高性能高温合金多尺度计算设计与热端部件集成制备技术，为高性能高温合金及热端部件的高效研发与应用开辟新途径。

（5）基于创新理念的新型高温合金研发：重点研究高温合金增材制造过程缺陷控制机理、新型高温强韧化机理、γ'相强化型钴基合金高温强化机理，发展高性能增材制造用高温合金、共格析出型高熵高温合金、高强耐蚀长寿命钴基高温合金等新型高温合金。

高温合金发展主要有以下几个关键科学问题。

（1）基于界面相容性的先进单晶高温合金和涂层协同设计方法。

（2）复杂形状、大尺寸单晶、定向涡轮叶片及大尺寸铸锭、精密铸件缺陷形成与控制机理。

（3）单晶高温合金及涡轮叶片的服役损伤评价方法与寿命预测理论。

（4）高性能难变形 / 粉末变形高温合金高温变形机理与强化机制。

（5）先进高温合金多尺度计算设计与集成制备基础理论。

（6）新型高温结构材料高温强韧化与组织结构稳定性机理。

高温合金发展主要有以下几个研究内容。

高温合金领域的总体发展目标为：针对高性能高温合金及热端部件研发中的关键基础科学问题，开展成分设计和强韧化基础理论、先进制备技术理论体系、热端部件损伤机制及防护机理等方面的研究工作，发展新型制备技术与新型高温结构材料，形成先进的、自主创新的高温合金制备与加工理论体系，构建安全可靠性评价的理论和方法。在具体实施上，优先支持有可能实现突破的下列发展方向。

（1）单晶高温合金与防护涂层的协同研发：开展多场耦合作用下先进单晶高温合金与高温防护涂层之间界面组织结构演变机理、高温组织退化与性能损伤机理等相关问题的基础研究工作，发展先进单晶高温合金及高相容性防护涂层。

（2）高温合金精密铸造技术的基础研究：开展高温合金精密铸件冶金缺陷形成机理、尺寸精确控制的研究，探明典型冶金缺陷形成机理及交互影响规律，提出高温合金铸件冶金缺陷容限及控制方法。

（3）难变形/粉末变形高温合金的全面性能优化：研究高代次难变形/粉末变形高温合金的高温增塑机制、中温变形机理、疲劳损伤机理，揭示多场耦合作用下长时组织稳定性及其对合金高温力学行为的影响机制，发展高性能难变形/粉末变形高温合金。

（4）增材制造专用高温合金及高熵高温合金的研发：研究高温合金增材制造过程微观结构演化机理、热裂纹形成机制、组织–性能关系微观机理，以及高熵高温合金组织稳定性控制机制、强韧化机理，发展增材制造专用高温合金与高熵高温合金。

（5）高性能高温合金及其构件集成设计与制备方法的建立：开展高温合金多尺度设计方法及热端部件智能制造的研究，建立高温合金成分、工艺与相关高温性能、组织演变、服役损伤行为的量化关系，促进高性能高温合金的工程化应用。

三、至2035年预期的重大突破与挑战

到2035年，需要解决国内高温合金存在的部分关键材料和特种型材严重依赖进口、质量稳定性差、关键材料技术成熟度低、成本高等问题；满足高推重比航空发动机、舰用燃气轮机、重型火箭发动机的自主研制需求。发展高代次单晶和粉末高温合金、750℃以上难变形高温合金、轻质金属间化合物及高熵高温合金等新型高温结构材料，以及超气冷单晶叶片制备、双性能粉末盘制备、三联冶炼等新型工艺技术，为国产远程宽体客机航空发动机、400兆瓦级以上重型地面燃气轮机等重大核心装备的持续发展提供材料支撑，具

体有以下几个。

（1）重点研发高温合金新品种、新型高温结构材料及其工程化技术，开发精密铸造、增材制造等先进制备技术，实现高温合金核心材料技术的创新发展和自主保障。

（2）重点突破三联冶炼技术、大锭型制备技术、大规格棒材开坯制造技术、锻件热成形工艺优化和组织精确调控技术，建立主干高温合金“一材多用”工艺和性能数据库，形成主干高温合金“一材多用”体系。

（3）重点突破高温合金再生利用关键技术，开发高精度制备、低成本制粉、近净成形等低成本制造工艺，实现高温合金复杂零部件的低成本规模化制造、构件尺寸和冶金质量的精准控制。

（4）重点建立系统的高温合金应用评价体系，研发针对高温合金特点的高通量计算、制备、表征与服役评价等材料基因工程技术，加速传统合金优化与新品种研发及工程化应用，融合并建设高温合金研发—生产—应用全流程平台。

第五节　高 性 能 钢

一、发展现状与发展态势

（一）发展现状

钢铁是工业的粮食，我国钢铁工业的快速发展有力支撑了国民经济、社会发展和国防建设。现有的钢铁工业制造流程复杂，其碳排放量占全国碳排放总量的16%左右，如图4-4所示。此外，目前我国每年因钢铁腐蚀造成的直接经济损失相当于国内生产总值的3.34%，导致钢铁材料巨大的额外消耗；大量低强度级别钢铁材料在国民经济各领域的应用也显著增加了钢铁材料的消耗量。

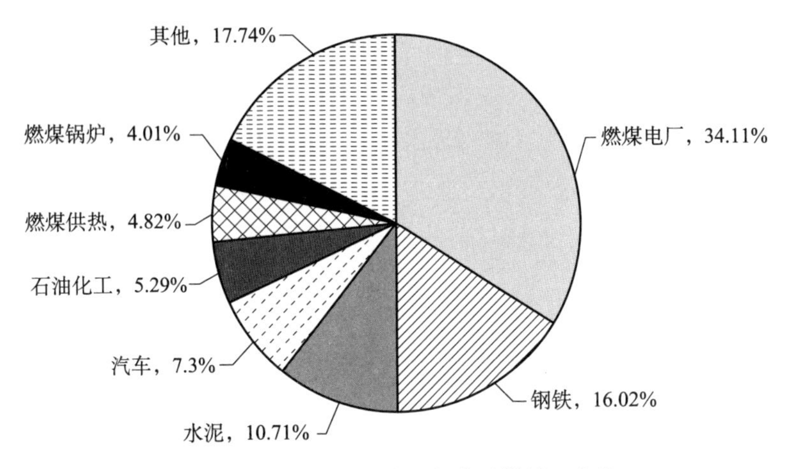

图 4-4　2020 年我国主要行业碳排放量占比

自 2016 年起，我国钢铁工业持续推进供给侧结构性改革，积极推动钢铁行业去产能，降低钢铁工业碳排放、提升钢铁品质成为我国钢铁工业转型升级的主旋律。一方面，改进钢铁工业制造流程、大幅降低碳排放，是我国实现“双碳”目标亟待解决的重大问题；另一方面，提升现有钢铁材料的综合性能、提高钢铁材料的使用能效，可以进一步减少碳排放。因此，钢铁工业流程再造和钢铁材料性能提升是我国实现“双碳”目标的必然选择。

在工业生产方面，我国钢铁行业总体国际领先。管线钢生产水平、质量居国际一流水平，投入运行多条短流程生产线，中国宝武钢铁集团有限公司全球首发了淬火-配分（quench and partition，QP）系列第三代汽车钢。但是，我国仍需进口大量的高端钢材。2020 年，我国进口钢材 2023 万吨，均价为 1172 美元 / 吨，进口钢材的品种主要包括热轧薄 / 宽钢带、冷轧薄 / 宽钢带、中板、镀层板（带）、中厚宽钢带、钢筋等。特种钢铁材料领域的很多产品（如飞机起落架用钢、高端轴承钢、高品质海洋工程用钢、高端不锈钢等）也依赖进口。

在钢铁材料理论研究方面，我国已经进入“并跑”、部分“领跑”的阶段。在高强韧金属材料研发方面，超细晶钢与纳米钢、多尺度组织细化、多相协同强化、异构组织调控、界面偏析及亚稳工程等成为先进钢铁材料领域主要的研究方向。创新合金设计理念，破解传统金属材料强度和塑性的倒置关系，不断提升先进金属材料的强度和韧性，已成为世界材料研究的前沿和热点。在材料基因组计划的引领下，应用高通量实验、表征与分析、数字仿真模拟、机器学习等先进手段，推动钢铁材料研究快速发展。我国研制出了强度为 2.2 吉帕、伸长率为 20% 的超级钢，强度为 2.5 吉帕的马氏体时效钢；国际上，冷轧马氏体时效钢的强度达到 3.0 吉帕，冷拉拔珠光体钢丝的强度达到 6.3 吉帕，但都远低于钢铁材料的理论强度（12.6 吉帕），且与实际应用有较远的距离。

（二）发展态势及战略需求

在可持续发展战略的指导下，需要兼顾资源、环境、生态意识贯穿钢铁材料研发及其加工制备、应用和循环利用整个生命周期。开发高强耐蚀长寿命材料和低碳制备工艺、实现制备加工工艺的高效化和智能化、提高使役性能的一致性和稳定性，已经成为钢铁材料发展的重要趋势。

2020 年，我国再生钢铁原料达到 2.5 亿吨，未来每年仍将快速增长。再生钢铁原料将成为我国钢铁工业实现碳中和的重要选择。如何充分发挥再生钢铁原料中残余元素的作用、实现二次资源的高质化利用，是钢铁工业面临的亟待解决的问题。英国科学基金会和德国科学基金会分别于 2019 年和 2020 年设立重大基金项目，开展钢中残余元素容限及其对组织性能影响的研究。

流程再造是钢铁工业实现碳中和的必然选择。短流程是钢铁工业进行流程再造极具应用价值和发展潜力的技术路径。发挥短流程的特点，一方面显著降低了碳排放，另一方面低成本地大幅提升钢铁材料的综合性能，是钢铁材料领域未来发展的方向。

钢铁材料的高性能化，特别是强度、疲劳和耐蚀性能的提升，可大幅减少钢铁材料的使用量，有力支撑国家“双碳”目标的实现。为提高使用效率，未来钢铁材料发展的方向主要是高强化、长寿命化和超耐蚀，强调低成本地实现钢铁材料性能的提高。

在高端装备制造中，关键核心装备的特殊服役环境对新型特种钢铁材料提出迫切需求。目前，高端装备用特种钢铁材料缺失或性能不足；传统合金设计理念难以突破钢铁材料性能瓶颈，缺乏颠覆性的创新设计理念，亟须实现从原子层次到宏观材料行为的多层次跨尺度耦合，发展多尺度合金设计理论；借助材料研发先进理念，研究钢铁材料跨尺度计算模型、钢铁材料数据库技术，以及高通量表征与实验技术等，推进新型特种钢铁材料的发展。

依据钢铁材料的国际研究前沿和钢铁产品的国内外发展现状，钢铁材料的发展趋势归纳为：探索极限性能、极端条件下服役与长寿命安全使用、先进制造技术、学科交叉。需要从钢铁材料的多尺度非均匀组织精准调控新理论、低碳制造新原理、极端条件下服役新机制等基础科学问题出发，借助材料基因工程、学科交叉等高效研究手段，进行全生命周期多维度的系统研究。

从实现“碳中和”目标来看，核电将迎来巨大发展机遇，完善核电用钢材料体系和标准体系，对于我国核电规模再上一个台阶有重要意义。从服务“一带一路”建设和深海战略来看，发展大规格易焊接高强韧高耐蚀海洋工程用钢和低成本高性能不锈钢，可提高海洋防御能力，服务南海岛礁建设和“一带一路”港口建设。发展低密度高性能汽车用钢、超长寿命轴承钢、超高强韧钢，对于新能源汽车、高铁、大飞机等高端装备制造业有重要意义。发展超高强、耐氢脆的超低温钢用于液氢储运，发展超级不锈钢用于燃料电池双极板，对于新能源汽车发展有重要推动作用。

二、发展思路与发展方向

钢铁材料的研究需要顺应时代发展和国家战略需求，针对航空航天、轨道交通、海洋装备、高端装备、汽车、化工、新能源、机器人等应用场景，强化学科交叉，运用新方法、新技术，提出新理论，突破材料性能极限，重点解决钢铁行业碳中和与钢铁材料高性能化的问题。

到 2035 年，钢铁材料应重点发展以下方向：再生钢铁原料的高质化利用技术；高性能钢铁材料低碳短流程及近终形制造技术；高端装备用高性能钢铁材料，如超高强韧抗疲劳飞机起落架用钢、轻量化汽车用钢、易焊接高强韧高耐蚀大厚度海洋工程用钢、长寿命高铁车轴 / 车轮用钢、高性能核电用钢、高品质不锈钢、超高强韧低温用钢、抗氢脆低温用钢等。

飞机起落架用钢应突破强度极限，高铁车轴用钢应突破疲劳极限，解决高端装备应用的“卡脖子”问题；汽车用钢从提高强塑积和降低密度两方面实现轻量化；海洋工程用钢应在保证焊接性的基础上，提高大厚度热轧板材的强韧性和耐蚀性能；高性能的低温用钢应向着超低温（液氦 / 液氢温度）和低成本方向发展，解决液氢储存中的超高强和氢脆问题；核电用钢应着重完善材料体系，发展面向强辐照、强腐蚀、高载荷、高温环境的特种钢铁材料，兼顾焊接问题；发展超级不锈钢，在突破耐蚀极限的同时降低成本；低碳短流程制造技术在解决钢铁材料制造流程能耗和碳排放问题的基础上，突破材料的力学和耐蚀等性能。

高性能钢发展主要有以下几个关键科学问题。

（1）钢铁材料物理冶金的相关科学问题：多相多尺度非均匀组织精准调控与设计原理；钢铁材料表面与界面工程的科学问题；钢铁材料轻量化设计原理。

（2）钢铁材料低碳制造加工中的基础科学问题：亚快速凝固的相关科学问题；凝固、形变与固态转变的组织精准调控准则与材料设计；钢铁材料多种金属复合的设计与制造原理。

（3）钢铁材料极端条件下使役行为的相关科学问题：钢铁材料在极端条件下服役的科学问题；钢铁材料腐蚀与防护的科学问题；钢铁材料摩擦与磨损的科学问题；钢铁材料断裂失效机理；钢铁材料与环境相互作用新机制与使役新机理。

（4）学科交叉和钢铁材料研究的新理念与新方法：钢铁材料基因工程方法研究的相关科学问题；钢铁材料组织原位及精细化表征的科学问题；钢铁材料结构功能一体化的科学问题。

高性能钢发展主要有以下几个研究内容。

钢铁材料的总体发展目标为：针对钢铁材料高性能化与钢铁行业碳中和的关键基础问题，开展成分设计与强韧化基础理论、低碳制造技术理论体系、钢铁材料失效机理等方面的研究工作，发展先进低碳制造技术与超高性能钢铁材料。优先支持以下研究方向。

（1）突破钢铁材料的性能极限，研究钢铁材料微观组织精准调控的新原理、新方法，探索钢铁材料强化、韧化、塑化的新机制，发展超高强韧、超高强塑积钢铁材料。

（2）发展低碳制造技术，研究钢铁材料在短流程亚快速凝固和低应变直接轧制条件下的多元素耦合作用机制及其对组织演变的作用机理，探索形变与固态转变组织一体化调控技术，探索钢铁行业碳中和路径。

（3）研究钢铁材料在极端环境中的服役行为：探索钢铁材料在超高应力、超快加载、超低温、强腐蚀、强震动等极端服役环境中的失效行为，为钢铁材料在极端环境中安全服役奠定理论基础。

（4）融合人工智能、数据库和数据挖掘技术的快速发展成果，通过学科交叉推动钢铁材料研究和制造技术发展。

三、至 2035 年预期的重大突破与挑战

预计至 2035 年，高性能钢领域有以下重大突破点与挑战。

（一）变革钢铁材料研究范式，探索新理论

以高效计算、高效实验、大数据和人工智能技术为支撑，在钢铁材料研发—生产—应用全链条构筑“理性设计-高效实验-大数据技术”深度融合、协同创新的新型研发模式和技术创新体系，变革钢铁材料研发模式，显著提升钢铁材料的研发效率、降低研发成本、促进工程化应用。

（二）推进钢铁工业流程再造，实现碳中和

研究多元合金化原理和技术，多相合金体系的热动力学和协同相变机理，基于残余元素高质化利用的材料设计准则；短流程制备过程中的非平衡凝固行为与相变行为，直接轧制下的组织结构演化规律、第二项析出机理与强韧化机制，多尺度组织细化、均质化调控原理；近终形制造组织性能一体化调控机理及控制技术，以及高强塑、高强耐蚀钢的设计准则。

（三）提升钢铁材料的品质，实现钢铁材料性能新突破和工程化应用

（1）突破钢铁材料的强度极限：发展用于桥梁拉索等领域的超高强钢线材，发展用于飞机起落架、火箭外壳等领域的超高强不锈钢锻材和板材，发展用于复杂冲击磨损环境的超高强耐磨钢。

（2）突破强度和塑性极限：发展超高强塑积、轻量化汽车用钢。

（3）突破韧性极限：发展用于液氢、液氦超低温环境的低温钢。

（4）突破强韧性极限：发展易焊接、耐蚀性海洋工程用钢，重点突破大尺寸海洋工程用钢的均质化制造技术。

（5）突破轴承钢的疲劳极限：发展超长寿命轴承用钢、高铁车轴 / 车轮用钢、重载车轴 / 车轮用钢。

（6）突破耐蚀极限：针对强辐照、强腐蚀等极端应用场景，发展自主可控的核电用钢标准体系和制造技术。

第六节　金属基复合材料

一、发展现状与发展态势

（一）发展现状

金属材料的复合化是金属材料轻质高强韧、多功能化的解决方案和发展的必然趋势。金属基复合材料通常具有比强度和比刚度高、抗疲劳、抗高温蠕变、耐热、耐磨、高导热、低热膨胀、减振及辐射屏蔽等一系列优点。这些优点使其成为重要的轻量化材料及结构功能复合化材料，从而满足不同应用领域的发展需求，成为航空航天、国防、电子、交通、能源等高技术领域不可缺少的关键结构材料和功能材料。据不完全统计，近些年来金属基复合材料应用市场一直保持高达7%的年均增长率，2020年全球规模已达到约8000吨（图4-5），其中北美地区占40%以上。金属基复合材料的应用广度、生产发展的速度和规模已成为衡量一个国家或地区材料科技水平的重要标志之一。

金属基复合材料的研发从20世纪50年代始于发达国家，基于航空、航天、电子、能源、先进武器装备的发展和对高性能新材料的需求而诞生。随着时代的变迁和科学技术的发展，金属基复合材料的发展逐渐与国民经济和国防行业的重大需求及金属材料自身的学科发展的趋势融为一体。20世纪90年代，金属基复合材料取得大规模应用，并形成了金属基复合材料产业。据

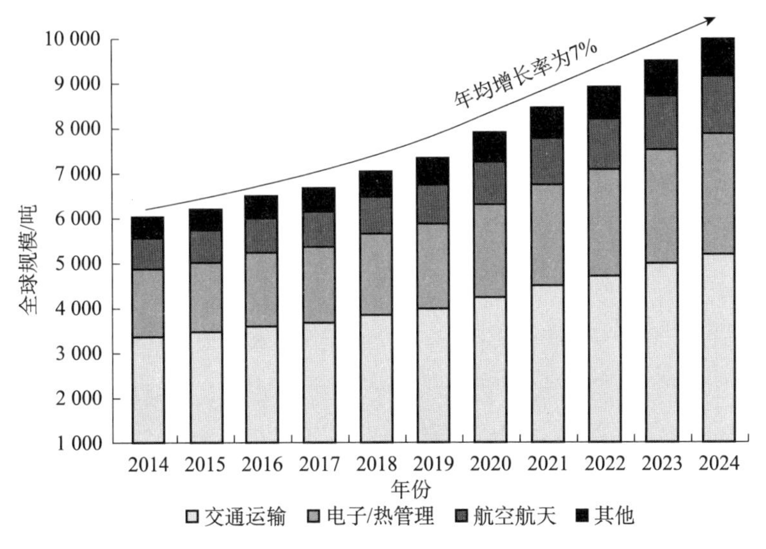

图 4-5　金属基复合材料全球规模与展望（2014～2024 年）

估计，全球仅从事铝基复合材料制备的公司已达 100 余家，包括美国铝业、加拿大铝业等大型跨国企业。至今，金属基复合材料仍是高科技领域和高端民用装备建设发展优选的关键材料之一，因而其研发从未放松，且均具有明确的应用目标。

我国从 20 世纪 70 年代末起开展金属基复合材料研究，起步比美国、日本、欧洲等发达国家和地区晚了近 20 年。为了加速金属基复合材料的研究，我国从 1987 年开始，在国家高技术研究发展计划（863 计划）中把金属基复合材料作为国家战略材料之一给予重点支持。1988 年，在上海交通大学设立了金属基复合材料国家重点实验室。此后，上海交通大学、中国科学院金属研究所、哈尔滨工业大学、有研科技集团有限公司、中国航发北京航空材料研究院等国内众多机构开展了金属基复合材料基础应用全链条研究。经过 40 余年的自主发展，掌握了搅拌铸造、粉末冶金、浸渗铸造、原位自生等关键制备技术，并具备了吨级大尺寸复合材料坯锭制备能力。同时，突破了挤压、轧制、锻造等塑性变形加工及构件精密加工制造技术，研制的多种金属基复合材料性能达到国际先进水平。“十二五”和“十三五”期间，我国金属基复合材料在航天飞行器关键结构件中获得应用突破，以碳化硅（SiC）颗粒、晶须增强的铝基复合材料应用于天宫、祝融、玉兔、嫦娥、遥感、风云、高分、北斗等几十个系列、百余个航天飞行器型号，发挥了显著的承载、减重、热物性综合性能优势，填补了传统材料的空白，为提高我国航天飞行器技术水平奠定了坚实基础。同时，以碳化硼（B_4C）颗粒增强的铝基复合材料在核电领域取得应用突破，应用于“龙舟”乏燃料运输容器、高温气冷堆核燃料运输容器等，解决了长期以来中子吸收材料依赖进口的“卡脖子”难题，为核电自主化与“走出去”战略提供了关键支撑。这些成果有力地支撑了国家高分辨率对地观测、载人航天、探月工程、大型压水堆/气冷堆等重大专项任务的实施，并为我国国防领域提供了支撑。

（二）发展态势及战略需求

近50年来，金属基复合材料在体系设计、制备技术、加工工艺等研究领域不断突破创新，成果丰硕，在航天、航空、电子、核电与地面交通等领域的应用日益广泛，成为除传统金属材料以外的重要材料体系。近年来，美国、欧盟、俄罗斯、日本等主要发达国家或组织相继发布的材料发展规划中均包含金属基复合材料。目前，金属基复合材料也逐渐成为我国战略性新兴产业。从各国家或组织制定的材料发展规划中可以看出：从跨尺度设计、构型化复合、结构功能一体化、多功能化、先进表征技术入手探索高性能新材料体系的研究方式，将成为复合材料研究重点方向；利用计算模拟代替大量实验研究的方法得到大力发展；结构轻量化及极端环境下的应用是复合材料领域贯穿始终的研究重点；建立复合材料微观结构与其宏观性能之间的定量关联，发展计算设计、虚拟制造加工、使役行为和寿命预测等技术受到高度重视。目前，金属基复合材料的应用呈逐年快速增长的趋势，随着社会发展对更轻、更快、精度更高、更加绿色环保的总体要求的提出，低成本化、绿色制造、智能制造成为其未来技术发展趋势。

党的十九大报告提出建设创新型国家的重大任务，明确了夺取航天强国、科技强国、交通强国等战略制高点目标。未来5～10年，我国在深空探测、载人航天、5G、卫星互联网、新能源车辆、高铁、核电等关系国家安全与国民经济的重点领域必须实现性能水平引领和跨越式发展。从过去取得的应用成效看，金属基复合材料所具有的性能优势仍将继续使其作为不可替代的关键战略材料。

二、发展思路与发展方向

经过40余年的不懈努力，我国金属基复合材料实现了从2000年前的“跟跑”到2010年后在部分基础理论研究和应用基础研究领域的“领跑”的跨越式发展，体现了后发优势。装备制造技术的发展对金属基复合材料的性能提出了更高要求，其规模化应用也面临着成本高、产能低等挑战。因此，金属基复合材料应以完善材料体系、提升技术成熟度、实现材料与成形制备技术换代、形成大规模产业化能力等为发展思路和方向，主要包括但不限于以下内容。

（1）设计理论与制备技术中的关键核心技术问题：发展以多元多尺度和有序化结构设计为内涵的构型化复合，基于纤维结构优化等金属基复合材料制备新原理、新技术；基于原子尺度精细结构分析和跨尺度关联的构效关系研究，发展超常性能金属基复合材料设计理论与技术。

（2）研发模式的革新：改变以单因素工艺探索为主的研发现状，向基于材料基因工程思想的高通量研发模式转换，发展面向使役性能的金属基复合材料智能设计制造基础理论与技术。

（3）结构功能一体化发展趋势：通过合理设计，充分发挥增强体和基体合金的优良特性，获得具有良好力学性能和功能特性的结构功能一体化金属基复合材料。

（4）低成本技术与成形加工技术革新：改善现有制备技术，提高成品率；发展复杂编织结构纤维增强铝基复合材料等高性能制备和构件的近净成形一体化技术；发展精密成形加工与高质量焊接技术，提高材料利用率；发展高性能易加工的新型材料，降低加工难度；注重金属基复合材料绿色回收新原理、新策略研究。

金属基复合材料发展主要有以下几个关键科学问题。

（1）金属基复合材料的跨尺度设计原理：具有超常性能、多功能、智能响应的金属基复合材料跨尺度设计理论；基于材料基因工程和智能数据挖掘技术的多尺度设计模型。

（2）金属基复合材料的复合制备与加工原理：复合制备过程中基体合金和增强体的物理与化学作用规律，多场耦合作用下非润湿体系的反应与复合原理；金属基复合材料的复合、加工及服役过程中组织结构演变规律及全流程高性能、高可靠性的可调控制备。

（3）金属基复合材料的结构–使役性能–服役条件响应机制：在多场耦合复杂服役条件下，材料性能与材料组分的关系，增强体在基体合金中的空间分布模式、界面结合状态、组织与性能之间的耦合响应机制。

金属基复合材料发展主要有以下几个研究内容。

（1）以金属基复合材料的需求与应用为牵引，优先发展与航空航天、国防和国民经济息息相关的轻质、高强、多功能一体化的金属基复合材料体系，以及其低成本、高效率、高可靠性、多元化的制备和加工技术。

（2）优先发展金属基复合材料制备与加工的新原理、新技术。金属基复合材料最大的优势是可设计性，建立科学的设计理论，发展极端条件和极端尺度下的制备方法和技术，使材料性能超越基体合金的极限，实现超常力学性能和功能特性飞跃。

（3）优先解决制约金属基复合材料自身发展的基础理论和瓶颈科学问题，重点支持金属复合化过程中的物理–化学相关作用、界面和微结构表征的多尺度关联、动态和实时表征方法、服役环境（特别是极端条件）下的性能评价。

（4）积极探讨金属基复合材料与力学、计算科学、机械、能源、环保等技术交叉领域，优先发展金属基复合材料绿色回收新原理、新策略研究，重点面向使役性能的金属基复合材料智能设计制造基础理论与技术。

三、至 2035 年预期的重大突破与挑战

预计至 2035 年，金属基复合材料领域有以下重大突破点与挑战。

（1）金属基复合材料设计理论与制备技术：重点突破超常性能金属基复合材料微观构型及专用基体合金的核心技术与理论，研制满足产业发展和国家重大工程需求的超强韧、超耐热、超常导电 / 导热的复合材料与关键构件；“一代材料，一代装备”，超常性能设计的复合材料必将为新一代装备的升级换代铺平道路。

（2）金属基复合材料制备新原理和新技术：重点突破增强体成分设计与

形态控制技术，开发低成本、高效、宏量化的金属基复合材料的制备新原理、新技术，研制满足产业发展和国家重大工程需求的低成本材料体系。

（3）面向使役性能的金属基复合材料智能设计制造基础理论与技术：重点突破金属基复合材料的智能设计与制造的基础理论和模型，开发面向使役性能的金属基复合材料的智能设计软件和平台。

（4）突破大尺寸、高质量、高性能、稳定性的复杂编织结构纤维增强铝基复合材料的制备核心技术，发展用于替代钛合金的轻质高性能铝基复合材料航空航天结构件，实现轻质、高强高模、耐高温的纤维增强铝基复合材料在航空发动机冷端转子/静子、机匣及高马赫数飞行器高承载高耐热舵翼面上的验证与应用。

（5）金属基复合材料绿色回收新原理、新策略研究：重点突破高效回收再利用的核心技术，发展金属基复合材料再生利用新方法，研制具有可实用性的再生复合材料，推动“双碳”目标的实现。

（6）金属复合化带来的功能特性飞跃，如满足功率电子、航空航天等高端产业发展和国家重大需求的关键高导热金属基复合材料与部件；电子互连与电气开关相关产业的复合触头与复合焊料等关键核心材料。

第七节　高 熵 合 金

一、发展现状与发展态势

（一）发展现状

由于高熵合金具有高强度、高韧性、抗辐照、耐高温、耐蚀等特殊的物理、化学及力学特性和广阔的工业应用前景，同时蕴含着丰富的科学问题，高熵合金目前已经成为金属材料研究领域的热点之一。近年来，高熵合金领域发表论文数量呈现井喷状快速增长的态势。目前国际上已有超过25个国家、超过100个大学和研究机构的超过250个课题组在开展高熵合金方面的研究工作，其中主要包括美国的橡树岭国家实验室、劳伦斯伯克利国家实验室、加利福尼亚大学、国家能源技术实验室、空军研究实验室，德国的马克斯-普朗克研究所、柏林亥姆霍兹材料和能源中心，英国的牛津大学、剑桥大学和伯明翰大学，日本东北大学，印度理工学院等。国内大部分理工科院校及中国科学院等重点研究单位也都开展了高熵合金方面的研究，并取得了大量突出的研究成果。

国内在高熵合金研究领域涌现了大量的杰出成果。虽然高熵合金在国际上兴起只有 10 余年时间，但国内研究单位积极参与，目前国内的研究工作与国际并进，甚至在很多方面处于国际领先地位。但我国高熵合金材料的发展仍然存在一些问题，主要表现在以下三个方面。

（1）基础研究方面：虽然人们认识到高熵合金中的化学无序和局域非均匀性结构的重要性，但是对于如何表征与描述高熵合金的化学无序和局域非均匀性并建立有效的结构模型，还缺少更加深入的工作。

（2）应用研究方面：虽然高熵合金的一些优异性能被陆续发现和验证，但目前还未形成关键的实际部件应用。对于关键领域、关键部件的具体目标和需求不明，很多研究停留在实验室验证阶段，亟须推动产学研的全链条合作，达成共识后统筹安排、重点突破。此外，相关研究、生产和应用单位也未形成多层次的产学研合作。

（3）生产工艺方面：目前高熵合金主要通过电弧熔炼方式制备，难以制备形状复杂构件，并且强韧性严重不足。近年的一些研究表明，通过增材制造工艺可制备复杂构件，相比铸态组织更加细小、强韧匹配性能更佳。但目前缺少系统的增材制造高熵合金冶金学体系，各机理亟须深入研究。

（二）发展态势及战略需求

高熵合金材料作为一种基于熵的理念开发并设计的新型高性能材料，具有突破传统合金性能极限的发展潜力。高熵合金的出现和发展为高性能金属材料的开发提供了新的选择，能够填补传统材料的某些性能不足，为核能、高载能武器装备、高温结构部件、低温服役装置等重要工业领域发展提供关键材料的选择和支撑，目前已受到广泛关注。以下为高熵合金的潜在应用场合。

（1）高强度、高韧性，高强塑积，可用作高强结构材料。

（2）轻量化，宽温域服役性能，高加工硬化系数，可用于轻质装甲材料。

（3）可同时实现高密度、高强韧性，用作含能材料。

（4）低温韧性好，温度降低时没有传统合金的韧脆转变，可在宽温域用作结构材料，如极地材料、空天材料。

（5）耐高温，高温稳定性好，高温力学性能优势明显，可用于高温 / 超高温结构材料、热和扩散屏障材料。

（6）中子吸收能力高、抗辐照性能好、抗热冲击性能好，同时耐高温、耐蚀，是优异的核能用材料。

二、发展思路与发展方向

自 2004 年高熵合金被首次发现并定义，经过将近 20 年的不懈努力，世界已开发出近千种高熵合金，然而高熵合金的研究仍然处于起步阶段，新型高性能高熵合金体系的开发任重而道远。因此，高熵合金未来的发展应该“双管齐下”。一方面，聚焦于高熵合金的基础研究，获取更加清晰的组织、性能机制的认识，并在此基础上建立成分-结构-性能的关联，形成原创性基础理论突破；另一方面，高熵合金材料的开发与设计应与国家重大需求相挂钩，从产学研多个层次推动高熵合金的发展与应用。针对高熵合金具有优势潜力的重点应用方向，开展产学研全链条合作。高熵合金的发展方向主要包括但不限于以下内容。

（1）开发高效率的高熵合金材料研发方式：发展基于材料集成计算和机器学习的高通量材料开发技术，建立高熵合金成分精确设计方法，构建基于材料基因工程的材料成分与组织和性能的预测模型，开发高通量材料合成方法与性能验证手段。

（2）揭示高熵合金特殊结构与性能关系：阐明堆垛层错能与原子浓度波动对高强韧高熵合金低温形变强韧化的影响机理，开展低温力学、氢脆等性能系统评价，推进关键领域应用；揭示难熔高熵合金迟滞扩散效应和严重晶格畸变效应对超高温强化的提升机制，进一步提高超高温高熵合金相稳定性与抗氧化能力。

（3）拓展高熵合金加工制备手段：在不断夯实高熵合金传统铸造、锻造、焊接、热处理等加工手段的同时，积极拓展高熵合金增材制造、薄膜沉积、智能化制造等加工制备手段，为不同领域应用需求的高熵合金器件提供加工制备方法。

（4）寻求高熵合金发展的高性价比区域：据统计，高熵合金最具性价比的区域不是高熵合金区域，而是中熵合金和高熵合金的交界处，这一区域将会是未来材料发展的关键区域；基于高熵合金的“鸡尾酒效应”与目标性能-成本综合因素，开发低成本元素高熵合金体系，进一步降低材料成本，推动高熵合金从实验室到应用的进程。

高熵合金发展主要有以下几个关键科学问题。

（1）高熵合金成分复杂，在其微观结构和性能关联性方面的认知还不全面，很多现象尚无法完全准确地解释。因此，从原子层次到微米尺度对微观结构进行精细表征显得尤为重要，这是深入理解该类材料微观结构演化的基础，也是调控材料宏观力学性能的前提。

（2）高强韧高熵合金的开发与性能研究。一方面，高熵合金的室温力学性能有进一步提升的空间；另一方面，目前提高力学性能的工艺较烦琐且成本较高，因此亟须拓展成本较低的加工方法，通过成分设计和加工工艺调控高熵合金的微观组织，进而调控并优化高熵合金的力学性能。此外，已开发的大部分高熵合金密度较高，轻量化也是需要考虑的因素。

（3）目前高熵合金相的形成准则多是对材料的平衡态组织进行预测和判断，但是实际中高熵合金多处于非平衡状态（如焊接过程中的快速升 / 降温、核反应堆应用中的高能辐照），因此如何实现高熵合金在非平衡态下的相形成和组织演变精准预测极为重要。

（4）与稳态高熵合金相比，亚稳态高熵合金的多重形变机制大幅提升了其综合力学性能，但亚稳工程的设计思路大部分基于实验筛选和经验准则，仅有少部分通过计算预测并加以实验数据辅助支撑，许多设计及相变机理关键问题有待解决。

高熵合金发展主要有以下几个研究内容。

（1）深入研究高熵合金的原子分布规律、键合特征、晶体结构等原子尺度形成机制，积极开展高熵合金的热力学和动力学等基础理论研究，揭示高熵合金形成的本源，拓展面向高熵合金的多主元相图和相形成预测方法，揭示高熵合金特殊组织结构的强韧化机理，建立成分–组织–性能关系，不断丰富高熵合金的材料基因数据库，发展基于材料集成计算和机器学习的高通量材料开发技术。

（2）基于高熵合金设计理论，积极开发新型高性能高熵合金体系，在不断丰富高熵合金体系的基础上，重点进行非等原子比高熵合金成分优化设计，开展双相、多相及纳米析出相强化高熵合金组织调控研究。

（3）优先发展面向高熵合金的多元化材料加工与制备技术，建立高熵合金的传统铸造、锻造、焊接等加工工艺条件下凝固过程的数学物理模型，系统研究传统加工工艺对高熵合金组织结构和性能的影响关系，重点发展面向增材制造技术的非平衡合金设计理论和高性能高熵合金材料体系，阐明增材制造高熵合金非平衡凝固组织调控机制与性能增强机理。

（4）以高熵合金材料的应用与性能需求为牵引，努力发展极端环境服役的高性能高熵合金材料体系：开发宽温域条件服役的新型高性能高熵合金、耐高温和抗氧化的超高温高熵合金、高比重和高侵彻能力的战斗部和穿甲用高熵合金、耐蚀高熵合金、抗辐照核电堆内用高熵合金等。

三、至 2035 年预期的重大突破与挑战

到 2035 年，对高熵合金的相形成、各项性能进行深入分析，获取更加清晰的高熵合金组织结构、性能机制的认识，并在此基础上实现对其结构的精确描述、建立成分–结构–性能的关联，形成原创性基础理论突破，为高熵合金材料的设计与开发提供全面的基础理论依据。针对目前国防装备、航空航天、海洋、能源等领域极端环境条件，开发高可靠性的特种高性能高熵合金材料。制备可用于各种工况条件且综合性能优异的新型高熵合金结构材料，推动高熵合金的应用研究，最终实现高熵合金的实际应用，具体有以下几个。

（1）重点突破高熵合金材料的高通量设计理论与技术，构建系统完善的成分—工艺—组织—性能闭环理论体系和材料基因数据库。

（2）着重揭示高熵合金的特殊晶体结构与组织特征对各种性能强化的影响机制，形成原创性基础理论突破，为高熵合金材料的设计与开发提供全面

的基础理论依据。

（3）针对目前国防装备、航空航天、海洋、能源等极端服役条件，开发极端服役环境的可靠性高强韧高熵合金、轻质高熵合金、耐蚀高熵合金、高熵合金催化材料等。

第八节　金属间化合物

一、发展现状与发展态势

（一）发展现状

有序金属间化合物由于晶体结构长程有序及金属键和共价键共存，兼具轻质与耐热的优异性能，其研制与应用受到国内外的高度重视。该类材料在航空发动机上的应用已成为发动机先进性的标志之一。国际上，TiAl、Ni_3Al等金属间化合物材料在航空发动机涡轮等高温部件上取得了初步的工程应用。我国从20世纪80年代开始开展金属间化合物的研究，经过几十年的长足发展已取得显著成效。在Ni-Al、Ti-Al系金属间化合物的强韧化机理方面取得了具有国际先进水平的研究成果，研制开发了具有自主知识产权的金属间化合物材料（如Ni_3Al、TiAl、Ti_3Al），个别材料已开始批量生产，主要应用于航空、航天和能源等高技术领域，为我国国民经济和国防工业做出了重要贡献。相关成果简述如下。

（1）在AB型金属间化合物方面：TiAl金属间化合物的铸造合金和变形合金取得了重要突破。例如，南京理工大学在国际上首次制备出高温高性能单晶TiAl金属间化合物，其最小蠕变速率和持久寿命均优于美国TiAl金属间化合物1～2个数量级；北京科技大学研发了高铌TiAl金属间化合物，使其工作温度提升了100～200℃；哈尔滨工业大学研制了超声速飞行器发动机格栅，并通过了发动机台架点火试验；中国科学院金属研究所研制了TiAl金属间化合物铸造叶片，并向英国Rolls-Royce公司供货。

（2）在 AB_3 型金属间化合物方面：Ni_3Al 金属间化合物取得了创新性成果，相对于 Ni 基高温合金，具有显著的密度降低和比强度提高的优势。钢铁研究总院、中国航发北京航空材料研究院与北京航空航天大学等单位研发了 Ni_3Al 金属间化合物，部分已经应用到航空发动机上。其中，北京航空航天大学开发的低密度、低成本、高强度的 Ni_3Al 基单晶合金 IC21 的承温能力达到 1150～1200℃，成为先进航空发动机高压涡轮叶片的首选材料。此外，Ti_3Al 金属间化合物［如高铌 Ti_3Al 合金（或称为 O 相合金）］和 Fe_3Al 金属间化合物也取得了一定进展。

（3）正在探索能在更高温度使用的高熔点金属间化合物，如 Nb-Si 系金属间化合物。

（二）发展态势及战略需求

从实现制造强国、交通强国、航天强国等战略出发，发展轻质高性能高温金属间化合物材料已成为一项紧迫需求。我国航空、航天、兵器等工业飞速发展，高推重比发动机和高马赫数超声速飞行器、大飞机与新型地面车辆的研制等皆对热端部件材料的轻量化和耐高温性提出了更高的要求。因此，兼具轻质与耐热的金属间化合物材料研发与应用势在必行，将为我国国民经济和国防工业做出重要贡献。

目前，金属间化合物材料发展的关键仍然是提升现有材料体系性能及优化制备成形方式。主要针对金属间化合物的本征脆性及高温强度不足问题，开展原理性基础性研究，揭示其本征原因，进而采用成分组织设计、制备方式改善等方法进行优化，满足服役需求，逐步形成真空熔炼、铸锭制备、精密铸造、定向凝固、等温锻造、包套挤压、等温模锻、等温轧制、焊接与连接、热处理等集成技术。可充分发挥金属间化合物材料优势的部件产品设计、研发、考核与评价也是研究趋势。同时，TiAl 和 Ni_3Al 等金属间化合物制粉、快速增材制造和多孔材料制备都是新的研究热点与难点。

二、发展思路与发展方向

重点对比较成熟的金属间化合物材料体系（如 Ti-Al、Ni-Al、Fe-Al 系金属间化合物）进行研究，创新设计原理，开发有实用价值的结构材料，建立相关技术体系，形成行业技术标准，健全性能数据库，在军用、民用工业部门逐步推广应用。

对于 TiAl 金属间化合物，研发高洁净度、高性能的新型材料与高质量、大规模、低成本、规模化的制造技术；开展铸造、变形、粉末冶金、焊接等制造成形方式的进一步研究，促成多晶 TiAl 金属间化合物在我国航空航天领域的应用，开发适用于 TiAl 金属间化合物材料的近等温轧制装备和近等温轧制技术，研制高性能、大尺寸的 TiAl 金属间化合物板材；开展定向凝固单晶 TiAl 金属间化合物研究，大幅提升 TiAl 金属间化合物的综合性能，扩大其服役温度与应用范围；探索新的 TiAl 金属间化合物成形工艺，如增材制造技术、预合金粉末火花等离子烧结工艺与多孔材料制备技术等。

对于 Ni_3Al 金属间化合物，开展成分设计和强韧化基础理论、先进制备技术理论体系、热端部件损伤机制及防护机理等方面研究工作，继续推进单晶 Ni_3Al 金属间化合物的应用基础研究，发展新型制备技术与新型高温结构材料，形成先进的、自主创新的 Ni_3Al 金属间化合物制备与加工理论体系，构建安全可靠性评价理论和方法，实现 Ni_3Al 金属间化合物的数据积累与科学基础储备，争取在推广应用方面取得较大进展；对 NiAl 金属间化合物重点进行塑化研究，并进行强度和综合性能改善方面的研究及相应的机理性工作。

对于 Fe_3Al 和 FeAl 金属间化合物，结合我国实际开展合金成分工艺、组织性能研究，使其发展成能替代不锈钢和耐蚀合金的一类实用工程材料，其中改善室温脆性、加强制备工艺研究、降低制造成本是关键。

对一些有应用前景的高熔点金属间化合物进行探索性研究，如 Mo-Si、Nb-Si、Ti-Si 系金属间化合物及其多相合金、复合材料等。

金属间化合物发展主要有以下几个关键科学问题。

（1）金属间化合物的跨尺度设计原理：金属间化合物的本征脆性及高温强度不足问题仍然是制约大部分合金体系应用的主要原因，导致当前研究的金属间化合物以国外比较成熟的二元或三元体系为主，研发新的合金或更多元体系必须深入研究金属间化合物的键合特征、晶胞结构、相图相变、形变机制等合金化和强韧化基础理论。

（2）金属间化合物绿色制备与加工原理：金属间化合物通常熔点较高、

脆性较大，制备方式受到较大限制，无法采用传统铸造、锻造等方式成形且难以加工，需要探索新的成形与加工方式，包括精密铸造技术、大型铸件的均匀化和高洁净度铸造技术、定向凝固技术、锻造和挤压开坯技术、增材制造技术、板材的制备技术、金属间化合物同种及异种材料间的连接技术、激光冲击强化技术等。

（3）高承温高性能金属间化合物多场耦合条件下的组织-结构-性能关系：开展温度-应力-环境多场耦合作用下的组织演化机理与性能损伤行为研究，建立金属间化合物高温变形本构模型，揭示动态复原机制及约束条件下多相协调变形机理和组织演化规律，是进一步应用的关键理论基础。

金属间化合物发展主要有以下几个研究内容。

（1）金属间化合物的合金化原理和强韧化机理：深入研究金属间化合物的键合特征、晶胞结构、相图相变、形变机制等基础理论，建立成分-组织-性能关系，揭示强韧化机理，改善金属间化合物的本征脆性及高温强度不足等问题，研发新型或更多元体系的金属间化合物材料和高温高强韧纳米复合金属间化合物材料。

（2）金属间化合物绿色制备加工科学基础：开展金属间化合物在不同制备工艺下的充型与凝固过程中的数学物理模型研究，突破精密铸造技术、大型铸件的均匀化和高洁净度铸造技术、定向凝固技术、锻造和挤压开坯技术、板材的制备技术、金属间化合物同种及异种材料间的连接技术、激光冲击强化技术等。

（3）增材制造用金属间化合物材料与技术基础：开展增材制造用金属间化合物成分设计，提出高洁净度、低含氧量金属间化合物球形粉末的制备方法，揭示间隙元素对金属间化合物力学性能的影响机制，总结增材制造金属间化合物初始非平衡凝固组织在原位热循环作用下的演变规律，阐明增材制造过程中合金元素、晶体取向和残余应力等对材料性能的影响机理。

（4）高承温高性能金属间化合物服役行为与机制：开展温度-应力-环境多场耦合作用下的组织演化机理与性能损伤行为研究，建立金属间化合物高温变形本构模型，揭示动态复原机制及约束条件下多相协调变形机理和组织演化规律，阐明构件级塑性变形的协同控制机理与高温防护涂层界面调控机理。

（5）性能数据库与材料考核体系：开展金属间化合物特性的材料服役性能考核体系研究，形成金属间化合物材料性能数据库及适用的材料考核体系，掌握 Ni_3Al 与 TiAl 等金属间化合物模拟件与构件（近）工况下服役行为，构建安全可靠性评价的理论和方法，建立应用设计原理与准则。

三、至 2035 年预期的重大突破与挑战

到 2035 年，全面掌握金属间化合物成分设计和强韧化基础理论、先进制备技术理论体系、热端部件损伤机制及防护机理等，发展新型制备技术与新型金属间化合物结构材料，形成自主创新的金属间化合物制备与加工技术体系，构建安全可靠性评价的理论和方法，完成金属间化合物在重大武器装备或民用设备如先进发动机热端部件上应用的数据积累与科学基础储备，全面支撑对航空航天、交通运输、能源等领域的战略需求。

（1）重点突破有序金属间化合物的强韧化基础理论与设计原理，建立多尺度模拟与机器学习材料设计的相关科学基础，研发新型高承温高性能材料。

（2）重点突破金属间化合物精密铸造、等温锻造、增材制造等绿色制造关键技术，特别是大尺寸复杂构件（机匣、扩压器等）的熔模精密铸造技术，TiAl 金属间化合物细晶棒材挤压和高压压气机叶片真空模锻技术等。

（3）重点突破新型金属间化合物的合金的部件级应用基础研究，包括单晶 TiAl 金属间化合物航空发动机叶片研发、超高承温单晶 Ni_3Al 金属间化合物涡轮叶片及防护涂层的协同研发、高温高强韧纳米复合金属间化合物合金典型部件级研发。

（4）重点突破基于金属间化合物特性的材料服役性能考核体系，建立金属间化合物材料性能数据库，掌握 Ni_3Al 与 TiAl 等初步应用的金属间化合物近工况服役行为，构建安全可靠性评价的理论和方法。

第五章

金属功能材料

金属功能材料是指具有特定光、电、磁、声、热、湿、气、生物等特性的各类金属材料，是能源、计算机、通信、电子、激光、空间、生物医药等现代科学的基础，是关系国计民生与国家安全的关键，在引领新工业革命、解决能源及环境危机方面具有举足轻重的地位，在新能源、高端制造业、国防军工和航空航天领域关键构件等高新技术领域及未来社会发展中具有重大战略应用价值。我国的金属功能材料发展至今已颇具规模，可满足国内大部分行业对金属功能材料质量和数量的要求。金属信息材料已获得一批原创成果，整体技术水平显著提升；金属电池材料、储氢合金、热电材料等新能源材料发展迅猛；高活性金属纳米催化剂、双金属、贵金属减量化等方面已取得较大进展；量大面广的金属生物材料及制品已逐步实现国产化；金属磁性材料产业规模以年均 10%～20% 的增度进入高速增长期，我国成为其全球最主要产业中心；拥有自主知识产权的万吨级非晶带材产业化生产线已被建成；我国在形状记忆合金、液态金属、磁致伸缩材料等金属智能材料领域也取得一系列重要进展。

以信息技术为引领的社会变革和新科技革命在信息技术、新能源、智慧城市、生物医药、航空航天、国防军工等领域的发展对金属功能材料提出了更高的要求，智能化、网络化、超大容量、超低延迟、超低能耗、微型化、多功能化、集成化、图形技术化、薄膜化、纳米化、复合化、器件化、柔性化、绿色化、可控化、高通量化成为金属功能材料的主要发展方向。当前，金属功能材料的研究和开发热点集中在信息材料、新能源材料、催化材料、生物材料、磁性材料、非晶材料及智能材料等领域。

第一节　金属信息材料

一、发展现状与发展态势

（一）发展现状

以信息技术为引领的社会变革和第四次工业革命正在全球范围内快速推进，其硬件基础是以芯片为代表的集成电路制造技术，涉及芯片制造、电子封装，以及新兴的微机电系统、微型传感器等的制造与集成。包含半导体用材料、传感材料、电子互连及传输用材料等金属材料在内的各种信息功能材料则是信息技术发展的基础和先导，尤其是用于芯片制造与封装的材料，成为 21 世纪材料工业最重要的发展方向之一（图 5-1）。据统计，21 世纪以来，芯片 70% 的性能提升源于新型信息功能材料的贡献。近年来，随着全球信息技术向数字化、网络化迅速发展，全方位信息产生与获取、超高速信息传输、超大容量信息快速处理已成为信息技术追求的目标。中国先后推出了《中国制造 2025》、“互联网 +”、智能制造、人工智能等一系列战略举措，旨在进一步增强我国信息产业及技术的自主创新能力。

我国是全球最大的消费电子产品生产国、出口国和消费国，消耗了全球 55% 的半导体芯片，但是目前我国的芯片自给率不足 20%，总体电子制造技术水平仍然落后于国外，尤其是以芯片为代表的高端电子制造所需的装备、材料及工艺严重依赖进口，芯片内 20 纳米以下金属互连成形材料及相关的超高纯电子化学品几乎被美国垄断。半导体芯片制造中溅射镀膜、光刻、互连

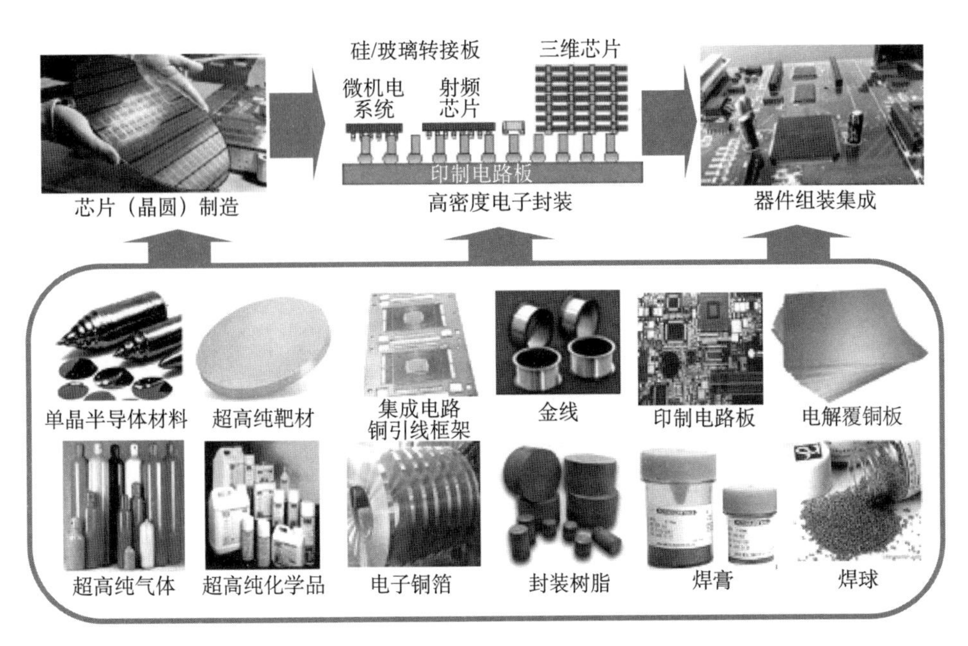

图 5-1　集成电路主要涉及的电子信息材料

线电镀成形、抛光制成等工序中涉及的导电、腐蚀、磨削等成套关键材料成为研究攻关重点。半导体芯片对金属溅射靶材（铝、钛、铜、钼、镍、钽、稀土元素等）纯度、成分、组织均匀性要求极高，而高纯度靶材市场目前呈现寡头垄断格局，由国外大型企业把持，如日本的三井金属矿业、日矿金属、东曹、住友化学、爱发科，以及美国的霍尼韦尔、普莱克斯等。

传感器既是现代信息系统的源头，又是信息社会赖以存在和发展的基础。作为人工智能与物联网应用系统的核心产品，传感器将成为该新兴产业优先发展的关键器件，广泛应用于智能化社会的生产、交通运输、环境监测及医疗等诸多领域。尽管传感材料及器件发展极其迅速，传感器灵敏度显著提升，基于材料的温敏、压敏、气敏、磁敏、超导敏感及生物敏感等特性，不同结构及用途的金属传感材料（铂、钯、金、银、镍、钨–镍、铂–铂、铁–硅、镁等）竞相开发，但是其响应速度、精度、感知范围、长期稳定性及集成化仍然是大部分传感材料应用存在的共性问题。

电子互连材料是金属信息材料的重要组成之一，包括芯片内材料（铜、铝、钨、钴、钌等及其合金与复合材料）、封装体内材料（铜、镍、金、银、钯等及其合金与复合材料）、引线框架材料（铁镍合金、铜合金）、基板金属材料（覆铜板等）、微组装材料（锡基无铅焊料）、微机电系统与传感器等的新兴电子材料（铜、镍、钯、铂、铌等）。随着芯片集成度的提高及高频通信的应用，所需晶体管尺寸已突破摩尔定律极限，亟待解决传输介质电阻率呈指数级增长而造成的信号传输延迟问题。因此，超大容量、超低延迟、超高密度、低能量损耗、低成本、超可靠数据传输的信息传输材料与技术将成为金属信息材料的研发与应用的另一重点（图 5-2）。目前，以日本企业为代表的国外企业在高端集成电路用铜材料领域形成了极强的技术和市场垄断。通信电缆广泛使用铜丝，我国通信电缆产量已居世界首位，整体制造技术已接近国外先进水平，但在高端产品稳定性方面仍有差距。

近年来，国家对科技领域的大力投入和成套技术装备的国外引进—消化吸收—再创新有力地推动了我国金属信息材料行业的技术进步和产业能力提升。特别地，上海交通大学开发的液态 3D 打印技术有望成为高质量溅射靶材的制备新工艺，同时其开发的芯片铜互连材料与工艺取得突破性进展，接近 20 纳米技术节点水平，相关材料已部分替代国外产品。北京科技大学、中南大学、河南科技大学等在高性能铜合金设计开发、合金铸造与塑性变形、合金先进热处理等基础理论方面，西安理工大学在铜基复合材料粉末制备、粉末冶金成形等铜基复合材料制备技术及相关装备研究方面均取得了系列创新成果。博威合金、中色奥博特等铜加工企业显著提升了制造水平和产品质量，实现了部分进口替代。

（二）发展态势及战略需求

根据集成电路设计、制造不断向小尺寸、高密度、多功能延伸发展，具有高度学科交叉融合的特征，金属信息材料的重点发展领域主要包括半导体芯片制备材料、装备及工艺，传感材料新效应功能开发、传感性能提升及传感器集成等研究，高性能电子互连与传输材料的开发、制备工艺及加工装备自主化。针对 13 纳米、7 纳米及以下线宽的集成电路制程中导电层材料，亟待解决确定材料种类、纯度，建立超细线宽芯片生产靶材标准，控制金属材料扩散导致的沾污及介电常数变化，调控超细线宽造成的沟道电致迁移，以及超薄薄膜的宏 / 微观应力分布等关键问题。半导体发展要求重点开发高熔点、高抗氧化性、高抗电迁移性、低密度、高电导率的导电材料，通

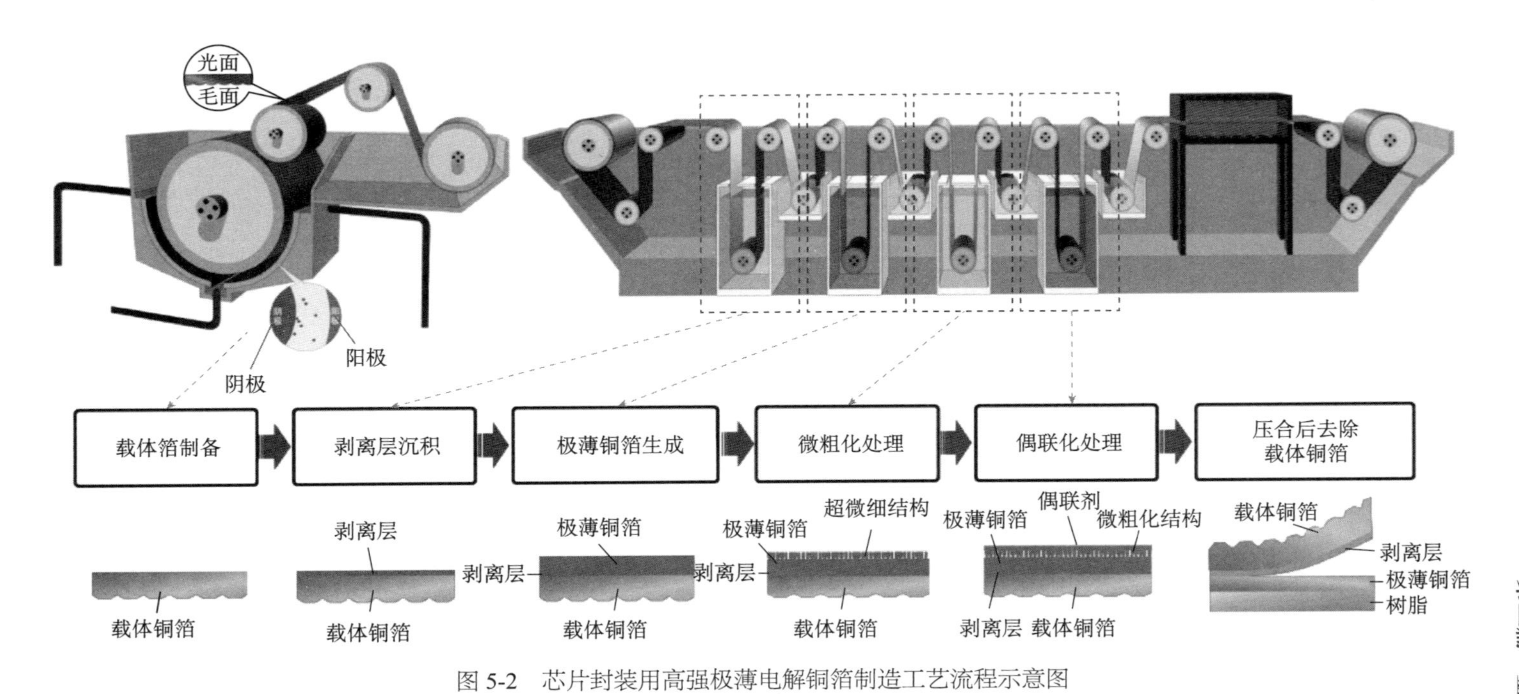

图 5-2　芯片封装用高强极薄电解铜箔制造工艺流程示意图

过进一步控制靶材的纯度、致密性及均匀性，以提升其抗电迁移性、抗氧化性及电导率等特性。不断发展的微电子机械系统要求传感器件向微小型化、固相化、多功能集成化、图形技术化、智能化和光化学化等方面发展，也促使传感材料向微小化、薄膜化、纳米化、复合化和功能利用化等方面发展。随着超大容量信息传输技术的发展，超快速度和超高密度的信息处理成为信息技术追求的目标，超大容量、超低延迟、超高密度的信息传输、电子互连材料与技术将成为今后相当长一段时间金属信息材料的研发与应用重点。以上重点领域的布局发展将提升我国信息材料领域的科技创新能力，为我国集成电路产业高质量发展提供关键材料保障，具有重要战略意义和紧迫性。

二、发展思路与发展方向

到2035年，金属信息材料将重点发展以下方向。

（1）集成电路用导电材料：从材料上讲，靶材朝着合金材料发展以替代纯金属，半导体用高纯铝靶材逐步向高抗电迁移性、高抗氧化性、高电导率的高纯铝-合金（Cu、Si、Ni、Ti等）、高纯铝-高纯稀土靶材发展；面板行业用靶材朝着高纯合金靶材方向发展，需解决靶材高密度、高纯度及组织均匀等关键技术问题。

（2）传感材料：发现新的传感效应和现象，开发新传感材料及传感材料新功能；基于材料基因工程，从热动力学角度进一步提升金属传感材料的响应速度和感知范围；利用材料微纳结构调控实现高性能金属传感材料改性，开发多维、多级次金属传感材料设计制备关键技术；实现传感材料与半导体集成技术突破，朝着多功能化、集成化、微型化、阵列化、智能化、数字化、网络化、系统化、光机电一体化等方向发展现代传感器，使其具备高精度、高可靠性、高信噪比、宽量程、低能耗及自校正等特点。

（3）电子互连及传输材料：开发面向高速信号传输的集成电路新型金属互连材料及工艺，在三维电子封装垂直互连及高密度金属微凸点成形方面取得突破。优化铜导体微结构，使其电导率接近理论极限，基于材料基因工程高效开发系列引线框架用高强超低损耗铜基复合导体及微结构，突破铜互连材料电导率的限制。为此，需要开发引线框架用高性能铜合金等铜材绿色、低成本变革性制造技术；基于化整为零设计思路实现集成电路用高性能铜基复合材料“从 0 到 1”的突破，筛选高电导率镀层材料并与铜导体复合，设计镀层 / 铜界面特征参数以实现低损传输；开发基于高品质铜基复合材料粉末的新型铜基材料制造技术；通过开发电子铜箔表面改性技术，提高其与介质层的结合强度，开发高强极薄超低轮廓铜箔及铜基微细键合线关键制造技术；设计铜导体微结构、铜互连材料组成及结构，实现铜互连层整体导电性提高；通过铜互连层内部共格异质界面弱化界面缺陷对电子传输的阻碍；基于互连填充机理，筛选阻扩散材料。在铜基导体的研发基础上开发钴互连、钌互连等下一代金属互连工艺。

金属信息材料发展主要有以下几个关键科学问题。

（1）纳米级金属互连材料中痕量杂质元素种类及含量对隔离层的扩散沾污及寄生效应的内在影响规律。

（2）薄膜沉积制程中，宏 / 微观应力分布规律与调控及其与材料种类、衬底种类的对应关系。

（3）基于热动力学原理和材料微纳结构，调控金属传感材料响应速度、响应范围、精度及稳定性的基本理论与方法。

（4）极限尺度下电子互连材料的高速信息传输、表 / 界面电子散射、电迁移行为及其对应的构效关系。

（5）基于数据驱动，突破铜导体电导率极限，实现低损传输的集成电路用铜材料高强高导化设计基础理论。

（6）高端铜材料成分–组织–强度 / 导电 / 耐热性能之间的构效关系。

（7）超微合金化和晶界控制工程调控晶界结构及抑制晶粒加热长大的机理。

（8）铜基复合材料原位合成机理及构型设计基础理论。

金属信息材料发展主要有以下几个研究内容。

（1）纯度大于 6N（99.9999%）的超纯金属材料提纯与超细线宽用靶材制备。

（2）超纯单质金属、合金种类对超薄导电层薄膜宏 / 微观应力分布的影响规律与控制方法。

（3）多维、多级的高响应速度、高精度、功能集成化、智能化金属传感材料设计制备及其与半导体的集成技术。

（4）铜、钴及钌的芯片微纳电子互连材料的3D打印成形与完整晶体的实现技术。

（5）基于材料基因工程的理论方法高效开发高性能引线框架铜材料。

（6）高性能极薄电子铜箔制造关键技术及智能化控制技术。

（7）高密度电子封装用抗氧化、高弧角超细键合铜丝制造关键技术。

（8）原位自生铜基复合材料粉末制备及其固结成形关键技术。

三、至2035年预期的重大突破与挑战

应对信息技术产业发展需求，通过合理布局、重点突破，以点带面实现信息获取材料及传输材料总体发展目标，形成金属信息材料计算设计与实验的深度融合，分别形成不同类型产品的整套制备方法和工艺技术，最终形成具有自主知识产权的传感材料与铜合金及铜基复合材料产品和制备技术，实现集成电路产业关键材料自主可控，具体预期重大突破与挑战如下。

（1）重点突破超高纯金属控制和提纯技术、晶粒晶向控制技术、异种金属大面积焊接技术等靶材生产过程中的核心技术。

（2）重点突破高响应速度、高精度、高可靠、集成化、多功能化及智能化金属传感材料设计、制备技术和传感材料与半导体的集成技术。

（3）重点研发集成电路用超低节点、高性能、高稳定性金属互连结构，开发下一代金属互连材料。

（4）重点攻克基于数据驱动的引线框架、键合、封装用铜合金及其复合材料成分与微结构设计新方法和新原理，突破其本征性能极限，开发集成电路用新材料体系。

（5）重点突破引线框架、键合、封装用铜基材料协同控形 / 控性技术，实现绿色低成本变革性制造，大幅提升高端产品稳定性和批次性能一致性，完全实现自主保障。

第二节　金属新能源材料

一、发展现状与发展态势

随着全球气候变化对人类社会构成重大威胁，越来越多的国家将“碳中和”上升为国家战略，提出了“无碳未来”的愿景。2020年，中国基于推动实现可持续发展的内在要求和构建人类命运共同体的责任担当，宣布了“双碳”目标愿景。新能源材料对于推动实现“双碳”目标具有重要意义。作为新能源材料的重要组成部分，金属材料在提高能源利用效率和实现能源结构多元化方面发挥着越来越重要的作用。同时，作为全球能源发展大背景下应运而生的新型交叉学科，金属新能源材料融合了材料科学、物理学、化学、工程学等学科，必然会催生全新的知识结构体系。金属新能源材料相关的若干具备开创性、引领性的基础科学问题和关键技术进步正在逐渐成为抢占能源战略制高点的关键。同时，金属新能源材料各种技术分支呈现百花齐放的态势，多种金属新能源材料发展迅猛。金属新能源材料主要包括金属电池材料、储氢合金、热电材料。

（一）金属电池材料

随着我国新能源和电力行业的快速发展，如何高效、稳定、环保地利用电能对能源技术变革乃至国民经济发展十分重要。中国新能源汽车市场近年来保持高速增长态势，销量接近全球总销量的一半。《中国制造2025》中提到，到2025年，我国纯电动汽车动力电池的能量密度目标为400瓦·时/千克。预计到2035年，动力电池的能量密度将达到600瓦·时/千克。然而，目前受限于传统电极材料，锂离子电池的能量密度小于300瓦·时/千克。为此，开发高容量、高倍率、低成本金属电极材料成为电池领域重要研发方向，对提升我国电池领域核心竞争力至关重要。随着可再生能源对电化学储能需求的日益增长，钠、镁、锌、铝、钾等离子电池的研究与应用逐步兴起，应用前景巨大，但也存在能量密度低、循环寿命短等问题，仍需深入开发和研究。

（二）储氢合金

氢能是可持续、最清洁的能源，是未来解决世界范围内能源与环境问题的最佳手段。打通“制氢—储氢—运氢—用氢”的氢能全产业链，加快能源结构从以煤为主转变为以电-氢为主，是实现国家“双碳”目标的核心支撑。金属储氢材料在交通运输、能源、国防军事、化工冶金等领域具有重要的应用前景，是实现“双碳”目标的重要一环。近年来，我国在开发新型储氢材料及车载储氢和规模储运氢系统应用方面取得了重要的科研成果。新型低温高放氢速率的金属基储氢材料得以发展，原子尺度微结构、相界面、晶界等方面的研究日益深入，有待完成移动式高性能储氢系统的原型设计与验证。此外，在提升储氢容量的基础上，开发稳定低成本规模制备技术，并基于多尺度多物理场传热传质与反应过程理论，设计高效高安全固态储运氢系统，在氢冶金、储能、加氢站、分布式发电等领域的应用得到推广。

（三）热电材料

热电材料及器件在航空航天、国防军事，以及5G、激光雷达、生命健康等高新技术产业领域具有重要的应用前景。基于热电材料的固态转换技术能实现电能和热能的直接相互转换，具有尺寸小、可靠性高、无噪声、安全环保等优点，在分散热源利用、太阳能复合热发电、物联网自支持电源、深空探测、全固态制冷及主动温控等领域均有广泛的应用潜力。近年来，热电材料的精细成分、晶界及相界组织结构、原子尺度微结构等方面的研究日益增多；与诸多邻近学科形成交融式发展并衍生出磁控热电、柔性热电、拓扑热电、离子热电等新兴交叉研究领域；面向实际应用需求，从材料制备、性能优化、界面构筑到器件集成的一体化、全链条研发思维受到重视。

二、发展思路与发展方向

主要新能源材料的发展思路与发展方向如下所述。

（1）金属电池材料：金属电池材料的深入系统研究将解决当前各种电池体系所面临的能量密度有限、安全性差、高/低温性能差、成本高等瓶颈问题，到2035年，金属电池材料应重点发展以下方向：动力电池用金属材料方面，开发高容量及高功率金属负极材料，包括铝、锡等高容量合金化廉价金属负极材料及锂金属负极材料；针对规模化储能领域的需求，开发高安全、低成本、长寿命的规模化储能电池金属材料，包括钠、镁、铝、锌、钾离子电池用金属负极材料等；针对极端条件下民用、国防、科考等的需求，开发具有宽温域特性的金属复合负极材料；开发安全、环保、经济的废旧动力电池金属回收或再修复技术等。

（2）储氢合金：加强新型低温高放氢速率的轻金属储氢合金的基础与应用研发，特别是高容量低成本镁基储氢合金，形成新型储氢合金的协同催化放氢理论，完善多尺度多物理场传热传质与反应过程理论，推广储氢合金在车载储氢系统、氢气规模储运系统、可再生能源储能系统中的应用。到 2035 年，随着材料基因工程的深入及计算机技术的发展，未来在高容量储氢合金的设计及制备方面有望取得重要进展；随着多尺度多物理场传热传质与反应过程理论的完善，在氢冶金、储能、加氢站、分布式发电等应用场景的牵引下，储运氢系统得到快速开发，其储氢量和能效将进一步得到提升；在与余热耦合集成的大规模储运氢应用推广方面有望起技术引领作用。

（3）热电材料：热电材料领域的未来发展以高新技术产业、生命健康、航空航天、国防军事等领域的实际应用需求为导向，加强高端热电器件及系统化集成研究，高性能热电材料的低成本、低能耗及规模化制备技术研究，新型高效热电材料构效关系及电声解耦新机制研究，以及基于多自由度的热电输运新理论研究。到 2035 年，基于拓扑、磁性、自旋等新自由度的热电磁功能材料和基于人工智能的新型热电材料高通量筛选与数据库构建方面有望引领国际研究方向；面向可穿戴、物联网等应用场景，通过与柔性电子交融发展，高性能无机柔性热电材料、宽温域及多场作用下热电材料及器件可能实现长足发展并引领国际研究方向；热电材料将会向着更高性能、更可靠、更环保等方向发展。

金属新能源材料发展主要有以下几个关键科学问题。

（1）金属材料的多相和多尺度结构与储能 / 氢过程热力学和动力学调控机制。

（2）合金制备工艺对微结构金属材料微观结构和表 / 界面影响与演变规律。

（3）金属材料与系统多场耦合的能量传递规律及控制影响原则。

（4）影响能量存储效率的物理机制、器件模型和失效机理。

（5）高能量/功率密度能源系统的设计制造和可靠性。

金属新能源材料发展主要有以下几个研究内容。

（1）金属电池材料：无枝晶特性的金属负极的设计理论与方法；金属阳极腐蚀抑制机制的新原理与新方法；高性能全固态金属电池的新原理；服役过程中电极及界面结构演化规律。

（2）储氢合金：储氢合金多相多尺度的热力学设计方法；储氢合金吸/放氢动力学影响因素和规律；吸/放氢过程中合金微结构稳定性调控方法；大型储氢系统氢-热耦合模拟与优化方法。

（3）热电材料：面向应用需求的高效热电材料及器件；协同多尺度微结构、多物理场增强热电性能的新原理、新机制。

三、至2035年预期的重大突破与挑战

至2035年，金属新能源材料领域有以下重大突破与挑战。

（1）金属电池材料：突破金属电池材料核心技术，研制满足产业发展和国家重大工程需求的金属电极电池；发展在高寒酷热、极地、深海、深空、高纬度、高海拔等极端条件下稳定工作及可穿戴柔性器件；进一步完善过程机制和电池失效理论研究；面向储能产业发展，实现金属电极电池在清洁能源储存、电网储存等领域的应用推广。

（2）储氢合金：突破高容量轻金属储氢合金的材料基因工程设计与开发原理；开发面向车载储氢系统的低温高放氢速率的新型储氢合金及其规模合成技术；进一步完善多尺度多物理场传热传质与反应过程理论，开发大尺度高效高安全性金属储运氢系统；面向氢能产业发展，实现金属固态储运氢系统在氢冶金、储能、加氢站、分布式发电等领域的应用推广。

（3）热电材料：突破高效高稳定热电温差发电器件的研制及系统化集成技术；发展面向物联网、可穿戴电子、5G、激光雷达等民用领域的高效热电发电及微型制冷器件；实现热电材料核心电声输运参数数据库与热力学相图的构建；实现从基础研究到规模化产业应用的全方位突破，更好地服务于航空航天、国防军事、5G和生命健康等高新技术产业领域。

第三节　金属催化材料

一、发展现状与发展态势

（一）发展现状

随着社会的不断发展，全球面临着能源短缺、环境污染和温室效应这三大亟须解决的难题。清洁能源被认为是人类社会最理想的“终极能源”利用方式，近年来在全球众多国家、企业和研究机构受到高度重视和得到大力发展。2020 年，中国基于推动实现可持续发展的内在要求和构建人类命运共同体的责任担当，宣布了“双碳”目标愿景。根据《能源生产和消费革命战略（2016—2030）》，到 2030 年和 2050 年，非化石能源消费量占能源消费总量的比例分别要达到 20% 和 50%。《欧洲催化科学与技术路线图》显示，催化作为化学工业的基础，其材料及相关的化学过程直接或间接地贡献了全球 20%～30% 的经济总量增长，对现代工业有着举足轻重的影响[①]。另外，面向国家对于清洁能源整合、开发与利用的重大需求，采用光、热、电催化及耦合协同的方式，开展适用于廉价太阳能、风能消纳的光（电）催化体系与金属纳米催化材料体系的构筑，大力开展可再生能源向化学能的高效转变与存储工作也具有十分重要的意义。以金属为主要活性组分的金属催化材料已被广泛应用在石油裂解 / 聚合 / 重整、小分子加氢 / 脱氢或水合 / 脱水、氧还原（贵金属）、CO_2 还原（铜、银、锡）、产氢和氮还原（贵金属）等反应中，这对优化能源结构分布、实现能源高效清洁使用具有重要意义。

金属催化材料作为能源转换的物质基础，主要的研究任务集中于揭示金属催化材料相关的科学规律，发展新型高效催化材料，即根据理论指导，通过对催化材料成分、结构、有序度和几何形貌等进行设计和调控，优化催化

① PERATHONER S, CENTI G, GROSS S, et al, Science and Technology Roadmap on Catalysis for Europe[R]. Bruxelles: European Cluster on Catalysis,2016.

材料的反应活性、选择性和稳定性等（图 5-3）。经过几十年的长足发展，我国在面向清洁能源转化的高活性金属纳米催化剂、双金属、载体效应、贵金属减量化利用方面已取得较大进展，为实现高效绿色的能源转换做出巨大贡献。

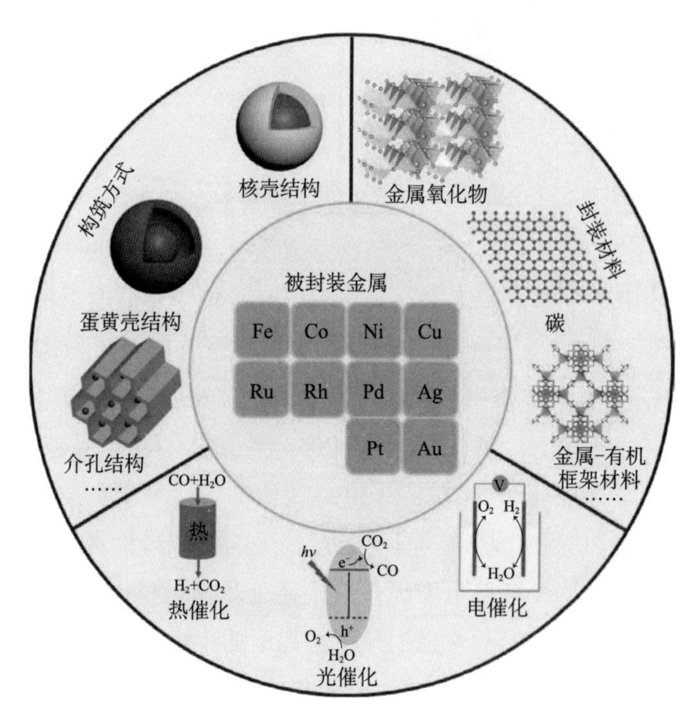

图 5-3　具有不同结构的封装的金属纳米催化剂

资料来源：美国化学会（American Chemical Society）

（二）发展态势

目前，金属催化材料在化工、能源、环境、医药等相关催化反应（包括热/光/电辅助催化反应）中扮演着重要的角色，是催化材料的重要组成部分。到 2035 年，金属催化材料领域的研究应主要着力于以下几个方面。

（1）原位表征技术的发展：发展原位表征技术及基于同步辐射在内的显微、衍射和光谱学技术，通过催化反应中催化材料成分、形貌、原子序构和相组织等的变化，对金属催化的基本原理进行动态解析，为构建新的催化理论提供直观的技术支持。

（2）金属催化的功能溯源：提高对催化活性中心、活性中心的配位环境与催化性能关系的认识，实现以需求为牵引的面向特定反应的高性能金属催化剂的合理设计。

（3）金属催化的人工智能集成设计：依托传统金属材料在合金设计方面丰富的知识积累，利用人工智能等计算工具，对现有催化体系进行分析，建立金属纳米催化材料的相图、热力学等知识框架。

（4）面向应用的工程化设计：系统深入地研究制备方法，实现金属催化材料的工程化和宏量化可控制备，真正实现金属催化材料从学术界到产业界的应用。

（5）材料界面的物质能量传递：研究催化剂涂层和载体金属的界面结构，探讨反应物种和热量在金属载体介观结构中的传递与耦合机理，揭示传质 / 传热强化原理，实现金属结构催化剂与反应器的集成化制造。

二、发展思路与发展方向

到 2035 年，金属催化材料应重点发展以下方向：揭示传统金属材料相关的科学规律，发展新型高效催化材料，精准地预测和设计高性能金属纳米催化材料，实现高性能、低成本单原子金属催化材料的工业化生产，发挥纳米多孔材料结构金属催化材料的优势。

（1）发展新型高效催化材料：解析金属活性中心的动态结构演化机制，提出微结构设计 / 调控催化性能的新策略，设计化工过程强化的结构金属催化材料，提高金属纳米催化材料的服役寿命，发展高效金属催化材料的宏量制备技术，为金属催化材料的发展注入新活力。

（2）精准地预测和设计高性能金属纳米催化材料："真实"金属纳米催化材料表 / 界面结构和微观动力学模型的构建，金属纳米催化材料的精准、高效和批量合成，金属纳米催化材料的原位表征与构效关系，进一步高效预测与设计金属纳米催化材料。

（3）实现高性能、低成本单原子金属催化材料的工业化生产：单原子金属催化材料的可控制备，单原子金属催化材料的科学原理，以及原子级金属催化材料作为模型材料的探索新机制。

（4）发挥纳米多孔材料结构金属催化材料的优势：深入挖掘纳米多孔材料结构金属催化材料优异的微观表/界面特性，充分体现其宏观三维骨架的结构优势。

三、至2035年预期的重大突破与挑战

预计至2035年，金属催化材料领域有以下重大突破与挑战。

（1）新型结构金属纳米催化材料：结合传统冶金学中的经典理论，通过相调控（金属间化合物/非晶等）、成分调控（中熵/高熵合金等）、应力与缺陷分布、几何形貌设计（多孔结构、纳米框架等）及表面设计（掺杂、偏析等）等方式进行新型结构金属纳米催化剂的设计。

（2）金属纳米催化材料的原位与动态表征：重点发展原位透射电子显微镜、基于同步辐射及其他光学的高时空分辨光谱学、原子结构与电子结构表征工具的联用等技术及新的计算模型，为开展金属纳米催化材料研究提供技术条件。

（3）催化活性中心及关键材料中间体的探究：在原子和分子水平上认识催化机制、探究催化反应过程中的催化活性中心及关键材料中间体是发展、改进金属催化材料的基础，也是金属催化材料研究的核心问题之一。

（4）高通量计算与机器学习：借助人工智能的机器学习方法，建立金属催化材料数据库，提出特异性的学习模型，通过模型的训练与评估，综合大数据分析处理，预测最优性能金属催化材料的原子和电子结构参数；深入揭示关键材料中间体和反应速控步骤；完善金属催化材料的概念与理论，总结材料设计方案，提出新概念。

（5）金属催化材料的规模化生产：建立规模化的工业反应需求与基础理论研究的融合机制，攻克金属催化材料从实验室到工业应用的“卡脖子”难题，发展原创、高效的金属催化材料批量合成方法。

（6）面向应用的全新催化材料理论：以应用领域的具体技术需求为引导，不断探索并有全新的理论发现，实现规模化推广，将制备工艺规格化，实现学术界和产业界密切配合。

第四节　金属生物材料

一、发展现状与发展态势

（一）发展现状

金属生物材料是保障人民群众基本医疗需求的重要物资，是决定国家未来核心竞争力的战略性材料，对保障人民生命健康、支撑健康产业发展、提振未来经济具有重要意义。通过基础研究原始创新引领技术突破，解决金属生物材料与器械领域“卡脖子”技术难题，保障植/介入器械使用金属生物材料的供应，实现高端医疗器械制造颠覆性技术变革，不仅直接影响人们的生命健康，更是关乎我国医疗安全的重大战略需求。

金属生物材料包括医用不锈钢、钛合金、钴铬合金等传统不降解医用金属，以及近些年发展起来的以医用镁合金和医用锌合金为代表的可降解医用金属。根据其性能特点，金属生物材料被广泛应用于骨科、齿科、心血管等领域的植/介入类医疗器械。作为医疗器械发挥作用的重要载体，金属生物材料在确保植/介入器械安全、有效及质量可控性方面起到非常重要的作用。

近年来，我国金属生物材料及其制品行业快速发展，尤其是量大面广的金属生物材料及其制品已经逐步实现国产化，但总体上尚不具备国际竞争优势。2018 年，我国生物医用材料市场仅占全球市场的 12%，我国从事生物医用材料及其制品生产的企业年均销售额不足美国同类企业年均销售额的 15%。在硬组织修复、心血管植入器械等领域所用的高端金属生物材料基本上都依赖进口。国产材料的质量和性能与临床应用还有较大差距，主要体现在：材料质量欠佳，批量化生产关键技术亟待提升、原材料标准不健全；多数器械未经表面改性或仅仅表面惰性涂层处理，对表面与生理环境相互作用规律的认识尚不深入；缺乏针对生理环境特点的智能响应与调控的金属生物材料及其表面改性技术。

（二）发展态势及战略需求

近年来，植/介入器械产业发展迅猛，我国该产业产值的年均增长率达到17%，预期该产业到2035年产值将超过1万亿元。未来植/介入器械的高端国产化替代和产业升级都离不开金属生物材料及其表面改性技术的持续突破。

金属生物材料及其表面改性技术研究的特点是材料科学、化学、生物学、临床医学等多学科高度交叉融合，其发展大致经历3个阶段：①生物惰性医用金属，尽可能对人体环境不产生有害影响，降低组织的炎症和免疫反应；②生物惰性医用金属及其生物活性表面，在不改变基体材料惰性特性的基础上使材料表面对人体生物环境有一定有利作用，如增强组织相容和骨整合能力；③生物活性可降解医用金属及其生物活性表面，主动调控与生物环境的相互作用，实现材料的可控降解释放与生物环境界面的高度相容性和诱导生物组织再生修复。

二、发展思路与发展方向

（一）惰性金属生物材料

医用钛合金具有良好的力学性能和生物相容性，在硬组织修复等领域被广泛应用。然而，高附加值医用钛合金原材料的产业供应链仍由发达国家主导。国内科研机构和企业积极开展新型钛合金材料和高端骨科植入器械原材料的研发，聚焦医用钛合金生物力学仿生适配的科学问题，调控微观组织和力学性能，解决高性能低模量医用钛合金增材制造的技术瓶颈。目前新型生物力学仿生型医用钛合金（Ti2448）已取得技术突破。

医用不锈钢是最早应用的金属生物材料之一，以316L为代表的奥氏体不锈钢广泛应用于骨科、齿科和心血管支架等领域。目前医用不锈钢的强韧性、耐蚀性、生物相容性等方面仍有很大的提升空间，并可赋予不锈钢特定的生物功能性。我国在医用高氮无镍不锈钢、新型低成本高显影性含铂（Pt）不锈钢方面的研发已走在国际前列。未来，应进一步探索提高医用不锈钢临床使用性能的新途径和相关机制；兼顾理化性能、生物相容性与生物功能化的不锈钢新材料一体化设计；实现新型医用不锈钢的综合性能优化及吨级以上的规模制备，以及医用不锈钢原材料的全面国产化。

医用钴铬合金是骨创伤替代、牙种植体修复、心脑血管介入等医疗器械产品的优选材料。但医用钴铬合金原材料及精密丝线材、细径薄壁管材存在成分均一性差、力学性能低、批次质量不稳定等问题，以上短板尚需突破。未来，应重点探索高品质医用钴铬合金冶金质量控制、钴铬合金强韧性–疲劳–理化性能–生物学性能的多元优化匹配调控方法，突破高品质低成本钴铬合金原材料及其丝管材制造技术瓶颈。

（二）可降解金属生物材料

以镁合金、锌合金为代表的可降解金属生物材料能够避免长期植入引发的炎症、二次手术取出等弊端，具有作为理想骨植入物和血管支架材料的潜质，近年来成为发达国家竞相发展的重要研究方向。目前，德国、韩国已经率先在镁合金骨钉、血管支架等领域取得临床应用。我国在该领域的研究总体上处于国际先进水平，取得一些原创性成果。例如，具有自主知识产权的医用镁合金材料 JDBM 具备独特的“强韧性、生物相容性、降解可控性”三性合一的性能，用其制备的骨钉已成功开展了数十例临床试验；设计研发出了高强度、抗老化的医用锌合金材料。

目前在医用镁合金原材料的洁净化、均质化、细晶化、批量化生产，血管支架用微细管材的精密加工制备等方面还存在技术瓶颈。另外，应重点开展机器学习辅助医用镁合金设计研发，突破高纯净度镁基中间合金制备，建立高效、可靠、自适应性强的医用镁合金专用数据库。开展新型高强韧可降解锌合金植入材料的成分优化设计与性能调控，突破医用锌合金的老化和加工软化的材料学瓶颈。

（三）金属生物材料表面改性

表面改性是赋予植 / 介入器械优异临床性能的关键性技术之一。金属生物材料的表面改性技术基本呈现从生物惰性涂层到生物活性涂层，再到生物功能性表面改性的发展趋势。在现阶段，金属生物材料表面改性以提升相应的组织再生与整合、抗菌、抗肿瘤和（或）抗血管再狭窄等生物学功能为目标，促进损伤组织的功能重建及提高使役效能是金属生物材料医用领域的前沿性基础命题。未来应重点发展心血管植/介入、骨科器械表面对生物环境主动调控的机制，研发针对不同需求的金属生物材料表面改性技术。未来的发展方向和研究内容如下。

（1）开展高强度、低模量医用钛合金的设计研发，发展用于宽尺度范围及复杂组织的高效稳定钛合金材料。

（2）开展兼顾理化性能、生物相容性与生物功能化的不锈钢新材料一体化设计和研发。

（3）开展高性能医用钴铬合金设计、制备和成形工艺研究。

（4）研发新型可降解金属生物材料（镁合金、锌合金）的成分优化设计与性能调控技术，以及全降解周期下可降解金属生物材料的力学、降解和生物适配机制。

（5）开展纯净化、均质化、细晶化金属生物材料全流程熔炼、冷/热加工和在线检测工艺技术研究；突破冶金质量控制、精密加工工艺优化、微观组织精细调控、高强高韧高疲劳等多元力学性能兼容匹配等原材料产业化的关键技术；形成医用金属全规格棒、板、丝、管材等产品的完整产业链及产业化生产能力。

（6）研发金属表面兼具多种生物功能（抗菌、抗肿瘤、抗凝血、细胞选择性吸附、诱导骨组织及血管再生修复、调控降解、超耐磨人工关节摩擦副表面的构建等）的改性新技术、新方法及其原理。

三、至2035年预期的重大突破与挑战

（一）金属生物材料领域在共性问题方面的突破

预计至2035年，金属生物材料领域在共性问题上取得以下突破。

（1）重点突破金属生物材料与器械结构设计的优化算法，以及高效快速的金属生物材料与器械的设计和开发技术，实现机器学习与金属生物材料实验技术的高度融合，建立材料和器械结构的多目标性能优化系统，高效提升金属生物材料的开发效率和智能化制造水平。

（2）构建针对不同种类的金属生物材料的全流程加工工艺-微观结构-力

学性能等参数间的关系规律，形成全流程工艺冷 / 热变形–热处理–微观组织–力学性能的数据库。研制满足不同应用场景和要求的金属生物材料的棒 / 板 / 丝材、微细管材及其植入器械。

（3）突破金属生物材料增材制造相关的原材料粉体制备、组织调控和性能优化技术，建立从高质量粉末加工到器械制备的全链条 3D 打印平台。

（4）在不可降解金属表面制备结合牢固、不损伤基体长期力学与结构完整性的改性层，在可降解金属表面制备结合牢固、降解速率与基体匹配的改性层，并赋予改性层炎症反应时序性调控能力，兼具高的组织再生、组织整合及抗菌 / 抗肿瘤功能，或选择性地促进内皮化、抑制平滑肌增生及晚期血栓形成。

（5）阐明具有普遍指导意义的金属改性表面对细胞、细菌、机体作用的细胞生物学和分子生物学机制，提出长寿命或降解匹配的金属表面改性层结构设计与制备原理。

（二）针对具体金属生物材料的突破

预计至 2035 年，针对具体的金属生物材料取得下列突破。

（1）突破优化构型、精密制造的新型高强度低模量医用钛合金的核心技术，研制满足医疗需求的关键植入体与器件。

（2）研发不同应用场景的医用不锈钢新材料及其创新医疗器械产品，实现吨级以上的规模化稳定制备。

（3）建立国产高性能医用钴铬合金新标准，形成千吨级高性能全规格医用钴铬合金板材、棒材、丝材、管材的生产能力。

（4）建立基于材料基因工程的医用镁合金材料和器械的设计方法，构建医用镁合金材料纯净化、均质化、细净化制备和镁合金薄壁微细管材的精密加工原理和技术原型，实现医用镁合金和器械的“生物相容性、强韧性、降解可控性”三性合一。

（5）研发具有抗老化和加工硬化能力的高性能医用锌合金材料，建立可降解锌合金与机体间的力学、降解和生物学适配理论。

（6）针对骨科植入和齿科修复等形状复杂产品，建立从高质量粉末加工到器械制备的全链条金属生物材料 3D 打印平台。

（7）获得可诱导骨组织及血管再生修复、抗菌、抗肿瘤、耐磨损、调控降解等功能的植/介入器械功能表面构建及其对生物环境的调控作用机理。

第五节　金属磁性材料

一、发展现状与发展态势

低碳经济时代迫切要求能源的高效利用。金属磁性材料在新能源、低能耗、低排放和低污染等各个方面对低碳经济都起着重要作用。电机是现代经济的主要能源消耗之一，而电机效率高度依赖于稀土永磁材料。相较于传统励磁三相感应电机，稀土永磁无刷电机可大幅提升工作效率，电机尺寸减小70%，其意义不言而喻。随着电动汽车、风力发电、机器人等重点行业的快速发展，具有高工作温度、高耐蚀性、高矫顽力的高性能稀土永磁材料需求越来越大。据统计，每台电动汽车需要2～3千克钕铁硼，每台核磁共振仪需要3～5吨钕铁硼，每台1兆瓦级永磁风力发电机需要0.6～1.5吨钕铁硼，每台智能工业机器人需要数百个稀土永磁伺服电机①。随着电力电子装备向高频、高功率密度、节能和电磁兼容方向发展，金属软磁材料市场规模正以每年30%的速度增长，预计未来五年市场规模达500亿元。

金属磁性材料受到欧洲、美国和日本等发达国家或地区的高度重视，在材料体系、制备技术、新机理探索、大规模产业化方面都发展迅速，政府投入逐年增加。在稀土永磁材料方向，美国提出关键技术领域稀土替代品（Rare Earth Alternatives in Critical Technologies，REACT）计划，从2009年至今已投入逾20亿美元资助逾800个项目，探索新型稀土永磁材料；2019年美国总统特朗普依据《国防生产法案》，向美国国防部下令，要求大力促进用于消费电子和军事装备的稀土永磁材料研究及生产，拉开了中美两国抢占稀土永磁科技制高点、控制主动权的竞争序幕。日本文部科学省成立元素战略

① 胡伯平, 饶晓雷, 钮萼, 等, 稀土永磁材料的技术进步和产业发展 [J]. 中国材料进展,2018,37(9): 653-661.

磁性材料研究中心（Elements Strategy Initiative Center for Magnetic Materials，ESICMM）。美国和日本完全有能力依赖其强大的基础研究实力和完善的研究设施，在新型稀土永磁材料方向对中国形成新的知识产权壁垒，有可能将我国与日本、美国在稀土永磁科技方面刚刚缩小的差距进一步扩大。在自旋电子学金属材料方向，美国国防部高级研究计划局（Defense Advanced Research Projects Agency，DARPA）、半导体研究联盟（Semiconductor Research Corporation，SRC）和国家科学基金会（National Science Foundation，NSF）资助了大量项目，包括先进半导体技术研究“星网”（STARnet）计划、联合大学微电子计划（Joint University Microelectronics Program）、电子复兴计划（Electronics Resurgence Initiative，ERI）和纳米电子计算研究（Nanoelectronics Computing Research）计划等。国际著名科研机构及工业巨头研发部门已大力布局新型自旋器件产业，在自旋极化的产生、注入、传输、操作和检测等方面均取得了重要研究进展。

近年来，我国持续优化新一代信息技术相关的产业领域的战略布局。《中国制造 2025》将新材料产业列为需要突破发展的十大重点领域之一，并明确指出稀土永磁等磁性功能材料是亟须发展的关键战略材料。“十四五”期间，新一代信息技术是重点发展方向，要求增强关键磁性基础材料的自主创新能力，突破关键共性技术。整体而言，研发新型金属磁性材料及其产业化技术，增强我国磁性材料产业的持续发展能力和竞争力，高度契合国家新材料产业的发展战略。我国已成为全球磁性材料产业大国，体量大、覆盖面广，但与国外相比，仍缺乏超前的研发优势和研发成果的实用化开发力度，基础科学问题研究投入与原始创新积累不足，高端元器件受制于人的情况仍然存在，已成为制约制造强国建设的瓶颈问题。我国稀土永磁材料产量位居世界第一，但高性能钕铁硼产量仅占全球高性能钕铁硼总量的 60%，仅日本 NEOMAX 公司高性能钕铁硼产量就占据了全球高性能钕铁硼总量的近 20%。我国软磁铁氧体产量位居世界第一，但美国 Ferroxcube 和日本 TDK 公司在部分高频应用等领域仍持有技术优势。利用绝热去磁技术获得超低温已有 80 多年的历史，但现有磁制冷材料的熵变仍小于主流液态制冷剂，并存在力学性能差、滞后损耗大、驱动场高等不足，基于磁性固态相变的制冷机器尚处于基础研究和应用探索阶段。我国在磁存储领域的起步较晚，已解决了自旋转移矩磁性随机存储器（spin-transfer torque magnetoresistence random access memory，STT-MRAM）和自旋轨道转矩磁性随机存储器（spin orbit torque magnetoresistence random access memory，SOT-MRAM）的部分关键技术问题，中国电子、海康驰拓、中芯国际、上海磁宇等企业已陆续开展MRAM芯片研发，高灵敏度的磁敏传感器已实现量产；但原创性物理效应的发现不多，企业研发能力不足。我国在自旋电子太赫兹器件、磁性拓扑量子材料、二维磁性材料、自旋电池等领域也涌现了一大批研究成果，但仍停留在基础研究阶段，面向实际应用的产业发展仍未实现。此外，我国金属磁性新材料、新技术和新装备开发尚未完全摆脱模仿国外的局面，相较日本、美国等行业顶层设计不够，缺乏核心知识产权，解决我国受国外专利技术制约的问题仍需努力。

二、发展思路与发展方向

到2035年，金属磁性材料应重点发展以下方向。

（1）稀土永磁新材料：应重点加强新一代超强永磁材料的量子调控理论及制备科学基础，基于新原理设计制备稀土永磁新材料，以更高磁能积（高矫顽力和高剩磁）、更优异服役性能（高使用温度、高温度稳定性、高耐蚀性、良好力学性能等）、更长寿命（苛刻环境服役、极大/极小尺寸材料、多场响应）为导向。发展符合我国资源禀赋和急需技术的稀土永磁新材料，包括重稀土极致利用、高丰度稀土超限利用、绿色高值化再生利用等，实现稀土战略资源的高效综合利用。

（2）金属软磁新材料：应重点聚焦晶态、非晶和纳米晶铁基软磁合金体系创新，深入研究不同条件下合金的凝固行为及微磁结构演变规律，构建合金成分、微结构、磁结构和磁性能之间的内在联系。加强高磁通密度低矫顽力金属软磁材料研发，掌握合金高频磁化物理机制，发展具有自主知识产权的大功率低功耗软磁器件。

（3）自旋电子学金属材料：应重点支持芯片制造、物联网、数据通信等领域自旋电子材料关键基础问题的研究，如磁性存储器、磁性传感器、高频微波器件等，突破国外技术封锁。全面提升关键材料产业化技术水平，建立支撑国内自旋电子材料与器件制造自主可控发展的本土材料供应链，培育1或

2 家世界级自旋电子材料企业，并推动反铁磁和磁性拓扑材料、自旋电子太赫兹器件、晶圆级二维磁性材料和自旋电池等特色材料在下一代磁存储器、传感器、6G 和人工智能器件中的应用。

（4）金属磁热新材料：应重点探索新一代零滞后室温巨磁热效应材料体系，揭示其磁晶耦合规律、磁体积效应及物理根源，大幅提高制冷效率，促进固态相变制冷技术的发展。着眼于拓扑相关的贝利曲率的物理机制，探索大反常能斯特效应及大反常埃廷斯豪森效应新材料，这是未来实现横向热电效应应用的重要研究方向。

金属磁性材料发展主要有以下几个关键科学问题。

（1）新一代超强永磁材料的量子调控理论及制备相关科学问题。

（2）超常性能稀土永磁材料的关联性能解耦及同步提升原理。

（3）永磁材料长寿命与服役的极限化技术。

（4）自旋电子学金属磁性材料物理理论和器件制备的相关科学问题。

（5）电子结构、磁结构、拓扑结构、磁相变等与磁热效应和磁性横向热电材料性能的内在关联机制。

（6）战略资源在金属磁性材料中的高效利用、再生与替代科学基础。

金属磁性材料发展主要有以下几个研究内容。

（1）在埃 / 纳米尺度上探讨稀土元素 4f 电子与过渡元素 3d 电子产生大磁矩的量子耦合机制；探索 3d/4d/5d 轨道矩 / 自旋矩的解冻、f 电子磁各向异性和有效磁矩的增强机制；研究成分、结构、磁有序和自旋相互作用等关联效应，设计双 / 多相、多尺度异质和非均质耦合等新一代永磁超材料；开发多主相永磁材料的跨尺度相互作用和磁性调控技术，获得磁能积大于 64 兆高斯 · 奥斯特[①] 的稀土永磁新材料；开展颗粒、薄膜等低维永磁材料的理论完善及制备科学基础研究，实现硬–硬磁性相、软–硬磁性相复合纳米永磁材料性能的根本突破。

（2）研究实现反常（超低和正）温度系数的磁性材料及其物理机制，实现饱和磁化强度 M_s 与磁晶各向异性场 H_A 关联性能去耦合；研究高性能永磁材料低温微结构及磁性机理，探索低温磁稳定性、力学特性和物理性能同步改善原理；研究高电阻率永磁材料基础科学及制备技术，实现磁能积和应用特性的跨越式提升；研究永磁材料结构功能一体化技术的科学基础，研究提

① 1高斯=10^{-4}特；1奥斯特=79.5775安/米。

高新材料机械强度同时不降低磁性能的关键技术原理。

（3）研究长寿命永磁材料，在不同环境加速试验中，探索磁性能随时间变化的当量参数，研究极大/极小材料尺寸、特殊功能材料在苛刻环境服役的长寿命建模理论；研究永磁材料作为智能材料、传感材料和仿生材料等在不同环境中的响应规律与稳磁处理的科学基础，重点探索材料在微米或纳米尺度范围动态响应和结构特性，以及多场耦合条件下的物理、化学和力学特性。

（4）构造高自旋极化材料与MRAM、自旋逻辑和存算一体自旋电子器件、反铁磁纳米振荡器等；研制基于晶圆级二维磁性材料的原型器件及可控制备技术；研制满足产业发展和国家重大工程需求的高质量拓扑量子材料、关键自旋电池材料与器件、低成本高效率太赫兹发射源。

（5）其他前瞻性金属磁性材料：探索新一代室温附近零滞后巨磁卡效应材料和室温零磁场大反常能斯特/埃廷斯豪森效应新材料；探索新型半导体领域用高频稀土软磁材料。

（6）探索重稀土极致利用和高丰度稀土超限利用在稀土永磁/软磁材料中的科学问题；研究二次资源绿色再生过程中有价元素协同提取的新技术和新原理；研究微观结构与机制–介观形态与组织–宏观磁性与应用的映射式方案，实现低能耗绿色制备。

三、至2035年预期的重大突破与挑战

培养一批既有国际影响力又能为国家信息科技重大需求服务的金属磁性材料人才和研究团队；推动金属磁性材料源头创新的基础科学工作，以及数字化和智能化应用；突破高端金属磁性材料的技术壁垒，提升我国金属磁性材料行业的核心竞争力。

（1）重点突破旧理论值（磁能积为64兆高斯·奥斯特）的稀土永磁新材料，探索高耐温、高耐蚀、低成本新型稀土永磁材料或第四代稀土永磁材料，从理论上预测新的极限磁性能。研究和突破矫顽力“布朗悖论”的新原理，实现各向异性场与矫顽力等比提升的核心技术。突破材料制备的核心技术，研制满足新能源汽车驱动电机等产业发展和国家重大工程需求的关键稀土永磁材料与器件；发展用于航空航天等高效稳定的永磁材料、磁传感器和

微型机器人，用于自动控制的高效磁动力系统，以及可穿戴磁助力技术。

（2）重点突破高性能晶态、非晶和纳米晶软磁合金新体系设计、制备和性能调控。晶态软磁合金在保证高磁通密度的同时降低矫顽力；非晶和纳米晶软磁合金中铁原子分数高于 82%，兼具强非晶形成能力和高磁通密度。突破高性能金属软磁关键制备技术、显微组织调控技术和高频功耗抑制技术，研发新一代高磁通低功耗软磁材料及器件。

（3）重点突破 MRAM 芯片研发技术，演示其在嵌入式芯片、边缘计算和人工智能领域的应用；构造自旋逻辑及存算一体化新型芯片；探索具有特殊电子结构的反铁磁材料及纳米振荡器，与超导和拓扑物理等新兴学科相渗透，形成新的学科增长点；开发综合性能优异的拓扑磁性材料，构造基于斯格明子可控运动的信息存储原型器件；掌握自旋波的激发、控制与测量技术，构造磁子阀与自旋波场效应晶体管等原型器件；开发太赫兹器件、新型自旋电池和基于二维磁性材料的柔性可穿戴原型器件。

（4）重点突破材料基因工程方法，探索新一代零滞后巨磁热效应材料和磁性横向热电材料。大数据挖掘、机器学习与高通量实验相结合，研制近室温零滞后巨磁热效应材料，建立新材料热力学、晶体结构、磁结构、局域原子结构等物态相图。发展全固态制冷新理念，研制高效制冷新技术。从磁有序材料及拓扑材料数据库中筛选并制备大反常能斯特 / 埃廷斯豪森效应新材料，揭示晶体结构、电子结构、磁结构、拓扑结构与磁性横向热电材料性能的关联，探索基于横向热电效应的废热发电及磁致冷等应用基础研究。

第六节 非晶合金

一、发展现状与发展态势

非晶合金材料在工业、农业、医疗卫生、日常生活中有广泛应用，对能源、信息、国防、航空航天等高新技术领域有重要支撑作用。在能源领域，低能耗、低环境负荷节能材料等推广应用是推动我国降低能耗、促进节能减排等的最佳途径之一。例如，铁基非晶合金具有良好的软磁性能，能够替代传统的硅钢、坡莫合金以制作变压器铁芯，大大提高变压器效率，使配电变压器的铁损降低60%～80%，从实现国家“双碳”目标来看，非晶合金将为节能减排做出重大贡献。在国防领域，玻璃等纤维增强的非晶合金复合材料被广泛地应用于军用飞机和导弹的制造。具有高强度、高韧性和侵彻穿深性能的块体非晶合金复合材料是第三代穿甲、破甲弹备选材料。在航天领域，由于非晶合金具有高比强度、高弹性极限等特性，可以用于航天飞行器的关键部件，如卫星/空间站等的太阳电池阵、空间探测器伸展机构的盘压伸杆。《“十三五”国家战略性新兴产业发展规划》提出六大重点材料产业，其中涉及非晶合金材料的就有特种金属功能材料、高端金属结构材料、高性能复合材料三大类。非晶合金材料的研究涉及多个材料科学最关键和重要的基础科学问题，所以非晶合金材料的研究将进一步提升我国在材料领域的领先优势。因此，开展非晶合金材料的研究具有重要的科学意义和战略价值。

1960年，美国加州理工学院Duwez等采用熔体快速淬火方法首次制备出Au-Si非晶条带，开创了非晶合金研究和应用的新纪元。1979年，美国联信公司率先推出了适合非晶带材工业化大规模生产的平面流铸技术，随后推出了系列产品Metglas，标志着软磁非晶合金的商业化开始。国内软磁非晶合金的研究开发始于1975年。“六五”期间，国家组织钢铁研究总院等多家单位开展了非晶合金的基础研究工作。“九五”期间，我国首条千吨级非晶带材生产线建设成功，验证了非晶带材产业化技术。随后，万吨级非晶带材生产线的建成彻底打破了国外的垄断，我国成为世界上第二个拥有非晶带材产业化技术的国家。2012年，科技部批准成立了国家非晶节能材料产业技术创新战略联盟，这对满足我国电力系统发展和节能减排对非晶合金材料及其制品的需求、提升非晶节能材料产业链自主创新能力和核心竞争力，以及打破发达国家的长期垄断具有重要意义。最有里程碑意义的例子是以安泰科技为首的我国企业非晶带材产品关于侵犯其商业秘密的胜诉，这标志着中国非晶带材企业经过40多年的自主创新，突破了发达国家的技术封锁和市场垄断，建成了具有中国特色的、完全拥有自主知识产权的万吨级非晶带材产业化生产线，捍卫了我国非晶产业的利益。此外，块体非晶合金的发展也非常迅速，自 20 世纪 80 年代至今，我国在钛基、锆基、铁基、铈基、镁基、铜基和 In-Ni-Ta-B 等多个合金体系中开发了大尺寸非晶合金及其复合材料。这些块体非晶合金具有高的热稳定性、优异的力学和物理性能，展现了作为结构材料应用的潜力。

伴随着非晶合金的基础研究、制备工艺和应用产品开发的不断进步，各类非晶合金已经逐步走向实用化，但是仍存在非晶临界形成尺寸较小、材料性能（如软磁性、塑性和韧性）需要进一步优化、加工制备技术需要进一步提升等问题。

二、发展思路与发展方向

非晶合金应可以考虑重点发展以下方向。

（1）软磁非晶合金材料的形成机理及性能优化：探索新型高性能软磁非晶合金的高效开发技术，实现新型软磁非晶合金的加工性能优化，并基于新型软磁非晶合金开发面向新能源领域的高频高效电机，为高频高效非晶电机在高端装备中的广泛应用提供科学依据和技术支撑，助力新能源领域国家“双碳”目标。

（2）开发具有高临界形成尺寸的非晶合金材料：基于先进高通量材料制造与表征技术，高效快速地寻找具有高玻璃形成能力的软磁非晶合金材料和高性能块体非晶合金材料，在多个具有实际应用的合金体系实现非晶临界形成尺寸的重大突破。

（3）非晶合金材料的结构研究和玻璃化转变的本质：基于非晶原子结构的先进电子显微表征技术并结合分子动力学模拟，研究非晶合金材料的结构内涵，在此基础上深入研究非晶合金材料玻璃化转变过程中涉及的诸多热力学与动力学过程的物理本质。

（4）基于熵调控实现非晶合金材料物理性能的优化提升：通过熵调控和序调控技术实现非晶合金材料物理性能的大幅度优化和提升，在多个领域实现非晶合金材料作为功能材料的应用（图 5-4）。

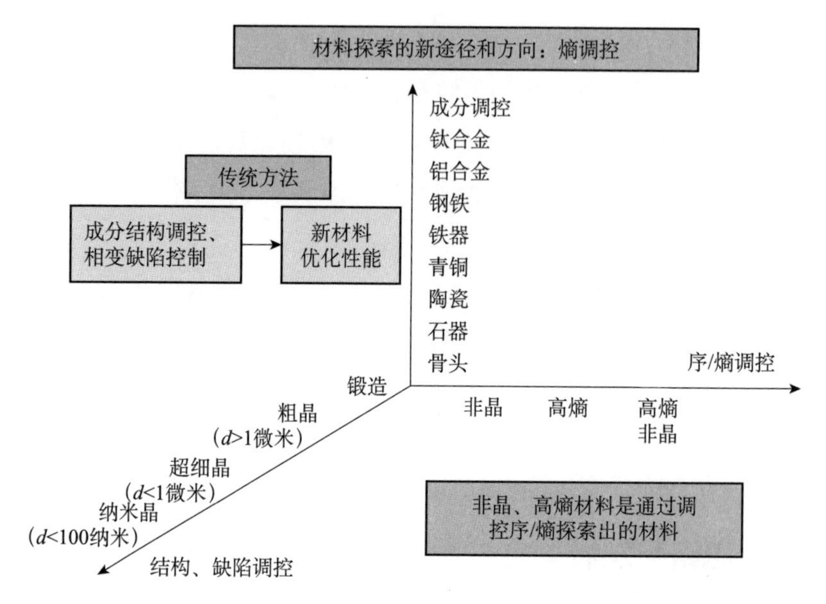

图 5-4　熵调控作为非晶合金等无序材料探索途径及其与传统晶态材料探索途径的比较

（5）开发力学性能优异的块体非晶合金材料：深入研究非晶合金材料的变形断裂机理，通过微观组织优化，开发力学性能优异的大尺寸块体非晶合金材料。

（6）高性能非晶合金材料的制备技术和应用：研究非晶合金在新能源、航空航天、国防装备、消费电子等多个领域作为关键构件材料的加工制备技术和使役行为，并作为关键构件实现成功应用，为实现国家“双碳”目标做出贡献。

非晶合金发展主要有以下几个关键科学问题。

（1）非晶合金材料玻璃化转变的本质是什么？即合金熔体如何凝聚成结构无序、能量亚稳的玻璃态？能否建立普适、自洽和全面地描述玻璃化转变的理论模型？这是目前凝聚态物理面对的最重要的严峻挑战之一，也是非晶合金材料研究最本质的科学问题。

（2）软磁非晶合金熔体形成与热历史对磁学性能的影响机制是什么？即非晶合金的软磁性能与凝固过程、处理工艺之间的规律是什么？软磁性能与非晶合金中类液区的内在相互作用机制是什么？

（3）如何高效率地拓展非晶合金的形成体系并突破非晶合金的临界形成尺寸？非晶合金材料受临界冷却速率限制，其临界形成尺寸较小，这是半个世纪来限制非晶合金材料应用的关键瓶颈。

（4）非晶合金材料的结构如何定量描述？如何从非晶结构角度理解非晶合金材料玻璃化转变过程中涉及的诸多热力学与动力学过程的物理本质？此关键科学问题是建立非晶合金材料结构与性能关系的基石。

（5）如何基于结构调控（包括熵调控与序调控）进一步优化非晶合金材料的物理性能？例如，软磁非晶合金材料性能的进一步优化可以高效地实现电能的转化和电机效率的提升，助力新能源领域的高效率和低碳化目标。

（6）块体非晶合金材料的变形和断裂机理是什么？非晶与晶体如何协同变形？该关键科学问题的进一步解决有望开发具有优异力学性能的块体非晶合金材料，并促进其在多个关键领域作为结构材料的重要应用。

非晶合金发展主要有以下几个研究内容。

（1）研究软磁非晶合金的形成机理及其性能调控规律，探索新型高性能软磁非晶合金的高效开发技术，实现新型软磁非晶合金的加工性能优化，并基于新型软磁非晶合金开发面向新能源领域的高频高效电机，最终研发兼具高非晶形成能力、高饱和磁感应强度和低磁致伸缩系数的新一代软磁非晶合金材料，形成软磁非晶合金材料高效研发的新技术，获得非晶铁芯低成本加工成形新工艺，突破非晶铁芯制造难题，为高频高效非晶电机在高端装备中的广泛应用提供科学依据和技术支撑。

（2）在多个合金体系中探索非晶合金的形成能力，针对非晶合金临界形成尺寸受限难题，通过高通量材料制造与表征技术（包括基于非晶第一衍射峰半高宽的高通量方法）快速寻找具有高玻璃形成能力的软磁非晶合金材料和高性能块体非晶合金材料，并高效率地探索非晶合金的形成体系，旨在多个具有实际应用的合金体系中实现非晶临界形成尺寸的重大突破。

（3）基于非晶原子结构的先进电子显微表征技术（如埃尺度相干电子衍射、原子电子断层扫描重建方法）获得非晶合金中短程 / 中程原子结构信息、空间连接方式等，并结合分子动力学模拟，研究非晶合金材料的结构内涵，在此基础上深入研究非晶合金玻璃化转变过程中涉及的诸多热力学与动力学过程的物理本质。

（4）研究熵调控和序调控技术对非晶合金材料微观结构和物理性能的影响，深入研究非晶合金材料微观结构与物理性能的关系，并研究基于熵调控和序调控技术实现非晶合金材料物理性能的大幅度优化和提升。

（5）研究块体非晶合金材料变形过程中剪切带的动力学过程及变形断裂过程，研究非晶合金在全频范围的流变动力学行为，定量描述其应变速率敏感性及流变单元的演变规律等，在此基础上研究微观组织结构对块体非晶合金优异力学性能的影响规律。

（6）开展高性能非晶合金材料在新能源、航空航天、国防装备、消费电子等多个领域作为关键构件材料的加工制备技术和使役行为，为实现“双碳”目标做出贡献。

三、至 2035 年预期的重大突破与挑战

到 2035 年，非晶合金应重点发展以下方向。

（1）软磁非晶合金的形成机理及其性能调控研究有望开发兼具高玻璃形成能力、高饱和磁感应强度和低磁致伸缩系数的新一代软磁非晶合金材料，形成软磁非晶合金材料高效研发的新技术，获得非晶铁芯低成本加工成形新工艺，突破非晶铁芯制造难题，为高频高效非晶电机在高端装备中的广泛应用提供科学依据和技术支撑。

（2）针对非晶合金临界形成尺寸受限难题，通过高通量材料制造与表征技术（包括基于非晶第一衍射峰半高宽的高通量方法）快速寻找具有高玻璃形成能力的软磁非晶合金材料和高性能块体非晶合金材料，有望在多个合金体系中开发具有高玻璃形成能力的非晶合金材料，并有望在多个具有实际应用的合金体系中实现非晶临界形成尺寸的重大突破。

（3）基于非晶原子结构的先进电子显微表征技术（如埃尺度相干电子衍射、原子电子断层扫描重建方法）获得非晶合金中短程 / 中程原子结构信息、空间连接方式等，结合分子动力学模拟，有望进一步深刻揭示非晶合金材料的结构内涵，并在此基础上阐明非晶合金材料玻璃化转变过程中涉及的诸多热力学与动力学过程的物理本质。

（4）基于熵调控和序调控技术对非晶合金材料微观结构和物理性能的影响，有望系统建立非晶合金材料微观结构与物理性能的关系，并在此基础上实现非晶合金材料物理性能的大幅度优化和提升。

（5）通过研究块体非晶合金材料变形过程中剪切带的动力学过程及变形断裂过程和在全频范围的流变动力学行为，有望在此基础上建立全面的微观组织结构对块体非晶合金力学性能的影响规律，开发力学性能优异的非晶合金材料。

（6）制备系列高性能非晶合金材料及其关键应用构件，并能成功应用于新能源、航空航天、国防装备、消费电子等多个领域，为实现“双碳”目标做出突出贡献。

第七节　金属智能材料

一、发展现状与发展态势

（一）发展现状

金属智能材料在近些年取得了一系列重要发展。例如，上海交通大学与香港科技大学的学者通过调控合金相变路径与晶粒尺寸，制备了抗疲劳性能优异的形状记忆合金材料，有望应用于形状记忆合金固态制冷机；哈尔滨工业大学的学者发展了基于时效富Ni型析出调控的Ti-Ni-Hf高温形状记忆合金。在液态金属方面，中国科学院宁波材料技术与工程研究所李润伟团队、清华大学刘静团队等已在生物医疗、电池、电力设备、弹性电子及可穿戴设备等领域开展了一些开创性工作，使液态金属的基础及应用研究从最初的冷门发展成当前备受国际广泛瞩目的重大科技前沿和热点。在磁致伸缩材料领域，国内学者发展了基于磁场诱发相变的超大磁致伸缩合金，合成了具有准同型相界特征的磁致伸缩材料，并基于准同型相界理念设计了具有零磁致伸缩和负磁致伸缩特性的新合金。

（二）发展态势及战略需求

随着国内外众多实验室和工业界研发机构的纷纷介入，金属智能材料的应用研究呈现欣欣向荣的态势。我国形状记忆合金领域涉及的主要高校包括上海交通大学、北京航空航天大学、哈尔滨工业大学、香港科技大学、中国石油大学、西安交通大学等。《2018 年全球及中国形状记忆合金产业深度研究报告》显示，2017 年全球形状记忆合金的市场规模为 106.2 亿美元，预计到 2023 年将达到 200 亿美元。中国形状记忆合金产业目前仍然集中在眼镜、内衣等低端产业领域，在心血管支架、高端执行器件等高附加值产品领域仍然依赖进口，形状记忆合金材料及其产品的产业升级有待推进。

在液态金属领域，相关研究已从最初的冷门发展成当前备受国际瞩目的战略性新兴科技前沿和热点，科学及产业价值日益显著。我国液态金属弹性电子领域涉及的主要单位和企业包括中国科学院理化技术研究所、清华大学、中国科学院宁波材料技术与工程研究所、浙江工业大学、中国科学院合肥物质科学研究院、中国科学院金属研究所、西安交通大学、云南科威液态金属谷研发有限公司、北京梦之墨科技有限公司、宁波韧和科技有限公司等。中国液态金属电子产品应用领域产业化处于领先地位，其产品正在大规模快速推进，未来有着巨大的产业发展空间。

在磁致伸缩材料领域，涉及的部分研究单位有中国科学院物理研究所、包头稀土研究院、中国科学院金属研究所等，部分企业有美国边缘技术、瑞典 Feredyn AB、日本住友轻金属工业、甘肃天星稀土功能材料、台州市椒光稀土材料、北京麦格东方材料技术、浙江永邦实业等。磁致伸缩材料的主要发展趋势为形态上的薄膜化、微型化，而执行与传感功能融合形成的具有自感知功能的执行器将成为磁致伸缩材料器件研究的前沿。

二、发展思路与发展方向

金属智能材料中主要材料体系的发展思路与发展方向如下。

（1）从形状记忆合金的国际发展趋势来看，美国在形状记忆合金的航空航天应用方面走在世界前列，在美国国家航空航天局（National Aeronautics and Space Administration，NASA）多个项目的资助下，美国发展了 Ti-Ni-Hf 基高温形状记忆合金并初步应用于飞机尾喷管；制备了基于形状记忆合金的超弹性火星轮胎。英国在形状记忆合金的精确位移控制与微机电系统应用方面处于世界领先地位。德国与日本在形状记忆合金的心血管支架、医疗器械等生物医学应用方面优势显著。国内关于形状记忆合金的原创性研究还很缺乏，对于形状记忆合金的高端应用还处于跟随地位。

（2）液态金属及其衍生材料因具有室温下流动特性、优异的导电 / 导热性、出色的生物兼容性等优点，成为异军突起的新兴功能物质，在新型电子器件、软体机器人等领域受到极大的关注，并取得一系列突破性发现，催生诸多全新的材料与可穿戴设备、智慧医疗、智能机器人领域的创新应用，被视为继钢铁后人类利用金属的又一次革命。

（3）在稀土巨磁致伸缩材料方面，聚焦国家在国防军工与高新技术领域对高性能稀土巨磁致伸缩材料的重大需求，着力突破限制稀土巨磁致伸缩材料发展的技术瓶颈，建立满足应用需求的稀土巨磁致伸缩材料新体系，提升稀土巨磁致伸缩材料的工程化应用开发水平，推动我国稀土新材料的发展。

三、至 2035 年预期的重大突破与挑战

到 2035 年，金属智能材料应重点发展以下方向。

（1）研制能够实现精确位移控制的形状记忆合金致动器，大规模取代现有的各类电机；研制抗疲劳、使用温度范围更高的高温形状记忆合金；研制实用化的基于形状记忆合金的固态制冷机；厘清 3D 打印形状记忆合金工艺、成分、结构与性能之间的相关性规律。

（2）重点突破液态金属熔点、表面张力、电导率调控理论，研制基于液态金属的电机与可变形机器人，解决液态金属电子产品设计、制备、封装技术及其可靠性问题。

（3）对磁致伸缩材料的成分进行调整和掺杂，不断提高磁致伸缩材料的响应速度、饱和磁致伸缩系数、可控性、刺激转换效率等。

第六章

结构功能一体化金属材料

结构功能一体化是金属材料发展的重要趋势，为承载构 / 器件赋予功能特性是金属材料应用拓展的重要方向之一，结构功能一体化金属材料为构 / 器件和装备的发展提供了广阔空间，推动其向高性能化、轻量化发展。结构功能一体化金属材料的设计与制备涉及材料学、制造工程、物理学、力学、机械工程等多个学科，多学科交叉融合是结构功能一体化金属材料发展的基础。

第一节　金属构筑材料

一、发展现状与发展态势

（一）发展现状

金属构筑材料是近年来随着材料制备和成形加工技术的发展而出现的一类新型轻质结构功能一体化材料，金属构筑材料与传统材料的最大不同在于其由大量含孔的微结构基元组合而成。微结构基元的多样性和可设计性将传统决定材料性能的三个维度（固有性能、成分 / 组织、加工工艺）拓展至四个维度，为轻质结构功能一体化材料的发展开辟了新的道路，不仅有望填补现有材料性能（如强度和刚度）的空白区，而且可实现若干颠覆传统认知的功能特性。金属构筑材料在促进未来航空航天、兵器舰船、交通运输等领域技术突破，实现“双碳”目标中具有举足轻重的作用。

金属构筑材料的发展基本沿“构”和“筑”两条主线展开。“构”主要是指围绕特定结构和功能特性需求，开展多目标约束下的微结构基元的创新设计和优化组装，研究的重点是多尺度微结构的设计理论与方法；“筑”主要是指根据微结构基元的创新设计方案，进行材料制备或直接进行构件的制造，研究的重点是海量微结构的高质量构筑技术和结构功能特性探寻。

我国在金属构筑材料基础研究方面开展了大量的工作，与国外相比整体处于“并跑”阶段。在研究初期，受制备技术的限制，微结构基元限制在厘米量级。近年来，增材制造技术的快速发展加速了金属构筑材料的理论设计和实验验证，微结构基元尺度从毫米向微米甚至纳米尺度延伸，微结构基元的组合方式也由单调的周期性组合向多样化、跨尺度、多层级等方向发展。目前，国内已制备出比刚度和比强度超过母材的金属构筑材料；多级金属构筑材料成功集成到微型无人机机身，实现机身减重约 65%，飞行时间延长约 40%[①]。

（二）发展态势及战略需求

高性能金属构筑材料发展的关键仍是创新构型的设计和海量微结构的高质量快速成形制造。在“构”方面，向自然学习，模仿天然生物材料的结构特征并理解其优异性能的潜在机制将有助于设计下一代高性能金属构筑材料。此外，将机器学习等先进技术引入微结构基元的优化设计也将是高性能金属构筑材料的发展方向之一。在“筑”方面，三维微纳尺度微结构的增材制造和缺陷控制技术是当前金属构筑材料的发展方向。

① XIAO R, LI X, JIA H, et al. 3D printing of dual phase-strengthened microlattices for lightweight micro aerial vehicles[J]. Materials and design, 2021,206: 109767.

二、发展思路与发展方向

虽然国内外已经开展了大量的研究工作，但现有金属构筑材料在结构复杂性和性能优越性方面远仍落后于竹子、骨骼、木材等许多天然生物多孔构筑材料，高性能金属构筑材料的“构”和“筑”仍面临诸多挑战。

（1）“构”方面：现有设计大多基于连续介质的固体力学理论和方法，未考虑结构的尺寸效应，因而无法用于跨尺度金属构筑材料的设计；现有金属构筑材料大多基于单一材质，多材料微结构的优化设计开展较少；对于多结构功能优化设计，由于多物理场问题分析求解困难，现有设计大多只考虑 2 个或 3 个独立的物理场。考虑多物理场耦合、多目标的拓扑优化设计方法仍处在研究初期。

（2）“筑”方面：现有制备和成形技术还难以实现微 / 纳米级微结构基元的直接构筑；对于海量微结构基元的高质量构筑，目前缺乏行之有效的质量控制理论和方法。现有制备和成形技术还难以实现多材质金属构筑材料的高质量成形。

为进一步发展更轻质超高性能的金属构筑材料，应重点发展以下方向：跨尺度、多层级金属构筑材料的设计理论与方法；大尺寸三维微 / 纳米金属构筑材料的高效制备技术；跨尺度金属构筑材料的变形机制与多功能化应用；多材质金属构筑材料设计与制备技术。

三、至 2035 年预期的重大突破与挑战

到 2035 年，金属构筑材料应重点发展以下方向。

（1）重点突破大尺寸轻质高强金属构筑材料设计和制备的核心技术，研制满足产业发展和国家重大工程需求的关键金属构筑材料。

（2）重点突破多功能轻质金属构筑材料设计和制备的核心技术，研制满足航空航天、微电子、新能源需求的高性能金属构筑材料。

（3）重点突破多材质金属构筑材料设计和制备的核心技术，研制满足国家重大工程需求的关键金属构筑材料。

第二节　金属超材料

一、发展现状与发展态势

（一）发展现状

超材料是指具有常规材料所不具备的超常物理性能的人工结构，是新时代以材料为物质基础、多学科深度融合实现优异性能的整体观、综合观方法。超材料对物理、信息、材料、力学、航空、航天、机械等领域产生了深远的影响。超材料展现的负折射、拉胀、热缩等特性改变了人们的认知，认识到在相对宏观、可控尺度下对物质世界进行“重构”，超越常规材料本征物性参数的限制具有可行性。超材料改变了传统的串行模式，开启了材料 / 器件 / 装备 / 系统一体化并行模式。传统的思路是由材料到器件，超材料的思路则是由器件到材料再到器件。这种整体观、综合观的方法极大地拓宽了性能的可实现范围。

超材料原理方面的研究国内外几乎同步，目前多种超材料在原理上属于国内原创，在技术上已形成先发优势。在天然周期结构晶体的启发下，国内外利用有序微结构构筑人工介质。20 世纪 80 年代，国内陆续提出了介电超晶格、光学超晶格、声子晶体等理论。2004 年，清华大学周济教授将 metamaterials 命名为“超材料”，提出超材料与常规材料的融合；2017 年，东南大学崔铁军教授从信息科学的视角，在国际上首先提出了第三代信息超材料系统。经过多年发展，“超材料”一词已被广泛接受，既涵盖超构材料，也涉及人工结构、微结构材料、等离激元、超表面、超晶格、左手材料、负参数材料、序构材料、光子晶体、频率选择表面等方面。

金属是超材料最常使用的材质，尽管金属学科的超材料研究体量少于无机非金属学科，但是过去几年取得了重要进展。上海交通大学金属基复合材料国家重点实验室提出了生物构型超材料，并通过金属等离激元组分替代实现高效光响应；浙江大学结合磁性金属连续纤维提出了结构功能一体化的超构复合材料；山东大学和上海海事大学基于逾渗构型金属复相材料建立了负介材料原理框架和制备策略；大连理工大学提出了多级多尺度耦合吸波材料。超材料主要依赖精确设计加工的人工结构，这种结构上的重视减少了对组分的依赖，尤其是减少了对日益枯竭稀缺金属元素的依赖，对于绿色低碳发展具有积极意义。

（二）发展态势及战略需求

超材料的构效关系是核心，加工制备是关键。组分 / 结构 / 工艺 / 性能的一体化、介观 / 宏观的结构多级化、轻质 / 高强 / 降噪 / 感知多功能化是金属超材料的发展方向。同时，对于不断出现的各类构型超材料，其构效关系需要进一步厘清。关于金属超材料的制备加工，一方面，增材、减材等技术手段加工的结构更加精确，为超材料提供了支撑；另一方面，传统的材料制备加工技术因其在规模化应用方面的优势也更多地被使用，尤其是超构复合材料、序构材料、近零负介材料、零或负热膨胀材料、负泊松比材料等。

二、发展思路与发展方向

金属超材料由目前的功能材料向结构材料方向发展，结构功能一体化将成为主流，涉及微观-介观-宏观多个数量级的跨尺度设计和加工。金属超材料应从单元材质、结构设计、制造工艺、性能 / 功能的综合角度出发，在复杂整体超材料内部同步实现多材料设计与布局、多层级结构创新与耦合，以实现超材料的高性能和多功能。从多相分布、多维多材料布局、材料器件化 / 器件材料化 3 个复杂度层级进行综合考虑，明确一体化超材料的设计原理与实现途径。另外，结构的内涵既包含位错、晶粒、畴结构、微裂纹等材料学特征，又包括几何拓扑形态、组装方式、集成状态等结构特征。需进一步明确独特结构实现独特功能的关系，将优化设计的材料和结构设计至一体化超材料中最合适的位置，全面建立金属超材料结构功能一体化设计的原理框架。

此外，超材料与常规材料深度融合是重要发展方向，超材料给常规材料提供了可挖掘的全新性能，常规材料研究则赋予超材料“材料属性”。材料的宏观性质通常由原子、分子的固有属性及它们的序构决定，如果把比原子尺度更大的微结构看作“人工原子”作为构建单元，再把这些单元按照一定的时间、空间序列进行设计，就可以得到具有特殊性能的新材料。微结构可以是常规材料本身的畴、相、晶粒、颗粒、纤维等，也可以是精确加工的人工结构。

三、至 2035 年预期的重大突破与挑战

到 2035 年，金属超材料应重点发展以下方向。

（1）重点突破人工结构材料化涉及的多功能与损耗相互制约，突破包括逾渗构型在内的非均匀构型设计的本构模型和加工制备难题，实现兼具强度、高热导率的近零负介材料，建立近零负介材料的中国先发优势，为天线、电路等射频器件提供通用性、变革性的基础材料。

（2）重点突破点阵等人工结构静态、冲击、振动、疲劳等工况的应力传递机制、失效机理、构效关系和多场耦合算法，研制集高强、轻质、吸能、隔热、降噪于一体的构件，实现潜器的结构阻尼一体化、宽带声隐身等。

（3）重点突破连续金属功能纤维复合材料与超材料的深度融合理论，研制集轻质、承载、隐身、透波、感知多功能于一体的超构复合材料，满足大飞机关键复合材料构件和未来飞行器多功能一体化复合材料构件的需求。

（4）重点突破层状、泡状、多孔蜂窝等多级结构的多材料设计与布局，研制组分 / 结构 / 工艺 / 性能一体化加工的多材料整体构件，实现隔热 / 防热、减震抗冲击、空间抗辐射等多功能，实现下一代空间探测着陆器系统整体化和多功能化。

（5）重点突破超构吸波材料在雷达、红外等多频段隐身的内在矛盾及结构单元程式化设计带来的调谐难题，破解纳米–微米–毫米跨尺度耦合机理及材料结构协同作用机制，实现电磁参数的精准调控及深亚波长尺度超构材料与电磁波共振吸收，研制多频段及多功能集成、宽带吸收隐身材料。

（6）重点突破多级结构耐热高强高韧金属材料及其稀缺金属元素减量化理论，发展转化 / 矿化过程中材料绿色合成原理和碳捕获原理，发展生物构型超材料的模板转化和矿化、金属组分替代，实现复杂、多级、精细的遗态结构，研制高性能金属超材料。

第三节　金属含能材料

一、发展现状与发展态势

（一）发展现状

含能结构材料具有结构和能量一体化的特点，其在常温常压下保持稳定，但在冲击载荷作用下，可诱发材料组分间或者组分与环境介质间高能量化学反应，产生强烈的类爆轰现象，释放大量热量，形成高效毁伤。

金属型含能结构材料（简称金属含能材料）因具有较高的强度和密度、可调塑性、良好的释能特性和易成形加工特性等特点，是目前含能结构材料的研究前沿和热点。从国际战略层面上，金属含能材料的研究是带动我国武器毁伤效能跨越式提升、实现承载–毁伤一体化的当务之急，也是我国在高效毁伤和远程精确打击领域实现“领跑”发展的重要途径。从学科发展层面上，金属含能材料的研究涉及金属基复合材料、金属间化合物、非晶合金、高熵合金等多个材料体系，以及材料设计与计算、材料制备与加工、力学行为与变形机制等多个材料研究方向和力学、化学、飞行器设计、人工智能等多个学科与学科间的交叉。从基础科学发展层面上，金属含能材料的研究涉及金属材料准静态与动态力学性能之间的关系、金属材料动态力学性能（强度、韧性）和毁伤效应之间的关系、金属材料高速冲击下化学反应的热–力耦合作用等多个待解决的关键科学问题（图 6-1）。总之，金属含能材料的研究既是提升国家综合国力的战略需要，也是国家总体学科发展布局的需求。

图 6-2 为金属含能材料的发展历程。2008 年，美国 DARPA 设立了 Reactive Material Structures 研究项目，着重发展一种密度与钢相近、具有 1.5 倍三硝基甲苯（trinitrotoluene，TNT）热能、强度达到 680 兆帕的高强含能结构材料。国外相关研究主要集中在金属间化合物型（如 NiAl 型）和锆基非晶合金型金属含能材料。国内相关研究的特点是基础科学研究与技术应用研究相结合，在中 / 高熵合金含能材料、金属含能材料大尺寸成形工艺等方面处

于国际领先地位。目前，中国科学院金属研究所等机构研究的钨丝增强非晶合金提升了塑性，从而提升了抗爆轰加载性能；北京理工大学研发的穿甲战斗部用新型高熵合金在侵彻靶板过程中具有弹体质量损伤少、变形小、头部自锐和穿甲性能高等特点；国防科技大学等单位利用体心立方（body centered cubic，BCC）型高熵合金的高强和高活性特点，成功研制一系列高强高释能金属含能材料。

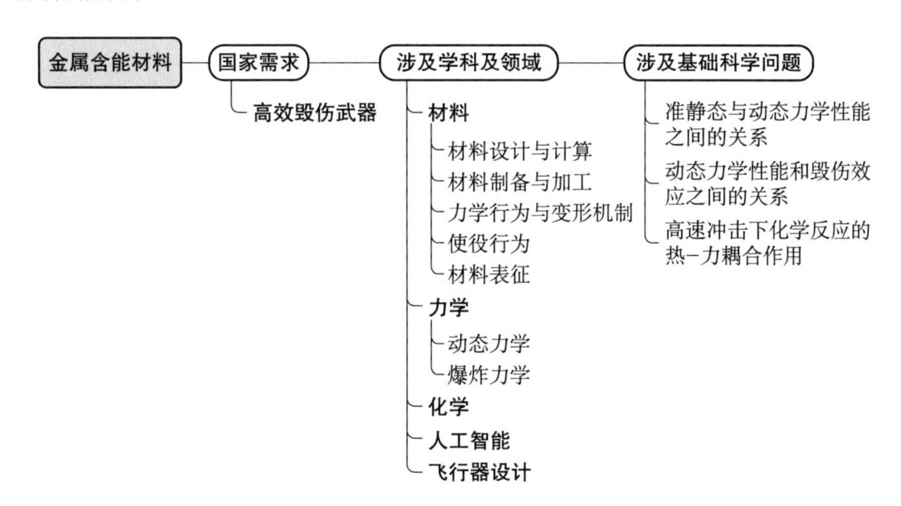

图 6-1　金属含能材料研究的关联情况

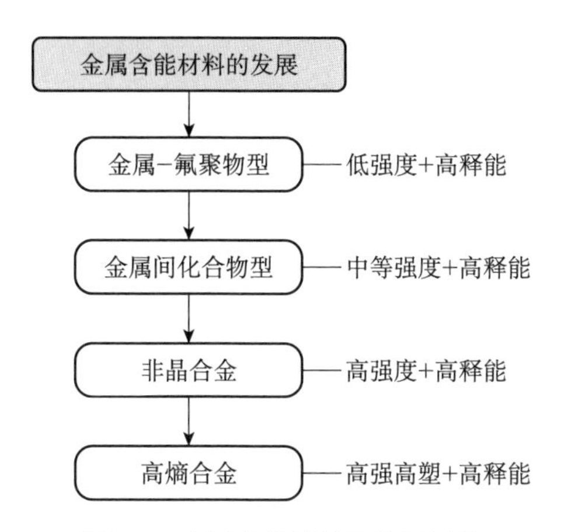

图 6-2　金属含能材料的发展历程

（二）发展态势及战略需求

就材料体系和性能特点而言，金属含能材料的发展经历了以下阶段：低强度+高释能（金属–氟聚物型，如Al/PTFE[①]）→中等强度+高释能（金属间化合物型，如Al+Ni）→高强度+高释能（如锆基非晶合金）→高强高塑+高释能（如中/高熵合金）。金属含能材料的主要研究内容包括：高速冲击下发生的化学反应进而释放能量的评估和优化、高强度和高能量释放特性之间的兼容和平衡、金属室温塑性与动态塑性和高速撞击后破碎程度之间的关系探究、高强度高活性金属的大尺寸成形和批量化加工工艺研究，以及基于高试验成本和有限数据，高效材料体系和工艺设计的计算模拟。

二、发展思路与发展方向

金属含能材料研究的核心和基础是理清金属在高速冲击下变形、破碎和化学反应的过程，该过程涉及材料设计、材料制备、材料结构表征、材料性能测试、材料变形破碎过程模拟、毁伤效应评估等多个方面，应重点发展以下方向。

（1）理清金属在高速冲击下变形、破碎和化学反应的过程。搭建基于高速加载和冲击设备的超高速原位观测系统，捕捉金属在高速冲击过程中的试样、碎片形态、碎片云分布和温度变换。修正本构/状态方程，建立碎片云模拟模型和能量释放预测模型。

（2）揭示不同金属微结构与其动态力学行为之间的关系，研究材料在冲击载荷作用下组织结构的变化规律，分析材料的变形及破坏机制。搭建基于动态加载设备的高速原位结构表征平台，原位表征不同应变速率材料变形过程中的组织结构，以揭示微结构与动态力学行为之间的关系。

（3）实现高性能金属含能材料成分的高效设计。一方面，基于碎片云模拟模型和能量释放预测模型，以及金属微结构与动态力学行为之间的关系，通过高通量计算方法建立金属含能材料结构–性能–效能数据库，通过机器学习实现高性能金属含能材料的高效设计；另一方面，研发金属含能材料动态

---

① PTFE指聚四氟乙烯（poly tetra fluoroethylene）。

力学性能和能量释放特性的高通量实验平台和高通量测试平台，为机器学习奠定数据库基础。

（4）突破金属含能材料大尺寸和大批量制备技术。通过揭示金属含能材料成分–工艺–结构的关系，优化不同金属含能材料的制备和加工变形工艺，研发金属含能材料的新工艺体系和新设备平台。

三、至 2035 年预期的重大突破与挑战

到 2035 年，金属含能材料应重点发展以下方向。

（1）理清金属在高速冲击下变形、破碎和化学反应的过程。建成基于高速加载和冲击设备的超高速原位观测系统，以及碎片云模拟模型和能量释放预测模型。

（2）理清不同金属微结构与其动态力学行为之间的关系。建成基于动态加载设备的原位结构表征平台，发现金属动态变形新机制、形成新理论。

（3）实现高性能金属含能材料成分的高效设计。建成金属含能材料性能–结构–效能数据库，建成高通量制备、测试和计算金属含能材料平台，建成通过机器学习高效设计高性能金属含能材料的模型。

（4）突破高强金属含能材料大尺寸复杂构件成形技术。研制适合大尺寸制备的新型金属含能材料体系及相关工艺体系、设备平台，实现百公斤级金属含能材料构件的高质量制备。

第七章

金属材料加工制备

将金属材料加工成产品，需要经历若干制备加工流程，如铸造、锻造、焊接、热处理等。现有材料的渐进式改善，特别是制备与加工的进步，可以使原有材料表现出更好的性能、满足更严苛环境下的使用要求。金属材料制备与加工领域的技术装备化、装备智能化、构件精密化、复合结构设计与制备不断迈向新台阶，且绿色智能制造受到越来越多的重视，促使金属材料制备与加工逐步向低能耗、少排放的方向发展。目前，金属材料加工制备的研究主要集中在智能热制造、增材制造、绿色制造、粉末冶金及表面工程等方面。

第一节 智能热制造

一、发展现状与发展态势

（一）发展现状

世界主要先进工业国家正在开展高端金属构件数字化、智能化加工制造技术研究，如德国“工业 4.0”战略、美国“先进制造伙伴”计划、日本“社会 5.0”（又称超智能社会）战略、英国“工业 2050”战略、韩国“制造业创新 3.0”计划。相应地，智能制造领域的论文发表数量近年来显著上升。为了缩短与国外先进水平的差距，我国迫切需要转变传统的研发模式，加强从合金开发、制造工艺到工程应用全链条的智能化基础理论研究。中国制造业增加值大约占全球总值的 30%，利润率占比却不到 3%。我国在高端金属构件热加工成形技术方面与国外整体上仍然存在 10 年以上的差距。在材料成分和基本加工工艺完全已知（公开）的条件下，仍然难以制造出完全合格的构件，只能采用让步使用（也称降标使用、超差使用）的方式满足国家急需。金属材料热加工工艺技术的落后也是我国其他高端制造中的瓶颈和短板。其主要原因是热加工成形基础研究的缺乏、基础理论的落后、迭代改进经验的不足，以及整体上自主创新能力的不足。中国铸件、锻件产量已经连续 20 年居世界第一位，但是大而不强，材料的智能化设计与制造是实现制造强国战略的重要方向。

在“工业 4.0”大潮的推动下，部分装备制造厂商率先提出了智能互联解决方案。例如，德国通快集团推出互联制造 TruConnect，其涉及最新独家的互联技术、智能设备、互联服务等概念，包括自动化、智能化的硬件解决方案及数字化的软件解决方案。日本 AMADA 集团以智能化工厂为主题，提出物联网解决方案 V-Factory，将“工业 4.0”理念应用于钣金工程，通过将工程相关联来实现生产可视化、工厂连续运转等目标，进而提出生产加工的未来模式。德国舒勒集团基于其对智能冲压车间的最新理念的思考，建立完善的售后服务应用程序，通过生产现场图片、视频等的资料反馈，快速确定问题所在，迅速为客户提供解决方案。可以想见，智能设备、互联技术理念将快速得到进一步强化和发展。

为应对新一轮科技革命、争夺国际制造业竞争话语权，美国将重振制造业作为近年优先发展的战略目标。2010 年，美国正式启动“再工业化”战略，瞄准新一轮产业结构升级所带来的机遇，在新能源、信息、生物、航天、新材料、3D 打印等高端制造业、新兴产业领域大力推进新一轮技术创新和新一轮科技革命。2011 年，美国正式启动“先进制造伙伴”计划，其中包括以加速先进材料研发与应用为目标的材料基因组计划。作为全球传统工业强国，德国在2013年提出了“工业4.0”战略，旨在促进制造业向智能化转变，推进以智能制造为主导的第四次科技革命。智能制造技术体系中既有人工智能、工业互联网这样革命性的跃迁技术，又有大量的射频识别、工业机器人这些渐进性变迁技术，智能制造将向新一代智能制造体系升级。

在全球产业竞争格局正在发生重大变革的形势下，我国制造业面临严峻挑战。“大而不强”是我国制造业的总体现状，低端产品产能严重过剩，高端产品与发达国家的差距显著。以金属材料制造业为例，我国的钢铁材料、主要有色金属材料产量连续十几年雄踞世界第一，占世界总产量的40%～50%，然而高端制造用关键金属材料的完全自给率只有20%左右，50%左右仍依赖进口，还有30%左右基本为空白。为实现制造强国的战略目标，我国于2015年提出了《中国制造2025》，明确了九大战略任务、十大重点领域，计划实施五大重点工程。目标是至2025年，制造业重点领域全面实现智能化，实现从“中国制造”迈向“中国智造”，使我国到2025年跻身工业制造强国之列。

铸造、锻压、轧制与热处理是金属材料加工制造（属于冶金材料工程）的传统基础工艺，在机械制造、航空航天、交通运输、能源、武器装备等领域发挥了巨大的作用。但由于存在合金设计目标参量复杂、材料加工制造工艺烦琐、精确过程控制难度大等问题，冶金材料工程领域成分设计、工艺优化和过程精确控制的智能化基础理论和关键工艺技术的研究开发显著落后于其他制造业，迫切需要向智能化、数字化、精准化和低消耗的方向发展，缩短研发周期，降低生产成本，以满足《中国制造2025》的战略要求。

当前智能热制造技术研究主要存在以下不足。

（1）制造企业的智能化基础薄弱，金属材料组织不均匀。热制造所用的原料组织不均匀，存在成分偏析，还有空隙、裂纹等缺陷，会严重影响后续的锻造质量。

（2）构件残余应力大且分布不均匀。热制造生产的产品残余应力大、分布不均，在后续的使用过程中残余应力释放会导致几何变形、服役性能下降等不良后果。

（3）核心智能技术受制于人。智能制造是技术型产业链，只有掌握核心智能技术，才能通过技术链创新，带动产业链发展。在热制造成形领域，经验法与试错法仍广泛使用。数字化、智能化的塑性成形技术发展水平低。

（4）智能装备产业存在明显短板，高端热成形装备依赖进口。国产的高端热成形设备品种少、精度低、可靠性低，主要依赖进口。以工业机器人为例，国产机器人的减速机、伺服电机、控制器等关键零部件主要依赖进口，关键零部件的购买价格是国外企业本地销售价格的 5 倍多，造成国产机器人生产成本相对较高。

（5）企业的生产积累难以支撑改造投入，智能绿色成形研究与应用水平低。目前国内热制造技术主要采用传统研究方法，侧重工艺方法与数值仿真模拟等，智能化水平有待提升。

（二）发展态势及战略需求

材料成形技术与装备的升级换代是我国由制造大国向制造强国转变的迫切需要，对我国机械工业和国民经济发展起关键推动作用。在材料成形领域，金属压铸、精密模锻、塑料注射成型、复合材料压制、3D 打印等热制造技术是最具有代表性的典型工艺，是中国制造的重要组成部分，也是开展材料成形智能化技术、装备及产业发展战略研究的重点对象。

工业和信息化部发布的《"十四五"信息化和工业化深度融合发展规划》中指出，大力推进信息化和工业化深度融合，推动新一代信息技术对产业全方位、全角度、全链条的改造创新。这为我国机械制造工业的创新驱动、转型升级指明了发展方向。

人工智能技术将引领智能热制造的发展。智能技术与制造技术的不充分融合是当前限制智能热制造产业快速发展的主要障碍，其突出表现为异构异质系统融合困难、虚拟现实技术与生产系统的无缝对接存在障碍、工业互联网深度开发不足、系统和数据安全有待提升。解决这些科学瓶颈及障碍，将推动智能热制造产业的未来发展。深入研究、发展智能化设计和加工制造基础理论与关键工艺技术，实现金属材料的高性能化与高质量化、构件的复杂化与轻量化、生产的高效化与低成本化等重大需求，最终加速推动高性能金属材料研究开发与应用、提升金属材料制造创新水平。

二、发展思路与发展方向

智能热制造技术应重点发展以下方向：智能工艺优化设计技术、智能热制造装备、热制造智能工厂与数字孪生技术。

（1）智能工艺优化设计技术：研究集成计算机辅助设计（computer aided design，CAD）/ 计算机辅助工程（computer aided engineering，CAE）的耦合宏 / 微观的优化设计技术。宏观上优化构件成形过程，实现金属构件完整成形；微观上预测微观组织的变化，实现构件性能优化。研究基于样本数据的智能化设计技术，建立基于人工神经网络和专家知识库的优化设计技术。研发基于智能工艺优化自动设计模具的技术。涉及非均质材料的高精度高性能成形技术、低残余应力成形技术、多物理场演变及扰动的成形大数据获取和数字孪生技术、高效高精度全流程的成形数值仿真技术、高端热成形设备国产化研制技术、智能绿色成形技术。

（2）智能热制造装备：研发智能压力机根据所成形零件对应的工况进行智能自适应、自诊断和自调节的技术；研发机器人根据锻件形状、模具结构、物流运输情况自动调节传输节拍、夹持方式、自动定位等技术；研发加热装备根据工艺要求及温度检测反馈自行调节加热温度、加热速率等技术；研发智能监测装置实现锻件尺寸、温度和质量等信息的智能化监测技术。

（3）热制造智能工厂与数字孪生技术：包括热制造生产大数据技术、智能化热制造生产线技术、实现数字孪生的物理与信息融合关键技术。打造工业互联网平台，拓展“智能 +”，为热制造业转型升级赋能；依靠公共云平台实现网络化管理，破除数据孤岛，积极构建开放共享的协同工业互联网生态。

智能热制造发展主要有以下几个关键科学问题。

（1）金属材料成分–结构–工艺–性能内禀关系与构效模型：金属材料的性能受合金的成分、结构与加工制造工艺等多种因素的显著影响，且各种影响因素之间存在复杂的交互作用。在高效计算、跨尺度集成计算、高通量实验的基础上，应用数据挖掘与机器学习等大数据技术，阐明成分–结构–工艺–性能内禀关系，建立构效模型，实现合金成分优化设计、加工制造工艺优化、制造过程精确控制与产品高质量制造一体化智能设计。

（2）金属材料加工制造过程的非定常、非线性行为：金属材料加工制造过程中存在凝固变形状态、边界条件（摩擦、传热等）、工艺参数变化的不确定性和非定常性，存在材料物理化学与力学性能的非线性、几何非线性、边界条件非线性等一系列非定常、非线性问题，采用大数据和人工智能技术研究上述非定常、非线性问题是建立过程控制模型、实现组织性能和形状尺寸精确控制的重要基础。

（3）基于过程模型与智能控制的金属材料虚拟制造原理与方法：研究面向金属材料加工制造的数据采集与挖掘、知识推理与决策、多因素与多目标综合控制、系统优化理论与方法等基础问题，以及决策树、支持向量机、模糊粗糙集、深度神经网络等多种智能建模方法，基于过程模型和机器学习的多目标（组织、工艺、性能）综合优化和自主控制原理，实现虚拟制造，突破金属材料与构件加工制造全流程综合优化的难题。

智能热制造发展主要有以下几个研究内容。

（1）热制造跨尺度全过程数字建模理论与方法：不同尺度合金热力学、动力学和相场模拟计算与数据库构建；数据驱动的合金成分与制造工艺理性设计理论与方法；材料成分–工艺–微观组织–性能的量化关系，以及基于云计算的全流程多场多尺度耦合计算方法；超大型构件成形制造全流程的材料演化规律及性能实现条件。

（2）热制造过程中时变扰动行为与控制理论：面向热制造过程时变扰动的自适应数字建模理论与方法；工艺全过程自动化设计理论研究；外场对材料塑性变形的作用机理及其对材料可成形性的调控能力。

（3）热制造过程中人–信息–物理系统（human-cyber-physical systems，HCPS）与数字孪生系统：设计–工艺–生产–性能的热制造质量大数据分析核心算法、软件与平台；材料热制造仿真和信息–物理系统；材料热制造数字孪生系统；热成形生产线数字孪生与信息–物理融合系统关键技术。

（4）智能热制造关键技术与装备：基于机器视觉的锻造成形智能感知检测技术与装备；融合数据与知识的锻造成形数据库与智能工艺规划平台；零传动高响应智能伺服压力机；数据驱动的热成形生产线协同控制与智能决策系统。

三、至2035年预期的重大突破与挑战

（一）重大突破

（1）研发智能热成形示范线与热制造数据库，突破金属材料智能设计制造的科学难题，建立基本理论框架：突破金属材料加工制造过程组织性能的遗传行为与演化规律、成分–结构–工艺–性能内禀关系与构效模型、加工制造过程非定常与非线性行为、基于过程模型与智能控制的金属材料虚拟制造原理与方法等。

（2）研发金属材料智能设计制造关键工艺技术原型：建立基于大数据技术的合金成分优化设计方法，基于跨尺度全过程集成计算、过程模型和人工智能的制造工艺优化方法，金属材料加工过程智能精确控形控性一体化方法。

（3）研发智能化铸造、锻造、3D打印和流程加工工艺技术原型，应用于典型金属材料研发，提升创新能力：智能设计制造基本理论与关键工艺技术原型在航空发动机高温合金、航空轻量化高性能钛合金、下一代超大规模集成电路引线框架高强高导铜合金等若干关键高性能金属材料研发中进行应用检验，完善智能理论、模型与技术，提升我国在高性能金属材料基础研究和关键工艺技术方面的原始创新能力。

（二）重点发展方向

到2035年，智能热制造领域应重点发展以下方向。

（1）鼓励互联网企业跨界发展，加速制造业智能化升级步伐，重点突破热成形的智能化监测技术，实现热制造过程温度、尺寸、缺陷、内部组织等实时在线监测。

（2）基于人工智能的制造服务决策优化技术，重点突破热成形的数据库技术、智能工艺规划技术，实现智能热制造工艺设计仿真软件的开发，引领智能热制造工业软件发展。

（3）基于物联网的无人工厂技术探究，重点突破数据驱动的热成形生产线协同控制技术和智能决策技术，实现对锻造成形过程各设备的信息交互、协同控制与自主学习决策，应用智能决策技术突破扰动因素难以控制的挑战。

（4）基于信息–物理系统的制造服务智能化建模技术，重点突破实现数字

孪生所需的信息–物理融合技术、实时模拟与控制技术。

（5）重点突破在多场耦合作用下的大变形与多尺度仿真理论、低残余应力控制理论、多场多道次变形的微观结构演变理论、时空扰动下的变形大数据获取技术。

（6）重点突破极端制造的高效高精度高性能制造：1000 吨以上钢锭一体化的极大制造与表面粗糙度为 10 纳米以下的极小制造。

（7）重点突破从制造大国到制造强国的转变。从“造得出”到“造得精”，最后到“造得好”，推进工业机器人在智能热制造领域的应用和发展，使其具备全域感知、智能决策、准确执行等能力，融合绿色制造与智能制造技术，真正实现精准成形制造。

第二节　增 材 制 造

一、发展现状与发展态势

（一）发展现状

世界制造强国均将增材制造列入国家发展计划，持续加大国家投入。美国于 2018 年发布的《先进制造业美国领导力战略》、德国于 2019 年发布的《国家工业战略 2030》均提出增材制造为战略性、关键技术领域，金属增材制造技术则是其最重要的组成部分。除了大力推动本国增材制造技术创新发展，美国还对我国的相关技术和产业进行限制与打击，试图阻碍我国在此领域的进步与发展。特别地，美国于 2021 年出台了《2021 美国创新和竞争法案》，全面对我国增材制造在内的先进制造技术进行禁运和封锁。

中国在增材制造技术领域的发展总体上处于世界先进水平，产业应用体量居世界第二位，仅落后于美国，发展速度明显快于世界平均水平，为提高国家制造业核心技术竞争力做出重要贡献。过去 30 年，我国金属增材制造技术和装备的发展实现了从基础研究、应用研究到技术开发和产业化应用的跨越，初步建立了涵盖专用材料、工艺、装备技术到重大工程应用的全链条金属增材制造的技术创新体系。采用激光定向能量沉积增材制造实现了世界上最大、投影面积达16平方米的飞机钛合金整体框的增材制造，制造出了长度超过1.5米的世界最大单方向尺寸的激光粉末床熔覆增材制造钛合金进气道。高性能大型复杂关键金属承力构件激光定向能量沉积增材制造技术及工程应用方面处于国际领先地位，激光粉末床熔覆增材制造技术与装备处于国际“并跑”水平。

目前，我国已经涌现了一批金属增材制造及相关材料制备领军企业，如北京煜鼎、西安铂力特、中航迈特、西安欧中等，能够实现85%以上增材制造金属材料牌号的国产化生产和供应。然而由于世界顶级增材制造设备厂商利用其强大的品牌效应采用捆绑销售打印材料的策略，我国高端工业应用在大量采用进口增材制造设备的同时，增材制造材料的进口规模长期居高不下，在很大程度上提高了我国增材制造材料应用的成本，限制了增材制造技术的产业化应用。国内有能力以应用自产或国产材料为主实现大规模工业化生产的增材制造企业主要是拥有自产高水平设备和强大材料开发能力的公司。例如，西安铂力特增材技术股份有限公司实现了50多种增材制造金属材料的大规模航空航天应用，其中80%为自产材料，多种自行研发和生产的金属材料增材制造成形制件性能远超同期进口产品。

当前金属增材制造研究和应用主要存在以下不足。

（1）传统金属牌号的增材制造工艺适应性研究和评价存在不足，有待于进一步完善。

（2）缺乏针对增材制造工艺特点开发的专用合金牌号，未能充分发挥增材制造技术的优势。

（3）增材制造技术在异构组织、梯度材料、多材料多构型一体化制备、复杂构件高性能修复再制造等方面具备优势，然而目前在材料-结构-性能协同方面的研究工作仍未有效开展。

（4）缺乏颠覆性的低成本高效率增材制造工艺与装备核心技术。

（二）发展态势及战略需求

金属增材制造发展有望显著提升航空航天、国防安全、高端装备、生物医疗等领域的技术水平。通过进一步明确并提升现有金属材料牌号在不同增材制造技术中的工艺适应性，可为相关领域关键部件提供新的制造技术路径，缩短制造周期、提升制造效率和品质；通过开发新的适用于增材制造技术的专用金属材料牌号，可进一步释放增材制造的技术潜力，提升我国制造领域的技术水平，推动具有重大工程应用价值的新型金属材料构件制造；通过优化增材制造材料的制备技术路线，减少原材料制备过程中的资源和能源消耗，降低增材制造材料成本，可进一步拓展增材制造技术的应用场景，同时推动制造行业的节能减排和绿色化发展；通过新型材料体系的成分设计和微结构构型化的复合，在提升材料体系的增材制造工艺适应性的同时，实现增材制造材料、装备与技术的创新式与跨越式发展，推动我国从制造大国向制造强国转型。

预计到 2035 年，一大批增材制造专用材料将可以充分满足航空航天应用要求，支撑航空航天构件实现普遍的和整体性的创新设计，航空航天器的设计、功能和性能将可能因此而根本改观。600 兆帕级别的增材制造铝合金将成为飞机铝合金结构的主体材料，使飞机结构实现大幅度减重；包括疲劳性能在内的综合性能与锻件相当的增材制造钛合金和 2000 兆帕以上级别的增材制造超高强钢将使飞机上的某些重要结构件越来越多地采用增材制造，从而带来减重和功能提升上的显著进步；增材制造专用高温合金将可能大规模应用到包括涡轮叶片在内的航空发动机热端部件上，使航空发动机的制造摆脱当前空心单晶涡轮叶片制造中面临的诸多难题。低成本高效率增材制造工艺与装备的日趋成熟与规模化应用将大大增加该技术部分替代传统金属加工技术与工艺装备的可能性。

二、发展思路与发展方向

增材制造金属材料的发展大体上可以分为三个层次：①在金属增材制造发展初期，主要采用现有的铸造合金、变形合金和粉末合金牌号材料，研究这些合金对增材制造工艺的适应性；②由于现有牌号合金大多数并不适用于增材制造工艺，可以应用的合金种类很少，已经应用的合金也普遍难以达到高端工业应用的高冶金质量要求，因此近年来发展增材制造专用合金的研究成为增材制造金属材料发展的热点；③低成本高效率材料–结构–性能一体化增材制造正在成为金属增材制造的前沿探索方向，通过增材制造技术与装备创新实现异构、梯度材料的制备、结构功能一体化成形、高性能复杂结构修复再制造等，能够更充分地展现增材制造不同于传统制造的内在优势，把金属增材制造技术推向更高的发展阶段。

金属增材制造涉及多种制造技术，不同制造技术受成熟度所限，基于激光粉末床熔覆技术和高能束直接能量沉积技术等主要发展方向，其重点关注的科学问题如下。

增材制造发展主要有以下几个关键科学问题。

（1）基于增材制造超常冶金条件，结合新的合金设计理论，发展增材制造微熔池凝固与组织调控、增材制造专用金属粉体制备、结构设计等共性技术。突破增材制造微熔池凝固组织和性能调控难的问题。

（2）基于激光粉末床熔覆技术和高能束直接能量沉积技术等主要发展方向的装备研制中的能量场、粉末适用性机理，建立非平衡热力学相图和合金–激光交互作用特性，构建人工智能数据学习模型。

（3）增材制造工艺与装备控制主要参数强约束下移动熔池的快速凝固收缩等超常热物理和物理冶金现象。

（4）基于激光粉末床熔覆技术和高能束直接能量沉积技术等创新工艺研制的增材制造零件内应力产生过程、演化，以及交互作用下极其复杂的热应力、相变组织应力和约束应力的演变与精确控制。

增材制造发展主要有以下几个研究内容。

（1）基于高通量制备表征原理的材料成分和微结构设计制备研究，增材制造专用金属材料体系的系列化规模化制备技术研究。

（2）新型金属材料增材制造成形及工艺数据库，包括多材料、梯度材料等新型金属材料的增材制造工艺控制研究。

（3）发展考虑激光粉末床熔覆工艺约束的结构设计优化方法，开发面向激光粉末床熔覆成形约束的多物理场耦合优化软件，建立针对功能化结构的激光工艺调控方法及工艺策略自适应优化算法，研发针对实现构件多功能化的激光粉末床熔覆新装备及新工艺。

（4）结合多源异构信息融合和深度学习算法，搭建多传感器信息融合监测平台；建立实时在线工艺调控处理模型，实现金属增材制造过程特征信息的提取与识别。

（5）利用同步辐射光源、散裂中子源等大科学装置原位研究金属材料的增材制造过程。

（6）结合传统技术优势，发展复合制造工艺，提升制件的精度、性能；探索新原理、新方法，研发新一代高效、低成本、低能耗直接能量沉积技术，满足高效、低成本、绿色制造需求。

（7）针对高能束直接能量沉积逐点成形复杂构件的质量评价难题，发展沉积过程在线检测与控制技术，为可重复的工程化制造奠定基础。

（8）基于高能束直接能量沉积技术的特点，发展多材料一体化设计与成形原理和技术，为新一代高端装备结构功能一体化制备奠定理论和技术基础。

三、至2035年预期的重大突破与挑战

到2035年，金属材料增材制造领域应重点发展以下方向。

（1）重点突破面向激光粉末床熔覆技术的多功能化构件材料-结构-工艺-性能一体化调控核心技术，开发适用于功能化构件的多物理场耦合优化软件及激光粉末床熔覆成形新装备，为航空航天、能源、交通、动力等领域的增材制造多功能化构件研制提供材料和工艺支撑。

（2）基于人工智能算法和在线工艺调控相结合的增材制造性能提升技术，将增材制造过程监控与人工智能相结合，引入人工智能和计算机视觉方法实时动态处理工艺反馈数据，在线识别成形过程中的系列缺陷，并形成快速高效的反馈控制机制，实现增材制造成形性能在线工艺优化的快速响应系统及技术。

（3）重点突破新型高性能轻量化金属材料体系与激光增材制造的核心技术，研制满足国家重大工程需求的激光增材制造高性能新型金属材料体系，力争使重大工程用关键金属材料的自给率达到80%，发展用于航空航天等高端领域的高性能轻量化一体化金属复杂构件，实现我国新型高性能金属材料构件增材制造研究与应用的跨越式发展。

（4）基于高能束直接能量沉积超常冶金行为，设计研发适用于技术特点

的全新材料体系，充分发掘材料和技术的巨大潜力，实现成形件性能的大幅提升，拓展高能束直接能量沉积技术应用。

（5）基于技术原理创新，发展高效率、低成本、低能耗直接能量沉积新技术、新方法，重点突破大型/超大型构件的低成本制造核心技术，实现航空航天大尺寸高性能整体复杂结构的工程化高效低成本制造。

（6）与传统制造技术复合，突破直接能量沉积性能、精度控制瓶颈，发展金属高性能材料与复杂精密结构制造关键技术，应用于航空航天高端装备关键构件制备。

第三节　绿 色 制 造

一、发展现状与发展态势

（一）发展现状

《中国制造2025》是国务院印发的部署全面推进实施制造强国的战略文件。《中国制造2025》中明确提出，全面推行绿色制造，实施绿色制造工程，并将其列入九大战略任务、五个重大工程之中。金属材料产业作为国民经济的重要基础原材料工业，既有自身发展中的节能减排和资源综合利用重任，又肩负着为生态文明建设提供材料支撑的重要使命。为减轻金属材料回收和再制造过程对环境的污染，越来越多的制造商开始重视金属材料的绿色制造。近年来材料制造业快速发展，作为核心的金属材料起着至关重要的作用。如果在金属材料制造的源头就采用绿色制造的理念，生产制造出来的金属材料绿色度就更高，在回收的过程中就会减少对环境的影响，更好地保护环境。

在绿色发展背景的推动下，金属材料的生态设计成为了保持工业生态平衡、实现环境可持续发展和资源可持续利用、推动我国金属材料制造业高质量发展的主要牵引力和增长点。金属材料的生态设计可实现高效绿色的资源转换，和许多高技术产业、环境保护、生命健康等领域密切相关，其重要性表现在以下几个方面。

（1）和传统金属材料相比，生态金属材料可直接改善环境，从源头控制污染，降低金属材料生命周期各个过程中的综合环境负荷指标。

（2）废弃的金属材料中有大量有价组分，是重要的二次资源。对金属材料进行生态设计时需要充分考虑原材料的循环性能，废弃的生态金属材料易于循环回收，不会对环境造成二次污染。

我国在环境材料和能源材料方面发展较快，在环境类期刊 *Journal of Hazardous Materials* 和能源类期刊 *Fuel* 中，中国学者的论文贡献比例均超过 40%（图 7-1 和图 7-2）。但整体而言，我国的生态金属材料研究大多是跟踪性研究，鲜有具有自主知识产权的技术和产品，高新生态金属材料的研究和建设项目极少，需不断加强。亟须引进新技术的交叉学科研究，提升生态金属材料制备技术水平，提高废弃金属材料的资源利用率，降低金属材料制造能源消耗。

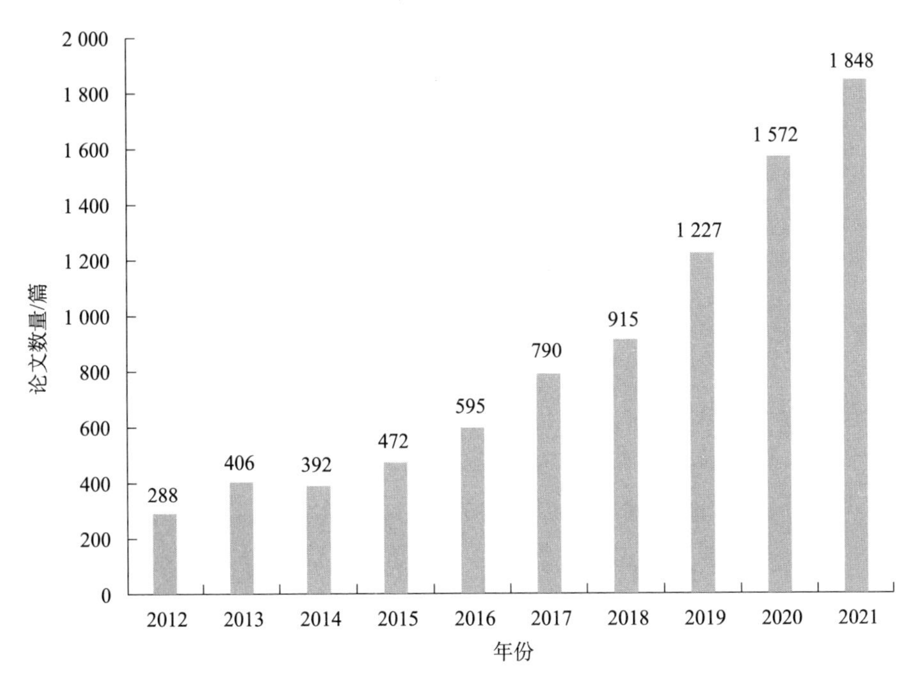

图 7-1　Web of Science 核心合集中以 (metal or material) and (eco or green) and (environmental or friendly) and (secondary or resource) 为关键词检索到的 2012～2021 年论文数量

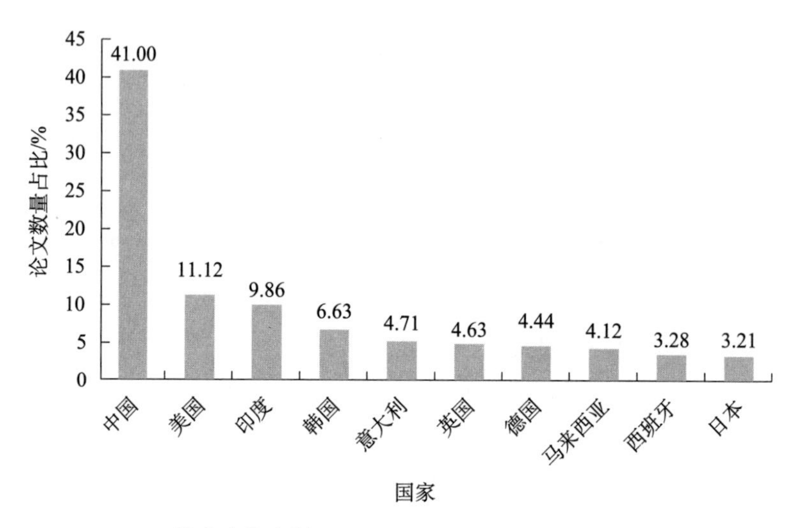

图 7-2 Web of Science 核心合集中以 (metal or material) and (eco or green) and (environmental or friendly) and (secondary or resource) 为关键词检索到的 2012～2021 年论文分布情况

当前金属材料的生态设计研究主要存在以下不足。

（1）金属材料设计的研究目的主要集中在提升金属材料的力学、物理、化学性能，未能充分考虑材料设计过程中的环境协调性和舒适性。

（2）金属材料设计过程中未能充分考虑材料未来的可回收性，不利于材料制造业的可持续发展。

（3）目前金属材料的生态设计研究主要针对低端金属材料，尚缺乏高端金属材料的生态设计研究。

（二）发展态势及战略需求

随着经济的发展和世界资源能源的日趋紧张，可持续发展与环境保护已受到各国的普遍重视。金属材料制造业是能源、资源消耗的大户，其产品的成形加工、使用与回收再利用对环境有重大影响。部分钢铁冶金企业已组织开发了减轻环境负荷的商品，其中薄板类产品已经取得显著成果，如润滑钢板、电磁屏蔽钢板、高强度钢板、各向异性电磁钢板、各向同性电磁钢板、三镀层钢板等。这些企业开发了多种环境友好的薄板类产品，以满足各加工装配工厂对生态环境材料的选用需求。

未来 5～10 年是我国材料制造业向中高端迈进的关键时期，在保证金属材料性能提升的同时，优化金属材料环境属性、生态属性和经济价值的协同关系，事关国家安全和可持续发展，具有极其重要的战略意义。然而，生态金属材料的设计与制备极其复杂，往往涉及材料合成和制备加工的全过程，仅靠单一学科很难彻底解决此问题，必须将生态设计理论、环境材料理论、清洁循环理论引入金属材料制造业中，突破传统单一学科的研发模式，需要多学科交叉研究、一体化协同攻关。目前，我国在金属材料绿色制造研究与应用方面仍处于起步阶段，金属材料绿色制造技术能力薄弱，对金属材料的生态设计认识不够深入，尚未形成完善的多学科交叉研究模式。

二、发展思路与发展方向

金属材料绿色制造领域应重点发展以下方向。

（1）提高金属材料的生态设计水平。对金属材料进行生态设计时，除了要考虑材料的力学、物理、化学性能外，还要重点考虑材料的协调性与舒适性。经生态设计后的金属材料用于制造产品时，必须在用生命周期评价（life cycle assessment，LCA）对产品生命周期全程的环境负荷进行评价的基础上，选用环境负荷最小的设计与工艺。

（2）提升金属环境材料制备水平。金属环境材料是根据环境生命周期工程设计或用生命周期进行评价的新金属材料，具有先进性、环境协调性、舒适性和循环再生性四大特征。金属环境材料对资源和能源消耗少、对生态和环境污染小、再生利用率高、可降解和可循环利用，而且在金属材料制造、使用、废弃直至再生利用的整个生命周期中与环境有着协调共存性。

（3）提高废弃金属材料循环再造水平。废弃金属材料循环再造的实质是通过一系列工艺手段使受损金属材料的微观结构恢复至初始状态，进而实现金属材料的可重复利用和资源成本的节约。金属材料大量使用和废弃，循环再造是实现金属资源短流程、高效循环利用的优选途径。

（4）开发金属材料制造的绿色过程工艺。通过大幅度减小生产设备的尺寸、减少装置的数量、降低能耗和减少废料的生成，达到提高生产效率、降低生产成本、提高安全性和减少环境污染的目的。

绿色制造发展主要有以下几个关键科学问题。

（1）金属材料制造流程中材料性能、环境属性、生态属性、经济价值的评估方法。

（2）金属材料生产过程中危害物质的存储、使用及安全环保处置所造成的环境扰动及其对人员健康影响的风险特征。

（3）典型金属材料生产污染物的实时监测与评估关键理论。

（4）形成废弃金属材料资源循环体系。

绿色制造发展主要有以下几个研究内容。

（1）金属材料生态设计理论基础研究。

（2）金属材料绿色制造的关键装备设计理论及集成方法研究。

（3）金属材料生命周期评价理论基础研究。

（4）废弃金属材料资源循环清洁体系构建理论与方法。

（5）高性能金属材料绿色再造理论与方法。

三、至2035年预期的重大突破与挑战

预计至2035年，我国将建立金属材料生态设计新方法，丰富金属材料资源循环理论，促进金属材料行业可持续发展，助力金属材料绿色制造科研、生产、应用方面的人才建设，具体如下。

（1）实现减物质化。金属材料生态设计过程中，通过技术创新和体制改革，减少生产和消费中物质资源投入量，将不必要的物质消耗过程降到最低限度。

（2）开发环境友好金属材料。在保障生产和质量的前提下，寻找对环境更加友好的材料。

（3）提高金属材料制造效率。减少在金属材料制造环节中产生的废料损失。

（4）延长金属材料使用寿命。提高现有金属材料的耐久性，延长其使用寿命，从而减少对金属材料的需求。

（5）构建金属材料绿色循环产业体系。推动形成金属材料再生资源回收、分拣、转运、加工利用、集中处理为一体的产业化格局。

第四节　粉末冶金

一、发展现状与发展态势

（一）发展现状

随着《中国制造2025》和《国家中长期科学和技术发展规划纲要（2006—2020年）》等的落地和实施，我国材料已进入关键战略转变期，材料研发和产业发展更加突出可持续发展、循环利用及环境友好。粉末冶金以其近终成形、低成本、高效率的优势，在国民经济和国防建设中起着非常重要的作用。加速发展我国粉末冶金技术与产业的重要性表现在以下几个方面。

（1）发挥粉末冶金技术节能节材、生产率高、节能环保等优势，有助于推动我国“双碳”目标的实现。

（2）以全惰性雾化制粉、近净成形和全致密化为代表的现代粉末冶金新工艺在一些关键材料的生产中已日趋成熟，成为发展一系列高科技材料的关键技术，成为解决国防和民用高技术装备建设与研发的“卡脖子”问题的重要手段。

（3）粉末冶金技术的进步为解决粉末冶金产业面临的产品同质化、低值化等重大共性问题奠定了理论和技术基础，为实现粉末冶金材料产品的高性能化和高附加值做出了贡献，为汽车、消费电子、微电子、半导体等一大批高新技术产业的发展提供了支撑，能够促进粉末冶金产业的转型升级，支撑航空航天、微电子、半导体、高端装备等产业的发展。

（4）粉末冶金学科的发展将赋予材料科学和冶金科学更丰富、更深刻的内涵。

（二）发展态势及战略需求

图7-3为粉末冶金工艺及其主要发展趋势。粉末冶金产业呈蓬勃发展的

态势，在国民经济发展中的重要作用进一步增加。粉末冶金产业正在向粉末复合化、成形高精度化、烧结高热效率化和多技术融合等方面进行技术革新，生产流程不断智能化、短流程化和精细化，粉末冶金材料也朝着高性能、高精密、形状复杂、结构功能一体化等方向发展，涌现出一系列新技术、新工艺、新材料。重点研究的粉末冶金新材料包括铁基、铜基、镍基、钨基、钛基、硬质合金等合金体系。系统开展了新型粉末冶金材料、先进成形方法、高品质粉体制备及其烧结和致密化机理、粉末冶金材料设计、微观组织和性能评价等方面的研究，致力于探索具有细晶化、等轴晶化、晶粒多尺度化、结构复合化等结构特征的新型粉末冶金材料。高纯高熔点粉末制备技术［真空感应熔炼–气体雾化、电极雾化（等离子旋转电极雾化、电极感应雾化）、等离子熔化气体雾化等］、先进成形技术（粉末直接挤压、先进动态粉末成形、注射成形、喂料（粉末＋黏结剂）3D 打印、热等静压包套和型芯等）、致密化技术（电磁场 / 重力场等外场辅助金属粉末烧结、反应烧结、分步烧结等）等赋予了传统粉末冶金技术新的内涵，使粉末冶金领域大大拓宽，并向着纵深方向发展。在粉末冶金产业方面，我国已经成为全球最大的铜基粉末生产国、亚洲最大的铁基粉末生产国及硬质合金生产大国，拥有世界排名前两位的注射成形企业，并在难熔金属及硬质材料、摩擦制动材料等领域占有一席之地，在技术、规模及市场影响力上具有一定的优势。

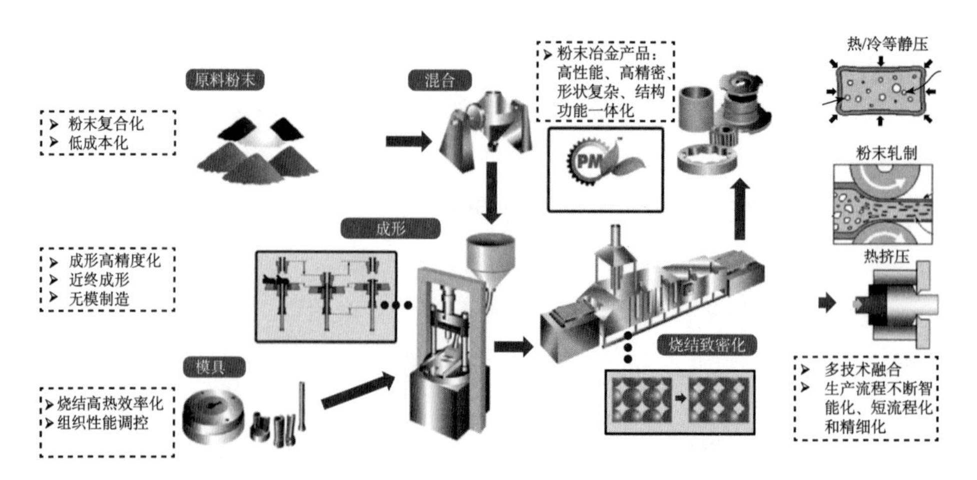

图 7-3　粉末冶金工艺及其主要发展趋势

中国已成为粉末冶金大国，但仍然不是粉末冶金强国。在粉末制备方面，在水 / 气体雾化制粉、电极雾化制粉、等离子熔化气体雾化制粉、电解制粉等方面开展了较深入的研究，但在粉末制备的粒度、形貌、非金属夹杂和氧含量控制的理论研究方面比较薄弱，粉末的质量、品种及稳定性等仍与国外知名生产企业存在一定的差距；在粉末成形方面，随着粉末黏结化处理、黏结剂设计、模具设计、温压控制、高载荷压机等方面的技术进步，粉末冶金成形坯的密度及其均匀性进一步提高，并且在粉体高密度成形、注射成形、轧制成形、高能束成形等方面都取得了显著进展；对烧结技术开展了比较深入的研究，但对致密化的过程模拟、可视化、精细结构的表征和调控规律等方面的研究较欠缺。我国在难熔金属与硬质合金、摩擦材料、粉末近净成形，以及激光 / 电子束快速成形等方向的研究居世界先进水平，但对于航空航天、核工业的快速发展迫切需要开发的先进粉末高温合金、氧化物弥散强化合金等方向的研究及应用相对欠缺，部分高端产品仍然依赖进口。

当前粉末冶金研究主要存在以下不足。

（1）高的粉末成本限制了钛合金、镍基高温合金等材料的推广应用。

（2）粉末冶金全产业的整体技术水平尚不够高、发展水平不平衡、市场成熟度也不够高，产业结构尚待进一步调整。

（3）粉末冶金零件产业的整体研发和创新能力有待进一步提升。提升产业技术水平，应对产业升级的挑战，以技术引领市场，打造属于中国的知名品牌。

随着航空航天、海洋、汽车、石化、核工业、5G、消费电子等领域的发展，人们对高端粉末冶金制品的需求越来越多、性能要求越来越高，迫切需要开发粉末冶金新材料及易实现、高效率、低成本的零部件制造技术。

粉末冶金高强轻质金属结构材料具有低密度、高比强度和高比模量等特点，对减轻结构重量、缩小体积、延长使用寿命起到关键作用，是高技术领域迫切需要开发的新材料。设计可烧结高强轻质金属结构材料，探索近球形微细粉体制备新方法，降低原料粉末成本，开发近终成形技术，推动高强轻质金属结构材料的产业化。

粉末冶金制品中铁基粉末冶金制品的用量最大，但是制品中残留的 5%～15% 孔隙会大幅降低其强度、硬度和抗疲劳性能，使其无法满足重载工况的使用要求，极大地限制了铁基粉末冶金制品的更广泛应用。铁基粉末冶金制品的服役性能往往取决于工作面的状态，虽然采用复压复烧、粉末锻造、热等静压等技术能够提高零件的整体密度和力学性能，但是对零件服役性能的改善十分有限，而且会造成制造成本的大幅提升。例如，改善齿轮工作面的完整性和抗接触疲劳性能，就能显著提升齿轮的寿命和服役性能，使其优于传统合金钢加工齿轮。开发铁基粉末冶金制品的抗疲劳制造技术，通过选择性表面塑性变形方法对铁基粉末冶金制品进行表面全致密化和强化，能够在不增加甚至降低成本的情况下提高其综合力学性能，有望使铁基粉末冶金制品在汽车、精密制造、军工、航空航天等高端应用领域发挥更大的作用。

高熔点难熔金属、耐蚀不锈钢、金属陶瓷复合材料等难加工粉末冶金材料是航空航天、武器装备、核工业、电子、电光源、低碳金属冶炼、汽车等应用领域的关键部件材料。这些金属及复合材料构件不仅加工要求极高，还要求具有特殊的功能特性，复杂构件形状性能一体化制造技术已成为这些高技术领域发展的瓶颈。基于喂料的 3D 打印技术在大尺寸复杂构件成形、梯度材料结构功能构建、构件宏 / 微观控形控性等方面具有显著的优势，摆脱了对高能束热源系统和成形时所需的惰性保护气氛的依赖，避免了成形时大的热应力和热裂纹，大幅降低了设备造价，能够实现低温或室温成形，提高了生产效率，有效降低了生产成本，与现有的基于喂料的粉末冶金零部件制造工艺技术的继承性好、技术成熟度高，是最具潜力的大规模工业化应用的 3D 打印技术，有望发展成为下一代大尺寸构件近终成形技术，将引发零部件设计、制造工艺、制造装备乃至整个零部件制造业的深刻变革，是迫切需要开发的新材料先进制造技术。

二、发展思路与发展方向

粉末冶金材料应重点发展以下方向：纯净 / 高活性 / 微细近球形粉体制备新技术；铁基粉末冶金制品抗疲劳制造技术；基于喂料的 3D 打印技术；高性能粉末冶金制品组织性能调控技术。

（1）粉体制备重点解决纯净度、粉末粒径和形貌、杂质元素及质量稳定性控制等问题，探索基于新原理的低成本粉体制备技术，开发高强轻质金属、高活性金属、微细难熔金属等高品质粉体，为高性能粉末冶金制品的推广应用奠定基础。

（2）抗疲劳制造技术为铁基粉末冶金制品综合性能的提升提供新的途径，重点加强高端铁基粉末冶金制品的开发，丰富铁基粉末冶金制品的品种结构，拓展其应用领域。

（3）基于喂料的 3D 打印技术重点加强高效成形技术的研究，摆脱对高能束热源系统的依赖，大幅降低设备造价，提高生产效率和降低生产成本，与注射成形技术形成互补，真正推动 3D 打印技术的应用。

（4）高性能粉末冶金制品组织性能调控技术重点加强烧结致密化技术与理论、组织性能演变规律等基础研究，解决粉末冶金材料晶粒细化、强韧性调控、组织均匀性控制及特殊结构粉末冶金材料制备等难题，提升粉末冶金制品的性能，提高产品的附加值。

通过粉末及粉末冶金制品生产线的自动化与智能化建设，实现特性实时测试、生产工艺智能优化、产品质量严格保证，从而提升产品的一致性和稳定性，提高生产效率，推动粉末冶金行业整体技术水平的进步。

粉末冶金发展主要有以下几个关键科学问题。

（1）可烧结粉末高强轻质金属材料设计原理。

（2）近球形微细粉体制备与改性原理。

（3）成形过程精密控制原理与形状 / 性能调控方法。

（4）强化烧结致密化及组织性能精确调控。

（5）铁基粉末冶金制品表面选择性塑性变形规律与精确控制。

粉末冶金发展主要有以下几个研究内容。

（1）纯净 / 高活性 / 微细近球形粉体制备与改性新技术。

（2）基于喂料的 3D 打印技术

（3）铁基粉末冶金制品抗疲劳制造技术。

（4）粉末冶金高强轻质金属结构材料制备技术。

（5）粉末冶金制品智能制造产业化关键技术。

三、至 2035 年预期的重大突破与挑战

围绕制约高性能粉末冶金材料及其零件成形技术发展的瓶颈，开发微细近球形粉体低成本制备技术、基于喂料的 3D 打印技术、铁基粉末冶金制品抗疲劳制造技术等，推动高端粉末冶金制品的产业化，建立粉末冶金产品及工艺标准体系，进一步提升我国粉末冶金零部件的制造水平，实现粉末冶金产业结构的优化调整、促进产品转型升级，培育具有国际影响力的企业和产品，形成品牌效应。开发粉末冶金高强轻质金属结构材料、高强韧难熔金属新材料等，满足国防和民用高技术领域的需求。造就一批在粉末冶金领域具有世界影响力的优秀科学家和创新团队；提升我国在粉末冶金领域的国际影响力和自主创新能力，为粉末冶金工业的可持续发展奠定坚实的科学基础。具体如下。

（1）重点突破近球形粉体制备与改性、非金属夹杂及杂质元素控制、粒径和形貌控制等核心技术，发展纯净 / 高活性 / 微细近球形粉体制备新技术，满足 3D 打印、注射成形、热等静压等的工艺要求，推动粉末冶金钛合金、粉末冶金高强轻质金属结构材料的应用。

（2）重点突破表面选择性塑性变形及精确控制、整形模具结构设计、表面热处理等核心技术，发展铁基粉末冶金制品抗疲劳制造技术，开发斜齿轮、多台阶组合齿轮等产品，满足汽车、高端装备等领域的应用需求。

（3）重点突破高成形性黏结剂设计与喂料制备、复杂构件的构型和高效精密成形方法、成形坯高效脱脂及强化烧结致密化等核心技术，发展基于喂料的 3D 打印技术，开发用于航空航天、海洋工程、能源、高端装备等领域的难加工金属及复合材料构件。

（4）重点突破粉末冶金材料杂质元素、超细 / 纳米晶结构、晶粒均匀性、非均质结构、界面结构控制等核心技术，发展高精度控制、高热效率化、节能短时、环境友好的高致密化和强化烧结新原理 / 新方法，提升难熔金属、硬质合金、高温合金等粉末冶金材料的整体性能水平。

（5）重点突破粉末冶金工艺过程的自动化及智能化控制、产品在线质量监测、诊断和反馈控制等核心技术，发展粉末冶金工艺智能控制技术及理论。

第五节　表 面 工 程

一、发展现状与发展态势

（一）发展现状

随着我国航空航天、海洋、核电、高端制造、高铁、芯片制造等重大工程的实施，高温、高压、高速、高应力、强腐蚀、受限空间等苛刻工况下热/力/介质多因素强耦合带来的金属材料表面损伤对表面多功能、高可靠、长寿命服役提出了极其严苛的要求。利用表面工程技术调控表面性能，是解决极端环境金属材料可靠服役难题最行之有效的方法。

金属材料的表面工程是利用表面改性、表面合金化、表面转化膜、表面涂层或多种表面工程技术复合处理，在不改变基体本征性能的前提下，获得所需要表面性能的系统工程。近年来，针对航天装备零部件润滑、海洋工程装备耐蚀减摩、核电环境腐蚀与防护等重大工程问题，我国开展了跨学科（化学、物理学、材料学、机械工程等）的交叉融合创新研究，在环境对表面的作用机制、表面损伤失效模式、表面强化与防护材料研制等方面取得了国际领先的成果，保障了重大工程的有效实施。图 7-4 为 2012～2021 年全球表面工程领域发表 SCI 论文情况（关键词为 surface engineering, surface

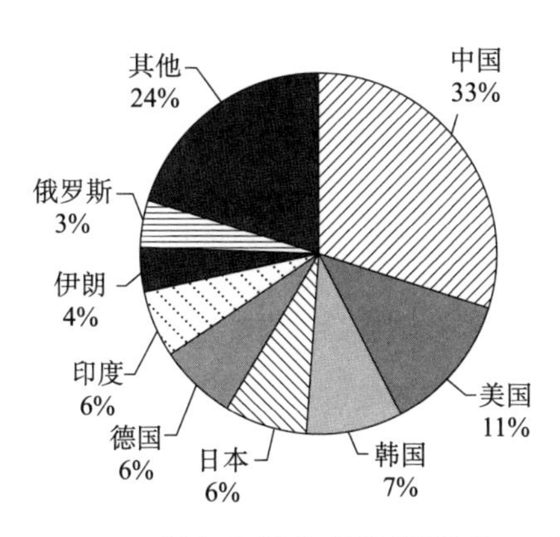

图 7-4　2012～2021 年全球表面工程领域发表 SCI 论文情况

technology, surface science, surface treatment, surface modification, surface reinforcement, surface protection)。

当前金属材料表面工程研究主要存在以下不足。

（1）极端环境下，多环境因素耦合作用导致的表面损伤与失效机理认识不足。

（2）表面材料与结构难以满足新的功能性和极端环境需要，存在表面工程新技术缺乏、设计体系不完善等技术痛点。

（3）我国高端表面工程装备依靠进口，国产设备自动化和智能化水平低、生产效率低、成本高，产品质量一致性较差。

（4）表面性能单一、智能化程度较低，无法适应智能监测、宽温域、多环境、变工况的服役要求。

（5）表面工程技术绿色度低，耗费大量的材料、能源、资源。

（6）极端工况下表面服役行为的基础数据积累不够，限制了表面工程在极端工况中的应用。

（二）发展态势及战略需求

随着航空航天、海洋、核电、芯片制造等重大工程的持续深入推进，表面工程技术已由普通环境下的材料保护扩展到极端环境下的特种防护，这对表面工程技术及其基础科学研究提出了更高要求。表面工程技术已成为现代工业发展的关键技术支撑，广泛应用于航空航天、海洋、核电、交通运输、智能制造、信息技术、生物科技、新能源等领域。在我国重大工程实施过程中，航天科技逐步迈入大规模空间基础设施建设、大规模深空探测的新阶段；以无人潜航器、水下机器人为代表的深海平台建设将对未来海洋安全维护和海底资源开发起至关重要的作用；超高声速武器 / 飞行器、下一代核反应堆等关键系统和装备研发将为未来国家安全或能源安全提供重要保障；光刻机材料的损伤与防护是实现高精度光刻机国产化的关键。典型的多因素强耦合极端环境（如空间超高真空、超高温、高 / 低温交变、强辐照，深海超高压、高盐、热液、冷泉、微生物附着，以及光刻所处的高温、真空、等离子体、受限空间等）给金属材料的表面多功能、高可靠、长寿命服役带来了严峻挑战。

综上所述，通过表面科学基础研究，以及表面工程材料、技术和装备的创新发展，实现金属材料表面多功能化、智能化、绿色化，保障装备或部件在极端环境下高可靠、长寿命服役是表面工程领域的主要发展态势及战略需求。

二、发展思路与发展方向

金属材料表面工程领域应着眼以下方向的发展（图 7-5）。

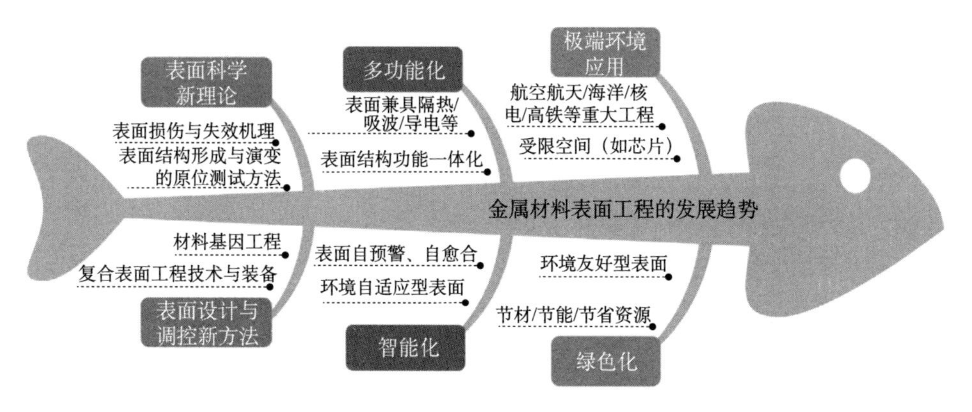

图 7-5　金属材料表面工程发展趋势

（1）发展极端环境表面结构形成与演变的原位测试方法，探究表面损伤与失效机理，发展表面科学新理论。

（2）基于材料基因工程，开展新型表面材料研发与表面结构设计，在表面设计与调控关键共性技术上取得突破，促进表面工程在智能制造、新能源和生物医学等新兴领域的应用；开发具有自主知识产权的复合表面工程装备，将多种表面工程技术融合进而实现多原理、多物理场、多功能的有机结合，实现高质量、大规模、低成本的表面改性。

（3）表面兼具防腐、耐磨、隔热、吸波、导电等多种功能一体化，或表面实现结构功能一体化。

（4）发展自预警、自愈合及环境自适应型的表面技术与材料，满足智能监测、宽温域、多环境、变工况的服役要求。

（5）表面工程绿色化，开发环境友好型表面材料与技术，实现节材、节能、节省资源。

（6）拓展表面工程技术体系在航空航天、海洋、核电、高铁及受限空间（如芯片）等极端工况下的应用，服务于国家重大工程。

表面工程发展主要有以下几个关键科学问题。

（1）极端环境多因素耦合效应。

（2）材料表/界面损伤演化规律。

（3）表面结构与性能调控理论与方法。

（4）新型表面功能防护材料设计原理。

（5）材料表面服役行为、寿命预测及延寿方法。

表面工程发展主要有以下几个研究内容。

（1）极端环境多因素耦合作用导致的表面损伤行为与规律。

（2）表面成分和结构演变的原位测试，以及服役在线监测、故障诊断和智能运维。

（3）基于材料基因工程的新型表面材料研发与表面结构设计。

（4）表面多功能化、表面结构功能一体化技术。

（5）自动化、智能化、绿色化的表面工程装备与技术。

三、至2035年预期的重大突破与挑战

从国家急迫需要和长远需求出发，围绕极端环境多因素强耦合带来的材料表/界面损伤与失效问题，通过学科交叉融合，探明环境作用机制、材料表/界面损伤演化规律，发展表面结构与性能调控的新理论、新方法，开发国产高端表面工程装备，突破智能自修复、导电超润滑、仿生自适应等新型表面工程技术，实现金属材料表面多功能化、智能化、绿色化，保障装备或部件在极端环境下高可靠、长寿命服役，有效支撑我国未来重要型号和重大战略工程。具体如下。

（1）重点突破极端环境表面结构形成与演变的原位测试技术，探究表面损伤与失效机理，发展表面科学新理论。

（2）重点突破以高通量计算、高通量实验和数据库为核心的材料基因工程技术，发展表面工程技术的数字孪生，实现虚拟与现实一体化，结合工业互联网、5G、物联网等智能技术支撑的高端表面工程智能装备，实现虚拟表

面工程设计与现实表面层制备的成分、结构、性能的一致。

（3）重点突破表面涂层新材料、多功能新结构、制备新技术，拓展表面工程技术的多功能化，实现新一代航空航天装备和重型燃气轮机等尖端装备热部件的高可靠防护，满足生物医学、新能源等新兴领域的表面多功能性需求。

（4）重点突破表面工程技术的智能化，开发新型智能表面制备技术，丰富和完善仿生智能表面制备相关理论，实现复杂形状表面的数字化识别与工艺过程的自动化和主动精确控制。

（5）重点突破表面工程技术的绿色化，实现封闭循环、零排放和“三废”的综合利用。

（6）重点突破形貌 / 性质可控表面涂层工艺、材料的核心技术（如重大工程应用的表面功能防护涂层、光刻机国产化材料）及复合表面工程装备，建立健全并全面实施表面工程领域国家标准和行业标准，实现表面工程技术在国家典型重大工程装备中的应用。

第八章

金属材料学科发展的保障措施与政策建议

面向 2035，以提升金属材料学科原始创新能力为目标，面向前沿科学、基础科学、工程科学开展前沿基础研究、应用基础研究和共性技术研究，加强金属材料学科国家科技创新基地及科研条件建设，推进重点支持方向的优化布局和发展，发挥优势方向、优势团队的引领带动作用，为我国科技创新由以“跟跑”为主向以“并跑”“领跑”为主转变提供支撑。

第一节 保 障 措 施

一、加强顶层设计，完善管理机制

加强顶层设计和整体布局，加强国家自然科学基金委员会与科技部、工业和信息化部、国家发展改革委等国家部委联合，鼓励高等院校、科研院所、国家重点实验室等作为核心攻关力量，整合全国优势产学研单位，强强联合、协同攻关。围绕金属材料领域自主创新能力建设，开展基础性、前沿性创新研究，建立健全金属材料基础研究资助政策与管理机制。

二、建立基础研究多渠道经费投入体系

建立基础研究多元化资助体系，实现多渠道基础研究投入。加大国家自然科学基金委员会对金属材料相关重点领域的支持力度，完善稳定支持和竞争性支持的协调机制。引导和鼓励地方、企业和社会力量作为国家自然科学基金委员会基础研究投入的联合单位，通过进一步拓展区域、地方等联合基金项目，开展有特色和优势的基础研究，提升金属材料行业未来竞争力、公共服务水平和创新能力。

三、促进科技资源开放共享

推进国家自然科学基金项目金属材料学科数据管理及信息开放共享，在保障知识产权的前提下推进资源共享。加强实验数据等的收集、加工和保存的标准化，提高资源存储数量和管理水平，完善开放模式，提高服务质量和水平，为国家科技创新、重大工程建设和产业创新提供坚实的资源保障支撑。

第二节　政 策 建 议

一、加强基础科学中心等重大科技基础设施建设

加强金属材料学科与机械工程、物理学、化学、力学、冶金工程等多学

科交叉融合，鼓励以提升原始创新能力和支撑重大科技突破为目标的新原理、新技术、新方法的提出，布局建设一批基础科学中心等重大科技基础设施。完善绩效评估机制，形成以开放共享为核心的运行机制，提高成果产出质量和效率，支撑建设若干具有国际影响力的学术高地。

二、发挥科研条件基础支撑作用

鼓励和培育具有原创性学术思想的金属材料探索性科研仪器设备研制，聚焦金属材料高端通用和专业重大科学仪器设备研发、工程化和产业化；完善金属材料国内标准体系建设，加强国际化标准建设，提升我国金属材料行业的核心竞争力；组织开展跨学科、跨区域的重大科学研究计划、重大项目等。

三、加强基础研究人才队伍建设

瞄准世界科学研究前沿，培养和支持中青年科学家。进一步推进国家杰出青年科学基金项目、优秀青年科学基金项目等高层次人才培养和引进计划的实施，加快培养一批在国际前沿领域具有较大影响力的领军人才。加大博士后面上项目、青年科学基金项目支持力度，促进博士后人才培养。

四、培育和支持优秀科技创新团队

聚焦金属材料优势重要领域，支持高水平大学和科研院所组建一批跨学科、综合交叉的科研团队，加强协同合作，提升创新实力。依托国家重点实验室等高水平研究基地，发挥凝聚作用，加大对优秀科技创新团队的培育和支持力度，培养一批优秀科技创新团队。

五、加强重大国际科技合作与交流

结合我国发展战略需要、现实基础和优势特色，基于全球视野谋划国家自然科学基金基础研究发展，积极融入和主动布局全球创新网络，有效利用和整合全球创新资源，鼓励调动国际资源和力量，在前期充分研究的基础上，深化政府间合作，完善合作机制，加强双边、多边基础研究科技合作，提升我国金属材料领域基础研究国际竞争力。

六、加强国际合作海外人才培养建设

深化金属材料基础研究领域科研人员国际交流，鼓励国内优秀人才“走出去”，开展国际合作研究与交流，提高人才国际交流能力；服务“一带一路”建设需求，鼓励国外优秀人才“走进来”，推动基础研究多层次、全方位和高水平的国际合作，提升国际话语权和影响力。

七、加强金属材料国家重大工程应用建设

围绕工业科技发展需求，突破服务产业的基础研究，核心技术取得创新，针对国防装备、航空航天等极端环境条件下服役的金属材料，持续深化金属材料基础研究及应用验证，开展基础性、前沿性和探索性研究，支撑国家重大工程应用。

本篇参考文献

曹国英, 2019. 新形势下材料科技发展战略的一些思考 [C]. 昆明 : 中国工程院国际工程科技战略高端论坛——第三届材料基因工程高层论坛 .

常可可, 王立平, 薛群基, 2020. 极端工况下机械表面界面损伤与防护研究进展 [J]. 中国机械工程, 31(2): 206-220.

陈光, 郑功, 祁志祥, 2018. 受控凝固及其应用研究进展 [J]. 金属学报, 54(5): 669-681.

陈司悦, 王泽琦, 何雅柔, 2019. 周克崧院士 : 科技创新驱动高质量发展 持续推进材料表面工程技术研究 [J]. 表面工程与再制造, 19(3): 55-57.

丁文江, 2007. 镁合金科学与技术 [M]. 北京 : 科学出版社 .

范润华, 彭华新, 2020. 超材料 [M]// 中国材料研究学会 . 前沿新材料概论 . 北京 : 中国铁道出版社 : 296-308.

干勇, 2020. 高端制造及新材料产业发展战略 [C]. 北京 : 首届中国产业链创新发展峰会 .

宫声凯, 尚勇, 张继, 2019. 我国典型金属间化合物基高温结构材料的研究进展与应用 [J]. 金属学报, 55(9): 1067-1076.

郭建亭, 2003. 有序金属间化合物镍铝合金 [M]. 北京 : 科学出版社 .

郭进, 2020. 全球智能制造业发展现状、趋势与启示 [J]. 经济研究参考, (5): 31-42.

国家统计局, 2021. 中华人民共和国 2020 年国民经济和社会发展统计公报 [EB/OL]. (2021-02-28)[2022-02-19]. http://www.stats.gov.cn/xxgk/sjfb/zxfb2020/202102/t20210228_1814159.html.

国家新材料产业发展专家咨询委员会, 2020. 中国新材料产业发展年度报告 [M]. 北京 : 冶金工业出版社 .

胡伯平，饶晓雷，钮萼，等，2018. 稀土永磁材料的技术进步和产业发展 [J]. 中国材料进展，37(9): 653-661.

姜业欣，娄花芬，解浩峰，等，2020. 先进铜合金材料发展现状与展望 [J]. 中国工程科学，22(5): 84-92.

李宝辉，孔凡涛，陈玉勇，2006. TiAl金属间化合物的合金设计及研究现状 [J]. 航空材料学报，26(2): 72-78.

李亚强，马晓川，张锦秋，2021. 芯片制程中金属互连工艺及其相关理论研究进展 [J]. 表面技术，50(7): 21.

李周，肖柱，姜雁斌，等，2019. 高强导电铜合金的成分设计、相变与制备 [J]. 中国有色金属学报，29(9): 2009-2049.

林均品，陈国良，2009. TiAl 基金属间化合物的发展 [J]. 中国材料进展，28(1): 31-37.

陆军，吴平平，2019. 表面工程技术在海洋工程装备中的应用 [J]. 机电工程技术，48(8): 1-8.

骆铁军，2020. 中国钢铁工业运行与展望 [C]. 上海：2021 中国钢铁市场展望暨“我的钢铁”年会.

孟徽，孟磊，张兵，2021. 构建我国材料领域科技创新发展新格局的思考 [J]. 科学管理研究，39(3): 45-48.

彭秋明，任立群，杨猛，2020. 生物医用金属 [M]. 北京：中国建材工业出版社.

秦真波，吴忠，胡文彬，2019. 表面工程技术的应用及其研究现状 [J]. 中国有色金属学报，29(9): 2192-2216.

邱克强，王爱民，张海峰，等，2002. 钨丝增强 ZrAlNiCuSi 块体非晶复合材料及其塑性行为 [J]. 金属学报，38(10): 1091-1096.

师昌绪，仲增墉，2010. 我国高温合金的发展与创新 [J]. 金属学报，46(11): 1281-1288.

世界钢铁协会，2022. 2021 年世界钢铁统计数据 [EB/OL]. (2022-01-12)[2022-02-19]. https://worldsteel.org/zh-hans/steel-by-topic/statistics/world-steel-in-figures/.

世界铝业协会，2022. 主要铝产量 [EB/OL]. (2022-01-20)[2022-02-19]. https://international-aluminium.org/statistics/primary-aluminium-production/.

司力琼，徐晓东，2017. 航天装备材料表面处理工艺技术现状与发展方向 [J]. 现代工业经济和信息化，7(9): 64-65.

孙前，2021. 低碳绿色冶炼 推动镁行业高质量发展 [N]. 中国有色金属报，2021-12-07(7).

孙永平，2017. 碳排放权交易蓝皮书：中国碳排放权交易报告 [M]. 北京：社会科学文献出版社.

唐宇，王睿鑫，李顺，等，2021. 高熵合金含能结构材料的潜力与挑战 [J]. 含能材料，29(10): 1008-1018.

汪卫华，2013. 非晶态物质的本质和特性 [J]. 物理学进展，33: 177-351.

汪卫华，2022. 非晶合金材料发展趋势及启示 [J]. 中国科学院院刊，37(3): 352-359.

吴建平，彭颖，2021. 传感器原理及应用 [M]. 北京：机械工业出版社.

谢曼，干勇，王慧，2020. 面向 2035 的新材料强国战略研究 [J]. 中国工程科学，22(5): 1-9.

"新一代人工智能引领下的智能制造研究"课题组，2018. 中国智能制造发展战略研究 [J]. 中国工程科学，20(4): 1-8.

闫纪红，李柏林，2020. 智能制造研究热点及趋势分析 [J]. 科学通报，65(8): 684-694.

严密，彭晓领，2019. 磁学基础与磁性材料 [M]. 杭州：浙江大学出版社.

杨柯，王青川，2021. 生物医用金属材料 [M]. 北京：科学出版社.

翟薇，常健，耿德路，等，2019. 金属材料凝固过程研究现状与未来展望 [J]. 中国有色金属学报，29(9): 1953-2008.

张荻，张国定，李志强，2010. 金属基复合材料的现状与发展趋势 [J]. 中国材料进展，29(4): 1-7.

张龙强，2021. 超百亿吨钢铁积蓄如何助推行业实现双碳目标 [J]. 资源再生，7: 31-33, 37.

张永刚，2001. 金属间化合物结构材料 [M]. 北京：国防工业出版社.

张勇，2010. 非晶和高熵合金 [M]. 北京：科学出版社.

赵永庆，葛鹏，2014. 我国自主研发钛合金现状与进展 [J]. 航空材料学报，34(4): 51-61.

赵永庆，葛鹏，辛社伟，2020. 近五年钛合金材料研发进展 [J]. 中国材料进展，39(7-8): 527-534.

中华人民共和国国务院新闻办公室，2012. 中国的稀土状况与政策 [N]. 人民日报，2012-06-21(15).

周济，2004. "超材料 (metamaterials)"：设计思想、材料体系与应用 [J]. 功能材料，35(增刊): 125-128.

周济，2017. 超材料与自然材料的融合 [M]. 北京：科学出版社.

朱晶，2020. 2020 年中国集成电路产业现状回顾和新时期发展展望 [J]. 中国集成电路，(11): 11-16, 19.

朱明刚，方以坤，李卫，2013. 高性能 Nd-Fe-B 复合永磁材料微磁结构与矫顽力机制 [J]. 中国材料进展，32(2): 65-73.

邹武装，2014. 中国钛业 [M]. 北京：冶金工业出版社.

AYDELOTTE B, BRAITHWAITE C, THADHANI N, 2014. Fragmentation of structural energetic materials: Implications for performance[J]. Journal of physics: Conference series, 500: 132001.

AYDELOTTE B, THADHANI N, 2013. Mechanistic aspects of impact initiated reactions in explosively consolidated metal+ aluminum powder mixtures[J]. Materials science and engineering: A, 570: 164-171.

BANDYOPADHYAY A, TRAXEL K D, 2018. Invited review article: Metal-additive manufacturing—Modeling strategies for application-optimized designs[J]. Additive manufacturing, 22: 758-774.

BANHART J, 2013. Light-metal foams—History of innovation and technological challenges[J]. Advanced engineering materials, 15: 82-111.

CAMPELO J M, LUNA D, LUQUE R, et al, 2009. Sustainable preparation of supported metal nanoparticles and their applications in catalysis[J]. Chemistry and sustainability energy and materials, 2: 18-45.

CASTELVECCHI D, 2021. Electric cars and batteries: How will the world produce enough?[J]. Nature, 596: 336-339.

CHANG S, HUANG X, ONG C Y A, et al, 2019. High loading accessible active sites via designable 3D-printed metal architecture towards promoting electrocatalytic performance[J]. Journal of materials chemistry A, 7: 18338-18347.

CHEN H, XIAO F, LIANG X, et al, 2018. Stable and large superelasticity and elastocaloric effect in nanocrystalline Ti-44Ni-5Cu-1Al (at%) alloy[J]. Acta materialia, 158: 330-339.

CHEN H, ZHANG X, LIU C, et al, 2021. Theoretical analysis for self-sharpening penetration of tungsten high-entropy alloy into steel target with elevated impact velocities[J]. Acta mechanica sinica, 37: 970-982.

CHEN K, LI L, 2019. Ordered structures with functional units as a paradigm of material design[J]. Advanced materials, 31: 1901115.

CHEN Q, THOUAS G A, 2015. Metallic implant biomaterials[J]. Materials science and engineering: R, 87: 1-57.

CHEN S, LI W, ZHANG L, et al, 2020. Dynamic compressive mechanical properties of the spiral tungsten wire reinforced Zr-based bulk metallic glass composites[J]. Composites part B: Engineering, 199: 108219.

CHEN T, HAMPIKIAN J, THADHANI N, 1999. Synthesis and characterization of mechanically alloyed and shock-consolidated nanocrystalline NiAl intermetallic[J]. Acta materialia, 47: 2567-2579.

CHEN X, LIU X, CHILDS P, et al, 2017. A low cost desktop electrochemical metal 3D printer[J]. Advanced materials technologies, 2: 1700148.

CHEN Y, XU Z, SMITH C, et al, 2014. Recent advances on the development of magnesium alloys for biodegradable implants[J]. Acta biomaterialia, 10: 4561-4573.

CHENG L, TANG T, YANG H, et al, 2021. The twisting of dome-like metamaterial from brittle to ductile[J]. Advanced science, 8: 2002701.

CHNG C, LAU D, CHOO J, et al, 2012. A bioabsorbable microclip for laryngeal microsurgery: Design and evaluation[J]. Acta biomaterialia, 8: 2835-2844.

CHOI J W, AURBACH D, 2016. Promise and reality of post-lithium-ion batteries with high energy densities[J]. Nature reviews materials, 1: 16013.

DEARNLEY P, 2017. Introduction to surface engineering[M]. Cambridge: Cambridge University Press.

DEHGHAN-MANSHADI A, YU P, DARGUSCH M, et al, 2020. Metal injection moulding of surgical tools, biomaterials and medical devices: A review[J]. Powder technology, 364: 189-204.

DHAKSHINAMOORTHY A, GARCIA H, 2012. Catalysis by metal nanoparticles embedded on metal–organic frameworks[J]. Chemical society reviews, 41: 5262-5284.

DHAKSHINAMOORTHY A, LI Z, GARCIA H, 2018. Catalysis and photocatalysis by metal organic frameworks[J]. Chemical society reviews, 47: 8134-8172.

DU PLESSIS A, RAZAVI S M J, BENEDETTI M, et al, 2021. Properties and applications of additively manufactured metallic cellular materials: A review[J]. Progress in materials science: 100918.

DWIVEDI D K, 2018. Surface engineering: Enhancing life of tribological components[M]. New Delhi: Springer Nature.

ERBEL R, MARIO C D, BARTUNEK J, et al, 2007. Temporary scaffolding of coronary arteries with bioabsorbable magnesium stents: A prospective, non-randomised multicentre trial[J]. The lancet, 369: 1869-1875.

FANG H, YANG J, WEN M, et al, 2018. Nanoalloy materials for chemical catalysis[J]. Advanced materials, 30: 1705698.

FROES F H, QIAN M, NIINOMI M, 2019. Titanium for consumer applications: Real-world use of titanium[M]. Amsterdam: Elsevier.

GALL D, CHA J J, CHEN Z, et al, 2021. Materials for interconnects[J]. MRS bulletin, 46: 959-966.

GAO C, LYU F, YIN Y, 2020. Encapsulated metal nanoparticles for catalysis[J]. Chemical reviews, 121: 834-881.

GAO C, ZENG Z, PENG S, et al, 2022. Magnetostrictive alloys: Promising materials for biomedical applications[J]. Bioactive materials, 8: 177-195.

GAO M, SHIH C C, PAN S Y, et al, 2018. Advances and challenges of green materials for electronics and energy storage applications: From design to end-of-life recovery[J]. Journal of materials chemistry A, 6: 20546-20563.

GEORGE E P, RAABE D, RITCHIE R O, 2019. High-entropy alloys[J]. Nature reviews materials, 4: 515-534.

GRUDZA M E F, LAM H L, JANN D C, et al, 2014. Reactive material structures[R]. King of Prussia: U.S. Army Research Office.

HANZI A C, METLAR A, SCHINHAMMER M, et al, 2011. Biodegradable wound-closing devices for gastrointestinal interventions: Degradation performance of the magnesium tip[J]. Materials science and engineering: C, 31: 1098-1103.

HE H, QIU C, YE L, et al, 2018. Topological negative refraction of surface acoustic waves in a Weyl phononic crystal[J]. Nature, 560: 61-64.

HE J, QIAO Y, WANG R, et al, 2022. State and effect of oxygen on high entropy alloys prepared by powder metallurgy[J]. Journal of alloys and compounds, 891: 161963.

HE J, TRITT T M, 2017. Advances in thermoelectric materials research: Looking back and moving forward[J]. Science, 357: 6358.

HUA P, XIA M, ONUKI Y, et al, 2021. Nanocomposite NiTi shape memory alloy with high strength and fatigue resistance[J]. Nature nanotechnology, 16: 409-413.

JAKUS A E, TAYLOR S L, GEISENDORFER N R, et al, 2015. Metallic architectures from 3D-printed powder-based liquid inks[J]. Advanced functional materials, 25: 6985-6995.

JANI J M, LEARY M, SUBIC A, et al, 2014. A review of shape memory alloy research, applications and opportunities[J]. Materials and design, 56: 1078-1113.

JIANG M Q, 2020. A type of promising energetic materials[J]. Science China physics, mechanics and astronomy, 63: 10-132.

JUAREZ T, BIENER J, WEISSMULLER J, et al, 2017. Nanoporous metals with structural hierarchy: A review[J]. Advanced engineering materials, 19: 1700389.

KADIC M, MILTON G W, VAN HECKE M, et al, 2019. 3D metamaterials[J]. Nature reviews physics, 1: 198-210.

KAS R, HUMMADI K K, KORTLEVER R, et al, 2016. Three-dimensional porous hollow fibre copper electrodes for efficient and high-rate electrochemical carbon dioxide reduction[J]. Nature communications, 7: 10748.

KIM U B, JUNG D J, JEON H J, et al, 2020. Synergistic dual transition metal catalysis[J]. Chemical reviews, 120: 13382-13433.

KLEGER N, CIHOVA M, MASANIA K, et al, 2019. 3D printing of salt as a template for magnesium with structured porosity[J]. Advanced materials, 31: 1903783.

KRÄNZLIN N, NIEDERBERGER M, 2015. Controlled fabrication of porous metals from the nanometer to the macroscopic scale[J]. Materials horizons, 2: 359-377.

LADANI L J, 2021. Applications of artificial intelligence and machine learning in metal additive manufacturing[J]. Journal of physics: Materials, 4: 042009.

LANZILLO N A, RESTREPO O D, BHOSALE P S, et al, 2018. Electron scattering at interfaces in nano-scale vertical interconnects: A combined experimental and ab initio study[J]. Applied physics letters, 112: 163107.

LI B, CHRISTIANSEN C, BADAMI D, et al, 2014. Electromigration challenges for advanced on-chip Cu interconnects[J]. Microelectronics reliability, 54: 712-724.

LI L, LIU Z, REN X, et al, 2020. Metalens-array-based high-dimensional and multiphoton quantum source[J]. Science, 368: 1487-1490.

LI M X, SUN Y T, WANG C, et al, 2022. Data-driven discovery of a universal indicator for metallic glass forming ability[J]. Nature materials, 21: 165-172.

LI W, LIU Q, ZHANG Y, et al, 2020. Biodegradable materials and green processing for green electronics[J]. Advanced materials, 32: 2001591.

LIU J, 2017. Catalysis by supported single metal atoms[J]. ACS catalysis, 7: 34-59.

LIU J, JIANG C, XU H, 2012. Giant magnetostrictive materials[J]. Science China technological sciences, 55: 1319-1326.

LIU X, XIAO Z Y, GUAN H J, et al, 2016. Friction and wear behaviours of surface densified powder metallurgy Fe-2Cu-0.6C material[J]. Powder metallurgy, 59: 329-334.

LIU X F, TIAN Z L, ZHANG X F, et al, 2020. “Self-sharpening” tungsten high-entropy alloy[J]. Acta materialia, 186: 257-266.

LU P, SAAL J E, OLSON G B, et al, 2018. Computational materials design of a corrosion resistant high entropy alloy for harsh environments[J]. Scripta materialia, 153: 19-22.

MA J, KARAMAN I, NOEBE R D, 2010. High temperature shape memory alloys[J]. International materials reviews, 55: 257-315.

MASON B, GROVEN L J, SON S F, 2013. The role of microstructure refinement on the impact ignition and combustion behavior of mechanically activated Ni/Al reactive composites[J]. Journal of applied physics, 114: 113501.

MATEO D, CERRILLO J L, DURINI S, et al, 2021. Fundamentals and applications of photo-thermal catalysis[J]. Chemical society reviews, 50(3): 2173-210.

MUSSATTO A, AHAD I U, MOUSAVIAN R T, et al, 2021. Advanced production routes for metal matrix composites[J]. Engineering reports, 3: e12330.

NASAR S, BARUCH L J, VIJAY S J, et al, 2021. Comparative study on H20 steel billets: Additive manufacturing vs. powder metallurgy[J]. Physics of metals and metallography, 122: 515-526.

NIE J, SHIN K, ZENG Z, 2020. Microstructure, deformation, and property of wrought magnesium alloys[J]. Metallurgical and materials transactions A, 51: 6045-6109.

PADTURE N P, GELL M, JORDAN E H, 2002. Thermal barrier coatings for gas-turbine engine applications[J]. Science, 296: 280-284.

PAN F, YANG M, CHEN X, 2016. A review on casting magnesium alloys: Modification of commercial alloys and development of new alloys[J]. Journal of materials science and technology, 32: 1211-1221.

PANDA R, JADHAO P R, PANT K K, et al, 2020. Eco-friendly recovery of metals from waste mobile printed circuit boards using low temperature roasting[J]. Journal of hazardous materials, 395: 122642.

PERATHONER S, CENTI G, GROSS S, et al, 2016. Science and Technology Roadmap on Catalysis for Europe[R]. Bruxelles: European Cluster on Catalysis.

PODDER C, GONG X, YU X, et al, 2021. Submicron metal 3D printing by ultrafast laser heating and induced ligand transformation of nanocrystals[J]. ACS applied materials and interfaces, 13: 42154-42163.

POLLOCK T M, 2016. Alloy design for aircraft engines[J]. Nature materials, 15: 809-815.

QIAN C, ZHENG B, SHEN Y, et al, 2020. Deep-learning-enabled self-adaptive microwave cloak without human intervention[J]. Nature photonics, 14: 383-390.

RAABE D, SUN B, KWIATKOWSKI DA SILVA A, et al, 2020. Current challenges and opportunities in microstructure-related properties of advanced high-strength steels[J]. Metallurgical and materials transactions A, 51: 5517-5586.

REDING D J, 2009. Shock induced chemical reactions in energetic structural materials[D]. Atlanta: Georgia institute of technology.

REED R C, 2006. The superalloys: Fundamentals and applications[M]. Cambridge: Cambridge University Press.

REN K, LIU H, CHEN R, et al, 2021. Compression properties and impact energy release characteristics of TiZrNbV high-entropy alloy[J]. Materials science and engineering: A, 827: 142074.

SALEH M S, HU C, PANAT R, 2017. Three-dimensional microarchitected materials and devices using nanoparticle assembly by pointwise spatial printing[J]. Science advances, 3: e1601986.

SASAI R, SHIMAMURA N, FUJIMURA T, 2019. Eco-friendly rare-earth-metal recovering process with high versatility from Nd-Fe-B magnets[J]. ACS sustainable chemistry and engineering, 8: 1507-1512.

SEH Z W, KIBSGAARD J, DICKENS C F, et al, 2017. Combining theory and experiment in electrocatalysis: Insights into materials design[J]. Science, 355: eaad4998.

SHI Z C, FAN R H, ZHANG Z D, et al, 2012. Random composites of nickel networks supported by porous alumina toward double negative materials[J]. Advanced materials, 24: 2349-2352.

SHIN E J, KIM S, NOH J K, et al, 2015. A green recycling process designed for $LiFePO_4$ cathode materials for Li-ion batteries[J]. Journal of materials chemistry A, 3:11493.

SHU J, GE D A, WANG E, et al, 2021. A liquid metal artificial muscle[J]. Advanced materials, 33: 2103062.

STAFFELL I, SCAMMAN D, ABAD A V, et al, 2019. The role of hydrogen and fuel cells in the global energy system[J]. Energy and environmental science, 12: 463-491.

SUDHA G, STALIN B, RAVICHANDRAN M, et al, 2020. Mechanical properties, characterization and wear behavior of powder metallurgy composites—A review[J]. Materials today: Proceedings, 22: 2582-2596.

TAKEDA Y, 2020. Powder metallurgy in Japan[J]. International journal of powder metallurgy, 56(2): 49-55.

TAN Z Q, ZHANG Q, GUO X Y, et al, 2020. New development of powder metallurgy in automotive industry[J]. Journal of central south university, 27: 1611-1623.

TAO F, QI Q, WANG L, et al, 2019. Digital twins and cyber-physical systems toward smart manufacturing and industry 4.0: Correlation and comparison[J]. Engineering, 5: 653-661.

THIYAGARAJAN R, SENTHIL KUMAR M, 2021. A review on closed cell metal matrix syntactic foams: A green initiative towards eco-sustainability[J]. Materials and manufacturing processes, 36: 1333-1351.

VEEN M, VANDERSMISSEN K, DICTUS D, et al, 2015. Cobalt bottom-up contact and via prefill enabling advanced logic and DRAM technologies[C]. Grenoble: 2015 IEEE international interconnect technology conference and 2015 IEEE materials for advanced metallization conference.

VYAS A A, ZHOU C, YANG C Y, 2016. On-chip interconnect conductor materials for end-of-roadmap technology nodes[J]. IEEE transactions on nanotechnology, 17: 4-10.

VYATSKIKH A, DELALANDE S, KUDO A, et al, 2018. Additive manufacturing of 3D nano-architected metals[J]. Nature communications, 9: 593.

WAIZY H, SEITZ J M, REIFENRATH J, et al, 2013. Biodegradable magnesium implants for orthopedic applications[J]. Journal of materials science, 48: 39-50.

WANG B, TAO F, FANG X, et al, 2021a. Smart manufacturing and intelligent manufacturing: A comparative review[J]. Engineering, 7: 738-757.

WANG H, CHEN S, YUAN B, et al, 2021b. Liquid metal transformable machines[J]. Accounts of materials research, 2(12): 1227-1238.

WANG R, TANG Y, LI S, et al, 2019. Novel metastable engineering in single-phase high-entropy alloy[J]. Materials and design, 162: 256-262.

WANG Z, SUN K, XIE P, et al, 2020. Design and analysis of negative permittivity behaviors in barium titanate/nickel metacomposites[J]. Acta materialia, 185: 412-419.

WEI Q, LI H, LIU G, et al, 2020. Metal 3D printing technology for functional integration of catalytic system[J]. Nature communications, 11: 4098.

WEN Y, ZHOU J, 2019. Artificial generation of high harmonics via nonrelativistic Thomson scattering in metamaterial[J]. Research, 8959285.

WILLIAMS B, 2012. Powder metallurgy superalloys for high temperature, high performance applications[J]. International journal of powder metallurgy, 15: 135-141.

WIMBERT L, HOEGES S, SCHNEIDER M, et al, 2020. Powder metallurgy in germany[J]. International journal of powder metallurgy, 56: 37-41.

WINDHAGEN H, RADTKE K, WEIZBAUER A, et al, 2013. Biodegradable magnesium-based screw clinically equivalent to titanium screw in hallux valgus surgery: Short term results of the first prospective, randomized, controlled clinical pilot study[J]. Biomedical engineering online, 12: 62-72.

XIAO R, LI X, JIA H, et al, 2021. 3D printing of dual phase-strengthened microlattices for lightweight micro aerial vehicles[J]. Materials and design, 206: 109767.

XIE C, NIU Z, KIM D, et al, 2019. Surface and interface control in nanoparticle catalysis[J]. Chemical reviews, 120: 1184-1249.

YANG K, WANG J, JIA L, et al, 2019. Additive manufacturing of Ti-6Al-4V lattice structures with high structural integrity under large compressive deformation[J]. Journal of materials science and technology, 35: 303-308.

YAO Y, HUANG Z, XIE P, et al, 2018. Carbothermal shock synthesis of high-entropy-alloy nanoparticles[J]. Science, 359: 1489-1494.

YEH J W, CHEN S K, LIN S J, et al, 2004. Nanostructured high-entropy alloys with multiple principal elements: Novel alloy design concepts and outcomes[J]. Advanced engineering materials, 6: 299-303.

YU B, SUN Y, BAI H, et al, 2020. Highly energetic and flammable metallic glasses[J]. Science China physics, mechanics and astronomy, 63(7): 68-72.

ZANGENEH-NEJAD F, SOUNAS D L, ALÙ A, et al, 2021. Analogue computing with metamaterials[J]. Nature reviews materials, 6: 207-225.

ZHANG B, TANG Y, LI S, et al, 2021. Effect of Ti on the structure and mechanical properties of $Ti_xZr_{2.5-x}Ta$ alloys[J]. Entropy, 23: 1632.

ZHANG H, ZHENG X, TIAN X, et al, 2017a. New approaches for rare earth-magnesium based hydrogen storage alloys[J]. Progress in natural science: Materials international, 27: 50-57.

ZHANG X Z, LEARY M, TANG H P, et al, 2018. Selective electron beam manufactured Ti-

6Al-4V lattice structures for orthopedic implant applications: Current status and outstanding challenges[J]. Current opinion in solid state and materials science, 22: 75-99.

ZHANG X, SHI A, QIAO L, et al, 2013a. Experimental study on impact-initiated characters of multifunctional energetic structural materials[J]. Journal of applied physics, 113: 083508.

ZHANG X, ZHANG J, QIAO L, et al, 2013b. Experimental study of the compression properties of Al/W/PTFE granular composites under elevated strain rates[J]. Materials science and engineering: A, 581: 48-55.

ZHANG Y, SUN X, NOMURA N, et al, 2019. Hierarchical nanoporous copper architectures via 3D printing technique for highly efficient catalysts[J]. Small, 15: 1805432.

ZHANG Y, ZUO T T, TANG Z, et al, 2014. Microstructures and properties of high-entropy alloys[J]. Progress in materials science, 61: 1-93.

ZHANG Z, ZHANG H, TANG Y, et al, 2017b. Microstructure, mechanical properties and energetic characteristics of a novel high-entropy alloy $HfZrTiTa_{0.53}$[J]. Materials and design, 133: 435-443.

ZHENG X, SMITH W, JACKSON J, et al, 2016. Multiscale metallic metamaterials[J]. Nature materials, 15: 1100-1106.

ZHENG Y F, GU X N, WITTE F, 2014. Biodegradable metals[J]. Materials science and engineering: R, 77: 1-34.

ZHOU J, ZHOU Y, WANG B, et al, 2019. Human-cyber-physical systems (HCPSs) in the context of new-generation intelligent manufacturing[J]. Engineering, 5: 624-636.

ZHU C, QI Z, BECK V A, et al, 2018. Toward digitally controlled catalyst architectures: Hierarchical nanoporous gold via 3D printing[J]. Science advances, 4: eaas9459.

第三篇

无机非金属材料学科

第九章

无机非金属材料概述

第一节　无机非金属材料学科的科学意义与战略价值

材料是人类文明的物质基础，通常可分为无机材料和有机材料两大类。在无机材料中，除金属材料以外的材料统称为无机非金属材料，包括玻璃、水泥和耐火材料等传统无机非金属材料，以及新能源材料、功能晶体、信息功能陶瓷、先进半导体、先进碳材料、量子材料、高性能结构材料、生物医用材料、环境治理材料等新型无机非金属材料。各种新型无机非金属材料不断涌现，在现代科学技术和人类文明的进步中发挥着不可替代的重要作用。

无机非金属材料学科作为材料科学与工程的一个重要组成部分，具有基础性、交叉性和工程特性。它不仅是物理、化学、数学和工程等学科的交汇点，而且近年与信息、生物、医学、环境科学等学科产生了深度交叉，学科内涵极其丰富，涉及从微观、介观至宏观多层次、大跨度和复杂因素行为，覆盖了从基础科学到工程技术和应用需求的全链条过程。因此，无机非金属材料学科既是一门多学科交叉的前沿综合性学科，又是探索材料科学自身规律、发展新材料的基础学科，还是以满足社会发展对新材料的需求为目标，与国民经济、国防建设和社会发展密切相关的应用学科。以面向世界科技前沿、面向经济主战场、面向国家重大需求、面向人民生命健康为目标，无机非金属材料领域近年来不断涌现新的研究热点，新材料层出不穷，成为当前最活跃的学科领域之一。

传统无机非金属材料（水泥、玻璃、陶瓷等）是量大面广的基础结构材料，在国民经济发展中起着支撑作用。这类材料的进步（即使是微小升级和创新）会对所支撑的行业带来革命性的变化。传统无机非金属材料的低碳制备是减少我国碳排放、实现“双碳”目标的最重要的途径之一。

高性能结构材料（结构陶瓷、陶瓷基复合材料、C/C 复合材料、超硬材料、陶瓷涂层等）是航空航天等领域极端环境应用不可或缺的战略性材料。其中，C/C 复合材料可耐受 3000℃以上的高温，且密度低、高温力学性能优异、抗氧化、耐烧蚀，对我国研制未来高超声速飞行器热防护系统、新一代高推重比航空发动机热端部件等“国之重器”具有重要的推动作用和战略价值。超硬材料具有极其优异的力 / 热 / 光 / 电学性能，被广泛应用于机械、半导体、冶金、地勘、珠宝和航空航天等领域，其发展将推动高端制造业、大规模集成电路、大功率激光器及武器装备等尖端科技产业的进步。热障涂层（thermal barrier coating，TBC）及环境障涂层（environment barrier coating，EBC）的自主创新发展是确保新一代航空发动机、燃气轮机长期服役稳定性和可靠性的关键，是国家战略部署的重中之重。

能源供应紧缺和环境污染已成为当前制约社会经济发展的主要瓶颈，节能和能源高效利用在我国中长期能源发展战略中有突出的地位。2020 年，中国基于推动实现可持续发展的内在要求和构建人类命运共同体的责任担当，宣布了“双碳”目标愿景。从实现国家“双碳”目标来看，大力推进可再生能源高比例并网、持续优化能源结构、引领能源转型已成为一项紧迫需求。国家发展改革委与国家能源局联合印发的《能源生产与消费革命战略（2016—2030）》提出，到 2030 年可再生能源占一次能源消费总量的比例达到 20%。无机非金属材料在新能源的开发与利用中扮演了重要角色。开展新能源材料的基础研究，开发新材料并揭示性能提升新机制，建立我国新能源材料领域的关键理论体系，对于提升我国科技国际核心竞争力具有重要的科学意义。在此基础上，积极推动新能源材料基础研究与产业化结合的发展，将助力我国新能源汽车、5G、电子信息、航空航天、电力系统及尖端国防军工等技术的高速发展，具有重要的科学意义与战略价值。

信息功能材料是现代信息社会发展的基础和先导，其快速发展依赖功能晶体、信息功能陶瓷、先进半导体等多种无机非金属材料的进步。功能晶体作为功能材料的重要组成部分，是光、电、热、磁、力等多种能量形式转换的媒介，是光电子、微电子、通信、信息、能源、生物医学和航空航天等高技术领域和国防建设不可或缺的关键基础材料。当前，各发达国家均将其放在优先发展的位置，作为重要战略措施列入各国的科技发展规划中。信息功能陶瓷包括压电、铁电、介电、热释电 / 电卡、微波介质、发光、铁氧体等陶瓷材料，可以实现检测、转换、耦合、传输及存储电、磁、声、光、热等信息，是当代电子信息、集成电路、通信技术、人工智能、医疗健康、航空航天等高技术领域不可或缺的关键基础材料之一。先进半导体被广泛用于微电子和光电器件制造，其中以晶体硅为代表的先进半导体是集成电路的关键材料，从根本上支撑了我国现代化的发展。当前，半导体材料与器件的先进制造技术主要被日本、美国和德国等国家垄断，成为我国被“卡脖子”的行业。我国半导体材料与器件自主可控引起了全社会重视，解决面临的瓶颈问题越来越迫切。总而言之，面向信息功能应用的无机非金属材料是支撑我国新型基础设施建设和《中国制造 2025》的核心材料，相关产业是保障经济、科技快速发展及维护国家安全的战略性、基础性和先导性产业。

生物医用材料是用于对人体进行诊断、治疗、修复或替换其病损组织、器官或增进其功能的新型功能材料。伴随经济的快速发展，生命健康领域越来越受到关注。当前，全球人口老龄化及环境污染导致生命健康问题日趋严重，已成为未来 50 年人类面临的重大挑战之一。民政部统计数据显示，2020 年中国超过 65 岁的人口占比增加到 13.6%，2050 年将达到 23.7%，与老龄化相关的医疗器械需求也将持续增长。此外，我国每年各类组织损伤患者达上亿人次，其中复杂组织损伤治疗仍然是目前临床上面临的重大难题。生物医用材料产业将成为 21 世纪世界经济的一个重要支柱产业。生物医用无机非金属材料是生物医用材料的重要组成部分，与生物医用有机高分子材料、生物医用金属和合金材料构成三大基础生物医用材料。与发达国家相比，我国生物医用无机非金属材料与产品仍以传统中低端产品为主，关键原材料生产技术相对落后，高端医疗器械国产化率低，关键核心技术受制于人。大力发展生物医用材料，对提升国民生活水平和推动国家发展有重要的战略意义。

环境污染、资源浪费及生态破坏是现代工业生产发展过程中出现的社会性问题。党的十八大报告明确指出，“加强生态文明制度建设……要把资源消耗、环境损害、生态效益纳入经济社会发展评价体系……建立国土空间开发保护制度，完善最严格的耕地保护制度、水资源管理制度、环境保护制度”①。进行环境治理、减少工业“三废”排放的有效途径如下：一是采用先进生产技术达到节能减排的目的；二是对废弃物和污染物进行无害化处理；三是采用先进的环境治理材料对“三废”中的有害物质进行吸附固定，进而净化、转化回收，达到资源化再利用的目的，实现可持续发展。因此，发展环境治理材料是国内外材料科学与工程研究发展的必然趋势。作为新材料的一个重要分支，环境治理材料领域横跨材料科学、环境科学、化学、生物学、生态科学、物理学等学科，其在保持资源平衡、能源平衡和环境平衡，实现社会和经济的可持续发展等方面将起到重要的作用。环境治理材料代表着科学技术发展的方向和社会发展进步的趋势，必将对人类社会进步起巨大推动作用。

以石墨烯、碳纳米管、富勒烯、石墨炔、非晶碳、人造金刚石和核级石墨为代表的先进碳材料是目前世界公认的材料科学技术前沿和优先发展领域之一。碳原子的独特性赋予了碳材料多样化的成键特点，各类新型碳材料、新物性和新效应层出不穷，极大地丰富了人类对物质世界的认知，并表现出特殊的物理化学性质，在通信、新能源、国家安全、航空航天、生物医药、先进制造等众多领域均具有广阔的应用前景，有望为满足国家重大战略需求发挥至关重要的作用。例如，基于碳纳米管的碳基集成电路技术是我国在芯片领域弯道超车的关键；具有超高导热性能的石墨烯已成为解决 5G 等大功率电子设备散热问题的理想材料；富勒烯是服务于人类健康科学发展的重要材料；石墨炔作为中国具有自主知识产权的新型碳材料，在工业催化和高效储能等方面已展示了巨大的应用潜力；非晶碳和人造金刚石在精密加工、耐磨 / 耐蚀涂层等方面具有不可替代的作用；核级石墨是反应堆和其他核技术中的关键材料。

近年来，量子材料作为新型无机非金属材料受到广泛关注，在众多领域

① 胡锦涛.胡锦涛在中国共产党第十八次全国代表大会上的报告[EB/OL]. (2012-11-18). http://cpc.people.com.cn/n/2012/1118/c64094-19612151.html[2022-06-20].

均具有重要的科学意义和潜在战略价值。量子材料指的是由于其自旋、轨道、电荷、晶格、拓扑等序参量的量子力学特性而具有奇异物性和功能的材料，如超导材料、多铁性材料、拓扑量子材料、量子传感材料。量子材料可以突破传统材料性能的理论极限，是核聚变磁约束、量子计算、人工智能、精密传感和测量等前瞻性技术的发展基石，有望影响未来能源、信息、卫生等领域的发展。其中，超导材料表现出零电阻、完全抗磁性、宏观量子相干等奇异特性，可实现无能耗电力传输、超强磁场激发、超灵敏磁探测、超导量子比特构建等；多铁性材料具有力、电、磁等相互耦合功能，在智能传感、信息存储等领域展现了重要前景，是“后摩尔时代”电子信息技术发展方向之一；拓扑量子材料具有拓扑保护的电子态或实空间电荷、自旋结构，对发展低能耗自旋电子学和拓扑量子计算等有重要意义；量子传感材料利用量子特性，可获得精度、灵敏度、分辨率等方面超越经典技术的传感新方案，支撑人民生命健康、工业检测、国防安全等方面的未来发展。厘清各种量子材料中的物理机制、获得量子材料性能优化手段、构建高性能量子材料和器件是未来量子科技发展的关键。

此外，构建材料研究新范式、获得具有颠覆性功能的新材料、满足国家重大需求、突破国外“卡脖子”技术难题、加快产业升级转型、实现科技强国战略，是当前材料科学发展的主题。无机非金属材料科学作为材料科学的重要分支，其基础核心是材料的结构-性能关系。其中，结构基元不再局限于原子、离子和分子，已拓展到材料的微结构和微观组织（如畴、畴壁、相、孪晶、晶界、异质结、拓扑结构、局域共振基元）等层面。相应地，控制这些新基元的序构类型、数量、周期、维度，就可以人为地调节材料内部的光子、声子、磁矩、载流子、偶极子等物理量的相互作用，从而设计并获得各种颠覆性的光、电、磁、声、热、力等性能。这种功能基元的空间序构管理是研究颠覆性功能材料的一次思想突破。另外，信息技术在材料研究全域范围内的广泛应用不仅使底层向顶层设计的研发方式发生重大变革，强化了材料研究的人工意识、提升了研发效率，而且以人工智能和高性能计算技术为标志的数据与信息科学将材料制备、服役性能智能化、定制化，开辟了材料研究和发展的新版图。因此，以“需求设计—高效实验—数据驱动”为牵引，加强材料科学、物理学、化学、数学、计算机科学等各学科的协同创新，通过高通量实验/计算、数据库创建等手段发展材料基因工程，可以创制超材料等具有颠覆性功能的变革性材料。以材料设计、性能优化、服役预测等研究阶段所组成的新研究范式对提升我国材料研究水平和科技竞争力具有十分重要的战略意义。

无机非金属材料学科覆盖范围广，研究内容涉及功能材料、结构材料、材料制备工艺及研究新范式等，材料体系包括晶体、多晶及非晶态的氧化物、氮化物、硫化物等，应用领域涵盖能源、信息、环境、生命健康、航空航天、国防安全等。本书将重点聚焦以下无机非金属材料重要发展方向。

（1）新型无机非金属材料：新能源材料；功能晶体；信息功能陶瓷；先进碳材料；先进半导体材料与器件；量子材料；高性能结构材料；生物医用材料；环境治理材料。

（2）传统无机非金属材料。

（3）无机非金属材料制备科学与研究范式。

第二节 无机非金属材料学科的发展规律与研究特点

无机非金属材料学科的发展规律和研究特点主要有如下几个方面。

（一）应用需求牵引学科发展、学科发展推动产业升级

无机非金属材料科学的一个鲜明特色就是与国民经济和社会应用需求紧密相联、互为促进。无机非金属材料的发展是自然科学与现代工业生产需求相互促进和发展的一个缩影。无机非金属材料的大规模应用促使人们不断探索本质、追求完善、发现规律、建立系统理论、指导材料研究和工艺改进，从而获得更高性能、更低成本的材料。同时，学科水平的不断提升使材料的基础理论、关键制备和表征技术得以突破，从而进一步发展新材料和相

关应用，推动了产业升级，乃至社会进步和发展。因此，学科发展来自应用需求，应用需求指导和推动了材料发展，材料发展过程又推动了学科发展。以高性能结构材料为例，超高温陶瓷的研究可以追溯到 20 世纪五六十年代的美苏军备竞赛，80 年代后期，基于航空航天热结构材料、发动机部件和先进核能系统等国防重大需求牵引，人们再次激发了对超高温陶瓷的研究兴趣并持续至今。航空航天、先进核能等高科技领域的发展对陶瓷基复合材料具有重要的牵引作用，对其未来的发展提出了耐极端高温氧化 / 烧蚀、力–热–氧耦合环境长时可靠服役、结构功能一体化、跨尺度仿真模拟降低成本等多项要求，陶瓷基复合材料的进步也大大推动了航空航天等高科技领域的发展。

（二）以基础研究为引导，逐步聚焦工程应用领域

当前无机非金属材料研究的若干领域（特别是新型无机非金属材料体系，包括先进碳材料、低维材料、量子材料等）常常体现出以基础研究为引导、逐步聚焦工程应用的发展规律和特点。在这些领域的发展过程中，初期普遍采用自由探索的研究模式，随着研究的深入和技术成果的不断积累，逐步聚焦根据材料的独特性质开展系统深入的应用研究，并以实现产业化应用、解决重大技术难题为目标。例如，在先进碳材料的研究中，新型碳材料的预测、发现和创制一直是该领域的研究前沿，不断涌现出重大的原创性科学突破；新物性、新效应、新原理器件和新应用探索是先进碳材料的核心研究内容，新发现、新结果层出不穷；面向重大需求和关键技术挑战，根据特定应用来设计和制备材料，是充分发挥先进碳材料独特性能从而实现产业化应用的关键，当前已有若干先进碳材料的规模化制备取得重要突破，逐渐进入产业化应用阶段，在促进现有产业链的升级换代方面开始发挥作用。量子材料作为无机非金属材料最富活力和机遇的研究领域之一，其研究同样遵循“新物性的实验发现和理论预言—基本物性探索和调控—高质量材料生长和原理型器件探索—应用型研究”的路线。

（三）多学科交叉融合不断推进学科的发展

无机非金属材料科学是一门以物理学、化学为基础，结合信息、机械、

力学、生物学、环境科学等多学科交叉融合的学科。无机非金属材料与信息、电子等学科的交叉融合产生了信息功能材料领域；与能源、电力等学科的交叉融合产生了新能源材料领域；与生物学、临床医学等学科的交叉融合产生了生物医用材料领域；与环境科学等学科的交叉融合产生了环境治理材料领域。这些交叉领域的发展一方面以相应工程应用领域的实际需求和核心问题为牵引，另一方面依赖多学科基础理论的交叉融合，以多学科融合的视角思考问题，建立开放式的学科交叉研究模式。

（四）研究新范式推动材料的发展与应用

建立无机非金属材料研究新范式，通过正（逆）向人工设计的方法，按需构筑具有特殊或者超常结构及物理性质的功能材料，解决新兴交叉学科和无机非金属材料领域的技术瓶颈，对培育在无机非金属材料领域的“国之重器”具有重要意义。这种研究新范式既包括设计思想的创新，即设计具有新物理机制或效应的功能基元，通过对功能基元的类型、数量、周期、维度等因素进行时空序构排布管理，获得颠覆性性质；又包括设计方法的创新，即依托超级计算机的计算模拟与设计，提出集成计算材料与材料基因工程思想，推进高通量实验 / 计算与材料数据库结合，并发式完成“一批”而非“一个”材料研发模式，加速新材料的发现。此外，人工智能手段在材料研究方面的高度融合进一步提升了人工意识对材料功能设计的主导性。例如，微观、介观、宏观各尺度功能基元可以与包括机器学习在内的人工智能工具构建多层次的时空有序结构，为新材料的研发增设了一个技术桥梁。由此可见，新范式最突出的研究特点在于人为功能的导向性。这远胜于材料的自然属性，其发展模式也不再是在传统新材料的偶然性中寻找背后的必然性。这些新思想与新方法的应用对材料科学的发展有着极其重要而深远的影响。一方面，它可以大幅提升现有材料性能；另一方面，它为产生颠覆性新材料提供了广阔空间，有望实现材料领域的按需设计与制造，提升国家在材料科技领域的核心竞争力。

（五）发展新材料与提升现有材料性能协调发展

在材料研究中，新材料的开发与原有材料性能的提高两者不可偏废。原有材料性能的提高可以在现有技术框架下推动产业的进步；新材料的开发则有助于促进新兴产业的发展，同时在产业的改造和升级中发挥越来越重要的作用。例如，传统无机非金属材料是应用极广的基础结构材料，对其进行微小的升级和创新会对所支撑的行业带来革命性的变化，对社会可持续发展产生重要影响。又如，在当前半导体材料领域，晶体硅仍然是核心材料，大力推动高质量高纯单晶硅的制备及其先进制造工艺的自主可控发展、扩大晶体尺寸和提高良率，仍然是我国发展半导体材料及器件的核心任务。与此同时，第三代半导体晶体、宽禁带半导体单晶、二维半导体材料、量子点材料等新型半导体材料表现出巨大的应用潜力，是国内外基础科学研究的热点。只有提供相应的研究投入、攻克核心技术难题，才能确保我国在下一代半导体材料和器件的竞争中占据领先位置。

（六）材料制备和表征技术的进步推动新材料发展

以原子、分子为物质起点合成材料，在微观尺度上控制材料成分和结构，已成为先进材料制备技术的重要发展方向。材料制备技术的进步提高了已有材料的使役性和效率，并促使新功能材料加快涌现。材料制备技术的创新实现了原子层次上的精准操控，大量人工新材料涌现，为传统产业的升级转型提供了无限的潜力。

从宏观到微观不同层次对材料的成分、结构、组织与性能进行表征的技术和装置是无机非金属材料科学技术发展的重要基础。发展与材料表征和评价相关的新方法、技术和装备（包括特大型科学仪器和装备）与材料发展密切相关。材料表征手段在空间维度和时间维度取得创新突破，使人们的观察能力和视野覆盖从宏观到微观的多维度空间，从而实时、清晰地掌握材料组分、结构、性能之间的内在关联及其变化规律，解析材料内部变化的动力学过程，深刻理解材料结构与其应用的内在联系，进而为新材料的设计和材料的优化提供关键的指导依据。例如，电子显微技术的进步使得人们能够高精度地解析材料原子位置、电子结构和磁性状态，从而为电子材料和结构材料等多种无机非金属材料的发展提供关键的指导；冷冻电子显微镜技术的发展解决了生物材料、高化学活性材料无法进行原子尺度表征的难题，为生物材料、能源材料的发展开辟了全新的路径。

第十章

新型无机非金属材料

第一节　新能源材料

一、发展现状

新能源材料主要包括以电能为核心的能源转换材料与储能材料。如图10-1所示，能源转换材料是指将其他形式的能源直接转换成所需要的能源（电能）的材料，如光伏材料、热电材料、燃料电池材料及微型自供能器件材料等；储能材料则是将电能以化学能、静电能的形式存储起来的材料，储能材料可以直接为电动汽车、便携电子设备及智能电网提供电能，包括储能与动力电池材料、超级电容器材料、介电材料、液流电池材料等。

在“双碳”目标推动下，新能源材料成为解决雾霾问题、实现环境可持续发展和资源可持续利用、推动我国高质量发展的主要牵引力和增长点。经过几十年的长足发展，我国新能源材料在基础研究方面处于国际领先地位，为提高国家核心技术竞争力做出了重要贡献。新能源材料可实现高效绿色的能源转换，与高技术产业、国防安全、生命健康等领域密切相关，其重要性

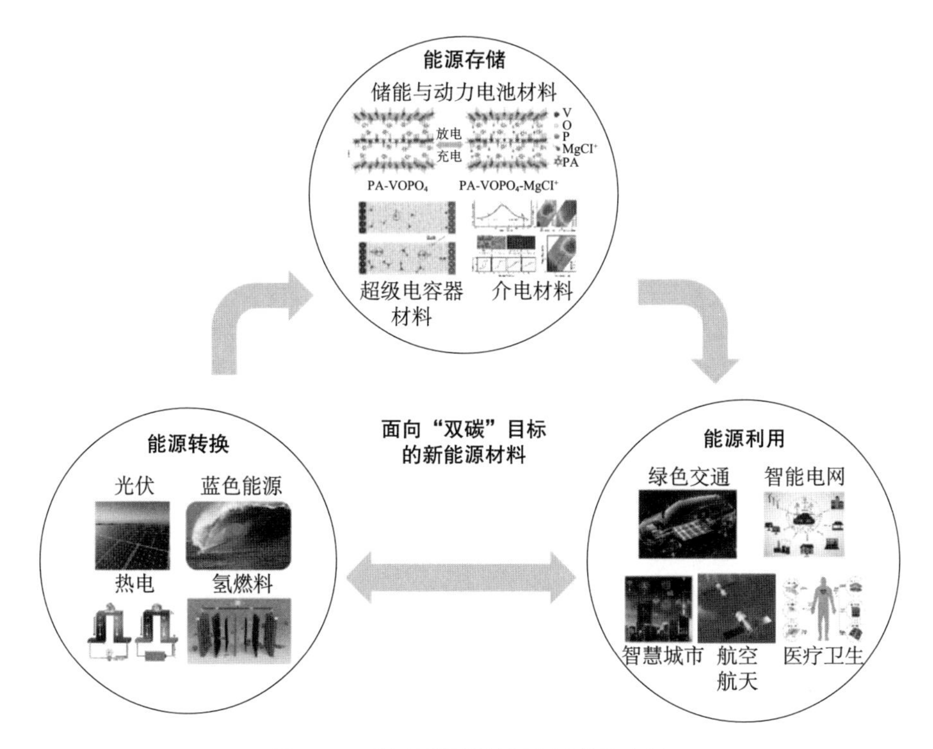

图 10-1　我国新能源材料领域总体布局

表现在以下方面。

随着我国新能源和电力行业的快速发展，如何高效、稳定、环保地利用电能已成为能源技术变革乃至国民经济发展的一项重要课题。碳中和背景下的储能与动力电池材料技术及产业发展将深化新能源汽车、智能电网等领域技术创新，驱动我国形成新的核心技术竞争力。

光伏电池作为可再生能源的重要组成部分，具有显著的能源、环保和经济效益，没有任何排放和噪声，应用技术成熟，安全可靠，是优质的绿色能源之一。同时，分布式能源就近消纳的属性及政策推动将助力配电业务的改革，促进基于用户侧综合能源互联网的形成和完善。

军用动力能源是确保和提升军用装备与武器性能的核心和关键技术。高安全性、高可靠性、高环境适应性及高能量密度的超级电容器能够有效满足高性能武器装备应用的瞬时能量需求。另外，超级电容器在车辆用电池与超级电容器组合的混合动力系统、航空航天用高功率军事装备、激光武器与电磁炮用高功率脉冲电源、无人系统、单兵装备等方面都具有应用潜力。

电介质储能材料是制备储能电容器的核心材料。随着微电子技术的快速发展，人们对电容器微型化、高性能提出更多要求。高储能密度介电陶瓷的研发可有效促进我国高性能电子元器件的发展，推动人工智能、超大规模集成电路、智能制造等诸多高技术领域的健康、快速、可持续发展。

氢能是解决“双碳”目标下可再生能源大规模电力消纳和利用问题的有效途径。燃料电池是氢能利用极具成长性的使用端，支持大规模可再生能源的整合和发电，可以解决非水可再生能源电力的规模消纳和使用问题。

海洋能的有效利用将为“碳中和时代”的新能源提供有力支撑。由位移电流所驱动的自供能微型器件对于收集无序、低频海洋能具有显著的优势，带来了海洋能高效开发利用的全新机遇，为碳中和提供新的技术思路。

在储能与动力电池材料方面，我国的二次离子电池研究最早集中于20世纪90年代锂离子电池的研究。随着国民经济的快速发展和国家对科技的大力投入，一些新型锂离子电池（全固态电池、锂硫电池、锂空气电池等）相继被开发，同时其他离子（钠、钾、锌、镁、钙、铝等金属离子）电池被研究作为锂离子电池的替代品。其中，钠离子电池近年来发展迅速，已被用在低速电动汽车上。钠离子电池研究可以追溯到20世纪70年代，但直到近10年才开始呈现快速的发展。此外，我国以全钒液流电池为代表的技术已进入产业化推广阶段，已经建造了多项兆瓦级应用示范工程。依托中国科学院大连化学物理研究所的技术，大连融科储能技术发展有限公司于2012年完成了当时全球最大规模的5兆瓦/10兆瓦·时全钒液流储能与动力电池储能系统[①]。

我国光伏电池的发展立足于国家重大战略需求，研究和应用始于20世纪50年代。早期，光伏电池主要应用于太空卫星电源领域，80年代以后逐步涉及地面应用。在国家各部门的大力支持下，经过数十年的研究，我国光伏电池完成了在原料、设备、模组、组件、电站、关联技术这一纵向维度，以及晶硅光伏电池、砷化镓（GaAs）光伏电池、薄膜光伏电池、新型光伏电池这一横向维度的多方位技术积累与全面布局，实现了从“跟跑”到“赶超”“领跑”的蜕变。我国在染料敏化、量子点、有机、钙钛矿等新型光伏电池领域也处于国际“领跑”行列。

---

① Li X, Zhang H, Mai Z, et al. Ion exchange membranes for vanadium redox flow battery (VRB) applications[J]. Energy and environmental science, 2011, 4(4): 1147-1160.

在热电材料方面，近 20 年来我国的热电学研究取得了巨大成就，已居国际领先地位。受限于现有的固体理论和材料制备与表征技术，当前热电材料优值的进一步提高遭遇了瓶颈，在热电器件的设计、模拟、连接、组装、表征和服役行为评估的工程化研究，以及低阻异质界面的筛选与演化规律的应用基础研究方面还明显滞后。国内热电材料与器件研究主要集中在热电材料微结构调控、性能优化与新材料开发，近室温高热电性能和力学性能的热电材料及批量制备技术、毫米级高效热电制冷器件的研制仍有待进一步突破。以 5G、半导体芯片等为代表的高新技术产业蓬勃发展，对核心部件精准控温的需求越来越突出。热电材料与器件具有超高灵敏度、快速升 / 降温、长期稳定等特点，可实现快速精准控温，已成为保障 5G、车用激光雷达等核心光电模块长期稳定运行必不可少的部件。

中国对超级电容器的研究始于 20 世纪 80 年代，经过几十年的不断尝试，科研人员在电极材料与电解液研究等领域取得了丰硕的研究成果。2005 年，中国制定了《超级电容器技术标准》，填补了中国超级电容器行业标准的空白。同年，中国科学院电工研究所完成了用于光伏发电系统的超级电容器储能系统的研究开发工作。之后，可用于智能电网的大功率超级电容器也被研制出来。2016 年，工业和信息化部发布了中国首项超级电容器基础标准《超级电容器分类及型号命名方法》，标志着超级电容器设备正式步入规范化生产阶段。

在介电储能材料方面，近十几年来，我国科研机构在 863 计划、国家重点基础研究发展计划（973 计划）及国家自然科学基金重点项目的支持下，聚焦高介电强度介质陶瓷和器件的设计、制备，开展了大量的创新性研究工作，取得了一系列代表性成果并发表在《科学》（*Science*）等国际顶级期刊。总体来说，国内学术研究水平与发达国家相当，但是在电介质储能陶瓷的产业化制备和应用方面仍与发达国家存在明显差距。目前，国内还没有产品能够在国际高端电容市场中表现出竞争力，相关参与研发的公司也较少。

我国燃料电池研究始于 20 世纪 50 年代末，主要用于潜艇、航天等特殊领域。经过五六十年的发展，燃料电池开始在民用领域应用，技术得到大幅度提升。我国研究燃料电池技术的机构对燃料电池材料（如催化剂、膜、膜电极、电堆）进行攻关，目前燃料电池的效率得到大幅度提升，燃料电池单堆的功率由之前的瓦级别提高到千瓦级别，工作密度由 200 毫安 / 厘米^2 提升到 3000 毫安 / 厘米^2 ①。

我国的自供能微型器件研究主要集中于摩擦纳米发电机和压电纳米发电机的研究，其应用领域早期集中于微纳能源、自驱动传感、蓝色能源和高压电源等方面。目前，自供能微型器件研究在各个方面均取得重大进展。例如，中国科学院北京纳米能源与系统研究所将自供能微型器件用于植入式心脏起搏器的供电，单次心脏跳动产生的电能可以驱动心脏起搏器工作一次。在蓝色能源方面，研究人员结合水波驱动条件等对发电机的性能进行了优化，使得发电机的输出性能稳步提高。在低频水波激励下，中国科学院北京纳米能源与系统研究所优化设计的自供能微型器件实现了 34.7 瓦 / 米^3 的输出功率密度②，也初步实现了波浪能自供能微型器件单元的网络连接与系统集成。

当前新能源材料研究主要存在以下不足。

（1）储能与动力电池的能量密度已接近极限。

（2）光伏电池发电成本偏高。

（3）热电材料的性能需要进一步提升。

（4）超级电容器能量密度的提高往往会牺牲其功率密度和循环寿命。

（5）电介质材料多尺度微观结构与宏观储能特性的内在联系尚未明确。

（6）燃料电池的自主化核心材料供应不足。

（7）自供能微型器件接触起电的物理本质不清楚。

二、发展态势

目前，新能源材料各种技术分支呈现百花齐放的态势，多种新型能源转换材料和储能材料发展迅猛。近年来，我国动力电池市场和产量持续增长（图 10-2），储能与动力电池发展的关键仍是新材料体系的开发和深入研究。目前的发展趋势是：高能量密度（200～500 瓦·时 / 千克）、高功率密度

① Fan L, Tu Z, Chan S H. Recent development of hydrogen and fuel cell technologies: A review[J]. Energy reports, 2021, 7: 8421-8446.

② He M, Du W, Feng Y, et al. Flexible and stretchable triboelectric nanogenerator fabric for biomechanical energy harvesting and self-powered dual-mode human motion monitoring[J].Nano energy, 2021, 86: 106058.

（2000～10 000 瓦 / 千克）、长寿命（3000～10 000 次，10～30 年）、高安全性、微型化、柔性化。重点发展锂离子电池、锂硫电池、钠离子电池、多价离子电池及全固态电池关键材料。液流电池具有安全性高、寿命长、效率高等优势，在大规模固定式电化学储能领域具有很好的应用前景。针对新型电力系统等对高安全性、大规模长时固定式电化学储能技术的重大需求，应加大新一代液流电池关键技术的研发力度，突破新技术中的关键科学与技术挑战，解决液流电池技术面临的规模化、成本、寿命等问题，实现液流电池全产业链有序健康发展，为能源革命和能源结构调整提供技术支撑。

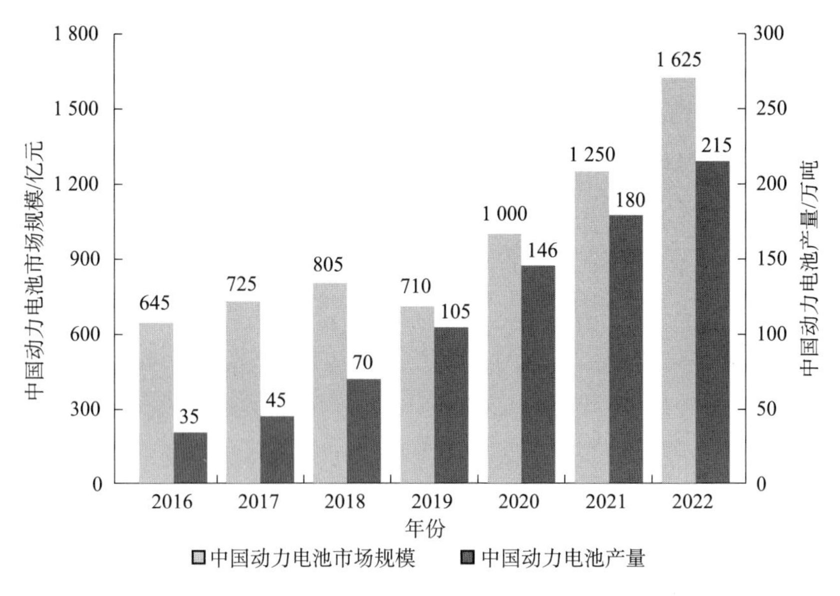

图 10-2　2016～2022 年中国动力电池市场规模及产量

在光伏电池方面，钙钛矿光伏电池正向高效率、低成本、长寿命全要素协同发展。有机光伏电池基于有机分子半导体，可通过化学的办法调节其光学（光吸收）和电学（能级、带隙、载流子迁移率）性质。有机光伏电池在实现机械柔性方面具有先天优势，通过溶液涂布，可实现高吞吐量、低成本制备。其他类型的新型光伏电池，包括化合物薄膜（硒化锑、硫化锑、铜锌锡硫）光伏电池、量子点光伏电池、染料敏化光伏电池等，具有低成本制造的可能性，部分化合物薄膜光伏电池的本征稳定性较好，但效率普遍比较低，首要任务是通过材料、工艺、机理的创新进一步提升效率。

在热电材料方面，通过纳米结构化来提高热电性能在近年来已经成为一种常规手段。其中，原位纳米结构化和原位纳米复合由于具有更好的稳定性和重复性而得到更广泛的应用。近年来，复杂服役环境下温度急剧变化对5G基站、雷达、卫星等关键系统安全稳定运行提出了严峻挑战，快速、精确的主动热控技术已成为国家重大战略需求。发展利用晶体缺陷、各向异性、无序度、拓扑态等新自由度优化热电材料性能的新策略，实现声子与电子的差异性散射和热电关键参量的去耦合调控将是一个重要的发展方向。及时将大数据挖掘和机器学习的理念引入热电材料与器件的研究，建立高通量计算和实验方法及平台，构建电热输运构效关系数据库，快速筛选和优化高性能热电材料，提高热电材料的筛选和设计效率，缩短从材料到器件的全链条研发周期，是热电材料未来发展的重要方向。

目前，超级电容器以第三代锂离子电容器为主，其中多孔碳材料作为正极材料，预嵌锂石墨电极作为负极材料，采用类似锂离子电池的有机电解液。第三代锂离子电容器的能量密度提高至第二代锂离子电容器的2～5倍，达到10～40瓦·时/千克。2013年，国内开始开发电池型电容器。在牺牲部分功率密度和（或）寿命的前提下，电池型电容器的能量密度可以提高至80～100瓦·时/千克。超级电容器在智能电网、轨道交通、新能源汽车、工业装备及消费类电子产品等领域具有广阔的应用市场，它的开发和应用不仅具有长期的经济效益，而且具有良好的社会效益，对国家经济的可持续发展、社会进步和国家安全保障等均具有重要意义。

电介质储能材料以铁电材料和反铁电材料为主，广泛应用于各类高性能储能电容器。未来，电介质储能材料将向高储能密度、高储能效率、高击穿强度、强耐受性和高稳定性发展，以满足电子元器件轻便化、微型化、高稳定性和高耐候性对材料性能的要求。理论研究重点方向为，开发超高储能密度新型高熵电介质材料体系，明确交流和脉冲强电场下的极化行为、应力变化、热/电失效等物理过程与其微观组分和结构的关系，建立实现性能提升的理论基础和设计范式；发展新型电介质储能材料及其精细微结构的制备技术，研发超高储能密度电容器并研究其在交流和强电场下的介电稳定性与使用寿命，突破传统介质电容器的技术壁垒。加大在电介质储能材料生产装备方面的投入，研制成套的电容器生产装备，开发相关工艺技术，实现高端电容器的自主可控。同时，我国需要建立完善的电介质储能材料和电容器可靠性分析测试行业标准，为电介质储能材料与高储能介质电容器的设计和可靠性评价提供技术平台。

我国在燃料电池产业化方面取得了重要成果，燃料电池技术正在起步，相关产业链企业数量逐渐增长。其中，膜电极以新源动力、武汉理工新能源为代表，初步具备了不同程度的生产线，年产能在数千平方米到 1 万平方米，但还需要开发以狭缝涂布为代表的大批量生产技术。在双极板方面，乘用车燃料电池需要高能量密度，金属双极板相较于石墨及复合双极板具有明显优势。金属双极板的设计及加工技术主要由国外企业掌握，国内企业尚处于小规模开发阶段。在质子交换膜方面，我国具备规模化生产能力，但是燃料电池汽车的大规模商业化应用受经济性及实用性制约，燃料电池关键材料成本的不断下降及性能的不断提升是其大规模商业化应用前需要首先解决的问题。

基于自供能微型器件的高熵能源收集、蓝色能源和自驱动传感方面已取得较大的进展。但相关技术的发展还处于前期的基础研究阶段，亟待进一步的技术开发和提升，以促进技术成果的转化和大规模应用。在起电机理、海洋动力性能理论研究、模型试验、发电组网设计与性能优化等方面还需要进行持续和深入的探索，并积累实践经验。提高发电材料的电性能、耐久性与耐蚀性；研究布线结构和传输以抵御风暴及恶劣环境，同时规划发电网位置和大小，尽量减少其对航运、水中生物与生态的影响。基于自供能微型器件的高熵能源收集和自驱动传感技术正积极推动着相关研究成果向商业产品迈进。

三、发展思路与发展方向

从我国新能源材料研究的发展态势来看，新能源材料将向更高性能、低成本、安全可靠等方向发展。在大型高功率密度储能与动力电池、超低成本高效率钙钛矿光伏电池、宽温域柔性热电材料、新型超高功率密度和超高能量密度超级电容器、电介质储能材料结构与电学性能精细调控、燃料电池热传质与热能管理、大规模分布式自供能微型器件方面引领全球研究方向，并形成标志性的成果。

（1）储能与动力电池材料：重点发展高能量密度和高功率密度电池材料，

以及高质量、大规模、低成本的绿色制造技术，只有解决了金属离子电池在回收方面的可扩展性、低成本、安全性和环境可持续性问题，才可能从碳基经济向可持续能源转型，并减少化石燃料的使用和温室气体的排放。在大规模储能方面，液流电池技术未来需要以离子传导膜 / 双极板 / 电极等关键材料的批量化制备技术、高功率密度电堆设计集成技术、系统设计集成技术为突破口，突破关键材料批量化制备技术、高功率密度集成技术及 100 兆瓦级系统设计集成与示范应用，建成成熟的上下游产业链，推进液流电池在储能领域的普及应用。

（2）光伏材料：重点补齐光伏电池的成本短板，进一步整合资源降低光伏电池生产成本，提升现有光伏产业链抗风险能力，并支持全新低成本光伏技术路线的研发与应用，重点推动高性能全湿法加工钙钛矿光伏电池的研究，助力超廉价光伏技术的实现。

（3）高效热电材料：重点加强基于新原理的热电理论研究、热电材料性能提升的新策略研究、高效热电材料的规模化制备技术研究、高强低阻界面材料的优选研究、热电器件的理论设计与系统集成研究，协同高校、科研院所、热电企业形成良性的产学研一体化体系，打破国外对高端热电微型器件的垄断，服务于我国高新技术产业升级、国防安全建设、经济发展和民生保障。

（4）超级电容器：重点研究超级电容器关键材料国产化及低成本的规模化制备，与之匹配的高电压电解液开发与制备，多项储能机理的探索与表征，仿真模拟与正向设计的广泛应用，器件结构与工艺的优化设计，实现高比能、高功率、长寿命的超级电容器研制与应用。

（5）电介质储能材料：主要研究探索电介质材料多尺度微观结构与宏观储能特性的内在联系；聚焦基础研究工作与相关产业的结合，集中高校、科研院所等相关单位与企业合作进行高储能密度电介质储能材料体系的研发；注重高性能储能电容器集成技术的发展与高端制造装备的设计开发，实现从原料到产品的全产业链建设。

（6）燃料电池材料：重点突破燃料电池材料低成本、规模化生产的技术瓶颈。燃料电池研究在以下几个方面布局：超薄高强度复合质子交换膜技术；低成本高活性催化剂技术；长寿命、低铂载量、高工作密度膜电极技术；超薄高强度双极板技术；高功率密度、高可靠电堆技术等。

（7）自供能微型器件：重点突破以提高能源转换效率为目标的纳米材料制备、自供能微型器件结构设计与优化，从而进一步提升自供能微型器件的输出性能；研究储能器件和自供能微型器件的高效耦合，开发适应自供能微型器件高电压、低电流特性的新型储能器件，提高能量转换和存储的效率；通过电源管理和器件封装的研究，实现高性能的发电-储存一体化能源包。

四、至2035年预期的重大突破与挑战

新能源材料领域应注重新机理的挖掘，重点突破材料性能瓶颈，发展先进的材料制备技术，实现高性能新能源材料的低成本、大规模产业化应用。

（1）重点突破当前储能与动力电池能量密度的研制瓶颈，开发适用于高质量电池电极、电解质和膜材料制备的成熟技术；实现高比能、高功率、大规模储能与动力电池电极、电解质及膜材料的可控制备；实现多种新型储能与动力电池体系的开发和应用；研制适用于军事重工及尖端国防的特种电池装备。

（2）重点突破大面积、高质量、可印刷的钙钛矿和有机光伏材料的核心技术，研制满足产业发展和国家重大工程需求的关键光伏材料与器件；发展用于航空航天等的高效稳定的光伏材料，以及可穿戴柔性光伏技术；发展面向超廉价高效稳定光伏技术的光电转换材料与器件。

（3）探索基于新原理的热电材料性能提升策略；重点突破高强高性能热电材料的规模化制备技术和异质材料的低阻界面连接技术；发展用于面向5G、物联网、生命健康、余热回收等领域的高效热电器件设计与集成技术；基于缺陷、各向异性、有序/无序、拓扑、磁性、自旋等多重自由度解耦电声输运，实现实用化的高效热电材料及器件的重大突破。

（4）重点突破高端电容材料和混合型超级电容器的核心技术；发展用于轨道交通能量回收、电网调频和自动导轨机器人的超级电容器储能系统；加强核心关键材料和器件智能制造平台建设，建立电容器新材料体系；实现超高能量密度和功率密度的超级电容器及其在电磁驱动和能量装备中的应用。

（5）澄清电介质储能材料多尺度微观结构与宏观储能特性的内在联系，

重点突破电介质储能材料的制备与工艺核心技术，研制兼具高储能密度和高储能效率的高性能电介质储能材料，利用熵调控效应和晶粒取向工程，研制兼具超高储能密度和高储能效率的电介质储能材料和电容器，满足大功率脉冲武器、电动汽车等领域的迫切需求。

（6）重点突破燃料电池关键材料低成本、高性能、长寿命制备核心技术，研制不同应用场景的大功率密度、高工况点的系列燃料电池堆及系统；加强燃料电池生产和评测平台建设。

（7）重点突破自供能微型器件核心技术，研制高性能的起电材料和器件；发展用于波浪能收集的阵列式器件和管理电路。

（8）逐步形成具有我国自主知识产权的新能源材料智造技术，打通现有新能源材料研制能力和产品批产能力间的障碍，形成具有国际领先地位的原始创新—应用示范—产业化体系。

第二节　功 能 晶 体

一、发展现状

功能晶体的种类繁多、用途广泛，是材料领域发展最快、国际竞争最激烈的方向，其研究和发展已成为国际材料科学与工程的前沿与热点。当代科技革命得益于功能晶体及其器件领域的重大突破，智能制造、互联网、移动通信、量子技术、云技术及大数据的收集、传输、存储和应用都离不开基于功能晶体制作的各种激光器、探测器和传感器等功能器件。此外，现代战争正向信息化、光电化、空地一体化方向发展，为功能晶体的发展和应用提供了广泛的空间。功能晶体的发展水平直接关系计算机、信息技术和武器装备的现代化程度。

光电功能晶体是具有光电性能的功能晶体，根据其功能性质可分为激光晶体、非线性光学晶体、电光晶体、磁光晶体、压电晶体和闪烁晶体等。光电功能晶体是光电子技术的重要物质基础，其发展与激光、探测和传感等应用密切相关，受到各国高度重视，作为重要战略部署列入各国高技术发展计划中。当前，光电功能晶体向高质量、大尺寸、低维化、复合化、材料功能一体化和小型化等方向发展，以满足以全固态激光器为代表的光电器件对扩展波段、高频率、短脉冲和复杂极端条件下使用的要求。各类光电功能晶体主要发展现状如下（图 10-3）。

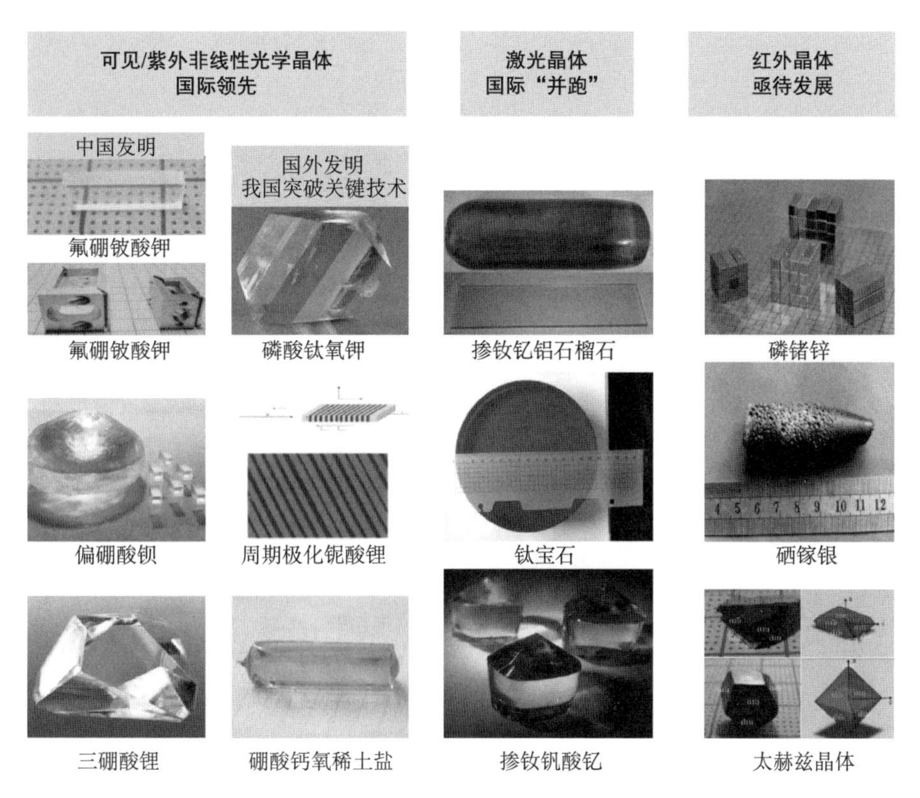

图 10-3　我国光电功能晶体发展现状

激光晶体作为一类重要的激光增益材料，是先进激光技术发展的核心与基础。目前我国激光晶体（如激光自倍频晶体）和激光技术在基础研究与前沿技术开发方面基本处于国际先进水平，在系统集成技术方面与发达国家的差距较小，在研发成果的转化应用、工程化与产业化开发方面与发达国家差距较大。

非线性光学晶体具有改变激光波长的功能，可拓展激光应用范围。在一系列 863 计划、973 计划及国家科技支撑计划的支持下，可见、紫外波段“中国牌”非线性光学晶体的发现引领了非线性光学晶体学科，其应用和产业化也取得发展，是中国材料领域为数不多的处于国际领先地位的研究发展领域，中远红外波段与太赫兹波段非线性光学晶体是目前亟须发展的重要方向之一。

电光晶体是利用电场改变晶体折射率的光电功能晶体，在光通信、光调制等高科技领域有重要需求和应用，其研究和应用远远落后于激光晶体与非线性光学晶体等光电功能晶体。已实用电光晶体仅限于有限类线性电光晶体，且均具有一定的局限性，如潮解、损伤阈值低、生长难度高，因此开发高性能电光晶体及器件是当前亟须发展的重要方向之一。

磁光晶体是指在紫外、红外波段具有磁光效应的各种光电功能晶体，在光通信领域的光隔离器、光传感器与光环形器等功能器件中有重要应用。然而，目前钇铁石榴石（$Y_3Fe_5O_{12}$，YIG）与铽镓石榴石（$Tb_3Ga_5O_{12}$，TGG）等关键磁光晶体被发达国家垄断，国内高性能磁光晶体及器件研发与发达国家存在较大差距。

压电晶体是实现机械力与电能转化的重要工作媒介，是超声换能器的关键换能元件。近年来出现的新型压电晶体（弛豫铁电单晶）正在推动着新一代高端医用超声探头的发展。我国弛豫铁电单晶的研发水平也处于国际前沿，但在高性能换能器的设计和开发方面与发达国家存在一定差距。

闪烁晶体是辐射探测器的核心，广泛应用于高能物理、核医学和无损探伤等领域。我国闪烁晶体的生长技术达到国际先进水平，其应用开发满足了国际重大工程的需求，但当前国内以碲锌镉（CdZnTe，CZT）为代表的新一代半导体辐射探测器的制备水平与产业化发展远远落后于发达国家。

我国光电功能晶体的总体发展处于国际前沿，部分处于国际领先地位，为保持和发展我国已有特色与优势、提高国家核心技术竞争力做出了杰出贡献。光电功能晶体和许多高技术产业密切相关，其产业化应用对提升我国核心竞争力的重要性主要表现在以下几个方面。

（1）光电功能晶体的应用已渗透到各个学科，形成了与应用技术密切结合的新学科分支和研究领域，如激光物理、激光化学、激光生物医学、量子光学、超声医学探测、磁探测和信息光电子技术，有效促进了科学技术的快速发展。

（2）全固态激光技术的发展形成了激光焊接、成型、分离、表面制备及微制造技术等，具有高效、节能、降耗及短流程等特点。此外，激光技术还可用于显示，为数字电视与下一代移动通信提供关键技术基础，促进高新技术产业的快速发展。

（3）激光技术可以直接用于微创手术，基于弛豫铁电单晶的超声技术可对人体进行精确检查，且相关激光医疗设备已引入各级医院，对促进医疗技术进步和提高我国人民健康水平起着重要作用。

（4）激光技术和红外探测技术等已广泛应用在军事上，改善了武器装备性能，对撒手锏武器的发展起到重要支撑，并在航空航天领域取得了众多重要成果，有效促进了我国国防科技的进步与发展。

（5）光电功能晶体材料的发展与探测器件的创新为高端智造、人工智能、互联网、量子技术、云技术和大数据时代提供了最重要的材料与器件支撑，奠定了新科技革命的材料和器件基础。

我国的光电功能晶体研究与应用自 20 世纪 50 年代从跟踪仿制起步，从一开始便与国家的需求（特别是国防需求）相结合，用水溶液法生长了酒石酸钾钠（$KNaC_4H_4O_6 \cdot 4H_2O$，KNT）晶体，于 1963 年获得国家工业新产品奖；60 年代生长了掺钕钇铝石榴石（$Nd:Y_3Al_5O_{12}$，Nd:YAG）晶体并制作了激光器，与国际发展基本同步；从 70 年代开始，逐步走上了自主研究特色光电功能晶体的道路，其中非线性光学晶体的基础理论研究和应用基础研究居国际领先地位，发明了一系列“中国牌”晶体，实现了产业化，取得国际瞩目的辉煌成就；80 年代后，光电功能晶体研发受到国家重视，在 863 计划、973 计划及国家科技支撑计划的支持下，非线性光学晶体的应用和产业化也取得成就。在国际最常用的三种非线性光学晶体中，偏硼酸钡（β-BaB_2O_4，BBO）晶体和三硼酸锂（LiB_3O_5，LBO）晶体是我国发明的；磷酸钛氧钾（$KTiOPO_4$，KTP）晶体虽然是美国发明的，但是是在我国发明了熔盐法生长技术后才获得普及应用。在大尺寸非线性光学晶体研究方面，我国生长了国际最大尺寸磷酸二氢钾（KH_2PO_4，KDP）与 LBO 等晶体，长期支撑神光系列建设。除此之外，我国还发明了目前唯一可以在深紫外波段实用的非线性光学晶体氟硼铍酸钾（$K_2Be_2BO_3F$，KBBF），并于 2001 年突破了晶体生长难题，在国际上突破深紫外波段壁垒，首次通过非线性光学晶体实现深紫外波段有效输出；在开发了有自主知识产权的耦合棱镜器件的基础上，研制成功 7

种9台国际首创的科学仪器。《自然》(*Nature*)于2009年2月发表的评论文章“中国晶体——藏匿的珍宝”指出：“KBBF晶体的发现和应用是中国对国际科学界的重要贡献。”

除了非线性光学晶体，我国激光晶体研发基本与国际同步。基于钛宝石晶体成功实现了10拍瓦超强超短激光放大输出，达到国际同类研究的领先水平；将激光与非线性功能结合于同一晶体的激光自倍频晶体器件{如掺钕硼酸钙氧钆[$Nd:Ca_4GdO(BO_3)_3$，Nd:GdCOB]与掺镱硼酸钙氧钇[$Yb:Ca_4YO(BO_3)_3$，Yb:YCOB]}实现批量化生产，并广泛应用于军民领域。此外，闪烁晶体的开发也满足了国际重大工程的需求。上千根钨酸铝($Al_2O_{12}W_3$)晶体作为基础材料，被用于欧洲核子研究中心大型强子对撞机工程；碘化铯(CsI)晶体先后被用于支撑美国斯坦福直线加速器中心、日本高能加速器研究组织和我国正负电子对撞机二期工程建设；大尺寸锗酸铋($Bi_2Ge_2O_7$)晶体用于我国“悟空号”深空探测卫星，并用于欧洲核子研究中心大型正负电子对撞机工程。此外，在光电功能晶体产业化方面，国内近些年涌现了一批有规模、有创新能力和影响力的领头企业，初步形成了一批企业群，有效推动了相关光电功能晶体的产业化发展。

当前我国在光电功能晶体方面的研究主要存在以下不足。

(1)对光电功能晶体的前瞻性、先导性认识不足：晶体及其应用的预研和布局不足，往往一些重大工程和型号急需晶体时才重视晶体生长，而在短时期内晶体的质量和尺寸很难满足需求。

(2)缺乏顶层设计和引导，造成无序和恶性竞争：我国光电功能晶体产业(特别是以晶体产品为主的企业)缺乏顶层设计和引导，容易不以质量和创新为本，而以低质量、低价格抢占市场，造成无序乃至恶性竞争。

(3)国家急需的战略功能晶体需求和供应能力不匹配：国家重要工程和科技发展急需的关键晶体材料供货保障能力不足，研究单位分散，互相协作攻关满足型号需求的能力不足。

(4)科技成果转化为产品的能力差：自20世纪80年代以来，各种晶体研究成果不断涌现，有多项成果获得国家和省部级等各种奖励，但目前真正实现产业化走向市场，并形成高技术企业的成果并不多。

(5)高技术材料附加价值发展滞后：受加工、镀膜、检测等工艺限制，

“中国晶体”的优势仍然大多体现在原材料出口，未能体现出高技术材料附加价值。

二、发展态势

目前，激光晶体向大尺寸、高质量、高热导率、各种新波段方向发展；非线性光学晶体在进一步完善深紫外波段应用的基础上，发展红外乃至太赫兹波段新晶体；电光晶体向着高抗光损伤阈值与高重频等方向发展，在军用激光测距机与飞秒/皮秒超快激光加工等领域需求在不断增长；磁光晶体作为光纤通信系统中的光隔离器件，在国家积极推进的5G/6G网络建设中市场前景广阔；弛豫铁电单晶作为当前铁电/压电材料研究前沿，在医用超声换能器、海军声呐等换能器领域有广泛应用；闪烁晶体向着大尺寸、高品质与高性能器件设计等方向发展，在高能射线、红外及太赫兹探测领域具有重要应用。

三、发展思路与发展方向

功能晶体应重点发展以下方向。

（1）激光与非线性光学晶体：研制100～500千瓦级激光用大尺寸高质量Nd/Yb:YAG激光晶体（200毫米口径），满足强激光武器、大能量激光器振荡和放大需求；研制满足拍瓦/艾瓦级装置需求的大口径（300毫米口径）、高光学质量的钛宝石晶体，发展超快高功率激光；探索性能优良的可见光波段激光晶体，提高激光输出功率和效率，并对所获可见激光进行腔内倍频，获得紫外波段激光输出；发展中红外波段激光晶体的种类、尺寸和质量，减少我国在该波段晶体材料与国际先进水平的差距；发展紫外/深紫外波段非线性光学晶体，开展硼铍酸盐类新晶体与器件研究，促进深紫外波段中高功率全固态激光器开发，并发展四倍频355纳米激光用大口径变频晶体和紫外波段激光加工用抗潮解晶体；10拍瓦级超快超强激光用200毫米口径LBO、YCOB晶体生长，为我国强激光系统建设提供支撑；加强激光自倍频晶体新光源、器件和装备的研制和产业化，拓展其在军民两用领域的应用；实现新型中远红外/太赫兹波段非线性晶体探索，发展大尺寸晶体生长技术，探索其器件制备与应用。

（2）电光晶体：军用激光测距机所需的高品质KTP/磷酸钛氧铷（$RbTiOPO_4$，RTP）晶体研制；飞秒级超快激光器所需的高重频晶体及其电光调Q开关研制。

（3）磁光晶体：重点研发性能优良（韦尔代常数>60弧度/毫特@1微米）离子共掺的新型磁光晶体；打破国外垄断，突破大尺寸（直径为3英寸[①]）磁光晶体的核心制备技术；研制具有自主知识产权、综合性能优良的新波段（紫外、可见、中红外波段）磁光晶体及其相关器件。

（4）弛豫铁电单晶：实现大尺寸[001]取向的弛豫铁电单晶产业化生长，把弛豫铁电单晶的产品化纳入我国高端医用超声成像系统开发，将大尺寸高均匀性弛豫铁电单晶应用于医学成像换能器中，实现高端医用超声成像换能器的集成，实现医学超声装备和铁电弛豫单晶及其器件的产业化。

（5）闪烁晶体：高能射线探测继续拓展闪烁晶体探测器的应用，加快以CZT晶体为代表的半导体探测器的研发与推进；红外探测发展大面积红外探测晶体和甚高分辨率器件、高工作温度红外探测晶体与器件、宽光谱红外探测晶体与器件、数字化红外探测晶体与器件、非制冷红外探测晶体与器件，以及新型前沿红外探测晶体与器件；太赫兹探测发展大尺寸碲化锌（ZnTe）电光晶体的单晶生长原理与退火处理技术，晶体中结构缺陷对电学性能和太赫兹光谱响应的影响规律及其控制技术。

四、至2035年预期的重大突破与挑战

到2035年，功能晶体在以下几个方面有望取得突破，满足国家重大战略需求。

（1）保持并发展我国功能晶体的优势，建成具有创新能力的功能晶体材料完整研发产业体系，引领功能晶体材料国际发展前沿和发展趋势，加强功能晶体科研生产平台建设，破除现有研制能力和产品批产能力间的障碍，具有可持续发展的人才队伍和培养体系。

---

① 1英寸=2.54厘米。

（2）突破大尺寸、高质量的重要功能晶体核心技术，逐步形成具有我国自主知识产权的功能晶体和相关装备产业体系，突破现有功能晶体研发的瓶颈，重点突破关键晶体共性生长技术与晶体器件制造和生产技术，建立标准体系，为功能晶体及其相关产业走向世界打下坚实基础。

（3）完成原料、晶体制备、后加工、器件应用和先进装备的全链条产业建设，在满足国家重大科学和国防装置需求的基础上，发展具有国际先进生产水平、优势和特色明显的功能晶体高技术产业，具备国家各种应用需求的功能晶体材料系列的供货能力，做到国家急需的大尺寸优质晶体不再受制于人，并具有在必要时反制他人的能力。

（4）聚焦功能晶体与应用领域的结合，根据国际信息、医疗、交通、国防和工业的需求，引领功能晶体新应用，形成若干功能晶体制备及其器件和整机新兴产业，争取在 10 年内，发展功能晶体及相关高技术产业，年销售额超过 1000 亿元，培育 10 家以上龙头企业，打造 8 个以上产业集群。

（5）注重知识产权和功能晶体国际标准体系的建设，打造国际领先的科技体系和高技术产业体系，完善功能晶体检测评估方法和标准，有权威的国际话语权，占有国际市场重要份额。

第三节　信息功能陶瓷

一、发展现状

信息功能陶瓷是指检测、转换、耦合、传输及存储电、磁、声、光、热等信息的一类无机非金属材料，主要包括压电、铁电、介电、热释电 / 电卡、微波介质、发光、铁氧体等陶瓷材料，是电子信息、集成电路、通信技术、人工智能、医疗健康、航空航天等高技术领域不可或缺的关键基础材料，其发展水平对国家安全、人民健康、国民经济和科学技术等领域具有重要影响。信息功能陶瓷已构成一个规模宏大的高技术产业群，且其研究和发展是当前国际材料科学的前沿和热点，是材料领域发展最快、竞争最激烈的方向之一，具有重要的战略意义，是我国中长期发展的战略重点之一。

我国各类信息功能陶瓷的发展现状如下。

（1）压电陶瓷。高性能压电陶瓷是电子信息、医疗健康、人工智能等领域不可替代的关键基础材料之一，当前全球压电陶瓷与器件市场规模达1000亿美元/年，我国占比超60%①②③。高端压电陶瓷及器件市场完全被美国、日本、德国等垄断，我国则以中低端压电陶瓷及器件市场为主。当前，美国、欧洲、日本等国家或地区都将高性能压电陶瓷及器件列为重大研究课题。同时，随着环保问题越来越受到关注，发展环境友好型高性能无铅压电陶瓷也已成为国际功能材料领域的重要科学前沿和技术竞争焦点之一。我国在无铅压电陶瓷研究方面拥有强大的科研团队，基础研究成果处于世界领先水平，但是相关产业化发展相对滞后。此外，压电及其复合材料在柔性器件、生物医疗及能量收集等领域崭露头角，迫切需要发展极端条件下高可靠性压电陶瓷与器件。目前，压电陶瓷正向高电学性能化、多功能化、无铅化、交叉应用及极端条件应用等方向发展。

（2）铁电材料。铁电材料的基本特性是具有可随外电场翻转的自发极化。利用铁电体的电畴开关和极化反转特性，可制备具有广阔应用前景的非易失性铁电薄膜存储器和光电器件。传统钙钛矿氧化物铁电材料存在与硅基半导体工艺的兼容问题，制约了存储密度等关键性能的提升及新器件架构的设计。近年来，以氧化铪（HfO_2）为代表的新型硅基兼容、新架构非易失性铁电存储与逻辑运算器件（如铁电场效应管、铁电二极管、铁电隧道结）表现出超快速度、超低能耗、多态、长保持等优点，对新一代物联网、物理驱动人工智能网络与算法等应用有重要意义。各类铁电薄膜、陶瓷、单晶等材料还表现出优异的压电和热释电性能，据此发展了各种传感器、微机电系统和热释电探测器，在先进机电系统、热敏探测和空天探测等领域有重要的应用前景。当前，铁电材料总体上向高性能化、高集成化和多功能化方向发展。

（3）热释电与电卡陶瓷。热释电效应能将红外–太赫兹光照引起的热起伏

① 周济，李龙土，熊小雨. 我国电子陶瓷技术发展的战略思考 [J]. 中国工程科学, 2020，22(5):20-27.
② Wu J. Advances in lead-free piezoelectric materials[M]. Singapore: Springer, 2018.
③ Li J F. Lead-free piezoelectric materials[M]. Hoboken: John Wiley and Sons, 2020.

转换成材料的自发极化电荷变化，进而实现红外–太赫兹光电探测，具有无须制冷、光谱宽、功耗低、分辨率高、易于集成等特点，可为红外–太赫兹光电探测提供重要实现方案。基于热释电效应的红外–太赫兹光电探测技术在国家重大需求和生命健康等领域发挥重要作用。热释电陶瓷作为该技术的核心敏感元材料，正向着高热释电系数和大探测率优值方向发展，这也是推动红外–太赫兹光电探测技术应用的关键。电卡效应通过电场来诱导铁电体的相变和偶极熵变、控制材料的吸 / 放热过程，可实现热搬运和制冷。电卡陶瓷体积小和质量轻的特点将为军事、工农业、生物医药和日常生活等空间制冷的节能环保化做出重要贡献，为集成电路的热管理提供全新解决方案，为“双碳”目标的实现起重要促进作用。电卡制冷技术的核心是具有强电卡效应的铁电陶瓷。因此，具有高熵变和温变、大电卡强度的新体系铁电陶瓷及器件的研究是未来发展的主要方向。

（4）介电陶瓷。5G/6G、无人驾驶与智能物联网等尖端技术的快速发展对电子元器件中的介质材料提出了高容量化、宽温化、低成本化等要求，制备高介电常数、高击穿强度、低损耗、宽温域稳定的介电陶瓷是目前高端电子元器件发展亟待解决的关键问题。在宽工作温度领域，目前以钛酸钡（$BaTiO_3$）基和 $Na_{0.5}Bi_{0.5}TiO_3$ 基弛豫型铁电体为代表的材料具有介电常数大、温度稳定范围较宽的优势，但损耗较大。以巨介电材料为代表的顺电材料在拥有超高介电常数的同时，还能在较宽温度范围内展现较高的稳定性，但其高损耗及尚未厘清的物理机制限制了实际应用。介电陶瓷–聚合物复合材料具有很好的柔性，但也存在介电常数低和温度稳定性差的问题。

（5）微波介质陶瓷。微波介质陶瓷是应用于微波频段的介质材料，广泛用于谐振器、滤波器、介质基片和介质天线等，是信息科技系统的关键基础材料，在支撑国家重大装备和社会民生中起到重要作用。尽管我国在微波介质陶瓷基础研究方面投入较大，国内厂商也自主研发了微波介质陶瓷，但由于起步晚，高端产品仍严重依赖进口，元器件开发受控于人，在集成电路领域“卡脖子”现象更加明显。当前，微波介质陶瓷发展的关键是对科学机理的深入研究，掌握材料本征结构对宏观性能的影响规律及其调控机理，设计和构筑影响材料宏观物性的关键功能基元，明确物理机制，进而建立按需设计高性能微波介质陶瓷的新方法，通过人工干预引发的功能基元间的耦合增强效应，构筑新型先进微波介质陶瓷，实现高质量、大规模、低成本的规模化制造技术，突破从实验到量产的瓶颈，支撑新一代微波器件设计制备，保障国家重大装备及社会民生需求。

（6）铁氧体材料及器件。铁氧体材料是开关电源、非互易器件等应用的核心材料。我国铁氧体材料产业大而不强，技术水平与国外有较大差距，高档产品尚依赖进口，严重制约了我国能源、汽车和通信产业的发展。随着人工智能和工业自动化的发展，各领域对小型化高频开关电源、直流电压变换器等器件的需求猛增，开展新一代高频低功耗功率铁氧体和高磁导率低损耗软磁铁氧体材料研究十分紧迫。当前，功率铁氧体材料正向着更高饱和磁通密度、更高磁导率、更高直流叠加特性和更低功耗、更宽使用频率和更广使用温度范围方向发展。新一代移动通信、物联网、智慧交通等的快速发展对片式磁珠、扼流圈等电磁兼容对策元件，以及移相器、环行器、隔离器等非互易性微波磁性器件的需求急增。现代通信和高速计算的快速发展迫使微波磁性器件高频化、集成化和低功耗化，也成为其进一步应用和发展的瓶颈。自旋电子器件因兼具超高速、高集成度、极低功耗等诸多优势，是实现微波器件集成化和低功耗最有效的技术途径。因此，基于微波铁氧体自旋磁学特性的诸多微波器件向高频化、平面化和集成化发展是必然趋势。特别地，无源非互易性微波器件的微型化及其与半导体技术的集成一直是微波技术领域不断追求的目标。

（7）多层陶瓷电容器（multi-layer ceramic capacitors，MLCC）材料及器件。MLCC 由多层陶瓷电介质和内电极（AgPd 或 Ni）叠合共烧而成，是当前用量最大的无源元件，市场规模达 130 亿美元。随着消费电子、网络、汽车和国防等领域的迅速发展，MLCC 在电子制造业中的地位越发重要。MLCC 核心工艺包括材料制造技术、叠层印刷技术和共烧技术。陶瓷粉体占 MLCC 成本的 35%～45%，直接影响 MLCC 产品的竞争力。因此，高性能陶瓷粉体是 MLCC 竞争最激烈的方向之一。此外，叠层印刷技术和共烧技术也严重影响 MLCC 的品质和成本。MLCC 因具有较高的技术壁垒，故产能集中度高。日本是 MLCC 的生产大国，市场占比高达 60%；中国主要生产中低端 MLCC 产品且占比小①。随着移动通信产品等整机制造业的不断扩张，高端MLCC产

① 周济，李龙土，熊小雨. 我国电子陶瓷技术发展的战略思考 [J]. 中国工程科学, 2020, 22(5):20-27.

品需求正在迅速增长，但我国高端MLCC产品、高性能陶瓷粉体、电极浆料及先进生产设备等都大量依赖进口。因此，我国急需加大对陶瓷粉体基础研究及产业化技术等方面的投入力度。在面向5G、汽车、物联网、军工等应用中电子设备轻薄化、多功能及高性能化的趋势下，MLCC的主流发展趋势是小型化、大容量、薄层化、贱金属化、高可靠性等，对陶瓷粉体的尺寸、叠层印刷技术及共烧技术提出了更高要求，如陶瓷粉体颗粒尺寸≤100纳米、厚度为1微米的薄膜介质上叠1000层以上、提升电极连续性等。

（8）LTCC及器件。低温共烧陶瓷（low temperature co-fired ceramic，LTCC）是研制高性能无源器件、集成模块及封装基板的核心基础材料。5G、人工智能、物联网等大规模新型基础设施建设带动了对LTCC的旺盛需求。目前虽然我国已能进行规模化的LTCC器件与模块生产，但所用的材料90%以上仍依赖进口。国内LTCC研发比LTCC元器件产业起步稍早，在商业化的主流材料体系研究方面也都有所涉及，但是由于材料产业的系统性特点，至今未能形成产业链，一些中低端LTCC已实现产业应用，但高端装备应用的LTCC仍然缺失。该领域当前主要存在以下不足：商业化可实用的LTCC大多含玻璃相，玻璃相的元素组成及无序结构对LTCC介电性能的影响机制尚不明晰，在毫米波-太赫兹超高频段下的LTCC介电损耗难降低；对于兼容半导体工艺的LTCC研发尚处于起步阶段，一些共性基础科学问题亟待攻克。

（9）无机发光材料。固态照明和先进显示是无机发光材料最主要的应用领域，也是各国竞相布局的新兴战略产业。长期以来，无机发光材料及应用的核心专利技术被日本、美国等控制。虽然我国是无机发光材料的研发、生产和消费大国，但创新能力不足，无法提供高品质的无机发光材料。近年来，依靠科研人员和稀土资源的优势，我国在无机发光材料的基础研究和应用开发方面取得了长足进步。当前，无机发光材料研究还存在以下不足：缺乏具有自主知识产权的无机发光材料，特别是照明与显示领域急需的高性能稀土发光材料匮乏；缺乏无机发光材料结构设计的新方法，结构-性能构效关系机制不清晰；亟须发展新的材料理性设计方法，掌握局域结构和多尺度微结构对发光性能的影响机制；缺乏无机发光材料的宏量制备技术与稳定性评价的科学方法；亟待进一步拓展无机发光材料的应用技术。目前，前沿和热点主要集中在高性能照明和显示用发光材料（含量子点）、宽带近红外发光材料、上转换纳米发光材料、光存储材料、荧光传感材料、宽带可调谐光纤材料、高能射线探测发光材料等。

总体而言，我国在信息功能陶瓷领域有较大规模的研究队伍与较好的研究条件，但基础研究与应用开发衔接、推动不足。大量企业的自主创新意识还相对薄弱，以中低端产品为主，严重影响了我国在信息功能陶瓷领域的创新推动力；信息功能陶瓷领域部分较有远见的龙头企业已逐步与研究机构开展合作，布局未来，但合作研发创新能力有待大幅提升。因此，大力支持和发展信息功能陶瓷基础前沿研究，同时加强产研结合，对我国中长期发展目标的实现有着极重要的战略意义。

二、发展态势

信息功能陶瓷的发展呈现出基础科研与工程应用共同驱动、材料与器件协同发展的特点。

目前，各类信息功能陶瓷向着高性能、高稳定、多功能方向发展，兼顾成本、环境等实际因素的需求。其中，压电陶瓷向高电学性能化、多功能化、无铅化、交叉应用及极端条件应用等方向发展；铁电材料总体上向高性能化、高集成化和多功能化方向发展；介电陶瓷整体向着宽温稳定性、高介电常数、低损耗和低成本方向发展；微波介质陶瓷需实现高性能、大规模、低成本制造。

基于信息功能陶瓷的器件也朝着新工艺、集成化及国产化方向发展。其中，基于微波铁氧体自旋磁学特性的诸多微波器件向高频化、平面化和集成化发展是必然趋势；MLCC 的主流发展趋势是小型化、大容量、薄层化、贱金属化、高可靠性，需发展具备自主知识产权的高质量陶瓷粉体、电极浆料及先进生产设备，满足高端产品的国产化需求；LTCC 同样需要发展具有自主知识产权的高性能材料，建立产业链及发展高端装备。

三、发展思路与发展方向

信息功能陶瓷及器件需要在基础理论创新和工程应用两大领域协同发展，重点发展的方向如下（图 10-4）。

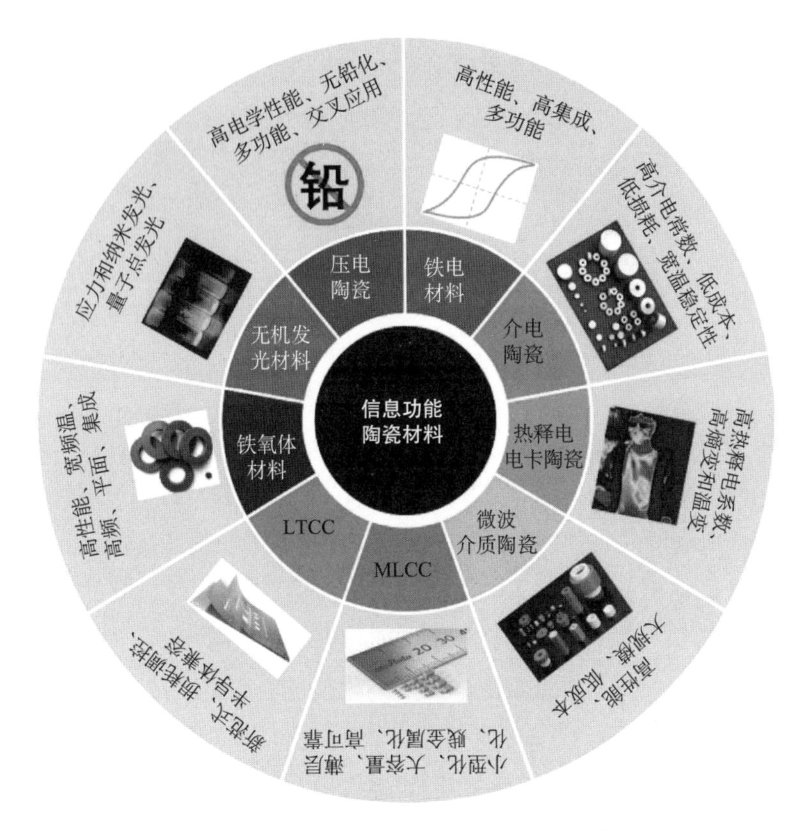

图 10-4　信息功能陶瓷的分类与发展方向

（1）压电陶瓷。重点发展面向高端应用的高性能压电陶瓷体系及其高端器件研制、无铅压电陶瓷的规模化制备及其器件研制；电学性能增强的物理机理及调控规律探索；极端条件下压电陶瓷及其器件的研制与服役行为研究；压电陶瓷在柔性器件、生物医疗、催化、能量收集等交叉领域的研究和应用。

（2）铁电材料。重点发展面向存储、光电等新型信息存储与处理等应用的高性能铁电薄膜；摸索大尺寸（6 英寸以上）高质量钙钛矿氧化物基、氧化铪基、氮化物基等体系铁电薄膜的制备工艺；发掘极性拓扑结构、二维铁电异质结、单相多铁化合物等新颖铁电材料的新奇物性，探索其在超低功耗存储与计算、太赫兹光电子、非线性光学等前沿交叉领域的器件应用。

（3）介电陶瓷。重点针对极端环境对电介质的高品质及环保要求，开发兼具高介电常数、高击穿强度、低损耗、宽温域的无铅介电陶瓷体系，发展微结构可控制备技术，厘清巨介电常数起源的物理机制，探索新的复合方式提升复合材料的介电常数。

（4）热释电与电卡陶瓷。重点发展电、力和热参量对相变行为、热释电响应和电卡效应的协同调控机理，构建功能基元序构—相变行为—热/力/电协同耦合—热释电、电卡效应的内在联系，研制热释电系数高、介电损耗低、探测率优值高和稳定性好的热释电陶瓷；开发熵变、温变高及电卡强度大的电卡陶瓷及器件，以及稳定性高、传热结构设计合理的叠层片式电卡陶瓷。

（5）微波介质陶瓷。在新型器件设计的牵引下，建立按需设计高性能微波介质陶瓷的新方法；探索非常规条件下微波介质陶瓷及其微波器件的性能；研发微波介质陶瓷高质量、大规模、低成本的精准可控制造技术。

（6）铁氧体材料。重点发展更高频率的宽温域低功耗功率铁氧体材料；开展铁氧体薄膜与氮化镓（GaN）和 SiC 半导体材料的集成制备技术研究；突破超低阻尼因子的高质量铁氧体薄膜的生长及器件集成技术；研制满足小型化高频开关电源及基于 GaN 宽禁带半导体的大功率器件要求的高性能铁氧体材料；研究材料的强场响应、直流叠加特性和非线性效应。

（7）MLCC。重点开展新型高性能抗还原的纳米晶介质材料及其关键制备技术研究，以满足 MLCC 小型化/微型化、高比容、高可靠化要求；研发高端 MLCC 结构的设计、长寿命添加剂的设计及理论构建、纳米晶粉体分散、超薄陶瓷膜成型/叠层等技术，高频超低损耗微波陶瓷及器件技术，高端 MLCC 介质陶瓷与电极共烧技术。

（8）LTCC。重点开展基于新范式的高性能 LTCC 设计与制备技术、毫米波-太赫兹频率下 LTCC 损耗调控机理、半导体兼容的超低温烧结 LTCC、多材料异质集成技术、外场作用下 LTCC 异质界面微结构演变规律及长期服役性能等研究。

（9）无机发光材料。重点研究具有自主知识产权的高性能稀土发光材料及其设计新方法，推动其在照明、显示、红外光源、辐射探测等领域的应用；开发低毒、高效、高稳定量子点发光材料及其宏量制备与显示应用技术；研制高性能应力和纳米发光材料，推动智能传感器及生物技术的创新与产业应用。

四、至 2035 年预期的重大突破与挑战

到 2035 年，信息功能陶瓷有望在以下几个方面取得突破。

（1）利用相界设计、畴结构调控及晶粒取向工程，规模化制备高性能的无铅压电陶瓷，满足器件应用的迫切需求；实现高性能压电及其复合材料新体系的开发及高端压电器件的规模化制备；探索高压电性能的新物理机理。

（2）高性能大尺寸铁电薄膜的制备及与半导体集成工艺的兼容；铁电材料的新颖电学功能效应与交互耦合性质；新型二维范德瓦耳斯层状铁电材料新体系及新机制。

（3）破解高介电常数与低介电损耗共存的难题，获得兼具高介电常数、低损耗、宽温域、高击穿强度的陶瓷材料组分与制备工艺。

（4）构建功能基元序构—相变行为—热 / 力 / 电协同耦合—热释电、电卡效应的内在理论联系，突破高热释电系数、大探测率优值铁电陶瓷研究瓶颈；研制高熵变和温变及大电卡强度铁电陶瓷，发展稳定性高、传热结构设计合理的叠层片式电卡陶瓷及器件的规模制备技术。

（5）建立按需设计高性能微波介质陶瓷的新方法，突破高质量、大规模、低成本的微波介质陶瓷核心技术，研制满足产业发展和国家重大工程需求的微波介质陶瓷关键材料与器件。

（6）突破新一代高频宽温域低损耗功率铁氧体材料核心技术，研制满足小型化高频开关电源及基于 GaN 宽禁带半导体大功率器件的铁氧体材料；研究功率铁氧体材料的强场响应、直流叠加特性和非线性效应；突破基于第三代宽禁带半导体的高质量铁氧体薄膜外延生长及片上集成。

（7）突破高性能抗还原纳米晶陶瓷掺杂技术与微结构控制技术；突破高可靠和长寿命 MLCC 介质材料技术、结构设计和可靠性技术等技术壁垒；突破高频超低损耗新型微波介质陶瓷与制备技术，研制微波、毫米波应用的 MLCC 器件。

（8）重点突破超低介电常数和损耗、可与半导体工艺兼容的 LTCC 核心技术，研制面向新一代信息通信产业应用的系列 LTCC 新材料。

（9）突破新型光源及探测器用高发光效率、高热稳定性及峰宽可调的稀土荧光粉体、陶瓷和玻璃的结构定向设计技术、性能提升技术和材料制备技术；推动新型无机发光材料在应力传感、量子点显示与生物技术的应用。

第四节　先进碳材料

一、发展现状

碳是自然界构成物质最多样化的元素，由碳元素构成的碳材料存在多种同素异形体。如图 10-5 所示，除了传统的石墨和金刚石，自 20 世纪 70 年代以来，多种新型碳材料相继被发现，如非晶碳薄膜、富勒烯、碳纳米管、石墨烯和石墨炔等。由于碳原子的排列方式不同，这些材料表现出完全不同的结构和物理化学性质，不仅在国家安全、电子信息、新能源、航空航天、智能交通、资源高效利用、环境保护、生物医药及其他新兴产业领域展现出广阔的应用前景，而且产生了许多新物性和新效应，为新的科技革命提供了机遇，因此 21 世纪也被认为是属于碳材料的时代。以石墨烯为例，作为最典型的二维材料，石墨烯自问世以来即受到人们的广泛关注。2018 年，魔角双层石墨烯中莫特绝缘体特性和超导现象的发现在全世界范围引发了人们对超导机制的广泛讨论，催生了扭转电子学，进一步提升了石墨烯在强关联、量子流体、光电效应等前沿方向的研发热度，不断为基础研究注入新的活力。类金刚石膜作为非晶碳在基础科学研究和应用领域的代表，已广泛应用于机械电子半导体、汽车、涂层刀具、生物、航空航天等领域，如美国在电子半导体和涂层刀具中的应用、荷兰在耐磨部件中的应用、韩国在电子领域的应用等都极具优势。在核级石墨研究方面，美国、日本、德国等已经形成了较系统的核级石墨牌号，在核级石墨材料的结构表征和服役性能评价方面取得较大进展，发达国家或地区还设置大型研究计划支持核级石墨的工程应用。例如，美国建立了核级石墨的基本性能数据库，并开展大型辐照实验项目；英国和欧盟也实施了核级石墨辐照项目，旨在通过评估来延长先进气冷堆核电站的寿命。

我国的先进碳材料研究起步较早，当前从事先进碳材料研究的高校和科研院所超过 1000 家，具有研发能力的相关高科技企业超过 100 家。其中优势

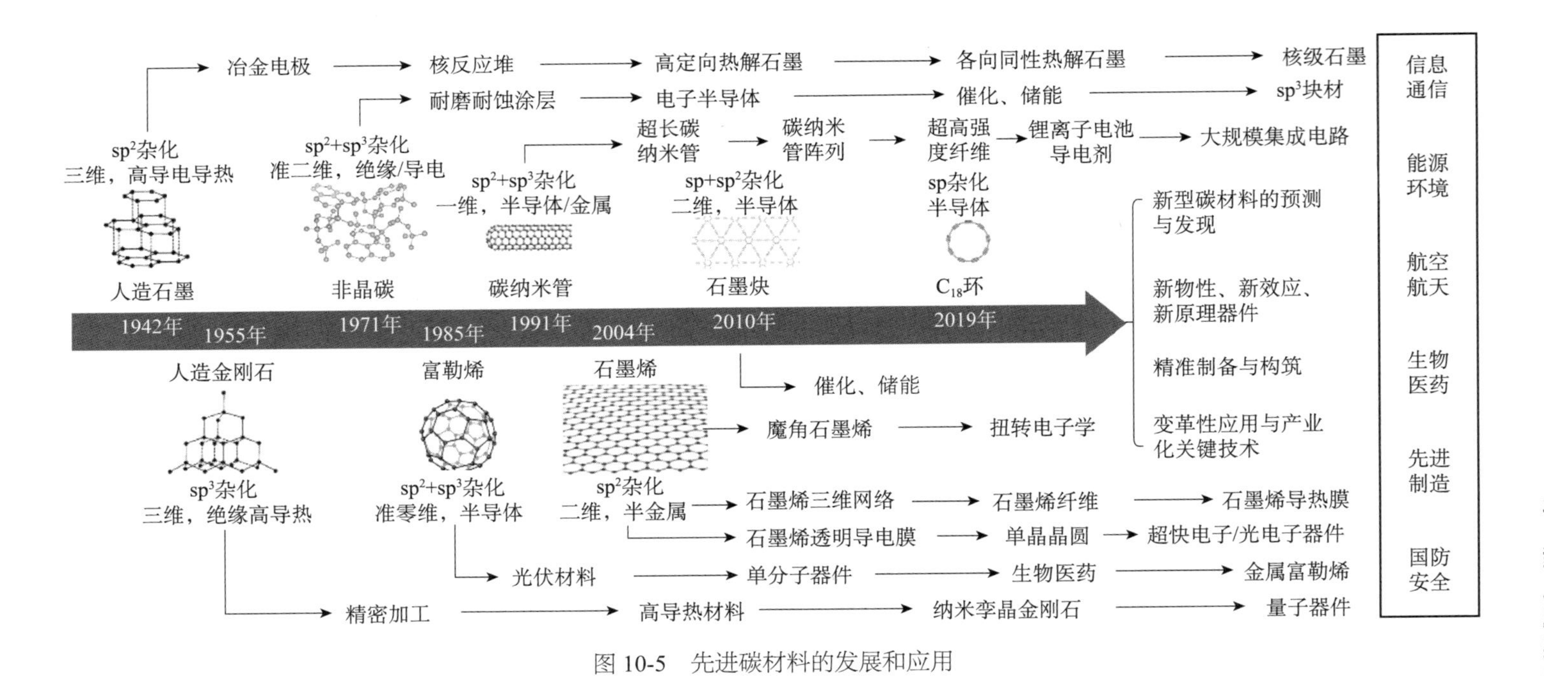

图 10-5　先进碳材料的发展和应用

单位主要有中国科学院、清华大学、北京大学、中国科学技术大学、浙江大学、复旦大学、上海交通大学、吉林大学、燕山大学、南京大学、哈尔滨工业大学、厦门大学、湖南大学等。在国家相关项目的持续支持下，我国在先进碳材料的制备方法、批量生产与应用技术方面取得了大量研究成果，尤其在石墨烯、碳纳米管的精细结构控制、性能调控和宏量制备，石墨炔的合成及催化应用，富勒烯的合成及生物医药应用，纳米孪晶金刚石和大尺寸高 sp^3 含量非晶碳块材的合成方面，做出了一系列原创性和引领性工作，有力地推动了该领域的整体发展。

我国在新型碳材料的应用和产业化方面也处于国际第一梯队，并且在某些领域达到国际领先水平。应用于锂离子电池导电剂的碳纳米管年产量已达4000 吨，且在性能上大幅度优于传统导电炭黑，改变了此前我国高端锂离子电池导电剂主要依赖进口导电炭黑的局面。碳纳米管透明导电薄膜已应用于智能手机触摸屏，而且多家石墨烯透明导电薄膜企业已具备数十万平方米的产能。已有多家企业可实现百吨级 / 年石墨烯 / 氧化石墨烯的生产能力，利用氧化石墨烯制备的石墨烯导热膜已在 5G 手机等便携式电子设备中广泛应用。我国在国际上率先推出了 4 英寸石墨烯单晶晶圆、超洁净石墨烯薄膜产品，8 英寸石墨烯单晶晶圆也已实现中试生产。我国人造金刚石产量占到全球的 90% 以上。在富勒烯生产方面，全世界也仅有中国和日本具备了吨级批量生产能力。虽然我国尚未实现核级石墨的产业化，但在高温气冷堆燃料元件基体石墨的研发和应用方面处于世界领先地位。

因此，我国先进碳材料的研究、生产和应用在国际上都占有举足轻重的地位。然而，我国在先进碳材料研究领域仍然存在“大而不强，大而不精”的问题，并在某些方向存在明显的短板，主要表现在以下几个方面。

（1）对先进碳材料新奇物性和新物理现象探索的创新性与深度不足。从石墨烯、碳纳米管和富勒烯最基本物理性质的发现，到魔角双层石墨烯和 ABC 堆垛少层石墨烯中独特的电学输运特性、单层石墨烯 / 二维材料叠层异质结构中大量的新奇物理现象等成果，大多由国外研究组首先报道，鲜有中国科学家的身影。

（2）新型碳材料的探索仍需加强，理论研究相对滞后，预测性不足。在目前熟知的低维碳材料中，仅有石墨炔是由我国科学家首先从实验中获得的。

理论预测在先进碳材料及其新物性的发现方面起到非常重要的指导作用，目前我国在该领域的理论研究大多还是基于对实验现象的解释。

（3）我国先进碳材料应用主要集中于能源和复合材料等领域，在基于先进碳材料优异性能和特殊物理效应的新原理器件应用研究方面与发达国家还有较大差距。如何实现全新的逻辑、存储和互联概念，并发展实用化的制备技术，是其在新原理器件应用研究中面临的主要挑战。

（4）在制备和应用技术研究方面，原创性概念和方法多是由国外科学家提出的，而我国对关键技术缺少持续、系统、深入的研究。“制备决定未来”，发展先进碳材料稳定的精准可控制备技术，提高先进碳材料的纯度、质量、均一性及制备效率等，是决定其未来应用的关键。

此外，随着先进碳材料技术逐渐从实验室开发向产业化生产的转变，我国研发模式的不足凸显出来。尽管拥有庞大的研究队伍，发表论文数量也位居世界第一，但科研机构研究与企业生产研发存在脱节的问题日益显著。一方面，技术转化后存在知识产权问题，在制度上难以形成科研机构和企业长期持续性的协同创新；另一方面，科研项目的申报和资助存在重科研机构研究而忽视企业研发的问题。这会对先进碳材料向应用领域的发展产生明显的阻碍作用。

二、发展态势

总体来说，现阶段先进碳材料呈现出如下发展规律和态势。

（1）不断发掘先进碳材料的新物性、新效应，并基于此开拓新的应用方向。碳材料在结构和维度上的多样性使得新物理或新化学性质不断被发现，在推动基础物理学和化学研究的同时，积极探索可充分体现其独特物理化学性质的变革性应用，不断为碳材料的研究注入新的活力和动力。

（2）对新型碳材料的探索和发现仍将是先进碳材料领域的核心研究内容。碳元素由于具有独特的原子结构，可以衍生出众多的同素异形体，从而表现出完全不同的物理和化学性质。任何一种新型碳材料的出现都会带来前所未有的新物性、新效应、新器件和新应用，为相关产业的跨越式发展提供机遇。

（3）以国家重大战略需求为应用导向，有针对性地解决面向特定关键应用的科学技术问题。面向国家重大战略需求，结合碳材料自身的结构性质特点深入研究其在信息技术、新能源、核技术、航空航天、生物医药等领域的应用，并以实现产业化应用、解决“卡脖子”问题为目标，已日益成为行业研究的共识。

（4）功能导向的材料设计与精确构筑，充分发挥并拓展先进碳材料的性能和应用。将研究思路从根据材料性质出发探索应用向根据应用需求设计和精确制备材料转变，使材料科学与先进制造技术相结合，从纳米尺度甚至原子尺度实现特定功能碳材料的按需控制制备，有望为碳材料带来革命性的发展。

三、发展思路与发展方向

未来，先进碳材料领域的研究目标将集中在两个方面：新型碳材料的探索及新物性、新效应的重大原创性科学突破；应用导向的先进碳材料的设计构筑、制备和新兴产业链的突破。

在基础科学研究方面，面向世界科技前沿，发展先进碳材料预测、创制的理论和方法，创制出具有中国标签的新型碳材料，揭示先进碳材料的新物性、新效应及其物理机制，研制新原理器件，开拓先进碳材料不可替代的革命性应用，实现基础科学研究的原创性突破。例如，发展高通量计算与人工智能相结合的方法预测新型碳材料和新物相，探索碳原子的新排列和键合方式导致的独特光、电、力、热、磁等性质，魔角双层和少层石墨烯及石墨烯/其他二维材料异质结构中的非常规超导等大量的新奇物理现象，以及由此发展的扭转电子学，揭示由先进碳材料构筑产生的限域效应和尺寸效应等。

在应用研究方面，面向国家重大战略需求，以应用为导向，建立先进碳材料的设计构筑和精准制备方法，重点突破其在电子信息、新能源、航空航天、生物医药、资源环境、先进制造领域应用的关键科学技术问题，形成新兴产业链，推动“后摩尔时代”电子信息技术的快速发展，以及“双碳”目标下新能源产业的跨越式发展。例如，单一结构碳纳米管、石墨烯等高性能碳材料的精准制备及特定功能碳材料的设计构筑，碳基集成电路、碳基柔性光电子器件、碳基催化及储能器件和系统、轻质高强高导纤维及其复合材料、超高导热热管理材料、离子分离/传输/存储膜材料、碳基靶向药物载体及重负荷工况或极端环境用碳材料。

先进碳材料的研究也需要关注特种专用装备的技术研究。许多新型碳材料的制备、后处理加工需要在高温、高压、多场强协同控制等极限条件下进行。这些条件的获得离不开专用极限装备和技术。同时，碳材料本质上是一种极限材料，可以在超高温、超低温、强辐照、超大电流、强磁场等极限环境中使用，新型碳材料也极有可能在一些极限环境中获得意想不到的应用效果或表现出独特的物理化学性质。目前我国相关装备技术的发展相对材料技术自身的发展远远滞后。先进碳材料的许多物性和应用研究事实上受限于装备。由于这类极限装备的专用性强且研发难度极大，需要国家意志的推动及材料研究者和设备开发者的协同攻关才有可能实现。

四、至 2035 年预期的重大突破与挑战

至 2035 年，预计先进碳材料领域将预测并创制新型碳材料和新物相，发现新的物理效应，丰富碳材料科学；建立先进碳材料的控制制备理论和方法，突破以其为基本单元精确构筑宏观体材料的关键技术，解决先进碳材料优异性能跨尺度有效传递的重大技术难题，并突破专用极限装备的设计和制造瓶颈，实现先进碳材料在信息、新能源、环境、航空航天、生物医药、装备制造等领域的变革性应用，引领战略新兴产业的发展。主要突破包括以下几个方面。

（1）突破手性均一可控的电子级高纯碳纳米管的宏量制备技术，满足碳纳米管基集成电路发展的需求。实现碳基电子学器件规模化制造，在能耗、速度等方面展现出独特优势，并与新的计算架构相结合，实现独特性能和复杂功能，进而实现光、电、热、声等多功能集成的碳纳米管电子学器件。

（2）突破层数、堆垛结构可控的电子级石墨烯单晶晶圆的规模化制备技术与产业化装备，实现氧化石墨烯等各类功能化石墨烯材料及其宏观构筑体的低成本高效制备，在超高速晶体管、太赫兹器件、超高灵敏宽光谱探测、高性能热管理、高效离子分离 / 传输 / 存储等领域获得实际应用。

（3）突破富勒烯的低成本规模化制备及单分子器件技术，实现其在分子电导、电子自旋、光电探测、光伏器件、传感器及量子技术等领域的应用，

研制针对重大疾病治疗的富勒烯材料，推动富勒烯纳米药物进入临床。

（4）开发石墨炔的精准结构控制和宏量制备技术，在催化和新能源等领域获得应用，并全面揭示石墨炔的新物理、化学特性和新奇效应，开发可充分发挥其独特性能的不可替代应用，拓展其功能和应用。

（5）开发具有优异功能特性的新型非晶碳膜，解决非晶碳膜与基底之间的结合、热稳定性、大面积均匀沉积、极端尺寸工件镀覆等瓶颈问题，突破大尺寸 sp^3 非晶碳块材的制备技术和非晶碳超硬材料的成形加工关键技术。

（6）突破高温气冷堆和熔盐堆用核级石墨的生产技术，实现国产核级石墨的工程应用。重点突破国产核级石墨的全寿命高温快中子辐照实验技术，建立核级石墨的运行服役安全评价体系、测试标准体系和辐照 / 未辐照综合性能数据库。

第五节　先进半导体材料与器件

一、发展现状

半导体产业是支撑当今社会经济发展和保障国家安全的战略性、基础性和先导性产业。硅及相关先进半导体材料广泛用于制造微电子和光电器件，从根本上支撑着半导体产业的发展。然而，半导体材料与器件的先进制造技术主要被日本、美国和德国等国家垄断，导致我国集成电路产业频频遇到“卡脖子”难题。因此，开展先进半导体材料与器件研究，是实现我国集成电路产业自主可控发展的重大战略需求。2020 年，《国务院关于印发新时期促进集成电路产业和软件产业高质量发展若干政策的通知》要求“聚焦高端芯片、集成电路装备和工艺技术、集成电路关键材料、集成电路设计工具、基础软件、工业软件、应用软件的关键核心技术研发”，半导体产业迎来了创新发展的重大机遇。

作为现代计算的基础材料，硅具有成熟的大规模加工工艺。硅原 / 辅料的质量对集成电路产业至关重要，而一些关键原 / 辅料的先进制备技术仍然被国外企业控制。其中，11N（99.999999999%）以上的电子（特）级多晶硅原料的先进制备技术仍然主要被 Wacker 等 7 家国外公司控制，5N（99.999%）以上的高纯石英制品主要被美国 Unimin 公司垄断。虽然我国 8 英寸及以下小尺寸直拉单晶硅片已经完全实现国产化，但 12 英寸大尺寸直拉单晶硅片由于杂质和缺陷较难控制，技术研发与规模化生产难度较高，目前仍主要依赖进口。近年来，我国正在加速布局 12 英寸硅片产线，已有近 40 条产线投产或在建，建成后产能预计超过 200 万片 / 月[①]，国内外技术差距正在逐步缩小。

以 SiC 和 GaN 为代表的宽禁带半导体，以及以氮化铝（AlN）、氧化镓（Ga_2O_3）和金刚石为代表的超宽禁带半导体，被称为第三代半导体材料。它们具有高热导率、高击穿场强及稳定的物理化学性能等优点，已成为制备宽波谱、高功率、高效率的电子器件的关键基础材料，被广泛应用于航空航天、新能源汽车、5G、量子通信和极端环境等领域。我国近年来在该领域的晶体制备方面取得了重大进展。中国科学院物理研究所和山东大学的科研产业化成果显示，单晶 SiC 外延片的制备技术达到国际先进水平，4～6 英寸导电型 SiC 晶片、4～6 英寸半绝缘型 SiC 晶片实现商业量产；奥趋光电等公司利用物理气相传输（physical vapor transport，PVT）法生长出 1～2 英寸 AlN 晶体，中国电子科技集团公司第四十六研究所等单位使用导模法制备了高质量的 4 英寸 β-Ga_2O_3 单晶。目前，我国宽禁带半导体的产业化水平和应用规模居于世界前列，但与国外最新技术仍然存在一定差距。

随着集成电路中晶体管等关键结构单元逼近尺寸微缩极限，传统硅基半导体材料性能衰退，器件功耗显著提升。低维半导体材料具有纳米级甚至原子级尺寸、无悬键的平整表面、丰富的材料体系及高载流子限域和低界面散射的范德瓦耳斯异质结新结构，使突破功耗瓶颈、研制尺寸微缩极限下的高迁移率、高载流子浓度、高量子效率、高柔性的先进半导体器件成为可能。目前，以二硫化钼（MoS_2）、二硒化钨（WSe_2）为代表的二维半导体材料及其范德瓦耳斯异质结构已经在超低功耗晶体管、超快逻辑运算及光电互联等领域展现出巨大的发展潜力，被认为是推动集成电路未来发展的重要材料体系。我国在二维半导体材料和器件的研究方面起步较早，在晶圆级材料制备、

① 王龙兴. 2019 年中国半导体材料业的状况分析[J]. 电子技术, 2019, 48(1): 16-18.

大规模光电器件集成等方面取得了国际领先的成果。

具有两种或者多种材料交替层结构的超晶格材料体系是多种高性能光电器件的基石。超晶格器件有望从器件原理上突破传统异质结器件的性能瓶颈，引领材料和器件基础领域的原创性突破。传统Ⅲ - Ⅴ族化合物超晶格半导体器件已被证明在红外到太赫兹波段的光谱范围内能够展现出优异的性能，当前超晶格研究则聚焦在锑化物超晶格、量子级联超晶格、二维超晶格等新兴发展方向。在传统半导体超晶格材料方面，我国自2005年以来形成了以中国科学院为首的超晶格材料与红外芯片产业联盟。在新型半导体超晶格方面，我国已通过人工堆叠、范德瓦耳斯外延及电化学插层法制备出二维超晶格材料及器件，整体研究处于国际领先水平。

在其他先进半导体材料方面，半导体量子点材料体系由于纳米尺度下的量子局域效应，展现出形状、尺度调制的光电性质，在单电子晶体管、单光子光源、高性能发光二极管、激光器和光伏电池等方面得到广泛应用，基于量子点半导体的光源和显示器已实现商业化。近年来，我国在量子点材料大规模可控制备及量子点器件研发等方面已经具有一定的优势，并有望在量子点器件产业化及钙钛矿等新型量子点材料探索等方面取得新的突破。卤化物钙钛矿材料具有可与无机半导体材料比拟的高载流子迁移率、长载流子复合寿命和带隙连续可调等优越特性。此外，与有机半导体材料类似，卤化物钙钛矿材料具有可由低温低成本溶液法制备及可与柔性衬底兼容等优势，是制备新一代光电信息功能器件的理想材料。

二、发展态势

现代信息技术的高速发展促使全球数据交换量呈爆发式增长。据国际权威机构Statista 2020年的统计，2020年全球数据产生量为47泽字节；据中国信息通信研究院2020年的预测，2035年这一数据会达到2142泽字节。因此，超高密度信息存储、超大容量信息传输、超快实时信息处理及多功能化、高度智能化是现代信息技术追求的目标，这对半导体器件的带宽、功耗、成本、尺寸及集成度等都提出了更高的要求。伴随着器件集成度的提高，关键元器件的尺寸已进入纳米尺度并有可能在不久的将来突破至亚纳米尺度，已经达到传统半导体材料的理论极限。因此，开发新型半导体材料和先进器件结构必将成为未来半导体领域发展与竞争的主要方向。为此，美国、日本、韩国、欧洲等国家或地区及英特尔、国际商业机器（International Business Machines，IBM）、三星、微电子研究中心（Interuniversity Microelectronics Centre，IMEC）等主要研究机构和公司在未来技术路线中均把研发新型关键半导体材料作为重要发展方向。

在硅材料和器件方面，高质量单晶硅片的制备对电子（特）级多晶硅原料的制备技术与集成电路用 12 英寸直拉硅单晶的生长技术都提出了很高的要求：优化多晶硅原料的制备方法，提高多晶硅原料的纯度；研究高纯石英、特种气体等相关辅料的提纯技术，满足半导体硅材料产业链中相关辅料的国产化需求；通过缺陷工程有效降低硅片中杂质和缺陷的不良影响，提高硅片表面洁净区的质量；形成 12 英寸硅片抛光、外延及绝缘体上硅（silicon on insulator，SOI）成套技术，提高集成电路的成品率。

宽禁带半导体在未来 15 年内以大晶圆的制备为主要发展方向。目前，SiC 晶体的规模化生产以 6 英寸晶圆为主，在 2030 年有望实现 8 英寸 4H-SiC 晶圆的大批量国产化生产，并向 10 英寸及更大尺寸的 SiC 晶圆发展。国产半绝缘型 SiC 晶体可基本满足国防需求，但主要用于新能源汽车和充电桩等的导电型 SiC 晶体的国内产能还远远不能满足市场需求。GaN 晶体的国产化制备在未来 5～10 年以 2～4 英寸为主，在 2035 年可以实现 6 英寸晶体的量产，其市场需求主要在 5G 基站和新型雷达方面。我国正在研发 AlN、Ga_2O_3 及金刚石的单晶和外延制备技术，但晶体质量和尺寸还需进一步提升。

二维半导体材料及电子器件研究发展迅速，正处于即将取得突破性进展的重要阶段。目前该方向的主要发展趋势如下：揭示二维材料的新物理效应与性能、完善二维材料的表征技术与方法、夯实二维范德瓦耳斯电子学器件基础理论体系，以及设计研制新原理二维范德瓦耳斯电子与光电半导体器件；探索晶圆级二维材料可控合成技术，制备与硅、Ⅲ-Ⅴ族等传统体相半导体缺陷浓度相当的高质量二维半导体材料；发展与硅技术融合的二维范德瓦耳斯集成电路及光电器件制造技术，推动二维范德瓦耳斯集成电路的产业转化。

超晶格材料与器件主要满足高端民用和军用光电芯片的市场需求。例如，美国计划建立本土锑化物超晶格红外焦平面产业链，并在国防装备体系中批量装备锑化物超晶格红外焦平面芯片。民用的超晶格红外收发芯片正在环保、健康、安全等与光谱分析相关的新兴市场占据主流地位。新型超晶格材料具有高电流密度及高器件稳定性等特点，在光电和传感器件中已展现了巨大的应用价值，原型器件的性能突破和应用产业化将会成为该领域的主要发展方向。

量子点材料未来的核心研究方向是开发基于半导体量子点的片上可集成光学器件。基于对位错的不敏感性、与半导体工艺较好的兼容性、优异的光学调制特性，量子点半导体器件在高速光通信、光量子计算、超分辨生物成像等领域都具有十分广阔的应用前景。钙钛矿半导体器件的发展则需要与工业化生产兼容，主要方向如下：钙钛矿发光显示器件的大规模制备，实现大面积、高效率、高亮度、柔性化的显示器件；实现晶圆级 X 射线探测器件的制备，进而发展与硅基数据读取电路兼容的单片集成技术，实现大面积、高灵敏度、高分辨率的 X 射线成像阵列及能谱探测器件的制备。

三、发展思路与发展方向

我国先进半导体材料与器件的研究应当重点围绕以下几个方面进行布局。

（1）硅半导体材料与器件：实现电子（特）级的多晶硅原料的规模化生产，满足集成电路用12英寸直拉单晶硅和区熔硅的制备需求；掌握高纯石英、特种气体等相关辅料的提纯技术，实现国产化替代；制备集成电路用 12 英寸直拉单晶硅的完美晶体；形成高质量无缺陷的表面洁净区、外延片和 SOI 成套技术。

（2）宽禁带半导体材料与器件：研究 8 英寸及更大尺寸的 SiC 晶体生长技术，发展液相法、车规级外延片的制备技术；研究 4～6 英寸 GaN 晶体的生长技术，探索增加晶体厚度和降低缺陷的生长技术；研究超宽禁带半导体晶体的生长技术。

（3）二维半导体材料与器件：制备低缺陷浓度的二维半导体材料晶圆，发展二维半导体材料的可控掺杂技术，建立完善的材料库，阐明二维材料构效关系；阐明二维输运中的基本规律，解决极薄金属-半导体电接触难题；设计研制低功耗新原理电子与光电器件，实现逻辑、光电互联的功能；探索二维半导体材料及其范德瓦耳斯异质结构的新型制备工艺，以及在柔性电子器件中的应用可能性；发展与硅技术融合的器件互联与功能耦合技术。

（4）超晶格材料与器件：量子级联红外激光材料着眼于超晶格器件物理模型的研究及性能提升，高精度超晶格材料规模化制备技术与关键装备研发，发展大尺寸高质量全频段超晶格材料的国产化产业链。二维超混合超晶格体系聚焦新原理器件性能提升，以及高质量、大面积材料可控制备；开展超晶格太赫兹光电导天线、二维超高灵敏度光电生物传感器件等方向的研究。

（5）其他先进半导体材料与器件：实现低成本、大尺寸、低位错密度的硅基量子点（如硅基Ⅲ-Ⅴ族量子点）的外延生长和大规模生产，加速其在显示、发光、传感和太阳能收集等领域的应用；发展量子点应用的新兴领域，如光催化、量子信息技术和多数据存储等，探索量子点材料新器件架构的设计。研制与工业化生产工艺兼容的高性能钙钛矿发光显示器件；发展晶圆级高性能钙钛矿 X 射线探测成像器件的制备及集成技术。

四、至 2035 年预期的重大突破与挑战

预计到 2035 年，先进半导体与器件方向有望获得如下突破。

（1）突破电子（特）级多晶硅原料及相关辅料的提纯技术，实现集成电路用 12 英寸或更大尺寸直拉单晶硅片的批量化制备。

（2）发展成熟的高品质 8 英寸 SiC 晶体生长技术，突破大尺寸单晶应力控制、缺陷降低、面型优化和超精密加工技术，在保证质量的前提下大幅降低成本；发展成熟的高质量、厚度大于 1 厘米的 4～6 英寸 GaN 单晶，位错密度降低到 10^3/ 厘米 ^{2} 以下；发展成熟的高质量 4 英寸 AlN 和 Ga_2O_3 晶体生长和加工技术。

（3）突破晶圆级、高结晶质量、低缺陷浓度二维半导体材料的可控制备技术，研制与硅技术融合发展的二维半导体材料及其范德瓦耳斯异质结构电子器件；实现组合逻辑功能与光电互联功能等；发展未来集成电路新型关键低维半导体材料与器件集成技术。

（4）重点突破大面积、全谱段、批量化的高质量超晶格材料的完整国产化产业链技术；实现对电子、光电子应用的高品质半导体超晶格材料的精确

可控制备，实现基于超晶格结构的能带工程调控；探索新型半导体超晶格材料的新物性、新效应、新原理器件和新应用。

（5）突破在 Si(001) 衬底上外延生长砷化铟（InAs）/GaAs 自组装量子点材料的制备技术；发展可规模化生产的、与 CMOS 工艺兼容的高性能硅基量子点量子计算芯片和激光器；研制与工业化生产工艺兼容的高性能钙钛矿发光显示器件和成像器件。

第六节　量子材料

一、发展现状

基于量子技术在能源、信息、医疗等领域所蕴含的巨大发展前景，越来越多的国家或地区将量子科技上升至国家战略层次。2016 年，欧盟发布了《量子宣言》，预计 10 年内投资 10 亿欧元，以支持量子计算、通信、模拟和传感四大领域的研究和应用推广。2018 年底，美国颁布了《国家量子倡议法案》，宣称绝不能容忍在量子科技领域落后。2020 年 10 月 16 日，中共中央政治局就量子科技研究和应用前景举行第二十四次集体学习。习近平总书记指出："量子科技发展具有重大科学意义和战略价值，是一项对传统技术体系产生冲击、进行重构的重大颠覆性技术创新，将引领新一轮科技革命和产业变革方向。"[①]作为量子科技的核心和基石，量子材料的研究正面临日益激烈的国际竞争。经过过去几十年的长足发展，我国在量子材料多个方向的基础研究方面处于国际领先地位，取得了一批具有国际影响力的重大创新成果，但也存在很多短板，后续发展面临多重挑战。量子材料的研发进程极大地决定了量子科技能否及何时走向应用，其成果将成为推动我国经济、民生、国防等领域高质量发展的重要牵引力和增长点，其重要性表现在以下几个方面。

① 习近平：深刻认识推进量子科技发展重大意义　加强量子科技发展战略谋划和系统布局[EB/OL]. (2020-10-17). http://www.china.com.cn/news/2020-10/17/content_76816227.htm[2022-02-19].

（1）伴随着节能减排、新能源及智能电网等的快速发展，超导材料因在核聚变磁约束、无能耗电力输运等领域的不可替代作用而具有战略价值。发达国家以超导磁体和超导电缆为核心的应用已全面进入商业化阶段。我国也需要加大科研投入，获得核心竞争力。

（2）超导材料及器件可为量子计算提供材料基础。作为"后摩尔时代"极具潜力的下一代计算技术，量子计算具有超强的计算能力，可为密码分析、气象预报、石油勘探、药物设计等提供解决思路乃至方案，支撑国防、经济、生命健康等的高质量发展。

（3）随着硅基电子元器件的尺寸接近物理极限，集成器件的高能效、多功能化发展迫切要求研发新型信息材料体系。多铁性材料因其磁、电等多参量共存及耦合，使得集电、磁、声、光、热、力为一体的多功能器件的开发成为可能；在低功耗、高灵敏磁传感、信息存储、高频微波器件、高效换能器等领域展现了重要的应用前景。

（4）拓扑量子材料具有独特的拓扑输运特性和拓扑保护特点，不但蕴含丰富的拓扑物理，而且有望催生新型拓扑电子器件和自旋量子器件，对"后摩尔时代"量子计算、低能耗电子元器件和自旋电子学器件等的发展意义重大。

（5）量子传感材料能够实现高空间分辨率量子成像、高灵敏电磁场探测等，可应用于生物细胞弱电磁场探测、工业检测、地质勘探、反潜探测中，对生命、经济、国防等领域有重要意义。

目前绝大部分量子材料仍然处于基础理论和原型器件的研究阶段，少量量子材料开始产业化布局并产生了巨大影响，特别是已有百年发展历史的超导材料。2019年开始建设的中国聚变堆主机关键系统综合研究设施所需的超导材料将全部国产化，建成后将成为国际磁约束聚变领域参数最高、功能最完备的综合性研究平台。同样，基于国产高温超导材料，2021年上海35千伏超导电缆和深圳10千伏超导电缆实现投运，标志着我国已开始引领国际超导电力技术的发展。

当前量子材料研究主要存在以下不足。

（1）对量子材料的前瞻性研究需要宏观的科学布局；量子材料从生长、物理特性控制到技术应用的全链条探索不足，缺乏从原料到晶体及其器件的标准建设和科学评估平台，并直接导致研究团队不稳定、工艺迭代和升级缓慢、相关技术的应用化落地迟滞。

（2）高温超导的机理仍然不清楚，没有取得真正的理论突破；常压室温超导仍然将是长期追求的目标；无论是用于强电还是用于弱电的超导材料，制备工艺和技术等都还有许多问题有待解决，缺陷和尺寸控制仍是瓶颈，同时需要研发低成本的全新材料制备技术，解决当前超导材料制备成本高、无法满足大规模实际应用需求的问题。

（3）单相多铁性材料往往仅能在低温下表现出一定的磁电耦合效应，难以在实际器件中应用；复合多铁性材料由于室温强磁电耦合效应而应用前景巨大，但目前研究仍停留在新奇磁电现象的探索和新概念器件的论证阶段，缺乏深入的以应用需求为出发点的器件和系统整合与应用开发的研究。

（4）拓扑绝缘体、拓扑半金属等材料的奇特量子输运特性通常需要极低温环境，相应的拓扑量子器件原型的研发及其应用场景需要进一步明晰和探索；拓扑量子材料虽然应用前景巨大，但研发还处在起步阶段，如何实施大面积材料制备并获得超越传统微电子的高性能器件，需要深入而系统地探索；室温下亚20纳米级的实空间拓扑自旋材料及拓扑铁电畴材料尚在探索中，相应器件的读写方式和工作方案尚不明确。

（5）用于量子传感材料的高纯度金刚石单晶等材料的生长、人工可控的量子缺陷态制备，以及微纳加工等技术需要大幅完善；实用化的量子传感器芯片制备及其在相关领域的应用亟待开展。

二、发展态势

目前，量子材料各研究方向在新材料预言和探索、新物性发现和高性能构建、器件原型设计和研发方面发展迅猛，面向应用乃至产业化的研究也开始受到关注并正在起步。特别地，随着新计算方法、新制备手段的涌现，理论预言和人工设计材料开始在新型量子材料的研究中起重要作用，加速了相关领域的快速、优质发展。

新型超导材料的发现和常压高温超导电性的实现仍然是超导材料领域的

研究重点。近年来，随着理论预测水平的提升、二维材料等制备技术的优化，高压下富氢化合物的室温超导和基于镍酸盐氧化物薄膜、转角石墨烯等的新超导体系成为现实。另外，众多需要强磁场的前沿技术领域对超导材料和应用技术提出了全新的要求，未来10～20年要求超导材料的性能水平比目前国际实验室最高水平提高1倍。例如，中国科学院高能物理研究所设计的环形正负电子对撞机及超级质子对撞机磁场水平要达到20特（国际最高水平）、用于脑科学研究的磁共振成像仪磁场水平达到14特、高频率磁共振谱仪磁场水平超过30特。每年所需的高性能超导材料近2万吨，这对批量化制备技术提出了极高的要求。

在多铁性材料方面，单相多铁性材料受阻于低于室温的工作温度，仍将主要处于新材料和基础物性、机制探索的阶段。材料基因工程、机器学习的发展或将有助于探索性能优异的新型单相多铁性材料。在复合多铁性材料方面，铁磁/铁电等多铁异质结构在室温下具有显著的磁电耦合效应，且选材广泛、室温耦合、性能优异，近期自支撑铁电薄膜的研究也为其在可穿戴器件领域的应用提供了新的研究思路。目前，复合多铁性材料在磁传感领域已开始应用研究探索，并将推动未来相应器件的产业化落地进程。在信息存储领域，电控自旋电子学等器件也展现了诱人的前景，但是距离实际应用还有硅基集成等诸多关键问题需要解决。

拓扑量子材料的研究是国际研究热点，催生了很多重要的研究成果，如量子反常霍尔效应的发现、拓扑自旋结构的精准产生和调控、新型狄拉克及外尔半金属的制备和量子物性表征等。我国在多个拓扑量子材料领域具有领先优势，持续为我国在“后摩尔时代”的国家信息安全提供知识、材料、技术等支持。当前，除了寻找新型拓扑量子材料体系并探索多样化的原理型器件、工作原理及其应用场景，还需要发展大面积制备技术，实现与CMOS工艺兼容等。

量子传感材料当前的研究以高纯度单晶金刚石及其内部的色心为主。同时，基于单晶SiC、二维氮化硼（BN）等的量子传感材料也在积极发展中。围绕实用化量子传感技术对灵敏度、空间分辨率、工作环境适用性等性能的要求，量子传感材料在往高质量、大尺寸等方向发展。单晶金刚石材料除了追求尽量低的氮及其他杂质含量，还追求碳-12同位素纯化，以获得最高的自旋量子态相干时间和量子传感灵敏度。缺陷量子体系的高质量人工制备及相匹配的微纳加工也需要发展，以实现可集成的量子传感器件。

三、发展思路与发展方向

量子材料领域的研究应重点发展以下方向：探索室温工作条件下仍然具有超导、多铁、拓扑等量子特性的高性能材料；研究高质量、大规模、低成本的量子材料制备技术；实现量子材料及其器件的优化设计，以及产业化应用布局及研究。

在超导材料领域，一方面要加强针对二维材料、薄膜及异质结等具有高调控自由度的新材料体系的系统探索，揭示非常规高温超导机理并进一步提升超导转变温度，降低富氢化合物室温超导材料体系的压力，开展理论和实验探索；另一方面，更具有现实意义的是在应用研究方面，在国家重大科学装置与国家重大工程需求的牵引下，发展超导线带材及强电、强磁场等方面的研究，重点关注铋系线带材、稀土铜氧化物高温超导带材的制备优化，以及大面积超导薄膜的批量制备，并实施超导器件的设计构筑、微波 / 单光子探测、量子计算等领域的应用探索。

在多铁性材料领域，探索新型单相多铁性材料和二维多铁性材料，进一步提升工作温度和耦合强度；基于多铁异质结构的磁电耦合效应，实现电场调控磁性隧道结和可逆 180° 磁化翻转，获得低电压调控磁性薄膜与器件，开发超低功耗的电场调控自旋电子器件；发展铁性材料畴结构的设计和调控方法，开发基于畴结构及畴壁的功能器件；深入研究基板夹持效应和多维度应力加载机制问题，实现多铁性材料柔性化的发展；在应用研究方面，推进室温强磁电耦合材料在磁电传感、信息存储等领域的应用。

在拓扑量子材料领域，我国在其设计、制备及表征研究上具有先发优势，接下来需要将这一优势延伸到新型红外探测、电子和自旋电子学器件应用上来：重点关注大面积、高质量本征拓扑量子材料的生长，探索新型液氮温区以上的拓扑磁电等新奇量子效应和潜在应用场景；研究拓扑自旋结构的确定性产生、调控、探测及开发超越硅基微电子学的原理型器件；探索新型拓扑半金属，获得高自旋-电荷转换效率，发展低功耗的拓扑自旋电子学器件；开发高效的基于拓扑量子材料的器件制作工艺。

在量子传感材料领域，重点发展高质量、高纯度单晶金刚石类材料及其量子缺陷态的可控制备技术，发展实现超低氮及其他杂质含量和碳-12 同位素纯化的材料制备技术；发展高质量低维量子传感材料及其量子态的产生和调控技术；发展相适应的微纳加工技术，制备具有特定功能的微纳量子传感结构，用于集成化量子传感器的加工和实现，探索其在生物医疗、工业检测和国防安全等方面的产业化应用。

四、至 2035 年预期的重大突破与挑战

到 2035 年，量子材料有望在以下几个方面取得突破。

（1）超导材料：在人工智能、机器学习等计算技术的辅助下，筛选、设计、优化材料体系，基于新型超导材料体系的发现厘清电子配对机制，结合先进的材料制备技术，进一步提高常压超导材料的超导转变温度，降低高压室温超导材料所需压力；重点突破面向强电、强磁场应用的高临界电流、低损耗超导材料；开发低温超导材料磁通钉扎控制新技术，完成低温超导产品升级换代，材料的载流性能提升 2～3 倍；发展全新的高温超导材料体系和低成本制备技术，在进一步提高高温超导材料临界电流的同时，将交流损耗减小 50%。

（2）多铁性材料：探索本征的室温单相多铁性材料、二维多铁性材料新体系，结合第一性原理、相场模拟和分子动力学等，阐明力、电、磁等多物理场耦合新机制；建立磁电材料基因数据库，开发高性能多铁性材料与新型器件；实现低电压调控磁性，研发新型低能耗信息存储器件，进一步加深多铁性材料和自旋电子学及柔性电子学等领域的交叉融合；发展基于铁性材料畴结构的新型功能器件；将室温、强磁电耦合、低功耗、大尺度的多铁性材料应用于关键芯片、高端元器件等“卡脖子”领域，推动高灵敏磁传感、5G、人工智能等领域的创新性发展。

（3）拓扑量子材料：获得液氮温区以上的量子反常霍尔效应、拓扑磁电效应及其他新奇量子效应，基于拓扑量子材料的红外探测器件和技术；实现亚 20 纳米、高效能的拓扑结构自旋电子器件、拓扑铁电结构材料及器件的制

备和调控；揭示拓扑量子材料微观电子结构和自旋输运之间的关联规律，发展高效自旋流的产生、探测和调控方法，研制满足产业和国家战略需求的新型低功耗、高稳定性自旋电子学器件。

（4）量子传感材料：突破高纯度、碳-12同位素纯化单晶金刚石生长及其量子缺陷态的制备，以及实用化量子传感技术；实现集成化量子传感器芯片的微纳加工和制备及其在生物医疗、工业检测和国防安全等领域的应用。

第七节　高性能结构材料

一、发展现状

高性能结构材料，包括C/C复合材料、超高温陶瓷、陶瓷基复合材料、超硬材料、陶瓷涂层等，是航空、航天等领域极端环境应用不可或缺的战略性材料。以下将详细梳理各方向发展现状。

（一）C/C复合材料

自问世以来，C/C复合材料因具有优异的高温性能，被欧美视为最具前景的高性能结构材料，其制备技术至今仍被发达国家严密封锁。我国经40余年自主发展，已形成较完善的C/C复合材料研发与产业化力量。近年来，国内C/C复合材料的发展为先进空天飞行器、大功率核反应堆、光伏发电等研制与市场扩容提供了重要保障，在国防与民用领域发挥了不可或缺的作用，其重要性表现在以下几个方面。

（1）C/C复合材料具有轻质、耐高温、抗烧蚀等特性，可极大提升固体火箭发动机比冲、增加火箭射程、提高打击精度，是最理想的固体火箭发动机喉衬、扩张段材料。近年来，国内自主发展了超高压/等静压浸渍碳化、热梯度化学气相渗透（chemical vapor infiltration，CVI）、压差化学气相渗透、醇烃混合裂解化学气相渗透及组合式致密化工艺等，推动了其在国防领域的规模化应用。同时，C/C 复合材料成本的降低有力推动了光伏多晶硅制造热场系统等民用市场的发展，贡献了超过 100 亿元 / 年的市场容量。

（2）长时抗氧化 / 烧蚀 C/C 复合材料是高推重比航空发动机、高超声速热防护系统研制的重要候选材料。国内创新发展了双温区化学气相沉积、超声速等离子喷涂、高温原位反应等多种长寿命抗氧化方法，形成了多相镶嵌、纳米线增韧、多层交替、梯度复合等超高温陶瓷抗氧化涂层体系。研制的抗氧化涂层在 1500～1600℃静态空气下抗氧化寿命达到 1000 小时；在 1600℃燃气风洞冲刷环境下抗氧化寿命超过 300 小时。研制的长寿命抗氧化 C/C 复合材料已在新型航空发动机中心锥、冲压发动机热防护衬板、唇口前缘试验件等多个国防重点项目中验证应用。

（3）热解碳织构可控沉积是制备高性能 C/C 复合材料的前提，也是研制航空制动系统和高效散热部件的关键。我国自主提出了引入氧原子消除微晶缺陷、诱导高织构热解碳形成的思路，发明了烃醇微氧化组织优化技术，突破了传统烃类沉积难以实现热解碳织构精细调控的难题，为提高国产 C/C 复合材料摩擦磨损和力学性能、提升国际竞争力提供了重要思路。

当前 C/C 复合材料研究主要存在以下不足之处。

（1）制备周期长、热解碳沉积控制难，导致不同批次材料的性能波动较大，难以建立性能预测模型。

（2）极端环境下 C/C 复合材料服役过程的物理化学转变机制不明确，在热–力–氧耦合环境下的失效机理尚未探明。

（3）材料服役环境考核平台缺乏，标准不统一，难以满足服役环境的极端性和复杂性测试要求。

（二）超高温陶瓷

超高温陶瓷背后所蕴含的重大科学问题已经成为制约下一代高推重比航空发动机和空天飞行器热防护部件、先进核能系统研发的关键技术难题。一旦实现超高温陶瓷在战略装备中的工程化应用，将会显著提升现有材料科学技术水平及航空航天装备能力。以二硼化锆（ZrB_2）、二硼化铪（HfB_2）、碳化锆（ZrC）和碳化铪（HfC）等为代表的超高温陶瓷由于具有极高的熔点和优异的耐冲刷抗氧化烧蚀性能，能够在2000℃以上的强氧化高气流环境中长时间使用，并维持非烧蚀和结构完整，是高超声速飞行器鼻锥 / 前缘 / 翼舵、超燃冲压发动机燃烧室、发动机喷管喉衬等关键结构的重要或首要候选材料。此外，超高温陶瓷在第四代核反应堆中也有广泛的应用前景，如惰性基体燃料、燃料包壳、热交换器、聚变堆第一壁材料等。

我国制备的超高温陶瓷在室温 / 高温力学性能、抗氧化烧蚀性能等方面已经达到或超过国际上最新公开报道的数据，并通过了大量地面模拟环境考核试验和飞行演示验证试验。与此同时，计算材料学在超高温陶瓷领域发展迅速，研究者采用第一性原理计算、分子动力学、蒙特卡罗模拟、相场理论、机器学习、有限元模拟等多尺度手段预测了多种超高温陶瓷的基本性质、热力学稳定性、稳定晶体结构、弹性常数，以及高温应力下的变形、断裂等力-热响应机制。

当前超高温陶瓷研究主要存在以下不足之处。

（1）超高温陶瓷潜在的工作条件是强热流、高应力、剧烈氧化烧蚀等极端苛刻环境多场耦合的复杂工况，然而目前材料的测试环境与真实情况有较大差距，难以精准指导材料设计，如何快速、低成本获得真实或近真实环境下材料关键数据是亟须解决的问题。

（2）超高温陶瓷研究人员与机构比较分散，试验数据缺乏系统性整合，计算材料学与材料高通量制备相结合的研究模式开展时间较短，尚未形成具有指导意义的超高温陶瓷基因组技术体系。

（三）陶瓷基复合材料

根据基体差异，陶瓷基复合材料大致可以分为 SiC 陶瓷基复合材料（C/SiC、SiC/SiC）、超高温陶瓷基复合材料（C/HfC、C/ZrC-ZrB_2 等）及氧化物陶瓷基复合材料（Al_2O_3/Al_2O_3、Al_2O_3/Al_2O_3-SiO_2 等）。不同基体的陶瓷基复合材料特性不同，适用于不同的服役环境。与美国、日本等发达国家相比，我国陶瓷基复合材料的研究和应用起步较晚，具有巨大的发展潜力。

（1）SiC 陶瓷基复合材料：SiC 陶瓷基复合材料是目前应用最广泛的陶瓷基复合材料。近年来，我国在 C/SiC 的研发和应用方面取得重大进展，C/SiC 空间发动机喷管、高分辨率空间相机支撑结构、制动片等已成功应用于空间和交通运输等高科技领域。SiC/SiC 作为新一代航空发动机热端结构和先进核能包壳管的重要候选材料，是未来一段时间陶瓷基复合材料的主要发展方向。

（2）超高温陶瓷基复合材料：超高温陶瓷基复合材料是继 C/SiC 后高温结构材料领域的另一个研究热点，研究主要集中在组元设计、制备工艺及抗氧化烧蚀性能和机理等方面。我国属于最早开展超高温陶瓷基复合材料研究的国家之一，目前在超高温陶瓷基复合材料及构件关键制造技术与环境模拟技术方面已形成特色，并在一些国家重大工程中获得应用。

（3）氧化物陶瓷基复合材料：受航空发动机热端部件应用需求牵引，以多孔莫来石为基体的氧化物陶瓷基复合材料日益受到重视，成为相关领域的重点发展方向。我国氧化物陶瓷基复合材料发展总体落后，目前处于材料发展的起步阶段，以基础研究为主，尚未形成自有的材料设计与制备技术体系，离应用仍有很大距离。

我国陶瓷基复合材料发展主要存在以下几个问题。

（1）缺乏深入的基础理论研究，对关键技术涉及的基础科学问题理解不深，影响材料 / 构件的研发和应用。

（2）高性能陶瓷纤维制备技术落后，高端纤维严重依赖进口，受制于人。

（四）超硬材料

金刚石和立方氮化硼（cubic BN，cBN）是两种典型的超硬材料。天然金刚石是在 6000 多年前的古印度发现的，直到 20 世纪 50 年代，美国科学家才利用高温高压技术在实验室相继合成了人造金刚石和 cBN。随后含黏结剂的聚晶金刚石和 cBN、无黏结剂的纳米晶金刚石和 cBN 逐步被开发出来，并实现了工业化生产，推动了现代加工业的技术进步。我国金刚石和 cBN 的研发工作起步于 20 世纪 60 年代，生产的金刚石和 cBN 单晶颗粒占到全球市场的 90% 以上，现已成为超硬材料生产大国。然而与发达国家相比，我国在高性能超硬材料制品与工具的研发方面尚存在较大差距。近年来，我国自主研发了纳米孪晶结构金刚石和 cBN，大幅提升了两种超硬材料的综合性能，为发展具有中国标签的高性能超硬材料提供了重要的历史机遇。此外，我国学者最新研发的非晶碳、非晶 / 金刚石自生复合材料、石墨–金刚石的杂交碳、类石墨–类金刚石结构的杂交 BN 等新型超硬材料具有半导体超硬、导电超硬 /

超强、极硬极韧等多种功能组合，将极大地拓展超硬材料的应用领域（图10-6）。

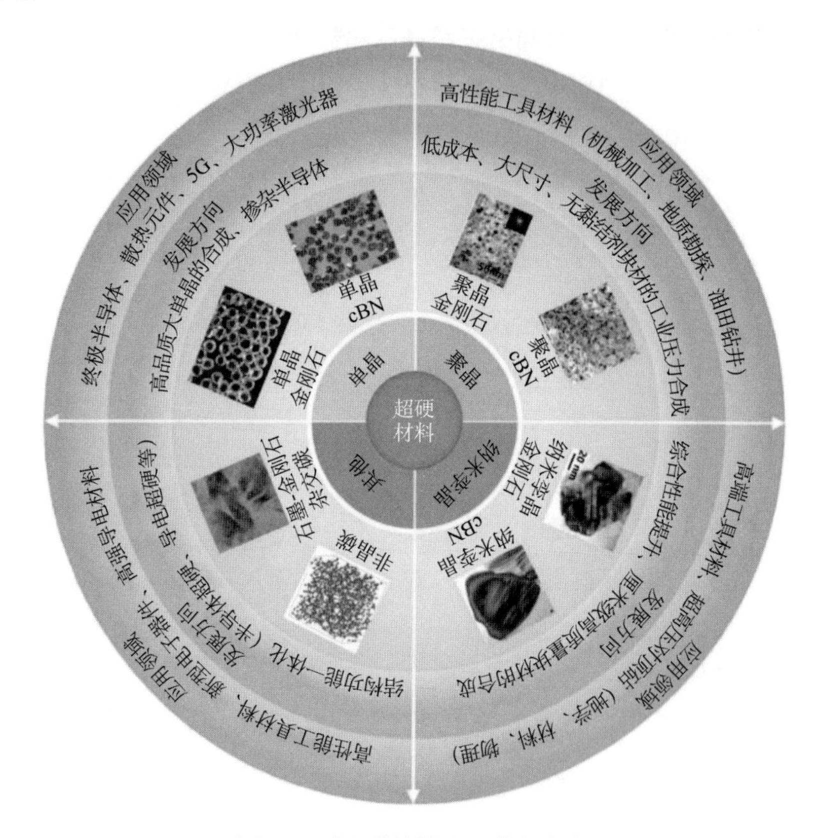

图 10-6　超硬材料发展现状与方向

当前超硬材料研究还存在以下几个问题。

（1）超硬材料中显微组织结构的精细调控及新型显微组织结构的设计和实现途径一直以来都是研究难点。

（2）结构基元种类、分布、尺寸、含量及基元间的关联对材料性能的影响还不够清楚。

（3）大尺寸无黏结剂超硬块材制备的科学原理和技术还需要完善和提升。

（五）陶瓷涂层

为发展下一代大推力和高推重比航空发动机及高效率燃气轮机，需要进一步提升涡轮 / 透平入口温度，这给热端部件的承温能力及服役可靠性带来巨大挑战。一方面，在高温合金叶片表面涂敷耐高温陶瓷 TBC 可以显著提升服役温度与服役寿命。另一方面，SiC/SiC 在航空发动机燃气环境中受到水氧腐蚀和低熔点氧化物腐蚀等侵伤造成性能迅速退化，必须在其表面涂敷 EBC 才能满足实际服役的苛刻要求。国际上已经发展了多代次的 TBC 及 EBC 材料，目前商用的陶瓷涂层可将稳定服役温度保持到 1300℃。美国、德国、日本、韩国、中国的多个研究机构致力于发展 TBC 及 EBC 的新材料体系设计和先进制备技术，高效推动了陶瓷涂层在航空发动机及燃气轮机热端部件的实际应用。

近年来，国内多家科研单位开展了 TBC 及 EBC 的理论基础和应用基础研究，在涂层材料关键结构性能数据积累及耐水氧和 $CaO-MgO-Al_2O_3-SiO_2$（CMAS）腐蚀机制理解方面取得了一些成果。但综合分析，陶瓷涂层仍存在以下几个问题。

（1）等离子喷涂用高质量粉体原料仍受国际技术禁运供应限制，迫切需要解决国产化问题。

（2）涂层的制备技术和结构设计以跟踪国外报道为主，自主知识产权的创新能力较薄弱。

（3）涂层在（近）服役环境中的评价测试和寿命预测方法尚需大量测试数据积累，陶瓷涂层产业尚属于初始研发阶段，离大规模产业化仍有距离。

（六）高熵陶瓷

高熵陶瓷作为陶瓷界的新星，具有巨大的组分空间、独特的熵效应及性能可调控等优点，有望填补传统陶瓷发展的某些性能不足。自 2015 年“氧化物高熵陶瓷”概念被首次提出后，高熵陶瓷的研究受到国内外研究人员的广泛关注。目前，高熵陶瓷家族不断发展壮大，已由各种结构的氧化物高熵陶瓷发展到硼化物、碳化物、氮化物、硅化物等非氧化物高熵陶瓷体系，甚至扩展到多元阴离子高熵陶瓷体系等。然而，目前高熵陶瓷的研究尚处于起步阶段，大量的研究工作聚焦于概念推广、单相材料形成能力、制备方法、粉体原料合成及基本性能等方面。与传统陶瓷相比，高熵陶瓷表现出优异的力、热、电、磁、抗腐蚀、抗辐照性能等，在极端环境下展示出诱人的应用前景。

高熵陶瓷的成分复杂且研究体系庞大，这给研究带来了巨大的挑战。当前高熵陶瓷研究主要存在以下不足。

（1）高熵陶瓷的性能挖掘不够充分。

（2）高熵陶瓷的成分设计理论尚未建立，单相形成能力的判据尚未完善，成分和结构协同设计与调控研究尚需开展。

（3）先进的计算、制备和表征方法与技术缺失，难以建立高熵陶瓷的组分–微结构–性能关联，高品质高熵陶瓷粉体原料的合成及高性能高熵陶瓷的开发尚未实现。

（七）结构功能一体化陶瓷的增材制造

实际服役环境通常需求复杂异形陶瓷构件，这给其制造带来极大困难与挑战。传统的烧结–后加工、近净尺寸成形–烧结等技术已难以满足复杂异形陶瓷构件的高效率、高精度、低成本制造需求。增材制造技术的出现为复杂异形陶瓷构件的制造与应用提供了崭新的技术途径。同时，实际工程应用中结构材料正向结构功能一体化方向发展。结构陶瓷具有强度等结构承载性能的同时，还期待兼具轻量化、防热、隔热、抗冲击、电磁吸波、阻尼、零膨胀等一种或几种功能属性。因此，发展结构功能一体化陶瓷的增材制造技术，对于拓展结构陶瓷科学前沿、推进实际应用，具有重要科学意义与工程价值。

当前结构功能一体化陶瓷的增材制造研究主要存在以下不足。

（1）传统结构陶瓷的设计方法已不适用，结构功能一体化陶瓷的增材制造面临复杂多物理场耦合环境，相应设计理论与方法不具备。

（2）大尺寸复杂异形陶瓷增材制造工艺急需发展，形状 / 性能协同制造技术尚未建立，形状 / 性能协同机理尚未揭示。

（3）增材制造的结构功能一体化陶瓷服役环境多物理场耦合复杂，表征评价方法缺乏，耦合机制与失效机理尚不明确。

二、发展态势

目前，高性能结构材料呈现如下发展态势。

新一代空天飞行器与核能装备急需超高温、低烧蚀 / 零烧蚀、长寿命抗氧化、高导热C/C复合材料。光伏电池、大飞机、高铁的快速发展对低成本、摩擦磨损性能优异的C/C复合材料提出规模化制备需求。强化C/C复合材料设计与制备技术上的源头创新，突破微结构的稳定化精细控制，实现结构多元化、功能复合化、产品多样化，是推动该方向快速发展的关键。

随着航空航天和先进核能系统对超高温陶瓷的需求日益迫切，未来将聚焦材料高通量制备与多尺度模拟相结合的研究模式，推动材料强韧化-抗氧化烧蚀-防/隔热承载一体化协同发展，逐步实现超高温陶瓷在宽温域（1800～3000℃）、长时间粒子冲刷、强氧化烧蚀等极端苛刻环境中的工程化应用。

随着航空航天和先进核能技术的发展，材料所处的服役环境越来越苛刻，对更长寿命、耐更高温度和结构功能一体化陶瓷基复合材料提出了新的需求。当前，陶瓷基复合材料发展的关键是高性能陶瓷纤维的开发和陶瓷基复合材料制备与应用所涉及基础科学问题的突破。

未来，超硬材料的基础理论将更加完善，其综合性能得到不断优化和提升，并涌现出系列具有优异光、电学性能的新型超硬材料。大尺寸高性能超硬材料的产业化将带来现代加工业、高压科学研究等领域的重大变革。

陶瓷涂层研制方兴未艾，需要建立陶瓷涂层材料及陶瓷涂层体系的关键力、热和腐蚀性能数据库，据此开展陶瓷涂层体系和结构的高通量设计与多层次构筑技术，指导其与基体构件的匹配性设计，开展服役性能评价、失效机理及精确寿命预测等研究。

目前，高熵陶瓷的研究处于起步阶段，未来将以国家重大需求为导向，聚焦高熵陶瓷的理论和基础研究，主要包括高熵陶瓷材料设计理论和单相形成能力判据的建立、新制备方法和技术的突破、高性能高熵陶瓷体系的开发及相关机制的揭示等方面，进而逐步推进高熵陶瓷的应用。

高超声速飞行器蒙皮、翼舵、端头等热端部件亟须发展使用兼具轻量化、承载等结构性能与防热、隔热、电磁吸波等多功能属性的结构功能一体化陶瓷；武器装备爆炸冲击防护结构亟须发展使用兼具轻量化等结构性能与抗冲击、隐身等多功能属性的结构功能一体化陶瓷。突破结构功能一体化陶瓷设计理论、增材制造工艺与表征评价方法，实现高性能结构材料的结构功能一体化，是推动该方向快速发展的关键。

三、发展思路与发展方向

高性能结构材料应重点发展以下方向。

（一）C/C 复合材料

高强、高导热等特种碳纤维的低成本制备与异形预制体编织成形技术；基于可控多尺度强韧结构的高性能薄壁、尖锐 C/C 复合材料研究；超高温陶瓷与基体碳前驱体转化的普适性机理与协同作用机制研究；碳基体微结构宽域稳定控制与精细调控机理研究；基于多组元陶瓷相或难熔金属相基体改性与表面涂层一体化的长寿命抗氧化 / 烧蚀研究；大尺寸异形构件的整体成形与变形控制研究；基于微纳功能基元的 C/C 复合材料多功能一体化研究（图 10-7）。

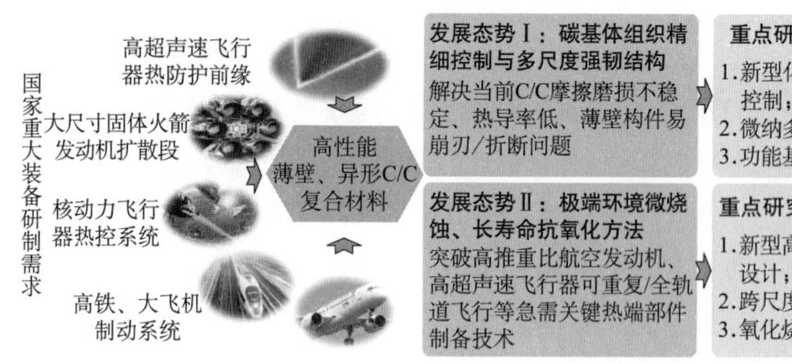

图 10-7　C/C 复合材料发展态势与主要方向

（二）超高温陶瓷

系统性开展超高温陶瓷筛选、组分设计优化与性能预测工作，发展宽温域超高温陶瓷的制备与结构控制技术，开发高强韧-抗氧化烧蚀-防 / 隔热承载等结构功能一体化新型超高温陶瓷，建立超高温陶瓷基因工程；开展服役环境或近服役环境下超高温陶瓷的失效损伤机制研究，聚焦大尺寸复杂形状陶瓷精密部件的高效制备技术，逐步实现超高温陶瓷技术从基础研究阶段到工程化应用阶段的过渡。

（三）陶瓷基复合材料

关键原材料（特别是高性能 SiC 纤维和 Al_2O_3 纤维）批量化、稳定生产技术能力；航空发动机用 SiC/SiC 热端结构材料、先进核能用 SiC/SiC 包壳材料和极端服役环境用超高温陶瓷基复合材料及构件的低成本、规模化制造技术。

（四）超硬材料

通过超硬材料显微组织结构的调控，发展纳米晶、纳米孪晶、非晶和自生复合等系列新型和高性能超硬材料；通过合成工艺优化，发展厘米级无黏结剂超硬块材的制备技术，催生高性能超硬材料新兴产业；通过激光成形和热化学抛光技术，发展原创的先进工具及变革性加工技术，实现其在功能晶体、有色金属、高硬度陶瓷等切削加工中的应用；研发新型超硬材料对顶砧，突破静高压研究的技术瓶颈，将人类在高压下探索新材料、新现象、新效应和新反应的压力条件推至 500 吉帕以上。

（五）陶瓷涂层

复杂成分与多相涂层的成分及多层次结构高通量设计；热障 / 环境障一体化构筑设计；电磁波和红外发射调制功能设计；涂层结构与性能的多尺度模拟技术和寿命预测方法；陶瓷涂层模拟力、热、化耦合服役环境性能测试平台；陶瓷涂层数据库和材料信息学优化设计方法。

（六）高熵陶瓷

高熵陶瓷的设计依据或理论判据研究；高纯、超细、成分均匀等高品质粉体的开发与低成本制备技术；高性能高熵陶瓷的成分和结构设计与调控及性能提升机理研究；基于高熵陶瓷概念拓展的高熵陶瓷涂层、高熵陶瓷纤维、高熵陶瓷基复合材料等新型高熵陶瓷研究；基于成分与结构基元的高熵陶瓷多功能一体化研究。

（七）基于增材制造的结构功能一体化陶瓷

基于增材制造的结构功能一体化设计理论研究；适用于增材制造的专用结构陶瓷原料制备方法研究；陶瓷高效精密智能化增材制造装备研发；大尺寸复

杂异形陶瓷形状 / 性能协同增材制造工艺研究；增材制造陶瓷的致密化与强韧化机理研究；结构功能一体化陶瓷多物理场耦合机制与表征评价方法研究。

四、至 2035 年预期的重大突破与挑战

到 2035 年，高性能结构材料有望在以下几个方面获得突破。

（1）重点突破 1700℃以上长寿命抗氧化与 2000～2300℃长时抗烧蚀 C/C 复合材料制备技术，满足航空航天、核能等领域国家重大工程对关键热结构材料的需求，同时发展高导热、稳态摩擦磨损等高品质 C/C 复合材料低成本制备技术，满足光伏电池、高铁等民品市场应用。

（2）发展超高温陶瓷多尺度、多维度、原位强韧化-宽温域下结构功能一体化的协同设计依据与调控机制，突破极端温度、极端气氛、极端速度 / 载荷、极端辐照、特种腐蚀环境等多物理场交叉耦合条件下材料优化设计、组织性能调控、使役性能协同与损伤机理研究，颠覆现有超高温陶瓷合成制备技术和极端环境服役极限。

（3）突破关键原材料（高性能 SiC 纤维和 Al_2O_3 纤维）、陶瓷基复合材料及其构件制备核心技术瓶颈，研制满足航空发动机、先进核能和新型飞行器等领域应用需求的关键陶瓷基复合材料及构件。

（4）突破已建立的超硬材料力学传统理论，发现逼近材料性能上限的变革性技术原理和途径，不断刷新共价材料硬度、韧性的纪录，同时发展导电超强、半导体超硬等新型超硬材料，极大地推动材料科学、高压物理学、地球科学、压缩科学及行星科学等学科领域的发展和进步。

（5）突破陶瓷涂层的高通量设计和多层次构筑制备核心技术，满足新一代航空发动机、燃气轮机中多类热端部件的高温防护需求。

（6）突破高强韧、耐蚀、抗辐照的高熵陶瓷关键科学问题，研制满足航空航天、核能等领域国家重大工程需求的关键高性能结构材料与装备，发展用于微电子、生物医学等结构功能一体化的高熵陶瓷及低成本和复杂构件制备方法。

（7）突破基于增材制造的结构功能一体化陶瓷设计原理与方法，满足航空航天、兵器等领域重大工程对结构功能一体化陶瓷的需求。

第八节　生物医用材料

一、发展现状

生物医用无机非金属材料是生物医用材料的重要组成部分，与生物医用有机高分子材料、生物医用金属和合金材料构成三大基础生物医用材料，同样具有基础性、交叉性和应用及工程特性。近年来，以无机骨水泥、生物陶瓷、生物玻璃、无机涂层为代表的无机非金属材料已广泛用于临床，特别是在硬组织修复领域，临床需求持续快速增长，成为当今最活跃的领域之一。图 10-8 总结了生物医用无机非金属材料的发展历程。生物医用无机非金属材料主要是陶瓷、玻璃和碳素等，主要成分是 Al_2O_3、生物碳、生物玻璃、羟基磷灰石［$Ca_{10}(PO_4)_6(OH)_2$，HAP］、磷酸钙［$Ca_3(PO_4)_2$］等，主要用于骨和牙齿、承重关节等硬组织的修复和替换及药物释放载体，并且生物碳还可以用作血液接触材料，如人工心脏瓣膜等。另外，最近科学家利用生物陶瓷的生

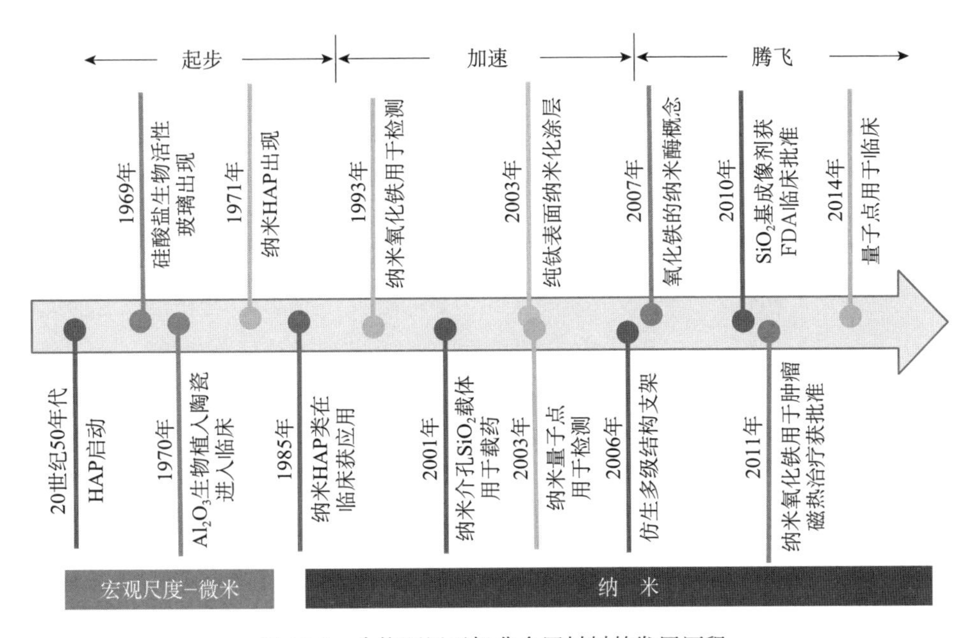

图 10-8　生物医用无机非金属材料的发展历程

物活性离子诱导皮肤、心肌等软组织/器官修复再生取得重要研究进展。生物医用无机非金属材料分为生物惰性材料［如氧化锆（ZrO_2）陶瓷、碳质材料］、生物活性材料［如 HAP、$Ca_3(PO_4)_2$］、生物可降解材料。

我国对生物活性陶瓷的功能性元素掺杂、微纳结构改性、力学性能增强等方面开展了大量的基础研究工作。华东理工大学研制了自固化钙磷基人工骨系列产品，获得国家自然科学奖和国家技术发明奖，已在临床上使用逾百万例，取得了很好的治疗效果。中国科学院上海硅酸盐研究所成功研制了等离子喷涂 ZrO_2 人工骨与关节陶瓷涂层材料，并获得国家技术发明奖。目前，纳米 HAP-聚合物复合人工骨已在我国取证上市。此外，我国生物活性陶瓷的基础研究已达到国际先进水平。华南理工大学、四川大学、华东理工大学、中国科学院上海硅酸盐研究所等单位科研人员的研究成果发表在国际会议和顶级期刊上，受到国际同行广泛认可。然而，该领域与医学、计算机、智能制造技术等领域的交叉融合度不够，缺乏突破性的研究成果。大部分生物活性陶瓷的生物适配性研究使用较初级的小动物模型，研究深度不够，研究成果的产业化程度较低。国产的生物活性陶瓷产品偏少（少于 10 款），骨修复效能有待提高，产品更新速度较慢。

在国内诊断、治疗和手术费用占比提升的政策导向下，国内生物医用无机非金属材料产业发展态势良好。伴随植入性医疗器械产业的发展，我国现代生物医用无机非金属材料产业已初具雏形，并进入高速发展阶段，但是具有高技术含量且价格相对较高的关节类生物材料产品市场尚未发展起来，且关节类生物材料产品市场占比相对较低。目前，我国生物医用无机非金属材料总体市场规模还很小，但是市场增速较快。《中国医疗器械蓝皮书》显示，2018 年中国生物医用无机非金属材料市场规模约为 262 亿元，比 2017 年的 225 亿元增长了 37 亿元，增长率为 16.44%，并且未来有望保持 15% 左右的增长率，远超国际市场。我国生物医用无机非金属材料起步较晚，技术存在不足，比较依赖进口，尤其是高端生物医用无机非金属材料，主要被海外企业（强生、捷迈邦美、美敦力和史赛克等）占据。不过，国内凭借价格优势和持续研发，再加上国家政策的推动，已逐渐形成了一批具有较强竞争力的本土企业，如上海微创骨科、山东威高骨科、北京纳通科技和厦门大博医疗。2018 年，这四家企业的营收规模依次排名全国该领域本土企业前四，表现最亮眼。从以上现状可以看出，尽管我国生物医用无机非金属材料市场规模不断发展壮大，但高端生物医用无机非金属材料仍然高度依赖进口，国内生物医用无机非金属材料企业整体规模小，市场份额占比低，同质化严重，相关产品转化率较低。

近年来，新型无机非金属材料因其独特的性质在重大疾病（如肿瘤）诊断、治疗等生物医学领域展示出巨大的潜力，已成为新的研究热点。作为一种典型的无机非金属材料，介孔二氧化硅（SiO_2）纳米颗粒由于具有大的比表面积、高的孔容、可调的孔径/粒径、良好的生物相容性、颗粒表面具有丰富的官能团且易于进行表面改性等优点，在生物医药领域展示出良好的应用前景。此外，采用物理或化学方法将客体分子引入介孔 SiO_2 纳米颗粒的骨架中、孔道内或者外表面，构成功能性客体-介孔结构主体的组装体系，从而得到具有单分散性、高稳定性且性能独特的功能性纳米材料。组装的客体物质包括各种无机物、有机物、生物大分子、聚合物、功能性纳米颗粒等。由于主/客体颗粒的纳米尺寸效应及主/客体间界面的相互作用，这类功能性介孔 SiO_2 纳米颗粒表现出特殊的光、电、磁及催化等性能，在重大疾病诊治方面展示出优势。中国科学院上海硅酸盐研究所是国际上最早系统深入开展关于介孔 SiO_2 纳米颗粒的多功能化设计、制备和生物医学应用研究的最重要的力量之一。近年来，该研究所在高稳定单分散介孔 SiO_2 纳米颗粒的制备，介孔基复合材料的设计合成及药物储藏、缓/控释性能等方面开展了大量的工作。尤其在具有贯通孔道高水热稳定性介孔结构的合成、多功能化改性、药物装载及药物缓释、环境响应药物控释等方面取得了显著进展，成为该领域在国际上的领先科研团队。在生物安全性方面，世界上第一种以 SiO_2 为基体的用于黑色素瘤诊断的纳米颗粒 C-dots（康奈尔点）于 2010 年被美国食品与药物管理局（Food and Drug Administration，FDA）批准进行一期临床试验，表明硅基纳米颗粒在走向真正临床应用阶段的历程中迈出了重要一步。2014 年，其一期临床试验结果表明，C-dots 没有显示出对人体的毒性效应，并可通过肾代谢排出体外，为硅基生物材料在体内的安全性提供了可靠保证。目前基于介孔 SiO_2 纳米颗粒的药物输运体系研究正经历从实验室的基础研究向临床应用转化的关键时刻。介孔 SiO_2 纳米颗粒尽管生物相容性优异，但满足静脉给药的这类载体材料制备过程必须严格控制，其生物降解性不够理想。纯粹的介孔 SiO_2 纳米颗粒性质单一，不具备主动地对肿瘤的靶向识别特性和药物控释特性，因而并不具备实际应用的价值，需要研究介孔 SiO_2 纳米颗粒的批量化可控制备，以及对骨架和内 / 外表面进行功能化以实现其降解性和药物靶向控释功能。目前国际上的研究虽取得明显进展，但都还处在起步阶段，相关研究还不够深入，对临床的指导意义有限。介孔 SiO_2 纳米颗粒研究与临床应用还有很大的鸿沟，需进一步针对介孔 SiO_2 纳米颗粒的可控量化制备、生物可降解特性、生物学效应、生物安全性和多功能化的关键问题开展深入研究，为推动其临床试验的开展提供理论、技术和数据支撑。

此外，我国有数十家高校及科研院所正在积极进行生物医用磁性纳米材料的研究工作，在新型多功能氧化铁纳米颗粒制备、性能调控及新适应证研究等方面取得了丰硕的成果，应用前景广阔。东南大学在创新高性能氧化铁纳米颗粒宏量制备技术的基础上，成功申报了纳米 γ-Fe_2O_3 弛豫率国家标准物质，为目前国际上唯一的医药磁性纳米材料标准物质。系统的磁共振成像造影研究表明，所研制的标准物质性能稳定、纳米特性明确，可大大提高磁共振成像造影效果，并降低给药剂量。该标准物质填补了国际空白，对磁共振成像造影剂的研制、生产及临床应用具有重要意义。2007 年，中国科学院生物物理研究所在国际上首次报道了氧化铁纳米颗粒具有类过氧化物酶活性并提出“纳米酶”的概念，由此掀起了纳米酶的研究热潮。氧化铁纳米颗粒的类酶效应及其具有的 pH 依赖性对于解释氧化铁纳米颗粒不同的细胞毒性作用具有重要意义。2019 年，东南大学联合中国医学科学院基础医学研究所、中国科学院生物物理研究所等单位获批《纳米技术 氧化铁纳米颗粒类过氧化物酶活性测量方法》国家标准，对纳米颗粒类酶活性的测量和评价，以及对发展各种检测试剂及诊断试剂盒中纳米颗粒类酶活性的定量具有重要应用意义。目前，美国及欧洲已有用于临床磁共振成像造影剂、磁致热疗剂及静脉补铁剂的氧化铁纳米药物被批准上市，然而我国还没有获批的氧化铁纳米药物，仍需加快推进氧化铁纳米药物的研发及针对更多临床适应证的研究。值得关注的是，磁性纳米氧化铁及其相关结构作为磁分离介质，在核酸提取、蛋白质分离、细胞分选及化学发光等体外检测领域已经广泛应用于临床产品，尤其是在捕获测序、免疫细胞分选、磁微粒化学发光等高端应用中作为关键核心材料，主要依赖进口，亟须发展具有自主知识产权的微 / 纳米磁性分离材料。

除了氧化铁纳米颗粒，其他生物医用无机非金属类材料［氧化铈（CeO_2）、氧化锰（MnO）等］也在生物医学领域展示出较大的应用潜力。CeO_2 因具有较低的毒副作用、可调节的吸收光谱、良好的类酶活性、Ce^{3+} 和 Ce^{4+} 之间易相互转化、独特的抗菌/抗肿瘤/免疫调节等优点，被广泛应用于生物分析、生物医学、药物递送及生物支架等生物学领域。此外，MnO 纳米颗粒及其衍生物因具有制备工艺简单、比表面积大、尺寸和形貌可控、易于表面改性等优点，在生物传感器、生物成像、药物/基因传递和肿瘤治疗等领域取得了长足的进展。随着 MnO 纳米颗粒在生物材料领域的应用发展，其越来越多的可用于生物医学的功能特性被发现，如肿瘤微环境（tumor microenvironment，TME）响应分解、O_2 生成及肿瘤富集等。这使其具有多种生物医学应用，包括生物成像、生物检测和肿瘤治疗。然而，目前对于这些新兴生物医用无机非金属材料的研究多集中在基础研究阶段，离临床应用还有相当长的距离。此外，对于这些新兴生物医用无机非金属材料的生物安全性及体内代谢降解情况的研究也相对较少，在一定程度上限制了其临床转化。

随着健康意识及生活水平的提高，人们对齿科修复材料的需求将会迎来快速增长。目前，陶瓷和树脂是口腔临床应用最多的两类修复材料，其中陶瓷以其极佳的生物相容性、良好的耐磨性/耐蚀性和类似天然牙的美学性能成为修复材料的首选。然而，陶瓷的脆性仍是其固有的弱点，受载后其形变超过 0.1%～0.3% 即会发生脆性失效。材料内部的细小裂纹会在重复的咀嚼及非轴向负载下不断扩展，使陶瓷产生疲劳损害，最终导致修复体的破坏失效。另外，相比天然牙，陶瓷的弹性模量与硬度更高，在日常使用中会对颌牙造成一定程度的磨损。以树脂渗透硅酸盐陶瓷形成复合齿科材料可以改善这些问题。但由于这种复合材料产品存在技术壁垒，至今市场上仍以国外产品为主，国内目前仅有深圳爱尔创一家公司推出了高性能复合陶瓷，且性能上与国外产品仍有差距。因此，开发兼具陶瓷和树脂两者优点且与天然牙体组织各方面性能相匹配的齿科修复材料，具有重要的临床意义，也成为牙科材料界研究的热点。

当前我国生物医用无机非金属材料的发展还不能满足自身需求。我国人口众多且正快速进入老龄化社会，临床对生物医用材料的需求剧增，成为推动生物医用材料发展的重要驱动力。一方面，日益增长的需求量与临床实际用量存在巨大矛盾；另一方面，生物医用材料经历了从惰性生物材料到活性生物材料的发展过程，但现有材料远未达到令人满意的效果，特别是在与人民群众切身利益密切相关的重大疾病诊断治疗、与老龄化相关的新型治疗手段等方面，传统生物医用材料已难以满足医学迅速发展的需要，经典的材料设计和制备思路也难以解决材料多样性的功能需求。

据不完全统计，作为14亿人口的大国，我国对组织修复与再生技术的需求呈井喷式增长，几乎每年的需求在3亿人次以上。然而，由于前端科学基础薄弱、创新能力不足、原创性技术严重缺乏，我国高端生物医用材料严重依赖进口，高端医疗产品和精准诊疗器械被国外垄断，成为医疗费用居高不下的重要原因之一。更加严重的是，美国商务部在2018年11月20日出台的技术出口管制方案中，已经明确将生物医用材料列为管制出口对象，存在严重的安全隐患。生物医用材料基础研究薄弱，目前仍处在从0到1重大突破的边缘，经典理论亟待突破。与此同时，我国生物医用材料产业化工程技术开发投入低，大部分科研成果止步于实验室；产业规模小，尚未形成像美敦力、强生等具有国际竞争力的知名企业。

生物医用材料研发周期长、投入大，产业链涉及环节多，投资风险高，导致新产品、新技术产业化困难，因此需要体制、机制及平台保障促进其良性发展。然而，目前国内生物医用材料的产学研医相对分散，未形成有效的创新整体，完整成熟的前沿研究—产品开发—产业转化创新链尚未形成。

二、发展态势

我国生物医用材料产业起步于20世纪80年代初期，经过几十年的快速发展，我国在该领域的基础研究已达到国际先进水平，生物医用材料产业已经发展成为我国经济的重要支柱产业之一。中国医药物资协会的统计显示，目前我国生物医用材料研制和生产迅速发展，复合增长率高于全球。2016年，我国生物医用材料产业规模已达1730亿元，较2010年增长了158.21%。以20%的年均增长率保守预计，至2025年，我国生物医用材料产业规模可突破10 000亿元。

生物医用无机非金属材料的组成与结构同人体硬组织相似，可与人体组织形成牢固的化学键结合，因而在硬组织修复领域具有广阔的前景。在前沿研究方面虽然取得重大进展，但是由于技术等方面的原因，传统的生物医用无机非金属材料在未来20～30年仍是临床应用的主要材料。传统生物医用无机非金属材料的生物学性能的优化和提高是大势所趋，将促进生物医用材料产业高速发展。3D 打印技术在组织工程与再生医学领域的应用广泛，3D 打印骨骼已应用在脊柱外科、节段骨修复、骨关节外科、颅颌面和手足外科等领域。3D 打印技术的发展及应用必将促进生物医用无机非金属材料产业的不断壮大。当前，生物医用无机非金属材料制品急需向规模化、精准化、个性化、智能化方向发展。技术创新化、产品高端化、产业融合化、区域集群化和布局国际化是整个产业发展的大趋势。自 20 世纪问世以来，生物活性陶瓷受到国内外学者的广泛关注。长期以来，国际上主要以提高生物活性陶瓷的骨再生能力和力学强度为目标，研究主要集中在功能性元素掺杂、微纳结构改性、力学性能增强等方面，近几年少有突破性的研究成果。免疫调控成骨、骨骼–肌肉系统仿生构筑、生物打印多细胞复杂组织等是近年来生物活性陶瓷关于生物适配性研究的热点和亮点之一。通过精准控制材料的结构来调控力学强度和生物适配性，深入探索材料的生物学效应，仍具有较大的空间和重要的研究价值。

介孔 SiO_2 纳米颗粒药物输运体系正面临着从实验室的基础研究向临床应用转化的关键时刻。其中要解决的关键基础性前瞻性科学与技术问题如下。

（1）批量化可控合成：目前报道的介孔 SiO_2 纳米颗粒体系都是由国际上各研究团队自行制备获得的，各自制备的材料之间的组成和结构等存在较大的差异，结果的可比性较差。开发拥有自主知识产权、易操作、环境友好和易量化生产的制备方法，获得组成、结构等关键参数易于精细调控的介孔 SiO_2 纳米颗粒，将为后续介孔 SiO_2 纳米颗粒的临床转化提供材料基础。

（2）降解性的功能化调控：作为经典的无机纳米材料，介孔 SiO_2 纳米颗粒的降解性存在较大争议，相关的生物降解性研究严重匮乏，极大地限制了其临床转化和应用。研究表明，介孔 SiO_2 纳米颗粒在生理条件下会随着时间发生降解，但是其降解较慢，难以实现精确调控。药物输运过程需要重复多次给药，容易引起其在体内的富集，带来潜在的安全问题。因此，阐明其降解过程和体内的代谢途径，同时提出可行的调控材料降解性的方案，实现介孔 SiO_2 纳米颗粒的多功能化降解性调控，是推进介孔 SiO_2 纳米颗粒生物医学应用的关键性和基础性问题。

（3）药物靶向与控释等的功能化调控：虽然目前关于介孔 SiO_2 纳米颗粒的骨架杂化、内 / 外表面多重改性等有不少的研究工作，但是过度追求集多功能（靶向药物输运、可控响应药物释放、成像等）于一体反而使体系结构设计过于复杂，与临床应用要求的结构组分简单、合成易控制、生物相容性好等背道而驰。通过介孔 SiO_2 纳米颗粒的骨架组分和结构改变（异质离子掺杂、有机–无机杂化等）的功能化手段，除了优化和调控材料的生物降解行为，更赋予介孔 SiO_2 纳米颗粒体系全新的催化诊疗效应和生物学特性，揭示其在靶向药物输运、药物缓释、生物成像等方面的应用潜力。

氧化铁纳米颗粒的生物医学应用主要通过以下三个方面得以实现：①氧化铁纳米颗粒可以通过补铁或参与铁代谢相关的生命活动，对人体内的铁稳态进行调节；②超顺磁性或铁磁性的氧化铁纳米颗粒及其相关结构结合外场作用，可以发挥疾病诊断及治疗的功效；③氧化铁纳米颗粒的类酶活性，也使其在生物传感、分子成像、疾病诊疗等方面发挥重要作用。氧化铁纳米颗粒是目前唯一被批准用于临床的无机纳米药物，具有优异的生物安全性。目前已批准上市的氧化铁纳米药物的临床用途主要有静脉补铁剂、磁共振影像对比剂及磁致热疗剂。然而，相对于生物医用氧化铁纳米颗粒众多的研究工作及巨大的论文发表数量，真正应走向临床的氧化铁纳米药物微乎其微。这主要是因为大部分氧化铁纳米颗粒的合成工艺无法解决批量生产及生产成本的问题，甚至给氧化铁纳米颗粒本身的生物安全性带来影响。因此，未来生物医用氧化铁纳米颗粒的发展将以开发新的制备技术促进高性能氧化铁纳米颗粒合成，并推动其在体外诊断、干细胞示踪、肿瘤诊疗、组织修复及神经系统调控等重要应用的临床研究与转化为主。

三、发展思路与发展方向

生物医用材料领域应重点发展并形成以下引领性的研究方向。

（一）医用级原材料的标准化生产

解决医用级原材料标准化生产“卡脖子”问题，发展自主创新的新一代高性能医用生物材料及其工程化产品技术，实现科技自立自强，具有重要的社会和经济意义。在医用级原材料方面，建议做如下布局：以功能为导向，探索高效合成智能生物材料的方法；以重组基因技术和多尺度材料模拟技术为基础，为细胞“编程”，高通量生物合成具有特定功能的生物医用材料。通过人工细胞工厂建立和生物合成，实现绿色生物制造。利用多尺度材料模拟技术揭示物质结构和功能，降低材料设计的试错率和试验成本，开发类似甚至超越天然物质的新型材料，为高通量研发和制备提供高效的平台，提升材料制造的竞争力。研发医用级原材料标准化生产技术，推进相关制品的工程化和临床转化，为新型组织修复再生材料及其产品的研发提供全链条的解决方案。

（二）基于生物学效应的组织修复材料及其产品

在组织的形成过程中，细胞的“命运”受材料表面特性和生物微环境的多重影响。在厘清利于特定组织再生微环境的特征和建立材料介导细胞响应的规律的基础上，建立相应的数据库，指导新型组织修复材料及其产品的设计和制备。基于材料生物学效应，解析材料调控原位组织再生或材料干预病理性衰老组织微环境的机制，发展面向老龄化的活性化组织修复再生材料。针对传统治疗创伤大、痛苦高、易感染、修复慢等临床治疗难点问题，以创伤小、风险低、痛苦轻、修复快为目标，发展手术操作简易、动态显影、远程调制操作和快速组织再生等功能集成的微创精准治疗新材料。针对组织或器官修复过程的动态特点，研发随时空动态演化、在不同的修复阶段兼具止血 / 修复 / 治疗功能的组织修复材料，实现生物医用材料与细胞双向交流，促进组织功能完美重建。

（三）生物活性陶瓷用于组织再生修复

开发具有优异组织适配性和力学适配性的生物活性陶瓷，实现对不同部位、尺寸和形态骨缺损的精准再生修复。精准构建生物活性陶瓷结构，调控其力学性能和生物适配性；开展生物活性陶瓷融合医学影像、医工交互设计、计算机模拟、智能制造的研究。

（四）3D 打印生物医用材料用于组织 / 器官再造与疾病治疗

初步建成生物 3D 打印体系、植入器械表面产业化技术研发与中试平台；推进兼具重大疾病治疗与组织再生修复功能的 3D 打印生物医用材料相关产品的产业转化，推动成骨和抗菌兼具的牙种植体系统注册申报。

（五）响应生物医用材料表/界面的可控构建及其选择性生物学作用

深化并完善具有生理环境识别和响应功能的3D打印生物医用材料及表/界面研究体系；在兼具生理环境识别和响应功能的3D打印生物医用材料及表/界面研究领域处于国际领先地位。

（六）基于介孔 SiO_2 纳米药物及诊疗剂的批量化制备及临床应用研究

通过对介孔 SiO_2 纳米颗粒的骨架及内/外表面的多功能化，实现该体系的生物可降解性等生物学效应调控，并赋予载体材料靶向药物输运、内/外源响应药物控释及生物成像诊断功能；设计寻找无毒/低毒的承载纳米催化剂的介孔 SiO_2 纳米颗粒，通过催化剂的释放催化疾病微环境处的化学反应以产生生物诊疗效应；开发大批量生产 SiO_2 纳米颗粒的制备技术及完成相关生物安全性、生物学效应评价研究。

（七）基于磁性纳米氧化铁的体内/外诊断材料的批量化制备及应用研究

面向医学诊疗领域重大需求，研究系列重要尺寸（3纳米～50微米）的生物医用磁性氧化铁微/纳米颗粒的宏量制备新方法、调控新技术及关键标准。研制高性能磁共振造影用磁性氧化铁纳米颗粒及靶向磁性氧化铁纳米探针，研究其安全性、生物分布、代谢及靶器官作用规律，实现血池造影、肿瘤新生血管靶向成像及肿瘤的高通透性和滞留（enhanced permeability and retention，EPR）效应评价，以指导纳米药物用药。实现高性能磁性微/纳米颗粒的体外应用产品开发及其关键核心技术攻关，解决目前依赖进口的“卡脖子”材料问题，如化学发光、捕获测序、免疫细胞分选等用途的高性能微/纳米磁珠，打破国外垄断并引领行业发展，为中国医疗器械与生物医药行业稳定、快速发展提供重要保障与推动力。

（八）基于生物活性陶瓷的复杂组织一体化再生修复材料研究

聚焦骨-软骨、骨-肌腱、骨-韧带等骨骼-肌肉系统多元复杂组织一体化再生修复需求，阐明多元组织的再生修复内在差异性机制及对修复再生微环境的差异性需求，研发异质性生物材料精准制备技术，发展多功能生物活性陶瓷，同时促进骨、软骨和肌腱等组织再生，解决当前多元组织界面难以稳定连接及一体化再生修复的难题。重点突破高质量多功能生物活性陶瓷的批量化制备瓶颈，实现一系列异质性骨再生材料的工程化制备与制品研制，应用于临床骨骼–肌肉复杂系统的修复再生。

（九）基于生物活性陶瓷的软组织 / 器官修复生物材料研究

针对糖尿病、烧伤等引起的难愈合皮肤创面、心肌梗死等临床治疗需求，聚焦具有治疗功能和诱导皮肤、心肌组织再生与功能重建的生物活性陶瓷及复合材料，开展新型的难愈合创面高端敷料和心肌再生补片的研究。发展以生物活性陶瓷为功能组成的高端创面敷料和心肌再生补片构建方法体系，建立制备与表征平台，突破工程化制备技术，开展临床转化应用研究。

（十）面向精准诊疗技术与创新医疗器械的外场响应性生物医用材料研究

基于光、电、磁、超声等外场下材料的物理化学效应，研究适用于个性化给药、病灶组织消融、诊治一体化、微创限域治疗等精准医学技术的生物医用材料。基于外场响应性生物医用材料的设计构建，通过与人工智能、临床医学、药学等学科的交叉研究，开发满足重大疾病诊治需求的新概念医疗器械。

四、至 2035 年预期的重大突破与挑战

面向健康中国及面向人民生命健康等国家重大需求，以生物医用材料和植入器械发展为导向，从生物医用无机非金属材料的临床应用重大需求入手，加快产业技术升级，改变我国高端生物医用材料受制于进口的局面，形成批量化产品和新技术储备，并逐步占领国际市场。到 2035 年，建成较完整的无机非金属基医学诊疗与组织再生材料科学和产业体系，成为世界第二大生物医用材料及相关制品供应国，在以下几个方面获得重要突破。

（1）面向骨–软骨、骨–肌腱、骨–韧带等骨骼–肌肉系统多元复杂组织一

体化再生修复，突破高性能、复杂组织一体化再生修复的生物活性陶瓷制备技术，开发骨骼–肌肉系统修复材料和植入器械产品，推进相关技术的工程化和产业化应用。

（2）研发基于生物活性陶瓷的新型软组织 / 器官修复新材料，建立软组织 / 器官修复材料制备与表征平台，突破生物 3D 打印、仿生制备等材料的工程化制备技术，实现高端创面敷料、心肌再生补片等生物医用材料与相关制品的进口替代。

（3）基于 SiO_2/ 氧化铁等纳米药物及诊疗剂的批量化制备及临床应用，突破单分散纳米材料及其复合结构的制备技术、安全靶向输运和微环境响应释放技术、增强造影与高性能分离检测技术等，在肿瘤等疾病的高效、低毒诊疗方面发挥潜力。

至 2035 年，需要解决如下关键科学问题，为推动生物医用无机非金属材料的进一步发展奠定坚实基础。

（1）骨骼–肌肉系统多元复杂组织一体化修复材料的仿生制备，以及生物活性陶瓷与多细胞之间的相互作用与调控机制。

（2）生物陶瓷无机活性离子诱导软组织 / 器官修复再生，以及功能重建的生物学机制。

（3）外场下生物医用无机非金属材料的多重物理化学效应机制与调控策略。

（4）无机纳米诊疗材料的可控制备及其生物学效应之间的构效关系，以及与靶分子 / 靶器官的作用规律。

第九节　环境治理材料

一、发展现状

当前，世界主要经济体都制定并通过了多项行政、经济等手段方法，逐步加强对碳排放的控制。我国政府宣布“二氧化碳排放力争于 2030 年前达到峰值，努力争取2060年前实现碳中和”。面对资源和能源短缺、环境恶化、温室气体排放导致极端天气频发等全球热点问题，强调材料与环境资源的协调统一，针对工业“三废”开发高效、长效、多效的环境治理材料，已成为支撑社会经济可持续发展的基本需求和材料领域优先发展方向之一。

环境治理材料领域的发展现状如下。

（一）废水净化材料

随着我国工农业的快速发展，高效、稳定、环保地处理生产过程中产生的废水是国民经济稳步快速发展的一项重要任务。我国水资源污染主要是由废污水排放导致的地表水污染，进而影响水资源质量。我国废污水的排放主要源于农业灌溉排水、生活及工业废水。《2020—2026年中国水资源利用行业发展动态分析及投资方向研究报告》数据显示，2019年全国农业用水量为3675亿立方米，灌溉水经农田后携带化肥、农药等污染物导致地下水污染；2019年全国工业用水量达到1237亿立方米，且生产主要集中在江河沿岸，废水更容易造成水环境恶化。因此，研发高效绿色环保的废水净化新材料与新技术十分重要。

芬顿高级氧化法是经典的废水净化技术，因设备简单、操作简便、适用面广、可降解多种有机污染物、反应快速高效等优点而受到广泛重视。随着相关技术的发展，其应用范围不断扩展，应用前景普遍看好。然而，经典芬顿催化剂以铁系试剂+H_2O_2为主，对pH值响应窄，一般在pH<3的酸性条件下才能发挥最强氧化性，在实际应用中需要先把废水调成酸性，待反应完成后再调回中性，不仅增加工艺难度、消耗大量碱液、增加运行成本，而且H_2O_2利用率低。国内外学者通过构建纳米尺度的类芬顿催化剂，引入光、电等辅助条件，可在一定程度上提高催化效率，但是相关过程一般仍需要添加大量H_2O_2，制约实际应用。开发更加有效的、可在较宽pH范围内工作、无须外加H_2O_2等氧化助剂即可高效降解含酚废水的新型芬顿催化剂，是实现芬顿或类芬顿催化从实验研究走向应用研究的关键之一。

光催化反应具有速度快、反应条件温和等优点，对水中低浓度污染物（尤其是有机污染物，如染料废水、表面活性剂、农药废水、含油废水、氰化物废水、制药废水、有机磷化合物、多环芳烃）都能实现有效降解，也能去除水中无机物（如铬和汞离子），并可以杀灭各种微生物、细菌和霉菌。但是，目前的光催化技术存在对太阳光的响应范围窄、不能有效利用可见光和近红外光的问题，并且具有高浓度污染物去除效果差、催化剂易失活等缺点。因此，研发宽光谱响应、高催化活性、催化性能稳定、易回收的光催化材料，并与其他净化技术有效配合，是实现光催化水净化广泛应用的关键。

发展能简便高效地同步去除多种污染物的吸附催化型废水净化材料一直是水环境治理领域的前沿热点课题。其中，对低浓度高危害重金属污染离子（铬和砷离子等）的高效去除净化持续受到关注。对有机污染物和重金属污染离子混合废水进行净化，现有的技术需要分步进行，往往也需要对 pH 值进行调节，根据实际废水的污染程度，还需要微电解-芬顿等多技术联用，工序复杂、处理效率低、成本高，因此亟须研发能在宽 pH 值范围内对含有多种复合污染物的废水净化的新材料体系与相关净化技术。

（二）固废治理材料

固体废物（简称固废）危害生态环境和人民身心健康，甚至阻碍社会经济的可持续发展。铝型材厂污泥和铅锌尾矿是典型的工业固废。铝型材厂污泥是铝型材阳极氧化表面处理过程中产生的含铝胶体溶液经沉淀、过滤得到的污泥，主要成分是超细粒径的水合氧化铝（γ-AlOOH），目前主要将其作为原料生产十八水合硫酸铝［$Al_2(SO_4)_3 \cdot 18H_2O$］及六水合三氯化铝（$AlCl_3 \cdot 6H_2O$），但产品的白度差，达不到质量要求，而且生产工艺复杂、投资大，产品附加值较低，市场认可度差，回收利用率低，因此亟须研发回收处理的新材料与新技术。

铅锌尾矿是铅锌矿在浮选过程中所产生的大量矿业废弃物，其颗粒较细、成分复杂多变。对于铅锌尾矿，目前主要采用二次回收、充填采空区、堆土复田及用作建筑材料等途径进行处理，但整体工业应用层次低，而且绝大部分产品尚停留在实验室阶段。由于不同地区的铅锌尾矿的成分差异较大，其中往往含有游离态的氧化钙（CaO）和氧化镁（MgO）等影响水泥安定性的成分，高值回收利用技术难度大。

据统计，我国的铝型材和铅锌企业数量、生产能力、产量均居世界第一位，相应产生的污泥和尾矿产量巨大，给生态环境造成了一定的影响和破坏，给企业和社会经济可持续发展带来巨大压力。因此，亟待开发资源化回收利用的新材料与相关技术。

此外，我国是农业大国，更应该重视土壤污染的问题。土壤污染主要是有机物污染，包括有机农药、酚类、氰化物，以及由城市污水、污泥带来的有害微生物和重金属离子等。

（三）废气催化净化材料

全球近 50% 的大气污染物源于以机动车为代表的移动源排放，以机动车尾气净化为代表的内燃机后处理净化所消耗的催化剂约占全球催化剂市场的 1/3，这一态势在短期内不会发生改变。三效催化剂（three-way catalyst，TWC）采用高温热稳定的稀土储氧材料和活性 Al_2O_3，以此为核心的催化净化是全球普遍采用的汽油车排气后处理技术，可削减 90% 以上的 CO、碳氢化合物、氮氧化物排放。另外，随着催化型汽油机颗粒物捕集器（gasoline particulate filter，GPF）的应用，开发高效氧化物涂层，利用金属-载体效应提升贵金属在低氧环境中的碳烟氧化能力也是关注的焦点之一。对于柴油车排放物净化而言，柴油机氧化催化剂（diesel oxidation catalyst，DOC）、氨/尿素选择性催化还原（selective catalytic reduction，SCR）氮氧化物、具有催化涂层的柴油机颗粒物捕集器（catalyzed diesel particulate filter，CDPF）等已成功应用于柴油车尾气净化。要满足欧Ⅵ等更严格的排放标准，需要在提升上述单项技术净化效率的同时，加强其耦合连用技术研发，实现对氮氧化物、颗粒物（particulate matter，PM）等污染物的高效净化。其中，DOC、柴油机颗粒物捕捉器（diesel particulate filter，DPF）、SCR 的耦合连用技术对 SCR 催化剂的水热稳定性提出了更苛刻的要求，因此研发宽活性温度窗口、高热稳定性的新型小孔分子筛 SCR 催化剂是该领域的发展趋势与研究热点。

在固定源污染排放控制方面，传统的钒基 NH_3-SCR 催化剂具备优异的耐硫性，已广泛用于燃煤电厂烟气脱硝；开发低温 NH_3-SCR 催化剂及技术，实现对烧结烟气、工业炉窑/锅炉烟气氮氧化物的高效净化，是未来固定源脱硝技术研发的重要方向。催化氧化法能将挥发性有机物（volatile organic compound，VOC）转化为 CO_2 和 H_2O，是目前公认的彻底消除工业 VOC 的有效手段之一。研发热稳定性好、高效廉价的新型催化材料是 VOC 催化氧化净化的核心；开展 VOC 净化材料的疏水性设计，实现对低浓度污染物的吸附、浓缩与净化，也是工业 VOC 催化净化研究的热点。

近年来，人们对居住与工作环境空气质量的要求越来越高，室内及密闭空间空气净化也逐渐发展成为环境催化研究与应用的重要领域。因此，发展安全可靠、无须加热等外部能量输入的催化材料与技术是人们关注的重点，常温催化材料与技术已经成为室内及密闭空间空气净化的重要研究方向。

（四）光催化 CO_2 还原技术

近几十年来，国内外学者对太阳能光催化还原 CO_2 开展了广泛研究，研发了多种新型高活性的光催化材料，主要包括二氧化钛（TiO_2）、三氧化钨（WO_3）、钒酸铋（$BiVO_4$）、锗酸锌（Zn_2GeO_4）等氧化物，硫化镉（CdS）、硫化锌（ZnS）等硫化物，以及磷化铟（InP）、磷化镓（GaP）等磷化物。人们通过对现有光催化材料的能带结构、高能晶面、表面原子态等进行调控，或利用助催化剂及构建纳米复合材料等，来提高光催化剂还原 CO_2 的转化效率。虽然光催化还原 CO_2 的研究取得了长足进展，但目前光催化还原 CO_2 的转化效率仍然较低（$<1\%$），远没有达到工业化应用的要求。

人工光合成反应主要包括三个基本过程：①光催化材料吸收光子；②光生电子-空穴对的产生、分离与迁移；③碳固定，CO_2 催化转化为碳氢燃料。CO_2 具有很高的热力学稳定性和动力学惰性，因而 CO_2 吸附与活化是人工光合成反应发生的先决条件。通常，具有高比表面积的光催化剂可以为 CO_2 吸附提供更多的活性位点。此外，也可以通过光催化剂表面的碱改性来改善 CO_2 吸附效果，基于 CO_2 分子的路易斯酸性，CO_2 和碱性光催化剂表面之间的反应将会形成中间体（如双齿碳酸酯），有利于 CO_2 分子的活化和随后的还原。CO_2 的活化方式在某种程度上决定了反应的途径与最终产物的形态。

（五）光 / 热催化海水淡化 / 净化技术及其他技术

我国水资源总量大，占全球水资源的 6%，但部分区域及人均水平偏低。截至 2020 年，我国人均水资源量为 2994 立方米，略高于中度缺水线（2000 立方米），因此解决水资源短缺问题十分迫切。相对于淡水资源而言，我国海水资源十分丰富，海水淡化是解决水资源匮乏的重要技术途径。目前，海水淡化的一种有效途径是热蒸发。与传统热蒸发技术相比，光催化技术可以有效去除水中的污染物、微生物等。因此，将光 / 热催化技术与热蒸发技术有效结合，可以提升海水淡化 / 净化效率，这方面的研究目前鲜有报道，是未来的重要研究方向，有望满足海岛、舰船及海上石油平台对淡水资源的需求。此外，高效的光催化材料还能够有效减少土壤污染物，抑制或杀死土壤中的有害微生物等，对降低土壤污染程度和保障土壤安全有重大意义。

二、发展态势

针对芬顿材料在大规模应用中存在的瓶颈问题，2018 年 *Nature Nanotechnology* 推出了水污染治理专刊，认为二维纳米材料及相关技术在废水净化领域有很大优势。二维纳米材料的厚度仅为数纳米，具有独特的结构和电学性质，在能源、催化和环境净化等领域有巨大的应用前景。迄今，研究者开发了一系列具有不同结构特征和性质的二维纳米材料。其中，含过渡金属组分的纳米材料因能催化 H_2O_2 或过硫酸盐产生 $HO^{\bullet}$ 或 $SO_4^{\bullet-}$ 自由基，可实现对苯酚、双酚 A 等酚类污染物的快速降解而备受关注。

针对有机物和重金属离子混合污染废水治理的难题，纳米材料因具有大的比表面积、独特的纳米效应、结构多样性和可调性等，有望为解决环境污染治理难题提供新机遇。然而，效率低、成本高、难以循环再生等缺点是限制纳米材料技术应用于环境污染治理的共性瓶颈问题。解决这一问题的重要途径在于将吸附 / 催化组分构建在多孔纳米结构框架材料上，充分发挥多组分协同效应及分级孔道结构的支撑、传质和限域效应等，实现对污染物的安全、高效去除。相关前沿研究聚焦在复合组装材料及多孔材料的可控制备基本原理，揭示材料的组装结构、孔道尺寸和表 / 界面结构的调控机制，进而开发对复杂污染体系中混合污染物具有高效去除能力的环境净化新型纳米复合材料，并在分子或原子水平上揭示新型环境治理材料与污染物的相互作用机制和构效关系，揭示材料的失效与循环再生机制等。

铝型材厂污泥和铅锌尾矿的成分复杂多变，常规二次回收技术普遍存在成本高、效益低等问题。要解决这些问题，需要转换思路与突破思维定式。例如，开辟铝型材厂污泥的高温转化路径，可有效突破其复杂成分对常规二次回收技术的瓶颈。将铝型材厂污泥在高温下烧结，γ-AlOOH在不同温度经过系列晶型转化最终不可逆地转化为α-Al_2O_3。从理论上讲，可以用铝型材厂污泥替代含铝原料，合成粒径超细、活性高的莫来石（$3Al_2O_3 \cdot 2SiO_2$），还可显著降低莫来石的转化温度；铝型材厂污泥中少量的Fe、Ti、Na等成分是耐火材料行业所用天然矿物原料的常见成分，不但能实现高值回收利用，而且可代替不可再生的天然矿物原料，具有良好的经济与社会效益。

机动车排放法规的日趋健全要求尽可能提高催化材料的低温催化活性，开发新的吸附和催化材料体系，减少冷启动阶段污染物排放。相关研究需要提高催化剂的稳定性，抑制高温烧结与相变，提高抗积碳性、耐毒性与寿命等；需要发展新的催化概念，实现CH_4、苯系物等的低温/室温净化，贵金属减量化或替代研究，降低催化剂的成本；需要在高空速与高湿度条件下实现低浓度污染物的高效捕集与净化，并开发含硫条件下低温脱硝SCR技术及相关催化材料。

虽然大气中过量CO_2存在温室效应，但CO_2也是丰富的C1、C2化工原料，有望替代石油和天然气，作为未来碳源的重要资源。当今，如何有效资源化利用CO_2已成为研究热点，吸引了环境、能源、材料、物理、化学等领域研究人员的极大兴趣。尽管在CO_2吸附、活化、反应机理等方面已做了一些研究，但CO_2催化反应的理论研究仍不足以指导高效人工光合成体系的建立。例如，仍未建立CO_2吸附、活化方式与反应途径之间的关系，仍未确认何种活化方式对降低反应势垒是有利的。因此，亟待对CO_2吸附、活化、反应路径、产物选择性等进行深入研究，为发展高效人工光合成体系提供理论基础。此外，目前人工光合成的产物多为C1化合物（CO、CH_4、CH_3OH等）。调控C—C耦合反应，生产高附加值C2或C2+产物，实现更高能量状态的人工光合成过程，仍然面临巨大的挑战。这一过程涉及C═O键、C—C键、C—H键自身或者相互活化与偶联，从而有望获得长碳链的高能化合物。

光催化技术已经在室内空气净化、人口密集空间消毒、重要建筑物外墙自清洁等领域获得了广泛应用，市场需求也处于上升阶段。光催化技术也在绿色农业、养殖业等领域获得了部分应用，但是离大规模应用差距很大，特别是污水处理、污染土壤修复、海水淡化等对光催化技术的需求巨大。光催化技术的关键仍然是催化新材料体系的研发和深入研究，主要包括：拓展光催化剂的吸光范围以提升对太阳能的利用率；通过优化微观结构、设计合理的能带结构、构建光催化复合材料，提高光生电子和空穴分离率，提高光催化活性；探寻能够保持长期稳定性、易回收的光催化材料的制备新技术等。

三、发展思路与发展方向

图 10-9 显示了环境治理材料的分类及发展趋势，应重点发展以下方向。

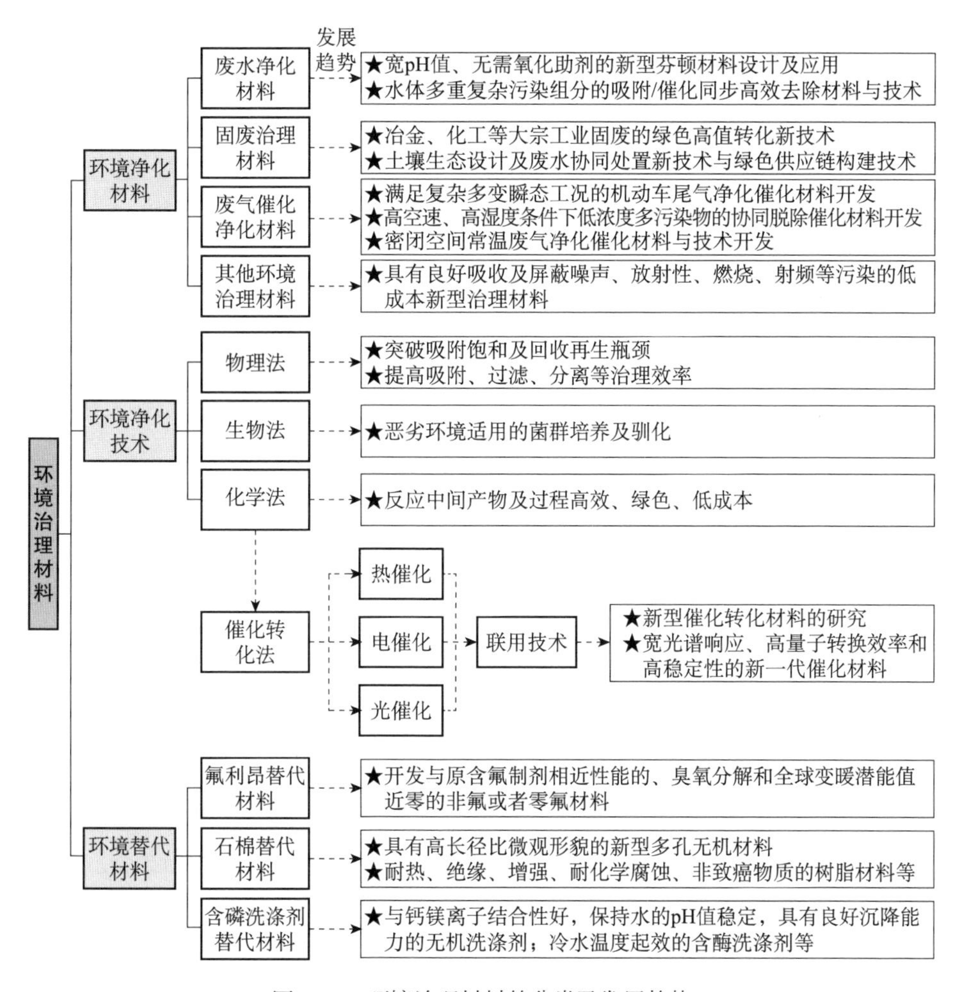

图 10-9　环境治理材料的分类及发展趋势

（一）废水净化材料

开发可在宽 pH 值环境下起效，无须反复酸碱回调的高效芬顿催化剂，研发芬顿催化剂的催化组分复合技术，实现 H_2O_2 的原位产生与高效分解，降低外加 H_2O_2 所带来的药剂成本和设备防护成本；开发可同时降解与净化有机与无机污染物的高效、多效、长效废水净化材料，探究材料功能组分与基团复合新机制，探索天然多孔结构的生物质材料在废水净化领域的深度利用，解决常规净化材料无法回收再利用的难题。

（二）废固治理材料

探讨以铝型材厂污泥为代表的大宗工业固废的高附加值转化路径和规律，开辟高温转化路径，解决其复杂组分的制约问题，合成系列优质耐火材料；解决莫来石合成纯度与温度的技术矛盾难题；利用铝型材厂污泥的独特性质，通过掺杂合成高耐火度堇青石（$2MgO \cdot 2Al_2O_3 \cdot 5SiO_2$）固熔体，解决堇青石由高温分解导致的使用场合受限的问题。

（三）废气催化净化材料

开发大比表面积、高水热稳定性（能耐受 1200℃高温老化）的铈基储氧材料和活性 Al_2O_3 材料的可控制备技术，系统研究贵金属与氧化物载体之间的相互作用，提高贵金属的分散度，抑制烧结、减少贵金属用量，突破长寿命 TWC 制备技术；设计合成具有最优孔结构、优异热稳定性与宽温域窗口的新型分子筛 SCR 催化材料，满足柴油车后处理对 SCR 催化剂活性与寿命的要求；以氧化 / 还原位、酸性位点的耦合调控为重点，探明不同过渡金属氧化物、氮氧化物活性差异的本质原因，研究复合氧化物可控制备技术，抑制高热（800℃）条件下的晶型转变，满足柴油车用 SCR 和固定源高温脱硝的要求；针对固定源低温脱硝催化剂的硫中毒问题，研究硫捕获位点与活性中心分离的低温 SCR 脱硝催化剂，提高低温 SCR 脱硝催化剂的抗硫性能，通过催化剂设计解决低温条件下硫酸氢铵（NH_4HSO_4）生成问题。研究气-固-固三相界面上 PM 催化净化过程中的反应物扩散规律与动力学、化学反应耦合作用规律等，设计合成多级孔结构和特殊形貌的 PM 净化催化材料。

（四）光催化材料

开发能够吸收全太阳光谱的光催化材料，通过成分调控制备复合材料，提升光谱响应范围，实现对太阳能的有效利用。面对光催化转化效率低的问题，建立光、电、磁、热多场响应的多能转换机制，提高光催化材料的量子效率及能量转换效率。深入探究和理解光催化和热化学反应机理，并将两者有机结合，实现在温和条件下将 H_2O 和 CO_2 高效催化转化为碳氢化合物。设计与合成多功能的光催化材料，使其能够同时降解污染物和产氢，以及淡化和净化海水等。

四、至 2035 年预期的重大突破与挑战

到 2035 年，环境治理材料有望在以下几个方面取得突破。

（1）开发能对宽 pH 值响应、无需氧化助剂的新型锰基芬顿高级催化剂，突破制备和应用核心技术瓶颈，解决芬顿催化剂在规模化应用过程中需大量外加 H_2O_2 及需在酸性环境下起效的技术难题。

（2）开发高效、多效、长效的生物质硅酸钙基吸附 / 催化型有机−无机吸附净化材料，突破废水净化材料与装备一体化核心工程技术难题，实现水体多重污染物的高效同步净化，解决常规净化材料功效单一且粉体投放、无法回收再利用的技术难题。

（3）突破用铝型材厂污泥代替工业 Al_2O_3 合成高性能莫来石、堇青石等含铝耐火材料的关键核心技术，突破高纯莫来石和高耐火度堇青石的低温烧结技术，为大宗工业固废的高值转化利用提供典型示范和中国经验。

（4）开发具有自主知识产权的小孔分子筛高效 SCR 催化材料、高效被动吸附材料、高选择性氨逃逸催化器（ammonia slip catalyst，ASC）催化材料、低贵金属含量的氧化催化材料等，以满足日趋严格的机动车冷启动阶段和复杂多变工况条件的多污染物协同高效脱除需求。

（5）开发适用于我国高灰高硫烟气特征的广谱性 SCR 催化材料，突破多污染物协同脱除和抗多金属（氧化物）、黏性粉尘中毒的技术瓶颈，满足不同温度工况（低温、中温和高温）的脱硝净化需求。

（6）开发能提供吸附中心、质子化中心、表面活性氧协同作用的多活性中心催化材料，降低贵金属用量，满足对含硫、氯的工业 VOC 高效降解需求。

（7）设计高效室温及低温催化甲醛、苯系物、醛酮类的催化材料，开发吸附催化一体化材料，开发等离子、光催化等强化复合技术室温催化苯系物的催化材料，解决室内空气污染问题。

（8）建成高效的光还原 CO_2 反应体系表征平台，包括通过原位表征手段研究光还原 CO_2 反应的机理，深刻理解 CO_2 表面化学反应过程及其影响因素，为寻求高效反应过程提供理论依据。

（9）打破目前单一半导体催化反应体系，发展多功能化催化材料体系，显著提升可见光和近红外光催化效率，构建考虑多种影响因素综合效应的高效人工光合成反应体系，实现光催化材料在环境净化和清洁能源制造中的双重应用。

第十一章

传统无机非金属材料

第一节 水　　泥

一、发展现状

水泥行业是我国传统支柱产业。水泥是最主要的一种建筑材料，广泛应用于工业建筑、民用建筑、交通、水利、农林、国防、海港、城乡建筑和宇航工业、核工业及其他新型工业的建设等领域。中国建筑材料联合会行业工作部相关研究显示，2021年1～8月份，我国水泥产量15.7亿吨。2022年1～8月份，我国水泥产量13.5亿吨，较上年同比减少2.2亿吨[①]。

我国水泥生产每年产生的碳排放量超过10亿吨，约占我国碳排放总量的15%。混凝土制备每年消耗的砂石料超过60亿吨，再加上其他水泥基建筑材料消耗的砂石料，每年砂石料用量已远超100亿吨，开采砂石料对生态环境有较大影响。同时，我国水泥生产和混凝土制备每年能耗超过2亿吨标准煤。因此，我国水泥/混凝土的生产对生态环境保护和能源消耗的影响最显

① 中国建筑材料联合会行业工作部. 2022年1～8月份水泥行业运行情况[J]. 中国建材，2022，10：100.

著。《2021～2027年中国废弃资源综合利用行业市场全景评估及发展前景展望报告》的统计显示，水泥的绿色度达到1.042，相对粗钢的绿色度（0.465）高出1倍多，我国水泥/混凝土每年消耗6亿～8亿吨固废，因此也为我国生态环境保护做出了巨大贡献。同时，通过调整传统硅酸盐水泥的矿物组成、烧成工艺，以及采用电石渣等原材料，我国水泥生产过程中每吨水泥碳排放量逐渐降低，CO_2减排贡献最显著。我国现代混凝土制备理论和技术的发展为三峡大坝、青藏铁路、杭州湾跨海大桥和港珠澳大桥等重大工程建设提供了特殊性能的混凝土材料。混凝土耐久性基础理论研究和应用成果为重要钢筋混凝土结构设计寿命从原来80年提高到100年甚至120年提供了有力保障。

自中华人民共和国成立以来，我国一直非常重视水泥行业的发展，经历了起步探索期、高速发展期和调整收紧期，在每个阶段都取得了一些标志性的成果。“十三五”期间，我国对水泥/混凝土及水泥基新型建筑材料基础研究投入明显增加。国家重点研发计划安排多项课题支持传统水泥/混凝土改性及水泥基新型建筑材料研究和应用；国家自然科学基金委员会针对水泥/混凝土的基础理论研究和应用基础研究，在保证面上项目和青年科学基金项目总量有所增加的前提下，还支持了多个重点项目和联合基金项目。绝大部分项目以增加固废用量、提高混凝土耐久性和降低能耗或消纳特殊废渣为主要目标，因此与节能环保和可持续发展关系密切。我国政府支持水泥/混凝土的基础研究力度已处于世界前列。因此，我国水泥/混凝土及水泥基新型建筑材料研究的国际地位逐年上升，已组织了数十个有国际影响力的学术会议或论坛，超过10位专家在国际学术机构担任职务，负责和参与多个国际标准的制定。我国在水泥/混凝土领域的研究力量和水平逐渐与我国水泥/混凝土的大国地位相称。随着新的胶凝体系开发、低碳水泥研究、混凝土制备理论的发展及耐久性的提升，低碳水泥混凝土生产成为降低我国碳排放总量最具潜力的方向，也成为消纳固废的主要途径，为城市生活垃圾等废弃物的处置提供了一种解决途径。我国硫铝酸盐水泥研究与应用一直走在国际前列，可以为我国海洋开发等特殊工程需求提供新的解决方案；我国在混凝土低成本制备和耐久性提升方面的应用基础研究结合我国的国情和工程需求，突破了国际上很多不合理限值，正不断为国家重大工程建设提供重要支撑。

但是，我国在水泥/混凝土化学、新型胶凝材料、胶凝材料低碳制备等方面的基础研究相对薄弱，在性能测试、表征和分析方法方面缺乏创新，与我国水泥/

混凝土生产规模相比，过于偏重应用研究，具有原创性的基础研究极其缺乏。

二、发展态势

在水泥及其他胶凝材料方面，国际上非常重视低碳制备方法和理论研究。其中，碳化养护和富氧燃烧受到特别关注。碳化养护是指在混凝土水化早期阶段，通入一定浓度 CO_2，CO_2 与水泥水化产物等发生反应，达到快速养护混凝土的目的。一方面，碳化养护可以利用混凝土吸收 CO_2，减少碳排放；另一方面，CO_2 与水泥水化产物的反应能够促进早期水化，提高早期强度，生成的产物可以优化孔结构，从而提高混凝土的耐久性。由于碳化养护技术发展的时间较短，对养护过程中物理化学变化的了解还比较有限。目前，富氧燃烧是工业炉窑最看好的节能环保燃烧方式之一。富氧燃烧能够降低燃料的燃点、加快燃烧速度、促进燃烧完全、提高火焰温度、减少燃烧后的烟气量、提高热量利用率，在节能的同时可以提高产品质量，提高产品的优质品率。我国的能源结构以煤为主，水泥回转窑的热效率普遍较低，节能潜力很大，而且排放的大量烟尘和有害气体，严重污染环境，因此富氧燃烧技术在水泥生产行业具有广阔的应用前景。关于混凝土碳化的研究主要集中在 CO_2 与硅酸钙（calcium silicate，$CaSiO_3$）和水化硅酸钙（calcium silicate hydrate，C-S-H）的反应及反应产物的构成和形态两个方面。硅酸盐水泥水化硬化理论研究重点仍在 C-S-H 凝胶性能调控和辅助胶凝材料影响两个方面。从分子尺度和利用计算机模拟对 C-S-H 凝胶进行研究及水泥水化过程多尺度分析是一种趋势。关注水泥水化硬化过程中微观结构的形成和影响因素，特别要采用有代表性的水泥样品，并能反映水泥实际使用条件和环境。关注水泥中少量组分及微量元素的作用，有利于促进水泥高效制备和提高废渣用量，也有利于提升混凝土及其制品的性能。

水泥材料研究的重要问题之一是混凝土长期行为的预测与调控。随着海洋资源开发、超深油气开采、严寒地区基础建设、建筑节能对轻质高强材料的需求，特种混凝土的研究和应用得到越来越多的关注。混凝土的再生利用也是一直关注的方向。围绕节能环保和可持续发展的目标，以我国基础建设发展需求和国情为导向，密切结合国家“双碳”目标等重大战略发展需求，根据我国原材料来源和地理环境等特点开展研究，在新型水泥、高性能混凝土和混凝土耐久性的研究，劣质原材料和固废资源化研究及利用等方面形成优势。在重视应用基础研究的同时，加强原创性基础研究，使水泥/混凝土研究水平与我国水泥/混凝土生产大国地位相称，为我国水泥/混凝土行业的健康发展提供持续支撑。特别要加强水泥/混凝土化学、新型胶凝材料体系、胶凝材料低碳制备等基础研究薄弱环节的研究，在性能测试、表征和分析方法等方面有所创新。

我国围绕水泥/混凝土可持续发展的研究重点包括以下几个方面。

（1）提高以固废为主的掺合料用量，研究废渣复合效应和高效外加剂的作用，进一步提高混凝土中掺合料的比例。

（2）混凝土早期体积稳定性控制是提高混凝土耐久性的关键之一。这方面的研究涉及水泥的水化、微/细观结构和特殊功能组分的使用，以及水分在混凝土中的作用。

（3）混凝土耐久性评价和提升，重点研究多因素耦合作用下混凝土耐久性加速实验方法和表征等方面；关注混凝土性能的在役监测分析、混凝土结构修复加固材料和特种环境条件下的混凝土耐久性设计与提升。

（4）增加混凝土的韧性可以大幅度延长混凝土的使用寿命并改善混凝土使用性能，在混凝土中加入纤维和聚合物是较常用的增韧方法，还需要研究其他更有效的增韧技术和方法。

（5）轻质水泥基材料研究，我国建筑节能和建筑工业化需要关注轻质水泥基材料的研究，特别是轻质高强水泥基材料与制品。

（6）新的混凝土及其制品成型与养护工艺，从长远发展趋势来看，应关注智能化成型方法和预制及模块化生产工艺。

第二节 玻　　璃

一、发展现状

玻璃产业是国民经济的组成部分。从应用的角度来看，玻璃既是原材料产业，又是民生产业，玻璃产品的应用已从传统的建筑采光、遮风挡雨延伸到建筑节能、航空航天、光伏新能源、交通运输、电子信息、现代农业等领域，在经济和社会发展中发挥着重要作用。我国玻璃行业发展迅速，产量一直稳居世界第一位。中商产业研究院发布的《2020 年中国平板玻璃产量数据统计分析》显示，2020 年我国平板玻璃产量达 9.46 亿重量箱，超过全世界总产量的 50%。“十三五”期间，我国玻璃行业坚持以政策创新为切入点，遏制新增产能、淘汰落后产能、严格冷修产能，推动行业供给侧结构性改革。华经产业研究院《2021～2026 年中国浮法玻璃市场全面调研及行业投资潜力预测报告》的统计显示，2019 年我国浮法玻璃生产线总数达 375 条（年产能为 13.58 亿重量箱），其中 235 条生产线在产，48 条生产线进行冷修，92 条生产线处于停产或搬迁状态。国产平板玻璃行业大多以石油焦、煤焦油等为燃料，熔窑热效率低，大气污染排放严重。在碳中和背景下，当前平板玻璃行业面临节能环保的巨大压力，需要加快实施综合能效提升，大力发展减碳、零碳排放技术，采用低碳能源和碳回收利用与封存技术，积极探索产业转型升级与可持续发展。

玻璃的节能环保和可持续发展主要包括玻璃生产过程中的节能降耗、高效节能镀膜玻璃的研发和深加工玻璃的研发制造。平板玻璃熔窑中燃料的燃烧是碳排放的主要来源，开发平板玻璃熔化节能技术和碳减排技术，能有效实现玻璃熔制方面的节能减排。近年来，我国浮法玻璃生产线通过采用全氧燃烧及电助熔技术、玻璃熔窑新型结构、配合料粒化、改进燃烧设备、智能化控制系统，以及实施其他管理和技术措施，熔窑热效率提高，单位产品综合能耗明显降低，平板玻璃行业的节能减排水平得到大幅提升。以中国玻璃控股有限公司为代表的绿色先锋企业秉承“绿色环保，节能减排”的可持续发展理念，严格限制生产技术与制造过程中各项能耗及排放指标，各生产基地已建成完善的脱硫、脱硝、一体化除尘等环保设施，各项指标均优于国家标准且污染物排放总量呈下降趋势。在节能镀膜玻璃方面，自《建筑节能与绿色建筑发展“十三五”规划》明确指出大力发展低辐射镀膜玻璃等无机非金属功能材料以来，我国节能玻璃产业得到较快发展，在线低辐射和离线低辐射镀膜技术及装备进一步发展，目前已拥有近百条镀膜产线，居世界第一，离线磁控溅射低辐射镀膜技术发展成熟，中（真）空玻璃产业化技术取得突破，耐酸碱阳光控制膜、太阳能吸热膜、高性能可钢化低辐射膜等节能镀膜产品的市场普及率达到12%，打破了欧洲、美国在高端镀膜产品市场的垄断地位。此外，电致变色、热致变色等智能节能玻璃的研究取得重大进展，节能玻璃年产业规模达到500亿元。但是，与发达国家相比，我国节能玻璃产业技术还有一定的差距，主要表现在工艺流程、制造设备、材料性能、能源消耗、自动化水平、产品质量等方面。现有的节能镀膜玻璃产品适用范围窄、部分技术和装备依赖进口，难以满足我国节能玻璃全面推广的要求。此外，国外公司在低辐射和阳光控制镀膜玻璃方面相继在中国申请了几十项核心专利，其技术保护和产品价格垄断限制了我国节能玻璃的发展，亟须进一步自主深入研发。

二、发展态势

玻璃产业近年来发展情况呈现以下规律和态势。

（1）高性能低辐射玻璃迅速发展。在线低辐射镀膜玻璃已可大批量生产，辐射率约为0.15，具有性能稳定、可钢化、不易受潮变质的优点。离线节能镀膜玻璃开发了高透型和遮阳型等系列产品。同时，低辐射玻璃的生产成本不断降低，为中空玻璃和真空玻璃的质量提升及推广应用创造了条件。

（2）光伏玻璃涨势迅猛。随着社会可持续发展对清洁能源的迫切需求，光伏装机需求被逐渐释放，光伏玻璃是光伏组件的关键部件，从而带动了光伏玻璃行业的发展。全球新增光伏装机容量2017年超过99GW，2018年超过100GW，2019年达到121GW；截至2019年，全球累计光伏装机容量达到626GW。全球新增光伏装机容量和累计光伏装机容量均创造新高。随着光伏建筑一体化的推广，光伏组件不仅要满足光伏发电的功能要求，还要兼顾建筑的基本功能要求，成为一种具有光电转换功能的新型建筑材料。《建筑节能与绿色建筑发展“十三五”规划》指出，2020年中国城市中光伏建筑一体化可应用面积为17.9亿平方米，城市新增超低能耗、近零能耗光伏建筑项目达到1000万平方米以上，是万亿元级的光伏建筑一体化潜在市场。

（3）中空玻璃传热系数（*U* 值）进一步降低，真空玻璃研发取得突破。欧洲在玻璃门窗节能方面一直处于全球领先地位，在推广 *U* 值约为 1.1 瓦 / (米^2 · 开) 的单低辐射中空玻璃的基础上，又开始推广 *U* 值约为 0.7 瓦 / (米^2 · 开) 的双低辐射双中空玻璃，且致力于进一步降低 *U* 值和玻璃重量与厚度。

（4）智能节能玻璃受到重视。为了达到全天候全时段高效节能的目的，能够通过电场和温度场等外场主动调控光线的透过、吸收和反射的智能玻璃代表产业的发展趋势。电致变色、热致变色及可同时调节可见光和红外光的广谱调光智能玻璃在学术界和产业界都受到广泛重视。

（5）超薄、高强电子玻璃产品成为新的研究重点。电子玻璃市场集中度高，在薄膜晶体管液晶显示器（thin film transistor liquid crystal display，TFT-LCD）玻璃基板和盖板玻璃方面都占据绝对的市场份额，康宁公司于 2007 年研制的“大猩猩”盖板玻璃凭借优异的抗跌落性能成为高端手机盖板玻璃的绝对领导者。国内玻璃基板企业也在不断加速追赶，2019 年已建成 30 条 4.5～8.5 世代玻璃基板生产线，并在高端高铝盖板玻璃方面取得突破。电子玻璃是电子信息产品的基础支撑产业之一，直接影响电子信息产品的发展，成为玻璃工业新的研究重点。

（6）玻璃新型熔化技术成为国内外热门研究领域。以康宁、肖特和匹兹堡平板玻璃（Pittsburgh Plate Glass，PPG）为首的国际玻璃巨头在新型熔化技术研究方面取得一系列成果，实施以分段式窑炉、飞行熔化、浸没式燃烧技术为代表的新一代玻璃熔制系统（new generation glass melting system，NGMS）的联合攻关，其相关基础问题研究作为实现玻璃生产低能耗的关键，受到人们广泛重视。中国玻璃控股有限公司在全氧燃烧技术基础上引入浸入式燃烧技术，有利于燃烧气泡与配合料、玻璃液的热量交换，提高燃料的燃烧效率，进一步降低熔制玻璃液的能耗；开发适用于大熔化量玻璃熔炉的全电熔技术，增设电助熔装置，降低烟气污染物的排放，达成清洁零排放的碳中和愿景；发展配合料粒化及预热技术，通过加速传热效率、加快固相反应、预热配合料来缩短玻璃熔化时间；引入信息−物理系统、人工智能等技术进行熔窑系统的智能化控制，实现玻璃生产过程的节能减碳目标。

第三节　耐 火 材 料

一、发展现状

作为世界上最大的耐火材料生产国和消耗国，我国耐火材料产品的质量和数量居世界首位。在世界耐火材料协会的22家会员企业中，中国的会员企业有7家。虽然中国耐火材料龙头企业在国际市场中的实力近年来有所增强，但其世界知名度不高。全球排名前十的耐火材料企业中没有中国企业。国外耐火材料市场规模约为200亿欧元，世界排名前十的耐火材料企业市场份额占国外耐火材料市场规模的70%以上，即中国要和全球排名前十以外的其他企业分享剩余的国外耐火材料市场（不足30%）。这也说明我国国际市场参与程度低，国际化经营任重道远。耐火材料作为钢铁、水泥等高温工业不可或缺的支撑材料，其重要性不言而喻。钢铁和建材行业是耐火材料下游应用市场的最重要领域，两者对耐火材料的消耗量占耐火材料消耗总量的近90%。我国钢铁、水泥、玻璃等的市场规模都居全球第一位，且产量的全球占比均超过50%，钢铁和水泥行业全球排名前十的企业都有中国企业。然而为钢铁、水泥等高温工业保驾护航的耐火材料行业在国际上的话语权很小，这与我国高温工业在全球的地位极不匹配，不利于我国高温工业的健康持续发展。

我国一些耐火材料产品的技术水平已达到国际先进水平。近年来，低碳镁耐火材料的性能优化、纳米技术在耐火材料中的应用、无铬的镁铁尖晶石砖耐火材料的发展，以及耐火材料的用后再生技术等，都有了一定的研究突破。在绿色耐火材料的开发方面，无定形耐火材料的技术研发取得了非常明显的成绩，节能化效果得到明显提升，使用程度越来越高。

然而，我国耐火材料工业在诸多方面仍存在短板。

（1）耐火材料行业集中度低，小、多、散的现状仍没有得到彻底改善。由于市场大，进入门槛低，2019 年全行业耐火制品和耐火原料企业总数为 1958 家。主营业务收入为 2069.2 亿元，但耐火材料主营业务收入超过 1 亿元的企业只有 100 多家，耐火材料主营业务收入超过 30 亿元的企业只有 3 家。行业集中度低限制了我国耐火材料行业在国际市场上的竞争力。

（2）耐火材料行业整体工业水平较低，企业科技创新能力不足。目前，新能源、电子信息、生态环境、生物医药、垃圾处理、新型建筑及军工等高新技术的发展对耐火材料的性能提出了更严苛的要求，要求耐火材料向高精度、高性能和高技术等方向发展。但我国耐火材料企业的核心竞争力仍集中在低端产品上，产品质量不稳定，优质品种单一且难以量产。行业内部还存在部分产能过剩的现象，这势必会导致市场竞争格局混乱，不利于耐火材料行业的健康发展。

（3）耐火材料行业对原材料的关注度不高。我国耐火原料的开采和加工行业比较粗放，在资源合理利用、天然原料均化和新原料合成方面与国外相差较大。耐火材料企业参与耐火原料的研究开发不多，基本上还是各自专注各自的领域。对耐火原料性能指标的设计和加工工艺研究的参与度太少，导致耐火原料与耐火材料产品的性能脱钩，不利于产品性能的提升和开发高性能新产品，也容易降低原材料的利用率。

（4）耐火材料在节能减排及轻量化方面仍存在较大挑战。《中共中央关于制定国民经济和社会发展第十四个五年规划和二〇三五年远景目标的建议》强调，增强全社会生态环保意识。耐火材料行业也需要逐渐向清洁型、低碳型、环保型方向发展。目前，我国每年在钢铁行业消耗耐火材料约1000万吨，用后的废弃耐火材料也已达到 400 万吨左右，废弃耐火材料占耐火材料消耗总量的 40%，不仅增加了产品成本，而且造成严重的环境污染。我国炼钢耐火材料的平均消耗是国际先进水平的 2 倍以上，耐火材料的寿命和性能稳定性欠佳，产品技术附加值不高，容易产生环保和环境公害，使用过程中对人的健康产生威胁，等等。在资源节约型耐火材料制备方面存在易粉化、挤压变形、强度低和整体性不好的问题，亟待改进。提倡对耐火材料的循环利用，不但可以降低对耐火原料的开采，降低耐火材料的生产成本，而且可以保护环境，防止环境受到由开采矿物带来的污染，更好地贯彻落实可持续发展战略。未来，新耐火材料的技术将向着长寿、低耗、节能、环保、低碳回收利用与功能型相结合的方向进行研究与创新，从而提高综合服务能力，从整体上提升我国耐火材料产业的国际竞争力。

二、发展态势

耐火材料围绕着品种质量优良化、资源消耗集约化、提高生产效率、生产过程少污染及使用过程无害化，呈现以下几个方面的发展态势。

（1）围绕“双碳”目标，发展节能耐火材料是主要趋势。随着高温工业的快速发展，基于国家对高温工业的能源节约要求，我国目前围绕节能降耗开发了新型高性能节能耐火材料。例如，采用有机泡沫模板原位反应制备了具有体积密度小、绝热性能好、环境污染少、使用寿命长、服役温度高（超过 1700℃）等优点的新型轻质隔热耐火材料；红外高辐射节能新材料的高温辐射率≥ 0.9（工业炉窑内壁耐火材料在高温下的红外辐射率仅为 0.3～0.5），可以大大强化窑内的辐射传热，增加配合料对热量一次（直接）吸收的效率，可以产生 5%～15% 的节能效率，有效提高工业炉窑的热利用率，同时减少碳排放量，产生环保效应。

（2）氢冶金用耐火材料的研发。过去十多年间，世界主要产钢国开始致力于开发能够显著降低碳排放量的突破性低碳炼钢技术，氢冶金应运而生。氢冶金工艺的逐步发展对冶金过程中耐火材料的耐高温氢蚀性能提出了新的要求。目前先行开发的可以储藏高温、高压氢气的超耐蚀高温材料是未来氢冶金耐火材料的重大发展趋势。氢冶金过程中氢气与耐火材料中的 SiO_2 反应，造成腐蚀。在后续的研究中需要对耐火材料的化学组成、气孔率和孔隙结构等进行研究。

（3）废弃耐火材料全量化梯级利用。通过合理的技术手段可以实现用后耐火材料的再生利用，并使由再生料制备的耐火材料接近或达到使用要求。用后耐火材料颗粒化后的原料存在较多杂质或假颗粒，严重影响了加入再生颗粒材料的使用性能，因而其技术关键在于选择合适的再生利用对象以充分发挥再生颗粒的效用。如何有效去除假颗粒是再生料预处理的技术难点。同时，对于假颗粒影响再生产品的机理和分类、系统有效去除假颗粒中的再生料预处理方法研究还不够明晰。对于再生产品，应根据再生原料特点，采用阶梯模式按级使用。

（4）多场作用下耐火材料的服役性能。由于对产品性能要求提高，现有高温工业过程已从传统热力场延伸至多场耦合的共同作用，耐火材料的服役性能会发生变化。例如，电磁场会对耐火材料的渣蚀行为产生影响，电磁场驱动高铁渣中 Fe^{2+} 的迁移，促进熔渣对镁碳耐火材料渗透层的形成，加剧耐火材料的损毁。电磁场会对低碳镁碳耐火材料的侵蚀行为产生影响，在电磁场条件下，MgO 会加速熔解，而且镁蒸气会在熔渣与耐火材料界面处凝聚，不能结晶长大，不利于 MgO 致密层的形成。电场可以改变液体与耐火材料之间的润湿性，促进电子转移和交换，从而促进界面反应，影响高温相或低熔点相的生成和分布，并加速 MgO 在炉渣中的熔解。高温下耐火材料和熔渣之间会形成双电子层，双电子层施加电压可以影响熔渣对耐火材料的润湿性。

第四节 传统无机非金属材料的发展趋势

传统无机非金属材料领域是国民经济主战场，为建筑、水利、电力、交通、冶金、化工等设施建设和工业提供大宗的基础材料，在国民经济发展中占据不可或缺的位置。传统无机非金属材料的国际发展趋势如下。

（1）传统无机非金属材料延寿原理和功能化。

（2）传统无机非金属材料低碳排放制备新工艺和可持续发展。

（3）传统无机非金属材料废弃物全量化梯级利用。

我国发展传统无机非金属材料的优势如下。

（1）能源结构丰富，多种清洁能源使产业可进行低碳排放制备。

（2）研究基础全球领先，产业规模大、研究队伍多。

（3）部分研究成果国际领先，如水泥材料绿色制备与固碳、混凝土服役行为与延寿、固废制备微晶玻璃、多尺度先进耐火材料等研究。

一、发展思路与发展方向

面向传统无机非金属材料的绿色低碳、长寿命化和高性能化需求，深入开展传统无机非金属材料的低能耗绿色制造、清洁能源制造、固碳、固废全量化梯级利用和多功能化等方面的理论基础和应用基础研究，使得我国传统无机非金属材料研究在一些方面引领世界研究热点，总体技术保持国际先进水平，支撑我国相关产业的可持续发展。要实现以上目标，传统无机非金属材料在发展中需要解决如下关键科学问题。

（1）传统无机非金属材料清洁能源制备过程中的物理化学问题。

（2）传统无机非金属材料设计与制备过程中的减排原理。

（3）传统无机非金属材料固废全量化梯级利用过程中的热力学、动力学问题。

（4）传统无机非金属材料低碳制备过程中的物理化学问题。

（5）传统无机非金属材料在极端服役条件下的微结构演变与性能劣化机制。

（6）传统无机非金属材料服役行为与长期稳定性。

（7）传统无机非金属材料设计、制备、服役过程与计算机模拟。

（8）传统无机非金属材料性能的优化与协同增强。

至2035年，传统无机非金属材料应重点发展如下几个方向。

（1）传统无机非金属材料绿色制备工艺科学基础：水泥窑富氧燃烧理论与技术；水泥窑协同处置城市固废技术；混凝土碳化养护理论与技术；新型低碳水泥及特殊工程用混凝土的设计与制备技术；轻质高强建筑材料制品制备理论与方法。

（2）新型低碳水泥与特殊工程用混凝土：新型低碳水泥（LC3煅烧黏土-石灰石复合水泥、贝利特水泥、碱激发水泥）；低利用率工业、城市固废（钢渣、磷渣、生化污泥、建筑垃圾）的建材化利用及其重金属固化；特殊功能外加剂（抗泥剂、抗氯剂、重金属固化剂）开发与机理分析；新型养护技术（碳化养护）的开发及应用；装配式工程用构件混凝土绿色化及高性能化制备；超高性能混凝土的低成本化、高绿色化；特殊工程用（深海油井建设、远海岛礁建设、极地工程建设、极端服役环境、超深隧道）特种水泥/混凝土；混凝土的全生命周期绿色化评价体系；水泥/混凝土微观结构与宏观性能及其表征。

（3）高效建筑节能玻璃：光谱选择性高效超低能耗玻璃设计和制备；外场响应（光致变色、电致变色、热致变色）智能玻璃制备和性能优化；多功能新型建筑节能低辐射镀膜玻璃制备；建筑光伏节能一体化新型玻璃与组件制备；玻璃熔窑的数值化模拟及其对行业熔窑建设的指导。

（4）高性能电子玻璃：高强度高铝玻璃的制备及其二次化学强化研究；高强、高透、高质量超薄玻璃制备与性能优化；高精度电子设备用超低热膨胀系数玻璃的制备及性能优化；面向精密光学器件应用的高性能光学玻璃的开发与研究。

（5）多功能、长寿命新型耐火材料：耐火材料清洁能源条件下的服役行为、评价及预测基础理论；氢冶金中耐火材料的设计与制备；多场条件下耐火材料中腐蚀机理的基础研究；新型高效高强隔热节能材料的基础研究；废弃耐火材料全量化利用研究。

二、至2035年预期的重大突破与挑战

到2035年，无机非金属材料领域有望在以下几个方面获得突破。

（1）建筑材料低碳化：建筑材料低资源消耗、协同处置废弃物、垃圾替代燃料、能源高效利用；水泥新能源烧成与性能调控；建筑材料碳化养护；混凝土耐久性设计理论与表征方法；外加功能组分对混凝土性能的提升；混凝土早期体积稳定性控制理论与方法。

（2）绿色高效建筑节能玻璃：光谱选择性高效超低能耗低排放玻璃设计和制备技术；外场响应（光致变色、电致变色、热致变色）双向可调节智能玻璃制备和性能优化；高强、高透、超薄玻璃制备与性能优化。

（3）清洁能源作用下的新型耐火材料制备：氢冶金中耐火材料的设计与制备；耐火材料清洁能源条件下的服役行为、评价及预测基础理论；多场作用下耐火材料的腐蚀机理研究；废弃耐火材料全量化梯级利用研究。

第十二章

无机非金属材料制备科学与研究范式

第一节　无机非金属材料制备科学

一、发展现状

作为一类重要的基础性材料，无机非金属材料在国防安全和国民经济建设中发挥着关键性作用。世界上主要发达国家都高度重视无机非金属材料及其制备技术，积极布局、大力发展。因此，无机非金属材料制备技术得到快速发展。

陶瓷粉体合成技术发展很快，出现了一些新方法，研究重点是高纯、超细粉体的稳定制备与分散。陶瓷成型研究也取得明显进展，近净尺寸成型技术由于能减少后期加工、降低成本，在精密陶瓷部件的制造中得到日益广泛的应用。陶瓷烧结技术更是蓬勃发展，闪烧、冷烧、基于辐射加热的快速烧结等一系列新的烧结技术相继问世，成为陶瓷制备领域的研究热点。除了经典的粉末烧结工艺，陶瓷的非常规制备技术也发展迅速，出现了反应铸造、聚合物前驱体法、生物过程启示的材料制备等新方法。陶瓷基复合材料的制备向着短周期、低成本、组合工艺方向发展，涌现出场辅助快速制备、化学气相渗透、反应熔体渗透等新的制备方法。在无机非金属薄膜制备方面，柔性无机非金属电子薄膜的高质量制备、二维材料的大面积生长及阵列化、无机非金属特种涂层的制备等都是当前的研究热点，多功能化与新功能设计逐渐成为无机非金属薄膜制备研究的新范式。

无机非金属材料在我国诸多重要领域发挥着不可或缺的关键性作用。例如，用于航空航天领域的陶瓷基复合材料、大口径 SiC 空间反射镜，用于国防军工领域的激光陶瓷、装甲陶瓷、大尺寸氮化硅（Si_3N_4）天线罩，用于电子信息领域的无机非金属功能薄膜、电子封装用陶瓷，用于先进制造领域的高精密陶瓷工件台、高性能陶瓷轴承球，用于交通领域的陶瓷基复合材料制动片、高强度高热导率陶瓷基板等。这些应用不仅对无机非金属材料的力学、热学、电学、光学等性能要求很高，而且对部件的几何形状、尺寸精度、表面质量等要求十分严格，对制备工艺提出了严峻挑战。因此，大力发展无机非金属材料制备科学研究，通过制备工艺创新实现材料性能的变革性提升，对于满足国家战略需求、提升我国相关领域的核心竞争力具有非常重要的意义。

近年来，我国在无机非金属材料制备方面取得了长足进步，某些领域已达到或接近世界先进水平。在陶瓷粉体方面，采用湿化学法制备的 $BaTiO_3$ 和 ZrO_2 纳米粉体的质量达到或接近进口粉体的水平，并形成规模化生产；自主突破了燃烧合成制备高 α-Si_3N_4 粉体的关键技术及核心装备，实现了工业化生产，大幅度降低了生产成本。在陶瓷成型方面，发展了胶态注射成型、低应力凝胶注模成型、自发凝固成型、中压注塑成型等先进成型技术，用于涡轮叶片、大尺寸太空反射镜、透明陶瓷、泡沫陶瓷、Si_3N_4 轴承球等陶瓷坯体的成型。围绕陶瓷 3D 打印，在打印技术和材料两个方面都取得了显著进展。在陶瓷烧结方面，提出了振荡压力烧结新技术，采用该技术制备的 3Y-ZrO_2 陶瓷几乎完全致密且晶粒细小均匀，室温抗弯强度达到 1600 兆帕，比传统烧结方法制备的材料提高了近 1 倍。陶瓷超高压烧结取得突破，制备出具有纳米孪晶结构的 cBN 陶瓷，维氏硬度高达 108 吉帕，与天然金刚石接近，断裂韧性远高于普通 BN 陶瓷。利用高能态原料粉体，实现了石墨、六方 BN（hexagonal BN，hBN）等难烧结材料的低温烧结致密化。透明陶瓷制备技术不断发展，面向航空航天、国防等应用需求，制备出一系列大尺寸、复杂形状的透明陶瓷部件。围绕近年来发展较快的闪烧技术，在实验装置、材料体系、烧结机理等方面取得了新进展。多孔陶瓷制备也有所突破，采用牺牲模板法制备了室温热导率只有 0.016 瓦 / (米 · 开)、抗压强度达 251 兆帕的多孔陶瓷。

除了经典的粉末烧结方法，我国在陶瓷的特殊制备技术方面也取得可喜的进展。提出了基于凝固原理、原位合成制备陶瓷的反应铸造新技术，发展了生物过程启示的材料制备技术，揭示了类生物环境下陶瓷室温组装致密化机制，报道了无机离子寡聚体交联聚合和压力驱动无定形颗粒融合制备陶瓷的新方法。

从陶瓷产业来看，随着产学研的深度结合，我国高技术陶瓷企业的数量持续增加，规模越来越大，技术水平和创新能力不断提高，涌现出一批有影响力的陶瓷企业，形成了一些各具特色的产业中心。例如，深圳成为我国电子陶瓷、光通信陶瓷产业集聚地，江苏宜兴成为纺织瓷件、陶瓷密封件、蜂窝陶瓷等精密陶瓷零部件制造中心，山东潍坊和淄博成为反应烧结 SiC 和 Al_2O_3 耐磨陶瓷生产基地。

陶瓷基复合材料的制备也取得重要突破。围绕 C/SiC、SiC/SiC，对化学气相渗透、有机前驱体浸渍裂解、反应熔体渗透、浆料注射担载等制备技术进行了深入研究，制备了耐高温、抗氧化、耐蚀陶瓷基复合材料，并成功应用于新一代航天器防护材料和热结构部件。在此基础上，我国陶瓷基复合材料制备正逐步迈入产业化阶段。

在无机非金属薄膜制备方面，采用化学气相沉积、原子层沉积、分子束外延生长等方法，成功开发了晶圆级 MoS_2、WS_2、WSe_2 等二维材料。发展了籽晶、激光刻蚀控制成核点等方法，实现了一系列大面积异质薄膜的制备。通过溶胶-凝胶法、滚筒印刷、喷墨打印、电沉积等方法，成功制备了氧化物、氮化物、硫化物柔性无机非金属功能薄膜，在柔性显示、传感、存储等方面走在世界前列，并孕育了一批柔性电子相关产业。

虽然我国在无机非金属材料制备研究与应用方面取得了显著的进步，但仍存在一些问题和不足，有待进一步研究解决。

（1）陶瓷粉体的烧结性能不仅取决于粒径分布及团聚情况，而且与粉体的能量状态、内部结构、表面缺陷等因素密切相关，但目前对这方面的研究还不够深入。

（2）陶瓷成型方面，生产中多沿用干压、等静压等传统成型技术，胶态成型等新技术应用不够；工艺研究中缺少流变学等理论指导，坯体结构均匀性和成品率有待进一步提升。

（3）陶瓷3D打印的控制精度需要进一步提高，高致密度大型复杂零件的制造难度较大；产业化应用的材料范围不够广，在航空航天、医疗器械等高端制造领域的占比较小。

（4）陶瓷基复合材料制备存在周期长、成本高等问题，不利于装备中批量化使用及向民用领域推广，满足吸波、耐辐照等功能性要求的陶瓷基复合材料的制备工艺尚不成熟。

（5）在无机非金属薄膜制备方面，大面积二维材料及其异质结体系种类较少，制备方法相对单一；柔性无机非金属薄膜制备手段比较有限，规模化生产效率不高。

（6）与常规制备方法相比，对高压合成等特殊制备方法的研究不够，高温高压等极端条件下无机非金属材料的结构形成与演化机制有待更进一步研究。

二、发展态势

无机非金属材料制备科学研究呈现良好的发展态势，陶瓷、陶瓷基复合材料、无机非金属薄膜等材料的制备技术都在快速发展（图12-1）。

高性能精密陶瓷部件的制备一直是陶瓷制备的重点和难点。航空航天、国防、能源等众多领域都离不开高性能精密陶瓷部件。在高性能精密陶瓷部件的制备中，近净尺寸成型技术将得到越来越多的应用。另外，陶瓷3D打印技术发展很快，2016～2021年，其市场规模年均增长率接近30%。我国从事陶瓷3D打印研究与应用的高校、科研院所和企业越来越多，已具备打印技术和材料两个方面的基础条件。未来陶瓷3D打印技术将进一步发展，在医疗、电子、航空航天等领域得到更加广泛的应用。

陶瓷基复合材料的体系向多元化发展，性能向结构功能一体化发展，应

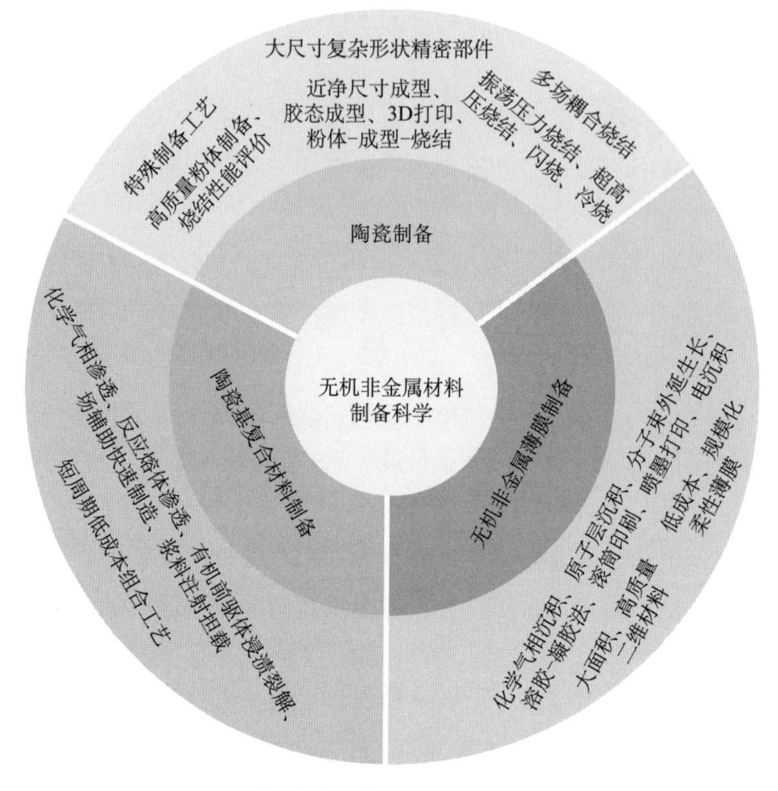

图 12-1　无机非金属材料制备的分类和发展趋势

用向超高温、长寿命、可重复使用等方向发展。相应地，陶瓷基复合材料的制备工艺向短周期、低成本和组合工艺方向发展，出现了场辅助快速制造、化学气相渗透、反应熔体渗透、浆料注射担载等新工艺。

在无机非金属薄膜制备方面，二维材料大面积生长及其阵列化已成为器件应用的挑战。新型二维材料是“后摩尔时代”半导体芯片突破纳米尺寸极限最具潜力的变革性材料体系之一。高质量二维材料的大面积制备及大规模异质结阵列化是推动二维半导体材料实现应用突破的关键之一。另外，以柔性显示器件、储能器件、传感器件等为代表的柔性电子技术迅速发展，成为全球各科技强国争先抢占的制高点。据预测，2028 年全球柔性电子市场规模将超过 3000 亿美元。柔性电子的飞速发展对柔性无机非金属电子薄膜提出了更高的要求。因此，柔性无机非金属电子薄膜的低成本、高质量制备技术的突破成为柔性电子发展的关键。

三、发展思路与发展方向

（一）陶瓷制备

利用高能态粉体实现低温烧结和微结构调控已显现出独特的优势。沿着这一思路，深入研究粉体的结构、能态与烧结行为的内在关联，将有可能在陶瓷的低温烧结及性能优化方面取得重要突破。陶瓷 3D 打印展现出良好的发展势头，未来将进一步向大尺寸、高精度和实用化方向发展，形成优势研究方向。为此，需大力加强陶瓷 3D 打印基础理论和新方法研究，提高装备制造水平，完善相关检测方法与质量控制标准，形成涵盖装备、材料和工艺的完整产业链；进一步拓展材料种类和应用领域，推动陶瓷 3D 打印在生物医疗、航空航天、武器制造等高端制造领域的应用。

烧结是陶瓷制备的重要环节，对陶瓷材料的结构与性能具有决定性影响。近些年来，陶瓷烧结研究蓬勃发展，闪烧、振荡压力烧结、冷烧、基于辐射加热的快速烧结等一系列新的烧结技术相继问世，成为陶瓷领域的研究热点。陶瓷烧结技术与原理的创新未来仍将是陶瓷制备研究的重点。电场、磁场、应力场等外场与热场耦合，可能成为陶瓷烧结技术发展的一个重要方向。因此，在陶瓷烧结方面，发展多场耦合的新型烧结技术，并对多场耦合条件下的致密化行为与结构演变机理进行研究，力争在陶瓷烧结新技术、新原理方面有所突破，将有望形成引领性研究方向。另外，加强学科交叉，积极探索不同于传统粉末烧结的陶瓷制备新方法与新技术，也将为陶瓷制备开辟新的天地。

陶瓷制备研究的最终目的是通过结构调控获得高性能的陶瓷。高强、高韧及塑性陶瓷的制备是陶瓷制备研究的重要内容。在塑性陶瓷方面，过去的研究主要针对高温塑性；未来，陶瓷的室温塑性研究若能取得实质性突破，将是陶瓷发展史上的一次革命。另外，随着各应用领域对陶瓷性能的要求越来越全面，结构功能一体化陶瓷的制备也是未来陶瓷制备研究的重要方向。

（二）陶瓷基复合材料制备

重点加强基于场辅助等新原理的制备方法研究，注重陶瓷基复合材料的工艺模拟优化。突破陶瓷基复合材料的低成本、短周期制备技术，研制满足重大装备需求的陶瓷基复合材料构件。发展用于航空航天、核能、交通运输等重要领域的高性能陶瓷基复合材料及其制备技术。

（三）无机非金属薄膜制备

重点发展高质量、大面积二维半导体材料和柔性无机非金属功能薄膜的低成本、规模化制备技术。力争在多种二维半导体材料的大面积制备和柔性无机非金属电子薄膜的可控制备方面取得里程碑意义的研究成果，实现二维半导体材料的小规模生产与柔性无机非金属电子薄膜的大规模产业应用。

四、至2035年预期的重大突破与挑战

到2035年，无机非金属材料制备有望在以下几个方面取得突破。

（1）突破若干重要陶瓷粉体的关键制备技术，制备高纯、超细、稳定分散的高质量粉体，深入研究并揭示粉体的结构、能量状态、表面特性等因素与其烧结性能的内在关联。

（2）在陶瓷成型方面，重点突破大尺寸、复杂形状陶瓷部件的成型技术，研究高固相含量陶瓷浆料稳定机制，攻克大尺寸陶瓷部件的快速精密成型工艺；加快3D打印技术在电子陶瓷、生物陶瓷、多孔陶瓷等陶瓷制备中的应用进程，不断提升技术水平，改善材料性能。

（3）发展基于多场耦合的新型烧结技术，揭示多场耦合对致密化、结构演变和最终陶瓷性能的影响规律，在陶瓷烧结新技术、新原理方面取得重要突破；在陶瓷特殊制备、塑性陶瓷制备、结构功能一体化陶瓷制备等方面取得实质性新进展。

（4）突破陶瓷基复合材料的低成本、短周期制备关键技术，研制满足国家重大装备需求和产业发展的陶瓷基复合材料构件，发展用于航空航天、核能、交通运输等重要领域的高性能陶瓷基复合材料的制造技术。

（5）在无机非金属薄膜制备方面，重点突破高质量、大面积二维半导体薄膜的制备方法，发展与硅基工艺相兼容的二维材料制备技术，推动二维材料产业化应用；攻克柔性无机非金属功能薄膜的低成本、规模化制备技术，助力我国柔性电子技术占领国际制高点。

第二节　无机非金属材料研究新范式

一、发展现状

随着常规材料性能逐渐逼近理论极限，以先进材料为基础的各技术领域也陆续进入瓶颈期。因此，获得新的、更加优异的材料属性已成为打破原有的技术屏障乃至实现颠覆性功能的重要途径。对于已发展了数千年的材料科学而言，按原有的思维范式与技术路线在自然界中寻找新材料属性已十分不易，而寻求在一类材料上附加多重优异性能更加困难。近年来，通过人工定向设计，按需构建具有超常属性的新材料逐渐兴起，通过将特定的功能基元按照特殊的类型、周期、维度等因素进行序构管理，可以获得在传统材料中难以实现的超常性质（如负折射率、负泊松比、负质量密度、反常多普勒效应、异常声透射现象、负介电常数）或可以极大地强化、放大传统材料中的弱属性与弱效应（如非正定介电张量、非线性效应、电磁平衡、强相位调制与光自旋霍尔效应）。由此可见，结构基元的空间组合方式是决定序构材料获得颠覆性功能的重要条件，其中的最典型代表就是人们所熟知的超构材料。

材料在制备和服役过程中的结构变化也是新材料设计和材料改性研究中的重要课题。基于功能基元序构的研究思想，借助信息技术、超级计算机、大数据、人工智能在材料领域交叉融合的时代契机，近年来机器学习手段赋予人们解释材料结构演化的新技能，这对揭示材料结构在制备和服役期间的动态过程具有重要推动作用。同时，材料基因工程联合超算技术，形成一种全域型研究方略，不仅关注新材料的高通量计算、实验、制备与性能预测，而且进一步拓展到研究材料的动态服役过程。由此可见，功能序构、人工智能、材料基因等理念与技术的出现统筹了当前各类先进的研究方向与策略，运用各类高效的研究工具，逐渐摆脱传统的参数扫描与试错束缚，极大地节约了新材料研究的人力、物力，缩短了研究周期，最大限度地加快了新材料的研究步伐。因此，新范式的特点就是有目的地按需设计开发新材料，针对需求目标来设计、构建、筛选、预测，乃至形成逆序流程，提出正（逆）向反馈式迭代循环发展，最终形成一种方法论与技术路线相统一的新研究范式，这对突破材料学各领域的技术屏障具有重大推动作用。

功能基元序构、人工智能、材料基因工程等技术理念最早出现在21世纪初，虽然仅有20多年的发展历程，却涌现出不少颠覆性新材料。这些成果的出现得益于信息、能源、环境等多个领域的技术扩张，材料学研究的新范式面向多重技术需求，积极突破常规材料本征属性限制，统筹各种先进理念与手段，打破传统材料领域长期存在的各种技术壁垒，构建解决材料基础共性问题的新途径。基于材料研究新范式理念，借助先进的序构编译手段、信息技术和材料基因工程的全域交叉融合，高通量计算、实验、预测方法在研究实际材料问题和具体应用方面具有前所未有的优势。特别是经过近些年的发展，依靠国内人才政策的支持和研究人员的不懈努力，相关领域良好的研究基础已经形成，并培育了一大批具有国际竞争力的人才队伍。在这些领域的若干方面，我国已经展现出明显的研究特色和世界影响力。例如，由我国科学家研发的超高温结构材料、电/热输运材料、热电/超强力学陶瓷、光电/电磁能量转换材料、声学超构材料、拓扑材料与能量储存材料等已经取得了一系列国际一流的研究成果。因此，相较于国外的发展状况，为继续提高我国在一些新兴学科的核心竞争力，大力培育这种全新的研究理念与范式，以弥补我国在传统材料领域的弱势，这对打破发达国家对我国一些关键技术的封锁、摆脱“卡脖子”困境具有重要的现实意义，其具体表现在以下几个方面。

（1）材料科技是我国经济发展、社会稳定和国防安全的重要产业基础。我国已进入工业化中后期，未来材料产业布局的关键在于掌握材料科技的核心竞争力。因此，发展高新材料与技术已成为不可回避和亟待解决的关键问题。在新范式的指导下，面向国家发展的重大需求，有目的地开展新材料研究、获得新性能、突破传统材料的限制，将中国建设成为世界制造强国，实现科技强国，具有极其重要的战略意义。

（2）在材料学新范式的指导下，有针对性地构建高性能新材料，满足信息、能源、生物医学、国防等领域对材料的需求，解决其中的关键科学技术问题，揭示功能基元序构的材料中蕴含的规律，建立相应的理论，发展材料的设计新原理和先进制备技术，逐步实现按需设计变革性和颠覆性材料的目标，提高我国在材料科学领域的整体创新能力。

（3）基于功能基元序构所带来的特殊颠覆性功能，协同带动一大批相关领域的发展。例如，突破衍射极限的超构材料可以实现超分辨光学显微技术，进而协同推动生物医学方面的技术变革；将其应用于光刻技术，则可以轻易绕过分辨率极限对摩尔定律的限制，有可能完全改变当前光刻机的技术路线，彻底解决光刻机这一重大“卡脖子”问题。又如，通过超原子和超分子设计的声学超构材料具有很多奇异性质，包括负折射率、负等效密度、亚波长成像、声隐身、反常多普勒效应、异常声透射等，将有助于医学高清超声成像、水中舰艇声呐隐身、城市噪声污染治理等领域的快速发展。

（4）在新材料的研发过程中，通过人工智能的手段，突破传统材料循环试错的研发方式，建立高效、智能的材料创新研究体系，实现对无机非金属材料的组成 / 结构精确调控，以及苛刻环境下的制备与全寿命使役性能的精准设计，加快新材料研究步伐并降低研发成本，对提升材料研究水平和质量、提高我国材料科技竞争力、加快相关产业升级转型等均具有重要意义。

（5）通过材料基因工程，进行高通量计算、实验、设计、筛选、制备可提升新材料发掘的准确性。例如，通过高通量计算研究掺杂可以缩小材料实验和制备的候选范围等。这种以高通量计算、制备与表征、服役监管、智能化、信息化为核心的多技术融合、多学科交叉的研究方法不仅是材料科学与技术的发展趋势，而且对提升材料研究水平和质量、提高我国材料科技竞争力具有重要意义。

作为新的材料研究范式的重要组成部分，功能基元序构思想、人工智能、材料基因工程在材料研究的全域空间里发挥了重要作用，在材料的光学、电学、磁学、声学、热学、力学等方向都获得了超越传统材料的优越性能，取得了重大的突破，同时推动了信息、能源、医疗、军事等领域的快速发展。目前，基于功能基元序构思想，由人工智能、材料基因工程设计的新材料在光学、声学、热学、力学、电学、磁学等方向的研究发展处于国际领先地位，做出了一系列创新工作，取得了一系列从 0 到 1 的突破性成果。

虽然我国在一些领域取得了重大的突破并牢牢掌控了一些技术优势，但在材料新范式研究中也存在一些不能回避的问题或缺陷，主要表现在以下几个方面。

（1）国内功能基元序构材料现有的研究仍然主要集中在功能基元设计和序构设计，在基元-基元耦合机制、基元-序构作用机制、基元对外界刺激（包括光和声等）的响应，以及材料制备和加工技术等方面还缺乏系统性的研究和阐述，仍然需要进一步探索；对功能基元序构的研究还集中在单一材料性质的理解上，尚缺乏基元序构数据库，以及按需逆向设计的研究方法；基元序构理念只集中于特定材料领域，距构建普适性材料基元序构理论和技术还有一段不短的距离。

（2）材料的功能基元与序构方式的设计单一，且主要集中在波动场（电场、磁场、光场、声场），在同一种序构上同时加载多重颠覆性物理属性存在困难；多重物理属性机制耦合的调制研究相对不足，难以通过物理属性耦合来提升序构材料整体性能；序构材料的性能约束研究还存在挑战，如高效能、低损耗、宽谱域、小型化、平面化且易制备等；功能序构材料的应用范例目前仍然不多见，相关技术研究仍然停留在理论阶段。

（3）在材料设计方法中，无论是功能基元的序构还是人工基元的设计，虽然可以获得所需的物理属性，但是设计过程中仍沿用试错法，仍然存在材料研发的效率低与周期长等问题。因此开展高效的新基元探索研究，快速完成基元功能设计与构筑方式评估，理清功能序构与人工基元的各自作用机制及其耦合作用，实现与机器学习等工具的有机结合，是最终优化新材料性能的关键。

（4）新范式在研究方法上的重要体现在于用目的性筛选与预测代替传统的试错法，但如何改进描述符合模型、如何改进训练集结构的选择方法、如何提高模型的可解释性和迁移性等仍然存在挑战；改进描述符的准确性，尽可能包含更多的材料信息，减少人为调整的超参数数量，这是研究方法上的一类新问题。此外，目前国内的材料高通量计算研究队伍比较分散，计算机算法实现和材料学科知识仍需进一步融合。

（5）实现新材料快速设计、功能预测的重要环节是势函数的研究。目前国内对于机器学习势函数的研究还主要停留在使用现有模型解释特定材料体系的特殊现象上。模型种类丰富且易于使用的平台相对较缺乏。对于机器学习的理论和新方法缺乏系统性的研究，仍然需要进一步探索。

（6）融合材料基因工程、机器学习等信息化技术还处于自然发展的初级阶段，仍需要加大引导力度，各方面相互联系、相互促进，使得研究范式进一步完善，从而提高新范式对材料学研究的方向性与引导性作用。此外，现有的机器学习等人工智能模型大多着重于材料性能预测，对于构效关系挖掘深度不够，从而具有普适性相对较弱等缺点。

二、发展态势

基于功能基元序构思想，材料基因工程、机器学习等技术在各领域均处于高速发展阶段，相关材料技术分支呈现百花齐放的态势。面对各技术领域对新材料巨大需求的牵引，需要各领域之间相互紧密联系，最终在方法论层面上形成功能基元序构的材料研究新范式，并在此新范式的框架下突破自然材料的限制，使材料学发展进入一个全新的阶段。以超构材料的发展为例，在近 20 年的发展过程中，根据市场需求，超构材料已经逐渐步入应用领域，如电磁超构材料在天线 / 隐身等技术中的应用、光学超表面在光学系统小型化方面的应用、声学超构材料在声呐探测 / 噪声消除等方面的应用等。

三、发展思路与发展方向

材料学新范式的重要特点是深刻理解材料各物理属性和构效关系，并据此按需设计、筛选基元与序构方式，预测性能并开发新材料。因此，首先要洞悉各材料的光、电、磁、声、热、力等属性，通过对各属性基元的类型、周期、空间进行编排，深入研究各属性耦合后的整体性能。这种有目的的功能选择或超常属性的序构管理，可以通过现代信息技术（如材料基因工程、机器学习）驱动实现人工基元的设计、功能基元的编排及序构材料的性能预测。图 12-2 总结了材料研究范式的发展趋势。

未来，通过功能基元序构的方法设计制备高性能新材料，满足信息、能源、环境、医疗、国防等领域对材料的需求，解决 5G/6G、碳中和、碳达峰等关键科学与技术问题。为实现这一目标，需要将功能基元序构研究思想与材料基因工程、机器学习等重要信息工具相结合。一方面，以特殊物理性质的功能基元为起点，人为编排各功能基元的空间序构，开发具有奇异性能的新材料，注重发掘多种物理属性耦合或解耦效应，使新材料向多层次、多性能的方向发展；另一方面，利用材料基因工程，推进材料的高通量预测、高通量实验和计算、高通量制备和服役监控，充分利用人工智能手段，引导材料研究逐步向按需设计变革性和颠覆性功能的方向发展，获得可以解答时代命题的新材料，提高我国在材料科学领域的整体竞争力，实现科技强国战略目标。

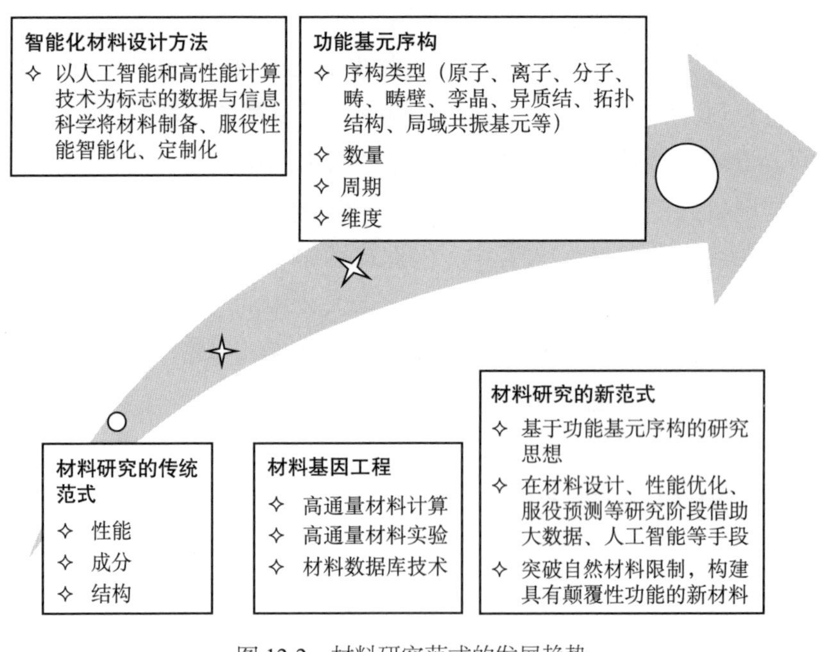

图 12-2　材料研究范式的发展趋势

四、至 2035 年预期的重大突破与挑战

到 2035 年，无机非金属材料研究新范式有望在以下几个方面获得突破。

（1）建立新范式的基础在于深刻理解功能基元、序构对材料宏观性能的调控机制；发展和完善新的功能基元序构理论和设计方法，由此获得功能基元、序构、宏观性能之间相互关联的规律；建立基元序构数据库，解决功能基元序构材料的制备和表征技术中的关键科学问题，发展制备和表征的新方法、新技术。将序构思想与现代先进信息手段融合，突破功能序构多重方法瓶颈，实现按需管理功能基元的种类、数量、周期、空间、维度等，分别在光、电、磁、声、热、力和一些交叉学科形成基元构筑和序构管理理论，为应用奠定序构材料基础，形成新的材料制备、服役评估学科。

（2）材料基因工程将覆盖到材料研究与应用的全域，跨越微观、介观、宏观等尺度的技术理论与指标，催生新型材料研究逻辑、势函数、算法、软件，以及大型研究设备；维度技术研究将会迎来数字化、智能化、定制化材料的创新时代；材料基因工程的发展将大范围规避能源、信息、生命等领域的传统基础共性问题，新的技术序构瓶颈也会随着技术的扩张而暴露出来。

（3）在多功能集成方面，人工智能手段将加速材料的功能设计、开发和部署，因此，新研究范式可以从根本上改变材料的研发格局，改进现有模型的建立方式、开发新的数学算法；从单一属性的数据库向多种属性、耦合属性的数据库拓展，通过机器学习的方式有效预测多物理场复合的性能构筑方式，加速实现材料多重功能附加、定制化和智能化，在材料制备上总体实现高效能、低损耗、小型化、平面化，最终达到解决信息、能源、国防等领域长期存在的技术瓶颈与共性难题的目的。

（4）通过功能基元序构思想与材料基因工程、数据驱动、数据库、机器学习等重要方法的相互融合，进一步完善研究范式，发挥新范式对材料学研究的方向性与引导性作用。在新范式的指引下，与数学、物理、化学等学科的交叉推动新材料研究向深度和广度发展；结合能源、生物、信息、人工智能等新兴学科中的需求，以新材料为动力推动其他相关行业领域的跨越式发展。

（5）无机非金属研究新范式最终可以实现高通量“自主”材料研究，构建全域高通量的“预测—筛选—设计—制备—性能—服役”研发闭环，实现快速自主迭代研发过程，不仅批量输出具有颠覆性功能的新材料，还可以催生新的交叉学科及其技术理论，不断地突破材料发展进程中的技术壁垒，同时不停地发掘下一种划时代的新材料。

第十三章

无机非金属材料学科的优先发展领域与政策建议

第一节　优先发展领域

我国无机非金属材料科学总体发展布局应首先满足国家需求，探索学科内在基本规律，倡导创新性研究、建立可持续发展的人才培养与成长机制。按照促进传统与先进无机非金属材料协调发展、促进多学科交叉融合、聚焦基础共性关键科学问题的目标，建议将新能源材料、功能晶体、信息功能陶瓷、先进碳材料、先进半导体材料与器件、量子材料、高性能结构材料、生物医用材料、环境治理材料、传统无机非金属材料、无机非金属材料制备科学、无机非金属材料研究新范式等作为本学科优先发展领域。

一、新能源材料

（一）国家战略需求

从国家需求来看，新能源材料与信息通信、工业节能、智能电网和新型国防武器等领域的发展密切相关，对于我国实现“双碳”目标具有重要意义。因此，未来将大力开发关键新能源材料的制备技术，推动具有高转换效率的能源转换材料体系及高能量密度的新型储能材料体系的研究与应用，满足我国发展的重大需求。从基础研究来看，推进相关领域新机理的探索与发现，揭示材料本征特性与宏观性能间的构效关系；基于相关新理论、新发现，实现材料的准确选择与结构精细调控，对于新能源关键材料的开发具有重要指导意义。

近年来，全球新能源材料行业的市场规模不断扩大，尤其是在储能与动力电池、光伏电池及燃料电池等方面。我国在新能源材料的制备及其应用方面处于国际领先地位，是新能源材料制造和应用大国。在新型储能与动力电池体系方面（如钠离子电池），我国已经拥有多项钠离子电池核心专利和自主知识产权的钠离子电池体系；在液流技术的基础研发、装置试制和应用示范等方面，也已经取得阶段性突破；在钙钛矿光伏电池领域，我国在光电转换效率、大面积制备、产业化探索等方面的研究处于国际前沿水平；在开发高性能方钴矿、半赫斯勒、Ⅳ - Ⅵ族及铜基类液态等热电体系方面，取得了重要的研究成果；开发了具有自主知识产权的全碳型锂离子电容器中试产品；研发了一系列具有高储能密度的薄膜、陶瓷和有机-无机复合材料；高度重视氢能产业发展，制氢能力位居世界前列；开发了高性能的可植入自供能微纳器件。因此，我国在新能源材料的基础研究与产业化应用方面优势明显。

（二）关键科学问题

本领域当前需要解决以下几个关键科学问题。

（1）储能与动力电池结构动力学、界面结构和性质关系及性能增强新机制。

（2）介观尺度下各功能层半导体特性与其器件光电特性的关联，以及在多场作用下的衰减抑制。

（3）基于多自由度的热电输运解耦及协同优化新机制、新效应。

（4）超级电容器的电荷快速传输，关键材料构效关系及性能增强机制。

（5）电堆及其关键部件结构、制造工艺体系、尺寸链精度与批量化生产效率、一致性、可靠性、寿命的相关性。

（6）电介质储能材料多尺度微观结构与宏观储能特性的内在关系及性能增强机制。

（7）起电材料的成分、表/界面纳米结构和功能组元对表面电荷密度、停留时间的影响，以及提升能量转换效率的物理机制。

（三）主要研究内容

针对上述问题，需要开展以下研究内容。

（1）高性能柔性全固态储能与动力电池体系的开发与性能研究。

（2）高效稳定低成本可印刷介观钙钛矿光伏电池。

（3）新型高性能热电材料及其实用化。

（4）兼具高比能、高功率和长寿命的混合型超级电容器新体系。

（5）燃料电池关键材料批量化制造尺寸链控制、容差设计、工艺体系匹配及过程控制技术。

（6）面向高端电子元器件制造的高储能密度电介质储能材料体系及其生产装备研究。

（7）海洋波浪能的高效转化和兆瓦级波浪能发电应用示范。

（四）预期成果

“双碳”目标是未来我国能源发展的主线之一，必将对能源行业未来发展带来深刻而巨大的影响。作为可再生能源的支撑性技术，新能源材料未来将迎来快速的发展。预计到2035年，我国将在能源转换材料和储能材料等领域取得重要原始创新，实现从基础研究到产业规模的全面领先。化石能源占比将进一步降低，可再生能源占比持续提升，并且成本逐渐降低。我国将全面突破高安全高性能动力电池技术、高功率燃料电池技术、电介质储能技术及超级电容器技术，解决新能源汽车和国防储能器件的重要短板问题；低成本光伏材料将解决清洁能源成本问题；高性能热电材料和微型自供能器件将进一步服务于 5G、物联网和分布式能源技术的快速发展。

估计到 2035 年，我国在新能源材料领域将拥有 40～50 名在国际上有影响力的科学家，主要分布在清华大学、北京大学、武汉理工大学、华中科技大学、北京理工大学、厦门大学、浙江大学、中国科学院物理研究所、中国人民解放军防化研究院、中国科学院青岛生物能源与过程研究所、中国科学院金属研究所、中国科学院北京纳米能源与系统研究所、北京航空航天大学、南开大学、南京大学、苏州大学、上海交通大学、华南理工大学、中国科学院化学研究所、中国科学院上海硅酸盐研究所、中国科学院电工研究所、中国科学院山西煤炭化学研究所、南京航空航天大学、北京化工大学、中山大学、复旦大学、电子科技大学、西安交通大学、西安电子科技大学、同济大学、武汉大学、南方科技大学、中国科学技术大学等研究机构或高校，以及一些高新技术企业的科研部门中。

二、功能晶体

（一）国家战略需求

《科技日报》于 2018 年报道的我国 35 项“卡脖子”技术和 60 项未掌握的核心技术中分别有 12 项和 10 项与晶体密切相关。大尺寸、高质量功能晶体正是“卡脖子”技术的关键所在，因此突破晶体生长关键科学技术和实现相关晶体与器件的产业化是自主解决“卡脖子”问题的唯一出路。习近平总书记于 2018 年 5 月在两院院士大会上也指出：“中国要强盛、要复兴，就一定要大力发展科学技术，努力成为世界主要科学中心和创新高地。”[①]

《中国制造 2025》重点领域技术路线图的电子陶瓷和功能晶体（9.2.3 节第 6 点）中指出：“开发大尺寸、高质量、低成本的人工晶体材料；突破大尺寸非线性晶体（中远红外、紫外、深紫外）、高光产额闪烁晶体，低缺陷蓝宝石等产业化关键技术，并规模应用。”我国功能晶体领域科学工作者面对挑战，要敢为天下先，在国家相关政策的扶持下，不断开拓进取，为继续保持

① 新华网．砥砺奋进建设世界科技强国　新华社论学习贯彻习近平总书记在两院院士大会重要讲话 [EB/OL]. [2022-02-19]. http://www.news.cn/nzzt/68/index.htm.

和扩大我国在功能晶体领域的优势，促进更多的功能晶体走向世界、“领跑”世界而不懈努力。

（二）关键科学问题

本领域当前需要解决以下几个关键科学问题。

（1）晶体结构动力学、结构和性质的关系及功能性质起源。

（2）晶体的设计、计算机模拟。

（3）晶体生长动力学及晶体生长过程。

（4）晶体生长条件、缺陷、性质和应用特性（如激光损伤阈值等）的关系。

（5）晶体对称性和功能特性的关系，晶体功能复合机理及复合功能晶体的设计和制备。

（三）主要研究内容

针对上述问题，需要开展以下研究内容。

（1）大尺寸晶体生长技术与人工智能等新兴学科融合及其装备研制。

（2）晶体设计新理念和方法及其紫外及中远红外波段新晶体研制。

（3）面向量子信息等新应用的光电功能晶体器件研发。

（4）高灵敏晶体器件及整机研制和应用，支撑科技自立自强。

（5）深空、高温等极端环境用晶体及器件研究。

（四）预期成果

到 2035 年，预期在功能晶体方向将取得以下成果。

（1）保持发展我国功能晶体优势，建成具有创新能力的功能晶体完整研发产业体系，引领功能晶体国际发展前沿和发展趋势，具有可持续发展的人才队伍和培养体系。

（2）完成从原料、晶体制备、后加工、器件应用到先进装备的全链条产业建设，具有满足国家各种应用需求的功能晶体系列的供货能力，做到国家急需的大尺寸优质晶体不再受制于人，并具有在必要时反制他人的能力。

（3）聚焦功能晶体与应用领域的结合，根据信息、医疗、交通、国防和工业的需求，引领功能晶体新应用，形成若干功能晶体制备及其器件和整机新兴产业。

（4）注重知识产权和功能晶体国际标准体系的建设，完善功能晶体检测评估方法和标准，有权威的国际话语权，占有国际市场重要份额。

三、信息功能陶瓷

（一）国家战略需求

信息功能陶瓷是指检测、转换、耦合、传输及存储电、磁、声、光、热等信息的介质材料，主要包括压电陶瓷、铁电材料、介电陶瓷、热释电陶瓷、电卡陶瓷、微波介质陶瓷、铁氧体材料、发光材料、MLCC、LTCC等，是电子信息、人工智能、能源、环境、医疗健康、航空航天等高技术领域和国防建设、人民日常生活不可或缺的关键基础材料，其研发与生产能力决定了国家高技术发展水平和未来核心竞争力。信息功能陶瓷已形成规模宏大的高技术产业群，且其研究和发展已成为国际材料科学的前沿和热点，是材料领域发展最快、国际竞争最激烈的方向之一，有十分广阔的发展前景和极其重要的战略意义，是我国中长期发展的战略重点之一。

（二）关键科学问题

本领域当前需要解决以下几个关键科学问题。

（1）高性能压电陶瓷多层次结构与性能内在关联；无铅压电陶瓷的大规模制备关键技术及器件服役特性；极端条件下压电陶瓷及其器件的研制与服役行为；柔性压电陶瓷及相关器件。

（2）与半导体微电子集成工艺兼容的大尺寸高性能铁电薄膜研制；铁电材料的新颖电学功能效应与交互耦合性质；极化翻转/疲劳、畴壁电导等功能性质的多尺度结构–动力学机制。

（3）高介电常数、低损耗及宽温域稳定陶瓷新材料体系/微结构设计及关键材料制备技术。

（4）热释电陶瓷光–热–电协同构效关系；电卡陶瓷功能基元序构–相变特性–热、力、电协同耦合–电卡效应内在理论联系。

（5）微波介质陶瓷本征结构与宏观性能演变规律；微波介质陶瓷制备及

其极端条件下的本征及器件性能。

（6）功率铁氧体材料的高频低功耗控制原理及制备科学问题；自偏置微波铁氧体厚膜的制备科学及集成化关键基础问题；高质量铁氧体薄膜外延生长及片上集成关键基础问题。

（7）新型高性能抗还原纳米晶介质材料及其关键制备技术；超低损耗介电陶瓷及其关键制备技术；高端 MLCC 介质陶瓷与内外电极共烧技术。

（8）LTCC 在毫米波-太赫兹频段下的介电响应机理及超低损耗控制；外场下 LTCC 异质界面微结构演变规律及对材料综合性能的影响机制。

（9）无机发光材料组成-结构-性能构效关系及新型发光材料的设计与制备。

（三）主要研究内容

针对上述问题，需要开展以下研究内容。

（1）发展高性能压电（尤其是无铅、柔性压电）陶瓷体系及高端器件研制；研究结构与性能的构效关系。

（2）发展大尺寸高性能铁电薄膜；发掘极性拓扑结构、二维层状等新颖铁电材料的新奇物性，探索其器件应用。

（3）提升高性能介电陶瓷温度稳定性；介电陶瓷-聚合物复合材料的高介电常数化。

（4）热释电陶瓷多层次结构的内在耦合机理及其协同效应的优化策略；功能基元、序构等微结构因素对电卡陶瓷相变行为和电卡效应的影响。

（5）明确微波介质陶瓷本征物理响应机理及协同关联作用机制；按需设计高性能微波介质陶瓷的新方法；极端条件下材料本征及器件性能。

（6）高频宽温域低功耗功率铁氧体材料；面向微波、毫米波应用的自偏置微波铁氧体材料；高质量铁氧体薄膜外延生长及片上集成。

（7）新型高性能抗还原纳米晶介质材料及其关键制备技术；超低损耗的介电陶瓷及其关键制备技术；高端 MLCC 介质陶瓷与内外电极共烧技术。

（8）毫米波-太赫兹超低损耗 LTCC 新体系研究；外场作用下异质界面特性及材料长期服役可靠性研究。

（9）基于晶体结构对称性及高通量计算和人工智能技术，建立发光材料的筛选因子集和发射波长预测模型，定向设计新型发光材料。

（10）深空、高温等极端环境用功能陶瓷及器件研究。

（四）预期成果

到 2035 年，预期在信息功能陶瓷方向将取得以下成果。

（1）实现高端压电器件研制、无铅压电陶瓷和柔性压电陶瓷的大规模化制备及器件研制。

（2）实现与半导体工艺兼容的大规模商用铁电存储器；获得面向 5G/6G 应用的铁电毫米波 / 太赫兹调制器、检测器等信息功能器件。

（3）获得宽温域、高击穿强度、低损耗的高介电常数陶瓷组成与制备技术，推进宽温域高性能介电陶瓷及电子元器件国产化。

（4）研制高性能热释电陶瓷晶圆和高熵变电卡陶瓷及器件，并掌握其制备核心技术。

（5）实现高端微波介质陶瓷与器件的自主研制生产，实现极端条件下微波介质陶瓷制备及器件研制。

（6）制备高性能功率铁氧体材料并发展其调控理论；研制新型非互易性微波器件；开发基于第三代宽禁带半导体的高质量铁氧体薄膜外延生长及片上集成关键技术。

（7）研制新型高性能抗还原纳米晶介质材料、超低损耗介电陶瓷并掌握关键制备技术；掌握高端 MLCC 介质陶瓷与内外电极共烧技术。

（8）实现 LTCC 设计新策略和多种异质材料集成技术的突破，研制满足新一代信息通信技术需求及差异化应用场景的系列 LTCC 新材料。

（9）实现材料结构、发光特性和器件性能的平衡设计，研制下一代固态照明、新型显示、智能传感和生物医学用新型发光材料。

四、先进碳材料

（一）国家战略需求

以石墨烯、碳纳米管、富勒烯、石墨炔、人造金刚石、非晶碳、核级石墨等为代表的先进碳材料是当前世界范围内公认的材料科学技术前沿和优先发展领域。碳原子的独特性赋予了碳材料多样化的成键特点，各类新型碳材料及新物性和新效应层出不穷，为新的科技革命带来了新的机遇。目前，先进碳材料在电子信息、新能源、航空航天、资源环境、生物医药、先进制造等领域已表现出广阔的应用前景，如基于碳纳米管的碳基集成电路技术、高性能锂离子电池用碳纳米管导电浆料、大功率电子设备散热用石墨烯导热膜材料、富勒烯生物医用材料、精密加工用人造金刚石材料、耐磨 / 耐蚀用非晶碳材料、核级石墨材料等；中国具有自主知识产权的石墨炔也已在工业催化和先进储能等方面展示了巨大的应用潜力。这些关键技术关系国家核心技术竞争力、国家安全和人民健康，对提升和巩固我国在全球高科技产业竞争中的地位具有重要的战略意义。

（二）关键科学问题

本领域当前需要解决以下几个关键科学问题。

（1）新型碳材料的结构设计与基本性质的理论预测方法。

（2）先进碳材料的结构特征及其新物性、新效应的物理起源。

（3）先进碳材料的控制制备理论与规模化制备方法和技术。

（4）先进碳材料中电子、光子、声子等的运动规律和耦合机制。

（5）先进碳材料优异性能跨尺度高效传递的方法与技术。

（三）主要研究内容

针对上述问题，需要开展以下研究内容。

（1）新型低维碳材料的预测、发现与创制。

（2）先进碳材料新物性、新效应及其物理起源的揭示，以及新原理器件和新应用探索。

（3）先进碳材料的制备科学和精准控制制备方法与技术，以及应用导向的先进碳材料的设计构筑和批量制备技术。

（4）先进碳材料在电子 / 光电子、热管理、能量转化和存储、生物医药、先进制造、核材料等领域的应用与产业化关键技术。

（四）预期成果

新技术发展对高性能新材料日益增长的需求为先进碳材料的发展带来了

前所未有的机遇。到 2035 年，我国有望在先进碳材料领域取得具有里程碑意义的成果。

（1）碳纳米管的手性精准控制及电子级材料的制备，碳基集成电路、柔性电子 / 光电子器件、超高强度导电纤维等的应用。

（2）电子级石墨烯晶圆材料的制备，光通信、超高速晶体管、超灵敏光电探测、柔性光电器件、电子设备热管理、离子传导 / 分离 / 存储等的应用。

（3）富勒烯在光电能量转换、生物医药领域的应用。

（4）石墨炔的精准控制与宏量制备，以及其在催化和能源领域的应用。

（5）sp^3 非晶碳块材的制备、加工与应用。

（6）宝石级金刚石、电子级高导热聚晶金刚石基板、石墨–金刚石杂交碳材料。

（7）高温气冷堆和熔盐堆用核级石墨的可控制备技术及工程应用等。

经过长期的发展，我国在先进碳材料领域已经形成了多个引领性的研究方向，包括大尺寸石墨烯单晶的制备、石墨烯玻璃（光纤）的制备、氧化石墨烯的绿色批量制备、碳纳米管的浮动催化剂法制备与超顺排垂直阵列制备、碳纳米管的精细结构控制、石墨炔的合成、大尺寸 sp^3 非晶碳块材的制备、超高硬度纳米孪晶金刚石的制备等。除此之外，在功能性石墨烯的控制制备、高性能碳基热管理、单一手性高密度碳纳米管平行阵列、碳基集成电路、碳基柔性光电子器件、轻质高强高导纤维及其复合材料、金属富勒烯的低成本规模制备、生物医药用富勒烯材料、石墨炔的新奇性能及催化和能源应用，以及类金刚石材料和聚晶金刚石等研究方向发展迅速，有望形成新的引领性研究方向。

五、先进半导体材料与器件

（一）国家战略需求

经过 60 多年的发展，全球半导体材料经历了三个重要发展阶段。硅等第一代半导体材料和 GaAs 等第二代半导体材料分别奠定了微电子与信息产业的发展基础。目前正在快速发展的第三代半导体材料 SiC、GaN 和 AlN 等主要面向新一代电力电子、高温高频器件和光电子应用，在新一代移动通信、智能电网、高速轨道交通、新能源汽车、半导体照明等领域有广阔的应用前景，成为全球半导体产业发展新的战略高地。我国的半导体材料和器件长期依赖进口，半导体原料和大量辅料的国产化水平不足，受制于人的问题突出，亟须提升我国半导体关键材料与器件的自主保障能力。

中美贸易摩擦的升级将对全球先进半导体材料和器件产生持续影响。目前，美国及其伙伴国将一些关键半导体材料和生产装备列入管制清单，危及我国半导体产业和相关工业体系的安全。因此，实现先进半导体材料与器件、关键技术和重要装备的自主可控等刻不容缓。此外，由于大数据、云计算和物联网的发展，信息各层分支体系中的数据流量大大增加。先进半导体之间的融合集成（特别是光电集成）、使用与集成电路工艺兼容的技术和方法是实现微电子和光电子的进一步深度融合及“后摩尔时代”的核心技术。

既要发展硅等传统半导体材料，满足当前集成电路的发展需求，也要推动 SiC 等第三代半导体技术和产业发展，在光电子、电力电子和微波 / 射频领域发挥重要作用。在二维半导体材料、量子点等新一代半导体材料领域，我们更要未雨绸缪、提前部署。新的半导体材料体系的出现是我国与发达国家同台竞争的一次历史机遇。我国应积极瞄准有突破性应用的先进半导体材料体系，发展拥有自主知识产权的半导体器件制造技术，通过整合优质资源、突破核心技术、打造本土产业链，有望在半导体制造和加工领域实现跨代发展、自主可控。

（二）关键科学问题

本领域当前需要解决以下几个关键科学问题。

（1）探究降低大尺寸硅晶圆杂质和缺陷浓度的提纯原理。

（2）建立宽禁带半导体外延生长、大尺寸拼接和检测方法及研发相关设备。

（3）阐明高结晶质量、晶圆级二维材料及其异质结控制生长机制。

（4）阐明高品质半导体超晶格的精确控制制备原理，揭示超晶格结构的能带工程调控机理。

（5）探究高质量Ⅲ-Ⅴ族半导体量子点材料生长及高效电光转换机制。

（6）发展低成本、低位错密度的新型先进半导体的外延生长方法，探索其新型器件原理。

（三）主要研究内容

针对上述问题，需要开展以下研究内容。

（1）发展多晶硅原料和关键辅料的提纯技术，实现电子级多晶硅原料和高纯石英、特种气体等新原理器件架构辅料的规模化生产。探究晶圆级直拉单晶硅的生长技术，研制集成电路用 12 英寸直拉单晶硅的完美晶体。

（2）开发低成本、大尺寸宽禁带半导体和超宽禁带半导体的生长、加工及检测技术和相关设备，实现高品质、低缺陷密度的 SiC、GaN、AlN、Ga_2O_3 等大晶圆晶体的宏量制备。研究原位集成牺牲层的高质量 GaN 生长技术，解决原绝缘衬底难以高效快速剥离的难题；研究硅基多功能光电材料的分区原位生长和集成，实现原位光电集成系统。

（3）发展晶圆级、高结晶质量、与传统体相半导体缺陷浓度相当的二维半导体材料的可控合成技术，阐明二维输运中的基本规律，设计并研制低功耗新原理电子与光电器件，发展与硅技术融合的器件互联与功能耦合技术。研究二维半导体材料的能带有效调控技术，实现基于二维半导体材料的横向和纵向可控异质结构。

（4）探索新型半导体超晶格材料的新物性、新效应、新原理器件和新应用，突破高精度超晶格材料规模化制备技术与关键装备研发，实现大面积、全谱段、批量化的高质量超晶格材料的完整国产化产业链技术。

（5）发展低成本、大尺寸、低位错密度的新型先进半导体（如量子点、钙钛矿材料等）的外延生长技术，探索其发光显示、探测成像等新原理器件架构。

（四）预期成果

预期到 2035 年，先进半导体材料与器件方向有望获得以下突破。

（1）突破电子（特）级多晶硅原料及相关辅料的提纯技术，实现集成电路用 12 英寸或更大尺寸直拉单晶硅片的批量化制备。

（2）发展成熟的高品质 8 英寸 SiC 衬底技术，发展高质量厚度大于 1 厘米、位错密度低于 10^3/ 厘米^2 的 4～6 英寸 GaN 单晶生长技术，发展成熟的高质量 4 英寸 AlN 和 Ga_2O_3 晶体生长和加工技术，打通产业链核心技术。

（3）突破晶圆级、高结晶质量、低缺陷浓度二维半导体材料的可控制备技术，研制与硅技术融合发展的二维半导体材料及其范德瓦耳斯异质结构电子器件，发展未来集成电路新型关键低维半导体材料与器件集成技术。

（4）重点突破大面积、全谱段、批量化的高质量超晶格材料的完整国产化产业链技术，实现基于超晶格结构的能带工程调控，探索新型半导体超晶格材料的新物性、新效应、新原理器件和新应用。

（5）突破硅基衬底上高品质、大规模自组装量子点材料的外延生长制备技术，发展可规模化生产的、与 CMOS 工艺兼容的高性能量子点量子计算芯片和激光器；研制与工业化生产工艺兼容的高性能钙钛矿发光显示器件和成像器件。

（6）突破 8 英寸及以上、高均匀性和低缺陷密度硅基 GaN 微型发光二极管（micro light-emitting diode，Micro-LED）材料外延技术，实现 4～6 英寸单片集成 Micro-LED 显示。

六、量子材料

（一）国家战略需求

量子技术在未来能源、信息等领域发展中具有变革性力量。2020 年 10 月 16 日，中共中央政治局就量子科技研究和应用前景举行第二十四次集体学习。作为量子科技的核心基石，量子材料的研究发展决定了量子科技能否及何时走向应用，正成为我国未来经济、民生、国防等领域高质量发展的重要战略需求。

超导材料作为国家战略性材料，是聚变能发电、超导电力、高速磁悬浮、医疗仪器等关键装备的核心材料。到 2035 年，我国智能电网、新能源、先进交通等领域每年将需要超导材料 2 万吨以上。超导材料及器件作为量子计算的材料基础，对国防安全、国家经济、人民健康等的意义重大。

基于在传感、信息存储、自旋电子器件等领域超越硅基电子元器件的巨大原理优势，多铁性材料和拓扑量子材料提供了集成器件的继续小型化、高能效发展的新型信息材料体系，在低功耗、高灵敏磁传感、信息存储、红外探测、人工智能、量子计算等领域展现了重要的应用前景。

量子传感材料因其量子力学原理所赋予的高分辨、高灵敏电磁场探测等特性，可以满足国家在生物医学、工业检测和国防安全等领域的重要需求。

（二）关键科学问题

本领域当前需要解决以下几个关键科学问题。

（1）常压室温超导材料的实现及其量子器件构筑；面向 10 特以上大规模应用超导材料的磁通钉扎与交流损耗控制新机理。

（2）室温单相多铁性材料的探索；多量子序参量耦合机制研究；强磁电耦合效应和低功耗调控。

（3）液氮温区以上具有量子反常霍尔效应、拓扑磁电效应的新型拓扑量子材料；拓扑自旋结构的可控制备、调控，以及存储和逻辑器件制备。

（4）高纯度、碳-12 同位素纯化单晶金刚石生长机理及其实现；人工可控的量子缺陷态制备。

（三）主要研究内容

针对上述问题，需要开展以下研究内容。

（1）发展超导理论与模拟计算方法，探究高温超导机理、预言新超导体系，摸索具有更高转变温度的超导材料，并设计富氢化合物实现在普通高压乃至常压下的超导电性；探索高稳定、低损耗、多芯复合超导体结构设计机理，完善超细芯丝粉末 / 金属基复合超导材料塑性变形技术。

（2）探索强磁电耦合性能的室温单相多铁性材料和多铁性异质结材料的设计、合成与物性调控，研究强磁电耦合机制、多物理场调控原理，研发基于多铁性材料的新一代低功耗、高灵敏磁电传感和高速存储器件。

（3）可控生长高质量、大面积拓扑量子材料，探索具有更高温度的量子反常霍尔效应及其他新奇拓扑磁电效应，研究新型拓扑量子材料的自旋-电荷转换规律，并研发新型拓扑自旋存储器件，研究亚 20 纳米级尺寸拓扑自旋结构，以及电荷拓扑结构的可控产生、调控、探测，并构建高性能自旋电子学器件。

（4）研究化学气相沉积等材料生长平台生长高纯度、碳-12同位素纯化单晶金刚石，利用人工可控的离子注入技术实现量子缺陷态制备，对金刚石等量子传感材料实施微纳加工，研究具有特定功能的量子传感微纳结构和芯片的制备。

（四）预期成果

到2035年，预期在量子材料方向将取得以下成果。

（1）超导材料：获得突破77开液氮温度的高温超导新体系，阐明高温超导机理；实现超导强电应用、高灵敏探测及高性能滤波器，发展拓扑超导新体系及其量子计算应用；支撑我国超导产业的升级换代。

（2）多铁性材料：制备新型室温单相多铁性材料，探寻具有强磁电耦合效应的新材料体系；基于多铁异质结构的磁电耦合效应，实现低电压调控磁矩及柔性化，促进多铁性材料和自旋电子学及柔性电子学的交叉融合；实现多铁性材料在磁传感及信息存储等领域的产业落地。

（3）拓扑量子材料：实现液氮温度以上的量子反常霍尔效应；实现拓扑自旋结构的精准产生和调控，研发高自旋霍尔角材料体系，构筑高密度拓扑自旋结构及低功耗自旋流原型器件；为拓扑量子材料的应用做好知识与技术储备。

（4）量子传感材料：实现高质量单晶金刚石生长及人工可控的量子缺陷态的制备；实现实用化的量子传感器芯片制备及其在相关领域的应用。

七、高性能结构材料

（一）国家战略需求

党的十九大报告中明确提出了建设科技强国、航天强国等宏伟目标。《中国制造2025》提出，要将中国从制造大国升级为制造强国，而作为最能体现和检验制造业水平的航空航天产业的发展程度也是一个国家是否成为制造业强国的标志之一。航空航天等领域的国家重大战略装备必然需要新材料的深度参与，作为支撑的高性能结构材料面临巨大挑战。

为满足高推重比航空发动机、高超声速飞行器等“国之重器”研制，迫切需要发展超高温耐极端环境长寿命 C/C 复合材料，到 2035 年实现该材料结构多元化、功能复合化、产品多样化，国产 C/C 复合材料综合性能达到国际领先水平，支撑其在下一代航空发动机热端部件、新型高超声速飞行器热防护系统、大飞机制动、核反应堆散热、大尺寸固体火箭发动机等方面的应用。

超高温陶瓷作为高超声速飞行器鼻锥 / 前缘 / 翼舵、超燃冲压发动机燃烧室及发动机喷管喉衬等关键结构的重要或首要候选材料，将在很长一段时间内成为最活跃的研究方向之一。

陶瓷基复合材料作为一类新型战略性尖端材料，在航空航天、核能和国防领域（超）高温、力–热–氧耦合、辐照等极端服役环境条件下不可替代。我国高分辨率空间遥感、新型高速飞行器等国家重大工程及航空发动机和先进核反应堆等高科技领域对该类材料需求迫切。

以金刚石、cBN 及其复合材料为代表的超硬材料被誉为现代工业中的“超级牙齿”，不仅是支撑我国战略新兴产业发展的先进基础材料，而且是国防军工、航空航天、半导体芯片等关键领域中的“终极材料”。面向未来，超硬材料独特的性能将不断推动人工智能、宇宙探测、国防军工等领域的革命性发展。

陶瓷涂层是先进航空发动机、燃气轮机耐高温部件长时可靠服役的关键技术，探索和研发宽温域耐燃气腐蚀和多功能化的 TBC 及 EBC 可以解决极端燃气环境中高温结构部件的实际应用问题，支撑国家先进航空发动机与燃气轮机的发展路线和战略部署。

迫切需要发展能够满足未来极端环境下服役要求的高熵陶瓷，到 2035 年实现该材料的成分与结构多元化、性能多样化，高熵陶瓷的综合性能达到国际领先水平，支撑其在下一代航空发动机热端部件、新型高超声速飞行器热防护系统、核燃料元件、大尺寸固体火箭发动机等方面的应用。

高超声速飞行器蒙皮、翼舵、端头等热端部件未来期待使用兼具轻量化、承载等结构性能与防热、隔热、高温电磁吸波等多功能属性的结构功能一体化陶瓷。因此，亟须发展基于增材制造的结构功能一体化陶瓷设计原理与方法，并研究相关基础科学问题，拓展结构陶瓷实际应用。

（二）关键科学问题

本领域当前需要解决以下几个关键科学问题。

（1）热-力-氧耦合极端环境 C/C 复合材料微结构设计与氧化烧蚀抑制方法。

（2）发展宽温域超高温陶瓷、抗腐蚀抗热震陶瓷的制备与结构控制技术；新型多尺度、多维度、原位强韧化途径与材料设计和结构功能一体化协同设计方法；特种苛刻服役环境下陶瓷的稳定性与损伤机理。

（3）针对特定服役环境的陶瓷基复合材料组成-结构协同设计策略及材料关键性能响应机制。

（4）超硬材料显微组织结构的设计原理、实现途径及其对性能的影响。

（5）多功能化陶瓷涂层与 EBC 的高通量设计和多层次构筑方法，建立涂层在服役环境中的退化与失效机理及寿命预测方法。

（6）极端环境下高熵陶瓷的成分和结构设计与调控及性能提升机制。

（7）基于增材制造的结构功能一体化陶瓷宏 / 微观结构基元优化设计方法与多物理场耦合机制。

（三）主要研究内容

针对上述问题，需要开展以下研究内容。

（1）C/C 复合材料前驱体热解转化的物理化学转变机制、涂层与基体改性组元的成分设计与跨尺度复合方法、极端环境服役行为与氧化烧蚀机理。

（2）基于跨尺度、多维度、多组元协同、原位强韧化、功能序构基元调控等结构功能一体化超高温陶瓷设计与实现方法；超高温陶瓷多物理场交叉耦合（近）真实服役环境下的失效损伤机制。

（3）高性能陶瓷纤维及陶瓷基复合材料定向设计、模拟仿真、制备研发、失效机制及示范应用。

（4）超硬材料显微组织结构调控及其性能提升、新型超硬材料的合成、大尺寸高性能超硬材料制备及其在国家重大工程和国防军工中的关键应用。

（5）陶瓷涂层结构性能多尺度模拟和高通量性能预测，发展复杂成分、多相涂层的多层次设计与构筑方法，结合模拟服役环境下关键性能快速评价和材料信息学多参数多自由度优化设计方法，加速陶瓷涂层的创新研发。

（6）高熵陶瓷的设计依据或理论判据建立、成分和结构设计与调控、极端环境服役行为与性能提升机制。

（7）结构功能一体化陶瓷宏 / 微观结构基元优化设计、增材制造工艺与表征评价研究。

（四）预期成果

到 2035 年，预期在高性能结构材料方向将取得以下成果。

（1）实现 C/C 复合材料基体碳与界面微结构的精确调控，使 C/C 复合材料制备成本进一步降低，抗氧化与抗烧蚀性能达到国际领先水平，满足未来高超声速飞行器、新一代高推重比航空发动机等对高性能热结构 C/C 复合材料的应用需求。

（2）在高强韧–抗氧化烧蚀–防 / 隔热承载等结构功能一体化新型超高温陶瓷构件的低成本、高效制备技术等方面实现弯道超车；在多物理场交叉耦合（近）真实服役环境下材料评价方面提前发力，弥补现阶段数据缺口，尽早实现超高温陶瓷构件的工程化应用。

（3）实现第三代 SiC 纤维及高性能 Al_2O_3 纤维的批量化生产；实现 SiC/SiC 复合材料在高应力载荷航空发动机热端部件及核能反应堆核包壳管的示范应用，实现超高温陶瓷基复合材料在新型高速飞行器热结构上的规模应用，攻克高性能氧化物陶瓷基复合材料制备与工程应用基础科学问题与关键技术。

（4）建立完备的超硬材料力学性能基础理论，实现超硬材料显微组织结构的精准调控，合成拥有极硬极韧、导电超硬 / 超强、半导体超硬等多种性能组合的系列新型超硬材料，不断刷新共价材料硬度和韧性的纪录，实现高性能超硬材料的大尺寸制备及其产业化，带来我国现代加工业、高压科学研究等领域的重大变革。

（5）建立高温强隔热、强耐蚀、多功能化陶瓷涂层的全链条研发平台，满足新一代航空发动机、燃气轮机中多类热端陶瓷基复合材料构件的应用需求。

（6）实现高熵陶瓷的成分与结构的协同设计和精确调控，使高熵陶瓷的力学、耐蚀、抗辐照性能达到国际领先水平，满足未来航空航天、国防军工、核能等领域对高性能高熵陶瓷的应用需求。

（7）建立基于增材制造的结构功能一体化陶瓷设计、制造与评价方法，获得轻量化 / 承载 / 防隔热、轻量化 / 耐高温 / 电磁隐身、轻量化 / 承载 / 抗冲击等一体化结构陶瓷，满足未来航空航天、兵器等对结构功能一体化陶瓷的应用需求。

八、生物医用材料

（一）国家战略需求

生物医用材料产业关乎人民生命健康。恶性肿瘤等重大疾病占据中国居民病死率前列，根据世界卫生组织国际癌症研究机构（IARC）发布的 2020 年全球最新癌症负担数据报告，中国癌症新发病例和死亡病例数量分别占全球总数的 23.7% 和 30.2%，均居全球第一位。国家卫生健康委员会数据显示，截至 2021 年底，我国 60 岁及以上老年人口达 2.67 亿，占总人口的 18.9%，人口老龄化进一步加剧，组织 / 器官再生再造需求日益增长。重大难治愈疾病、人口老龄化加剧等给我国健康医疗体系带来挑战，如何保障人民生命健康是亟须解决的重大民生问题之一。生物医用材料是保障人类健康的必需品，是健康服务产业的重要物质基础，在引领未来经济社会发展中的战略地位日益凸显，已经成为全球生物医学和医疗器械领域的关键技术壁垒。

生物医用材料研究逐渐向高安全、精准化和智能化方向发展。临床上重大难治愈疾病的诊疗正在寻求高效精准无痛、无毒副作用的新策略和新材料。其中，替代传统化学药物的生物活性物质（疫苗、蛋白质、基因等）智能响应递送系统引起全球广泛关注；复杂组织再生与器官再造是再生医学的重要发展方向，如骨骼–肌肉系统的复杂组织再生、心 / 肺及皮肤等软组织与器官的再造，对生物医用材料的功能特性和精准制造提出更高要求。

生物医用无机非金属材料在生物相容性、力学适配性、物理化学信号和生物活性等方面对诊疗、组织修复及器官再造具有独特或综合优势。近年来，我国生物医用无机非金属材料的研发取得显著进步。然而与发达国家相比，国内产品仍以传统低值耗材为主，关键原材料生产技术落后，高端生物医用无机非金属材料与器械还在很大程度上依赖进口，存在被“卡脖子”的风险，不利于保障我国人民生命健康安全。因此，探索生物医用无机非金属材料学科发展的重大基础科学问题，破解重大难治愈疾病诊疗和重要软、硬组织/器官修复与再生材料的前沿技术，为新时代重大民生健康安全问题提供材料保障，具有重要的战略意义。

（二）关键科学问题

本领域当前需要解决以下几个关键科学问题。

（1）生物医用材料及多功能化构建、生物医用材料的活性化。

（2）与宿主响应性生物医用材料的制备及生物学效应研究。

（3）基于介孔 SiO_2 等生物医用无机非金属材料结构/组成精准可控、功能化与生物学效应。

（4）铁基无机非金属纳米材料的可控制备、表面分子组装及其电磁效应、生物效应机制。

（5）复杂组织一体化再生修复材料的仿生制备及生物活性陶瓷与多细胞之间的相互作用和调控机制。

（6）无机活性离子诱导软组织/器官修复再生及功能重建的生物学机制。

（三）主要研究内容

针对上述问题，需要开展以下研究内容。

（1）生物医用无机非金属原材料的可控制备和标准化生产。

（2）生物活性陶瓷结构的精准构建对力学和生物适配性的调控。

（3）3D 打印生物医用材料用于组织/器官再造与疾病治疗。

（4）以 SiO_2、氧化铁为主的新型无机非金属纳米材料的可控批量化制备及高性能化。

（5）智能响应生物医用材料表/界面可控构建及其选择性生物学作用。

（6）多元复杂组织一体化修复材料的仿生构建及其生物学机制与调控。

（7）诱导软组织/器官修复与功能重建的无机生物活性材料及生物学机制。

（8）面向精准诊疗技术与装置的外场响应性生物医用材料研究。

（四）预期成果

到 2035 年，预期在生物医用材料方向取得以下成果。

（1）面向骨-软骨、骨-肌腱、骨-韧带等骨骼-肌肉系统多元复杂组织一体化再生修复需求，明确生物活性陶瓷、多细胞和结构对一体化再生修复材料的理化与生物学特性调控作用，突破高性能多元复杂组织一体化再生修复材料的工程化制备技术，开发骨骼-肌肉系统修复材料和植入器械产品，应用于临床骨骼-肌肉复杂系统的修复再生。

（2）发展 3 种或 4 种无机生物活性材料诱导软组织 / 器官修复再生的新型材料体系，阐明材料体系 / 结构、微环境与生物学效应之间的影响规律，揭示无机生物活性材料诱导软组织 / 器官修复再生的新机制与调控原理；实现 1 种或 2 种无机生物活性材料诱导软组织 / 器官修复再生材料和相关制品的工程化制备技术，推动临床研究。

（3）发展 4～6 种基于 SiO_2、氧化铁等组分的纳米诊断和治疗材料及其可控批量化制备路线，突破体外分离检测应用关键核心材料技术，揭示其体内长期作用机制、代谢途径及相关生物学效应，阐明其对肿瘤等重大疾病的诊断和治疗机理，推动临床应用。

九、环境治理材料

（一）国家战略需求

党的十八大报告明确指出“加强生态文明制度建设……要把资源消耗、环境损害、生态效益纳入经济社会发展评价体系……建立国土空间开发保护制度，完善最严格的耕地保护制度、水资源管理制度、环境保护制度”①。建设生态文明、发展环境治理材料是关系人民福祉、关乎民族未来的长远大计，为此发挥材料学科多学科交叉融合优势，对太阳能等清洁能源利用开展研究，推动光催化技术在解决能源与环境问题方面的实用化进程，设计并研制下一代高效能源与环境治理材料，势必将促进全球能源结构调整与能源供给方式转变，对

① 胡锦涛.胡锦涛在中国共产党第十八次全国代表大会上的报告[EB/OL].(2012-11-18).http://cpc.people.com.cn/n/2012/1118/c64094-19612151.html[2022-06-20].

实现低碳社会起积极的作用，是实现经济社会可持续发展的必由之路。

（二）关键科学问题

本领域当前需要解决以下几个关键科学问题。

（1）新型锰基芬顿催化剂中 H_2O_2 的原位合成和高效分解。

（2）新型吸附 / 催化材料的设计、合成及构效关系研究。

（3）铝型材厂污泥合成高纯度莫来石和堇青石的配方设计与烧结制度研究。

（4）适应复杂多变瞬态工况的机动车尾气催化净化材料开发。

（5）高空速、高湿度条件下低浓度多污染物的协同脱除催化材料开发。

（6）密闭空间常温废气催化净化材料与技术开发。

（7）新型人工光合成材料的研究。

（8）宽光谱响应光催化材料的研究。

（三）主要研究内容

针对上述问题，需要开展以下研究内容。

（1）新型锰基芬顿催化剂的设计、合成与废水净化功效研究。催化剂能否利用自身的结构特性和催化组分，高效捕获空气中的 O_2 并与水体中的 H^+ 反应，原位合成得到 H_2O_2，这是当前芬顿催化技术应用需大量外加 H_2O_2 的关键瓶颈之一。通过对多级孔二维纳米结构的形成和表征，锰等过渡金属离子的种类、价态、浓度、溶剂等调控活性组分在多孔结构里的分布及机制，以及不同污染废水在不同条件下的净化效果进行系统探索与研究，揭示新型锰基高效催化剂的形成机制和调控因素、催化剂与有机污染物相互作用机制等，促进芬顿催化理论的发展，为其走向实际应用提供科学依据和理论指导。

（2）吸附 / 催化型有机–无机废水净化材料的合成与应用。研究在硅酸钙刚性的多孔基体上进行功能化，利用基团的不同作用机制（如化学络合作用固定金属阳离子、质子化的静电作用吸附阴离子），将两种分立的作用机制构筑在同一界面，制备阴阳离子共吸附材料、吸附氧化型材料及吸附还原型材料。研究材料的合成、表 / 界面特性、功能基团的负载与调控、不同污染物存在下的吸附 / 降解机制及规律，开发可同时降解废水中有机污染物及吸附净化重金属离子等的高效复合型净化材料，实现多重污染水体的高效同步净化。

（3）铝型材厂污泥高值转化的路径和机理研究。系统探究铝型材厂污泥的组分、特性和高温转化规律，探究用其代替工业 Al_2O_3 合成莫来石和堇青石的配方和烧结制度等对晶相纯度、晶相类型和窑具性能等的影响规律，建立莫来石、堇青石晶体缺陷调控机制。确定高铝配方延时保温的合成莫来石新工艺，探究富铝弥散增强的堇青石的配方组成、高温分解特性，为大宗工业固废的高值转化提供理论依据。

（4）高效机动车尾气催化净化材料开发。开发大比表面积、高水热稳定性的铈基储氧材料、活性 Al_2O_3 材料可控制备技术，系统研究贵金属与氧化物载体之间的相互作用，提高贵金属的分散度，抑制烧结，减少贵金属用量。开展气–固–固三相界面上 PM 催化净化过程中反应物扩散规律与动力学、化学反应耦合作用规律研究，设计和研究多级孔结构和特殊形貌的 PM 催化净化材料。设计与合成具有优化孔结构、优异热稳定性与宽温域窗口的新型分子筛 SCR 催化材料，以氧化 / 还原位、酸性位点的耦合调控为重点，探明不同过渡金属氧化物、氮氧化物活性差异的本质原因，满足柴油车后处理对 SCR 催化剂活性与寿命的要求。

（5）高效工业氮氧化物 /VOC 催化净化材料设计与开发。针对固定源低温脱硝催化剂的硫中毒问题，研究硫捕获位点与活性中心分离的低温 SCR 脱硝催化剂，提高低温 SCR 脱硝催化剂抗硫性能，通过催化剂设计解决低温条件下硫酸氢铵生成问题。开展 VOC 净化材料的疏水性设计，实现对低浓度污染物的吸附、浓缩与净化，研发热稳定性好、高效低廉的新型催化材料，以满足低浓度工业 VOC 与室温空气净化等的需求。

（6）高效光还原 CO_2 反应的新型光催化材料设计与开发。探索高效光还原 CO_2 反应的新型光催化材料体系，以及兼具污染物降解和产氢、海水淡化和净化的光催化材料。提出能够吸收全太阳光谱的光催化材料设计方案，发展高效光催化材料的制备工艺，全面表征界面和表面状态，阐明材料的能带、晶体结构、表面性质与光激发电荷、电荷输运和表面反应间的关系与规律，通过调控材料的带宽和带边（价带顶和导带底）位置使其既响应长波长光子又与反应物的电极电势匹配，获得宽光谱响应、高量子转换效率和高稳定性的具有重要应用前景的新一代光催化材料。

（四）预期成果

到 2035 年，预期在环境治理材料方向取得以下成果。

（1）在国际上率先开发可宽 pH 值响应、无须外加 H_2O_2 即可实现对有机污染废水深度氧化的新型锰基废水净化材料，解决芬顿催化氧化技术走向大规模应用的关键难题。

（2）突破水体有机–无机复杂污染物同步高效净化的国际公认难题，开发系列循环使用性能优异的吸附 / 催化型有机–无机净化材料，实现有机物的高效降解、低浓度重金属离子的吸附 / 还原 / 净化同步进行。

（3）利用铝型材厂污泥低温合成高纯度莫来石，合成出耐火度达 1600℃的富铝弥散增强的堇青石固熔体，为大宗工业固废的高值回收转化提供中国经验和示范。

（4）开发具有自主知识产权的小孔分子筛高效 SCR 催化材料、高效被动吸附材料、高选择性 ASC 催化材料、低贵金属含量的氧化催化材料等，以满足日趋严格的机动车冷启动阶段和复杂多变工况的多污染物协同高效脱除需求。

（5）开发适用于我国高灰高硫烟气特征的广谱性 SCR 催化材料，突破多污染物协同脱除和抗多金属（氧化物）、黏性粉尘中毒的技术瓶颈，满足不同温度工况（低温、中温和高温）的脱硝净化需求。

（6）开发能提供吸附中心、质子化中心、表面活性氧协同作用的多活性中心催化材料，降低贵金属用量，满足对含硫、氯的工业 VOC 高效降解需求。

（7）设计高效室温及低温催化甲醛、苯系物、醛酮类的催化材料，开发吸附催化一体化材料，开发等离子、光催化等强化复合技术室温催化苯系物的催化材料，解决室内空气污染问题。

（8）从光催化材料选择、光催化机理、构效关系、多场调控及使役特性等方面入手，综合考虑多种影响因素，构建面向应用的宽光谱、高效光催化反应体系，注重光催化材料体系的可靠性和经济适用性，借鉴其他相关技术，为人工光合成技术、兼具环境净化和清洁能源制造的光催化技术的规模应用提供技术支持，引领世界相关技术发展。

十、传统无机非金属材料

（一）国家战略需求

传统无机非金属材料领域是国民经济主战场，为建筑、水利、电力、交通、冶金、化工等设施建设和工业提供大宗的基础材料，在国民经济发展中占据不可或缺的位置。2020年，我国水泥产量已达23.77亿吨，混凝土用量超过50亿立方米，占世界总量的60%左右。平板玻璃产量达9.4亿重量箱，占世界总量的50%以上；耐火材料产量为2430.75万吨，约占世界总量的66%。全球耐火材料市场总容量为3622.92亿元，中国耐火材料市场容量为2069.2亿元，占全球耐火材料市场总容量的57.1%。传统无机非金属材料的低碳制备、技术优化、产业升级将成为降低我国总体碳排放量最具潜力的重要途径，为“双碳”目标助力。此外，随着节能环保、可持续发展、资源勘探和开发等国家战略需求日益增加，加强传统无机非金属材料功能化应用研究意义重大。

（二）关键科学问题

本领域当前需要解决以下几个关键科学问题。

（1）传统无机非金属材料清洁能源制备过程中的物理化学问题。

（2）传统无机非金属材料设计与制备过程中的减排原理。

（3）传统无机非金属材料固废全量化梯级利用过程中的热力学、动力学问题。

（4）传统无机非金属材料低碳制备过程中的物理化学问题。

（5）传统无机非金属材料在极端服役条件下的微结构演变与性能劣化机制。

（6）传统无机非金属材料服役行为与长期稳定性。

（7）传统无机非金属材料设计、制备、服役过程与计算机模拟。

（8）传统无机非金属材料性能的优化与协同增强。

（三）主要研究内容

针对上述问题，需要开展以下研究内容。

（1）传统无机非金属材料绿色制备工艺科学基础：水泥窑富氧燃烧理论与技术；水泥窑协同处置城市固废；混凝土碳化养护理论与技术；新型低碳水泥及特殊工程用混凝土的设计与制备；轻质高强建筑材料制品制备理论与方法。

（2）新型低碳水泥与特殊工程用混凝土：新型低碳水泥（LC3 煅烧黏土-石灰石复合水泥、贝利特水泥、碱激发水泥）；低利用率工业、城市固废（钢渣、磷渣、生化污泥、建筑垃圾）的建材化利用及其重金属固化；特殊功能外加剂（抗泥剂、抗氯剂、重金属固化剂）开发与机理分析；超高性能混凝土的低成本化、高绿色化；特殊工程用（深海油井建设、远海岛礁建设、极地工程建设、极端服役环境、超深隧道）特种水泥与特种混凝土。

（3）高效建筑节能玻璃：光谱选择性高效超低能耗玻璃设计和制备；外场响应（光致变色、电致变色、热致变色）智能玻璃制备和性能优化；多功能新型建筑节能低辐射镀膜玻璃；建筑光伏节能一体化新型玻璃与组件。

（4）高性能电子玻璃：高强度高铝玻璃的制备及其二次化学强化研究；高强、高透、高质量超薄玻璃制备与性能优化；高精度电子设备用超低热膨胀系数玻璃的制备及性能优化；面向精密光学器件应用的高性能光学玻璃的开发与研究。

（5）多功能、长寿命新型耐火材料：耐火材料清洁能源条件下的服役行为、评价及预测基础理论；氢冶金中耐火材料的设计与制备；多场条件下耐火材料中腐蚀机理的基础研究；新型高效高强隔热节能材料的基础研究。

（四）预期成果

到 2035 年，传统无机非金属材料将在以下几个方面取得突破。

（1）建筑材料低碳化：建筑材料低资源消耗、协同处置废弃物、垃圾替代燃料、能源高效利用；水泥新能源烧成与性能调控；建筑材料碳化养护；混凝土耐久性设计理论与表征方法；外加功能组分对混凝土性能的提升；混凝土早期体积稳定性控制理论与方法。

（2）绿色高效建筑节能玻璃：光谱选择性高效超低能耗低排放玻璃设计和制备技术；外场响应（光致变色、电致变色、热致变色）双向可调节智能玻璃制备和性能优化；高强、高透、超薄玻璃制备与性能优化。

（3）清洁能源作用下的新型耐火材料制备：氢冶金中耐火材料的设计与制备；耐火材料清洁能源条件下的服役行为、评价及预测基础理论；多场作用下耐火材料的腐蚀机理研究；废弃耐火材料全量化梯级利用研究。

十一、无机非金属材料制备科学

（一）国家战略需求

无机非金属材料广泛应用于航空航天、能源、信息等战略性领域，在国防和国民经济建设中具有不可替代的重要作用和地位。无机非金属材料的发展离不开制备技术的进步，制备技术对无机非金属材料产业发展水平和高端制造能力具有决定性作用。从这个意义上说，制备是源头和基础，没有制备，结构与性能都成为空中楼阁，应用更无从谈起。一些关键性无机非金属材料之所以成为“卡脖子”材料，主要是因为制备技术没有突破。另外，我国无机非金属材料产业仍存在资源及能源消耗高、污染严重等问题，通过制备技术创新，提高原料利用率，节能减排，对实现“双碳”目标至关重要。因此，大力开展无机非金属材料制备科学研究，加快关键制备技术的突破与产业升级，对于解决“卡脖子”问题、满足国家战略需求意义重大。

（二）关键科学问题

本领域当前需要解决以下几个关键科学问题。

（1）陶瓷粉体的物理、化学性质与烧结性能的内在关联。

（2）大尺寸、复杂形状陶瓷部件的精密成型与烧结机理。

（3）陶瓷材料多场耦合烧结机理与结构演变规律。

（4）陶瓷基复合材料设计与制备新原理。

（5）大面积、高质量无机非金属薄膜制备与结构调控原理。

（三）主要研究内容

针对上述问题，需要开展以下研究内容。

（1）突破若干重要陶瓷粉体的关键制备技术，揭示粉体的结构、能量状态、表面特性等性质与烧结性能的内在关联，开展高能态粉体合成与烧结研究。

（2）研究大尺寸、复杂形状陶瓷部件的精密成型与烧结技术，开展具有复杂曲面多层结构的陶瓷基电子电路的 3D 打印一体化成型制备研究。

（3）发展多场耦合烧结新技术，对陶瓷多场耦合烧结机理展开研究，揭示多场耦合对致密化、结构演变和陶瓷性能的影响规律。

（4）面向重要领域和重大装备应用需求，对高性能陶瓷基复合材料的核心工艺原理展开研究，努力发展低成本、短周期制备技术。

（5）开展晶圆级二维半导体薄膜及其异质结的制备与结构调控研究，发展阵列化器件工艺；开展柔性无机非金属薄膜的低成本、规模化制备研究，实现大面积无机非金属薄膜在柔性基底上的可控生长。

（四）预期成果

到 2035 年，预期在无机非金属材料制备科学方向将取得以下成果。

（1）突破若干重要陶瓷粉体的关键制备技术。

（2）掌握大尺寸、复杂形状陶瓷部件的成型、烧结原理与工艺方法，推动 3D 打印在复杂陶瓷器件制备中的应用。

（3）在多场耦合烧结等陶瓷烧结新原理、新技术方面取得重要进展。

（4）提出陶瓷基复合材料设计与制备新思路，实现低成本、短周期制备，满足重大装备应用需求。

（5）攻克大面积、高质量二维半导体薄膜关键制备技术，实现柔性无机非金属功能薄膜的低成本、规模化制备，助力我国二维材料和柔性电子技术发展。

（6）形成一批具有国际引领性的创新研究成果，实现重要工程应用，从而有力推动学科发展，促进产业升级，满足国家战略需求。

十二、无机非金属材料研究新范式

（一）国家战略需求

功能基元序构是一种典型的无机非金属材料研究新范式，可以通过人工结构设计，制备自然界所不具有的奇异特性的新材料。它在国防军工领域和国计民生行业有着广泛的应用前景。通过功能基元序构材料的设计和开发，满足信息、能源、环境、医疗、国防等领域对材料的需求，解决5G/6G、碳中和、碳达峰等关键科学与技术问题。开发新型功能基元序构材料及其功能器件是国际研究的前沿领域，也是我国在相关领域实现弯道超车、构筑“国之重器”的关键一环。

另外，通过材料基因工程结合高通量计算–理论–数据库–实验的集成创新，对材料的传统研发方式和理念进行颠覆性变革，显著提高材料的研发效率，降低新材料研发成本，缩短新材料研发周期，助力我国高端制造业和高新技术产业升级换代。将材料基因工程应用于功能基元序构材料的研发，有助于深入解决相关领域的关键科学问题，实现相关材料从0到1和从1到100的突破。

（二）关键科学问题

本领域当前需要解决以下几个关键科学问题。

（1）功能基元序构材料中基元耦合物理机理和功能基元序构材料的设计方法。

（2）快速、批量制备多尺度、多功能的基元序构材料的原理、工艺技术。

（3）探究功能基元序构材料的性能与结构基元的构效关系。

（4）通过材料基因工程方法结合机器学习方法，设计功能基元序构材料的方法。

（5）探究功能基元序构材料在外场作用下的响应机理，实现功能基元序构材料的多外场响应。

（三）主要研究内容

针对上述问题，需要开展以下研究内容。

（1）基于材料基因工程方法，通过多尺度、多维度模拟设计功能基元序构材料。

（2）研究多尺度功能基元序构材料跨尺度、多层级制备技术，实现功能基元序构材料的快速、批量制备。

（3）通过高通量计算结合材料制备，探究功能基元序构材料的性能与结构基元的构效关系。

（4）开发机器学习算法，预测功能基元序构材料的外场响应，预测功能材料的服役性能。

（5）通过结构基元设计，实现功能基元序构材料的多外场响应，构建性能服役指导材料设计与制备的逆向路线。

（四）预期成果

到 2035 年，预期在无机非金属材料研究新范式方向将取得以下成果。

（1）获得几种具有特殊性能的功能基元序构材料及相应的功能器件。

（2）理清功能基元序构材料结构基元和性能之间的构效关系。

（3）开发可以批量、快速制备功能基元序构材料的 3D 打印技术。

（4）开发一系列机器学习算法，精准预测功能基元序构材料的外场响应。

（5）开发具有多外场响应、极端服役性能的功能基元序构材料。

第二节　发展政策建议

根据无机非金属材料学科发展规律、发展现状和发展态势的分析，为实现国家 2035 年远景目标，满足国民经济、社会发展和国防建设的需要，提出以下政策措施与建议。

（1）根据学科总体发展布局，均衡发展、重点突破。重点支持新能源材料、功能晶体、信息功能陶瓷、先进碳材料、先进半导体材料与器件、量子材料、高性能结构材料、无机非金属材料制备科学等方向；重点鼓励生物医用材料、环境治理材料等交叉方向；重点扶植传统无机非金属材料的节能环保与可持续发展方向；重点促进无机非金属材料研究新范式等前沿方向。

（2）加强基础研究，鼓励探索前沿，独辟蹊径，突出原创。基础研究是创新和发展的源头，在当前形势下，要加强基础研究，提升创新能力，发展基于基础研究的技术创新。破除权威式导向，鼓励解放思想、打破常规思维、百家争鸣、百花齐放、大胆自由，支持连续化、系统化、国际化的材料基础研究。

（3）把握国际发展趋势，加强顶层设计，推动核心关键技术发展。强调基础科学研究的基础性、前沿性的同时，还应增强基础研究项目的目标导向性，进一步融合国家重大需求与国际科学前沿，制定各领域技术发展路线图，指导科学前沿与应用基础研究的衔接与转化。

（4）鼓励和大力支持跨学科的交叉研究和多学科的交叉融合。从立项指南、立项申报、项目评审、经费分配等多方面予以保证，对跨学科开展交叉研究的基金项目给予适当倾斜，支持形成跨学科交叉研究的创新群体；构建跨学科的人才模式，加强跨学科新型领军创新人才的培养；构建支持交叉融合的实验平台，完善组织机制。

（5）优化和完善项目的资助方式和评审机制。国家自然科学基金委员会在原始创新和人才培养上具有不可替代的重要作用，不断优化和完善基金项目的立项评审和结题验收程序，把国家自然科学基金委员会建设成为科学原始创新的园地和培养科学家的摇篮。根据项目的研究特点、研究目标和现有基础等因素，合理安排不同层次、不同力度、不同形式的资助。建议采用重大项目与自由探索相结合的方式，设计重大项目、重点项目、面上项目、国家重大科研仪器研制项目等，根据领域发展需求，围绕重大基础问题，开展集中研究；同时鼓励原创性自由探索，建立滚动资助、动态调整与转化机制，逐步凝练关键问题、核心问题，形成聚焦，取得突破，以点带面，实现引领，形成全面综合发展的优良态势。

（6）加强统筹协调，加强学术界与工业界的合作，加强政府相关管理部门、各类基础研究出资主体及研究机构之间的沟通、协调与配合。进一步加强基础研究计划与其他计划的衔接。优化基础研究项目、人才、基地，自由探索性研究和定向性研究的经费配置。基础研究要以社会需求为目标，学术界和工业界各有自己的重点，在基础研究阶段就要加强双方的沟通，使有限的资金产生最大的效益。对应用目标明确且具有显著经济或社会效益的研究内容宜采用揭榜挂帅或悬赏后补贴的方式予以资助，鼓励研究机构和企业联合申报，加快科研成果向应用产品的转化。鼓励将基础研究成果向应用、攻关等项目拓展，使基础研究、高技术开发和成果产业化能形成有机的链条。

（7）大力发展具有自主知识产权的重大仪器和关键装备研究。一个国家的科学仪器研发水平不仅是科研实力的体现，而且在很大程度上决定了基础科学研究的广度和深度。在新国际形势下，我国应大力发展具备自主知识产权的重大仪器和关键装备，鼓励新仪器、新装备的原理研究，加大支持力度，摆脱对进口设备的严重依赖，有效解决“卡脖子”问题。

（8）加强对优秀科技人才的培养力度。加大国家杰出青年科学基金、国家优秀青年科学基金及相关优秀科技人才的培养力度；坚持在创新实践中识别人才，在创新活动中培育人才，在创新事业中凝聚人才；大力加强科技创新文化的建设，求真务实，力戒浮躁，严格遵守科技道德规范，旗帜鲜明地反对一切弄虚作假行为；加大创新型人才团队培养力度，培育具有国际先进水平和视野的创新型人才群体。

（9）加强优势学科的研究基地和平台建设，支持建立合作研究中心。充分发挥材料学科国家重点实验室，以及地方和部门重点实验室的作用，在较长时间段内围绕某重大问题展开持续深入的研究；突破现有科研体制在协同创新方面存在的机制壁垒，促进交叉融合；加强产学研用一体化合作研究平台的建设，进行协同创新，有针对性地解决材料与器件的设计、规模化制备技术及服役行为等问题。

（10）切实加强国际学术合作与交流。基础性研究必须开展广泛的国际合作与交流。虽然我国的无机非金属材料学科在某些方面已经处于“并跑”甚至“领跑”的地位，但在不少方面与发达国家相比还有较大差距。通过多种形式的、实质性的国际合作研究，可以进一步推动我国无机非金属材料学科的发展，建议在国际学术合作与交流方面对无机非金属材料学科给予倾斜。

本篇参考文献

楚军龙，高增，王振江，等，2021. 低温玻璃钎料钎焊高体积分数 SiCp/Al 复合材料与电子玻璃的工艺及性能研究 [J]. 材料导报，35(24): 24062-24067.

崔福斋，郭牧遥，2010. 生物陶瓷材料的应用及其发展前景 [J]. 药物分析杂志，30(7): 1343-1347.

高尚，李洪钢，康仁科，等，2021. 新一代半导体材料氧化镓单晶的制备方法及其超精密加工技术研究进展 [J]. 机械工程学报，57(9): 213-232.

胡锦涛，2012. 胡锦涛在中国共产党第十八次全国代表大会上的报告 [EB/OL]. (2012-11-18) [2022-06-20]. http://cpc.people.com.cn/n/2012/1118/c64094-19612151.html.

贾德龙，张万益，陈丛林，等，2019. 高纯石英全球资源现状与我国发展建议 [J]. 矿产保护与利用，39(5): 111-117.

江华，2021. 我国电子级多晶硅发展情况分析 [J]. 科技中国，(4): 64-66.

姜宏，2021. 超薄浮法电子玻璃 [J]. 玻璃，361(10): 34-43.

焦健，陈明伟，2014. 新一代发动机高温材料——陶瓷基复合材料的制备、性能及应用 [J]. 航空制造技术，7: 62-69.

李贺军，付前刚，2020. 碳 / 碳复合材料 [M]. 北京：中国铁道出版社.

李庭寿，王泽田，2021. 我国耐火材料工业的发展历程、取得的进步和低碳转型新发展——纪念钟香崇院士诞辰 100 周年 [J]. 耐火材料，55(5): 369-380.

李晓光，南策文，2018. 多铁材料 [J]. 科学观察，13(2): 45.

练小正，张胜男，程红娟，等，2018. 导模法生长大尺寸高质量 β-Ga_2O_3 单晶 [J]. 半导体技术，43(8): 622-626.

刘齐海，崔磊，2009. 生物陶瓷材料在骨组织工程中的应用 [J]. 组织工程与重建外科杂志，5(2): 114-116.

刘荣辉，刘元红，陈观通，2020. 稀土发光材料继续技术和应用双驱协同创新 [J]. 发光学报，41(5): 502-506.

罗会仟，2021. 高压室温超导电性的新进展 [J]. 中国科学：物理学 力学 天文学，51(11): 117431.

彭寿，2014. 新型玻璃的应用与发展方向 [J]. 中国建材，(2): 66-71.

彭燕，陈秀芳，谢雪健，等，2021. 半绝缘碳化硅单晶衬底的研究进展 [J]. 人工晶体学报，50(4): 619-628.

上海艾瑞市场咨询有限公司，2021. 艾瑞咨询系列研究报告 [R]. 上海：上海艾瑞市场咨询有限公司，(4): 238-265.

孙莹，刘寒雨，马琰铭，2021. 高压下富氢高温超导体的研究进展 [J]. 物理学报，70(1): 017407.

王恩会，陈俊红，侯新梅，2019. 功能化新型耐火材料的设计、制备及应用 [J]. 工程科学学报，41(12): 1520-1526.

王继扬，郭永解，李静，等，2010. 电光晶体研究进展 [J]. 中国材料进展，29(10): 49-58.

王龙兴，2019. 2019 年中国半导体材料业的状况分析 [J]. 电子技术，48(1): 16-18.

王琦琨，2021. 奥趋光电实现 2 英寸氮化铝单晶衬底小批量量产 [J]. 人工晶体学报，50(9): 1810.

谢曼，干勇，王惠，2020. 面向 2035 的新材料强国战略研究 [J]. 中国工程科学，22(5): 1-9.

许世江，康飞宇，2010. 核工程中的炭和石墨材料 [M]. 北京：清华大学出版社.

张怀武，薛刚，2009. 新一代磁光材料及器件研究进展 [J]. 中国材料进展，28(5): 45-51.

赵瑞，2020. 耐火材料目前及未来 5 年发展趋势 [J]. 耐火与石灰，45(3): 34-36.

中国科学院物理研究所，2022. 8 英寸碳化硅单晶研究取得进展 [EB/OL]. (2022-04-25)[2022-06-19]. http://www.iop.cas.cn/xwzx/kydt/202204/t20220425_6438576.html.

中国信息通信研究院，2020. 大数据白皮书 [EB/OL]. (2020-12-18)[2022-06-19]. http://www.caict.ac.cn/kxyj/qwfb/bps/202012/P020210208530851510348.pdf.

钟香崇，刘新红，任桢，2011. 高效耐火材料创新研究与开发 [M]. 郑州：河南科学技术出版社.

周济，李龙土，熊小雨，2020. 我国电子陶瓷技术发展的战略思考 [J]. 中国工程科学，22(5): 20-27.

AIAD I, MOHAMMED A A, ABO-EL-ENEIN S A, 2003. Rheological properties of cement pastes admixed with some alkanolamines[J]. Cement and concrete research, 33(1): 9-13.

AISENBERG S, CHABOT R, 1971. Ion-beam deposition of thin films of diamondlike carbon[J]. Journal of applied physics, 42(7): 2953-2958.

BARRY J F, SCHLOSS J M, BAUCH E, et al, 2020. Sensitivity optimization for NV-diamond magnetometry[J]. Reviews of modern physics, 92(1): 015004.

CHANG T H, 2019. Ferrite materials and applications[M/OL]// Canet-Ferrer J. Electromagnetic materials and devices. (2019-01-03)[2022-06-19]. https://www.intechopen.com/books/6849.

CHEN C, WANG Y, XIA Y, et al 1995. New development of nonlinear optical crystals for the ultraviolet region with molecular engineering approach[J]. Journal of applied physics, 77(6): 2268-2272.

CHEN M, WU J D, YE T, et al, 2018. Adding salt to expand voltage window of humid ionic liquids[J]. Nature communications, 11(1): 1-10.

CHEN Y, CHEN H, SHI J, 2013. In vivo bio-safety evaluations and diagnostic/therapeutic applications of chemically designed mesoporous silica nanoparticles[J]. Advanced materials, 25: 3144-3176.

CHEN Z, LI Z, LI J, et al, 2019. 3D printing of ceramics: A review[J]. Journal of the European ceramic society, 39(4): 661-687.

CHENG Z, YE F, LIU Y, et al, 2019. Mechanical and dielectric properties of porous and wave-transparent Si_3N_4-Si_3N_4 composite ceramics fabricated by 3D printing combined with chemical vapor infiltration[J]. Journal of advanced ceramics, 8(3): 399-407.

CHOI C, ASHBY D S, BUTTS D M, et al, 2020. Achieving high energy density and high power density with pseudocapacitive materials[J]. Nature reviews materials, 5(1): 5-19.

DE LENA E, ARIAS B, ROMANO M C, et al, 2022. Integrated calcium looping system with circulating fluidized bed reactors for low CO_2 emission cement plants[J]. International journal of greenhouse gas control, 114: 103555.

DE VOLDER M F L, TAWFICK S H, BAUGHMAN R H, et al, 2013. Carbon nanotubes: Present and future commercial applications[J]. Science, 339(6119): 535-539.

FAHRENHOLTZ W G, HILMAS G E, 2017. Ultra-high temperature ceramics: materials for extreme environments[J]. Scripta materialia, 129: 94-99.

FAN L, TU Z, CHAN S H, 2021. Recent development of hydrogen and fuel cell technologies: A review[J]. Energy reports, 7: 8421-8446.

FU L, GU H, HUANG A, et al, 2022a. Design, fabrication and properties of lightweight wear lining refractories: A review[J]. Journal of the European ceramic society, 42(3): 744-763.

FU Q, ZHANG P, ZHUANG L, et al, 2022b. Micro/nano multiscale reinforcing strategies toward extreme high-temperature applications: Take carbon/carbon composites and their coatings as the examples[J]. Journal of materials science and technology, 96: 31-68.

GAO L, ZHUANG J, NIE L, et al, 2007. Intrinsic peroxidase-like activity of ferromagnetic nanoparticles[J]. Nature nanotechnology, 2(9): 577-583.

GAO W, LI S, HE H, et al, 2021. Vacancy-defect modulated pathway of photoreduction of CO_2 on single atomically thin AgInP2S6 sheets into olefiant gas[J]. Nature communications, 12(1): 1-8.

GEIM A K, NOVOSELOV K S, 2010. The rise of graphene[M]. Hackensack: World scientific publishing company.

GU Q, WEN H, 2022. Superconductivity in nickel based 112 systems[J]. The innovation, 1: 100202.

HAN J, HONG W, JIANG H, et al, 2021. Crystallization behavior and kinetics of lithium aluminosilicate glasses with various Li_2O contents[J]. Journal of Wuhan university of technology-mater. sci. ed., 36(2): 243-247.

HE M, DU W, FENG Y, et al, 2021. Flexible and stretchable triboelectric nanogenerator fabric for biomechanical energy harvesting and self-powered dual-mode human motion monitoring[J]. Nano energy, 86: 106058.

HERBSCHLEB E D, KATO H, MARUYAMA Y, et al, 2019. Ultra-long coherence times amongst room-temperature solid-state spins[J]. Nature communications, 10(1): 1-6.

HUANG H, FENG W, CHEN Y, et al, 2020. Inorganic nanoparticles in clinical trials and translations[J]. Nano today, 35: 100972.

IIJIMA S, 1991. Helical microtubules of graphitic carbon[J]. Nature, 354(6348): 56-58.

JIAO K, XUAN J, DU Q, et al, 2021. Designing the next generation of proton-exchange membrane fuel cells[J]. Nature, 595(7867): 361-369.

KAISER K, SCRIVEN L M, SCHULZ F, et al, 2019. An sp-hybridized molecular carbon allotrope, cyclo [18] carbon[J]. Science, 365(6459): 1299-1301.

KIRNER S, SEKITA M, GULDI D M, 2014. 25 Years of fullerene research in electron transfer chemistry[J]. Advanced materials, 26(10): 1482-1493.

KROTO H W, HEATH J R, O'BRIEN S C, et al, 1985. C_{60}: Buckminsterfullerene[J]. Nature, 318(6042): 162-163.

LAHTI M, KAUTIO K, KARPPINEN M, et al, 2020. Review of LTCC technology for millimeter waves and photonics[J]. International journal of electronics and telecommunications, 66(2): 361-367.

LANZAFAME P, PERATHONER S, CENTI G, et al, 2017. Grand challenges for catalysis in the Science and Technology Roadmap on Catalysis for Europe: Moving ahead for a sustainable future[J]. Catalysis science and technology, 7(22): 5182-5194.

LEE N, YOO D, LING D, et al, 2015. Iron oxide based nanoparticles for multimodal imaging and magnetoresponsive therapy[J]. Chemical reviews, 115(19): 10637-10689.

LEWIS R A, 2019. A review of terahertz detectors[J]. Journal of physics D: Applied physics, 52(43): 433001.

LI D, LI J M, LI J C, et al, 2018. High thermoelectric performance of n-type $Bi_2Te_{2.7}Se_{0.3}$ via nanostructure engineering[J]. Journal of materials chemistry A, 6(20): 9642-9649.

LI F, CABRAL M J, XU B, et al, 2019. Giant piezoelectricity of Sm-doped Pb $(Mg_{1/3}Nb_{2/3})O_3$-$PbTiO_3$ single crystals[J]. Science, 364(6437): 264-268.

LI F, ZHANG S, YANG T, et al, 2016. The origin of ultrahigh piezoelectricity in relaxor-ferroelectric solid solution crystals[J]. Nature communications, 7(1): 1-9.

LI G, LI Y, LIU H, et al, 2010. Architecture of graphdiyne nanoscale films[J]. Chemical communications, 46(19): 3256-3258.

LI J F, 2020. Lead-free piezoelectric materials[M]. Hoboken: John Wiley and Sons.

LI M, LI Z, WANG X, et al, 2021a. Comprehensive understanding of the roles of water molecules in aqueous Zn-ion batteries: From electrolytes to electrode materials[J]. Energy and environmental science, 14(7): 3796-3839.

LI Q, STOICA V A, PAŚCIAK M, et al, 2021b. Subterahertz collective dynamics of polar vortices[J]. Nature, 592 (7854): 376-380.

LI S, WANG C A, YANG F, et al, 2021c. Hollow-grained "Voronoi foam" ceramics with high strength and thermal superinsulation up to 1400℃ [J]. Materials today, 46: 35-43.

LI X, ZHANG H, MAI Z, et al, 2011. Ion exchange membranes for vanadium redox flow battery (VRB) applications[J]. Energy and environmental science, 4(4): 1147-1160.

LI Y, XU L, LIU H, et al, 2014. Graphdiyne and graphyne: From theoretical predictions to practical construction[J]. Chemical society review, 43(8): 2572-2586.

LIN S, SUN Z, WU B,et al, 1990. The nonlinear optical characteristics of a LiB_3O_5 crystal[J]. Journal of applied physics, 67(2): 634-638.

LIU G, CHEN K, LI J, 2018. Combustion synthesis: An effective tool for preparing inorganic materials[J]. Scripta materialia, 157: 167-173.

LIU S, WU X, WENG D, et al, 2015. Ceria-based catalysts for soot oxidation: A review[J]. Journal of rare earths, 33(6): 567-590.

LIU X, MENG J, ZHU J, et al, 2021. Comprehensive understandings into complete reconstruction of precatalysts: Synthesis, applications, and characterizations[J]. Advanced materials, 33(32): 2007344.

LIU Z, SHAO C, JIN B, et al, 2019. Crosslinking ionic oligomers as conformable precursors to calcium carbonate[J]. Nature, 574(7778): 394-398.

LV B Q, QIAN T, DING H, 2021. Experimental perspective on three-dimensional topological semimetals[J]. Reviews of modern physics, 93(2): 025002.

MA H, LUO J, SUN Z, et al, 2016. 3D printing of biomaterials with mussel-inspired nanostructures for tumor therapy and tissue regeneration[J]. Biomaterials, 111: 138-148.

MENG J, LIU X, NIU C, et al, 2020. Advances in metal-organic framework coatings: Versatile synthesis and broad applications[J]. Chemical society reviews, 49(10): 3142-3186.

MIKOLAJICK T, SLESAZECK S, MULAOSMANOVIC H, et al, 2021. Next generation ferroelectric materials for semiconductor process integration and their applications[J]. Journal of applied physics, 129(10): 100901.

NI D, CHENG Y, ZHANG J, et al, 2022. Advances in ultra-high temperature ceramics, composites, and coatings[J]. Journal of advanced ceramics, 11(1): 1-56.

NIKOGOSYAN D N, 1991. Beta barium borate (BBO)[J]. Applied physics A, 52(6): 359-368.

NISAR A, HASSAN R, AGARWAL A, et al, 2021. Ultra-high temperature ceramics: Aspiration to overcome challenges in thermal protection systems[J]. Ceramics international, 48(7): 8852-8881.

NOVOSELOV K S, FAL'KO V I, COLOMBO L, et al, 2012. A roadmap for graphene[J]. Nature, 490(7419): 192-200.

NOVOSELOV K S, GEIM A K, MOROZOV S V, et al, 2004. Electric field effect in atomically thin carbon films[J]. Science, 306(5696): 666-669.

OSES C, TOHER C, CURTAROLO S, 2020. High-entropy ceramics[J]. Nature reviews materials, 5(4): 295-309.

PAN H, LAN S, XU S Q, et al, 2021. Ultrahigh energy storage in superparaelectric relaxor ferroelectrics[J]. Science, 374(6563): 100-104.

PAN M J, RANDALL C A, 2010. A brief introduction to ceramic capacitors[J]. IEEE electrical insulation magazine, 26(3): 44-50.

SCHNEIDER A, NEIS M, STILLHART M, et al, 2006. Generation of terahertz pulses through optical rectification in organic DAST crystals: Theory and experiment[J]. Journal of the optical society of America B, 23(9): 1822-1835.

SHAN Y, DU J, ZHANG Y, et al, 2021. Selective catalytic reduction of NO_x with NH_3: Opportunities and challenges of Cu-based small-pore zeolites[J]. National science review, 8(10): nwab010.

SHAO Q, LI P, LIU L, et al, 2021. Roadmap of spin-orbit torques[J]. IEEE transactions on magnetics, 57(7): 800439.

SOUMYANARAYANAN A, REYREN N, FERT A, et al, 2016. Emergent phenomena induced by spin-orbit coupling at surfaces and interfaces[J]. Nature, 539(7630): 509-517.

SPALDIN N A, RAMESH R, 2019. Advances in magnetoelectric multiferroics[J]. Nature materials, 18(3): 203-212.

STATISTA, 2020. Digital Economy Compass 2020[EB/OL]. (2020-11-01)[2022-02-11]. https://www.statista.com/study/83121/digital-economy-compass/#professional.

SUN Y, ZHANG B, ZHAI D, et al, 2021. Three-dimensional printing of bioceramic-induced macrophage exosomes: Immunomodulation and osteogenesis/angiogenesis[J]. NPG Asia materials, 13(1): 1-16.

TAKAHASHI T, WATANABE S, 2001. Recent progress in CdTe and CdZnTe detectors[J]. IEEE transactions on nuclear science, 48(4): 950-959.

TIAN Y, XU B, YU D, et al, 2013. Ultrahard nanotwinned cubic boron nitride[J]. Nature, 493(7432): 385-388.

TORELLÓ A, LHERITIER P, USUI T, et al, 2020. Giant temperature span in electrocaloric regenerator[J]. Science, 370(6512): 125-129.

TSILIYANNIS C A, 2016. Cement manufacturing using alternative fuels: Enhanced productivity and environmental compliance via oxygen enrichment[J]. Energy, 113(10): 1202-1218.

TU W, ZHOU Y, ZOU Z, 2014. Photocatalytic conversion of CO_2 into renewable hydrocarbon fuels: state-of-the-art accomplishment, challenges, and prospects[J]. Advanced materials, 26(27): 4607-4626.

VALLET-REGÍ M, 2019. Bioceramics: From bone substitutes to nanoparticles for drug delivery[J]. Pure and applied chemistry, 91(4): 687-706.

VASYLIEV V, VILLORA E G, NAKAMURA M, et al, 2012. UV-visible Faraday rotators based on rare-earth fluoride single crystals: $LiREF_4$ (RE = Tb, Dy, Ho, Er and Yb), PrF_3 and CeF_3[J]. Optics express, 20(13): 14460-14470.

VENKATESWARAN C, SHARMA S C, CHAUHAN V S, 2018. Near-zero thermal expansion transparent lithium alumino silicate glass-ceramic by microwave hybrid heat-treatment[J]. Journal of the American ceramic society, 101(1): 140-150.

WANG C, PING W, BAI Q, et al, 2020. A general method to synthesize and sinter bulk ceramics in seconds[J]. Science, 368(6490): 521-526.

WANG L, LIU B, LI H, et al, 2012. Long-range ordered carbon clusters: A crystalline material with amorphous building blocks[J]. Science, 337(6096): 825-828.

WANG X, WANG F, SANG Y, et al, 2017. Full-spectrum solar-light-activated photocatalysts for light-chemical energy conversion[J]. Advanced energy materials, 7(23): 1700473.

WU J, 2018. Advances in lead-free piezoelectric materials[M]. Singapore: Springer.

XIANG H, XING Y, DAI F, et al, 2021. High-entropy ceramics: Present status, challenges, and a look forward[J]. Journal of advanced ceramics, 10(3): 385-441.

XIE J, PING H, TAN T, et al, 2019. Bioprocess-inspired fabrication of materials with new structures and functions[J]. Progress in materials science, 105: 100571.

XIE Z, LI S, AN L, 2014. A novel oscillatory pressure-assisted hot pressing for preparation of high-performance ceramics[J]. Journal of the American ceramic society, 97(4): 1012-1015.

YANG H, FANG H, YU H, et al, 2019. Low temperature self-densification of high strength bulk hexagonal boron nitride[J]. Nature communications, 10(1): 1-9.

YU H, ZONG N, PAN Z, et al, 2011. Efficient high-power self-frequency-doubling Nd: GdCOB laser at 545 and 530 nm[J]. Optics letters, 36(19): 3852-3854.

YUE Y, GAO Y, HU W, et al, 2020. Hierarchically structured diamond composite with exceptional toughness[J]. Nature, 582(7812): 370-374.

ZHANG K, SHEN P, YANG L, et al, 2021. Development of high-ferrite cement: Toward green cement production[J]. Journal of cleaner production, 327: 129487.

ZHANG Y R, KONG X M, LU Z C, et al, 2016. Influence of triethanolamine on the hydration product of portlandite in cement paste and the mechanism[J]. Cement and concrete research, 87: 64-76.

ZHAO L M, LI H, MENG J P, et al, 2020. The recent advances in self-powered medical information sensors[J]. InfoMat, 2(1): 212-234.

ZHOU L, LIU Q, ZHANG Z, et al, 2018. Interlayer-spacing-regulated $VOPO_4$ nanosheets with fast kinetics for high-capacity and durable rechargeable magnesium batteries[J]. Advanced materials, 30(32): 1801984.

ZHOU Y, WU C, CHANG J, 2019. Bioceramics to regulate stem cells and their microenvironment for tissue regeneration[J]. Materials today, 20: 41-56.

第四篇

有机高分子材料学科

第十四章

有机高分子材料概述

第一节　有机高分子材料的发展现状

有机高分子材料是当代新材料的后起之秀，但其发展速度与应用范围超过了传统的金属材料和无机非金属材料，体积产量超过了金属材料，已经成为工业、农业、国防、日常生活等各个领域不可缺少的重要材料。有机高分子材料科学诞生100多年来，以基本有机原料为基础，塑料、橡胶、纤维、涂料和胶黏剂等五大类有机高分子材料迅猛发展，全球年产量已超过5亿吨。塑料、橡胶、合成纤维三大合成材料的问世促进了人类文明的一次大飞跃。其中，橡胶的应用推动出现了“轮子”上的世界，合成纤维的应用开启了“时尚”的窗口，合成树脂的应用使塑料走入千家万户。2020年，我国塑料、纤维、橡胶、涂料和胶黏剂五大有机高分子材料的消耗量分别为10 542万吨、6025万吨、1406万吨、2459万吨、709万吨，对国民经济总产值的贡献接近10%。我国2035年远景目标明确要围绕新一代信息技术、生物技术、新能源、新材料、高端装备、新能源汽车、绿色环保及航空航天、海洋装备等战略性新兴产业发展，有机高分子材料正逐渐成为这些新兴产业的重要支撑材料之一。

有机高分子材料是基于有机高分子构筑的材料。有机高分子材料科学是关于高分子材料合成与制备、分子链及其聚集态结构与性能、加工成型、材料使用性能、寿命和环境等要素及它们之间相互关系的科学门类。它的一个特点是与实际应用需求紧密相联，既是以探索材料科学技术自身规律为目标的基础学科，又是与工程技术密切相关的应用学科。它的另一个特点是学科内涵丰富，是一门多学科交叉的综合性学科，发展依赖物理、化学、生物等学科的发展和需求。另外，有机高分子材料的性能不仅取决于其基本化学结构，而且强烈地依赖于制备过程决定的凝聚态各层次的微结构，从而使有机高分子材料科学具有更丰富的发展空间。近年来，受需求驱动，有机高分子材料的基础研究在很多方面取得了较好的进展。

我国已布局了高分子材料工程国家重点实验室、聚合物分子工程国家重点实验室、高分子物理与化学国家重点实验室、纤维材料改性国家重点实验室、发光材料与器件国家重点实验室、超分子结构与材料国家重点实验室、废旧塑料国家重点实验室、高分子材料资源高质化利用国家重点实验室、塑料改性与加工国家工程实验室、国家树脂基复合材料工程技术研究中心、国家通用工程塑料工程技术研究中心、国家先进高分子材料产业创新中心等有机高分子材料直接相关的国家级研究平台。2011～2021年，仅国家自然科学基金委员会就资助了包括1个重大研究计划项目、2个基础科学中心项目和9个重大项目在内的共8500余个各类项目，资助经费达56亿元，充分表明我国对该领域发展非常重视。因此，我国的有机高分子材料科学近十年来发展迅猛，有些研究领域已达到国际领先水平。根据计量学统计，我国有机高分子材料领域的SCI论文发表数量已居全球首位，但篇均被引频次较低，说明我国的有机高分子材料研究活跃但学术影响力有待提高；有机高分子材料领域的专利同样是我国申请量最多，但相关申请人比较分散，高校不重视专利的全球布局，在国际市场上很难具有竞争力。

第二节　有机高分子材料的发展方向

一、总体发展趋势

当前，以新一代信息技术、新能源、智能制造等为代表的新兴产业快速发展，对材料提出了更高要求，如超高纯度、超高性能、高速迭代、多功能、高耐用、低成本、易回收等，新材料的研制难度前所未有。新材料产业向绿色化、低碳化、精细化、节约化方向发展。有机高分子材料的研究始终坚持基础研究与应用研究并重，目前的总体发展趋势可以概括为以下几个方面。

（1）高性能与多功能化：发展目标导向的高性能与多功能材料，以满足日新月异的高技术领域的要求，缩短在高端材料方面与世界先进水平的差距。

（2）复合化：有机高分子材料是先进复合材料中最主要的基体之一，通过复合汇聚了多种材料的优势，可以打破传统单一材料的局限性，弥补缺陷，拓宽了材料使用领域，是达到材料高性能化与多功能化的必要途径之一。

（3）智能化：高分子智能材料将使材料本身带有生物所具有的传感、处理和执行等高级功能，从功能材料到材料的智能化，是有机高分子材料科学的一大飞跃。打造智能材料“材料设计—器件制造—系统应用”同步一体化的跨越式发展有望使现阶段的人工智能踏上“主动响应”的征程。未来的智能系统应该是一种自然的、共融的人机交互方式，其各组成部分（基体材料、敏感材料、驱动材料、信息处理器等）都必须无缝对接、相辅相成、相互协作。

（4）精细化：电子信息技术和生物技术等的飞速发展需要高纯和精细结构的有机高分子材料。发展高纯高分子的合成方法学，推动有机高分子材料的高端应用；发展新型聚合方法及高性能催化体系，实现有机高分子材料的精准和绿色化制备。

（5）精密化：全面深入地理解加工过程中高分子多级结构的演变规律与流变学原理等基础科学问题，发展低成本和高效率的形态结构控制新技术、加工成型新方法和结构检测表征新手段，打造精密/智能制造和控制技术与装备。

（6）生态化：实现绿色环境友好化，需要在材料的合成、加工制造、使用过程及服役期后处置等各个环节进行全方位保障，这也是实现“双碳”目标的重要途径。需要从有机高分子材料的原料（单体）、催化剂、合成与加工过程及废弃后的回收循环等角度全方位实现有机高分子材料绿色制造与可持续发展。

（7）全链条贯通：从单体结构与高分子结构设计出发，兼顾高分子性能与可加工性，进而实现规模化制备和加工，达到从新材料到应用的全链条贯通，并且借助信息技术与新材料深度融合，共同推动制造业向高端化发展。

（8）高速迭代：以材料基因工程为代表的材料设计新方法的出现，以及高通量实验平台与机器学习方法的运用，大幅缩减了新材料的研发周期，降低了新材料的研发成本，加速了新材料的创新过程。与金属材料和无机非金属材料不同，有机高分子材料不仅具有高的相对分子质量，而且具有更加复杂的多层次结构，其性能更由诸多因素共同决定，需要构建高分子多层次结构与宏观性能数据库，结合人工智能与实验大数据，明确高分子基团结构对宏观性能的影响机制，发展有机高分子材料基因工程方法与原理，实现有机高分子材料研发加速。

二、具体学科领域发展方向

下面将从具体的学科领域阐述有机高分子材料科学的发展思路和发展方向。

（1）高分子材料合成与制备方法学及机理研究是有机高分子材料的基础。高分子材料合成方法学追求高效、精准、绿色、可规模化制备的发展趋势。推动有机高分子材料的原子经济合成与制备，综合利用共价键/非共价键等创制多维复杂拓扑结构高分子、程序设计高分子多级结构，赋予有机高分子材料新性能。关注低值原料的高效转化利用的方法学基础研究及工程应用，发展可闭环循环回收、可降解有机高分子材料的高效制备方法。发展非传统有机高分子材料的合成与制备，突破共价键连接方式，基于新型连接方式（如机械键、胶体键）的高分子材料合成方法学应值得关注，可获得高分子链与胶体多重耦合性能，为进一步构筑功能超结构提供物质基础，带动有机高分子材料科学的新发展。

（2）高分子材料物理是研究有机高分子材料的结构演化与运动规律、性能及其相互关系的学科，涵盖了高分子理论与计算模拟、高分子结构与性能、高分子表征方法学。有机高分子材料的各种性能对各层次结构具有突出的依赖性，分子链构象决定了材料的性能和功能，分子聚集状态又直接影响材料各种性能和功能宏观效率，有机高分子材料的凝聚态微观结构精确控制是实现其功能和最大限度提高性能的基础。有机高分子材料的进一步发展在很大程度上依赖于对材料最终宏观性能与结构关系的理解和对微结构及介观结构控制技术的发展。高分子材料物理与信息科学、生命科学、环境科学等前瞻领域的交叉与结合使得各种高性能和特殊功能的有机高分子材料的研究与开发进程加速，同时为高分子材料物理提供了新的内容。高分子材料物理也是连接基础理论研究和应用基础研究的纽带，为实现有机高分子材料的高性能化、多功能化、复合化、智能化和绿色化提供基础理论和指导。

（3）高分子材料加工成型是从科学和技术两个层面探究将原材料制作成为具有使用价值高分子制品的学科。几乎所有的有机高分子材料都必须经过加工成型才能成为具有实际使用价值的产品，其使用性能、服役行为和成本等在很大程度上由所采用的加工过程决定。在学科特点上，高分子材料加工成型特别强调基础研究与工程实现的高度融合。它以高分子链与聚集态多尺度结构调控为核心，以高分子材料制品性能功能定制为目标，是有机高分子材料学科服务于国家安全、科技进步和国民经济的关键所在。目前，高分子材料加工成型领域正处在从粗放型加工到集约、智能、定制化加工的重要转变时期。

（4）高分子共混与复合以多相多组分的相容性和界面增强为核心学科内容，通过提高材料性能和赋予材料功能特性，实现材料的应用。高分子共混与复合涉及高分子材料化学与物理、高分子材料加工成型、高分子材料应用等多个学科领域，既有深刻的科学问题，又涉及大量工程问题，是一个基础理论与工程技术高度融合的学科领域，体现了有机高分子材料科学技术发展的综合水平。目前，相关研究不断拓展学科内涵，正在进一步深化多学科的融合，通过多层次、跨尺度的多级结构耦合调控，结合理论模拟，力图实现高分子共混与复合材料的定制，促进基础科学研究和工程化应用技术超越和引领国际先进水平。

（5）通用高分子材料以材料的合成与制备、材料的组成和结构及加工改性与应用为基本科学内容，包含塑料、橡胶、纤维、涂料和胶黏剂五大类，对国民经济总产值的贡献接近10%。我国通用高分子材料产品可与国际并驾齐驱，但高附加值高端产品仍被国外垄断。坚持“四个面向”，紧密结合国家发展战略，尤其是满足“双碳”目标和人民日益增长的美好生活需要，坚持科学研究与应用需求紧密结合，实现通用高分子材料的低成本、高性能化、功能化和绿色化，重点关注与能源、资源、环境、生命健康、人工智能和国家安全领域相关的需求迫切的通用高分子材料。

（6）高性能高分子材料具有耐高温、高强高模、低介电常数、高绝缘、耐辐照等优异性能，是保障国家安全和国民经济发展的战略性材料之一。由于高性能高分子材料多为军民两用、产品价值很高，国外通常对我国进行技术封锁，相关研究必须依靠自主研发。我国在高性能高分子材料领域的基础研究方面已具有较高的影响力，但在材料种类系列化、功能化和工程化方面与国外先进水平仍然有明显差距。未来，应注重以高技术应用为牵引，通过解决“卡脖子”技术难题，促进学科交叉，从而支撑高性能高分子的技术进步和产业升级。到2035年，我国高性能高分子材料产业将整体达到与世界先进水平“并跑”，部分材料品种实现“领跑”。

（7）智能与仿生高分子材料具有类似生物体的基本属性，即能够对外界刺激信号做出响应，这一独特的性质使其在纳米医药、智能诊断、智能器件、柔性机器人、自修复、环境治理等领域均具有广泛的应用前景。智能与仿生高分子材料包括自组装体、形状记忆高分子、自/可修复高分子、智能液晶、智能凝胶、智能薄膜和纤维等，其研究经历了化学/拓扑/序列结构创制、多尺度有序结构与形貌调控、仿生构筑和功能集成等发展阶段，并初步实现了理论和实践的融合。未来将侧重借鉴天然生物体的多级复合结构，通过精密合成制备新材料，开展仿生与协同机制的研究，提升特异性、灵敏性和选择性等，并实现多功能的集成化。在此基础上，发展集感知、学习、记忆和反馈于一体的仿生智能系统，增强自主学习能力，实现从智能材料到智能系统的升级。

（8）生物医用高分子材料与人类的生命健康息息相关。生物医用高分子材料的研发有其自身独特的规律。一方面，人们希望新型生物医用高分子材料更多更快地更新换代；另一方面，生物医用高分子材料的开发需要经过严苛的安全评价和相对较长的周期。如何平衡好这对矛盾是推动该领域发展的重要课题。我国生物医用高分子材料研究快速发展，但市场上中高端生物医用高分子产品仍然主要依赖进口。未来需要发展适合生物医学应用的新材料、新方法，探索和建立生物医用高分子材料的质量控制、新材料评价标准，促进材料在组织工程、再生医学、药物控释、医学成像等生物医学方面的转化和应用。

（9）光电磁功能有机高分子材料是一类特异的功能材料，具有金属或半导体的电子特性，兼有易于加工的优点和高分子的力学性能。光电磁功能有机高分子材料已成为世界各国高技术竞争的焦点，逐渐成为能源、信息、材料和光学等学科的基础研究的前沿和新材料、新技术发源地，具有巨大的应用潜力。我国光电磁功能有机高分子材料与器件研究经历了 20 年的“跟跑”，已在新材料、新器件、新原理等方面形成特色。未来将以新一代能源、信息、显示应用为导向，开发高色纯度、高效、稳定、低成本、环境友好的光电磁功能有机高分子材料，实现器件结构与工作机制多样化，实现 OLED 等关键材料的国产化。

（10）有机–无机杂化可使材料获得单一成分不具备的性能，是实现材料功能化和高性能化的重要方法，在高性能和特种材料领域研究中的发展潜力巨大。有机–无机杂化材料已进入应用市场，并在满足社会和高科技需求中不断壮大。可控杂化、多元集成、多级多层次协同作用是该分支学科的关键科学问题。开拓新杂化体系，发展新杂化方法，以能源、健康、环境问题为导向开发新功能是学科的发展方向。发展具有有序纳米杂化结构、生物活性、环境友好和多功能集成的杂化材料是学科的发展目标与重要研究方向。

（11）能源高分子材料主要包括新能源用高分子材料、储能及热管理高分子材料，是国民经济、国防及其他战略新兴高新技术产业发展不可或缺的材料基础。通过揭示离聚物黏结剂的作用机制，解决离子传导膜选择性和传导性之间的平衡效应问题，突破高性能聚合物电解质、长寿命质子交换膜、高选择性多孔离子传导膜等的高效制备与产业化。发展高性能、多功能一体化储能及热管理高分子材料，在储能及导热基础上集成高强、吸波、压电、阻燃等性能、功能；通过多学科交叉融合，实现数字化发展，利用数学、计算机或先进表征仪器等推动储能及热传导过程的可视化、智能化。

（12）环境高分子材料涉及有机高分子材料自身的可持续发展及其在环境防护与治理中的应用，对于实现"双碳"目标和构建绿色低碳循环发展经济体系具有重要意义。利用以生物质为代表的可再生资源制备有机高分子材料以减少对化石资源的依赖，提高材料抗老化能力以延长服役寿命，循环和升级回收废弃有机高分子材料以避免资源浪费；对不宜/不易回收循环的应用领域，发展环境可完全降解高分子材料以解决废弃有机高分子材料带来的环境问题；研发环境治理高分子材料以助力绿色生态建设，研发特殊环境防护用高分子材料以保障材料的长时服役安全。未来将以环境友好化、高性能化、功能化、智能化及可持续发展为研究导向，建立导向设计—合成制备—效能评估—循环利用的研究体系，为基础研究和产业发展提供支撑。

第十五章

有机高分子材料科学基础

第一节　高分子材料合成与制备

一、科学意义与战略价值

高分子材料合成与制备方法学以有机合成、催化化学为基础，融合生物化学方法，创制出千变万化的高分子化学结构。合成与制备是决定高分子序列组成与拓扑结构的关键步骤，也是决定高分子黏弹性、结晶性、力学强度、工程应用乃至循环利用等诸多性能的基石。齐格勒–纳塔催化剂问世以来，烯烃聚合取得了巨大发展。我国聚烯烃的年消费量超过4000万吨，但高附加值、高技术含量的特种聚烯烃仍严重依赖进口。发展高分子材料合成与制备方法学，为高分子产业突破瓶颈提供方法学，为前瞻性新材料的设计与开发奠定基础。该领域尤其关注功能集成的高分子材料高效制备，构建高分子的设计原理，发展拓扑结构精准调控方法，实现高分子的高纯度制备，促进高分子材料作为高端化学品在高性能合成橡胶、光刻胶、生物医用高分子材料等关键领域的应用。

二、发展规律与研究特点

自由基聚合、离子聚合、配位聚合、开环聚合、逐步聚合是经典的高分子材料合成与制备方法。原子转移自由基聚合（atom transfer radical polymerization，ATRP）、可逆加成断裂链转移聚合（reversible addition fragmentation chain transfer polymerization，RAFT）、氮氧自由基调控聚合（nitroxide mediated polymerization，NMP）等可控自由基聚合得到长足发展，但尚未实现工业化。活性离子聚合为调控高分子序列与拓扑结构提供了重要方法，被广泛用于制备橡胶。配位聚合是大宗聚烯烃的主要合成方法，促进了烯烃与极性单体共聚的发展。开环聚合被广泛应用于可降解高分子制备，促进了兼具生物相容性和可降解性脂肪族聚酯等材料在生物医用等方面的广泛应用。逐步聚合是合成工程塑料的重要方法，将高效的点击（click）反应、醛-炔-胺（aldehyde-alkyne-amine）三组分偶联（简称A3偶联）反应、伯格曼（Bergman）反应、帕塞里尼（Passerini）反应等引入逐步聚合，高效制备了聚三唑、聚烯硫醚、聚烯胺、聚烯醚、聚芳烃、聚酯酰胺等新材料。

发展新型聚合方法及高性能催化体系是实现高分子材料精准和绿色化制备的关键。发展高纯高分子的合成方法学，有利于推动高分子材料的高端应用。借鉴有机合成反应和催化体系，发展精准活化和重组天然高分子新方法，实现其结构高效修饰和催化功能转化，为高效利用生物质资源提供新方法；以新型绿色催化剂和聚合方法为核心，发展高附加值生物基可降解高分子材料新方法，关注具备可闭环循环单体的设计与合成，为创制新一代可循环高分子材料奠定基础，为实现“双碳”目标发挥作用。

三、发展现状与发展趋势

2012～2021年，世界范围内有关高分子材料合成与制备的论文数量总体呈上升趋势。其中，中国学者发表论文16 200余篇，列居首位，表明中国学者在高分子材料合成与制备方向的研究非常活跃（图15-1）。但是，中国学者的篇均被引频次（24.62）低于美国等发达国家的学者，表明中国学者在引领性研究方面尚需努力（表 15-1）。尽管中国在该领域的专利申请数量列居首位，但是专利申请以高校和科研院所与中国石化集团公司形成并驾齐驱的态势，在国际市场上尚未形成竞争力（图 15-2～图 15-4）。在发达国家，专利主要被公司垄断，具有显著优势。

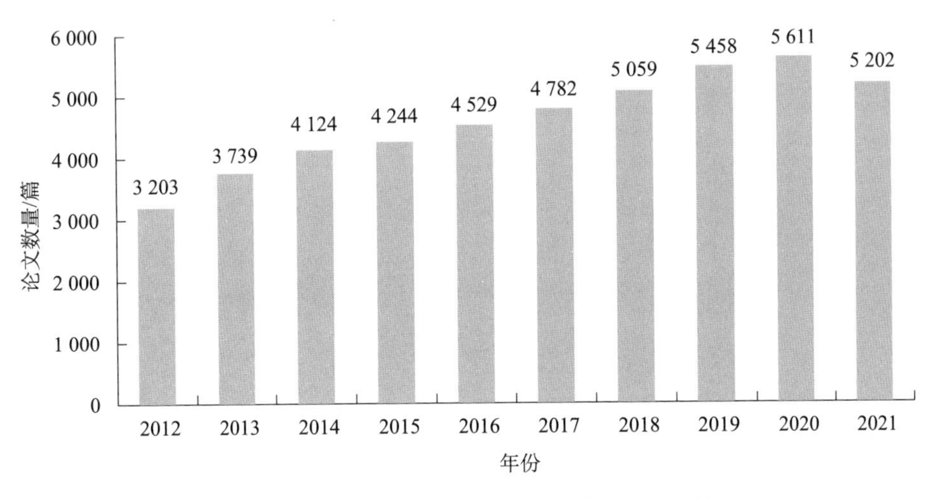

图 15-1　高分子材料合成与制备论文数量及发展趋势

表15-1　高分子材料合成与制备领域发表论文数量前 10 位的国家及论文影响力

国家	记录数 / 篇	总被引频次	篇均被引频次
中国	16 202	398 817	24.62
美国	7 877	276 371	35.09
德国	3 263	94 334	28.91
印度	3 173	60 136	18.95
韩国	2 546	62 505	24.55
日本	2 518	60 607	24.07
法国	2 128	56 625	26.61
英国	1 973	64 858	32.87
澳大利亚	1 347	47 389	35.18
西班牙	1 307	31 025	23.74

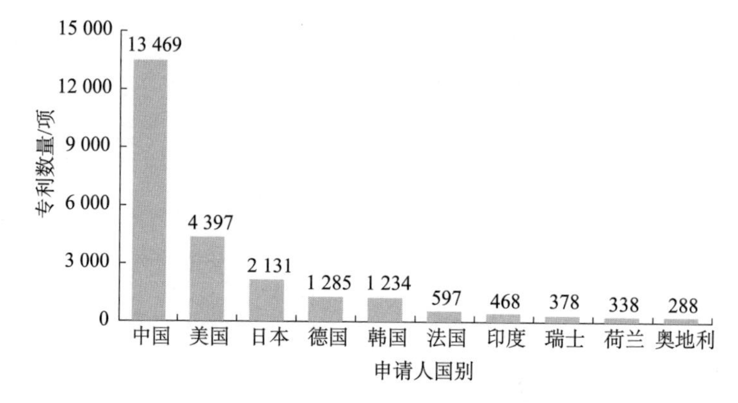

图 15-2　主要技术来源国家专利申请数量

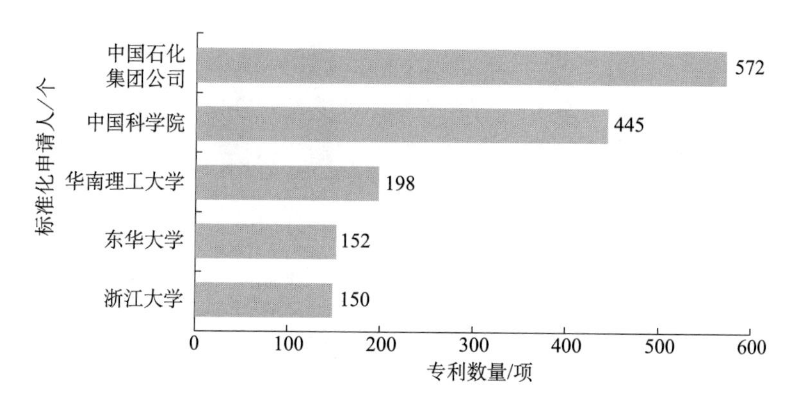

图 15-3　中国主要申请人专利申请数量

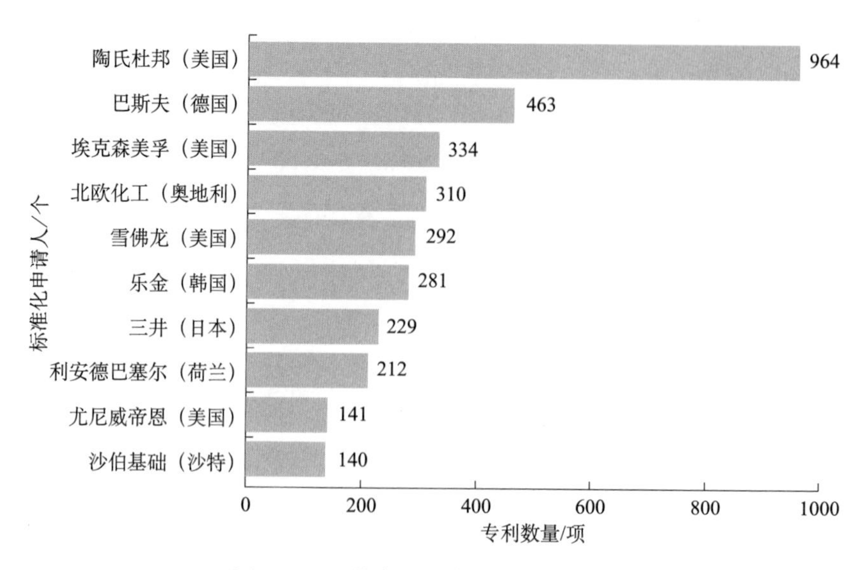

图 15-4　国外主要申请人专利申请数量

活性中心切换聚合是近期发展的制备多功能高分子材料的重要方法。我国学者基于在金属催化聚合及非金属催化聚合领域的传承与创新，在活性中心切换聚合多功能高分子材料方面取得长足进展，处于领先水平。天津大学的李悦生和华南理工大学的赵俊鹏等以磷腈（t-BuP1）为催化剂实现了环氧化物、酸酐和丙交酯在温和条件下的高效可切换聚合，制备了聚酯-聚醚嵌段共聚物。华中科技大学的王勇等采用金属有机催化剂希夫碱-钴高效催化CO的定量和快速插入，将环氧和酸酐的共聚原位切换至丙烯酸酯聚合，实现了开环共聚和有机金属催化的可控自由基聚合的切换，制备了聚酯-聚丙烯酸酯嵌段共聚物。康奈尔大学的Coates及牛津大学的Williams等开创了CO_2/酸酐/环氧化物的开环共聚与环酯的开环均聚间的金属催化活性中心的切换聚合，合成了聚酯-聚碳酸酯多嵌段共聚物。未来需要进一步在发展新型活性中心切换聚合体系并提高聚合活性及选择性等方面实现突破。

近些年来，中国学者在序列可控聚合、异构化聚合和多组分协同聚合等领域取得了显著成绩。通过迭代固相合成策略，利用Passerini反应和迪尔斯-阿尔德（Diels-Alder）反应等制备了系列序列精准的高分子。利用路易斯酸碱对协同催化制备了高嵌段数的共聚物。利用异构化聚合策略制备了可循环类聚乙烯。然而，光调控的ATRP和RAFT仍主要由外国学者首先提出。我国学者独立自主设计了镍系催化剂并高效催化共聚乙烯与大宗极性单体，制备了功能化聚烯烃。利用双核钴、双功能卟啉铝等制备了立构规整二氧化碳和环氧交替共聚物。利用环状膦腈和双功能硫脲-吡啶有机小分子分别催化了γ-丁内酯和氧-羧酸环内酸酐开环聚合。

在可降解高分子合成与制备方面，国内研究团队陆续建立了聚乳酸、生物发酵法聚羟基脂肪酸酯和CO_2基塑料生产线。针对现有高分子降解（解聚），国内外研究团队虽然取得了开创性进展，但仍存在适用范围窄、选择性低、产物价值低等瓶颈问题。可循环高分子材料的创制是当前高分子化学最活跃的领域之一，其中，五元环内酯开环聚合获得的高分子是当前闭环循环高分子材料的研究热点。发展高效催化合成方法以保证高纯单体来源、降低生产成本，以及调控高分子结构、大幅提升材料性能是该领域亟待突破的难题。

在天然高分子高效利用方面，武汉大学的张俐娜等开发了尿素/碱溶解体系，在低温下实现纤维素的溶解，提出了“氢键驱动的分子自组装导致纤维素低温溶解”理论。贵州大学的谢海波等基于溶剂极性可逆切换思想，开发了绿色环保的CO_2/有机超碱体系，用于纤维素的溶解及高效衍生化。厦门大学的王野等发展了生物质及其平台分子C—O键和C—C键活化与选择性转化方法，实现了生物质转化制乳酸和苯酚等芳香族化合物。

21世纪以来，我国学者在树枝状、超支化和交联聚合物的设计合成，以及超强韧和自修复材料等方面取得诸多创新成果。国际上，麻省理工学院的Johnson和哈佛大学的Aizenberg通过光、热等外界刺激，实现了高分子拓扑结构的调控或变换，代表了复杂拓扑结构高分子领域的前沿方向，但现有研究仍局限于可控/“活性”聚合（如RAFT和ATRP）、点击反应等类型，非交联型的拓扑结构高分子仍然停留在基础研究层面，发展快速、定量和易纯化的精确合成方法面临挑战。特定单体的设计与合成烦琐、成本偏高限制了该领域的发展。环形等拓扑结构高分子的高效规模合成及交联高分子的拓扑结构的精确表征仍然面临难题。

对于高分子材料，链段之间的连接方式及功能化一直是备受关注的重大问题，单体键接方式从共价键到非共价键的拓展孕育了超分子高分子交叉学科，获得了普通高分子材料所不具备的诸多优良性能，成为当今新材料合成与制备的研究热点。近年来，机械互锁单体通过有序聚合制备的机械互锁高分子已取得重要突破，表现了优异的刺激响应性、拓扑结构可变性、动态稳定性和机械力自适应等诸多特性。针对机械互锁高分子的性质研究尚处于起步阶段，对于该类高分子的性能开发和应用探索仍然非常少。复旦大学的聂志鸿等在构建胶体分子及组装方面取得了重要进展，展现了胶体间的作用与原子间杂化轨道类似。但是胶体间的“价态”结构缺乏精准控制特性，胶体高分子链增长缺乏类似分子体系的活性可控机制。组成、链长、序列等精准可控的胶体高分子合成仍然面临巨大挑战，序构产生的协同物性尚缺深入理解。

构建高分子单链与胶体粒子的杂化结构，丰富了高分子单链的拓扑结构及化学类型，突破了当前可聚合单体的尺度和组成局限，可实现高分子单链及胶体粒子的多重物性的协同作用。构建更加丰富的精准超结构，给高分子材料的合成与制备及功能探索带来巨大潜力。近年来，以程正迪为代表的科学家围绕“巨型纳米原子”[giant nanoatoms，包括C_{60}、多面体低聚倍半硅氧烷（polyhedral oligomeric silsesquioxane，POSS）、多金属氧酸盐（polyoxometallate，POM）]，将高分子链与“巨型纳米原子”键合制备了多种新型拓扑结构的纳米分子，获得了系列丰富的自组装纳米结构，在构建新型功能超结构和超精细线路等方面显示了巨大优势。然而，“巨型纳米原子”功能有限、纳米分子合成效率低，严重制约了纳米分子的发展。

相比于“巨型纳米原子”，胶体粒子具有更加丰富的微结构及强大的功能（光、电、磁及催化等）。发展高效合成方法，规模制备高分子单链与胶体粒子的杂化结构，精准调控其组成、连接方式及序列结构，将为探索单元多重性能的耦合并获得新颖特性、调控其动态行为、构筑功能超结构提供强大的物质基础，在信息、生物医用、界面功能化及超材料等方面将发挥独特作用，显著推动高分子材料多领域交叉融合的快速发展。清华大学的杨振忠等发展了静电调控的高分子单链交联和胶体粒子表面键接高分子单链的基本方法，为高分子单链与胶体粒子杂化结构的理性设计和规模合成奠定了基础。

四、发展思路与发展方向

（一）未来发展趋势

高分子材料合成与制备应更加关注设计高效绿色催化剂、功能性单体及可闭环回收的可降解高分子，发展精准、高效、绿色聚合方法，精准调控高分子序列、拓扑结构、立构规整与多级结构；在有机化学、高分子合成及超分子化学等领域相关理论的基础上，借鉴非共价键合成超分子的学科发展模式，利用理论计算模拟辅助预测新型价键对聚合过程和性质的影响规律；基于新型键接方式（如机械键、胶体键）发展新型高分子-胶体杂化结构功能与高性能高分子功能材料；加强产学研合作，推动高分子合成与制备产业发展；不断壮大聚合反应方面的研究队伍，加强具有有机化学深厚基础的青年人才开展聚合机理和聚合方法学研究。

（二）推动或制约学科发展的关键科学问题

（1）新型催化剂和功能单体理性设计与高效制备方法。高性能催化体系与新型功能单体是精准调控高分子结构的基础，也是发展绿色高分子的关键，将极大丰富高分子材料种类、促进高值循环利用，并有望拓展/突破现有聚合方法。

（2）环形等拓扑结构高分子高效规模合成方法。以环状聚合物为例，环状聚合物通常只能在极稀溶液中合成，极大地限制了其构效关系研究与应用，亟待方法学突破。

（3）多级结构程序设计及高效合成方法。类比脱氧核糖核酸（deoxyribonucleic acid，DNA）、酶等生物大分子，多级结构及其构象程序变化基于聚合序列、区域选择性和立体选择性的精准调控，综合利用多种分子间作用力及动态共价键，并结合计算机模拟优化官能团空间分布。此外，合成效率也是挑战之一。

（4）高分子单链与胶体粒子杂化结构理性设计与规模制备方法。高分子单链纳米颗粒是以高分子单链为特征组成与特征尺度的纳米颗粒，集成高分子单链与胶体特性。这一新型高分子–胶体杂化构筑单元为创制高分子单链器件与亚10纳米超结构奠定了物质基础。高分子单链纳米颗粒表面的单链组成、数目、空间分布及规模制备仍是挑战之一。

（三）发展思路

将有机化学反应最新成果与聚合反应交叉融合，发展快速新型迭代合成方法、高效催化剂或引发剂、活性中心或端基转化和新型动态共价键等基本工具；利用机器学习和高通量筛选，使聚合反应和机理研究更加智能化。结合“双碳”目标，发挥我国丰富的可再生资源的优势，深入挖掘和借鉴有机化学、催化科学的新方法，深刻理解天然高分子的组成与聚集态结构特点，发展新理论、构建新方法，实现天然大分子的高效催化转化，推动天然高分子的高值化利用。

（四）发展目标

深化理解聚合机理，发展新型催化剂与功能单体设计；发展聚合序列、区域选择性和立体选择性调控方法；高效规模合成环形等拓扑结构高分子；发展高分子多级结构的程序设计；规模化精确制备高分子单链与胶体粒子的杂化结构。

（五）重要研究方向

（1）活性中心切换聚合是调控单体共聚并获得高性能高分子材料的重要方法。发展新型催化剂，提高催化剂的水氧耐受性，确保在低催化剂负载下的可操作性，大幅提高聚合速率和相对分子质量。跨越单体及聚合活性中心不兼容壁垒，发展含有杂原子单体参与的活性中心切换聚合，在可切换聚合过程中实现区域选择性 / 立体选择性，对于制备高立构规整的多功能集成高分子材料具有重要意义。

（2）设计合成新型功能单体，发展金属催化、小分子催化、光 / 电 / 磁外场调控催化、协同催化等高效催化体系，发展温和、绿色和高选择性聚合反应方法，精准调控聚合物相对分子质量、立构规整性和序列结构。大力发展用于工业生产高性能聚烯烃的高性能廉价金属催化剂，为我国高分子材料产业发展奠定基础。

（3）发展序列可控高分子，为可编程材料奠定基础。重视通过非共价键（氢键等）产生多样性的高阶构象结构，特别是共价（聚合物化学）和分子间非共价（超分子化学）相互作用结合创制新型高分子材料。效仿生物大分子，丰富可闭环循环单体的结构与功能，构建单体与聚合物的聚合-解聚循环，实现从线性材料生产处理到循环材料经济的模式转变。发展高纯单体及高纯高分子材料的合成与制备新方法，满足关键领域及极端条件对高分子材料的需求。推动高分子材料原子经济合成，显著降低聚合物分离和纯化成本。

（4）发展胶体大分子的可控合成与规模化制备。调控“功能子”和“结构子”等基本单元及序列分布，揭示高分子单链与胶体粒子等功能基元的微观运动、协同耦合与材料性能规律，研究高分子单链与胶体杂化结构的动态组装行为及外场调控规律，实现构筑单元功能的传递放大或耦合协同，获得传统高分子材料所不及的特殊性能与超材料，实现高端材料在诸多关键领域的重大应用。

第二节　高分子材料物理

一、科学意义与战略价值

高分子材料物理是研究高分子材料的结构演化与运动规律、性能及其相互关系的学科，与高分子材料化学和高分子材料工程等共同组成了高分子材料科学的重要学科体系。高分子材料物理既能有的放矢地指导高分子的设计与合成，又是高分子材料加工成型的基础。高分子材料物理与信息科学、生命科学、环境科学等前瞻领域的交叉与结合使得各种高性能和特殊功能的高分子材料的研究与开发得到迅速发展，同时为高分子材料物理提供了新的内容。高分子材料物理也是连接基础理论研究和应用基础研究的纽带。高分子材料的高性能化和功能化需要协同调控和优化高分子链结构和凝聚态结构的新概念与新原理、高通量和精准化表征检测技术、计算模拟与加工成型的新方法与新技术，以解决我国高性能和功能专用高分子材料明显短缺的紧迫问题。更进一步，应用已知的高分子材料的性质和功能，探索在其新领域的应用，将高分子材料的性能和功能提到更高的水平、识别和创建传统高分子材料没有涵盖的特性与功能是未来高分子材料研究的关键。总之，高分子材料物理研究是提升我国高分子材料传统产业和创制新兴产业的重要基石，对科学技术发展与社会进步具有不可或缺的推动作用，对国民经济、国防及其他高新技术产业的发展起到重要支撑作用。

二、发展规律与研究特点

高分子的重要特征是其长链结构导致的分子链缠结和松弛行为及其单键内旋赋予的熵弹性与柔性，使得高分子材料具有很多非同凡响的性能。保罗·约翰·弗洛里（Paul John Flory）的《高分子化学原理》奠基了高分子物理的核心内容，而20世纪70年代皮埃尔–吉勒·德·热纳（Pierre-Gilles de Gennes）的标度理论和高分子材料的软物质特性使得高分子物理的研究领域不断扩展，涵盖了高分子理论计算与模拟、高分子结构与性能、高分子表征方法学。

高分子材料物理研究将越来越多地针对高分子材料所具有的多自由度、多尺度和多层次，非平衡态、非线性和非微扰，熵效应、动力学效应和多重弱相互作用协同效应等特点。从Flory建立的高分子链构象理论描述链静态结构到de Gennes、土井正男（Masao Doi）、塞缪尔·弗雷德里克·爱德华兹（Samuel Frederick Edwards）等基于管道模型建立的链动态性能；从单一结构尺度到多尺度贯通，从单一相变到多相变耦合和多重结构转变；从线性到非线性，从平衡到远离平衡；从粗粒化描述到包含原子 / 分子结构信息的精确理论模型，从原子 / 分子结构到电子结构和自旋，从平均场理论到第一性原理的计算；从体相到表 / 界面行为的分子机制，从单一组分到多相多组分高分子体系，从传统结构高分子材料到与生物、纳米、光电、环境等领域结合的功能导向高分子材料，实现高性能化、高功能化、复合化、智能化和绿色化。

三、发展现状与发展趋势

（一）高分子单链结构与性能

高分子单链理论继续关注多分散性对高分子相行为的影响、聚电解质和半刚性链相行为、具有特定拓扑结构的高分子单链、高分子单链缠结理论和 Flory 单链理论的精确性。国内相关课题组发展了计算单链与多个静态缠结点的拓扑纠缠的方法，系统计算了某种对称性下半刚性嵌段高分子的相图，结果发现多分散性的增加会导致嵌段高分子相区变大。预计未来将更多关注高分子单链的动态缠结和结晶过程中高分子单链的构象变化问题，修正高分子溶液理论以得到更接近实验结果的溶液理论等。

在高分子单链实验方面，基于原子力显微镜及磁镊等的单分子力谱建立了一些重要聚合物的链结构、单链凝聚态及多链凝聚态等对于单链力学性质的影响规律，研究了生物大分子的结构及其动态演化过程。未来的发展趋势是结合单分子力谱及其他传统方法，进一步建立微观与介观乃至宏观尺度性质之间的联系；探索新型高分子单链结构与力学及光电性能间的关系，聚合物无定形态、结晶态乃至真实材料体系中的分子间相互作用及力化学行为。此外，以高分子单链性质为基础理性设计水凝胶、弹性体等宏观材料也是该领域发展的主要趋势。

（二）高分子链运动与松弛及其性能表现

高分子材料在链单元和链段尺度的动力学在接近玻璃化转变温度时的急剧变慢是玻璃化的一个最基本特征。玻璃化领域一个长久争论的问题就是动力学变慢的起源和玻璃化转变的本质。我国相关课题组阐明了过冷液体两步松弛和斯托克斯–爱因斯坦关系（Stokes-Einstein relation）失效等重要物理现象的分子机理；发展了基于构型熵和协同运动的高分子玻璃化理论；建立了高分子链构象各态历经性与其玻璃化转变的定量对应关系；发展了基于统一计算设备架构（compute unified device architecture，CUDA）的一系列分子动力学模拟方法和算法；搭建了与显微结构研究集成的冷热台型高速扫描高灵敏量热平台，从而可以更加精准地揭示高分子超薄膜的玻璃化转变规律。随着单分子示踪技术与高性能计算机软硬件技术及非平衡态下构型熵计算方法的发展，从分子水平上揭示高分子链运动与松弛的物理图像有望在接下来的10～20年成为可能，并利用这些机制和规律服务于国民经济发展与满足国家重大需求。

（三）高分子材料表/界面行为的分子机制

高分子材料表/界面的主要研究方向包括固体/高分子界面动力学的分子机理、高分子表面分子运动与流变、纳米受限高分子动力学等。我国相关课题组在金属/高分子界面构象表征、高分子薄膜黏弹性表征和表/界面高分子动力学等方面做了一定贡献，如发展了表面增强拉曼光谱研究高分子/金属界面高分子链取向和构象松弛的方法。通过研究微液滴表面张力作用下材料表面的变形，实现了聚合物表面流变和多尺度分子运动的直接表征；发现了玻璃态高分子表面的时温等效失效和表面瞬时橡胶态高分子物理新现象；阐明了主导玻璃态高分子表面分子链松弛的伪缠结关键机制。预计未来，一方面，将持续关注高分子表/界面不同尺度分子运动的微观机制，进而实现对高分子材料界面力学行为的控制；另一方面，将利用表/界面化学物理的概念和方法，研究各种新型微小尺度、低维和多层薄膜材料中的新现象及相关应用，研究表/界面对微/纳米器件性能和性质的影响机理，发展高性能微/纳米器件制备和性能控制新方法。

（四）高分子凝聚态多尺度控制和连贯、动力学与性能

高分子材料科学的重要任务之一是从聚合物凝聚态结构出发，阐明和预报体系的平衡态与非平衡态的物理性质，达到能够定量描述聚合物复杂结构

与性能关系的目标，最终应用于材料的设计与加工。半晶高分子材料是典型的本征复合材料，具有多尺度结构特点。虽然半晶高分子材料占据2/3的工业高分子材料，但至今如何准确建立其结构与力学性能关系还是一个尚未回答的巨大挑战。高分子结晶研究在我国起步早，逐渐成为优势方向。目前，高分子结晶理论完全基于小分子经典成核理论构建，高分子的长链特性没有很好地被考虑进去。因此，需要发展有别于结构明确、规整的小分子体系的针对多分散性高分子链的各种理论，阐明高分子材料所能构成的各种微结构细节，揭示不同性质高分子材料各级微结构与化学结构的内在关系，明确不同性质高分子材料各级微结构的形成机制，建立各级结构的精准控制技术，诠释各级微结构及其协调作用对宏观性能的影响规律。

聚合物凝聚态的多尺度连贯研究已经成为国际上学术界关注的焦点和研究热点。我国在国家自然科学基金委员会重大项目的资助下，开展了聚合物凝聚态的多尺度连贯研究，发展了一系列理论、模拟方法，完善了相应实验表征手段，搭建了单分子设计到聚合物材料加工的平台。目前在不同的尺度上都有一些相对成熟的理论和模拟手段，但需要发展可以把不同尺度贯穿起来的成熟方法，最终为材料设计与加工所用。

与能源、环境、医学、信息等技术发展需求密切相关的高分子材料物理的研究将是今后的重要研究方向，如半刚性共轭聚合物聚集态调控和带电高分子体系的研究等。

（五）加工与服役环境下高分子材料结构与性能

高分子材料加工与服役是流动、拉伸和温度等多场耦合下的结构演化过程，其研究一直是高分子材料学科的核心科学问题。2011～2021年，中国作者发表相关论文数量占世界该领域论文总数的约80%。发文量世界排名前10位的课题组中有8个是中国的课题组。这些数据显示中国已经主导流动场诱导结晶等高分子加工物理领域的研究，但我国高分子材料高端制造与发达国家还存在差距，特别是面向新一代信息、新型显示、新能源、新型交通运输和航空航天等战略性产业应用的高分子产品严重依赖进口。未来高分子加工物理研究需要聚焦以下几个方面：通过高分子加工物理的深入研究，形成中国原创的高分子材料物理基础理论；更加关注和结合实际加工，包括一些新的加工技术，实现基础与应用需求的无缝对接；对关键领域“卡脖子”和新技术领域需求的高分子制品加工进行针对性的聚焦研究，助力满足国家重大需求和解决经济社会发展中的实际问题。

（六）实时、高通、无损多尺度结构和动力学表征方法

高分子材料表征的主要任务是对不同层次的高分子材料进行表征，目的是为构建高分子材料结构与性能的关系、设计新型高分子材料和提高高分子材料的性能提供依据。它主要包括高分子化学结构、凝聚态结构和构象、分子运动，以及高分子的力、热、电、光性能的表征。我国高校和科研院所使用的仪器已达到国际一流水平，但主要用于常规表征和对现有检测手段功能的开发与利用，原创表征手段和基础理论较少，仅在某些方向上有一定的国际影响力。上海同步辐射光源和中国工程物理研究院中子反应堆的正式开放运行成为我国高分子学者利用自有的大科学装置开展研究的里程碑。未来发展要聚焦以下几个方面：针对一些经典的科学问题和高分子材料学科发展的新挑战，发展新的研究方法和技术；针对高分子材料非平衡、非均匀、多尺度和低有序度等特点，发展实时、高通、多尺度、高空间分辨和高灵敏的表征技术；随着高分子材料加工的原位研究装备综合技术水平已经实现引领，必须同步发展材料基因工程、大数据和人工智能等软件平台，充分发挥这些先进技术的优势。

（七）智能化、高通量实验平台与机器学习方法

材料基因工程的核心思想是借用生物基因组的理念，研究材料的组分、相组成和微结构等基本特性及其组合方式与宏观性能间的关系，通过融合高通量计算、高通量实验、专用数据库等三大技术大幅度提升新材料的研发能力和应用水平。我国在高分子材料基因工程研究方面起步较晚，在耐高温树脂的设计方法上取得了突破，建立了适用于高性能聚合物设计的材料基因工程方法，大大加快了树脂的研发速率。但是相比于无机非金属材料和金属材料学科，材料基因工程方法在高分子材料学科中启动迟、进展慢。我国在高分子高通量实验平台方面的建设还远不能满足材料基因工程的要求，需要大力加强。另外，需要转变材料研发理念，以市场与应用为导向，完成从实验在前、理论在后到理论预测在先、实验验证在后的转变，进而实现从点到面

的飞跃。

综上所述，我国在高分子材料物理领域已取得长足进步。根据 Web of Science 检索，我国在该领域发表的论文数量总体呈上升趋势（图 15-5 和图 15-6），居世界第二位，但篇均被引频次较低，表明中国的研究非常活跃，但需要提高论文的影响力（表 15-2）。从申请专利数量来看，中国位于日本和美国之后，居世界第三位，但本土申请专利数量占专利总量的 95%，在全球其他地域申请专利数量很少，仅占专利总量的 5%（图 15-7～图 15-9）。

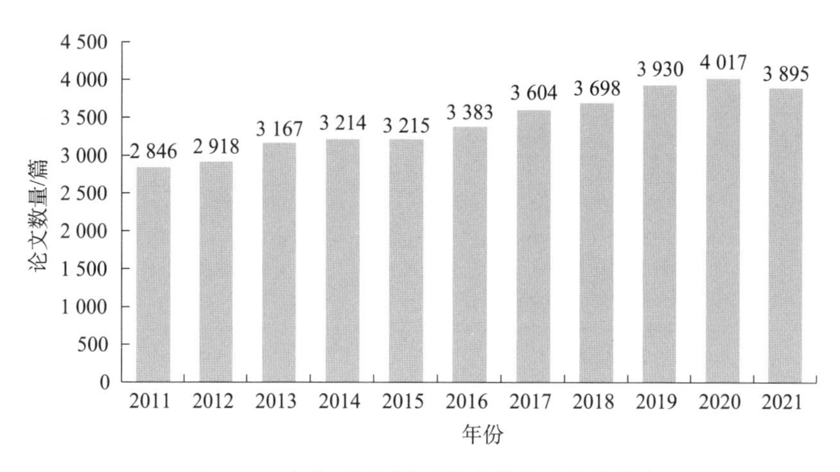

图 15-5　高分子材料物理论文数量及发展趋势

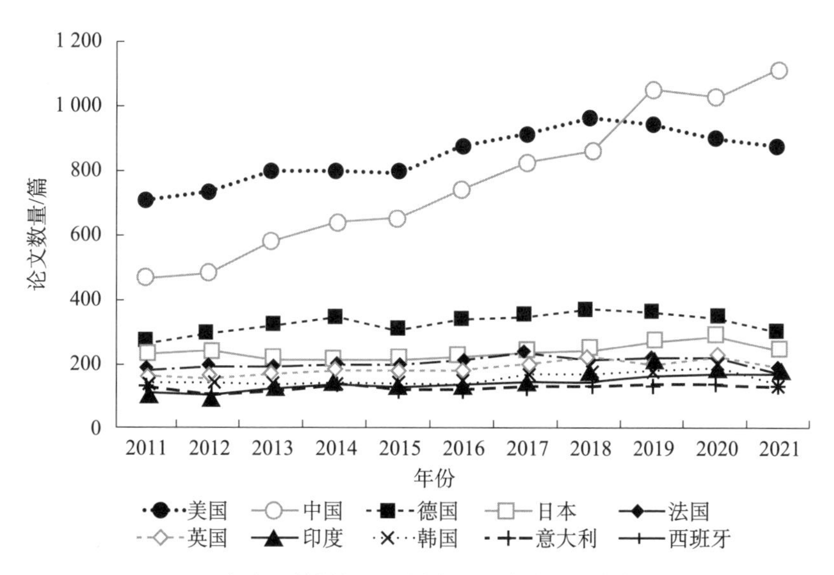

图 15-6　高分子材料物理领域主要国家论文发表年度态势

表15-2 高分子材料物理领域发表论文数量前10位的国家及论文影响力

国家	记录数/篇	总被引频次	篇均被引频次
美国	9 266	226 936	24.49
中国	8 389	137 359	16.37
德国	3 521	76 826	21.82
日本	2 560	40 111	15.67
法国	2 180	44 515	20.42
英国	1 973	45 088	22.85
印度	1 604	22 207	13.84
韩国	1 577	30 967	19.64
意大利	1 470	27 583	18.76
西班牙	1 341	28 041	20.91

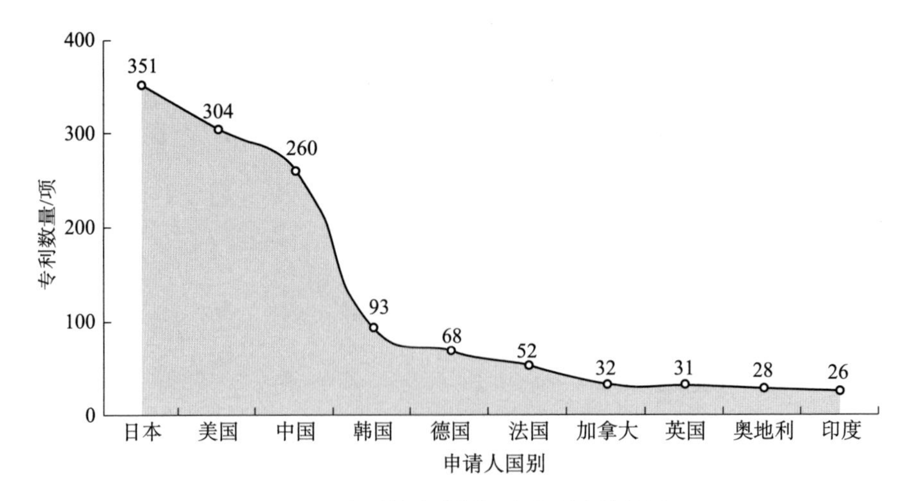

图 15-7 主要技术来源国家专利申请数量

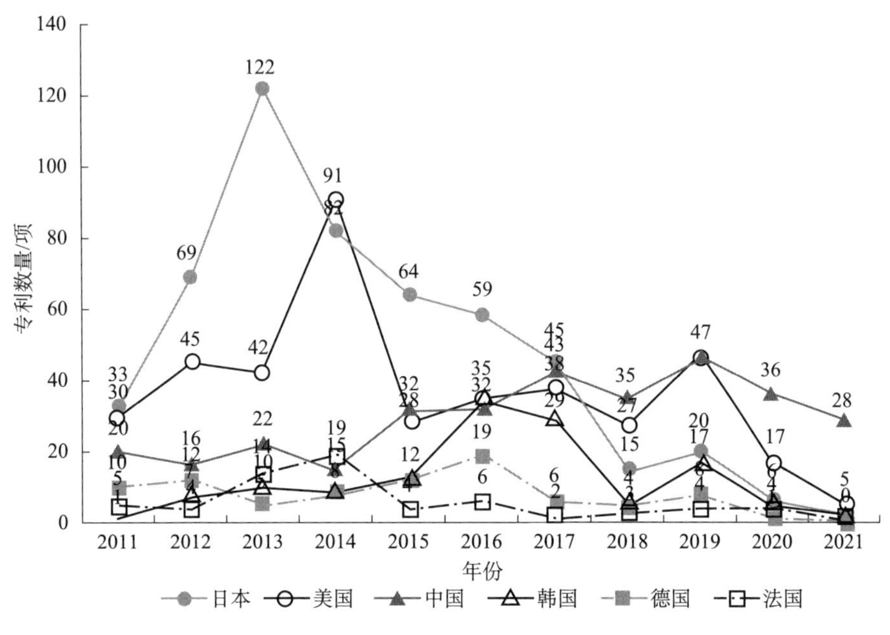

图 15-8 主要技术来源国家专利申请年度趋势

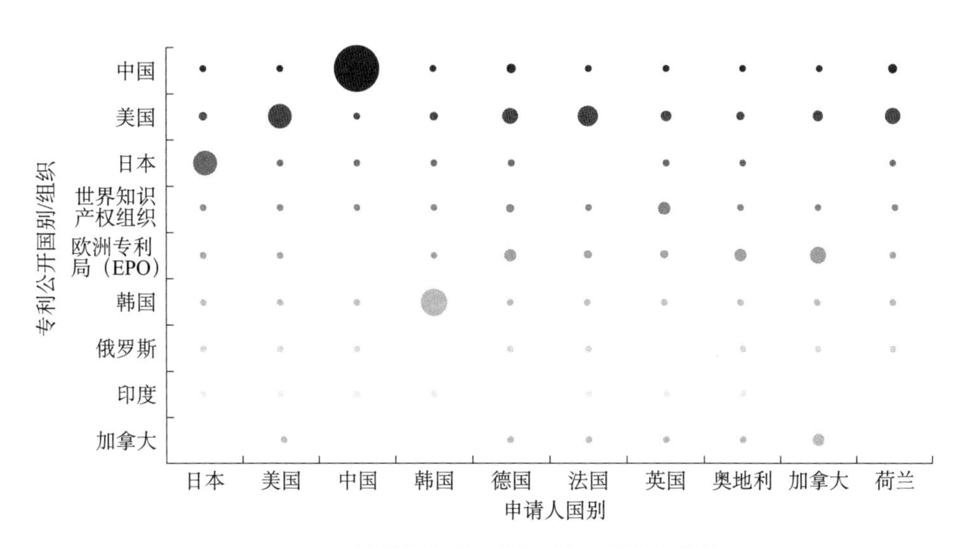

图 15-9 主要技术来源国家专利申请全球布局

四、发展思路与发展方向

（一）未来发展趋势

高分子材料物理的发展首先需要突出高分子材料一系列重要的基础科学共性问题，注意传统产业领域和新兴技术领域的均衡与侧重，并且要在长远探索性研究与解决迫切的科学问题之间保持均衡关系。通过发展新的表征技术来揭示不同层次微观结构的加工过程依赖性并建立结构与性能关系，采用新的制备加工技术，在提升材料性能的同时实现节能和环保，根据材料服役过程中的结构演化与性能演变机制来大幅增加材料稳定性。未来发展趋势主要包括以下几个方面。

（1）创造先进的性能和功能：应用目前已知的高分子材料的性质和功能，探索其在新领域（特别是高科技领域和潜在的生命空间）的应用；识别和创建传统高分子材料没有涵盖的特性与功能，如具有极端性能和功能的聚合物或用于极端环境的聚合物。

（2）发展先进的分析仪器和表征方法，以识别和监测高分子的先进性能与功能。开发对分子结构、物理特性和形态发展进行实时评估与原位测量的工具。

（3）开启材料基因工程和机器学习研究高分子材料物理的全新范式，在微观结构和宏观性能两个层面上建立高分子材料基本数字化档案。开发大数据机器学习技术，基于已经探明的高分子材料结构和性能关系，实现材料基因工程所预期的效果，即从特定的材料性能需求出发设计合理的化学结构，或者从现有化学结构出发预测所能达到的特定性能，从而指导实际高分子材料的高效开发。

（二）推动或制约学科发展的关键科学问题

（1）吸收凝聚态物理新理论、新思想，针对高分子材料领域存在的基本问题，进一步发展高分子材料理论；继续关注经典和主流科学问题。

（2）认识和重视多层次结构在分子功能转化并放大到宏观材料方面的重要性。

（3）重视高分子表/界面、纳/微结构尺度效应等问题；高分子材料摩擦、磨损、老化、破坏等界面行为的分子机理和控制方法，表/界面影响纳米受限高分子动力学和黏弹性的机理。

（4）建造和集成能力更强、更易于获取使用权的先进仪器；鼓励高分子学者关注高分子产品工程过程控制基本表征方法研究，通过表征技术的进步找到高分子结构控制的关键，提升高分子制品性能。

（5）通过联合创新计划来打破实验至上和理论至上两类研究队伍之间的认知障碍；学术界和企业界结合起来，从生产实践中提炼现实存在的新的高分子材料物理问题，彼此相辅相成、优势互补，共走创新之路。

（三）发展思路

未来高分子材料物理的发展应注意吸收物理和数学领域的新概念、新理论、新成就；采纳凝聚态物理学界关于聚合物属于软物质的新概念，探索聚合物的软物质特性，了解高分子对外界信号的刺激做出结构、性能和功能响应的规律；开展对非化学键合的聚合物、复杂拓扑链及超薄膜体系等的研究；结合高分子材料、功能高分子的相关研究，探索聚合物结构与材料性能和功能的关系，研究聚合物在外场下形态、结构的形成及变化规律和控制条件，增强根据高分子材料的基本性质开展新材料设计及性能和功能预测等方面的知识积累，建立高分子材料基因工程的发展框架。

（四）发展目标

（1）发展描述高分子动态缠结的理论方法；建立复杂体系中高分子单链和宏观材料力学性质的定量关联，最终实现人工智能辅助的结构材料设计与制备。

（2）建立实现高分子材料不同层次结构的有效调控手段，为构筑具有特定结构的高分子制品发展新方法和新技术。在聚合物凝聚态多相多组分研究的多时间及空间尺度上，从微观到介观再到宏观等不同尺度上能达到理论 / 计算 / 模拟的连贯性。

（3）发展表面高分子动力学新理论，阐明控制高分子材料摩擦、磨损、老化和破坏等界面行为的分子机理。揭示界面高分子动力学、电荷传导与分离、离子输运与存储等性质与材料性能之间的关系，实现对光电等功能材料界面行为及材料性能的调控。

（4）发展新的研究方法和技术，实现实时、高通、多尺度、高空间分辨和高灵敏研究不同层次结构及在复杂环境下的在线研究。

（5）通过对高分子材料结构与性能认识的理解与提升，促进通用高分子材料的高性能化与功能化；高性能高分子材料制备的低成本化和通用化；促进其在光/电/磁、生物医用等高级器件中的应用。

（6）借鉴基因组学，明确关联高分子材料各种性能的最基本单元（“基因”），发展根据结构预测性能/功能或根据要求设计结构的理论。

（五）重要研究方向

（1）研究高分子单链在复杂拓扑空间下的行为，多分散性对高分子相行为和性能的影响；高分子链段间相互作用、链迁移能力和链构象的单分子水平研究及其与宏观材料力学性能和功能的关联。

（2）研究远离平衡态下的高分子动力学和结构；高分子过冷液体中协同运动的形成与演变规律；复杂高分子流体的微结构演化及其流变性能；缠结高分子流体的链–链相互作用与链拓扑结构的演化；高分子受限动力学。

（3）研究聚合物结晶、液晶和玻璃化等转变过程，多层次聚集态、织态结构及其动态演变路径，软物质凝聚态基本规律。

（4）研究各种空间和时间跨尺度现象及其机制，贯通多尺度结构与性能关系的全链条。

（5）研究高分子界面动力学的分子机制，界面增强高分子复合材料的物理机理，光电功能材料中界面高分子动力学与材料性能的关系及物理起源。

（6）研制和发展基于同步辐射等大科学装置的先进研究技术和方法，建设模拟复杂多场环境的综合性研究平台，搭建智能化、高通量结构与性能检测的实验和模拟平台且发展相应的机器学习方法。

第三节　高分子材料加工成型

一、科学意义与战略价值

与高分子材料化学、高分子材料物理一样，高分子材料加工成型是高分子材料学科体系的主要组成部分，也是由“材”到“器”的中心环节。高分子材料加工成型是原材料加工和赋形的过程，更是多外场耦合作用下高分子材料或产品内部多尺度多层次结构形成、演变与调控的过程。高分子产品的最终物理 / 化学性能、服役行为及成本等在很大程度上依赖于所采用的加工过程（图 15-10）。此外，高分子材料加工成型对高分子材料其他方向的发展也有重要推动作用。例如，高分子材料的加工特性是指导高分子链化学结构、相对分子质量与其分布等结构设计的重要因素；高分子材料加工过程也赋予高分子材料物理非常丰富的研究内容；高分子微纳加工与机械制造结合，有望促进机械制造技术向柔性方向发展；高分子加工与计算机或者数理学科融合，有望促进计算机在大分子体系的超高容量模拟计算与凝聚态物理等领域的发展。

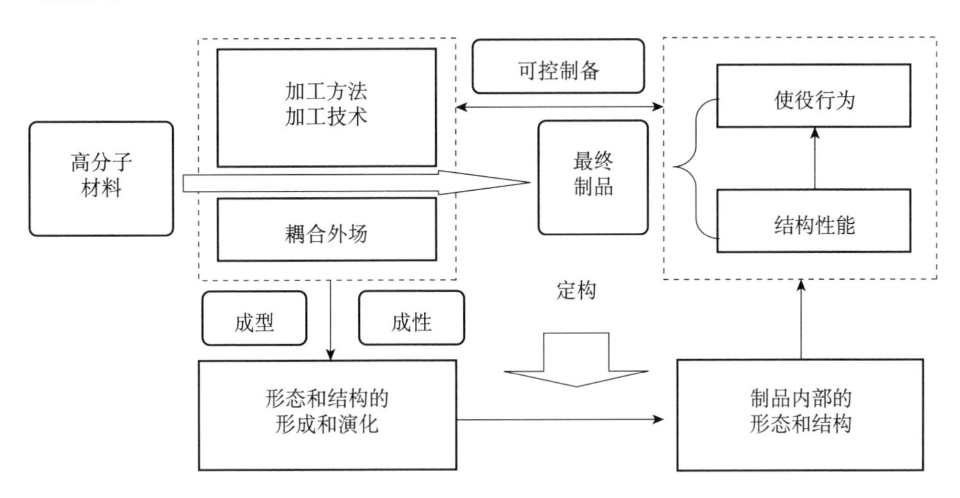

图 15-10　高分子材料加工成型学科内涵

高分子材料加工成型是高分子材料学科对国家安全和国民经济发挥贡献的承载者，也是推动科技进步、提升国家综合国力及国际竞争力的现实需要。在交通运输、机械电子、化工能源等国家支柱产业及国家安全、航空航天等战略性产业中，高分子材料及其加工成型已成为核心竞争力。高分子材料加工成型向结构有序化、精密化、可定制化、智能化、轻量化、生态化的方向发展，是我国完成由制造大国向制造强国转变历史任务中的重要一环，对于实现“双碳”目标也具有重要意义。

二、发展规律与研究特点

高分子材料加工成型的基本原理主要源于高分子物理和流体力学，如分子链运动与熵弹行为、流变、玻璃化转变、相分离与结晶等。高分子材料加工过程引入多外场耦合、远离平衡态、时空尺度跨度大、黏弹效应显著、弛豫单元多种多样且弛豫过程长等众多特性，使其较其他材料加工有鲜明的特点和不同的科学发展规律。

具体而言，高分子材料加工成型研究的历史进程大致经历了四个阶段：①解决如何成型问题的起步阶段（1850～1950年）；②经典的通用高分子规模化加工阶段（1950～2000年）；③高分子定构化、功能化、精密化加工阶段（2000～2025年）；④高分子加工的大分子工程新时代（2025年以后）。随着科学技术的发展，打破传统高分子材料加工成型的时间和空间局限性，谋求与计算机与信息传感、在线高通量表征、可控自组装、微纳尺度3D打印等新兴技术融合，以实现加工过程在微纳尺度上的精准控制、高通量互联、可定制化、绿色可持续化等目标，将成为高分子材料加工成型领域重要的发展方向。同时，高分子材料加工成型对其他新兴前沿学科也起到重要促进作用（图15-11）。

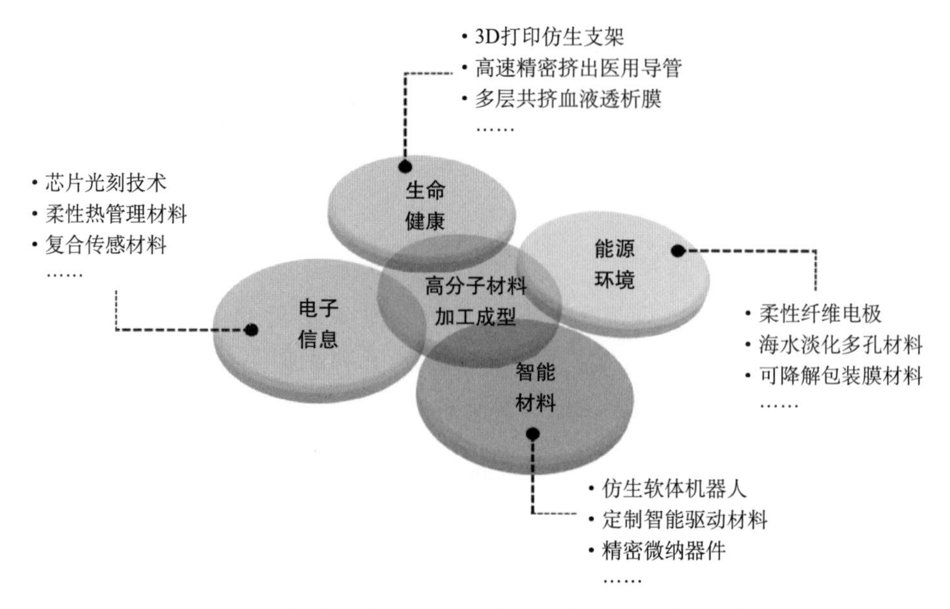

图15-11　高分子材料加工成型对部分新兴前沿学科的促进作用

三、发展现状与发展趋势

（一）发展现状

基于 Web of Science 对 2012～2021 年全球高分子材料加工成型领域发表的论文进行统计分析可以发现，有关静电纺丝、挤出成型、注射成型的论文数量分列前三位，且经典加工成型方式的研究工作总体趋于成熟，对静电纺丝、3D 打印及超临界发泡等新型加工技术的研究则快速增长。同时，上述技术对应论文的 H 指数和篇均被引频次情况表明，静电纺丝和 3D 打印技术论文的篇均被引频次情况和 H 指数居前两位，远高于其他加工成型方式（图 15-12）。在上述加工技术中，中国都是全球发表论文数量最多的国家，论文数量世界占比超过 30%，说明我国在高分子材料加工成型领域的科学研究规模已位于世界前列。国内论文的篇均被引频次也普遍高于全球平均数，表明国内的大量研究成果受到全球研究人员的关注和认可。但是，国内论文的 H 指数普遍低于全球平均数，在一定程度上反映出国内顶尖研究成果仍较缺乏，需要进一步加强对原创性研究工作的重视程度。我国学者在现代高分子材料加工新方法方面做出了卓越贡献。例如，华南理工大学的瞿金平院士提出了动态塑化、动态成型、拉伸塑化等高分子材料加工新概念，四川大学的傅强等提出了高分子成型过程中的动态保压和高分子定构加工的新方法和新原理，四川大学的郭少云等提出了高分子超声挤出成型和高分子微纳层状有序结构调控新方法，为高分子材料通过加工成型实现高性能化和功能化奠定了基础。

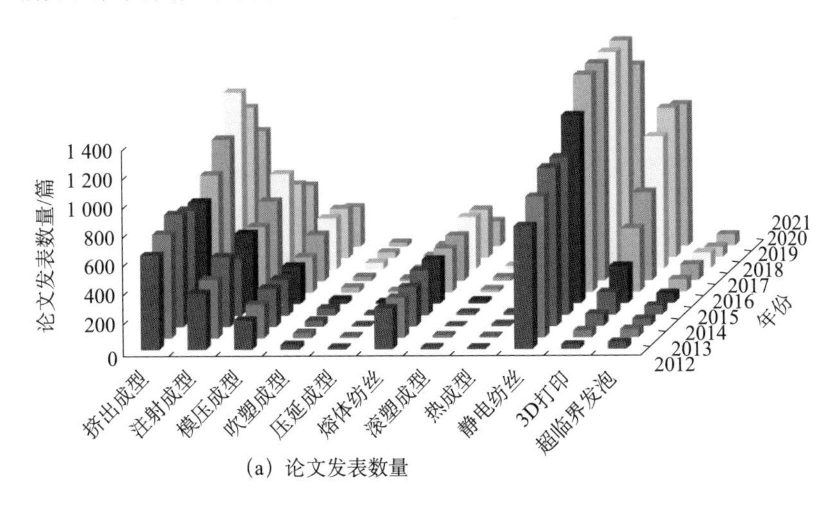

(a) 论文发表数量

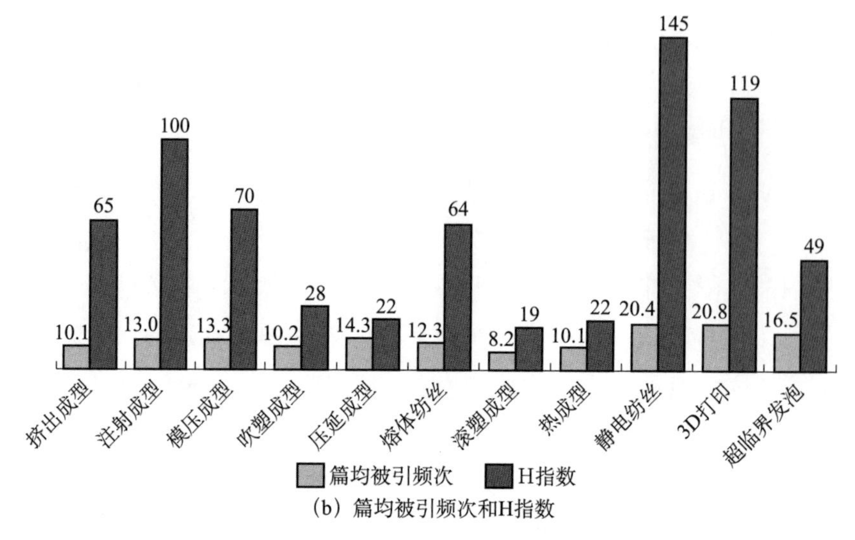

图 15-12　2012～2021 年高分子材料加工技术论文发表数量及篇均被引频次和 H 指数

（二）发展趋势与挑战

高分子材料加工成型未来的重要研究内容主要包括以下几个方面。①探究高分子材料成型过程中结构形成与演变规律，实现形态有序调控、性能优化及可定制化加工。②完善高分子材料加工成型理论，探索新的加工原理，开发新的加工方法和智能制造技术。③探索难加工高分子材料（如氟聚合物、液晶高分子材料、超高分子量聚乙烯和高耐热高分子材料）的加工成型技术及原理。④开发自组装超分子结构材料和多功能高分子材料的加工技术，建立功能集成化、一体化与智能化材料体系与加工方法。⑤开发绿色低碳的加工成型技术，实现能源的高效循环利用与环境可持续发展。⑥开展高分子材料加工成型过程的多尺度多模式精确化模拟分析，发展在线表征技术，研究加工过程中材料形态结构在外场作用下随时间演变的规律等。

近年来，国内学者在高分子材料加工成型领域取得了一系列重要进展，部分成果已经位于国际科技研究与工程应用的前沿。但是，与发达国家相比，我国在高分子材料加工成型领域的理论研究及工业应用技术创新等方面在总体上还有一定的差距。具体而言，主要面临以下几个方面的挑战。①面向高端装备用高分子材料的加工成型技术与装备。②高分子材料微型精密器皿和器件的连续稳定智能化加工成型技术与装备。③高分子材料加工过程中的结晶、相分离、表 / 界面吸附与扩散、力化学等物理化学问题的深入理解。④高分子材料加工成型中的流变学与跨尺度模拟计算与表征。⑤高分子材料加工新原理、新技术与新装备发展缓慢。⑥打开高分子材料加工过程“黑匣子”的关键科学与技术问题等。

四、发展思路与发展方向

（一）未来发展趋势

高分子材料加工成型总体上向轻量化、精密化、功能化、智能化和生态化方向发展。为此，高分子材料加工成型领域的发展趋势主要有：结合新型表征技术和计算模拟技术，全面深入理解加工过程中高分子多级结构构造及其动力学等基础科学问题，打开加工过程分子结构、凝聚态结构、界面结构等形成与演变的“黑匣子”，发展低成本和高效率的形态结构控制新技术、加工成型新方法和结构检测表征新手段；发展精密 / 智能制造和控制技术与装备，3D 打印、精密微纳加工、超轻量化加工、层状有序复合加工成型、结构一体化复合材料加工成型、高性能纤维加工成型、难加工高分子加工、绿色低碳高分子加工、分子尺度高取向加工、橡胶直压硫化、高填充橡胶纳米复合材料湿法混炼、机器人高精度干法缠绕、智能化铺缠一体化等技术与装备。

（二）推动或制约学科发展的关键科学问题

（1）高分子材料加工中的结晶、相分离、表 / 界面吸附与扩散、力化学等物理化学问题。这些问题作为高分子加工物理的核心内容，既是优化高分子制品性能、实现制品高性能化的关键，又是发展新型、精密和智能高分子材料制造技术的理论基础。

（2）高分子材料加工中的流变学问题。黏弹性作为高分子材料加工性能的基础，对高分子材料加工成型过程、产品表面特性与使役行为等产生复杂的影响，但迄今，高分子材料分子结构-加工成型-凝聚态结构-黏弹性关系的系统理论体系仍未完全建立。

（3）高分子材料加工新原理、新技术与新装备。高分子材料加工要实现从 0 到 1 的源头创新，必然是新原理、新技术和新装备的创新。目前，总体上高分子材料加工的创新仍主要局限在传统的高分子流体体系和经典的加工技术中，跳出这一局限，3D打印、静电纺丝、精密微纳加工、超轻量化加工、难加工高分子加工、绿色低碳高分子加工、分子尺度高取向加工、纤维/聚合物复合材料加工（如树脂传递模塑、真空热压罐成型、拉挤成型）等新原理、新技术和新装备的发展将成为源头创新的重要生长点。

（4）打开高分子材料加工过程“黑匣子”的关键科学问题。高分子材料加工过程的在线监测与表征非常困难，尤其是跨尺度表征与分析非常具有挑战性。然而，随着高分子加工物理的不断深入，对加工过程中的跨尺度结构演变（从链段到聚集态）规律和特点的认识与理解更加重要。因此，高通量在线监测、表征、传感及装备系统的欠缺也是制约高分子材料加工成型学科发展的关键科学问题之一。

（三）发展思路

总体上，高分子材料加工成型领域应该在把握“四个面向”要求的指导下，坚持需求导向和问题导向，坚持创新、协调、绿色、开放、共享的新发展理念，切实转变发展方式，推动质量变革、效率变革和动力变革，实现高质量可持续发展，从而为制造强国和“双碳”目标提供强大支撑。

坚持“四个面向”，进一步强化加工物理和加工流变学基础科学问题的研究，以重要项目为引导，加强与数理、机械、信息、医学等领域的学科交叉合作，在微纳制造/精密加工装备与控制技术、新材料/新产品开发范式、多功能智能材料与器件、生物医用材料、材料使役行为、高分子加工计算模拟等方面取得突破。

坚持需求导向和问题导向，大力引导高水平的产学研用合作模式，积极鼓励产学研用中提炼服务国家重大战略需求和经济社会发展任务的关键科学问题；以解决问题、服务需求为目标，构建高分子材料加工成型领域专门化加工平台、基地、中心和攻关团队，以重大、重点项目（群）等方式稳定资助，持续提升解决问题、服务需求的水平和能力，解决一批“卡脖子”问题；完善多层次结构的人才队伍建设，切实落实“破五唯”政策，探索形成新的人才评价体制机制，稳定和培养一支高水平的研究队伍，保障高分子材料加工成型学科的稳健与可持续发展。

（四）发展目标

聚焦提升高分子产品附加值、解决环境资源能源问题、提高高分子产业链的国际竞争力，紧密围绕高分子材料加工成型的关键共性科学问题进行系统深入研究，形成自主知识产权的高分子先进制造原始创新理论与技术。聚焦新一代信息技术、生物技术、新能源、新材料、高端装备、绿色环保及航空航天、海洋装备等战略性新兴产业中对高分子材料加工成型领域新的需求，加快关键核心技术创新应用，形成高分子材料加工成型领域新的增长点。

（五）重要研究方向

（1）高分子材料加工成型过程中物理与化学基础问题：具有特殊多尺度结构（如特殊链拓扑结构、缔合结构、多尺度组装结构和界面结构、填充结构、液晶结构）的线性与非线性流变行为；大形变、高形变速率和非均一连续流场下的高分子流体非线性流变学问题，包括分子摩擦、应变软化、剪切增稠等流变学现象的分子机制；高分子熔体和溶液加工成型过程中的熔体弹性与流动不稳定性问题（包括挤出胀大、虎皮纹、熔体破裂等），以及减缓和抑制流动不稳定性的方法与技术；微纳尺度加工流场和成型工艺及受限空间下高分子流体的流变学问题；流变测量学、理论计算与模拟方法学；“双碳”目标下绿色节能加工成型中的高分子改性技术、绿色高分子加工成型技术、高分子材料循环再利用技术及其物理化学基础问题。

（2）与其他学科深度交叉融合的高分子材料加工成型新技术、新原理：与电子、信息技术融合，实现高分子材料加工成型过程的超高容量模拟仿真计算，发展以涂层形式在重要装备上印刷加工的柔性电子器件的技术与方法；与制造、控制融合，实现微纳尺度上高分子制品的精密定制化加工，发展可准确监测人体电生理信号的传感器及储能器件的低维柔性材料精密加工技术；与生命健康、生物医药融合，发展满足生命健康需求的高分子材料加工成型新装备和新工艺，发展人体可消化的软体机器人加工与制造，实现疾病辅助诊断与医学治疗，发展精密加工与智能制造技术，实现组织与器官的定制与制造；与能源、环境融合，提供能源环境高分子材料加工成型新技术与新原理。

（3）服务“双碳”目标的高分子材料加工成型新技术：高分子材料的绿色节能加工成型方法、原理及技术；低 VOC 甚至无 VOC 与固体颗粒的加工成型技术；高分子废弃物的可循环高值化回收与再利用过程中的低能耗加工技术；生物大分子材料和可降解高分子材料的加工成型新方法、原理和技术；具有理想材料特性的高性能生物基高分子在加工过程中的原位合成技术；纤维/聚合物复合材料加工成型新技术；高分子超精密微纳加工新装备与新技术；超轻量化高分子加工装备与技术；分子级别高取向加工新装备与新技术；橡胶直压硫化技术与装备；高填充橡胶纳米复合材料湿法混炼技术与装备等。

（4）面向高端装备制造的关键高分子材料的设计与加工成型：高端装备由于其高精尖技术特性及极端的应用环境，对高分子材料的高性能、功能化、环境适应性、精细化、轻质化有苛刻的要求，需要发展新的材料设计理念，通过合理的结构设计消除材料冗余，最大限度地发挥材料和结构的潜力。更加重要的是，采用新的加工成型方法把材料转化成高端装备的特定部件，优化设计高分子材料的聚集态结构，赋予高分子材料更优的力学性能和功能化，优先研发高端装备制造业急需的减振阻尼、隔声降噪、电磁屏蔽、吸波、声隐身、长效防腐、阻燃、密封阻隔、新能源微孔膜及高频印刷线路板基板和黏接材料。

（5）高分子材料加工成型数据库技术与智能化技术：发展高分子材料加工成型过程的在线高通量表征装置、高效实时表征手段和高通量结构分析方法；研发高分子材料基因工程中加工成型的数据标准；研发新型高分子材料加工成型方法演变的高通量实验、高通量计算及数据库；研发基于大数据的高分子材料加工成型新技术和新设备；研发高分子材料加工成型的人工智能技术。

第四节　高分子共混与复合

一、科学意义与战略价值

高分子共混与复合的目的在于提高性能或者获得新功能、发展新材料，是高分子材料科学与工程领域的重要分支。高分子共混与复合材料是指由高分子与高分子、高分子与一种或多种不同组成、不同形状、不同性质的物质复合而成的多相材料。高分子共混与复合材料的研究不仅涉及多组分相容性、高分子基体与填料间的界面、织态与凝聚态结构、复杂流体流变学、高分子熔融结晶与取向，而且涉及交联固化或者组分间的化学反应等，属于高分子材料科学的重要组成部分。高分子共混与复合材料因具备高强度、轻量化、多功能等优势，成为国家安全领域满足保障需求的关键基础材料，同时是引领技术升级、实现我国经济绿色发展的关键材料。

目前，材料科学发展呈现四大特点：一是更加注重追求更高的使役性能；二是更加注重向个性化、复合化和多功能化的方向发展；三是更加注重缩短研发周期和降低研发成本；四是更加注重解决能源、资源日益短缺的问题，保障社会的可持续发展。高分子共混与复合材料的基础及应用研究不仅与这些特点契合，并且是实现上述发展目标的主要方式之一。因此，高分子共混与复合材料具有重要的意义和价值。

二、发展规律与研究特点

高分子共混与复合是指通过物理或化学的手段，将具有不同功能或特性的组分进行复合，改善材料的加工成型特性，实现高性能化、功能化及降低成本等，核心的学科内容在于高分子间、高分子与填料间的相容性与界面调控、材料结构–性能关系及材料使役。高分子共混与复合材料涉及高分子材料化学与物理、高分子材料加工成型、高分子材料应用等多个学科领域。

高分子共混与复合材料研究的规律与特点如下：①应用需求导向是其内涵进化强大的推动力和生命力；②高分子材料学科内部及高分子材料学科与其他学科的交叉、渗透和融合保证其外延的持续拓展；③高分子共混与复合材料理论、实验及模拟多方向的相互促进不断完善着学科体系。随着科技发展和材料性能需求的提高，高分子共混与复合材料增强体（或相区）尺度正从微米向纳米转变，组分体系从单一向复杂化发展，目标特性从力学向力学–功能一体化过渡。此外，高分子共混与复合材料与信息、人工智能、仿生、生物、电子、能源、医药等学科领域及技术的交叉日益深化。

三、发展现状与发展趋势

（一）本领域的产业概况

从产业链的角度来看，高分子共混与复合材料是高分子从原料走向制品的中间环节，在国民经济、国家安全等领域应用广泛。“十三五”时期以来，我国的高分子共混与复合材料产业发展迅速。以高分子共混与短纤维增强为主的改性塑料市场增长迅速，中国 2020 年的改性塑料的产量约为 2250 万吨，同比增长 15.1%。同时，我国高性能高分子复合材料技术逐渐进入成熟期，开始大规模应用。在航空领域，高分子复合材料的应用水平得到提升，用量占比越来越高。我国第五代战机歼–20 的高分子复合材料用量占比为 20%，国产大型客机 C919 的高分子复合材料用量占比为 12%，正在研制的远程宽体客机 C929 的高分子复合材料用量占比将达 50%。在国民经济领域，高分子复合材料已广泛应用于汽车、风力发电、电力 / 电器、压力容器、船舶等众多行业。在国防武器装备领域，我国结构功能一体化复合材料技术得到显著发展，逐步实现高端化、实用化。此外，高分子纳米复合材料市场快速增长，2020 年我国高分子纳米复合材料产业规模达到 1000 亿元，同比增长 16%。

（二）文献、专利数据统计结果

高分子共混方向 2011～2021 年发表的论文数量超过 2000 篇 / 年，且随时间呈上升趋势，说明该方向虽然属于较传统的研究领域，但世界范围内的研究仍然比较活跃［图 15-13(a)］。高分子复合材料方向 2011～2021 年发表的论文数量超过 10 000 篇 / 年，比高分子共混的关注度更大［图 15-13(b)］。在高分子共混与复合材料领域，中国发表的论文数量明显多于其他国家，但中国论文的篇均被引频次与美国有较大差距，论文的质量还有待进一步提升（表 15-3 和表 15-4）。

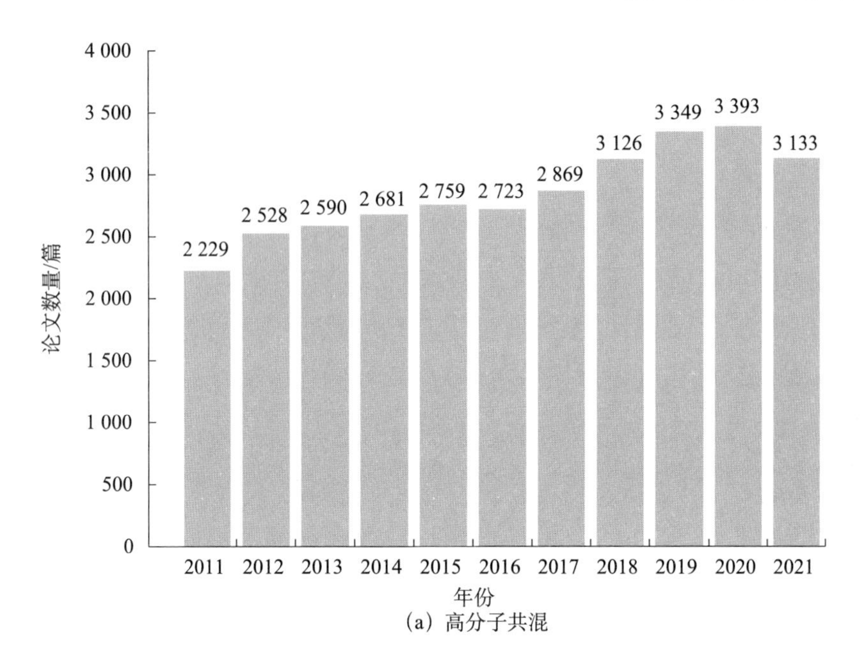

（a）高分子共混

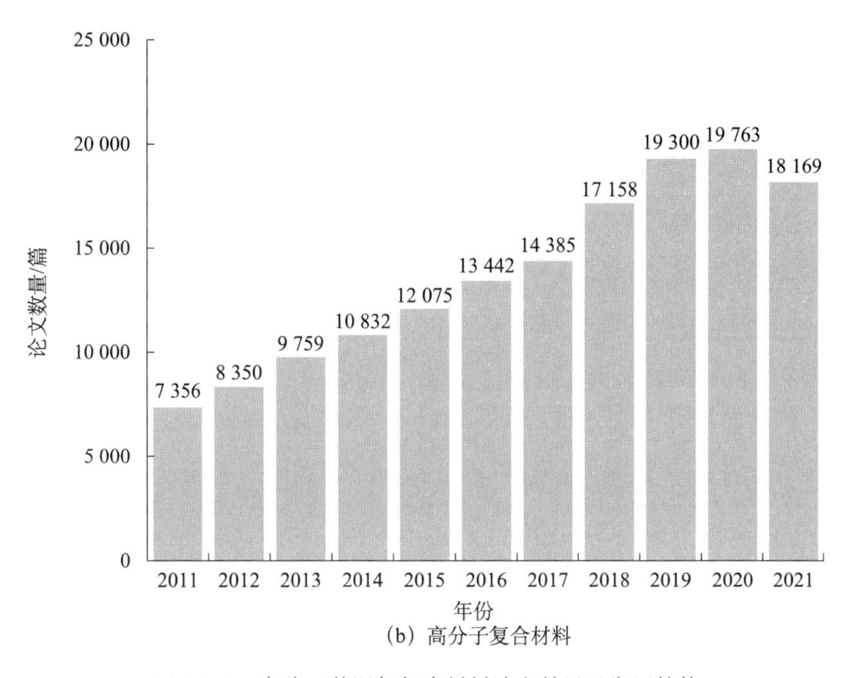

（b）高分子复合材料

图 15-13　高分子共混与复合材料论文数量及发展趋势

表15-3 高分子共混领域发表论文数量前10位的国家及论文影响力

国家	记录数/篇	总被引频次	篇均被引频次
中国	8 879	151 426	17.05
美国	4 009	93 430	23.31
印度	3 118	49 722	15.95
韩国	1 567	33 229	21.21
伊朗	1 520	24 613	16.19
德国	1 432	29 072	20.30
日本	1 305	17 963	13.76
意大利	1 046	21 349	20.41
法国	1 022	22 005	21.53
马来西亚	1 013	19 237	18.90

表15-4 高分子复合材料领域发表论文数量前10位的国家及论文影响力

国家	记录数/篇	总被引频次	篇均被引频次
中国	55 473	1 324 871	23.88
美国	17 411	594 001	34.12
印度	13 325	238 621	17.91
韩国	8 729	211 798	24.26
伊朗	7 567	138 438	18.29
德国	5 523	133 707	24.21
英国	4 951	132 070	26.68
日本	4 641	88 995	19.18
法国	4 546	97 017	21.34
意大利	4 483	102 279	22.81

另外，2011～2021年，中国在高分子共混与复合材料领域申请的专利数量最多，特别是在高分子复合材料领域远多于其他国家，分别是美国和日本申请数量的7倍和8倍。然而，我国专利技术的国际布局不够（图15-14）。以高分子复合材料的专利为例，中国本土申请专利数量占专利总量的97.88%，在全球其他地域的申请专利数量仅占专利总量的2.12%；美国、日本全球布局的申请专利数量占其专利总量的比例分别为67.47%和53.15%，说明我们需要提高专利质量、加强核心技术的国际专利布局。

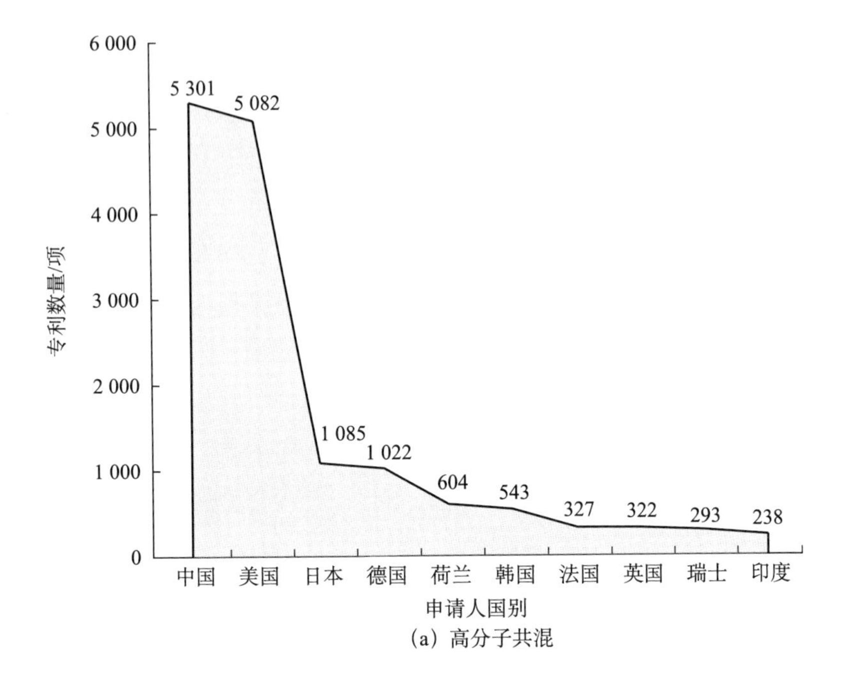

(a) 高分子共混

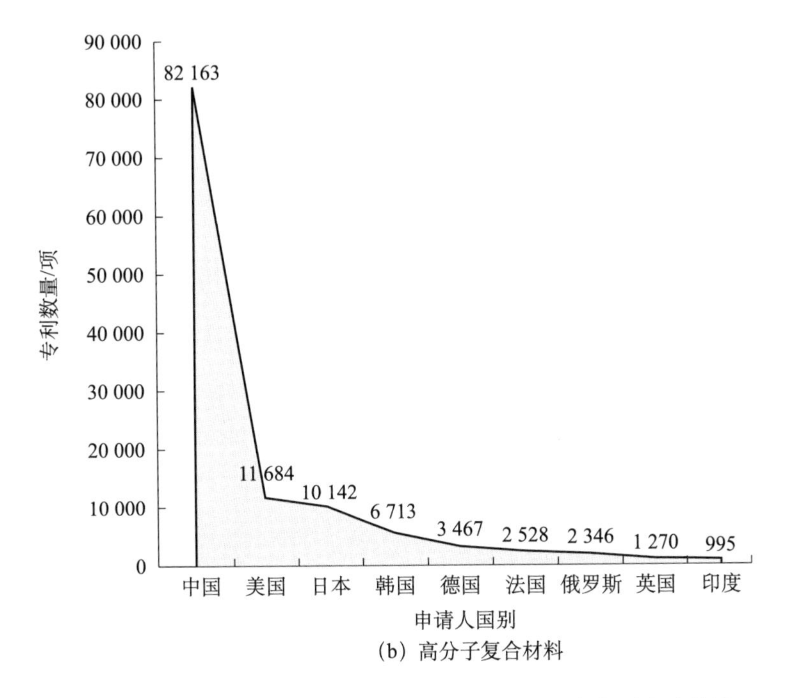

(b) 高分子复合材料

图 15-14　高分子共混与复合材料主要技术来源国家专利申请数量

（三）重要研究成果

近年来，国内学者在高分子共混与复合材料研究领域取得了重要进展，众多研究成果和技术已获得了国际同行的认可，并处于国际研究的前沿或"领跑"状态，如切变流动下高分子共混体系相分离行为、多相多组分高分子界面工程化、仿生智能纳米界面材料、柔性导电高分子基应变传感器、导电导热复合材料、人工合成贝壳珍珠层复合材料、微米尺度高分子复合材料的层间韧性强化等。但是与美国、德国、日本等国家相比，我国在高分子共混与复合材料高性能纤维规模制备、高性能树脂合成、材料工程应用、复合材料加工成型领域的研究及技术水平整体上尚有一定的差距。特别是结构功能复合材料基础薄弱，材料综合设计能力不强，工程化和规模制备技术水平与国外尚有差距。

（四）国家级平台

目前与高分子共混及复合材料直接相关的国家级平台有11个，分布在高校、科研院所和企业，布局较合理。主要包括：高分子材料工程国家重点实验室（四川大学）、有机无机复合材料国家重点实验室（北京化工大学）、纤维材料改性国家重点实验室（东华大学）、国家树脂基复合材料工程技术研究中心（哈尔滨工业大学）、中国科学院极端环境高分子材料重点实验室（中国科学院化学研究所）、中国科学院工程塑料重点实验室（中国科学院化学研究所）、国家通用工程塑料工程技术研究中心（北京市化学工业研究院）、高分子材料资源高质化利用国家重点实验室（金发科技股份有限公司）、塑料改性与加工国家工程实验室（金发科技股份有限公司等）、国家先进高分子材料产业创新中心（金发科技股份有限公司）、国家电子电路基材工程技术研究中心（广东生益科技股份有限公司）等。

（五）重点研发资助情况

在科技部重点研发计划方面，"十三五"期间与高分子共混与复合材料领域相关的项目共立项35项，主要涵盖的研究课题为纳米复合材料、高性能聚合物材料、航空航天材料等方向，专项经费共计52 403万元。

四、发展思路与发展方向

（一）未来发展趋势

高分子共混与复合的未来将呈现定制化、仿生化、智能化、绿色化及多功能复合的总体趋势，实现材料的按需制备。在基础研究方面，全面理解高分子共混与复合材料制备中的基本化学和物理问题，掌握共混物多层次结构及性能控制技术，利用材料基因工程、大数据、机器学习等新概念和新技术建立高分子共混与复合材料研究的新范式。

（二）推动或制约学科发展的关键科学问题

（1）高分子共混与复合材料加工过程中结构动态演化机制及调控机理。高分子共混与复合材料的制备及使用需要经过加工成型，加工过程中组分间存在物质交换、化学反应、界面的动态形成与更新等诸多复杂物理和化学过程。这些过程强烈依赖于加工成型条件和热历史，直接影响材料的最终性能。因此，理解高分子共混与复合材料加工过程中结构动态演化机制及调控机理仍是本领域的重要科学问题。

（2）高分子共混与复合材料的界面解析、界面工程与界面功能化。高分子共混与复合材料的界面是决定材料结构和性能的关键。目前仍然缺乏对界面表征、界面设计、界面增容机理的深入认识，这成为制约本领域发展的关键和核心科学问题。通过界面设计与调控，实现高分子共混与复合材料的界面工程化与功能化，开拓制备结构功能一体化高分子共混与复合材料的新方法至关重要。

（3）多尺度、多级次、非均相梯度高分子仿生复合材料的制造和表征技术。自然材料（如鲍鱼壳、牙齿、骨骼）因其内部独特的织构而具有优异的力学性能，为开发新型多尺度、多级次、非均相梯度高分子仿生复合材料提供了思想源泉。此外，高分子仿生复合材料的微观结构跨尺度表征也是一个重要研究内容。

（三）发展思路

根据高分子共混与复合的发展趋势及存在的关键科学问题，本领域的发

展思路是:

（1）本领域与其他多学科、多研究方向的交叉和综合。

（2）高分子共混与复合材料多层次、跨尺度的多级结构耦合调控。

（3）发展高分子共混与复合材料的结构与性能表征和使役预测的新方法。

（4）材料基因工程、大数据及机器学习相结合的高分子共混与复合材料理论模拟和设计。

（四）发展目标

到2035年，高分子共混与复合研究有以下几个发展目标。

（1）通过自主创新，建立满足我国应用需求的高性能功能性高分子共混与复合材料的技术和产品，使我国高分子共混与复合材料技术达到世界同步发展水平并逐步实现全面超越和引领。

（2）全面实现高分子新材料的结构与性能的定制，按性能需求制备高分子共混与复合材料，实现高分子材料结构、功能、加工一体化。

（3）理解高分子共混与复合材料研究领域的基础科学问题，实现多元复合体系的复杂多重界面设计和调控。

（五）重要研究方向

高分子共混与复合在基础科学方面有以下几个重要研究方向。

（1）加工状态及条件变化情况下共混物的相容性和相行为。

（2）高分子共混与复合材料界面的表征和测试新方法。

（3）剪切流场下多相多组分界面形成与更新，剪切流动状态下界面化学反应动力学与界面分子扩散（物质交换）动力学。

（4）嵌段与接枝共聚物等的界面增容/增强机理与增容剂/偶联剂的结构定制，以及增容剂/偶联剂分子在界面上的动力学和热力学分析。

（5）高分子共混与复合材料的界面增容/增强新方法与新模式。

（6）外场下聚合物共混与复合体系的弛豫、形变、屈服及功能响应。

（7）空间（一维、二维、三维）受限或极端条件下共混物相行为。

（8）高分子共混与复合材料性能预测及应用中的性能劣化和对策。

（9）材料基因工程、大数据及机器学习结合的高分子共混与复合材料理论模拟。

高分子共混与复合在材料制备方面有以下几个重要研究方向。

（1）结构功能一体化材料及高分子超材料的结构设计及性能调控。

（2）高分子共混与复合材料的绿色化与精细化制备。

（3）高分子共混与复合材料的多功能化与功能定制。

（4）高分子共混与复合材料的智能化与自适应性研发。

（5）功能性高分子共混与复合材料的结构和性能调控。

（6）专用新型加工助剂的设计和作用机制研究。

（7）高分子共混与复合材料的循环利用等。

第十六章

通用与高性能高分子材料

第一节　通用高分子材料

一、科学意义与战略价值

通用高分子材料是指能够大规模工业化生产，已经或者可以普遍应用于建筑、交通运输、农业、电气电子等国民经济主要领域和人们日常生活的高分子材料，主要包括塑料、橡胶、纤维、涂料和胶黏剂等五大类。我国是通用高分子材料第一生产和消耗大国，但与国际先进水平相比，我国在产品结构与种类、加工技术与产品质量、高技术产业比例与规模等方面仍然有较大差距，没有原创的通用高分子材料品种，相关产品质量稳定性仍然不够高，高端牌号仍然需要进口，甚至形成“卡脖子”局面，大宗产品由于没有品牌效应而附加值不高。因此，迫切需要从基础理论研究和应用基础研究出发，聚焦现有通用高分子材料领域“卡脖子”重大技术问题背后的基础科学问题，聚焦面向未来社会、面向重大需求牵引的大宗通用高分子材料的创制问题，开展深入的、多学科交叉的、有组织的高质量科研，支撑通用高分子材料实现由追踪仿制、中国制造向中国品牌、中国创造的转变，并为世界高分子科学发展做出重要贡献。

二、发展规律与研究特点

通用高分子材料科学的一个突出特点是与社会发展需求紧密相联，是典型的以应用驱动基础研究、以基础研究发展原创性技术的学科，既是以探索科学技术自身规律为目标的基础学科，又是与工程技术密切相关的应用学科。在材料发展进程中，工业整体水平的上升使得某一类材料的关键制备加工技术取得突破，而关键技术的突破反过来推动材料的大规模应用。一方面，新材料的大规模应用促进更加完善的科学技术理论的建立；另一方面，社会发展追求材料的更高性能，反过来推动了学科的发展，创制更多的新材料。

三、发展现状与发展趋势

总体上，我国在五大类通用高分子材料方面已取得了长足进步，无论是基础树脂还是改性应用产品，种类基本齐全，通用高分子材料产品技术可与国际并驾齐驱甚至产能过剩，但高附加值高端高分子材料产品仍被国外垄断，形成技术壁垒。我国在通用高分子材料领域发表SCI论文的数量已排在世界首位，且增长很快，远超排在第二位的美国。这进一步说明我国的基础研究与工业应用研究严重脱节，技术创新驱动基础研究不够（图16-1和图16-2）。随着社会发展水平和人类生活的需求不断提高，通用高分子材料总体上向低成本化、环境友好化、高性能化和功能化等方向发展，重点发展能源、资源、环境、人工智能、生命健康和国家安全相关领域迫切需求的高分子材料。

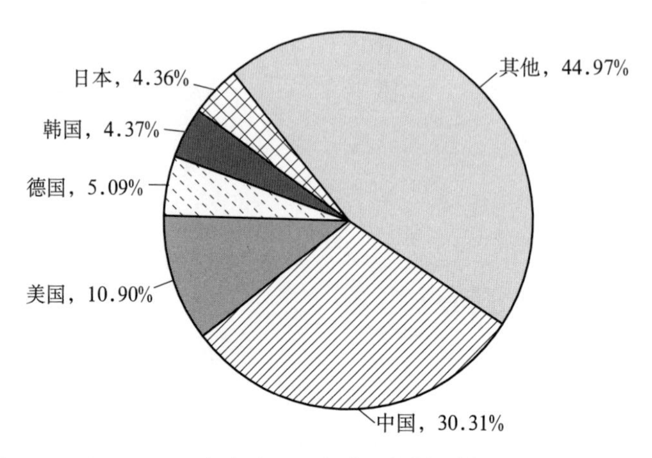

图 16-1　2011～2021 年全球通用高分子材料领域发表 SCI 论文情况

关键词：plastic/resin, rubber/elastomer, coating/paint, adhesive

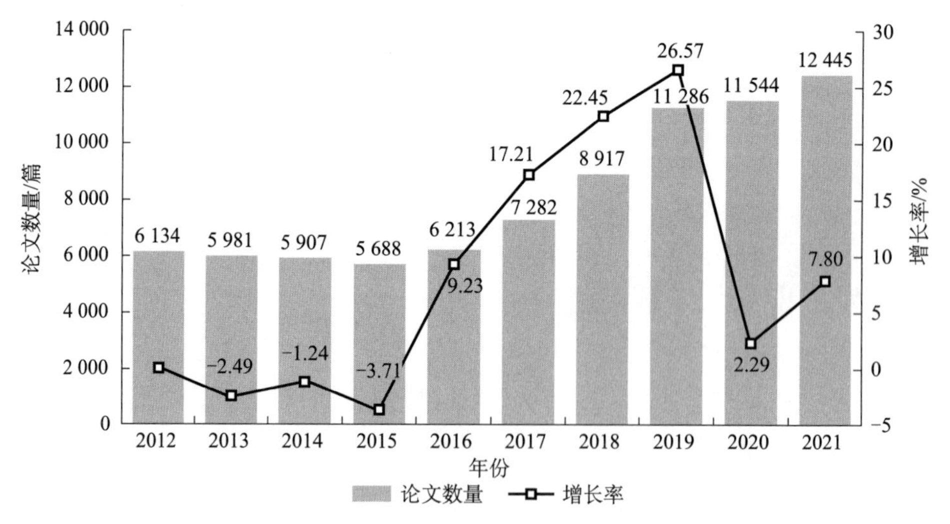

图 16-2　2012～2021 年中国通用高分子材料领域发表 SCI 论文情况

关键词：plastic/resin, rubber/elastomer, coating/paint, adhesive

（一）塑料

我国通用塑料产业规模大，年产量已达 1 亿吨，居世界第一位，涉及国民经济诸多领域，从业人员众多，军民两用，对国防军工、国民经济各领域具有重要推动作用。但在该方向，学术界与工业界严重脱节，学术界对工业界的支撑更多体现在人才培养上，对产业技术中存在的“卡脖子”问题及其背后的科学问题了解不深刻，学术界的原创性成果（包括新材料设计、新制备方法、新加工方法等）难以有效转化，严重制约了产业技术的升级与迭代。同时，我国塑料工业发展还面临白色污染、绿色发展和结构性过剩、新单体缺乏、原料成本高等问题。这些问题也给我国塑料行业提供了重要发展机遇，亟须加强相关学科的基础研究，将问题转化为发展机遇。“十四五”时期，我国需要加强基础研究创新，突破新型单体和催化剂制备、聚合工艺和装置开发、结构性能构效关系建立、高性能生物基树脂的设计与制备、合成树脂的循环利用新方法与技术研发等多个方面的瓶颈，大力发展新方法、新技术和新装备，实现塑料的高性能化和功能化。

（二）橡胶

我国橡胶年消耗量超过 1000 万吨，居世界第一位。合成橡胶的年产量突破 600 万吨，也居世界第一位。尽管如此，我国在高端牌号大品种合成橡胶及特种合成橡胶方面与国外先进水平相比仍处于“跟跑”和“追赶”状态。2017 年，我国消费合成橡胶 478 万吨，但仍需进口 161 万吨，大部分属于高端牌号合成橡胶，还有一些特种合成橡胶在国内尚属空白。在天然橡胶方面，我国天然橡胶年产量仅有 80 万吨，年需求量居全球第一位（566 万吨），自给率不到 15%，军民两用高端天然橡胶完全依赖进口。在橡胶产品方面，我国轮胎制造市场规模占全球的 1/3 还多，但高端产品占比不高，主要依靠低廉的价格打开市场，为此中国轮胎两次遭受美国商务部反倾销和反补贴（“双反”）调查，民用大飞机航空轮胎仍被“卡脖子”，未能实现国产化替代。

面向未来社会发展和国家重大战略需求，高性能化、功能化和绿色低碳环保是我国橡胶工业的发展趋势。为此，基础理论研究和应用基础研究的支撑必不可少且要先行一步。具体包括以下几个方面：突破高端高品质橡胶基础原材料（包括天然橡胶、高性能合成橡胶及特种合成橡胶）面临的“卡脖子”技术问题和基础科学问题；创新纳米复合强化与功能化改性方法；针对重大需求原创新型特种及功能弹性体材料；发展交联与解交联新方法，实现橡胶产品高值化回用与绿色低碳发展；发展材料基因工程，实现橡胶及制品设计与开发的智能化、低成本化等。

（三）纤维

材料、化学、生物、信息、能源等学科的交叉融合促使了纤维材料研究向超能、智能、绿色、连接方向发展。近年来，美国、欧洲、日本等发达国家或地区高度重视纤维产业技术革新，不断出台科技计划和政策支持先进纤维产业发展，力图占据国际纤维产业制高点。例如，美国成立了革命性纤维与织物制造创新机构，并将先进纤维与织物技术列入出口管制；欧盟设立了“地平线2020计划”“零污染行动计划”等纤维相关的创新项目；德国在“工业4.0”中推出了“未来纺织计划”；日本成立了新构造材料技术研究联盟，旨在对高功能纤维进行全球布局。2020年，我国化学纤维总产量为6025万吨，全球占比超72%，占我国纤维加工总量的近85%。“十四五”期间，我国化学纤维产业规模将持续扩大、技术将不断突破，将为我国民生改善、经济发展和国家安全持续提供强力支撑。

然而，国内先进化学纤维的制备、成型和加工技术仍然存在发展瓶颈，如制备流程长、能耗大等，高端功能纤维制品种类和品质有待提升。与国际先进化学纤维制品相比，我国化学纤维制品在核心技术、关键原材料供给、产业链配套创新、质量稳定性、产品设计等方面仍然存在较大差距。特别是，高性能纤维（如高强高模碳纤维、对位芳纶、超高分子量聚乙烯纤维）的研发仍处于追赶阶段，高端应用供给明显不足；通用纤维产量虽高但同质化现象严重、高附加值产品不足，需要进一步推动通用纤维制品朝绿色化、功能化和高值化方向发展；生物基及医用纤维在关键原料、装备、技术等方面仍然存在差距，特别是高端医用纤维的制备及工艺技术难以满足国家和行业需求。另外，我国化学纤维工业还面临发达国家“再工业化”和发展中国家加快推进工业化进程的“双重挤压”，进一步制约了化学纤维产业和新一代纤维产业的技术进步。因此，亟待通过基础理论研究和应用基础研究、技术创新、人才培养、体系构建等促进纤维行业高质量发展，打破目前发达国家在纤维材料、技术及系统集成等方面形成的壁垒。

（四）涂料

目前世界涂料的年产量约为9000万吨，我国涂料的年产量约为2800万吨，我国已多年稳居世界第一大涂料生产国和消费国位置。据中国涂料工业协会统计，2021年，全国规模以上涂料企业实现总产量2852万吨，其中前三位分别是建筑涂料、工业防护涂料和汽车涂料。

近年来，随着我国“双碳”目标的强力推进，水性涂料、高固体分涂料、粉末涂料、紫外光固化涂料等环保型涂料发展迅速，市场占比逐年提高，具有可持续性的生物基涂料研究与应用重新受到重视，新型功能涂料研究方兴未艾。国内在有机-无机杂化树脂、高耐候氟硅树脂、可控降解树脂、超支化功能树脂、高性能水性树脂等高端涂料用树脂制备，以及海洋防腐防污涂料、生物基涂料、水性工业涂料、辐照固化涂料、微纳结构功能涂料等方面的研究已取得较大进展。涂料的总体发展趋势是环保化、高性能化和功能化。涂料的全生命周期“双碳”目标将作为涂料研究的重点。服务于其他行业“双碳”目标及智能化社会建设的新型功能涂料将不断得到设计与制备。为了实现涂料的环保化、高性能化、功能化及“双碳”目标，需要在涂料用高端基础树脂、新型功能涂料、多组分协同防护与功能效应、服役行为与寿命预测、与其他交叉领域的创新技术等方面开展基础研究与应用研究。同时，需要探索并开创可应用于不同军事需求场合的特种功能涂料（如智能隐身、防辐照、防爆、减阻、高阻尼）的制备新原理与新方法，支撑我国国防现代化建设。

（五）胶黏剂

据中国胶粘剂和胶粘带工业协会统计，2020 年全球胶黏剂的年产量约为 2217 万吨，其中我国胶黏剂行业产量达到 709 万吨，主要是指配伍型胶黏剂，不包括自产自用的木材用脲醛和酚醛胶黏剂。我国胶黏剂的主要品种是水基胶黏剂、弹性密封胶和热熔胶，应用于建筑、汽车、包装、书籍装订、家具等领域，总体上产能充沛。国防领域特种胶黏剂的主要品种已经国产化，但民用的电子、通信、航空、高铁、医疗等领域一些特种反应型和功能型胶黏剂仍以进口为主，年进口量约为 20 万吨。主要原因如下：一方面，这些高端领域需求的胶黏剂品种多，单品种用量少，总产值不大，市场驱动力不足；另一方面，这些高端领域的研究力量比较分散，基础研究薄弱，缺少成体系成建制的长期坚持基础研发的团队和科技投入。随着我国自主意识加强和产业结构调整，胶黏剂将会向水性化、高性能化、环保化和低成本化方向发展，主要从胶黏剂基体树脂设计制备、固化原理、应用工艺、黏接机理等基础研究方面进行创新和突破，打破目前国外在材料、应用技术等方面形成的壁垒，形成从事原料生产、胶黏剂生产和终端应用的企业和高校院所产学研用的创新研发体系，以支撑我国的制造业快速发展。

四、发展思路与发展方向

（一）未来发展趋势

通用高分子材料支撑着国计民生和国防安全，未来发展的总体趋势是绿色低碳化、高性能化、功能化、低成本化，预计在体量和质量上还有较大的发展空间，挑战与机遇并存。通用高分子材料包括塑料、橡胶、纤维、涂料和胶黏剂五大类，品种繁多，在使用时基本是具有增强、增韧或功能组分的多组分多相复杂体系，因此通用高分子材料的研究量大面广，需要解决的关键科学问题众多，但其研究工作的共同特点是需要在单体、催化、聚合、加工与应用等五个方面开展全方位探索。同时，基于材料基因工程理念的主动-高效设计研究，以及基于“双碳”目标的绿色化设计-制备-再利用研究，也是通用高分子材料领域各大分支材料的重要和共同的研究内容。具体包括以下几个方面。

（1）开发高分子材料基因工程方法，更定量化、更本质化地阐明高分子材料多层次多尺度结构-性能的关系，更好地指导通用高分子材料开发，降低开发成本和盲目性。

（2）新型催化/引发体系设计、新型单体及其聚合反应机理和聚合工艺研究，实现基础树脂大分子结构的可控定制与绿色低碳制备。

（3）发展高性能或功能化共混/复合/杂化/反应加工改性新方法、工艺及关键装备，实现材料加工过程中的结构“再造”和性能及功能调控。

（4）将先进的仿真模拟技术和实验方法相结合，揭示材料宏观性能-制品复杂失效行为和服役性能的关系，为结构-材料-制品一体化设计和制件寿命预测提供科学依据。

（5）面向“双碳”目标，发展大宗非化石型通用高分子材料和高分子材料循环利用新方法。

（6）开发面向人工智能、生命健康、美好环境等满足人民美好生活需要的高分子材料。

（7）开发面向国家重大工程（深海、深蓝、深地、深空、大飞机专项等）和国防军工迫切需求的高分子材料。

（二）推动或制约学科发展的关键科学问题

通用高分子材料学科主要包含四大共性科学问题。

（1）新型催化 / 引发体系设计、新型单体及其可控聚合反应机理，以及高效、节能降耗、环境友好的聚合新工艺。

（2）更本质与更量化的多层次多尺度结构–非线性黏弹性和宏观性能–制件使役性能关系及高仿真跨尺度模拟方法。

（3）高性能或功能化共混 / 复合 / 杂化 / 反应加工改性新方法及原理。

（4）通用高分子材料绿色低碳的回收与再利用方法，以及新型绿色低碳高分子材料的设计与制备。

（三）发展思路

坚持“四个面向”，紧密结合国家发展战略，尤其是满足“双碳”目标和人民日益增长的美好生活需要，坚持科学研究与应用需求紧密结合的学科自身发展规律特点，从行业发展和社会发展需求中凝练重大技术问题所蕴含的内在科学问题，开展系统深入研究，支撑突破重大技术；重点关注能源、资源、环境、生命健康、人工智能和国家安全相关领域迫切需求的高分子材料；高度重视多学科交叉融合，发现新的增长点，实现原创性高质量突破；探索重视质量不强调数量、基础研究–应用研究–创新技术分类评价等基金支持模式。

（四）发展目标

1. 塑料

突破新型单体和催化剂制备、聚合工艺和装置开发、结构性能构效关系建立、高性能生物基树脂的设计与制备、合成树脂的循环利用新方法与技术等多方面瓶颈，实现通用合成树脂的高性能化和功能化，包括以下几个方面。

（1）合成高性能、长寿命、易回收的石油基通用合成树脂；通过通用合成树脂单体制备高性能工程塑料，实现低成本化制备高性能化合成树脂；通过合成树脂的化学改性实现高性能化及高功能化。

（2）研发生物基树脂环保化、高性能化和功能化合成制备技术，设计与合成多功能、非石油基和低 VOC 生物基树脂，以及特殊与极端服役环境生物基树脂；合成高服役稳定性生物基树脂；合成面向特殊应用的新型功能或智能生物基树脂，实现生物基树脂制造的绿色化和智能化。

（3）针对“白色污染”治理，建立高性能低成本全生物降解树脂合成新技术，发展规模化固相利用纤维素等生物质材料制备与应用技术；发展先进的合成树脂自修复方法与循环利用技术；发展先进的环境友好型塑料物理回收方法、装备及技术，实现合成树脂高值高效回收利用；发展合成树脂的化学回收与升级再造新方法与技术等。

2. 橡胶

围绕橡胶的高性能化、功能化和绿色化发展趋势，实施材料基因工程和材料种植工程，优化杜仲橡胶等天然橡胶产业的规模化；创制新型绿色合成橡胶、生物基橡胶、可降解橡胶、易回收再利用橡胶、低 VOC 排放交联橡胶、绿色环保助剂等；发展材料基因工程，实现橡胶及制品设计与开发的智能化、低成本化；发展纳米复合新方法、加工成型新工艺及装备，实现高性能化、节能降耗低排；发展绿色低碳回收新方法，实现橡胶制品的高值化回收再利用；面向即将到来的人工智能时代、老龄化与高龄化时代，创制新型功能橡胶；聚焦国家安全战略需求，开发适用于极端环境、极限工况的特种橡胶。

3. 纤维

重点从化学纤维新材料新品种、全生命周期绿色制造、常态化医工交叉纤维新材料设计等方向突破，实现化学纤维高值化、高质化。研究新型高分子的结构设计和合成，特别是功能性成纤高分子的合成反应规律与结构调控，为制备前沿性纤维提供理论支撑；研究颠覆性功能纤维及其制品的功能集成一体化及加工技术，形成在线可控颠覆性纤维制备成套技术；探索杂化材料赋能的导电 / 吸波纤维、凝胶纤维、半导体纤维、仿生拟态纤维、电学传感纤维、能源纤维及智能纤维器件；研究通用多元多结构纤维智能化及在智能可穿戴设备中的应用集成。

4. 涂料

重点发展高固体分涂料、无溶剂涂料、水性涂料、粉末涂料、辐照固化涂料等环保型涂料用成膜树脂，生物基涂料、硅氧基涂料、无机涂料等非石油基涂料用成膜物质，以及涂料制造的低碳化、绿色化和智能化技术；发展高耐候、高耐污、重防腐、抗生物污损、耐磨蚀、耐高温等特殊与极端环境的高性能防护涂料；发展吸波或透波、抗菌、防污、减阻、热管理、防油、防辐照、电加热、超黑等功能涂料，以及具有环境自适应、光热转换、自修复、自分层、温敏、光敏、气敏等特性的智能涂料。

5. 胶黏剂

重点以结构–固化–性能的理论创新为基础，从树脂设计、配伍、界面改性、固化协同等方面实现突破，并结合应用场景进行应用验证，支撑高性能电子胶黏剂、航空航天领域高性能胶黏剂和国防特种胶黏剂的工程化应用。重点发展高纯电子级环氧树脂胶黏剂、大功率新能源用合模胶、大容量锂离子电池用胶黏剂、大型液化天然气（liquefied natural gas, LNG）船密封胶黏剂；发展宽温域电子封装材料、高性能导电和导热胶黏剂、低应力精密器件黏接材料；发展 PTFE、贵金属、生物组织等难粘表面用胶黏剂；发展绿色环保和低成本的装配式建筑结构胶黏剂、高铁和新能源汽车用高剥离强度结构胶黏剂；发展极端环境下服役耐原子氧、超高温、超低温和高能射线航天用胶黏剂；发展低成本建筑和木材胶黏剂。

（五）重要研究方向

1. 塑料

研发合成树脂的高性能化及高功能化的化学改性与结构控制方法；研发高端聚烯烃（如聚烯烃弹性体、烯烃嵌段共聚物、茂金属聚乙烯 / 聚丙烯、聚 1–丁烯、丙丁无规共聚物）的催化、聚合及工艺；通过通用合成树脂单体制备高性能工程塑料（如聚 4–甲基–1–戊烯、聚环戊二烯、环烯烃共聚物、乙烯与丙烯酸盐的共聚物），实现低成本化制备高性能化合成树脂；设计制备新型极性单体、高性能化单体和高效催化剂，制备新型合成树脂；创新高分子多层次链结构表征方法，借助高通量筛选、大数据、人工智能辅助等构建各品种通用合成树脂的结构与性能关系数据库；研究高性能和功能化生物基树脂的分子设计与合成方法、生物基树脂功能强化新方法与新原理、生物基树脂服役条件下的失效行为与寿命预测等；开发合成树脂的回收与再利用的新方法及新装备。

2. 橡胶

研发低成本、高效、低碳、可控的聚合新工艺技术；研发特殊性能用途的特种橡胶的设计与合成；开展天然橡胶的基因工程和种植工程研究；研发非化石型弹性体的设计与合成；开展橡胶纳米复合材料多层次结构与性能关系的跨尺度模拟和先进实验研究，揭示特殊应用外场下橡胶复合材料的结构演变与性能响应关系；开展橡胶宏观性能-橡胶制品复杂失效行为和服役性能关系的先进仿真与实验研究；研发橡胶交联/解交联新方法及机理与橡胶回收再利用技术；研发橡胶高性能或功能化共混/复合/杂化/反应加工/交联改性新方法、工艺及装备。

3. 纤维

研究新型高分子设计与成纤机制；研发成纤单体和催化剂制备及聚合工艺；开展纤维基因工程；研发有机-无机杂化纤维、人机交互半导体纤维、智能纤维与可穿戴制品；研究通用纤维的绿色化、功能化和高质化；研发过滤分离用与清洁能源用纤维膜材料；研究再生纤维材料制备新原理、新方法；开展微/纳米纤维聚集体设计及医学防护应用研究。

4. 涂料

研究高性能和功能化涂料基础树脂的分子设计与合成；研究涂膜的服役行为与失效机制；研究环境友好型涂料制备新原理及高性能化方法；研究涂料领域的“双碳”目标相关新方法和新技术；研究涂料制备、施工与人工智能等交叉领域；研究涂料性能的高通量、快速评价方法和技术；研究海洋防腐防污、航空航天、电子、汽车涂料的设计与制备。

5. 胶黏剂

开展极端环境下新型胶黏剂结构设计、失效机理及性能预估；研发宽温域低应力功能胶黏剂新型设计方法；开发生物医用胶黏剂材料；开展胶黏剂设计及固化技术创新。

第二节　高性能高分子材料

一、科学意义与战略价值

高性能高分子材料是保障国家安全和国民经济发展的重要战略性高分子材料。由于军事应用背景，发达国家一直将其列为战略物资，对我国实行技术封锁和高端产品禁运。我国高性能高分子材料的研发存在起步晚、规模小、高端产品缺乏等问题，严重制约相关产业的发展并威胁国家安全。深入开展高性能高分子材料的研究可以有效促进航空航天、电子信息、能源交通、武器装备等高科技领域的产业升级，进而支撑国民经济发展、保障国防战略安全、提升综合国力及国际竞争力。

二、发展规律与研究特点

经过几十年的发展，我国实现了部分高性能高分子材料由“跟跑”到“并跑”并逐步走向“领跑”的目标，培育出多所具有技术优势的研发机构。但总体而言，我国高性能高分子材料在综合性能、稳定性和成本等方面仍然落后于国际先进水平，具体表现如下。

（1）高端材料国产化进程缓慢。由于特殊的应用背景，相关技术一直受到国外封锁，我国高端高性能高分子材料发展缓慢。另外，相关企业更重视短期效益，研究投入不足，国产化进程缓慢。

（2）高端应用领域的需求牵引一直是高性能高分子材料发展的主要动力。当前，新型显示、集成电路、5G、人工智能、新能源等领域技术的发展对高分子材料提出了新的要求，亟须产业布局。

（3）研究和应用脱节导致人才培养比例失衡。由于高校及科研院所评价体系原因，科研人员对于解决工业基础问题的动力不足，人才培养多集中于解决科学问题，导致研究型人才和工程型人才培养比例失衡。

（4）在成果转移方面，由于具有较强的国防应用需求，成果一般具有好的可转移性，但是产业规模小、企业改进优化动力不足、高校和科研院所工程化能力弱等因素限制了高性能高分子材料在民用领域的大规模应用。

三、发展现状与发展趋势

高性能高分子材料根据主链结构特点，可分为含芳环结构聚合物（如聚芳醚酮、聚芳醚砜、聚芳醚腈、聚芳硫醚、聚芳酯）、含芳杂环结构聚合物（如聚酰亚胺、半芳香聚酰胺）、氟硅材料（如氟树脂、硅树脂）、耐高温热固性材料（如环氧树脂、双马来酰亚胺树脂、氰酸酯树脂、邻苯二甲腈树脂）及聚合物陶瓷前驱体等（图 16-3）。

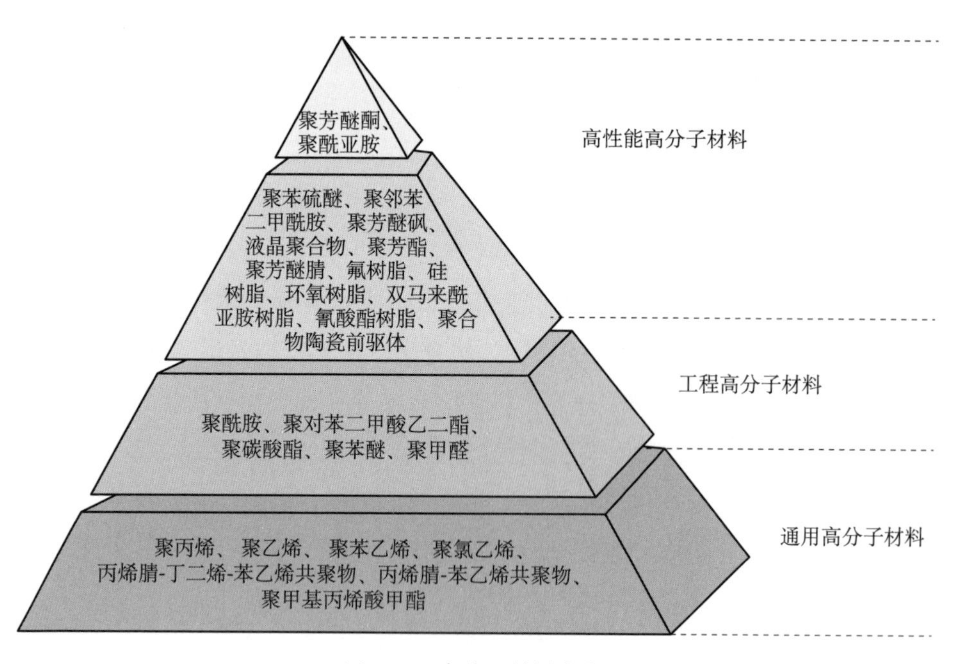

图 16-3　高分子材料分类

聚芳醚（polyarylether，PAE）是一类具有优异耐高温性能和力学性能的高分子材料，根据键接基团不同可分为聚芳醚酮、聚芳醚砜、聚芳醚腈等。目前，聚芳醚研发及其产业化仍然由国外大型公司所掌控。由于技术封锁，我国聚芳醚的研究及其工程化完全依靠自主研发，目前已基本突破国外技术封锁。在国家自然科学基金委员会、科技部等的支持下，我国已初步形成以吉林大学、大连理工大学、四川大学、中国科学院长春应用化学研究所及电子科技大学等为核心的研发团队，培养了大量的专业人才。2010～2020 年，我国在该领域发表论文和专利申请数量逐年攀升，论文总量居世界首位，但是论文的影响力有待提高（图 16-4 和图 16-5）。此外，我国还存在产品稳定

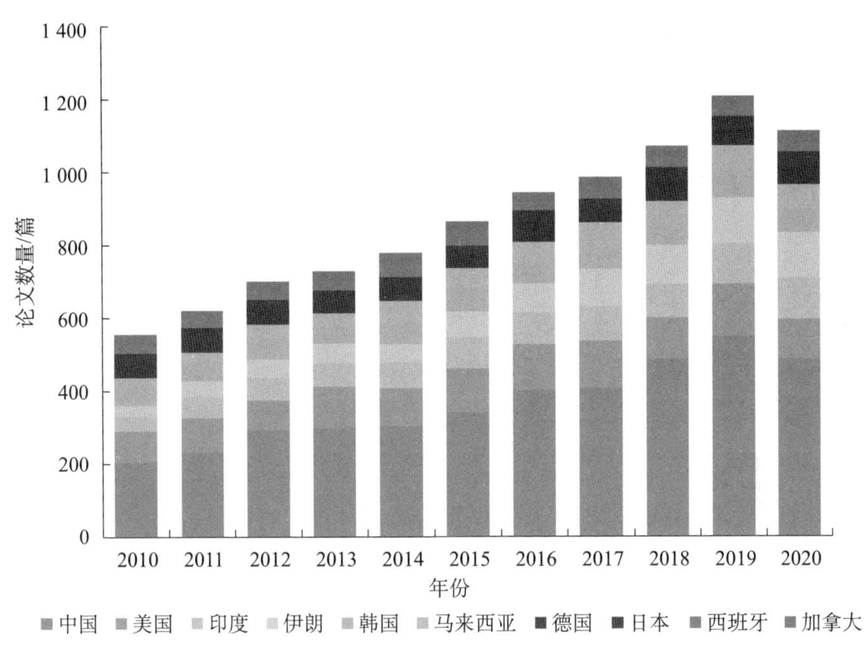

图 16-4　主要国家聚芳醚论文发表年度态势（书后附彩图）

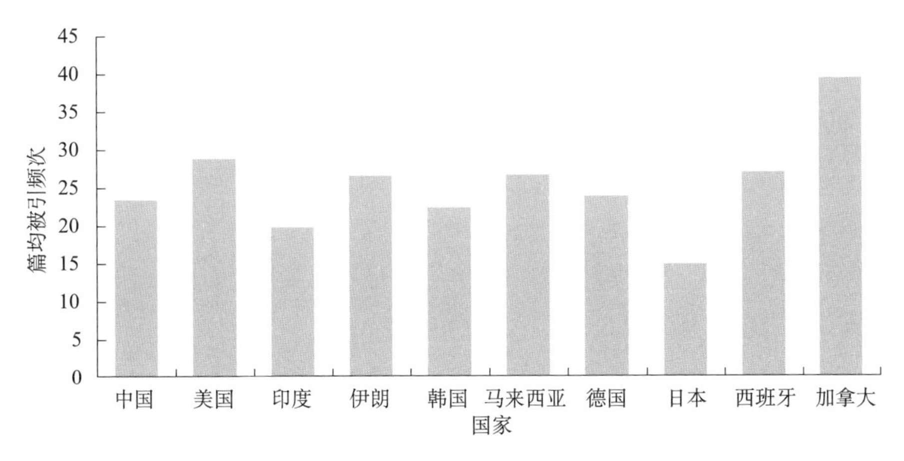

图 16-5　主要国家发表聚芳醚论文篇均被引频次

性差、高端树脂的生产能力欠缺及产品系列化功能化不足等问题。未来既要强化耐高温、高强高韧聚芳醚合成关键技术研究，又要拓展功能型聚芳醚应用，重点开展食品级、医疗级、电子级聚芳醚制备和加工成型技术攻关。在政策方面，应持续资助聚芳醚产业工程问题的研究，力争实现我国聚芳醚产业的整体突破。

聚芳硫醚（polyarylene sulfide，PAS）的研究主要集中在中国、美国、日本、德国、韩国、法国等。在产业技术方面，日本与美国明显领先于其他国家，我国紧随其后，聚芳硫醚砜（polyarylene sulfide sulfone，PASS）、聚芳硫醚酮（polyarylene sulfide ketone，PASK）的合成已处于国际领先水平。在基础研究方面，2010～2020年，我国聚芳硫醚论文总量居世界首位，远多于其他国家，但是论文篇均被引频次仅为12，与美国、德国等还有较大差距。其中，四川大学是我国发表聚芳硫醚论文数量最多的机构。四川大学一直是我国聚芳硫醚的核心研发机构，已形成较健全的研究体系，在聚芳硫醚的合成、加工、应用方面均有布局，并培养了大量的专门人才。

聚苯硫醚（polyphenylene sulfide，PPS）目前在我国已经实现产业化，但多个高端树脂品种尤其是复合材料专用树脂仍处于空白状态。国内企业对研发的投入明显不足，导致产业技术难以更新，整体水平与国外仍然存在较大差距。

聚芳酯的核心技术均由国外掌握。我国聚芳酯在产量及产品质量方面与国际先进水平仍有差距，高端产品长期依赖进口，且创新性不足，原创产品少，很少涉及高频通信、电子材料及高端光学器件等高技术领域的产品研发，极大地限制了我国相关产业的发展。在基础研究方面，2010～2020年，我国在聚芳酯领域发表的论文数量居全球首位，但是篇均被引频次仅为9，远少于德国（38）。这表明，中国在聚芳酯方面的研究活跃但是学术影响力有待提高（图16-6和图16-7）。东华大学、四川大学等是我国聚芳酯研究最活跃的机构，围绕聚芳酯改性、聚芳酯纤维开发培养了大量专门人才。目前，深入研究聚芳酯结构–性能–工程化关系、开发具有自主知识产权的聚芳酯是重中之重。此外，赋予聚芳酯光、电、磁等新功能、实现高性能器件结构功能一体化将是另一技术发展趋势。

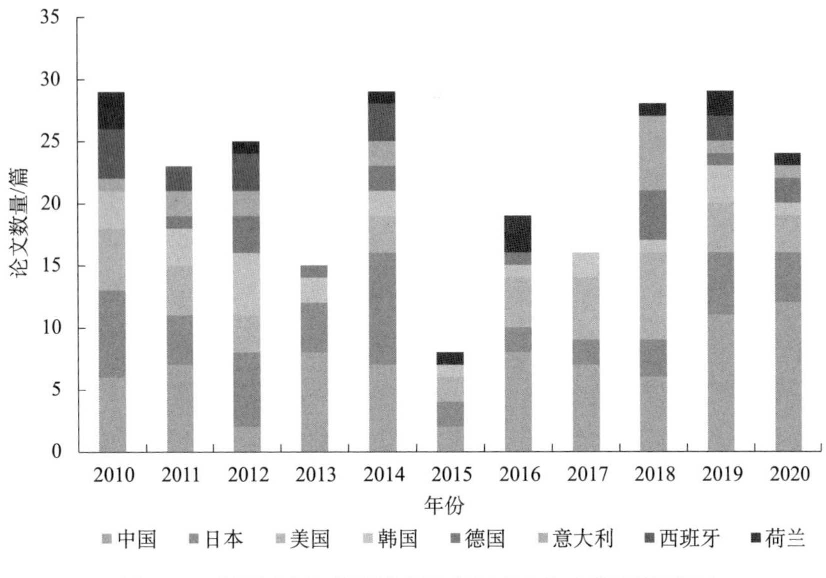

图 16-6　主要国家聚芳酯论文发表年度态势（书后附彩图）

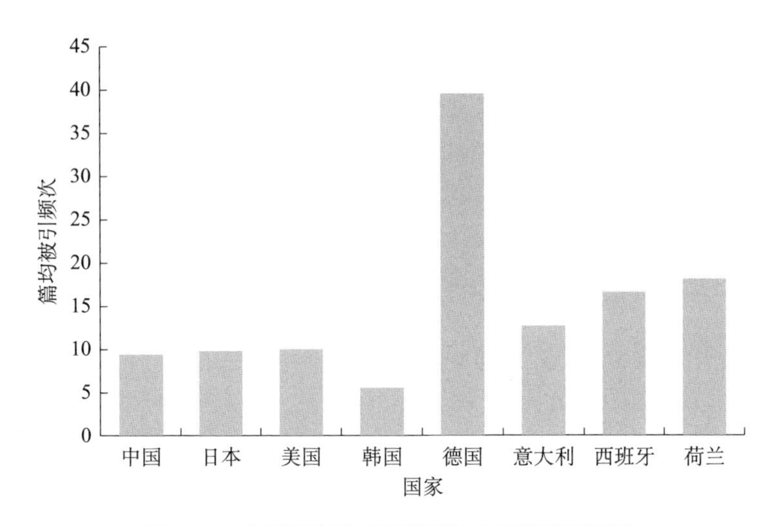

图 16-7　主要国家发表聚芳酯论文篇均被引频次

聚酰亚胺（polyimide，PI）是保障国家安全和国民经济发展的重要战略性高分子材料。高性能聚酰亚胺属于尖端高分子材料，核心技术主要被美国和日本垄断。目前，我国在耐高温聚酰亚胺树脂、薄膜、纤维、泡沫等方面都具有较好的研究基础。但是我国在产业化及工程应用方面与美国、日本相比还有较大差距，尤其是集成电路芯片制造与封装、光电显示等高技术产业领域。2010～2020年，我国在聚酰亚胺领域的研究发展迅速，发表论文总量居世界首位，但是论文的篇均被引频次与美国差距较大，表明论文的影响力有待提高（图16-8和图16-9）。其中，中国科学院化学研究所、东华大学、中国科学院长春应用化学研究所、四川大学、北京化工大学是我国从事聚酰亚胺研究最活跃的机构。总体而言，受到新技术发展需求的驱动，国内聚酰

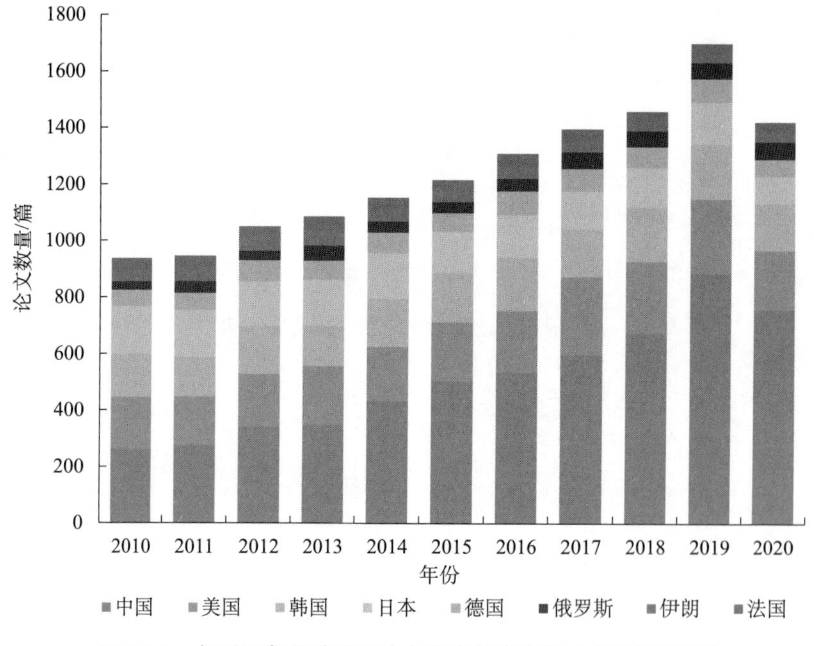

图16-8　主要国家聚酰亚胺论文发表年度态势（书后附彩图）

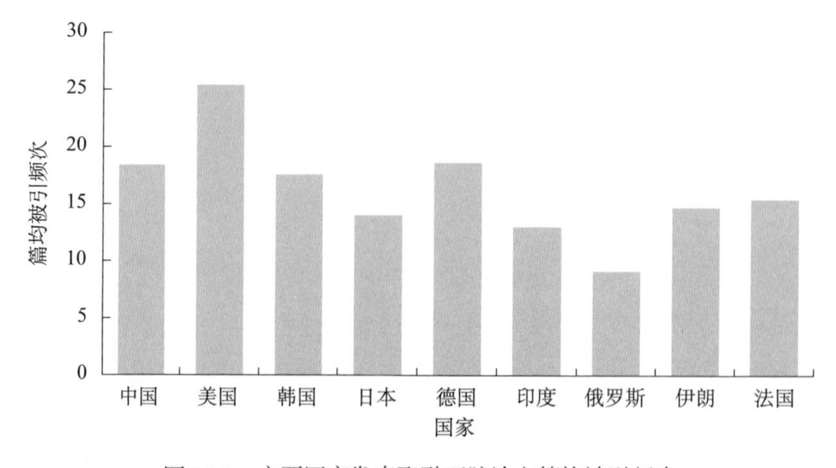

图16-9　主要国家发表聚酰亚胺论文篇均被引频次

亚胺研究队伍不断壮大，但是仍然存在基础薄弱、力量分散、缺乏引导、研究和应用脱节等问题，电子级聚酰亚胺薄膜等方面长期缺乏关注，成为相关应用领域的“卡脖子”工程。

半芳香族聚酰胺（polyphthalamide，PPA）或称为耐高温尼龙，是一种新兴的特种工程塑料。目前，国际上对半芳香族聚酰胺的研究主要集中在日本、中国、美国等。在产业技术方面，荷兰、日本、美国领先于其他国家，我国紧随其后，属于第二梯队。在基础研究方面，2010～2020年，我国半芳香族聚酰胺领域发表的论文数量远多于其他国家，但是篇均被引频次仅为11，远少于美国（43），研究活跃但影响力不足（图16-10和图16-11）。其中，四川

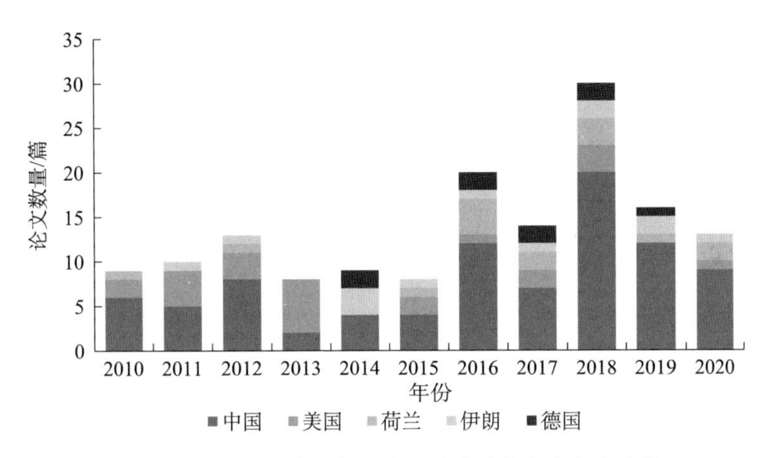

图16-10　主要国家半芳香族聚酰胺论文发表年度态势

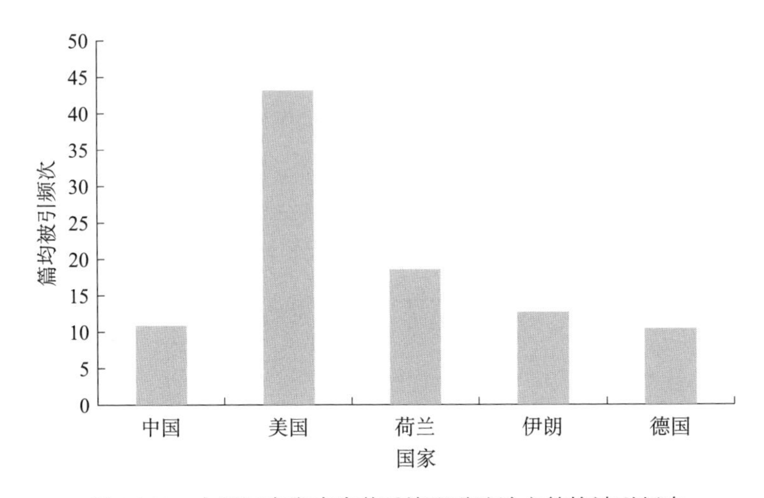

图16-11　主要国家发表半芳香族聚酰胺论文篇均被引频次

大学、中国科学院、郑州大学、珠海万通化工有限公司、金发科技股份有限公司等是研究半芳香族聚酰胺最活跃的机构。目前，我国虽已实现半芳香族聚酰胺产业化，但高端半芳香族聚酰胺的合成还有待进一步提升，如何绕过国外知识产权封锁、开发具有自主知识产权的高端半芳香族聚酰胺产品仍然是未来研究主题。

氟聚合物主要包括氟树脂、氟橡胶和氟涂料等，其中聚四氟乙烯是典型代表。在基础研究方面，我国氟聚合物相关研究领域活跃度逐年增加，2010～2020年发表氟聚合物相关论文9784篇，远多于其他国家，论文篇均被引频次为24，列世界第三位，略落后于美国（28）。其中，中国科学院大连化学物理研究所、中国科学院兰州化学物理研究所等单位在氟聚合物方面研究活跃。经过多年发展，目前我国氟聚合物加工基础已奠定，但是高品质氟聚合物还存在较大缺口。另外，随着环保意识的增加和氟聚合物制备工艺的特殊性，清洁化、低成本、高可控、自动化和智能化研究逐渐受到重视，亟待开发新的稳定、连续、可控、自动化聚合工艺。

硅聚合物主要包含甲基硅树脂、苯基硅树脂、甲基苯基硅树脂及改性硅树脂。在基础研究方面，硅聚合物领域篇均被引频次排名前10位的论文中有8.5篇来自中国，表明中国在硅聚合物研究方面非常活跃且具有很强的学术影响力。随着集成电路、高频通信、空间探索、生物科技等下游新兴市场的快速发展，未来对电绝缘性优异、耐高低温、生物相容性良好的硅聚合物需求旺盛。发展高效有机或无机催化体系，精细控制硅聚合物的相对分子质量及其分布、分子序列结构与拓扑结构，实现结构功能可调且可修复、可复用的先进功能硅聚合物基体，是该领域下一步研究的重点。

因具有高比强度和高比模量，先进树脂基复合材料是航空航天和先进装备用核心关键结构材料。耐高温热固性树脂对于先进树脂基复合材料综合性能的提升意义重大。自1909年酚醛树脂工业化至今，先进树脂基复合材料用树脂已发展了110多年，先后经历了环氧、双马来酰亚胺、聚酰亚胺、氰酸酯、芳基乙炔和邻苯二甲腈等树脂。在提高耐温性的同时，提高树脂的加工性能和力学性能是技术发展趋势。从2010～2020年的科研论文来看，热固性树脂论文的数量呈上升趋势，表明热固性树脂研究具有重要的价值。我国在该领域的研究最活跃，论文数量居世界首位。但是，国内热固性树脂的研发仍采用试错为主的模式，基础创新能力较弱、研发周期长，严重制约我国相关领域的发展。面对高端需求牵引，基于现有热固性树脂品种，研发与最新碳纤维相匹配、力学性能优异、易加工的耐高温热固性树脂是重要的发展趋势。

聚合物陶瓷前驱体是高分子材料中较小的种类，但其研究涵盖了高分子材料和无机非金属材料两个学科，具有显著的跨学科属性。基于该类材料的应用特殊性，自聚合物陶瓷前驱体诞生以来，就被发达国家禁运和技术封锁。我国相关研究始于 20 世纪 80 年代中期，落后国外近 20 年。在国家重大需求牵引下，我国聚合物陶瓷前驱体的研究突飞猛进，在材料种类和部分应用领域与国外已达到“并跑”阶段，并逐步形成多个具有技术优势的高校和科研院所，如中国科学院化学研究所、国防科技大学、厦门大学等。贯穿上下游，设计合成新型结构聚合物陶瓷前驱体、发展快速陶瓷化新方法、建立前驱体结构与陶瓷组成性能的遗传关系成为未来的研究重点。

四、发展思路与发展方向

基于高性能高分子材料的发展历史，把握高性能高分子材料的发展脉络，总结高性能高分子材料的未来发展趋势，厘清推动或制约该学科发展的关键科学问题，设计科学的发展目标和行之有效的发展思路，围绕一些重点研究方向做出重点突破，是每个科研工作者义不容辞的责任。

（一）未来发展趋势

我国高性能高分子材料的未来发展趋势可以概括为智能化、超高性能化、高功能化、可循环化及价值高端化。

（1）智能化：随着人工智能的高速发展，以及数据库的不断完善，高性能高分子材料的结构设计及其优化的大部分工作将由人工智能机器人来完成，人机协创成为高性能高分子材料的主要研发途径之一，科研人员仅需要提出性能要求和设计理念。

（2）超高性能化：通过树脂分子结构定制与新型加工手段结合，实现树脂聚集态结构及相结构的定制，形成全新自增强和超级性能的复合体系。

（3）高功能化：以共聚、超支化等精准合成和自主调控等方法，赋予聚合物更优异的性能与功能性，实现特殊功能或者多种功能的树脂定制化合成。

（4）可循环化：深入研究各类高性能聚合物及其复合材料的重复加工及老化行为，实现服役条件下的全寿命预测，材料服役后100%可回收利用。

（5）价值高端化：面向国家高新技术应用需求，有针对性地开发各领域急需的关键原材料，以应用为牵引实现整个产业的良性互动与协调发展。

（二）推动或制约学科发展的关键科学问题

（1）缺乏用于支撑高分子凝聚态物理研究的相关理论，尚未掌握不同材料的高分子凝聚态特性，难以解决特种工程材料在生产过程、生产装置、加工设备中现存的独特问题。急需建设高性能高分子材料基因数据库，明确分子结构-凝聚态结构-宏观性能的构效关系，掌握树脂分子结构与性能间的定量关系，以解决多种性能此消彼长的关键问题。

（2）高效低成本可控合成技术及精细控制原理，材料合成、制备和加工的新原理、新方法和新技术有待深入研究；避免生产加工过程中的化学副反应，研究高效、绿色、短流程的新型生产方式。

（3）多场作用过程中微结构遗传与演化及其规律，以及理论预测方法尚待探究。探索苛刻服役环境条件下分子链化学结构、聚集态结构及宏观性能的演化规律，准确预测材料在使用工况下的寿命和影响材料高端应用的关键因素。

（三）发展思路

基于高通量的理论计算，结合材料基因工程技术，厘清树脂微观分子结构与宏观性能间的定量关系，指导新型单体的分子结构设计，开发新型聚合工艺和成型工艺，解决多种性能此消彼长的难题。基于理论计算与机器学习相结合，开展跨尺度材料设计与仿真方法研究，揭示单体结构、键接方式、反应体系、催化条件等关键参数与目标材料间的本质关系。利用智能机器辅助科研工作者进行多维度分析、判断、推理、构思和决策，探索能够影响未来新材料发展的重要研发模式，使材料设计与构筑过程更加精准有效，有效避免材料开发过程中的资源浪费。同时，集中力量，在源头上创新，抢先一步占领技术高地，争取在现有高性能高分子材料的基础上，设计-合成-加工-表征-评价一体化，快速高效地开发结构功能一体化的新型高性能高分子材料，在该领域达到国际先进水平。

（四）发展目标

（1）建立各种高性能高分子材料基因数据库，运用人工智能、机器学习等新方法，厘清各种高性能高分子材料宏观性能与微观分子结构间的定量关系，并在此基础上，通过建立材料基因工程方法，解决多种性能此消彼长的矛盾。

（2）明晰成型工艺、使用环境条件及时间与树脂聚集态结构的演变规律及其对宏观性能的影响规律，探究结构功能一体化高性能高分子材料构筑方法，制备新型功能树脂，实现结构预定、性能可控、寿命可预测。

（3）优化合成、催化工艺，发展绿色、短流程、可规模化新型生产加工成型工艺，建成具有世界领先水平的高性能高分子材料生产装置，实现高性能树脂、薄膜、纤维等可控制备。

在“十四五”期间积极部署高性能高分子材料–前瞻性学科研究（表16-1），促使我国高性能高分子材料的研究队伍、条件平台、工作积累将具备冲击世界前列的潜力，到2035年，高性能高分子材料研究水平将“并跑”世界，其中约50%的方向“领跑”世界，论文、专利等相关科研成果世界领先，具备原始创新性研究能力，为21世纪我国基础研究“领跑”全球、产业超越世界先进水平提供持续的科学技术支撑。含芳环结构聚合物、含芳杂环结构聚合物、氟硅聚合物、耐高温热固性树脂及聚合物陶瓷前驱体均达到世界先进水平并具有国际竞争力，其中含芳杂环结构聚合物类型化、高性能化、功能化、可循环化；氟硅聚合物设计理论、绿色制备、结构功能一体化及高端应用；耐高温热固性树脂及聚合物陶瓷前驱体设计理论、材料性能、全生命周期评价将能够满足国民经济和国防军工关键应用的需求。

表16-1　高性能高分子材料–前瞻性学科研究

类别	2020～2025 年		2025～2035 年	
高性能树脂	• ＞200 兆帕高性能树脂 • 600～800℃树脂 • 抗极端条件服役的树脂	• 陶瓷化前驱体树脂 • 复合材料性能＞2.0 吉帕 • 可耐＞1000℃树脂基复合材料	• 复合材料可回收率＞50% • 复合材料强度＞钢铁强度＞2000℃树脂 • 可耐＞1800℃树脂基复合材料	• 定制超构材料 • 量子信息材料 • 室温超导材料
高分子科学	• 分子结构实现初步定制 • 新型引发体系出现 • 新颖化学合成法 • 高分子链结构明晰 • 高分子凝聚态本质 • 高分子聚集态可调控 • 相互作用力物理定量描述 • 高分子系列化分析方法 • 高通量化表征技术 • 精准化大分子检测技术 • 材料可回收加工技术 • 基于材料聚集态可控的新型高分子加工技术 • 微米级精准加工方法	• 高分子光 / 热 / 电 / 声 / 磁特性可控 • 高分子的智能化初现 • 高分子结构形态可控 • 有机–无机分子杂化 • 有机–金属分子杂化 • 高稳定性分子结构 • 单一大分子图像明晰 • 溶液中高分子图像清晰 • 复杂大分子全分析方法 • 效率高出数量级的合成–加工一体化技术体系 • 材料制造加工技术	• 高分子的服役寿命可预测 • 高分子超材料 • 模仿自然界合成大分子 • 自然界完全消纳大分子 • 基因定制生物大分子 • 天然与合成大分子聚集态明晰 • 纳米级精准加工方法 • 与生物体系相像的全绿色加工方法	• 大分子完全定制 • 人工合成天然大分子 • 智能化高分子普及 • 替代生物组织的功能高分子 • 生物大分子聚集态明晰 • 分子级别的精确加工成型 • 全数字化加工成型技术
高分子理论	• 结构–性能相关理论与模型 • 高分子材料基因数据库	• 高分子弗洛里（Flory）理论突破 • 玻璃态高分子新理论 • 非平衡态大分子结构模型	• 理论可指导高分子设计 • 大分子相互作用理论与模型 • 复杂大分子相互作用模型	• 理论指导高分子设计和合成 • 人工智能下实现人机协创

（五）重要研究方向

（1）功能化高性能高分子及其复合材料构筑的新方法、新机理和新材料的设计开发；分子结构、聚集态结构等微观结构参数与成型条件等对高性能高分子材料的宏观性能的影响机制探究。

（2）研究新型高性能高分子材料功能化结构的设计、合成、调控原理与方法，实现树脂高性能与功能化的平衡；新型可降解、可回收、可复用的高性能高分子材料的合成机理、树脂特性、寿命预测等研究。

（3）创建材料基因工程方法，基于人工智能、机器学习构建结构性能预测模型和设计理论，建立高性能树脂数据库，建立聚合物分子结构–化学组成–聚集态–性能的构效关系，发展面向极端环境应用的材料体系，指导综合性能优异的高性能高分子材料的制备。

第十七章

功能与智能高分子材料

第一节　智能与仿生高分子材料

一、科学意义与战略价值

智能材料是一种能够模仿生命系统、能够对外部刺激（如光、电、热、应力、超声）快速做出响应的独特材料体系，实现光能和电能、光能和热能、机械能和光能、声能和光能等多种信号和能量形式间的可控转换，在传感、通信、生物医学、信息存储、智能控制和驱动等高新技术领域发挥关键作用。智能与仿生高分子材料具有可“剪裁”合成、种类和功能多样化、力学性能和加工性能优异等特点；利用智能与仿生高分子材料可实现超分子及多级结构自组装，为人工肌肉、智能诊疗、自修复、形状记忆、探测与传感等领域提供全新的材料体系；智能与仿生高分子材料具有有机小分子、无机材料无可比拟的独特柔性和可穿戴等优势，为诸多科技领域提供新材料和新方案。基于当今人类面临的健康、能源、环境、安全、气候变化等重大问题，尤其在目前我国很多光刻胶等光敏微电子材料、高端聚烯烃弹性体、生物医用材料和光学传感材料仍依赖进口的情况下，智能与仿生高分子材料具有更加广阔的发展前景，并将继续在关系国计民生的诸多关键领域发挥不可替代的作用。

二、发展规律与研究特点

自 1970 年聚 (*N*−异丙基丙烯酰胺) 的温度响应特性被发现以来，智能与仿生高分子材料受到广泛关注。它的蓬勃发展立足于分子结构设计和多尺度有序结构调控，最终可用于创建集感知、学习、记忆和反馈于一体的仿生智能系统；从早期的试错型制备到功能导向型设计，从单一的响应形式到多种功能集成的智能材料与器件，并不断深入构效关系和响应机制的研究中。智能与仿生高分子材料的可设计性强，涉及的物理及化学过程多种多样，因此其发展高度依赖多学科交叉融合。例如，智能高分子液晶的研究已经从材料体系化学结构的改进向新型取向和加工技术的运用迈进；从被动研究材料的构效关系向主动建立智能高分子液晶材料基因数据库转变；从简单的学科组合向深层次的多学科交叉融合发展。这些进展不但推动了高分子材料学科的快速发展，而且为物理科学、生命科学、信息科学等带来新的机遇，催生了基于智能与仿生高分子材料的柔性光电子器件、生物传感器、智能执行器和驱动器、人工肌肉、自修复和形状记忆材料等。智能与仿生高分子材料研究以能源、信息、医学等领域的应用需求为导向，以智能与仿生高分子的多尺度结构设计—材料制备—器件构筑和应用为研究链条，具有很强的探索性和前沿性，同时具备立足基础科学、面向重大应用的鲜明特点。

三、发展现状与发展趋势

智能与仿生高分子材料是传统高分子材料的重要拓展，智能与仿生高分子材料的发展将使材料本身带有生物所具有的高级功能，如感知和预告能力、刺激响应和环境应答能力、自修复能力等。智能与仿生高分子材料的研究从初期智能高分子的可控制备、制备新型高分子以期模仿肌肉的运动，进步到如今更多具有实用价值的功能材料和器件，研究领域已经超越了传统的范畴，处于快速发展的状态。

在智能诊疗高分子材料方面，国内外已经成功实现了药物分子的自携带和自传递功能，通过有机地结合信号报告基元还能够实现诊疗功能的集成，具有原位报告治疗效果。改善了传统小分子药物的药代动力学、延长了药物的保留时间、提高了药物在病灶部位的富集浓度，实现了治疗效果的提升。然而，智能诊疗高分子材料在生物活体上的系统评价还相对欠缺，虽然在一些动物实验中展现出较好的治疗效果，但是离临床使用还有较大的差距。目前，美国 FDA 批准的纳米药物暂时不包括智能响应性高分子，进一步推动智能响应性高分子的临床转化将是该领域的重要研究方向。

形状记忆高分子材料可记忆临时形状并在外界刺激下恢复到原始形状。在此基本功能上，近年来该领域在变形激发机制的拓宽、变形力的提升、临时形状的多样化、变形的可逆性设计及原始形状的构筑机理等多个方面已取得突破性进展。基于其可主动变形及形状可定制化控制的功能，形状记忆高分子材料在包装自动化、医疗器械及玩具等行业已有成熟的大规模商业应用，并在航空航天可展开结构的设计上有重大的示范性展示。形状记忆高分子材料在微创手术及可穿戴电子设备上的应用尚处于探索阶段。

自 / 可修复高分子材料能够在受到损伤后自发地或借助外界刺激实现损伤部位的修复，恢复材料的力学性能或功能。自 / 可修复高分子材料已在基于非共价键及动态共价键交联的材料设计、宏观力学性能与环境稳定性调控、修复机制方面获得了长足的进步。自 / 可修复高分子材料在功能性自修复涂层上已有一些较接近商业化的演示，近期在航空航天、功能器件（如电池、电路）的自修复功能设计等领域展现出巨大的应用潜力。

在智能高分子液晶材料方面，多尺度有序结构调控是该领域的关键问题。围绕该问题，智能高分子液晶材料经历了从交联网络到线型结构、从整体驱动到局部控制、从材料研究到器件构筑的发展过程。例如，复旦大学首创了线型液晶高分子材料体系，彻底摆脱了化学交联网络对构筑 3D 执行器的限制，并利用其开创了新一代光控微流体技术；清华大学通过引入动态共价键提升了材料的加工性能；东南大学将光热基团化学键合至高分子网络，大幅提高了光热转换效率。国内外学者相继开发了伸缩、弯曲、扭曲等多样化形变方式，结合3D打印和微纳加工技术制备具有复杂结构的3D执行器，发展了一系列智能微器件和仿生软机器人，并且逐步向结构复杂化、功能集成化和多样化方向发展。尤其是利用远程定点精确的光控机制，进一步实现了执行器的局部形变和程序化控制。

智能高分子凝胶材料是现代科学技术和国民经济建设的一类新型重要材料。经过60余年的研究积累，我国高分子凝胶材料已经形成了一支规模庞大、学科交叉性很强的研究队伍。其中，针对高分子凝胶材料智能响应的研究在近20年中取得了跨越式发展，在国际上处于领先地位。然而，与高分子凝胶相转变相关的热力学参数变化、相转变机理动力学研究仍未取得突破性进展，直接限制了智能高分子凝胶材料的合成发展。

我国在智能分离膜方面的基础研究水平接近国际前列，水处理用的超/微滤膜、生物反应器膜、低压反渗透膜，以及过程工业用的陶瓷超/微滤膜、扩散渗析膜等均处于国际同类产品的前列。特种分离膜处于商业化阶段，能源用膜处于技术验证阶段，实现了部分领域“跟跑”、部分领域“并跑”、部分领域“领跑”。制备工艺的绿色化及膜材料的高通量、高选择性、高稳定性、低成本是当前发展趋势。

柔性穿戴高分子薄膜/纤维器件近年来取得了突破性进展，已经发展了具有能量转化、能量存储、生物传感、逻辑运算、发光与显示、热量管理等功能的柔性穿戴高分子材料与器件，亟须通过揭示柔性穿戴高分子薄膜/纤维的工作机制，进一步定向合成新型高分子薄膜/纤维材料，从而提升性能、拓展功能和系统集成，以满足智能可穿戴等多个领域的发展需求，推动相关领域快速发展。

在智能高分子仿生材料方面，研究人员在仿生微/纳米反应器、仿生表/界面、仿生离子/分子通道、仿生矿化等方面进行了诸多有益尝试。

2011～2020年，国内外学者在智能与仿生高分子材料领域每年发表论文超过28 000篇（2011年除外），每年申请专利超过3500件，代表了一个重要的发展方向（图17-1）。我国在智能与仿生高分子材料领域培育了一支规模很大的研究队伍，复旦大学、清华大学、中国科学技术大学、东南大学、厦门大学等涌现出一批有活力的学者，研究方向各具特色，突破性研究成果多次刊登于国际顶级期刊。

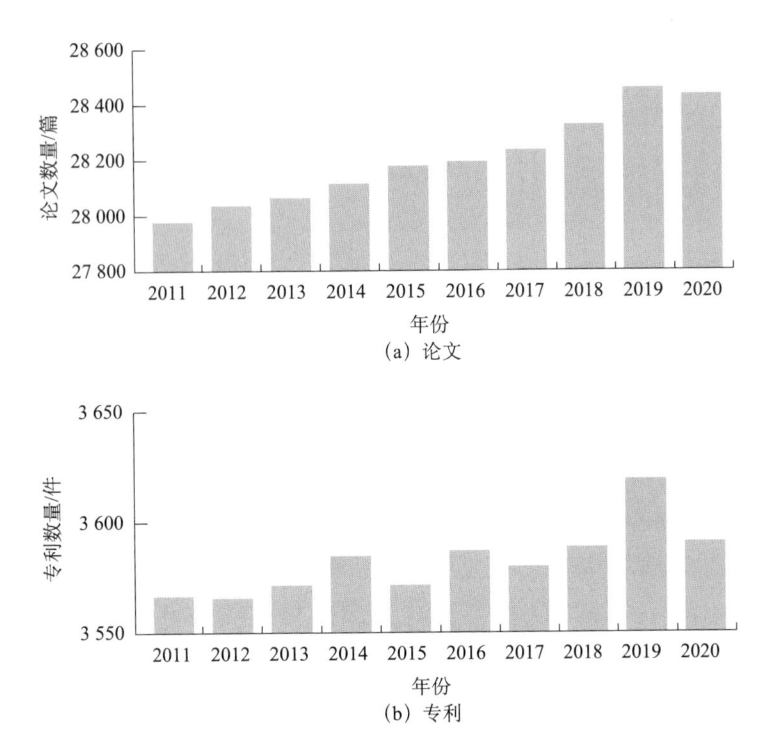

图 17-1　智能与仿生高分子材料领域发表论文与申请专利情况

但是，大多数的研究者是根据个人兴趣开展研究的，研究相对分散，欠缺整体协同和集成性。发展简单高效的制备技术，使智能与仿生高分子材料向绿色、经济、高效、精准化方向快速发展，是实现其应用的基础。发展更加新型的刺激条件和多元化的刺激方式、增强体系的逻辑控制能力、实现多功能集成与协同是未来构筑高性能智能与仿生高分子材料体系的重点。如何使智能与仿生高分子材料的研究从理性设计制备更进一步到高度的仿生化、真正的智能化是这一领域的难点和目标之一。智能与仿生高分子材料领域仍然存在制备成本过高、制备过程不够绿色化、聚焦于原型器件等问题，大量科研成果未转化为生产力，材料的设计-制造-应用一体化尚未实现。

四、发展思路与发展方向

（一）未来发展趋势

未来智能与仿生高分子材料的发展将更加注重制备技术的高效化，向绿色、经济、高效、精准化方向快速发展；发展更加新型的刺激条件和多元化的刺激方式、增强体系的逻辑控制能力、实现多功能集成与协同是未来构筑高性能智能与仿生高分子材料体系的重点，使其相关研究从理性设计全面升级到真正的智能化和实用化。

（二）推动或制约学科发展的关键科学问题

（1）在分子水平和超分子组装体层次阐明智能与仿生高分子材料特性和构效关系，探究微观功能基元、介观凝聚态结构、宏观形貌等不同尺度变化逐级放大的连锁反应机制。

（2）多尺度结构可精确调控的智能高分子液晶材料制备困难，微器件和软机器人等的结构复杂度和功能集成度不够，难以实现可重构、可编程、生物相容等特征和功能。

（3）形状记忆高分子和自 / 可修复高分子材料需要发展新的形状记忆 / 修复机理，深入了解高分子材料的微观结构与力学性能、形状记忆 / 修复性能之间的关系，解决环境稳定性与形状记忆 / 修复功能的矛盾。

（4）智能高分子凝胶材料存在环境响应单一、响应速度慢，凝胶强度、生物相容性及可降解性不足等问题。

（5）智能分离膜微纳结构与功能、微纳结构形成机理与调控方法、应用过程中微纳结构的演变规律，以及微纳结构、功能性质和构筑过程的关系不明晰。

（三）发展思路

智能与仿生高分子材料研究需要同时关注基础研究和应用转化，将材料学科与纳米科学、柔性电子学、工程学、生物学、理化科学等学科紧密结合起来，通过多学科交融合和多领域人员共同协作，逐步完备智能与仿生高分子材料及器件的创制。模仿生物材料的特殊成分、结构和功能，通过智能响应性功能基元设计、可控聚合与精密合成，制备新型智能与仿生高分子材料；结合仿生设计理念和微纳加工工艺，对材料形貌或多尺度多层级结构实现精确调控，达到多功能集成与协同；阐明智能与仿生高分子材料的分子结构、拓扑结构、聚集形态与其智能响应性行为之间的内在关联和客观规律；设计并制备动态、自愈、环境适应性强、稳定性优异的智能与仿生高分子材料体系，逐步实现集仿生、传感、检测等多功能于一体的器件制造与应用，对标全球高精尖产业发展趋势创制柔性智能系统。

（四）发展目标

通过对基础科学问题的阐述，在智能与仿生高分子材料的设计合成、多级自组装与微结构调控，以及功能体系的构筑和实际应用等方面取得重要原创性成果，实现智能与仿生高分子材料从基础研究到应用研究的跨越。建立新型智能与仿生高分子材料的设计与高效制备方法，发展多级组装体的制备及调控新策略、新理论，阐明材料智能响应性的物理本质，揭示材料组成-结构-性能-应用的内在关联。发展智能与仿生高分子材料的器件化策略，大力推进其在生物检测、个性化医疗、智能驱动和执行器、微型机器人、电 / 光致变色、柔性穿戴材料 / 器件等领域的应用。通过上述方向的不懈努力，促进智能与仿生高分子材料相关产业的转化与升级，使其产品从实验室走向千家万户。

（五）重要研究方向

（1）加强智能与仿生高分子材料的结构与响应性能之间的关系研究，揭示其中的光-热、光-电、光-力、光-化学、力-电等多种信号和能量间的转换规律，为发展选择性好、灵敏度高、响应速度快、执行能力强的各类响应驱动体系奠定理论基础。

（2）借鉴天然生物体的多级复合结构，通过精密合成制备新材料，开展仿生与协同机制的研究，实现动态、自愈、环境适应等特征；进一步创建以新型驱动器件和智能传感器件等为核心的柔性器件，实现多功能集成。

（3）发展集感知、学习、记忆和反馈于一体的仿生智能系统；通过与传感接口、嵌入式记忆模组和学习算法的有机结合，增强仿生智能系统的“自主”学习能力，实现从智能材料到智能系统的升级。最终，开发具有应激反馈、虚拟现实、人机交互、自动维护能力的新概念“主动式”人工智能系统。

（4）发展集成检测诊断和药物输运功能的诊疗一体化体系，构建具有长循环、主动靶向、疾病微环境特异性触发释放生物活性分子和报告信号选择性增强的多功能集成协同体系。促进高分子材料探针的应用转化，发展具有实际应用价值的生物医用制剂。

（5）基于仿生生物体响应机制实现智能化、多维度和多尺度响应，发展新型智能高分子液晶材料和凝胶材料，探索其在医疗健康、新能源、环境保护、复杂信号传感、生物医药与细胞组织工程等领域的应用。

（6）深入研究自修复高分子材料的结构、形状和对称性将如何决定构件的排列，通过内部驱动机制控制材料的宏观重构来实现自修复；拓展自修复高分子材料在农业、食品工业、生物医药、运输、回收和升级循环等领域的实际应用。

（7）突破智能分离膜规模化制备关键技术，形成基于膜分离技术的工程应用示范，提升分离膜发展的自主性和可持续性；重点发展特种分离膜、能源用膜、水处理膜规模化制备技术，实现相关分离过程的资源高效利用、节能减排、产品结构升级。

第二节　生物医用高分子材料

一、科学意义与战略价值

现代医学的发展极大地促进了人类的健康，延长了人类的寿命。这离不开人类对自己身体奥秘的不断深入理解，也离不开医疗技术的进步。生物医用材料是医疗技术进步的物质基础。生物医用高分子材料是生物医用材料最大的分支，也是高分子学科研究最活跃的前沿领域之一。

十三届全国人大四次会议通过的《中华人民共和国国民经济和社会发展第十四个五年规划和2035年远景目标纲要》明确指出把保障人民健康放在优先发展的战略位置，而生物医用材料是实现这一国家战略目标的重要物质基础。因此，大力发展生物医用高分子材料将为《中华人民共和国国民经济和社会发展第十四个五年规划和2035年远景目标纲要》的实施和健康中国的建成提供强有力的支撑。

二、发展规律与研究特点

生物医用高分子材料是高分子科学、生命科学和医学的前沿性交叉学科，是多学科合作、互相借鉴、渗透融合、突破原有内涵而发展形成的新学科的范例，其中高分子科学的发展是生物医用高分子材料科学发展的基础。新结构和功能单体的多样化设计、可控聚合新方法的不断涌现、超分子化学的迅猛发展及自组装理论和方法的不断进步为生物医用高分子材料科学的发展提供了源源不断的动力，使得新结构、新功能生物医用高分子材料的设计和制备成为可能；生物医用高分子材料的需求与发展反过来促进了高分子科学研究方法和理论的不断创新发展。

三、发展现状与发展趋势

基于生物医用高分子材料的重要性，主要发达国家和中国都将其列为重点发展领域。我国在该领域人才队伍和研究平台建设方面持续投入，取得了快速的进步。

（一）国际发展状况与趋势

利用新型聚合方法和可控组装方法构建具有均一相对分子质量分布、序列精准可控、功能高效可调的多层次精准有序的生物医用高分子材料，以满足不同生物医药领域的特定需求，是当前合成化学、高分子科学、材料科学及生物医药等领域面临的关键挑战。近年来新涌现的生物医用高分子材料的制备方法包括液相迭代合成方法、精准合成具有拓扑结构的生物医用高分子材料方法、活性超分子聚合方法、合成生物学方法、生物 3D 打印方法。此外，目前国际上生物医用高分子材料表 / 界面领域的研究主要包括以下几个方面：发展新型材料表 / 界面的构筑策略；考察材料与生命体系 / 机体之间表 / 界面相互作用过程及作用机制；构建具有特定生物活性的功能表 / 界面材料。

用于引导 / 诱发组织修复与再生及组织工程的材料一直是生物医用高分子材料的重要应用领域。其主要方向集中于以下几个方面：可引导 / 诱发组织修复与再生；材料与生物体的相互作用、特定功能材料表 / 界面构建；负载药物 / 生长因子 / 外源基因的组织工程高分子支架材料。组织胶黏剂可被用作组织密封剂、伤口敷料、止血材料、心肌补片及可穿戴电子设备等，其结构和功能设计也是生物医用高分子材料学科最活跃的研究领域之一。目前常用的组织胶黏剂（如纤维蛋白胶和氰基丙烯酸酯类胶黏剂）存在黏附强度低或生物相容性差及无法对体液或血液渗出组织表面黏附的缺陷。为了克服传统组织胶黏剂的这些缺陷，新型组织胶黏剂也在不断地被探究和开发。

癌症、心脑血管疾病、突发性传染病等重大疾病严重影响着人类健康和社会发展。用于治疗诊断剂递送的载体材料在疾病治疗诊断中具有广泛的应用，载体材料传递的治疗诊断剂已涵盖大部分临床和基础研究，还可用作光热/光动力/化学动力/声动力治疗剂、成像造影剂、分子诊断试剂、免疫刺激剂等。具有生物活性的载体材料是生物医用高分子材料领域的重要前沿方向，其研究与应用转化具有重要的意义。

药物控释/递送系统的研究主要集中在以下几个方面：时控型药物控释/递送系统；自调节药物控释/递送系统；靶向药物控释/递送系统；智能型药物控释/递送系统。近年来，光学和光声成像高分子材料发展迅速，在肿瘤及其他重大疾病诊断方面的相关研究已经达到细胞、分子甚至基因水平。同时，很多重大研究已开展临床试验，并逐渐进行临床转化应用。此外，为了克服抗菌药物和常规医疗器械的缺点，国内外研究者开发了抗菌高分子材料来对抗不同类型的感染。近年来，随着材料科学与工程的进步，基于高分子材料高度的可设计性与分子结构的灵活性，抗菌高分子材料的功效和功能不断丰富，增强了对抗复杂、严重感染的能力。

在过去的10年中，一些人工器官及介入治疗用高分子材料取得了显著的进展，并被广泛应用于临床医学。同时，用于肩、髋、膝或其他部位的人工关节假体修复了骨科手术中功能失调的关节；人工喉恢复了语音；人工视网膜和人工耳蜗分别改善了视觉和听觉功能；糖尿病患者持续血糖自我调节装置降低了血糖检测和门诊就诊的频率。人工器官和介入治疗用高分子材料挽救了众多患者的生命，提高了患者的生活质量。

高值医用高分子与医疗器械涉及面广、附加值高，关系到临床治疗、康复等环节，需要加快发展并提升国产化水平。高值医用高分子与医疗器械具体包括聚乳酸［poly(lactic acid)，PLA］及器械、超高分子量聚乙烯与人工关节、聚醚醚酮（polyetheretherketone，PEEK）与骨科植入物、聚氨酯（polyurethane，PU）与植/介入器械、聚4-甲基-1-戊烯及体外膜氧合器（extracorporeal membrane oxygenerator，ECMO）等。

（二）国内发展现状

近年来，我国在生物医用高分子材料领域发展迅速，形成了包括 2 位中国科学院院士、28 位国家杰出青年科学基金获得者、22 位国家优秀青年科学基金获得者及上千名青年科研工作者在内的人才队伍。近 5 年，生物医用高分子材料领域科研人员在国家自然科学基金委员会申请项目数量逐年增加，从 2017 年的 366 个增加到 2021 年的 561 个，在有机高分子材料学科中的占比从 2017 年的 13.5% 增加到 2020 年的 17.3%，2021 年小幅回落至 16.4%（图 17-2）；获得资助的项目数量总体保持平稳（图 17-3）。国家自然科学基金委员会对该领域的资助力度逐年提高，从 2017 年的 5579 万元增加到 2021 年的 8751 万元，在有机高分子材料学科中的占比从 2017 年的 15.4% 增加到 2021 年的 21.3%（图 17-4）。

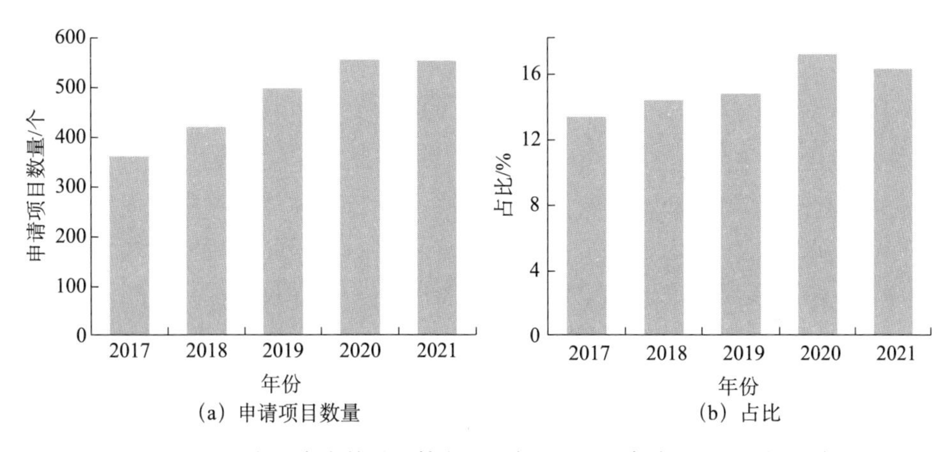

图 17-2　2017～2021 年国家自然科学基金委员会生物医用高分子材料领域申请项目数量及在有机高分子材料学科中的占比

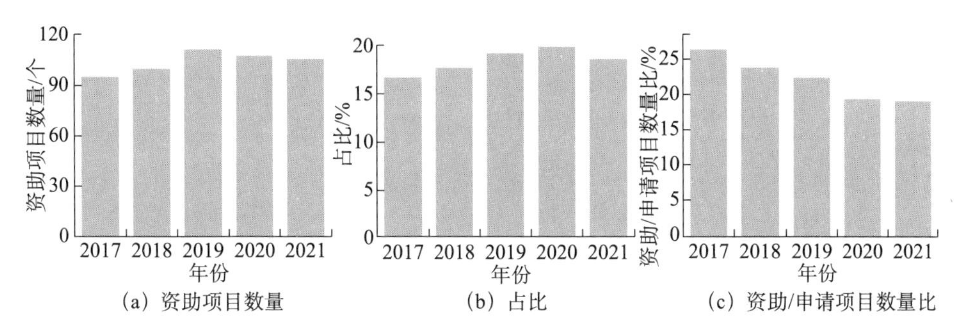

图 17-3　2017～2021 年国家自然科学基金委员会生物医用高分子材料领域资助项目数量、在有机高分子材料学科中的占比及资助 / 申请项目数量比

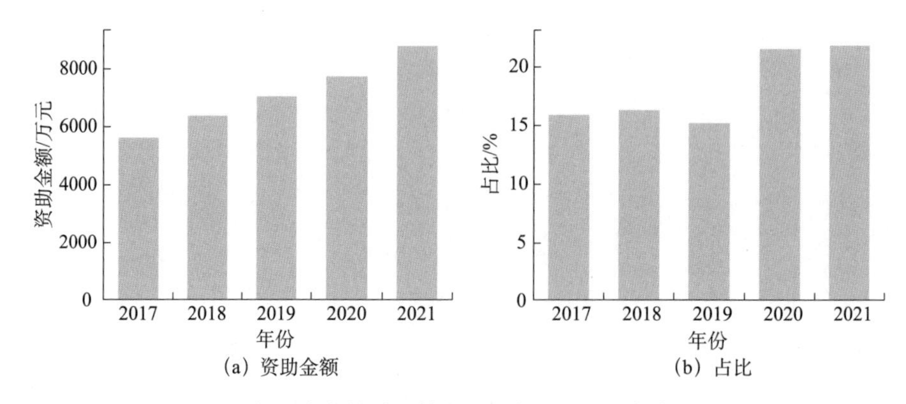

图 17-4　2017～2021 年国家自然科学基金委员会生物医用高分子材料领域资助金额及在有机高分子材料学科中的占比

2017～2021 年，在生物医用高分子材料领域，中国发表的 SCI 论文为 15 645 篇，居世界第一位，美国发表的 SCI 论文为 8909 篇，排名世界第二位，两国每年发表的论文数量基本趋于稳定；美国发表在自然指数收录的全球顶级期刊论文为 791 篇，中国发表在自然指数收录的全球顶级期刊论文为 603 篇，分列世界第一位和第二位，美国发表的论文数量基本停止增加，而中国发表的论文数量逐年增加，2021 年，两国发表的论文数量已经基本相当（图 17-5）。2017～2021 年，国内开发的高分子材料医疗器械取得了多个注册证，多种高分子药用辅料在国家药品监督管理局备案。

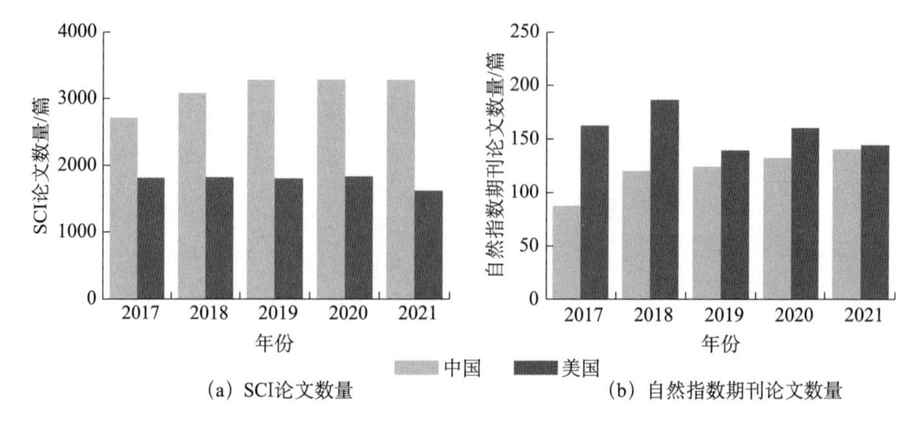

图 17-5　2017～2021 年中美两国在生物医用高分子材料领域发表论文数量对比

【典型案例 1】

聚乳酸是过去十余年中最重要的一类新型可再生生物基高分子材料。实现旋光性丙交酯单体的高立体选择性聚合是精确控制聚乳酸立体结构的关键，也是高分子合成领域的关键。陈学思院士提出了分子内多核配位协同催化的思想，设计合成了系列多活性中心席夫碱-铝催化剂，对外消旋丙交酯聚合具有高达98.0%的全同选择性，聚合物熔点达到国际报道的最高值（220℃）。他进一步将该思想拓展至聚L-乳酸和聚D-乳酸的手性聚合，旋光纯度均达到99.9%以上，两者的立体复合物熔点达到国际报道的最高值（254℃）。已经实现了3万吨/年聚乳酸的连续稳定生产。在此基础上，未来5～7年将建成35万吨/年聚乳酸生产线。

【典型案例2】

医用聚乳酸具有良好的生物相容性和体内可吸收性，是可吸收手术缝合线、可吸收骨钉、可吸收骨板等产品的主要原料。围绕医用聚乳酸的产业化和临床应用研发，陈学思院士领导的科研团队与相关公司合作，获得了聚乳酸可吸收骨螺钉和可吸收骨板、聚乳酸面部填充剂（美容针）、聚乳酸可吸收界面螺钉等7个中国医疗器械注册证（Ⅲ类），提高了国内产品的行业竞争力。

（三）平台建设情况

当前，国内在生物医用高分子材料领域已经建立了大量平台，中国生物材料学会下设生物医用高分子材料二级分会。拥有不同层次的科研平台，包括国家生物医学材料工程技术研究中心（四川大学）和国家人体组织功能重建工程技术研究中心（华南理工大学）两个国家级工程技术研究中心；武汉大学生物医用高分子材料教育部重点实验室、华南理工大学生物医学材料与工程教育部重点实验室和华东理工大学教育部医用生物材料工程研究中心三个教育部平台；还有多个国家级和中国科学院的重点实验室下设了生物医用高分子材料的研究方向；生物医用高分子材料的发展也得到多个省份的重点支持，成立了一批省级实验室和工程中心；在校级平台方面，先后有超过10所高校/科研院所设立了专门的生物医用高分子材料研究中心或联合实验室。这些平台的建设有效聚集和激励了科研人员投身原创性基础研究工作，加速实现了前瞻性基础研究、引领性原创成果重大突破。

为了优化学科布局、深化新时代科学基金改革，2020年，国家自然科学基金委员会成立了交叉科学部，其中交叉科学三处负责基于理学、工学、医学等领域的交叉科学研究，与生物医用高分子材料有密切关系。同年，国家自然科学基金委员会工程与材料科学部以“特征优先、粗细适宜、动态优化、服务管理”的科学基金申请代码优化为工作原则，遵循知识体系的结构和逻辑演化规律及趋势，对部门内设的学科布局进行了适当调整，新增了一级学科“新概念材料与材料共性科学”。这些举措对于促进生物医用高分子材料及其相关交叉学科发展和人才队伍建设、营造创新环境有重要意义。

四、发展思路与发展方向

在充分认识生物医用高分子材料领域发展趋势、制约因素的情况下，理清发展思路、明确发展目标和发展重点至关重要。

（一）未来发展趋势

目前，我国生物医用高分子材料产业仍处于起步阶段，产业发展模式以资源消耗和廉价劳动力等物质要素驱动型为主，产品技术结构以低端产品为主，主要为低值一次性产品（一次性注射器、输液器、采血器、血袋等）、敷料、缝合线（针）等；技术含量较高的植入性生物医用高分子材料则较薄弱，高端生物医用高分子材料国内产品市场占有率不足30%。随着我国经济的发展，对技术含量较高、介入或植入体内的生物材料和人工器官的需求会不断增加，必然要求我国生物医用高分子材料生产企业进行自主研发并对现有产品进行升级和创新，以扩大产品的市场占有率，未来发展高端生物医用高分子材料将成为必然趋势。

（二）推动或制约学科发展的关键科学问题

生物医用高分子新材料设计、制备是生物医用高分子材料学科发展和创新的源头，而质量控制是其应用的基础。一方面，运用高分子材料科学的理论和方法，发展适合生物医学应用的新材料、新方法及对其科学基础的理解是学科发展的重要科学问题之一；另一方面，着重探索和建立生物医用高分子材料的质量控制、新材料评价标准，促进材料在组织工程、再生医学、药物控释、医学成像等生物医学方面的转化和应用。

（三）发展思路

利用机器学习和大数据分析等手段赋能生物医用高分子材料的设计。以高通量自动化科学装置为依托，结合机器学习和大数据分析等手段，实现高分子材料设计、生物医用需求和信息技术的深度融合，突破传统科研范式，实现生物医用高分子材料精准创制的颠覆性突破，推动生物医用高分子材料学科的发展。同时，加强与临床相关学科、制造科学学科的交叉融合，以及与生物材料研发企业的交流合作。

（四）发展目标

解决生物医用高分子材料学科发展的关键科学问题，突破高技术产业发展的关键技术瓶颈，提升我国生物医用高分子材料科学与技术的原始和集成创新能力，使我国生物医用高分子材料的研究全面处于国际领先水平，并引领国际研究方向；培养一大批具有显著国际影响力的生物医用高分子材料领域的科学家；实现高值生物医用高分子材料与器械的基本国产化，使其市场占有率超过 90%。重要生物医用高分子材料与器械具有相当的国际市场竞争力，跻身世界先进水平。

（五）重要研究方向

生物医用高分子材料的研究领域众多，发展应与时俱进，以最大限度地服务人类健康事业，近期应重点开展如下方向的研究。

（1）生物医用高分子新材料设计、合成和制备。

（2）药物控释材料及基因治疗载体材料。

（3）医用耗材新材料，重点发展功能敷料、医用防护纺织材料、医用管材和药用包装等高分子材料。

（4）自适应生物材料的设计及其在组织再生和疾病治疗中的应用。

（5）具有湿态组织即刻强黏附的生物活性组织黏合材料。

（6）用于重大疾病早期筛查和精准诊断的高特异性的高分子诊断和成像材料。

（7）广谱性多功能抗微生物高分子材料、免疫调节抗微生物高分子材料、响应性抗微生物高分子材料。

（8）脑机或计算机接口、生物 3D 打印与多能干细胞技术、异种移植微型化和可穿戴式相关的生物医用高分子材料。

第三节　光电磁有机功能高分子材料

一、科学意义与战略价值

光电功能是半导体独有的性质，磁是半导体努力加载的功能。半导体以无机晶态材料为主，理论成熟、应用量大面广，是信息、能源领域最关键的材料，对国民经济与国家安全影响巨大。当前唯一可能对无机半导体实现替代的材料是有机（聚合物）半导体。这类材料兼具半导体的电子性质和聚合物的柔韧性、低温加工特性，为新型光电器件提供兼具轻、薄、柔等特点的全新材料体系，产生对传统半导体强烈超级的颠覆性器件与应用场景。例如，像纸一样薄的显示器具有可折叠、可卷曲、自供能、全天候特点。当前，人类正处在新一代信息技术变革的关键时期，以有机发光显示和照明为代表的有机半导体器件逐步商业化，是各国激烈竞争的科技制高点。我国在光电磁有机功能高分子材料领域深入开展基础与前沿研究，发展具有自主知识产权的OLED材料，摆脱进口依赖，不断推进有机光伏、场效应晶体管、光探测技术的产业化，大力推动并确保相关材料技术的自主可控，为“双碳”目标的实现提供可持续的强力支撑。

二、发展规律与研究特点

自1977年聚乙炔被成功制备并在碘掺杂作用下可实现高导电特性的现象被发现，有机电子学得到初步建立，同时受到广泛关注。该领域相关的有机半导体理论、分子结构与材料构性关系及器件制备技术都得到蓬勃发展。有机光电材料兼具半导体材料和聚合物的优点，具有优异的可溶液加工、低成本印刷制备大面积柔性器件等突出优势，作为电光转换和光电转换材料广泛应用于发光显示、太阳电池、光探测、薄膜晶体管、生物传感等领域，被认为是新一代半导体材料。例如，OLED已经成功商业化，并因其优异的显示效果而成为高端产品的标志；有机太阳电池目前已突破20%的光电转换效率，向产业化进一步迈进；有机光探测器突破硅基光电二极管探测波长限制，实现了300～1400纳米的可见-短波红外光探测；有机薄膜晶体管也将在集成电路的发展中扮演重要角色。有机光电材料及其相关技术的快速发展不仅是材料科学与化学的进步，更是信息、能源、半导体物理、电子工程、生物等学科领域的交叉和融合，并依此形成了有机电子学等前沿交叉学科。有机光电材料的研究以实际应用为导向，具有很强的探索性，也是国际研究前沿，对于其中关键科学问题的研究将成为未来光电技术产业升级的基础。

三、发展现状与发展趋势

光电磁功能有机高分子材料是近年来国际上十分热门的研究方向之一。对全球该领域发表的论文数量和申请的专利数量进行统计分析，2011～2020年，论文数量呈逐年增加趋势，专利数量保持稳定（图17-6）。特别需要指出的是，2011～2020年，我国在该领域申请的专利数量呈现快速增加趋势，自2019年以来占全球申请的专利总量的50%以上。

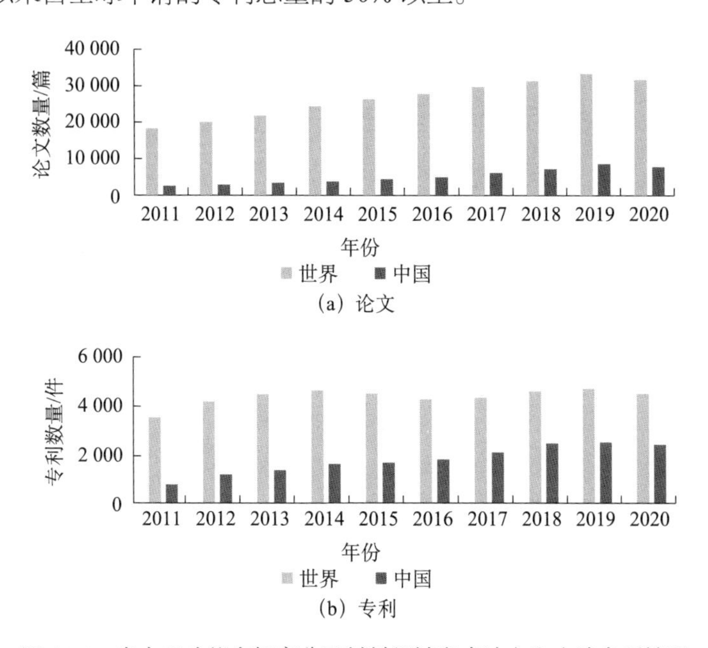

图17-6　光电磁功能有机高分子材料领域发表论文和申请专利情况

对光电磁功能有机高分子材料领域各分支方向的论文和专利（图17-7）

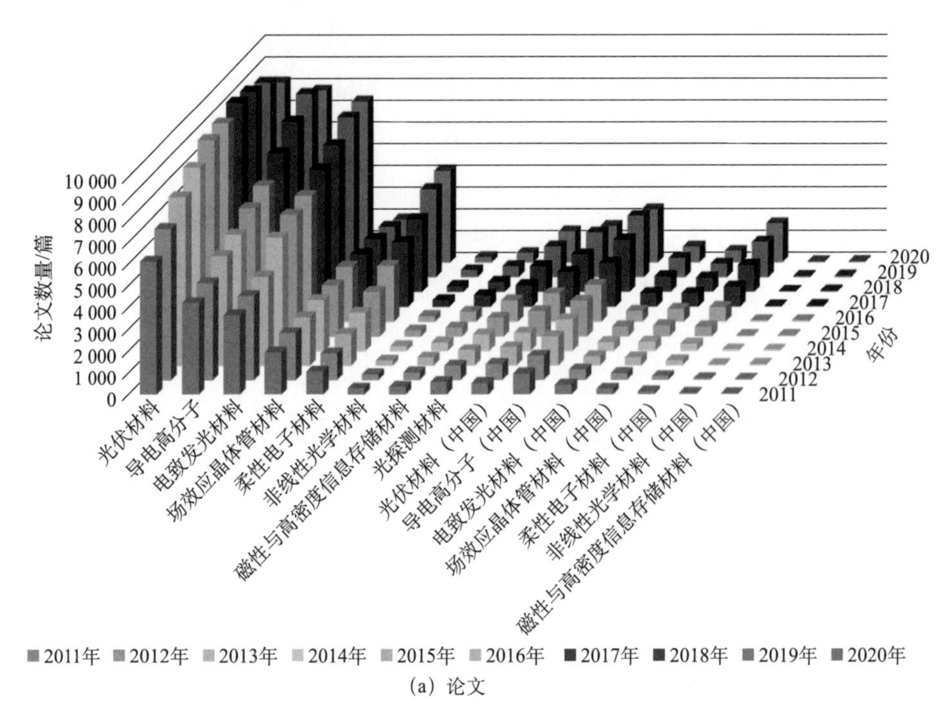

（a）论文

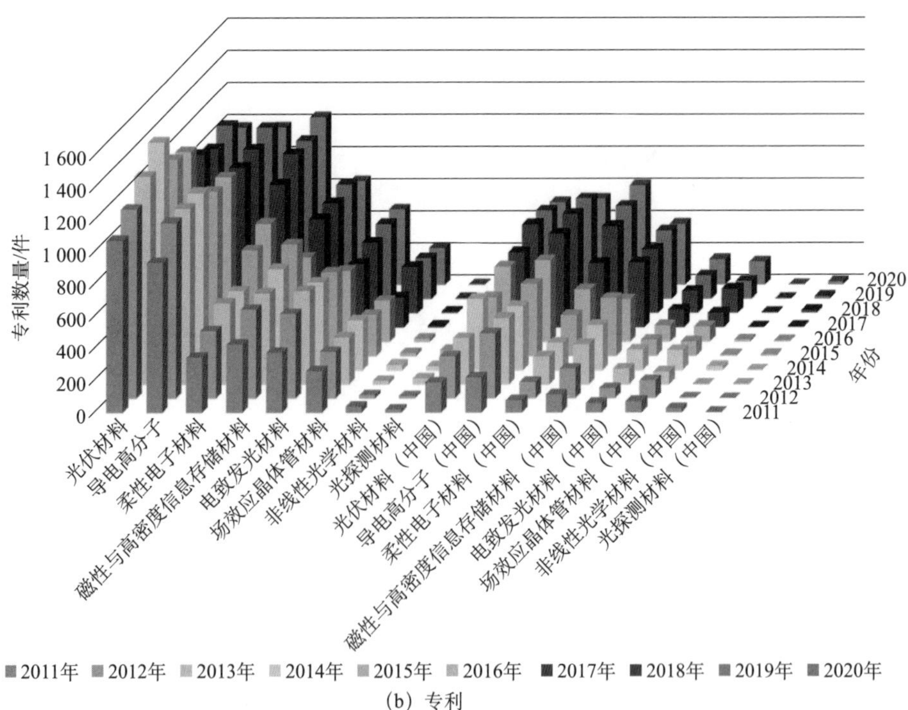

（b）专利

图 17-7　光电磁功能有机高分子材料领域各分支方向发表论文和申请专利情况（书后附彩图）

进行分析后发现，2011～2020年，各分支方向的论文和专利数量平稳增加，其中导电高分子、有机电致发光材料、有机光伏材料和柔性电子材料是该领域的热点，有机场效应晶体管材料、有机光探测材料、有机非线性光学材料和磁性与高密度信息存储材料方向具有较大的潜力与发展空间。

（一）导电高分子

导电高分子是指具备本征导电性的共轭高分子，通常又称为合成金属，可应用于柔性电子、有机热电等多个领域，发挥其可低成本溶液加工及机械柔性的优势并实现在可穿戴柔性电子方面的应用是其未来发展的趋势。目前，p型导电高分子的发展较成熟，而n型导电高分子的发展较滞后，推动n型导电高分子的发展已成为亟待解决的关键科学问题。近年来，我国已建立了由多位中国科学院院士团队组成的多学科交叉研究队伍，发展的多种新材料的性能指标已达到国际先进水平。然而，我国在n型导电高分子的金属性、分子设计及导电机制等方面的研究仍较薄弱，未来亟待与化学、电子、信息等领域合作深入研究。

（二）有机电致发光材料

自1987年邓青云等报道“三明治”结构的有机电致发光器件以来，有机电致发光已逐渐发展成为新一代显示和照明技术。为满足新型显示和健康照明产业的实际需求，实现高效率、长寿命的有机电致发光材料是未来发展的趋势。我国较早开展了有机电致发光材料领域的研究，建立了发光材料与器件国家重点实验室、有机光电子与分子工程教育部重点实验室等多个国家级和省部级的研究平台。

我国在有机电致发光材料的多个研究方向处于国际领先水平。例如，华南理工大学的马於光院士于1998年在国际上率先发现了有机磷光电致发光现象，奠定了磷光材料产业化基础，并于2012年首次提出了热激子发光机制；清华大学的段炼教授于2012年提出了热活化敏化发光机制，在关键技术上实现引领。然而，我国有机电致发光材料的量产及配套能力明显不足，关键核心材料（如红、绿磷光材料）主要由国外企业提供，仍然存在被“卡脖子”的风险，需要加大产业政策的扶持，提高下游面板企业的持续研发能力。

（三）有机光伏材料

经过多年的发展，有机光伏电池的能量转换效率从最初的2%大幅提高至20%以上，并且在大面积组件等研究方向取得了突破性进展，未来将重点围绕长期稳定性、半透明发电窗、柔性便携电源等个性化应用场景方向发展。我国开启了有机光伏研究的非富勒烯材料时代。北京大学的占肖卫教授于2015年提出了“稠环电子受体”新概念并发明了非富勒烯电子受体分子；中南大学的邹应萍教授于2019年发明了新型非富勒烯电子受体Y6。这些极具国际影响力的成果使我国在该领域的研究从早期的“跟跑”转变为“领跑”。在我国科学家的引领下，许多国家加强有机光伏材料开发和器件稳定性研究，推动了有机光伏的产业化进程，奠定了我国在该领域的优势地位，为培养具有学科交叉背景、理工结合的先进产学研人才提供了基础。然而，有机光伏电池的研究主要集中在新材料和新型器件结构，对突破经典理论预测的能量转换效率极限、器件的失效机制等方面的研究较薄弱。随着有机光伏电池的能量转换效率等性能指标逐渐接近商业化阈值，未来有机光伏电池的研究将着重关注稳定性、可靠性及面向实际应用的工艺，实现多功能化集成的新一代有机光伏电池。

（四）有机场效应晶体管材料

有机场效应晶体管材料领域的研究具有技术先导性。近些年来，载流子迁移率、开关率等关键性能指标及器件的稳定性大幅提高，已成为最受期待的新技术之一。发展高载流子迁移率、高开关率有机场效应晶体管材料，阐明载流子的输运本质、逐步形成完整的理论体系，是该领域发展的趋势。近些年来，中国科学院化学研究所、天津大学、北京大学等单位的研究人员多次报道了国际领先的新型高迁移率有机场效应晶体管材料体系，形成了化学、物理、材料、电子、信息等多学科交叉融合的多元化人才队伍。我国发展的一大批新颖的高迁移率分子结构单元，以及通过控制超分子自组装和生长条件实现有机微纳晶体结构的新方法、新工艺，为高迁移率有机场效应晶体管材料的发展做出了突出贡献。然而，我国在有效控制有机晶体的生长、理解其生长机理及分子结构与薄膜聚集态性质之间的关系等方面的研究仍较薄弱。

（五）有机光探测材料

随着近年来高分子半导体材料新结构的蓬勃发展，有机光探测材料设计和器件性能取得了长足的进步。有机光探测材料逐渐向高性能化、优异的环境友好加工性及高稳定性方向发展，相应的有机光探测器件逐渐向柔性、可拉伸、智能化及高度集成化的方向发展。近年来，我国在新型有机光探测材料开发及有机光探测器件的性能提升方面做出了重要贡献，掌握了新材料关键结构单元的核心专利。华南理工大学、天津大学、中国科学院长春应用化学研究所、香港浸会大学等在宽波段有机光探测器件方面取得了重要进展，关键技术指标达到国际先进水平。然而，我国在有机光探测器件机理（特别是图像阵列系统集成）等方面的研究较薄弱，不仅限制了该方向的快速发展，还面临后续在面向实际应用的过程中关键核心专利技术不足以支撑产业发展的问题。

（六）柔性电子材料

随着光电磁功能有机高分子材料的快速发展，柔性电子学在电子显示、能量存储与转换、生物医疗、印刷电路等领域取得了系列突破性的进展。2011～2020 年国家自然科学基金委员会的资助情况显示，以“柔性电子”为关键词的资助项目的数量为 7094 个，资助金额约为 48.7 亿元。获批项目资助数量 10 年间增长 400%，资助金额维持较高水平，资助项目主要研究集中在柔性基底、界面改性高分子材料及柔性功能材料等方向。

（七）磁性与高密度信息存储材料

近年来，有机高分子材料在自旋电子学研究中受到广泛关注，在有机自旋发光二极管、自旋界面，以及电子自旋对发光和光伏器件的影响等领域取得了系列突破性进展。目前，南京大学、国家纳米科学中心、华南理工大学、北京大学等已建立了由多位院士、领域专家学者组成的科研团队，取得了系列创新性科研成果。例如，国家纳米科学中心的孙向南团队率先实现了有机材料自旋光伏效应，吉林大学的李峰团队首次探索了全新的自旋相关发光机制。

（八）有机非线性光学材料

有机非线性光学材料具有可剪裁性、可低成本溶液加工性，以及优异的光学性能。在二阶有机非线性光学材料的基础上，三阶有机非线性光学材料及多光子材料逐步从理论探索走向具体的材料设计，逐渐形成系统的分子设计理念和理论体系。

总之，尽管我国在光电磁功能有机高分子材料及器件领域已经取得了系列突破性进展，但是由国内团队独立完成的突破性、引领性的创新工作仍不多见，基于自主发展的材料体系的商业化应用仍面临诸多产业转化问题。未来应加强对器件的稳定性、加工性、兼容性及可靠性等方面的研究，需要加强政策引导、加大该领域的资助力度，建立高层次综合性人才队伍，推进该领域向多学科融合的方向发展。

四、发展思路与发展方向

（一）未来发展趋势

按照基础研究面向国际化、应用技术研究面向国家需求的战略，光电磁功能有机高分子材料未来有以下几个发展趋势。

（1）科研范式转变，由传统试错式研究转变为结合人工智能技术进行理论计算、分子模拟和材料基因工程分析辅助的光电磁功能有机高分子材料精准创制，推动和变革传统的光电磁功能材料的研发和创新模式。

（2）发展光电磁功能有机高分子材料新概念、新原理和新方法，开辟自旋电子等相关前沿领域新方向。

（3）揭示聚集态有机光电磁分子行为，构建分子结构–聚集行为–表观特性规则。

（4）发挥光电有机高分子材料光电性能可调、可溶液加工、半透明及机械柔性的优势，探索其在可穿戴柔性电子和光电器件功能集成方面的应用。

（5）以新一代能源、信息、显示应用为导向，开发高色纯度、高效、稳定、低成本、环境友好的光电磁功能材料，实现器件结构与工作机制多样化。

（6）支持与推动已初步具有产业化的有机发光新技术与新材料，逐步实现 OLED 关键材料的国产化。

（7）开发个性化应用场景的新型有机光伏材料，在中国率先实现有机光伏材料与器件的产业化。

（8）多学科交叉融合，协同增效打造有机高分子材料领域学术新高峰，面向“双碳”目标及信息存储、显示等领域提供材料和技术储备。

（二）推动或制约学科发展的关键科学问题

光电磁功能有机高分子材料发展需要统筹兼顾材料的设计合成、聚集态结构的调控、器件结构与工作机制等多个方面的科学问题，具体如下。

（1）高性能光电磁功能有机高分子材料的设计及其制备科学。

（2）材料结构与激发态调控及载流子传输特性之间的关系。

（3）材料结构与光电磁性能关联及其响应机制。

（4）影响激子高效利用的物理机制、光电器件模型和材料失效原理。

（5）聚集态分子相互作用机制及其光电磁行为。

（6）有机半导体的高度有序薄膜的制备原理和方法。

（7）光电有机高分子材料及器件多层次结构的表 / 界面调控。

（8）大面积溶液加工薄膜的形貌调控和光电器件集成技术。

（9）柔性光电子技术关键材料的设计制造与可靠性。

（三）发展思路

建立适合我国国情的资源节约型和环境友好型的新一代有机光电材料体系，深化产学研用的发展模式。通过扩大资助面和优化评价体系，营造创新、包容、多元化的科研环境，鼓励前瞻性、探索性和特色性的研究工作。重点加强与产业界合作，注重解决基础理论问题的同时解决批量生产的工艺问题，把实验室研发的技术储备转化为产品，推动成果转化。对具有产业化前景的研究工作进行重点支持，增强我国 OLED 产业的自主知识产权与核心竞争力，大力推进有机光伏在中国率先实现产业化，积极参与柔性器件的行业标准制定，为全球化布局占领高地。

（四）发展目标

光电磁功能有机高分子材料的未来发展目标包括如下几个方面。

（1）研发新一代 OLED 关键核心技术，构筑具有国际引领性的核心技术，加强我国OLED材料自主创新能力，实现关键核心技术自主可控。实现高效率、长寿命蓝光技术的突破，显著降低当前商业化显示器件能耗，并实现 OLED 照明技术的商业化制备。着力培养符合国家和社会需要、致力于国家光电信息与光电显示产业发展、适应国际竞争的优秀人才，并与国内领先企业等合作。

（2）发展有机光伏材料的精准创制科学，重点关注稳定性和成本，发展满足个性应用场景的新型有机光伏材料；布局产业及规模应用示范，率先实现有机光伏材料与器件在中国的产业化；多学科交叉融合打造有机高分子材料领域学术新高峰，面向“双碳”目标提供清洁能源新的增长点。

（3）使有机光探测材料性能达到基于无机晶体商用光探测器的水平；基于自主发展的材料体系，发展高质量和高像素数 / 密度的光探测图像阵列及集成技术；形成并完善产业链，实现有机光探测器件在人工智能、智能电子及生命健康等领域的商业化应用。

（4）建立高载流子迁移率材料及其晶体管器件的大面积连续制备方法，实现晶体管器件的集成和逻辑电路应用，为实现柔性晶体管在信息产业和大健康产业的规模化应用提供基础理论及材料支撑。

（5）开发具有秒级自旋弛豫时间和微米级自旋输运距离的高分子材料，厘清手性和自由基材料的工作机制并实现器件化；在高分子材料中实现新原理自旋操控和复合场自旋功能拓展，并实现有机 / 金属自旋界面的性能可控等。

（6）重点解决柔性功能材料的稳定性和批量生产的工艺问题，推动柔性光电子技术关键材料的设计制造，促进产学研深度融合；积极介入柔性器件的行业标准制定，为全球化布局占领高地。

（五）重要研究方向

光电磁功能有机高分子材料有以下几个重要研究方向。

（1）具有特定光电磁性能的有机高分子材料的精准设计与制备。

（2）激子的高效利用与材料本征稳定性。

（3）分子序构调控策略及其对有机光电器件性能的影响机制。

（4）溶液加工材料及大面积薄膜的形貌调控。

（5）光电有机高分子材料及器件多层次结构的表 / 界面调控。

（6）适用于照明或透明显示等高亮度及长寿命器件。

（7）个性应用场景丰富的新型有机光伏材料及其器件。

（8）大面积阵列化有机场效应晶体管器件及功能集成器件。

（9）光电磁功能有机高分子材料的宏量制备和纯化工艺。

（10）柔性光电子技术关键材料的设计制造。

（11）柔性光电器件系统集成与创新应用。

第四节　有机–无机杂化材料

一、科学意义与战略价值

有机–无机杂化材料广泛存在于自然界中。人类从古代起已经开始使用杂化材料。近现代人们从仿生角度出发，开展了杂化材料体系选择、制备方法优化、应用领域拓展等方面的研究。近 30 多年来，有机–无机杂化材料在学术界和工业界都引起了广泛兴趣。杂化主要是在微观上将有机成分与无机成分化学结合，实现优势互补，获得单一组分都不具备的性能，以期实现材料的功能化和高性能化，对产生新概念材料具有重要的科学意义。

有机–无机杂化材料研究具有跨学科特点，材料体系和杂化方法都十分丰富，杂化尺度可以从分子水平到纳米和亚微米尺度；有机–无机杂化能为材料带来高强、高韧等高性能化及光、电、磁、生物等功能化，应用十分广泛，包括塑料、橡胶、纤维、涂料、光刻胶等领域。

有机–无机杂化材料学科发展潜力巨大，将对高分子材料学科起到拓展作用，对相关技术发展起到推动作用。新概念有机–无机杂化材料在高分子材料总体发展布局中受到重点关注，对实施国家科技发展规划和科技政策（尤其是高科技领域的新材料和特种功能材料）目标起到支撑作用。在制备电学功能材料、磁性功能材料、光学材料、光反应材料、生物活性材料、射线屏蔽材料等方面发挥着重要作用。

二、发展规律与研究特点

有机–无机杂化材料是指有机成分和无机成分在分子水平或纳米尺度以化学键结合的方式形成的多元材料，又称为杂化材料、有机–无机纳米杂化材料、有机–无机纳米复合材料等。杂化材料丰富多彩，分类方法众多。根据有机和无机成分间的作用强度，可将其分为弱键杂化材料和强键杂化材料；按照连续相成分，可将其分为无机–有机杂化材料（无机成分为连续相）和有机–无机杂化材料（有机成分为连续相）。

有机–无机杂化材料中的无机成分可以贡献机械强度和热稳定性等特性；有机成分可以是合成高分子，也可以是天然大分子，通常作为材料的连续相，将无机成分连接，提供加工性和韧性等特性。有机–无机杂化材料中有机成分和无机成分均可以贡献功能特性。有机–无机杂化材料与传统的复合材料不同，其相区尺寸属于微观尺度。2007 年，国际纯粹与应用化学联合会（International Union of Pure and Applied Chemistry，IUPAC）定义有机–无机杂化材料的相区尺寸应小于 1 微米，光学功能有机–无机杂化材料的相区尺寸应小于 100 纳米。

有机–无机杂化材料的制备方法具有多样性。近年来，聚合物无机纳米颗粒杂化、碳基纳米杂化、聚合物半导体纳米晶杂化，多孔有机–无机杂化，生物高分子杂化等新的杂化体系发展迅速；功能导向涉及光学、光电、光反应、吸附与催化、高韧、高强、柔性电子、生物医学等多个方面。有机–无机杂化材料既是前沿研究领域，又是应用性强的学科，研究具有交叉特点，人才培养呈学科交叉趋势。

三、发展现状与发展趋势

有机–无机砂浆是早期的杂化材料，可追溯到 1500 年前的古代中国研制出来的糯米石灰砂浆。通过将糯米汤与石灰和其他砂浆混合，开发出了力学性能优异的砂浆。这种砂浆其实是一种生物质杂化材料，其中有机成分是糯米中的支链淀粉，无机成分是黏土矿物、碳酸钙和沙子等。糯米石灰砂浆被广泛用于古代建筑，如600年前的明长城，现代则被继续用于修复历史建筑。

（一）国际发展状况与趋势

根据Web of Science数据库，以organic-inorganic hybrid materials（含nano-composite）为主题，2002～2011年共有9218条报道，2012～2021年共有20 058条报道，是前者的2倍以上，其中包括有机小分子杂化体系。如果仅针对聚合物有机–无机杂化材料体系（以organic-inorganic hybrid materials和polymer为主题），2002～2011年共发表论文5260篇，2012～2021年共发表论文9344篇，接近前者的2倍（图17-8）。

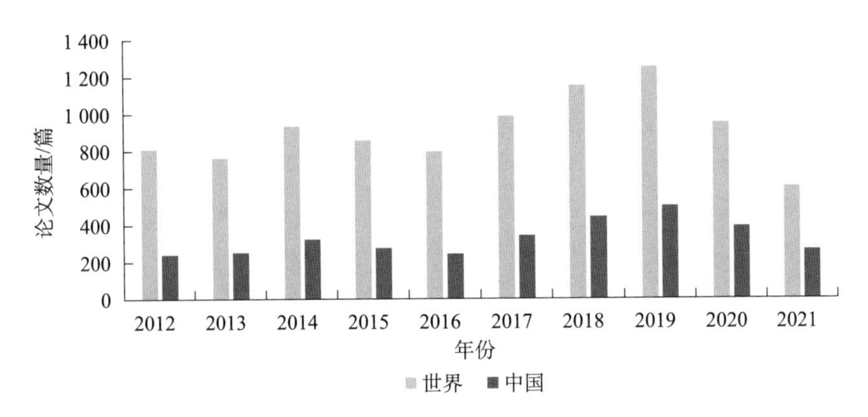

图17-8　聚合物有机–无机杂化材料的论文发表情况

2018年，*Advanced Functional Materials*刊登了“Functional Organic-Inorganic Hybrid Materials”专辑，总结了有机–无机杂化材料体系、制备方法、功能应用等方面的发展趋势。近期研究主要围绕有机–无机杂化方法开发和应用拓展进行深入探究。

有机–无机杂化材料的主要制备方法如下：①将有机成分通过分子或离子交换进入并接枝到无机主体中层间；②在聚合物网络中分散或原位生成无机成分或纳米颗粒；③在有机主体界面制备无机成分；④在无机纳米核基础上生长有机成分；⑤形成有机聚合物和无机网络互穿结构；⑥在无机纳米基元多尺度取向组装过程中引入有机成分等。当前，有机–无机杂化材料已被广泛应用，市场需求不断扩大。有机–无机杂化材料体系构筑基元种类丰富、功能齐全，发展趋势包括光学、光电、光反应、能源、环境、涂料、膜层、生物医用等。

（二）国内发展现状

2012～2021年，聚合物有机–无机杂化材料领域共发表论文9344篇，其中中国发表论文3300余篇，占论文总数的1/3以上。除去2020年和2021年新冠疫情影响，总体均呈上升趋势，相关研究成果的增加表明研究人员和资金投入也在不断增加。我国在有机–无机杂化材料学科的一些研究领域具有显著优势，现举例分析如下。

碳纳米点是碳基材料家族的新成员，也是一种新型杂化构筑基元，包括碳量子点、石墨烯量子点和碳化聚合物点。相关研究涉及发光、光电转换、能源环境、生物医用等领域，且呈快速增长态势。2012～2021年，全世界总计发表该领域论文18 155篇，其中中国10 928篇，约占60%（图17-9）。其中与聚合物杂化功能相关论文338篇，其中中国175篇，约占52%，国内外呈同步上升趋势（图17-10）。中国对这一领域的前沿研究具有优势，且在多个研究方向上起到引领作用，如碳量子点及复合催化剂构筑；从氧化石墨出发，采用“自上而下”法合成石墨烯碳点；从有机小分子和聚合物出发，采用“自下而上”法合成碳化聚合物点；碳化聚合物点杂化室温磷光材料；长波发射碳点；等等。

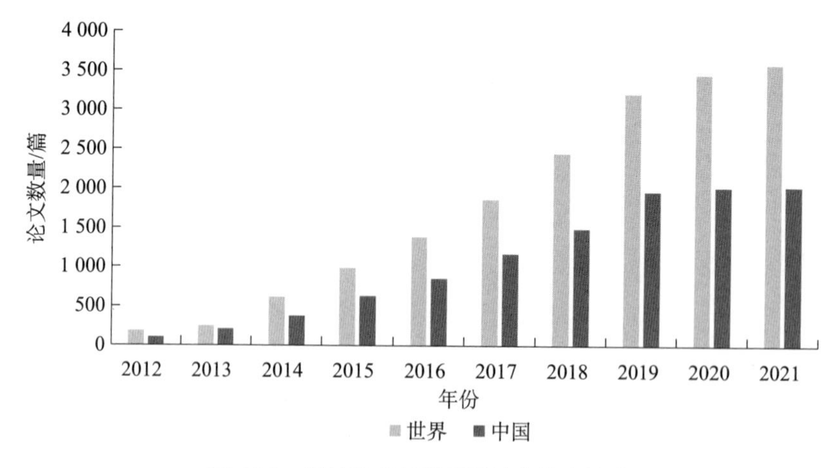

图17-9　碳纳米点材料领域论文发表情况

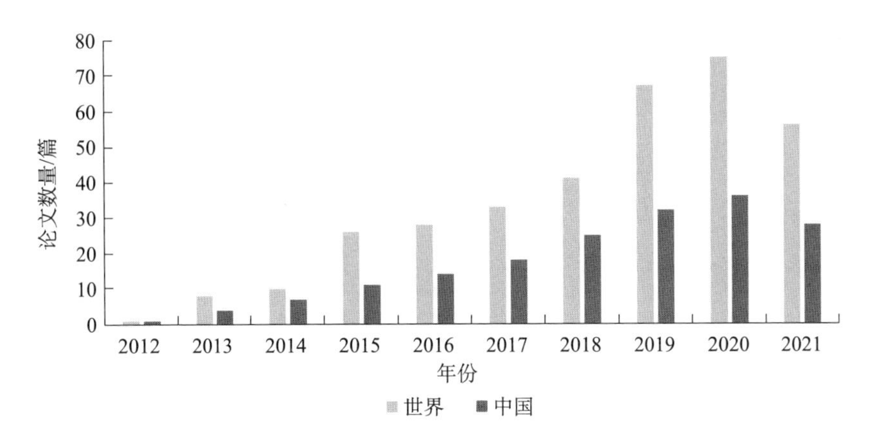

图 17-10　碳纳米点聚合物杂化材料领域论文发表情况

随着纳米科技的不断发展，有机-无机纳米杂化材料应运而生，其中聚合物纳米（晶）杂化材料是典型代表之一，其无机成分主要包括金属纳米点、Ⅲ-Ⅴ/Ⅱ-Ⅵ族半导体纳米晶、钙钛矿纳米晶等；有机成分可根据需要进行设计，以期实现功能性并发挥骨架作用。聚合物纳米（晶）杂化材料在光学、催化、能源、X 射线探测、生物成像等领域均有新的应用和突破。中国在聚合物纳米（晶）杂化材料领域发表的论文数量与世界发表的论文总量之比逐年增加，体现出中国在这一杂化材料领域所做的重要贡献（图 17-11）。

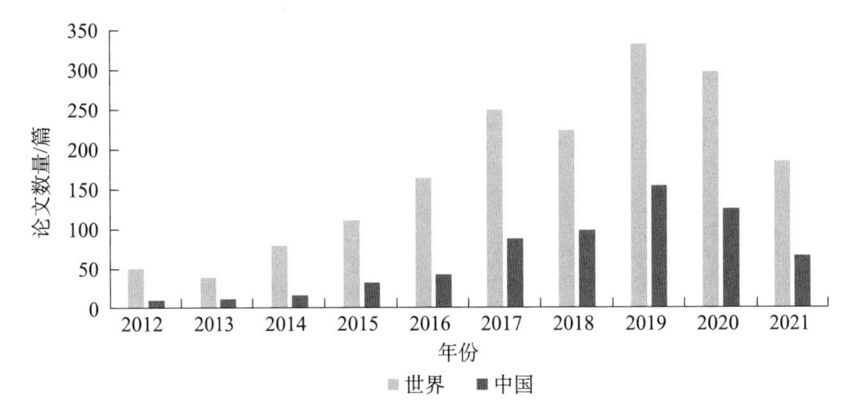

图 17-11　聚合物纳米（晶）杂化材料领域论文发表情况

中国在碳纳米管杂化材料领域占据重要地位，在应用转化方面也居于世界前列。中国创制了全新的碳纳米管杂化材料体系，提出了将一维碳基纳米材料与聚合物、无机纳米颗粒等多尺度取向组装的方法，开发了具有高导电性和高强度的轻质柔性取向纤维电极材料，创制了一系列具有光电、显示、储能、传感等多种功能的新型纤维和织物电子器件，并有望解决医学、电子、国防等重要领域的若干难题。

有机-无机杂化材料在医学影像和诊疗领域应用广泛，核心为光功能杂化基元的构筑，应用领域包括生物成像、手术导航探针、癌症诊疗载体和新型检测平台等。中国在有机-无机杂化材料用于医学影像和诊疗领域的研究居于国际领先水平，但一些关键技术（如纳米复合药物、杂化递送体系）被发达国家的专利垄断。因此，需要多学科背景的交叉与融合，形成新的研究范式，引发原创成果，填补国内相关领域的技术空白。未来需要进一步根据临床诊疗难题，设计新型光功能材料，提升化学与材料领域的原创能力。

（三）平台建设和人才队伍情况

依托天津师范大学，2014 年 11 月，无机-有机杂化功能材料化学教育部重点实验室通过验收，研究方向瞄准新材料和先进复合材料重大战略需求，开展光、电、磁功能无机-有机杂化材料基础与应用研究。该实验室有 60 余名固定人员，队伍相对较集中。部分国家重点实验室设有相关杂化材料研究方向，目前尚没有以“有机-无机杂化功能材料”命名的国家重点实验室。研究队伍总体较大，但分布在以不同问题和功能为导向的国家级平台中，地理位置相对比较分散。

（四）举措与存在的问题

有机-无机杂化材料学科发展所面临的主要是研究平台和研究队伍的建设问题。针对有机-无机杂化材料需求大、应用领域广、方向相对分散的现状，可采取如下几个措施。

（1）重组或新建国家重点实验室，集中研究力量，同时对研究平台进行合理规划和部署。

（2）在各研究单位和国家级研究平台之间建立有机-无机杂化材料国家级联盟，加快平台建设，完善研究条件和设施。

（3）在中国材料研究学会下设有机-无机杂化材料分支机构，为促进产学研人员之间的交流，组建国家级研究团队并营造创新环境。

四、发展思路与发展方向

人们从自然界中认识并利用有机–无机杂化材料，进一步从仿生角度开展有机–无机杂化材料的制备方法和应用研究，如史前壁画材料、黏土有机材料、高岭土–尿素陶瓷材料、玛雅蓝 / 普鲁士蓝等颜料等。现代有机–无机杂化材料包括新型黏土杂化材料、分子筛杂化材料、基于溶胶–凝胶法制备的玻璃 / 陶瓷 / 生物杂化材料、有机模板法制备的介孔材料、多级结构与多尺度材料、杂化配位聚合物等。

（一）未来发展趋势

受到广泛关注并被重点支持的研究课题绝大部分集中在能源、健康、环境等社会热点上，突出特征是复杂性和综合性。有机–无机杂化材料未来的研究将具有如下几个特征和趋势。

（1）更需要学科交叉研究和培养交叉学科人才。

（2）更需要多功能集成来解决需求问题，通过纳米复合不同性质的无机和有机纳米构筑基元实现多功能性。

（3）更关注具有生物活性特征的有机–无机杂化材料体系的构筑以解决医学健康问题。

（4）有机–无机杂化材料更具有多级、多层次微纳结构特征，更需要合成新的杂化基元，结合超分子组装及 3D 打印技术来实现。

（5）有机–无机杂化材料中的组分应更具有低毒性和可循环性，以满足环境友好和可持续发展要求。

（二）推动或制约学科发展的关键问题

有机–无机杂化材料的发展主要依赖科研组织和科学研究两个方面，具体有以下几个问题。

（1）可控实现功能构筑基元的多元集成和普适性，以及组装、复合、集成结构对多功能性影响等构效关系。

（2）在生物相关有机–无机杂化材料系统中保持基元的生物活性，与生物体内类似的能量耗散（非平衡）结构和功能，以及内在和外在条件对其影响规律和协同响应。

（3）实现刺激响应基元材料在分子、纳米、亚微米尺度的有效杂化与组装，以及多级、多层次协同作用。

（4）进一步提高有机-无机杂化材料的智能响应性，以及对微纳结构与协同性能的表征。

（5）发展新的杂化理论用于指导材料合成，从而预测不同的有机或无机成分对材料性能的影响。

（6）开发有利于环境友好、可持续发展的有机-无机杂化新方法和新型有机-无机杂化材料，鼓励企业参与是有机-无机杂化材料走向产品的关键。

（7）随着人机交互、脑科学、人工智能、柔性电子等重要新兴领域的发展，亟须通过多学科交叉研究，推动有机-无机杂化材料与物理、信息、微电子、生物医学等其他学科领域的融合发展，催生新的研究方向。

（8）加强应用牵引，结合有机-无机杂化材料高性能化和多功能化特点，注重发展可规模化生产的有机-无机杂化新方法和工程化路线，服务国家重大需求。

（三）发展思路

针对有机-无机杂化材料学科的上述关键问题，相应的发展思路如下几个。

（1）开拓新的有机-无机杂化材料体系。

（2）发展新的有机-无机杂化材料制备方法。

（3）以能源、健康、环境领域受关注的问题为导向，发展有机-无机杂化材料新功能。

（4）在教育层面上促进新的多学科交叉融合，培养具有开放性学术思维并勇于从事跨领域研究的科研队伍。

（5）营造利于跨学科研究人员交流研究思想的学术氛围，为不同领域之间架设交流桥梁。

（6）建立利于交流、合作的高水平有机-无机杂化材料产学研联盟。

（7）设立有机-无机杂化材料分会并定期举办系列学术会议。

（8）设立有机-无机杂化材料研究相关重大项目。

（四）发展目标

有机–无机杂化材料的未来发展目标包括如下几个方面。

（1）在杂化方法方面，发展纳米杂化新方法来构筑具有纳米结构特征的有机–无机杂化材料。

（2）在杂化结构方面，构筑有机–无机纳微有序杂化材料。

（3）发展具有生物活性特征的有机–无机杂化材料。

（4）发展无毒、环境友好的碳基杂化材料。

（5）发展多功能集成的有机–无机杂化材料。

（6）发展具有高效能量转化和储能性能的有机–无机杂化材料。

（7）发展兼具高强度和高导电性的有机–无机杂化材料。

（8）发展弱键杂化方法，制备可循环利用的有机–无机杂化材料。

（9）创建具有普适性的有机–无机杂化理论体系。

（10）实现新型有机–无机杂化材料的规模化应用。

（五）重要研究方向

（1）有机–无机杂化电学功能材料，包括导电、电导热、绝缘导热、高阻隔、高介电常数和低介电常数材料等。

（2）有机–无机杂化光学材料，包括高折射率、多孔低折射率、柔性光学显示、柔性发光材料等。

（3）有机–无机杂化光电转换材料，包括光电转换、电光转换和柔性光电活性材料等。

（4）碳纳米点环境友好杂化材料，包括发光、光电、催化、能源、生物成像、药物传递材料等。

（5）光反应杂化材料，包括高折射率光刻胶、3D 打印杂化材料等。

（6）生物活性纳米杂化材料，包括骨科、牙科、抗菌、佐剂、成像材料、载药、协同响应杂化材料等。

（7）射线屏蔽、探测的聚合物纳米杂化材料，包括 X 射线、抗中子辐射材料等。

（8）聚合物纳米杂化闪烁体材料，包括钙钛矿、半导体纳米晶、碳点等。

（9）高稳定性界面功能杂化涂层材料，包括高模量、高耐磨性、高热稳定性、持久优异的界面功能材料等。

（10）高性能柔性热管理杂化材料，包括高导热、高绝缘、各向异性材料等。

（11）有机–无机活性（非平衡）杂化材料，包括光 / 电 / 磁 / 力场调控非平衡、化学分子驱动非平衡、混合外场驱动非平衡等体系。

（12）有机–无机杂化水凝胶材料，包括增强增韧、生物 3D 打印、组织工程和类器官构建等体系。

（13）取向碳纳米基杂化材料，包括碳纳米管、石墨烯及多尺度取向组装等体系。

（14）有机–无机杂化储能材料，包括高能量密度杂化电极、高离子电导率材料、轻质高强隔膜等。

（15）自修复杂化材料，包括高强度、刺激响应、高导电、高透光性等杂化材料。

（16）可循环利用的杂化材料，包括高强度、柔性电极、电子封装、高透光屏幕等杂化材料。

（17）柔性生物电子杂化材料，包括高生物安全性、高选择性、高灵敏度、高稳定性、可植入生物体高柔性纤维电极材料等。

（18）聚合物纳米杂化高性能材料，包括高结晶性能、高力学性能、高热塑性、可降解性等杂化材料。

第十八章
能源与环境高分子材料

第一节　能源高分子材料

一、科学意义与战略价值

能源高分子材料涉及高分子材料在能源领域的应用。作为国家战略性新兴产业，锂离子电池、液流电池、燃料电池等新能源已广泛应用于国民经济诸多方面，新能源用高分子材料的发展有助于推动绿色低碳国民经济的发展。储能及热管理高分子材料在航空航天、武器装备、交通运输、电子芯片等领域有重要应用，是国民经济、国防及其他高新技术产业发展不可或缺的物质基础。深入开展能源高分子材料的研究，不仅可以创造新的学科生长点，为其他分支学科提供有益补充，而且可以满足国民经济和国防安全的需求，同时解决生态环境与资源利用问题。

二、发展规律与研究特点

能源高分子材料呈现出基础与应用研究双向驱动的发展规律，遵循应用需求导向—基础研究—技术转化与应用的发展路线。按照其应用领域，新能源用高分子材料主要包括锂离子电池用高分子材料、液流电池用高分子材料及燃料电池用高分子材料等。作为电池的重要组成部分，这些高分子材料的基本结构和工艺成型手段对电池的综合性能起到至关重要的作用。我国新能源用高分子材料经历了从无到有的发展历程。储能及热管理高分子材料主要包括导热高分子材料、相变储能高分子材料、结构储能高分子材料等。该领域的研究目标针对性强，多学科融合程度高，由最初的单一导热、相变向多功能集成化发展，储能机理逐渐深化完善。

三、发展现状与发展趋势

（一）新能源用高分子材料

在新能源用高分子材料领域，我国与国外先进水平虽然存在一定的差距，但是也取得了长足的进步（图 18-1）。例如，我国学者首次提出并利用原位固态化技术开发高比能聚合物基固态锂离子电池电源系统，并开创了在深海特种领域应用的先河。2011～2021 年，该领域我国论文的篇均被引频次为 32.37，位列第五，远低于排名第一位的美国（43.79）；申请专利数量在日本、韩国之后，位列第三，全球前10位申请人中我国仅有1家机构且排在第10位；在产业化方面，隔膜、黏结剂等已经实现了大规模国产化，但是部分高端产品仍需依赖进口，总体技术水平仍落后于国际同行。总体而言，我国在新能源用高分子材料领域的投入呈逐年增加态势，但总经费额度仍然偏少；虽然已形成了以中国科学院青岛生物能源与过程研究所、中国科学院大连化学物理研究所、清华大学、四川大学、苏州大学等为代表的核心科研单位，但是高水平研究平台不足，“高精尖”复合型人才占比偏低。希望建立能源高分子材料学科，推动学科间交叉融合，培养“高精尖”专业人才；加大经费投入额度，建设高水平研发平台。

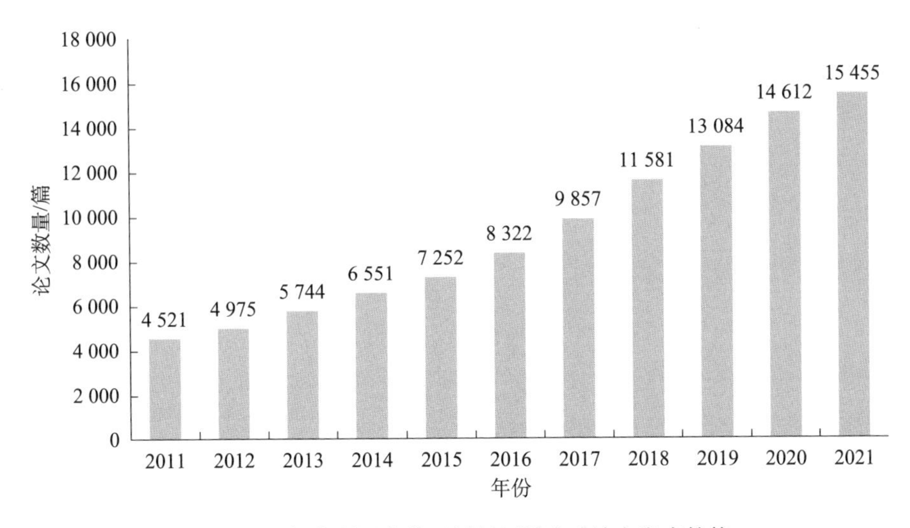

图 18-1　新能源用高分子材料领域全球论文发表趋势

（二）储能及热管理高分子材料

随着战略新兴产业的迅速发展，储能及热管理高分子材料需求日趋强烈。我国在该领域发表的论文数量和总被引频次已居全球首位；篇均被引频次为 31.63，远少于美国（46.64）；申请专利数量已占绝对优势，但在全球其他地域申请的专利数量仅占专利申请总量的 2%（美国、日本的该占比分别为 68.54% 和 54.92%）。储能高分子材料研究主要涉及相变储能、分子结构储能及介电储能。我国从 20 世纪 80 年代开始着手研究相变储能材料，并在 20 世纪 90 年代中期将研究重点转向有机储热材料和固-固相变储热材料。在分子结构储能方面，通过控制分子级光致异构化转变实现了光吸 / 放热的调控，实现了光热能高能量存储与可控释放。天津大学的封伟团队通过分子设计可以使能量密度达到 161.3 瓦 · 时 / 千克，但仍存在合成繁杂、产率低、综合性能较差等缺陷。热管理高分子材料领域主要涉及本征导热高分子的结构设计与规模化制备、柔弹性导热高分子材料和导热高分子复合材料的导热模型、经验方程和导热机理研究。西北工业大学的顾军渭团队主要针对导热高分子材料的结构特点提出和建立针对性高、适用性强的导热模型和经验方程，具有较传统导热模型与经验方程更优的导热系数拟合效果；但现有导热机理仍不够完善。

四、发展思路与发展方向

（一）未来发展趋势

对于新能源用高分子材料，在锂离子电池领域，固态电池是未来发展的重点，高性能聚合物电解质是该方向发展的重中之重。在燃料电池领域，低成本、高性能、长寿命聚电解质膜的制备仍然是整个领域的发展重心，离聚物黏结剂的作用机制也将成为突破燃料电池发展壁垒的关键因素。在液流电池领域，解决离子传导膜选择性和传导性之间的协调（trade-off）效应、实现高性能离子传导膜的产业化是未来发展的主攻方向。

储能及热管理高分子材料的发展趋势如下：①高性能、多功能一体化发展，在储能及导热基础上集成高强、吸波、压电、阻燃等性能、功能；②多学科交叉融合，实现数字化发展，利用数学、计算机或先进表征仪器等推动储能及热传导过程的可视化、智能化。

（二）推动或制约学科发展的关键问题

在新能源用高分子材料和储能及热管理高分子材料领域仍存在以下关键问题亟待解决。

（1）聚合物电解质的分子设计、构效关系、离子传输机理、界面兼容机制。

（2）黏结剂与电极的相容机制，以及在燃料电池中三相传输通道的作用机理；离聚物黏结剂对实现高效稳定的三相传输通道的作用机理和调控策略。

（3）隔膜热尺寸稳定性与热关闭行为的基本科学问题；质子交换膜的结构设计及其失效机制；多孔离子传导膜的容量衰减机理、离子传输机理、成膜机理、孔结构均一性问题。

（4）铝塑膜的复合层与其散热、防爆和抗冲击性能间的构效关系及作用机制。

（5）导热高分子材料的精确导热模型、经验方程和导热机理。

（6）有机相变高分子的可控热释放机制。

（7）分子结构储能材料的能量密度与功率密度的协同提升机制。

（三）发展思路

1. 新能源用高分子材料

在新能源用高分子材料方面，通过对离子传输、界面兼容、性能衰退与失效等机理的揭示，解决当前聚合物电解质低容量与倍率、隔膜热尺寸不稳定、质子交换膜易失效、多孔离子传导膜选择性与传导性不高等基础科学问题，并最终突破其产业发展的技术瓶颈。通过引入反应性基团、极性原子、亲锂结构、阻燃单元等，发展可原位固态化、高电化学稳定、与锂负极兼容、难燃 / 不燃的聚合物电解质。设计兼具高尺寸热稳定性、优异热关闭和阻燃功能的隔膜结构，并发展可规模化的隔膜本体 / 表面改性技术。在燃料电池用高分子方面，简化传统制备工艺，并进一步发展低成本的非 / 低氟质子交换膜，设计具有高电导率、长寿命的高性能阴离子交换膜，研究黏结剂化学物理结构对催化和传质效率的影响规律。在液流电池用高分子方面，重点发展高离子选择性、高传导率、化学稳定性好、成本低、孔结构均一的离子传导膜。

2. 储能及热管理高分子材料

在储能高分子材料方面，以分子结构储热材料为导向的新原理和新设计方法为解决有机相变材料在太阳能热能存储方面存在的问题提供了思路。发展光热相变材料，研究其化学结构、空间构型、分子内 / 间相互作用及辐照光的各项物理特性。通过在储能高分子主链上构建缺陷，设计高介电极化与低介电损耗材料，研究介电储能高分子的极化和储能机理，解析材料的微观结构与高储能密度、低能量损耗之间的关系。

在热管理高分子材料方面，发展高导热柔性智能材料、高导热界面材料、导热高分子材料导热性能模拟等方面的关键基础理论与方法，建立导热高分子材料数据库、热界面材料模拟平台；推进导热高分子材料的工业化应用，促进导热高分子材料性能-工业化发展的贯通。

（四）发展目标

根据能源高分子材料的未来发展趋势、学科发展的关键问题和发展思路，该领域未来的发展目标主要集中在以下几个方面。

（1）解决能源高分子材料领域存在的诸多关键科学和技术瓶颈问题，增强源头性创新能力。

（2）突破高性能聚合物电解质、长寿命质子交换膜、高选择性多孔离子传导膜等的高效制备与产业化。

（3）实现低成本、高性能、多功能集成储能及热管理高分子材料的制备及产业化。

（五）重要研究方向

能源高分子材料领域未来的主要研究方向集中在材料设计原理、制备技术与科学机制的突破上，具体包括以下几个方面内容。

（1）可原位固态化、高电压正极耐受、与锂金属负极兼容的聚合物电解质；高电压正极用无氟绿色水系黏结剂；兼具高尺寸热稳定性和优异热关闭功能的隔膜；快散热、能防爆和抗冲击的高端铝塑膜。

（2）新一代非（低）氟质子交换膜；高电导率、长寿命阴离子交换膜；离聚物黏结剂对催化及传质效率的构效关系。

（3）高选择性、高传导率、高稳定性、低成本、孔结构均一的多孔离子传导膜材料。

（4）本征型高导热高分子材料设计理论、制备方法；填充型高导热高分子复合材料设计制备技术；柔弹性导热高分子材料设计制备技术。

（5）光热偶氮相变聚合物的结构设计与调控；低温极端环境中光热能的循环利用；新型光热存储与利用技术在智能温控、储能和发电等领域的应用。

（6）介电储能高分子主链上缺陷的构建与微观调控；高储能密度和低能量损耗的高分子复合薄膜设计与制备。

第二节　环境高分子材料

一、科学意义与战略价值

环境高分子材料涉及高分子材料自身的可持续发展及其在环境领域的应用，对于落实“双碳”目标和构建绿色低碳循环发展经济体系具有重要意义。高分子材料可持续发展面临资源与环境两大挑战：从资源角度考虑，利用以生物质为代表的可再生资源制备高分子材料以减少对化石资源的依赖，提高材料抗老化能力以延长服役寿命，循环和升级回收废弃高分子材料以避免资源浪费；从环境角度考虑，对不宜/不易回收循环的应用领域，发展环境可降解高分子材料以解决高分子材料废弃物带来的环境问题。高分子材料在环境防护与治理中发挥关键作用，研发环境治理高分子材料以助力绿色生态建设，研发特殊环境防护用高分子材料以保障材料的长时服役安全。

二、发展规律与研究特点

环境高分子材料具有跨尺度、多因素耦合、多学科交叉的共性研究特点。为实现高分子材料自身的可持续发展，要大力发展生物基单体、不断加强生物基助剂开发并逐步推进相关下游新材料的发展；重视高分子材料的抗老化能力以延长服役寿命，尤其要关注服役环境从简单的光氧和热氧向温度-紫外-盐雾-应力等多因素耦合和高速高负载、强辐照、强介质作用等极端条件的转变；对废弃高分子材料应大力发展循环与升级回收技术，实现废弃高分子的无害化、资源化及高值化利用，并从源头设计新型可回收高分子材料；发展适用于不宜/不易回收循环领域的环境可降解高分子材料，并从关注光、热、氧、微生物等引发降解因素向高性能、多功能和可控降解方向发展。高分子材料在环境防护与治理中发挥关键作用，从低性能向高性能、从单一功能向多功能集成化发展，研究内容既涵盖科学问题，又涉及工程技术问题。

三、发展现状与发展趋势

近些年，我国在环境高分子材料领域发展迅猛，有些研究方向已经达到国际领先水平。2011～2021年，我国在环境高分子材料领域发表论文数量已居全球首位，但篇均被引频次较低（图18-2），说明我国在该领域研究活跃但学术影响力有待提高；我国申请的专利数量也居全球首位（图18-3），其次是美国，但相关申请人比较分散，尤其是高校不够重视专利的全球布局，在国际市场上难具竞争力。此外，我国已在该领域布局了数十个相关的国家/省部级研发平台，并且国家重点研发计划、国家自然科学基金委员会项目等每年投入数十亿元的科研经费，表明我国对该领域发展的高度重视。

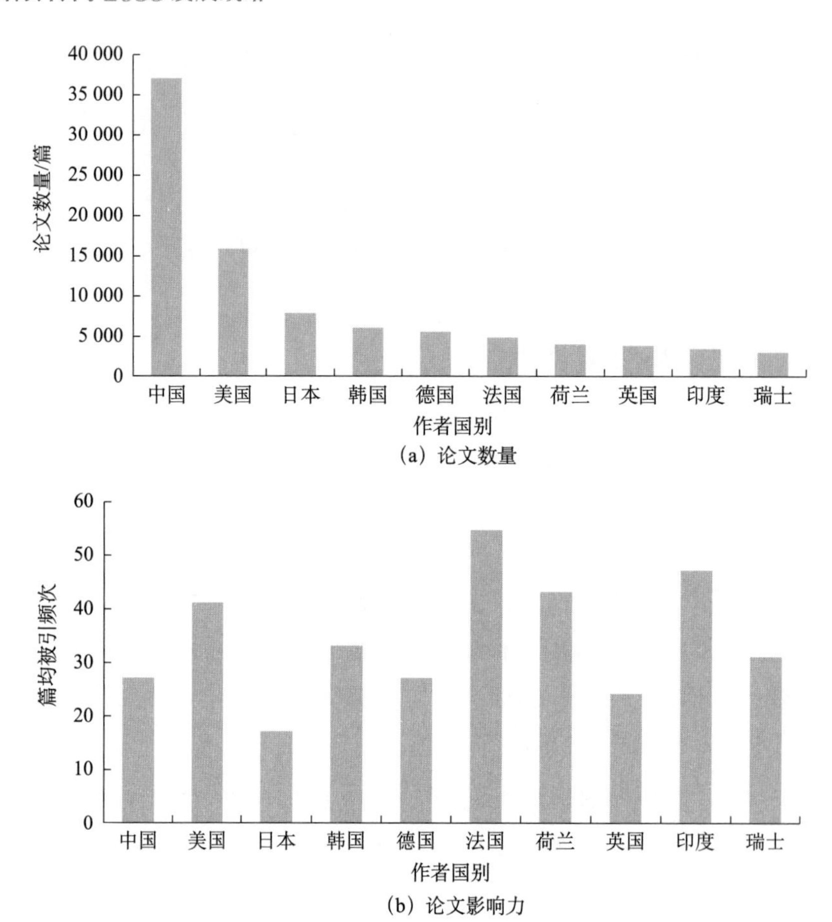

(a) 论文数量

(b) 论文影响力

图 18-2　环境高分子材料领域发表论文数量前 10 位的国家及论文影响力

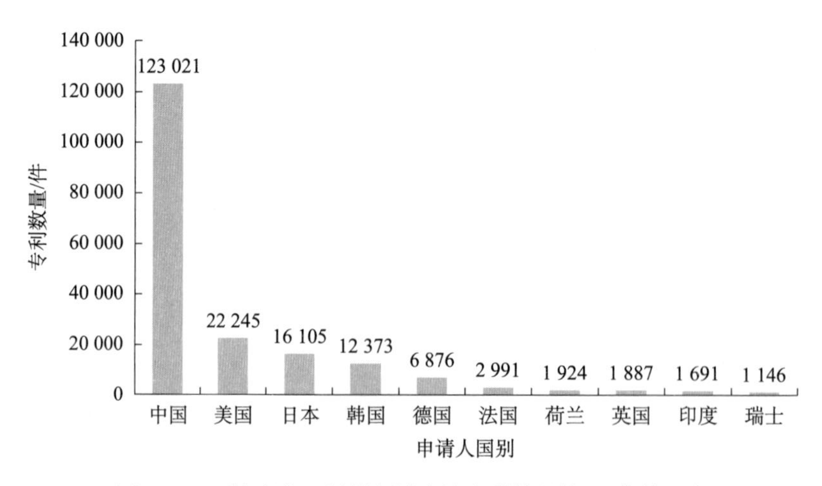

图 18-3　环境高分子材料领域申请专利数量前 10 位的国家

我国生物基高分子材料领域的研究已处于全球"领跑"水平，但在单体高效提取与转化、聚合物构效关系、聚合物的应用和回收方面仍然需要强化基础研究。发展趋势主要如下：采用生物及化学的方法发展了结构多样、种类丰富的生物基单体，解决聚乳酸等重要生物基材料的产业化的关键基础问题；开发特性优良的生物基助剂，构筑以生物基材料为基体、生物质纤维与微/纳米无机颗粒为增强体的高性能、智能化及功能性复合材料体系，以纤维素、壳聚糖、蛋白质等为原料，发展轻质高强度、功能化、高性能的天然高分子材料。

高分子材料老化研究主要在简单条件和串联方式下考察简单材料/器件的宏观物性、揭示老化失效规律及机理。现有认识无法准确理解日趋复杂、极端、特殊和人体生命服役环境下的材料老化行为，多依赖半经验性的物理模型进行服役寿命预测，缺乏具有自主知识产权和高效长效的防老化技术。亟待发展多因素并联实验方法和高灵敏无损评估方法，突破高端、关键的老化实验装备，发展适应复杂环境的高效防老剂、防护涂层及自修复等技术，为国家重大工程的可靠性评估提供支撑。

废弃高分子材料回收领域目前研究热点集中在热塑性高分子材料，以发展高效高选择性降解催化剂为主，对于热固性高分子材料（特别是应用广泛的混杂高分子材料）的回收研究较少。设计合成可反复循环高分子材料被认为是从源头上解决高分子材料可持续发展问题的方法之一。早在21世纪初，四川大学的王玉忠教授在国际上率先提出了解决一次性塑料废弃物对环境产生污染问题的最有效途径是发展可完全解聚回收其聚合单体的全生物降解高分子材料的理念——可反复循环的全生物降解高分子材料，他开发的低成本聚对二氧环己酮是这类高分子材料的典型代表。近年来基于超分子/化学键动态重构的可反复加工/回收的高分子材料研究受到广泛关注。中国科学院、四川大学、吉林大学、中山大学等在以上领域研究活跃。高分子材料生命周期评价研究相对较少，现主要集中在生物降解塑料，亟须发展量大面广的热塑性和热固性塑料的全生命周期评价研究。

可降解高分子材料经历了光、热氧降解等，目前生物降解高分子材料已成为主流，全球年产能为100万吨以上。研究发展易降解、可回收高分子材料是大势所趋，最终实现可降解高分子材料的全环境降解，不产生"微塑料"

危害。中国科学院、清华大学、四川大学等在该领域的研究一直非常活跃；已开发的生物降解树脂种类齐全，工业化产量和产能世界第一，在纺织、水处理、土壤修复、医用包装、增材制造等交叉领域形成应用。以聚乳酸为例，已解决了聚合和规模化生产的问题，但成本高、降解可控性差。

世界范围内对环境污染与淡水危机的重视推动了环境治理高分子材料的发展，主要发展趋势包括高分子可控合成、表 / 界面调控、新材料与新过程、材料复合与多功能耦合等。在产业化方面，2009 年，我国膜产业产值已达全球总产值的 30%。在基础研究方面，我国在高分子纳滤 / 反渗透膜、混合基质膜、超浸润分离膜、多孔聚合物吸附材料等领域处于国际领先地位，但在重大基础原创成果、论文学术影响力、成果转化、专利实施和全球化布局等方面仍有待加强。

防护用高分子材料研究主要聚焦在环境友好化和高性能化两个方面。我国在该领域取得了一些实质性成果。华南理工大学提出“动态表面防污”策略，研制了系列生物降解高分子基海洋防污材料并实现规模化应用。电子科技大学发展的宽频电磁吸收材料、西北工业大学发展的高温吸波材料已应用在国防领域。四川大学提出的高温自交联炭化阻燃新原理与新方法，首次实现了无传统阻燃元素的绿色阻燃，中国正成为阻燃领域的“引领者”。但我国该领域基础研究和产业化应用脱节现象较严重，一些高端产品仍依赖进口。

四、发展思路与发展方向

（一）未来发展趋势

环境高分子材料在需求牵引下的发展应首先解决制约材料发展的关键科学问题，提出原创性基础理论，实现从概念化到产业化、从环保属性向环保与功能属性并重的转变。除深入认识高分子材料在复杂环境中的降解规律及分子机理之外，应积极探索高效的老化防治策略及可靠服役寿命评估技术。为了进一步促进高分子材料的可持续发展，还应建立以废弃高分子为原料的新型化工与材料产业及兼具高性能 / 功能与回收性的新型高分子材料产业。在环境应用领域，发展绿色低碳合成过程与面向减碳应用的分离材料、极端环境下高稳定分离材料、多功能耦合分离材料及高效 / 环境友好 / 耐久 / 可持续发展 / 高性能化 / 智能化防护用高分子材料是环境高分子材料未来发展方向。

（二）推动或制约学科发展的关键问题

在环境高分子材料领域仍存在以下几个关键问题亟待解决。

（1）环境高分子材料设计制备及结构与性能关系，针对特定用途及需求，发展材料创建机制、原理及方法。

（2）复杂 / 极端 / 特殊条件下高分子材料的老化失效规律及服役寿命的预测理论及模型；高分子链降解的内在机制、影响因素及调控方法，开放环境条件下材料降解评价体系的构建；高分子材料碳足迹时间和空间尺度评价。

（3）高分子材料循环及升级回收中特定高分子链结构与聚集态结构下的可控降解与材料重构；高分子材料的使役性能与可循环性的调控机制；生物基单体的低成本制备及产业化关键因素；生物基复合材料的复合新技术、界面与形态的形成机制与控制策略。

（4）复杂体系下膜抗污原理与策略、极端环境下结构演变与稳定化策略、海水淡化膜内水簇跨膜的传输机制与表 / 界面作用；材料防护性能调控机制与环境适应性。

（三）发展思路

为了解决高分子材料自身的可持续发展问题，应该从非粮生物质出发，拓展生物基单体品种，开发低成本、高性能的生物基高分子材料，同时通过发展多因素并联实验方法、发展在役老化评估方法、突破关键的老化评价装备，揭示多因子耦合、特殊、极端作用下高分子材料的降解机理和物性演化规律。对于废弃高分子材料，应通过催化剂结构优化、催化路径设计、反应体系设计、产品性能调控和新材料加工等研究，加强高分子材料的可控降解与定向重构方法创新，建立基于单体回收和高分子链可逆键交联的新策略，系统评价高分子材料循环与升级回收路径的经济效益与环境效益。此外，从环境角度考虑，丰富可降解高分子材料降解机制和智能响应功能模块、大幅度提升性能，实现降解可控性、智能性和灵敏性。

针对在环境领域应用的高分子材料，加强高分子合成与分离理论创新，重点发展高性能纳滤/反渗透膜等国家战略需求方向；通过污损黏附行为与界面性能关系研究，厘清广谱高效防护关键因素，研制长效环保防污防腐材料；探究材料与强、弱电磁场及复杂多物理场中的作用耦合、损伤、失效、防护机理，发展高性能防辐照高分子材料；基于材料燃烧行为分析，结合实验大数据和高通量计算，探索绿色阻燃新理论与新方法，实现火安全高分子新材料的高性能化、功能化及可持续发展。

（四）发展目标

根据环境高分子材料的未来发展趋势、学科发展的关键问题和发展思路，该领域未来的发展目标主要集中在以下几个方面。

（1）实现呋喃生物基聚酯、耐高温尼龙、衣康酸酯等材料及单体的高效制备，发展具有潜在价值的新型生物基高分子材料，建立完善的生物基高分子材料检测、认证体系。

（2）发展高分子老化监测技术和寿命评价技术，以及适用于复杂高分子材料与复杂环境的高效、多功能抗老化策略，建立针对复杂环境和材料的高精度、可解释、跨尺度的寿命预测方法模型和模拟方法。

（3）建立以废弃高分子材料为原料的新型材料化工产业模式，开发具有实际应用的闭环/反复循环高分子材料，实现对传统高分子材料的部分替代。

（4）实现高分子材料的智能、灵敏、可控降解，实现无废化、无痕化，建立良好的生态循环体系。

（5）在高性能纳滤/反渗透膜、极端环境耐受/特殊功能分离膜、高效低能耗海水淡化膜等领域取得原创性突破并实现产业化。

（6）建立高性能、功能化、绿色化、可循环利用的防护用高分子新材料体系，满足尖端应用与极端防护要求。

（五）重要研究方向

环境高分子材料领域未来的主要研究方向包括以下几个方面。

（1）新型非粮生物基单体的开发；高性能生物基高分子及其复合材料的结构与性能调控；生物基材料的性能预测、失效机制与耐久性研究；高效生物基助剂及其应用性能研究；生物基材料的应用研究和全生命周期评价。

（2）复杂条件下高分子材料的老化失效规律及机理；高分子老化监测技术和寿命评价技术；适用于复杂高分子材料与复杂环境的高效、多功能抗老化策略；复杂条件下高分子服役寿命的预测理论及模型。

（3）废弃高分子材料的绿色高效循环利用；废弃高分子材料的升级回收；混杂高分子材料的源组分协同升级回收；可化学循环高分子材料设计与制备；基于超分子 / 化学键动态重构的可反复循环高分子材料；高分子材料的全生命周期评价。

（4）定制型高分子材料、生物型高分子材料、新型复合型高分子材料、动植物可吸收型高分子材料；智能型可降解高分子材料；仿生型高分子材料和开放环境条件降解评价体系。

（5）多尺度、高精度新型分离膜与分离机理；极端环境下高稳定性与抗污染分离膜；可控界面聚合与界面辅助制膜技术；特殊结构与特殊性质分离膜的设计与应用；空气净化与温室气体吸附分离高分子材料。

（6）有机硅 / 氟、生物降解高分子等防污材料；防污防腐材料服役期预测机制与模型；特殊与极端环境、渗入−固结型等防腐材料；强 / 弱电磁场辐射交互机制；防强电磁场高分子材料；弱电磁场吸波高分子材料；防强核辐射高分子材料；绿色阻燃新机制与新方法；极端环境防火阻燃材料；高性能 / 功能化火安全材料；生物基、生物降解、可回收 / 循环等可持续发展阻燃材料。

第十九章

有机高分子材料学科的优先发展领域与政策建议

第一节　优先发展领域

一、高分子材料合成与制备

发展高效、定量和可规模化合成的新反应与催化体系，提升立体选择性和区域选择性，实现不同序列、不同拓扑结构高分子的精准合成，实现高分子高性能和功能化。发展高纯高分子材料的合成方法，满足其高端应用。理性设计高分子链与纳米颗粒功能杂化体系，发展高效制备方法，为制备功能材料提供新途径，为探索新型组装结构、协同特性及功能体系的构建提供材料基础。

二、高分子材料物理

针对高分子的多自由度、多尺度和多层次，非平衡态、非线性和非微扰，熵效应、动力学效应和多重弱相互作用协同效应等特点，开展高分子材料远离平衡结构演化的实验和理论研究，创造先进的性能和功能，探索新的应用领域；发展先进的分析仪器和表征方法，对高分子链结构、凝聚态和物理特性进行实时评估和原位测量；开启材料基因工程和机器学习研究高分子材料物理的全新范式，实现高分子材料的高性能化、高功能化、复合化、智能化和绿色化。

三、高分子材料加工成型

优先发展低成本和高效率的形态结构控制新技术、加工成型新方法、结构检测表征新手段及其物理与流变学基础；优先发展精密 / 智能制造和控制技术与装备，如 3D 打印、精密微纳加工、超轻量化加工、难加工高分子加工、绿色低碳高分子加工、分子尺度高取向加工、橡胶直压硫化、高填充橡胶纳米复合材料湿法混炼、机器人高精度干法缠绕、智能化铺缠一体化等技术与装备；优先发展高分子材料加工成型数据化技术与数据库。

四、高分子共混与复合

高分子共混与复合的未来发展呈现定制化、仿生化、智能化、绿色化及多功能复合的趋势，因而需要全面理解相关材料设计、制备和服役中的基本化学和物理问题，引入材料基因工程、大数据、机器学习等新方法，开发多层次结构及性能控制新技术。优先发展多组分材料加工成型过程结构动态演化及调控机理研究；高分子链间相互作用和有机-无机相界面解析及界面功能化；多级次、多尺度、非均相梯度高分子共混与复合材料的仿生设计和构筑。

五、通用高分子材料

以实现通用高分子材料的低成本化、高性能化、功能化和绿色低碳化为目标，优先发展以下领域：高分子材料制件服役性能—制件结构设计—材料性能设计—材料微观结构设计一体化跨尺度模拟设计方法及寿命预测方法；新型催化/引发体系、新型官能单体及其先进聚合反应、聚合方法；高性能化或功能化共混/复合/杂化/反应加工改性新方法、工艺及关键装备；设计制备能源、资源、环境、生命健康、人工智能、国家重大工程和国防安全相关领域迫切需求的大宗通用高分子材料。

六、高性能高分子材料

高端应用领域的需求牵引一直是高性能高分子材料发展的主要动力。高性能高分子材料和树脂基复合材料的发展将紧密围绕国家重大战略需求和战略新兴产业的核心关键材料布局，如航空航天、国防军工、6G、新型显示、集成电路、新能源等。从满足实际应用需求出发，针对含芳环与芳杂环结构聚合物、氟硅聚合物、耐高温树脂全产业链中的基础和应用科学问题布局，开发结构功能一体化的新型高性能高分子材料，实现部分高性能高分子及其复合材料从“跟跑”到“领跑”的突破。

七、智能与仿生高分子材料

智能与仿生高分子材料优先发展领域如下：智能与仿生高分子材料的高效构筑和宏量制备；阐明智能与仿生高分子材料的组成结构、聚集行为、响应性能和功能应用的内在关联；发展对复杂环境、特殊与极端环境下的自适应性响应的智能高分子材料；实现仿生高分子材料从形态和结构等仿生构造到功能仿生的跨越式发展；力图在具有“自思考、自反馈、自演化”特性的智能与仿生高分子材料方面取得突破；持续推进智能与仿生高分子材料在环境保护、能源利用、生命健康、国防安全等国家战略领域的实际应用。

八、生物医用高分子材料

生物医用高分子材料的优先发展领域始终要与保障人类生命健康安全和

提高人类生活质量这个方向保持一致。要大力发展用于解决重大传染病、肿瘤和心血管疾病等严重威胁人类生命健康安全问题的相关材料。随着我国人口老龄化和高龄化的到来，用于器官修复、移植和替代的相关材料也应该优先发展。另外，大数据、人工智能、元宇宙等新技术的革命性发展将会深刻地改变人类的生活方式，也应优先关注用于脑机接口和可穿戴设备等的相关材料。

九、光电磁功能有机高分子材料

光电磁功能有机高分子材料领域优先发展适合我国国情的新一代能源、信息、显示应用体系，鼓励前瞻性基础理论探索，强化面向国家需求的应用技术研究，重点推进具有产业化前景的方向。持续增强我国有机电致发光材料和器件方向的核心竞争力，大力推进有机光伏在我国的产业化发展，积极支持有机光、电、磁等柔性器件的标准制定，鼓励学科交叉融合，协同增效打造有机高分子材料学术新高峰，面向“双碳”目标及信息存储、显示等领域提供核心材料和关键技术。

十、有机-无机杂化材料

有机-无机杂化材料是古老又富于发展潜力的分支学科。未来的基础研究应聚焦新有机-无机杂化概念、新有机-无机杂化材料体系、新有机-无机杂化方法及有机-无机杂化材料新功能。其优先发展领域应结合国家重大需求，以能源、健康、环境问题为导向，侧重发展生命健康功能材料、高科技特种功能材料、高性能光功能材料和新概念功能材料等领域。优先支持跨学科研究团队和学科交叉研究，发展环境友好和可持续发展的功能材料。

十一、能源高分子材料

在锂离子电池用高分子材料方面优先发展可原位固态化 / 高电压正极耐

受/与锂金属负极兼容的聚合物电解质、无氟绿色水系黏结剂、具有高尺寸热稳定性和优异热关闭功能的隔膜；在燃料电池用高分子材料方面，优先发展新一代非（低）氟质子交换膜及高电导率、长寿命阴离子交换膜；在液流电池用高分子材料方面，发展具有高选择性、高传导率、高稳定性、低成本、孔结构均一的多孔离子传导膜；在储能及热管理高分子材料方面，优先发展低成本、高性能、多功能高分子材料。

十二、环境高分子材料

在环境高分子材料领域，为了促进高分子材料自身的可持续发展，优先发展低成本、高性能的生物基高分子材料，同时提高材料的服役寿命；对于废弃高分子材料，优先发展可控降解与定向重构方法，同时发展基于单体回收和高分子链可逆键交联的新策略；大幅提升可降解高分子材料的性能，实现降解可控性、智能性和灵敏性；为进一步促进高分子材料在环境领域的应用，应优先发展高性能纳滤/反渗透膜、高性能防辐照高分子材料及高性能化/功能化/可持续发展的阻燃高分子新材料。

第二节　发展政策建议

在新时代背景下，有机高分子材料对“双碳”目标、生命健康、绿色可持续发展、万物智能互联、能源与环境等基础和前沿领域的发展正展现出越发重要的支撑作用。根据有机高分子材料学科研究特点，提出以下建议措施。

（1）加大对前沿原创、“非共识”研究、应用基础研究的支持力度，统筹建立更加完善的人才引进和培养机制，增加科技创新人才支持力度。我国科技研究取得了举世瞩目的成绩，但许多领域仍处于跟随发达国家阶段，须在科学研究资助体系上继续深化改革，合理配置资源，支持原创性的基础和新技术研究，资助“非共识”课题和应用基础研究课题；从国家层面，统筹建立更加完善的人才引进和培养机制，加强优秀科技人才的培养力度，完善各层级人才的考核评价体系，注重具有交叉学科背景的人才培养，造就高素质、高层次、多样化、创造性创新人才。注重培养更多的对有机高分子材料科学具有浓厚好奇心、追求真理的学者。

（2）以国家整体战略为导向，以行业 / 产业需求为牵引，坚持科学研究与产业应用并行发展。建议在有机高分子材料学科布局一批国家级实验室和重点实验室等，尤其是前沿创新平台，形成基础研究—高技术开发—成果产业化的有机链条，体现基础研究和学科建设成果对创新型国家的支撑作用；顺应国家发展战略，产学研相结合，促进有机高分子材料科技成果转化和技术转移，完善相关的产业链，实质性推进全产业链协同创新和联合攻关，系统解决产业化的关键问题，加速形成有机高分子材料新兴产业集群。

（3）鼓励跨学科交叉研究，推动有机高分子材料可持续发展。建议采取多样化的科研组织方式，扶持和推动国内跨单位创新团队的形成与合作，集中国内优势研发力量建立高效合作网络，通过资源整合、人才集聚和多学科研究等，提升关键科学问题的攻关能力，形成材料分子设计合成—结构性能研究—加工成型的全链条研究队伍，协同提高研究成果产出效率和质量；加强自主创新仪器研制和研究平台建设，针对我国主要研究仪器和相关标准多由发达国家主导的问题，通过跨学科交叉融合，发展新方法、研制新装备、形成新标准；鼓励科研团队加强与国际一流研究单位的交流，建设并依托现有跨学科的国际合作基础，深入开展与国际高水平研究机构的合作和交流，针对重大科学问题开展协同创新研究，联合申请国际合作项目并设置全球招标项目。

（4）改革科研成果评价制度，优化细化评审机制，加强政府管理部门、研究出资主体及研究机构之间的统筹协调。营造良好的学术生态，在项目评估中，应着重关注成果的专业性、实用性与实际意义，重视理论与技术创新，营造良好的学术生态，激励更多科研人员主动投身科研事业，潜心开展科学研究；人才项目评审分门别类，建议国家杰出青年科学基金、国家优秀青年科学基金等人才类项目按前沿研究、基础理论研究和应用基础研究分类区别评审，每类每年有一定的数量指标；优化各类基础研究项目、人才项目和平台项目的经费配置，在加强竞争性项目经费投入的同时，加大对人才和基础研究、公益类科研机构持续且稳定的支持力度。

本篇参考文献

安立佳 , 陈尔强 , 崔树勋 , 等 , 2019. 中国改革开放以来的高分子物理和表征研究 [J]. 高分子学报 , 50(10): 1047-1067.

安泽胜 , 陈昶乐 , 何军坡 , 等 , 2019. 中国高分子合成化学的研究与发展动态 [J]. 高分子学报 , 50(10): 1083-1132.

蔡富刚 , 王硕 , 郭福海 , 等 , 2020. 高性能复合材料在轨道交通领域的发展现状 [J]. 高科技纤维与应用 , 45(2): 22-29.

曹维宇 , 杨学萍 , 张藕生 , 2020. 我国高性能高分子复合材料发展现状与展望 [J]. 中国工程科学 , 22(5): 112-120.

陈学思 , 陈国强 , 陶友华 , 等 , 2019. 生态环境高分子的研究进展 [J]. 高分子学报 , 50(10): 1068-1082.

刁晓倩 , 翁云宣 , 宋鑫宇 , 等 , 2020. 国内外生物降解塑料产业发展现状 [J]. 中国塑料 , 34(5): 123-135.

董建华 , 2018. 高分子科学近期重要进展与国家自然科学基金相关动态简介 [J]. 高分子通报 ,(1): 1-12.

董建华 , 2019. 写在《高分子通报》三十周年 [J]. 高分子通报 ,(1): 1-8.

董甜甜 , 张建军 , 柴敬超 , 等 , 2017. 聚碳酸酯基固态聚合物电解质的研究进展 [J]. 高分子学报 ,(6): 906-921.

范治平 , 程萍 , 张德蒙 , 等 , 2020. 天然高分子基刺激响应性智能水凝胶研究进展 [J]. 材料导报 , 34(21): 21012-21025.

冯雪 , 2021. 柔性电子技术 [M]. 北京 : 科学出版社 .

郭香，潘振雪，张宗波，等，2022. 硅基聚合物前驱体转化陶瓷微观结构研究进展 [J]. 化学通报，85(1): 14-24.

国家发展改革委生态环境部，2020. 国家发展改革委 生态环境部关于进一步加强塑料污染治理的意见 [EB/OL].(2020-01-16)[2022-02-19]. https://www.ndrc.gov.cn/xxgk/zcfb/tz/202001/t20200119_1219275_ext.html.

国家自然科学基金委员会工程与材料科学部，2006. 有机高分子材料科学 (学科发展战略研究报告 2006—2010 年)[M]. 北京：科学出版社 .

国务院，2021. 国务院印发《2030 年前碳达峰行动方案》[EB/OL].(2021-10-26)[2022-02-19]. http://www.gov.cn/xinwen/2021-10/26/content_5645001.htm.

国务院，2021. 国务院印发《关于加快建立健全绿色低碳循环发展经济体系的指导意见》[EB/OL].(2021-02-22)[2022-02-19]. http://www.gov.cn/xinwen/2021-02/22/content_5588304.htm.

胡汉杰，周其凤，杨玉良，等，2001. 跨世纪的高分子科学 [M]. 北京：化学工业出版社 .

黄进，夏涛，2018. 生物质化工与材料 [M]. 北京：化学工业出版社 .

李丹，吴静娴，刘小莉，等，2016. 血液接触材料表面抗血栓改性新策略：构建纤溶活性表面 [J]. 高分子学报，(7): 850-859.

李文强，张晓莲，张燃，等，2021. 2020 年国外有机硅进展 [J]. 有机硅材料，35(4): 76-90.

李希鹏，王树立，张俭，等，2021. 仿生多孔膜材料研究进展 [J]. 科学通报，66(10): 1220-1232.

林刚，2021. 2020 全球碳纤维复合材料市场报告 [J]. 纺织科学研究，5: 27-49.

刘仁，2018. 功能涂料 [M]. 北京：化学工业出版社 .

刘顺民，刘军民，董星龙，2018. 电磁波屏蔽及吸波材料 [M]. 北京：化学工业出版社 .

路庆华，郑凤，2020. 光电功能聚酰亚胺材料与器件 [M]. 北京：科学出版社 .

骆春佳，孔杰，2021. 可瓷化高分子合成与功能化进展 [J]. 高分子学报，52(11): 1427-1440.

潘烁炯，许华平，2021. 活性氧响应含碲高分子 [J]. 高分子学报，52(8): 857-866.

庞金辉，张海博，姜振华，2013. 聚芳醚酮树脂的分子设计与合成及性能 [J]. 高分子学报，(6): 705-721.

饶先花，曹民，代惊奇，等，2012. 国内外特种工程塑料聚芳醚酮的生产、应用及发展前景 [J]. 塑料工业，40(9): 18-22.

宋瀚文，宋达，张辉，等，2021. 国内外海水淡化发展现状 [J]. 膜科学与技术，41(4): 170-176.

万雷，吴文静，吕佳滨，等，2019. 我国对位芳纶产业链发展现状及展望 [J]. 高科技纤维与应用，44(3): 21-26.

王宏喜 , 熊雨婷 , 卿光焱 , 等 , 2017. 生物分子响应性高分子材料 [J]. 化学进展 , 29(4): 348-358.

王健 , 卢宇源 , 徐玉赐 , 等 , 2016. 嵌段共聚物增容剂对不相容均聚物共混体系相行为和界面性质的影响 [J]. 高分子学报 ,(3): 271-287.

王蕾 , 张思炫 , 杨贺 , 等 , 2019. 生物材料表面高分子改性的研究进展 [J]. 高分子通报 ,(2): 33-43.

王琪 , 瞿金平 , 石碧 , 等 , 2021. 我国废弃塑料污染防治战略研究 [J]. 中国工程科学 , 23(1): 160-166.

吴璧耀 , 2005. 有机–无机杂化材料及其应用 [M]. 北京 : 化学工业出版社 .

吴忠文 , 2010. 聚醚醚酮类树脂的国际、国内发展历程及新进展 [J]. 化工新型材料 , 38(12): 1-4.

谢曼 , 干勇 , 王慧 , 2020. 面向 2035 的新材料强国战略研究 [J]. 中国工程科学 , 22(5): 1-9.

解孝林 , 彭海炎 , 倪名立 , 2020. 全息高分子材料 [M]. 北京 : 科学出版社 .

闫晓林 , 马群刚 , 彭俊彪 , 2022. 柔性显示技术 [M]. 北京 : 电子工业出版社 .

严光明 , 李艳 , 李志敏 , 等 , 2015. 聚芳硫醚树脂的合成、性能及应用发展概况 [J]. 中国材料进展 , 34(12): 877-882.

杨杰 , 王孝军 , 张刚 , 等 , 2020. 聚芳硫醚材料 [M]. 北京 : 科学出版社 .

杨玉良 , 张红东 , 2020. 漫谈高分子物理学的源起和发展 [J]. 高分子学报 , 51(1): 87-90.

于谦 , 陈红 , 2020. 具有“杀菌–释菌”功能转换的智能抗菌表面 [J]. 高分子学报 , 51(4): 319-325.

俞森龙 , 相恒学 , 周家良 , 等 , 2020. 典型高分子纤维发展回顾与未来展望 [J]. 高分子学报 , 51(1): 39-54.

张立群 , 张继川 , 廖双泉 , 2014. 天然高分子基新材料——天然橡胶及生物基弹性体 [M]. 北京 : 化学工业出版社 .

张立群 , 2014. 橡胶材料科学研究的现状与发展趋势 [J]. 高分子通报 ,(5): 3-4.

中国工程院化工、冶金与材料工程学部 , 中国材料研究学会 , 2020. 中国新材料研究前沿报告 [M]. 北京 : 化学工业出版社 .

中国合成橡胶工业协会秘书处 , 2018. 2017 年国内合成橡胶产业回顾及展望 [J]. 合成橡胶工业 , 41(2): 81-83.

中国化学纤维工业协会 , 2021. 2021 年中国化纤经济形势分析与预测 [M]. 北京 : 中国纺织出版社 .

中国科学技术协会中国化学会, 2013. 化学学科发展报告 (2012—2013)[M]. 北京：中国科学技术出版社.

中国塑料加工工业协会, 2020. 2019 年我国塑料加工业经济运行分析 [EB/OL].(2020-04-07)[2022-02-19]. https://mp.weixin.qq.com/s/x-vewIMHX5VX-IbOPkJA-Q.

朱美芳, 2018. 新时代, 大纤维 [J]. 世界科学, 7: 32-34.

朱永康, 2017. 世界橡胶消费量及产量排名分析 [J]. 中国橡胶, 33(9): 29-33.

ABD-EL-AZIZ A S, ANTONIETTI M, BARNER-KOWOLLIK C, et al, 2020. The next 100 years of polymer science[J]. Macromolecular chemistry and physics, 221(16): 2000216.

ALEMÁN J, CHADWICK A V, HE J, et al, 2007. Stepto, definitions of terms relating to the structure and processing of sols, gels, networks, and inorganic-organic hybrid materials[J]. Pure and applied chemistry, 79: 1801-1829.

ALTMAN R, 2021. The myth of historical bio-based plastics[J]. Science, 373: 47-49.

AMANI H, ARZAGHI H, BAYANDORI M, et al, 2019. Controlling cell behavior through the design of biomaterial surfaces: A focus on surface modification techniques[J]. Advanced materials interfaces, 6: 1900572.

ANTARIS A L, CHEN H, CHENG K, et al, 2016. A small-molecule dye for NIR-Ⅱ imaging[J]. Nature material, 15: 235-242.

BAEZA G P, DESSI C, COSTANZO S, et al, 2016. Network dynamics in nanofilled polymers[J]. Nature communications, 7(1): 11368.

BAI Y, WANG H, HE J, et al, 2020. Rapid and scalable access to sequence-controlled DHDM multiblock copolymers by FLP polymerization[J]. Angewandte chemie international edition, 59(28): 11613-11619.

BAY R K, SHIMOMURA S, LIU Y, et al, 2018. Confinement effect on strain localizations in glassy polymer films[J]. Macromolecules, 51(10): 3647-3653.

BEDELL M, NAVARA A, DU Y, et al, 2020. Polyermic systems for bioprinting[J]. Chemical reviews, 120: 10744-10792.

BI D, ZHANG J, CHAKRABORTY B, et al, 2011. Jamming by shear[J]. Nature, 480(7377): 355-358.

BI Y, XIA G, SHI C, et al, 2021. Therapeutic strategies against bacterial biofilms[J]. Fundamental research, 1: 193-212.

CAI J, ZHANG L N, ZHOU J P, et al, 2004. Novel fibers prepared from cellulose in NaOH/urea aqueous solution[J]. Macromolecular rapid communications, 25(17): 1558-1562.

CAPRICHO J C, FOX B, HAMEED N, 2020. Multifunctionality in epoxy resins[J]. Polymer review, 60(1): 1-41.

CHEN C, CHI Z, CHONG K, et al, 2021. Carbazole isomers induce ultralong organic phosphorescence[J]. Nature materials, 20: 175-180.

CHEN G, WANG G, TAN X, et al, 2020. Integrated dynamic wet spinning of core-sheath hydrogel fibers for optical-to-brain/tissue communications[J]. National science review, 8(9): 209.

CHRISTENSEN P R, SCHEUERMANN AM, LOEFFLER K E, et al, 2019. Closed-loop recycling of plastics enabled by dynamic covalent diketoenamine bonds[J]. Nature chemistry, 11: 442-448.

COLE I S, MARNEY D, 2012. The science of pipe corrosion: A review of the literature on the corrosion of ferrous metals in soils[J]. Corrosion science, 56: 5-16.

CUI K, LIU D, JI Y, et al, 2015. Nonequilibrium nature of flow-induced nucleation in isotactic polypropylene[J]. Macromolecules, 48(3): 694-699.

DAI S, ZHAO F, ZHANG Q, et al, 2017. Fused nonacyclic electron acceptors for efficient polymer solar cells[J]. Journal of the american chemical society, 139: 1336-1343.

DAILY A, PRENDERGAST M, HUGHES A, et al, 2021. Bioprinting for the biologist[J]. Cell, 184: 18-32.

DE GENNES P G, 1979. Scaling concepts in polymer physics[M]. Ithaca: Cornell University Press.

DEDIU V, MURGIA M, MATACATTA F C, et al, 2002. Room temperature spin polarized injection in organic semiconductor[J]. Solid state communicates, 122: 181-184.

DENG J, XU Y, HE S, et al, 2017. Preparation of biomimetic hierarchically helical fiber actuators from carbon nanotubes[J]. Nature protocols, 12: 1349-1358.

DENG W, YAN L, WANG B, et al, 2021. Efficient catalysts for the green synthesis of adipic acid from biomass[J]. Angewandte chemie international edition, 60(9): 4712-4719.

DERRADJI M, MEHELLI O, LIU W, et al, 2021. Sustainable and ecofriendly chemical design of high performance bio-based thermosets for advanced applications[J]. Frontiers in chemistry, 9: 691117.

DI MARZIO E A, EDWARD S. F, FERRY J D, et al, 1999. My research on the nature of phase transitions in polymers[J]. Journal of polymer science part B-Polymer physics, 37(7): 617-645.

DING X, DUAN S, DING X, et al, 2018. Versatile antibacterial materials: An emerging arsenal for combatting bacterial pathogens[J]. Advanced functional materials, 28, 1802140.

DONG C, DENG S, MENG B, et al, 2021. A distannylated monomer of a strong electron-accepting organoboron building block: Enabling acceptor-acceptor-type conjugated polymers for n-type thermoelectric applications[J]. Angewandte chemie international edition, 60(29): 16184-16190.

EJIMA H, RICHARDSON J J, CARUSO F, 2017. Metal-phenolic networks as a versatile platform to engineer nanomaterials and biointerfaces[J]. Nano today, 12: 136-148.

FAUSTINI M, NICOLE L, RUIZ-HITZKY E, et al, 2018. History of organic-inorganic hybrid materials: Prehistory, art, science, and advanced applications[J]. Advanced functional materials, 28: 1704158.

FLORY P J, 1953. Principles of polymer chemistry[M]. Ithaca: Cornell University Press.

FRIEND R H, GYMER R W, HOLMES A B, et al, 1999. Electroluminescence in conjugated polymers[J]. Nature, 397(14): 8.

GANEWATTA M S, WANG Z K, TANG C B, 2021. Chemical syntheses of bioinspired and biomimetic polymers toward biobased materials[J]. Nature reviews chemistry, 5: 753-772.

GARCÍA-MARTÍNEZ J M, COLLAR E P, 2021. Organic-inorganic hybrid materials[J]. Polymers, 13(15): 2390.

GEE R H, LACEVIC N, FRIED L E, 2006. Atomistic simulations of spinodal phase separation preceding polymer crystallization[J]. Nature materials, 5(1): 39-43.

GÓMEZ-ROMERO P, SANCHEZ C, 2004. Functional hybrid materials[M]. Weinheim: Wiley-vch.

GONG X, TONG M H, XIA Y J, et al, 2009. High-detectivity polymer photodetectors with spectral response from 300nm to 1450nm[J]. Science, 325(5948): 1665-1667.

GOUZMAN I, GROSSMAN E, VERKER R, et al, 2019. Advances in polyimide-based materials for space applications[J]. Advanced materials, 31: 1807738.

GU J W, RUAN K P, 2021. Breaking through bottlenecks for thermally conductive polymer composites: A perspective for intrinsic thermal conductivity, interfacial thermal resistance and theoretics[J]. Nano-micro letters, 13: 110.

GU Y, ALT E A, WANG H, et al, 2018. Photoswitching topology in polymer networks with metal-organic cages as crosslinks[J]. Nature, 560(7716): 65-69.

GUO Y, WU Z, SHEN S, et al, 2018. Nanomedicines reveal how PBOV1 promotes hepatocellular carcinoma for effective gene therapy[J]. Nature communications, 9: 3430.

GUTH E, MARK H, 1934. Zur innermolekularen, statistik, insbesondere bei kettenmolekiilen i[J]. Monatshefte für chemie, 65: 93-121.

HE J Q, LU C H, JIANG H B, et al, 2021. Scalable production of high-performing woven lithium-ion fibre batteries[J]. Nature, 597: 57-63.

HE S, HU G, ZHANG J, et al, 2020. Research progress on synthesis and modification of semi-aromatic polyamides[J]. Engineering plastics application, 48(10): 151-156.

HEEGER A J, 2010. Semiconducting polymers: The third generation[J]. Chemical society reviews, 39(7): 2354-2371.

HIDALGO-RUZ V, GUTOW L, THOMPSON R C M, et al, 2012. Microplastics in the marine environment: A review of the methods used for identification and quantification[J]. Environmental science & technology, 46: 3060-3075.

HIGUCHI A, KUMAR S S, LING Q D, et al, 2017. Polymeric design of cell culture materials that guide the differentiation of human pluripotent stem cells[J]. Journal of polymer science, 65: 83-126.

HONG M, CHEN E, 2016. Completely recyclable biopolymers with linear and cyclic topologies via ring-opening polymerization of gamma-butyrolactone[J]. Journal of the american chemical society, 8(1): 42-49.

HORNAT C C, URBAN M W, 2020. Shape-memory effects in self-healing polymers[J]. Progress in polymer science, 102: 101208.

HOU J, INGANAS O, FRIEND R H, et al, 2018. Organic solar cells based on non-fullerene acceptors[J]. Nature materials, 17(2): 119-128.

HOU Y, ZHU G, CUI J, et al, 2022. Superior hard but quickly reversible Si–O–Si network enables scalable fabrication of transparent, self-healing, robust, and programmable multifunctional nanocomposite coatings[J]. Journal of the American chemical society, 144(1): 436-445.

HU L, WAN Y, ZHANG Q, et al, 2020. Harnessing the power of stimuli-responsive polymers for actuation[J]. Advanced functional materials, 30: 1903471.

HU X, DONGY, HUANG F, et al, 2013. Solution-processed high-detectivity near-infrared polymer photodetectors fabricated by a novel low-bandgap semiconducting polymer[J]. Journal of polymer chemistry C, 117(13): 6537-6543.

HU X D, SHAO J, ZHOU D D, et al, 2017. Microstructure and melting behavior of a solution-cast polylactide stereocomplex: Effect of annealing[J]. Journal of applied polymer science, 134: 44626.

HUANG Z, SHI Q, GUO J, et al, 2019. Binary tree-inspired digital dendrimer[J]. Nature communications, 10(1): 1918.

HUANG Z, ZHAO J, WANG Z, et al, 2017. Combining orthogonal chain-end deprotections and thiol-maleimide michael coupling: Engineering discrete oligomers by an iterative growth strategy[J]. Angewandte chemie international edition, 56(44): 13612-13617.

JESKE R C, ROWLEY J M, COATES G W, 2008. Pre-rate-determining selectivity in the terpolymerization of epoxides, cyclic anhydrides, and CO_2: A one-step route to diblock copolymers[J]. Angewandte chemie international edition, 47(32): 6041-6044.

JI G, CHEN Z, WANG X Y, et al, 2021. Direct copolymerization of ethylene with protic comonomers enabled by multinuclear Ni catalysts[J]. Nature communications, 12(1): 6283.

JI H Y, WANG B, PAN L, et al, 2018. One-step access to sequence-controlled block copolymers by self-switchable organocatalytic multicomponent polymerization[J]. Angewandte chemie international edition, 57(51): 16888-16892.

JI Y X, SU F M, CUI K P, et al, 2016. Mixing assisted direct formation of isotactic poly(1-butene) form i-crystals from blend melt of isotactic poly(1-butene)/polypropylene[J]. Macromolecules, 49(5): 1761-1769.

JIANG K, WANG Y, GAO X, et al, 2018. Facile, quick, and gram-scale synthesis of ultralong-lifetime room-temperature-phosphorescent carbon sots by microwave irradiation[J]. Angewandte chemie international edition, 57: 6216-6220.

JIANG Q, SUN H, ZHAO D, et al, 2020. High thermoelectric performance in n-type perylene bisimide induced by the Soret effect[J]. Advanced material, 32(45): 2002752.

JIN S, MCKENNA G B, 2020. Effect of nanoconfinement on polymer chain dynamics[J]. Macromolecules, 53(22): 10212-10216.

KHADEMHOSSEINI A, LANGER R, 2016. A decade of progress in tissue engineering[J]. Nature protocols, 11: 1775-1781.

KICKELBICK G, 2007. Hybrid materials: Strategies, syntheses, characterization and applications[M]. Weinheim: Wiley-vch.

LAMBERT S, WAGNER M, 2017. Environmental performance of bio-based and biodegradable plastics: The road ahead[J]. Chemical society reviews, 46: 6855-6871.

LEE A R H A, HUDSON A R, SHIWARSKI D J, et al, 2019. 3D bioprinting of collagen to rebuild components of the human heart[J]. Science, 365(6452): 482-487.

LEE J, SUNDAR V C, HEINE J R, et al, 2000. Full color emission from Ⅱ-Ⅵ semiconductor quantum dot-polymer composites[J]. Advanced materials, 12: 1102-1105.

LI H, HE X, KANG Z H, et al, 2010. Water-soluble fluorescent carbon quantum dots and photocatalyst design[J]. Angewandte chemie international edition, 49: 4430-4434.

LI H, LUO H, ZHAO J, et al, 2018. Well-defined and structurally diverse aromatic alternating polyesters synthesized by simple phosphazene catalysis[J]. Macromolecules, 51(6): 2247-2257.

LI M, TAO Y, TANG J, et al, 2019a. Synergetic organocatalysis for eliminating epimerization in ring-opening polymerizations enables synthesis of stereoregular isotactic polyester[J]. Journal of the american chemical society, 141(1): 281-289.

LI N, LAN Z, LAU Y S, et al, 2020. SWIR photodetection and visualization realized by incorporating an organic SWIR sensitive bulk heterojunction[J]. Advanced science, 7(14): 2000444.

LI Q, GUO Y, LIU Y, 2019b. Exploration of near-infrared organic photodetectors[J]. Chemistry of materials, 31(17): 6359-6379.

LI S, DENG B, GRINTHAL A, et al, 2021a. Liquid-induced topological transformations of cellular microstructures[J]. Nature, 592(7854): 386-391.

LI S, ZHAN L, YAO N, et a, 2021b. Unveiling structure-performance relationships from multi-scales in non-fullerene organic photovoltaics[J]. Nature communications, 12: 4627.

LI X, LIU D, XIAO Z, et al, 2019c. Scaffold-facilitated locomotor improvement post complete spinal cord injury: Motor axon regeneration versus endogenous neuronal relay formation[J]. Biomaterials, 197: 20-31.

LIU B W, ZHAO H B, WANG Y Z, 2021a. Advanced flame-retardant methods for polymeric materials[J]. Advanced Material, e2107905.

LIU C, YANG J, GUO B. B, et al, 2021b. Interfacial polymerization at the alkane/ionic liquid interface[J]. Angewandte chemie international edition, 60(26): 14636-14643.

LIU J, GENG Y, LI D, et al, 2020a. Deep red emissive carbonized polymer dots with unprecedented narrow full width at half maximum[J]. Advanced materials, 1906641.

LIU J, LI F, WANG Y, PAN L, et al, 2020b. A sensitive and specific nanosensor for monitoring extracellular potassium levels in the brain[J]. Nature nanotechnology, 15: 321-330.

LIU J, WANG S, PENG Y, et al, 2021c. Advances in sustainable thermosetting resins: From renewable feedstock to high performance and recyclability[J]. Progress in polymer science, 113: 101353.

LIU J, ZHANG L, SHUN W, et al, 2021d. Recent development on bio-based thermosetting resins[J]. Journal of polymer science, 59(14): 1474-1490.

LIU Q, LIU S X, LV Y. D, et al, 2020c. Photo-degradation of polyethylene under stress: A successive self-nucleation and annealing(SSA) study[J]. Polymer degradation and stability, 172: 1-13.

LIU Q, LIU S X, XIA L, et al, 2019. Effect of annealing-induced microstructure on the photo-oxidative degradation behavior of isotactic polypropylene[J]. Polymer degradation and stability, 162: 180-195.

LIU X H, TIAN F, ZHAO X, et al, 2021e. Multiple functional materials from crushing waste thermosetting resins[J]. Materials horizons, 8: 234-243.

LIU Y, TAO F, MIAO S, et al, 2021f. Controlling the structure and function of protein thin films through amyloid-like aggregation[J]. Accounts of chemical research, 54: 3016-3027.

LIU Y, WANG M, REN W M, et al, 2015. Crystalline hetero-stereocomplexed polycarbonates produced from amorphous opposite enantiomers having different chemical structures[J]. Angewandte chemie international edition, 54(24): 7042-7046.

LODGE T P, 2017. Celebrating 50 years of macromolecules[J]. Macromolecules, 50(24): 9525-9527.

LU B, BONDON A, TOUIL I, et al, 2020. Role of the macromolecular architecture of copolymers at layer-layer interfaces of multilayered polymer films: A combined morphological and rheological investigation[J]. Industrial & engineering chemistry research, 59(51): 22144-22154.

LU S, SUI L, LIU J, et al, 2017. Near-infrared photoluminescent polymer-carbon nanodots with two-photon fluorescence[J]. Advanced materials, 29(15): 1603443.

LU Y, YU Z D, UN H I, et al, 2021. Persistent conjugated backbone and disordered lamellar packing impart polymers with efficient n-doping and high conductivities[J]. Advanced materials, 33(2): 2005946.

LV J A, LIU Y Y, WEI J, et al, 2016. Photocontrol of fluid slugs in liquid crystal polymer microactuators[J]. Nature, 537: 179-184.

MA M C, GUO Y L, 2020. Physical properties of polymers under soft and hard nanoconfinement: A review[J]. Chinese journal of polymer science, 38(6): 565-578.

MACDIARMID A G, HEEGER A J, 1980. Organic metals and semiconductors: The chemistry of polyacetylene,$(CH)_x$, and its derivatives[J]. Synthetic metals, 1(2): 101-118.

MAO L B, GAO H. L, Yao H B, et al, 2016. Synthetic nacre by predesigned matrix-directed mineralization[J]. Science, 354(6308): 107-110.

MARIO C, YONG-YOUNG N, 2015. Large area and flexible electronics[M]. Hoboken: John Wiley & Sons.

MATSUMIYA Y, WATANABE H, 2021. Non-universal features in uniaxially extensional rheology of linear polymer melts and concentrated solutions: A review[J]. Progress in polymer science, 112: 101325.

MIAO Q, XIE C, ZHEN X, et al, 2017. Molecular afterglow imaging with bright, biodegradable polymer nanoparticles[J]. Nature biotechnology, 35: 1102-1110.

MIN J, CHIN L, OH J et al, 2020. CytoPAN-portable cellular analyses for rapid point-of-care cancer diagnosis[J]. Science translational medicine, 555: eaaz9746.

MU J, DE JUNG A M, FANG S, et al, 2019. Sheath-run artificial muscles[J]. Science, 365: 150-155.

PAN D, ZHANG J, LI Z, et al, 2010. Hydrothermal route for cutting graphene sheets into blue-luminescent graphene quantum dots[J]. Advanced materials, 22: 734-738.

PANG X, DUAN R, LI X, et al, 2018. Breaking the paradox between catalytic activity and stereoselectivity: Rac-lactide polymerization by trinuclear salen–Al complexes[J]. Macromolecules, 51: 906-913.

PAOLO C, GABRIELA M, RALF R, et al, 2010. Polymer-derived ceramics: 40 years of research and innovation in advanced ceramics[J]. Journal of the American chemical society, 93(7): 1805-1837.

PARKER I, 1994. Carrier tunneling and device characteristics in polymer light-emitting diodes[J]. Journal of applied physics, 75(3): 1656-1666.

PEI M, PENG X, SHEN Y, et al, 2020. Synthesis of water-soluble, fully biobased cellulose levulinate esters through the reaction of cellulose and alpha-angelica lactone in a DBU/CO_2/DMSO solvent system[J]. Green chemistry, 22(3): 707-717.

PEPLOW M, 2016. The Plastics Revolution: How chemists are pushing polymers to new limits[J].

Nature, 536(7616): 266-268.

PUTS G J, CROUSE P, AMEDURI B M, 2019. Polytetrafluoroethylene: Synthesis and characterization of the original extreme polymer[J]. Chemical reviews, 119(3): 1763-1805.

QIAN Y, DENG S, LU Z, et al, 2020. Using in vivo assessment on host defense peptide mimicking polymer-modified surfaces for combating implant infections[J]. ACS applied bio materials, 4: 3811-3829.

QU S, WANG X, LU Q, et al, 2012. A biocompatible fluorescent ink based on water-soluble luminescent carbon nanodots[J]. Angewandte chemie international edition, 51: 12215-12218.

REGEHLY M, GARMSHAUSEN Y, REUTER M, et al, 2020. Xolography for linear volumetric 3D printing[J]. Nature, 588(7839): 620-624.

REINEKE T M, 2016. Stimuli-responsive polymers for biological detection and delivery[J]. ACS macro letters, 5: 4-8.

ROSALES A, ANSETH K, 2016. The design of reversible hydrogels to capture extracellular matrix dynamics[J]. Nature reviews materials, 1: 15012.

ROWAN S J, 2021. 100th anniversary of macromolecular science viewpoints[J]. ACS macro letters, 10(4): 466-468.

RUEDA M M, AUSCHER M C, FULCHIRON R, et al, 2017. Rheology and applications of highly filled polymers: A review of current understanding[J]. Progress in polymer science, 66: 22-53.

RYU J H, MESSERSMITH P B, LEE H, 2018. Polydopamine surface chemistry: A decade of discovery[J]. ACS applied materials & interfaces, 10: 7523-7540.

SAHOO N, RANA S, CHO J, 2010. Polymer nanocomposites based on functionalized carbon nanotubes[J]. Progress in polymer science, 35: 837-867.

SANCHEZ C, BELLEVILLE P, POPALL M, et al, 2011. Applications of advanced hybrid organic-inorganic nanomaterials: from laboratory to market[J]. Chemical society reviews, 40: 696-753.

SANCHEZ C, JULIAN B, BELLEVILLE P, et al, 2005. Applications of hybrid organic-inorganic nanocomposites[J]. Journal of materials chemistry, 15: 3559-3592.

SAXENA P, SHUKLA P, 2021. A comprehensive review on fundamental properties and applications of poly(vinylidene fluoride)(PVDF)[J]. Advanced composites and hybrid material, 4(1): 8-26.

SHI X, ZUO Y, ZHAI P, et al, 2021. Large-area display textiles integrated with functional systems[J]. Nature, 591: 240-245.

SHUKLA D, NEGI Y S, UPPADHYAYA J S, et al, 2012. Synthesis and modification of poly(ether ether ketone) and their properties: A review[J]. Polymer reviews, 52: 189-228.

SONG Y, SOTO J, CHEN B, et al, 2020. Cell engineering: Biophysical regulation of the nucleus[J]. Biomaterials, 234: 119743.

SONG Y, ZHENG Q, 2016. Concepts and conflicts in nanoparticles reinforcement to polymers beyond hydrodynamics[J]. Progress in matericals science, 84: 1-58.

STAUDINGER H, 1920. Über polymerisation[J]. Berichte der deutschen chemischen gesellschaft, 53: 1073-1085.

STUART M A C, HUCK W T S, GENZER J, et al, 2010. Emerging applications of stimuli-responsive polymer materials[J]. Nature materials, 9(2): 101-113.

SULLEY G S, GREGORY G L, CHEN T T D, et al, 2020. Switchable catalysis improves the properties of CO_2-derived polymers: Poly(cyclohexene carbonate-b-epsilon-decalactone-b-cyclohexene carbonate) adhesives, elastomers, and toughened plastics[J]. Journal of the American chemical society, 142(9): 4367-4378.

SUN L, WANG Y, YANG F, et al, 2019. Cocrystal engineering: A collaborative strategy toward functional materials[J]. Advanced materials, 31(39): 1902328.

SUN X, VÉLEZ S, ATXABAL A, et al, 2017. A molecular spin-photovoltaic device[J]. Science, 357: 677-680.

SUN Y, QIU L, TANG L, et al, 2016. Flexible n-type high-performance thermoelectric thin films of poly(nickel-ethylenetetrathiolate) prepared by an electrochemical method[J]. Advanced materials, 28(17): 3351-3358.

TADMOR Z, GOGOS C G, 2006. Principles of polymer processing[M]. Hoboken: John Wiley & Sons.

TAKAHASHI Y, 2015. Dynamic heterogeneity in polymer blends//KOBAYASHI S, MÜLLEN K. Encyclopedia of polymeric nanomaterials[M]. Berlin-Heidelberg: Springer: 642-646.

TAMEZ M B A, TAHA I, 2021. A review of additive manufacturing technologies and markets for thermosetting resins and their potential for carbon fiber integration[J]. Additive manufacturing, 37(4): 101748.

TAN Z, CHEN S F, PENG X S, et al, 2018. Polyamide membranes with nanoscale turing structures for water purification[J]. Science, 360(6388): 518-521.

TAO S, LU S, GENG Y, et al, 2018. Design of metal-free polymer carbon dots: A new class of room-temperature phosphorescent materials[J]. Angewandte chemie international edition, 57: 2393-2398.

THOMAS S, YANG W, 2009. Advances in polymer processing: From macro to nano scales reviews[M]. Cambridge: Woodhead Publishing Ltd.

UTZAT H, SUN W, KAPLAN A E K, et al, 2016. Coherent single-photon emission from colloidal lead halide perovskite quantum dots[J]. Science, 363: 1068-1072.

VLACHOPOULOS J, 2021. Rheology in polymer processing: Modeling and simulation[J]. Polymers, 13(12): 1981.

WAN S J, LI X, CHEN Y, et al, 2021. High-strength scalable MXene films through bridging-induced densification[J]. Science, 374(6563): 96-99.

WANG F, ALTSCHUH P, RATKE L, et al, 2019. Progress report on phase separation in polymer solutions[J]. Advanced materials, 31(26): 1806733.

WANG L, XIE S, WANG Z, et al, 2020a. Hierarchically helical fibres for dynamically adaptable tissue-electronics interface[J]. Nature biomedical engineering, 4: 159-171.

WANG S Y, URBAN M W, 2020. Self-healing polymers[J]. Nature reviews materials, 5: 562-583.

WANG X, ZHAN S, LU Z, et al, 2020b. Healable, recyclable, and mechanically tough polyurethane elastomers with exceptional damage tolerance[J]. Advanced materials, 32(50): 2005759.

WANG Y, ZHAO Y, ZHU S, et al, 2020c. Switchable polymerization triggered by fast and quantitative insertion of carbon monoxide into cobalt-oxygen bonds[J]. Angewandte chemie international edition, 59(15): 5988-5994.

WATANABE H, MATSUMIYA Y, CHEN Q, et al, 2012. Rheological characterization of polymeric liquids//MATYJASZEWSKI K, MÖLLER M. Polymer science: A comprehensive reference[M]. Amsterdam: Elsevier: 683-722.

WEGST U G K, BAI H, SAIZ E, et al, 2015. Bioinspired structural materials[J]. Nature materials, 14(1): 23-36.

WEI T, YU Q, CHEN H, 2019. Responsive and synergistic antibacterial coatings: Fighting against bacteria in a smart and effective way[J]. Advanced healthcare materials, 8: 1801381.

WŁOCH M, DATTA J, 2020. Rheology of polymer blends//THOMAS S, SARATHCHANDRAN

C, CHANDRAN N. Rheology of polymer blends and nanocomposites[M]. Amsterdam: Elsevier: 19-29.

WU Y H, ZHANG J, DU F S, et al, 2017. Dual sequence control of uniform macromolecules through consecutive single addition by selective Passerini reaction[J]. ACS macro letters, 6(12): 1398-1403.

XIANG D, CHEN X, TANG L, et al, 2019. Electrostatic-mediated intramolecular crosslinking polymers in concentrated solutions[J]. CCS chemistry, 1: 407-430.

XIE Q, PAN J, MA C, et al, 2019. Dynamic surface antifouling: Mechanism and systems[J]. Soft matter, 15(6): 1087-1107.

XU C, WANG Y, YU H, et al, 2018a. Multifunctional theranostic nanoparticles derived from fruit-extracted anthocyanins with dynamic disassembly and elimination abilities[J]. ACS nano, 12: 8255-8265.

XU X F, CHEN J, ZHOU J, et al, 2018b. Thermal conductivity of polymers and their nanocomposites[J]. Advanced materials, 30(17): 1705544.

XUE L, ZHANG J, HAN Y, 2012. Phase separation induced ordered patterns in thin polymer blend films[J]. Progress polymer science, 37(4): 564-594.

YAN C, BARLOW S, WANG Z, et al, 2018. Non-fullerene acceptors for organic solar cells[J]. Nature reviews materials, 3: 18003.

YANG C Y, DING Y F, HUANG D, et al, 2020. A thermally activated and highly miscible dopant for n-type organic thermoelectrics[J]. Nature communications, 11(1): 3292.

YANG F, ZHANG B, MA Q, 2010. Study of sticky rice-lime mortar technology for the restoration of historical masonry construction[J]. Accounts of chemical research, 43: 936-944.

YANG T, MA X, ZHANG B, et al, 2016. Investigations into the function of sticky rice on the microstructures of hydrated lime putties[J]. Construction building material, 102: 105-112.

YANG Y, DAVYDOVICH D, HORNAT C C, et al, 2018. Leaf-inspired self-healing polymers[J]. Chem, 4: 1928-1936.

YAO Y, ZHANG H, WANG Z, et al, 2019. Reactive oxygen species(ROS)-responsive biomaterials mediate tissue microenvironments and tissue regeneration[J]. Journal of materials chemistry B, 7: 5019-5037.

YI C, LIU H, ZHANG S, et al, 2020. Self-limiting directional nanoparticle bonding governed by reaction stoichiometry[J]. Science, 369(6509): 1369-1374.

YIN C, LI X, WANG Y, et al, 2021. Organic semiconducting macromolecular dyes for NIR-II photoacoustic imaging and photothermal therapy[J]. Advanced functional materials, 31: 2104650.

YIN G Z, ZHANG W B, CHENG S Z D, 2017. Giant molecules: Where chemistry, physics, and bio-science meet[J]. Science China-chemistry, 60(3): 338-352.

YUAN D, GUO Y, ZENG Y, et al, 2019a. Air-stable n-type thermoelectric materials enabled by organic diradicaloids[J]. Angewandte chemie international edition, 58(15): 4958-4962.

YUAN J, ZHANG Y, ZHOU L, et al, 2019b. Single-junction organic solar cell with over 15% efficiency using fused-ring acceptor with electron-deficient core[J]. Joule, 3(4): 1140-1151.

YUAN P, SUN Y, XU X, et al, 2021. Towards high-performance sustainable polymers via isomerization-driven irreversible ring-opening polymerization of five-membered thionolactones[J]. Nature chemistry, 14(3): 294-303.

YUAN Z, YIN Y, XIE C, et al, 2019c. Zinc-based flow battery: Development and challenge[J]. Advanced Materials, 31: 1902025.

ZHA M, LIN X, NI J, et al, 2020. An ester-ubstituted semiconducting polymer with efficient nonradiative decay enhances NIR-II photoacoustic performance for monitoring of tumor growth[J]. Angewandte chemie international edition, 59: 23268-23276.

ZHAN L, LI S, LAU T K, et al, 2020. Over 17% efficiency ternary organic solar cells enabled by two non-fullerene acceptors working in alloy-like model[J]. Energy and environmental sciences, 13: 635-645.

ZHAN L, LI S, XIA X, et al, 2021. Layer-by-layer processed ternary organic photovoltaics with efficiency over 18%[J]. Advanced materials, 33: 2007231.

ZHANG F, FENG Y Y, FENG W, 2020a. Three-dimensional interconnected networks for thermally conductive polymer composites: Design, preparation, properties, and mechanisms[J]. Materials science and engineering: R-reports, 142: 100580.

ZHANG F, ZENG M, YAPPERT R D, et al, 2020b. Polyethylene upcycling to long-chain alkylaromatics by tandem hydrogenolysis/aromatization[J]. Science, 370: 437-441.

ZHANG H, LIU G, SHI L, et al, 2018a. Single-atom catalysts: Emerging multifunctional materials in heterogeneous catalysis[J]. Advanced energy materials, 8: 1701343.

ZHANG K, ZHANG H, FANG S, et al, 2014. Textual and experimental studies on the compositions of traditional chinese organic-inorganic mortars[J]. Archaeometry, 56: 100-115.

ZHANG M, YUE W, LANG X, et al, 2020c. Development and application of special engineering plastics: Semi-aromatic polyamide[J]. China plastics, 34(5): 115-122.

ZHANG W B, CHENG S Z D, 2015. Toward rational and modular molecular design in soft matter engineering[J]. Chinese journal of polymer science, 33(6): 797-814.

ZHANG Y, MU H, PAN L, et al, 2018b. Robust bulky P, O neutral nickel catalysts for copolymerization of ethylene with polar vinyl monomers[J]. ACS catalysis, 8(7): 5963-5976.

ZHANG Z, GUO K, LI Y, et al, 2015. A colour-tunable, weaveable fibre-shaped polymer light-emitting electrochemical cell[J]. Nature photonics, 9: 233-238.

ZHANG Z, NIE X, WANG F, et al, 2020d. Rhodanine-based Knoevenagel reaction and ring-opening polymerization for efficiently constructing multicyclic polymers[J]. Nature communications, 11(1): 3654.

ZHAO C Q, ZHANG P C, ZHOU J J, et al, 2020a. Layered nanocomposites by shear-flow-induced alignment of nanosheets[J]. Nature, 580(7802): 210-215.

ZHAO J, LI Y, YANG G, et al, 2016. Efficient organic solar cells processed from hydrocarbon solvents[J]. Nature energy, 1: 15027.

ZHAO N, REN C, LI H, et al, 2017. Selective ring-opening polymerization of non-strained gamma-butyrolactone catalyzed by a cyclic trimeric phosphazene base[J]. Angewandte chemie international edition, 56(42): 12987-12990.

ZHAO T, OH N, JISHKARIANI D, et al, 2019. General synthetic route to high-quality colloidal Ⅲ-Ⅴ semiconductor quantum dots based on pnictogen chlorides[J]. Journal of the American chemical society, 141: 15145-15152.

ZHAO Z, XU C, NIU L, et al, 2020b. Recent progress on broadband organic photodetectors and their applications[J]. Laser & photonics reviews, 14(11): 2000262.

ZHENG N, XU Y, ZHAO Q, et al, 2021. Dynamic covalent polymer networks: A molecular platform for designing functions beyond chemical recycling and self-healing[J]. Chemical reviews, 121(3): 1716-1745.

ZHENG X, MAO H, HUO D, et al, 2017. Successively activatable ultrasensitive probe for imaging tumour acidity and hypoxia[J]. Nature biomedical engineering, 1: 57.

ZHOU Q, MA J, DONG S, et al, 2019. Intermolecular chemistry in solid polymer electrolytes for high-energy-density lithium batteries[J]. Advanced materials, 31: 1902029.

ZHU S, MENG Q, WANG L, et al, 2013. Highly photoluminescent carbon dots for multicolor patterning, sensors, and bioimaging[J]. Angewandte chemie international edition, 52: 3953-3957.

ZHU S, ZHANG J, QIAO C, et al, 2011. Strongly green-photoluminescent graphene quantum dots for bioimaging applications[J]. Chemical communications, 47: 6858-6860.

ZHU S, ZHANG J, WANG L, et al, 2012. A general route to make non-conjugated linear polymers luminescent[J]. Chemical communications, 48: 10889-108891.

第五篇

新概念材料
与材料共性科学

第二十章

材料设计新概念与新原理

材料是人类赖以生存和发展的物质基础，是人类社会发展进步的根本动力。高温合金的诞生奠定了现代航空工业的基础；单晶硅的出现将人类引入信息时代的浪潮；激光晶体的问世催生出固态激光器，成为现代工业和通信的基石。随着材料科学的飞速发展，新理论、新技术不断涌现，材料的研究和应用已不再拘泥于传统的材料体系，对材料性能和功能的要求也不断提高，发展新概念材料已成为必然趋势。

新概念材料是指新近发展的或正在研发的、性能超群的一些材料，具有比传统材料更加优异或奇特的性能。与传统材料相比，新概念材料可以按照人的意志来设计，具有全新的结构、不同的制备方法、颠覆性的性能和广阔的应用前景，对人类社会和科学技术发展将有巨大的推动作用。例如，量子材料是指由非平凡量子效应而产生奇异物理性质的材料体系，基于量子材料的量子计算已经开始萌生“第二次量子革命”，将推动能源、信息、传感及相关领域的科技革命；超材料是可精确设计加工的人工结构，从材料→器件→装备→系统视角上“超越”材料，是新时代以材料为物质基础、多学科深度融合实现优异性能的方法，可实现材料科学、信息科学、制造科学、人工智能等领域变革式发展，在全球“工业 4.0”进程持续深化、“智能 +”应用领域不断扩大的背景下有重要应用前景；异构材料（hetero-structured materials，

HSM）可以同时获得高强度、高韧性，促进钢铁、铜合金、铝合金、镁合金等结构材料的性能实现跨越式发展，推动工业产业和尖端技术的颠覆性变革。

本章所征集的部分新概念材料主要涵盖高强韧性结构材料、智能化功能材料、信息材料、生物医用与生命材料、环境与能源材料等方面，具体包括仿生材料、原始生命材料（animate materials）、遗态材料、微构电势差抗菌材料、智能材料、软物质、反铁磁信息材料、拓扑材料、可穿戴皮肤材料、超润滑材料、超材料、异构材料、弹塑性陶瓷、构型化复合材料、聚集体材料、六元环无机材料等。简要介绍这些材料的定义和内涵、发展历史和现状、重点研究方面和内容、对材料科学与技术推动作用及未来应用前景等。

第一节　新型生物材料

一、仿生材料

（一）定义和内涵

仿生材料是指模仿生物的各种特点或特性而研制开发的材料。它从分子水平上研究生物材料的结构特点、构效关系，进而研发类似或优于原生物材料的材料。

（二）发展历史和现状

1960 年美国召开的第一届仿生学讨论会是仿生学诞生的标志。20 世纪 80 年代以前，研究者主要了解天然生物材料的多极结构。90 年代，材料学家开始主动投身于天然生物材料的结构和性能的研究。目的是抽象出材料模型，制备出高性能的仿生材料。具有代表性的仿生超浸润材料的发展历程如图 20-1 所示。

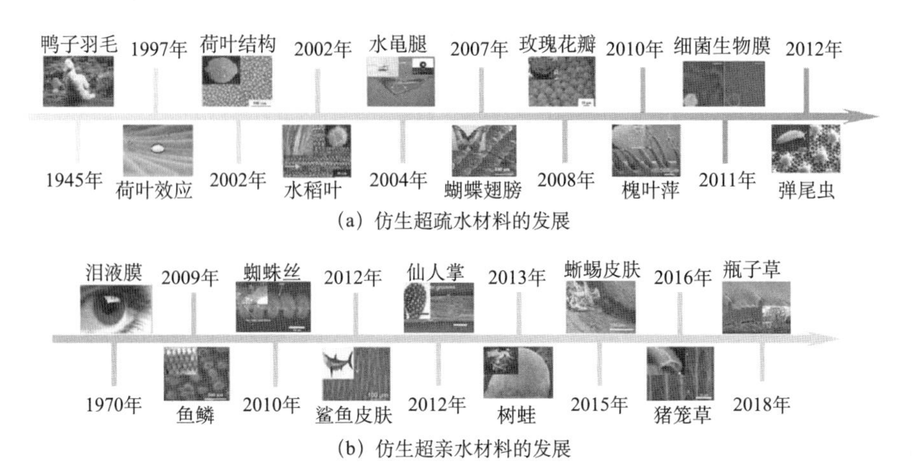

(a) 仿生超疏水材料的发展

(b) 仿生超亲水材料的发展

图 20-1　仿生超浸润材料的发展历程

目前研究可归纳如下：①通过制备与生物结构或形态相似的材料以替代天然材料，如仿生空心结构材料、仿生离子通道等；②直接模仿生物的独特功能以获取人们所需要的新材料，如仿荷叶超疏水材料等。仿生材料的研究与发展伴随着高度的交叉学科和技术，逐渐产生新概念材料，有广阔的应用前景，如图 20-2 和图 20-3 所示。

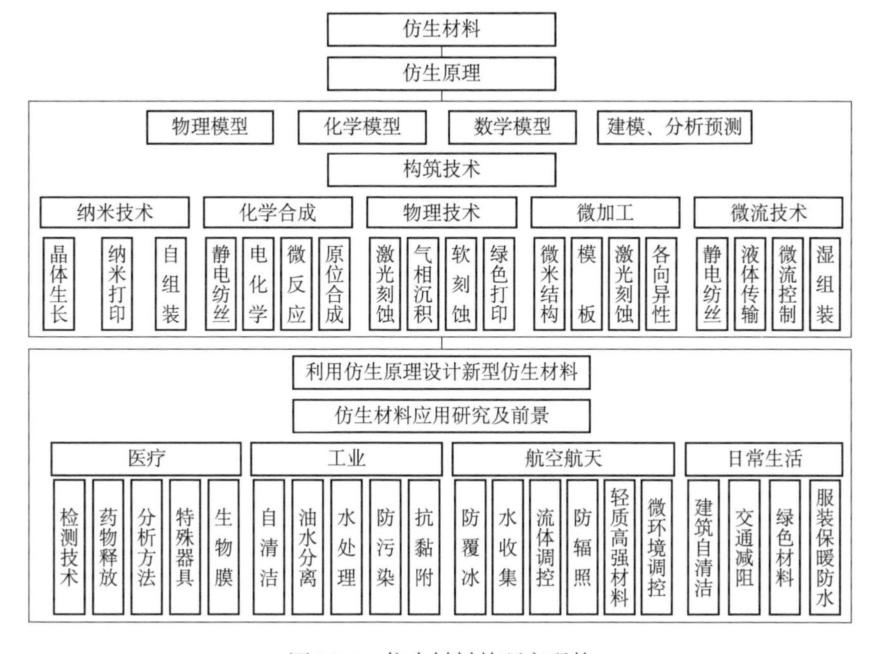

图 20-2　仿生材料的研究现状

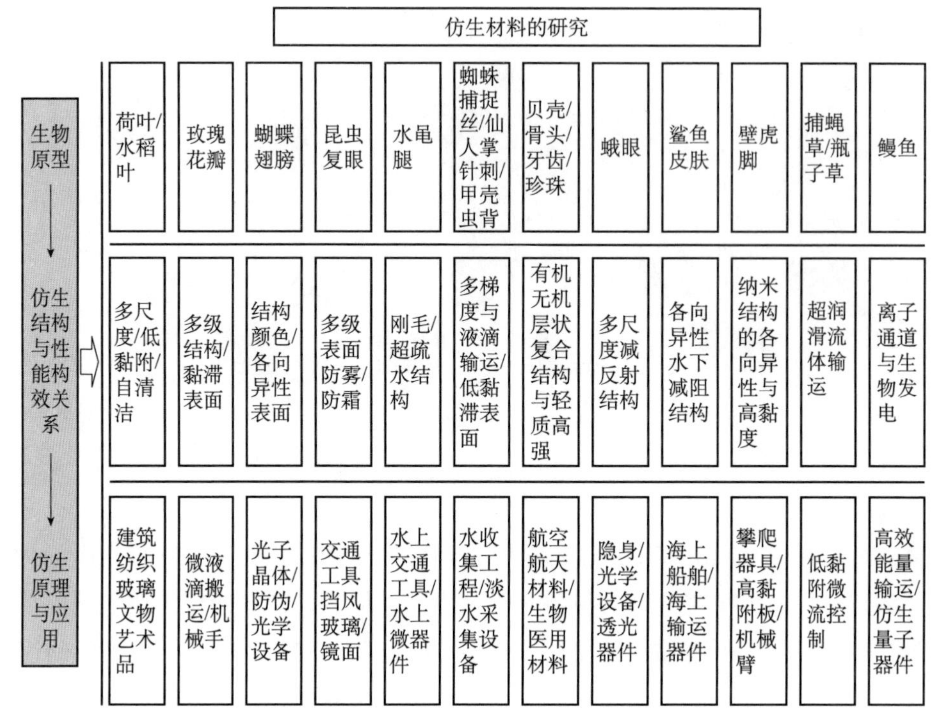

图 20-3　面向应用的仿生材料的研究

（三）重点研究方面和内容

仿生材料的最大特点是可设计性，人们可提取自然界的生物原型，探究其功能性原理，并通过该原理设计出能够有效感知外界环境刺激并迅速做出反应的新型功能材料。目前仿生材料主要有以下几个研究内容。

（1）生物材料的物理和化学分析，以便更好地理解其结构的设计和性能。这也就是通常所说的“学习自然”，是仿生设计的基础。

（2）直接模仿生物体进行的材料制备与开发。这也就是通常所说的“模仿自然”，是仿生研究最直接、最有效的方式。

（3）在模仿过程中，以所得到的结构、化学等新概念进行新型合成材料的设计。这也就是通常所说的“超越自然”，研发新功能推动仿生技术快速发展。

（4）仿生材料和结构在新领域的应用。这是仿生材料发展的原动力。

（5）在生物的结构力学分析指导下对现有结构设计的优化。仿生设计本身就是不断自我完善的过程。

（6）分析生物材料及结构在进化过程中的设计标准。这是仿生研究的最终目标。

（7）模仿生物体进行某些系统的开发。仿生结构材料研究主要集中在仿生空心结构材料、仿生高强超韧层状复合材料、仿生多孔材料等。仿生功能材料研究重点集中在仿生防冰 / 防雾材料、抗生物污损 / 仿生超润湿材料、仿生集水材料、流体传输材料等。

（四）对材料科学与技术推动作用及未来应用前景

自然进化使得生物材料具有最合理、最优化的宏观、细观、微观结构，并且具有自适应性和自愈合能力。仿生设计不仅要模拟生物对象的结构，更要模拟其功能。将材料科学、生命科学、仿生学相结合，对于推动材料科学的发展具有重大意义。仿生材料未来有望在以下几个方面实现突破。

（1）突破生物材料结构与功能表征等关键技术，揭示典型生物材料卓越性能的内在规律；急需新的表征手段，不断发掘并完善内在、深层次的关系。

（2）建立性能与功能仿生的设计模板，发展几种典型极端环境仿生材料的制备方法；解决实际问题是所有材料科学研究的最终目的，仿生研究提供了新的解决途径。

（3）研制满足未来装备智能化、无人化发展需求的环境敏感响应材料。智能化是未来材料发展的大趋势，将智能化和仿生相结合，优势互补，不断开拓创新。

（4）针对战场的生物附着、环境因素等研发具有自感知、自适应、自修复能力并能提升装备效能的新材料，促进国防水平快速提升。

二、原始生命材料

（一）定义和内涵

为了探索生命的起源和进化，科学家创造了“原始生命材料”这一概念来描述由人工途径构筑、具备生命体结构与功能的新型智慧材料。在英国皇家学会于 2021 年出版、本方向学术带头人 Stephen Mann 院士参与编著的 *Animate Materials: Perspective* 一书中，原始生命材料被由世界顶级科学家组成的编著团队定义为“由人类创造、对环境敏感且能以多种方式适应环境，从而更好地履行其功能的一类智慧材料”。为了构筑这类具有生命功能的智慧材料，以人工方式制备了天然生命体的基本单元——细胞，并在此基础上驱动这些基本单元的仿生多层级组装，成为一种重要且可行的途径。如图 20-4 所示，随着材料科学与合成化学、生命科学、分子组装等研究领域的深度交叉，人工合成生命体基本单元成为可能，原始生命材料的定义被扩展为“人工合成的具备生命结构与功能的分子组装体”。因此，原始生命材料的构筑和应用研究既是探索生命起源的前沿基础科学问题，又是利用材料科学与技术攻克人造生命物质难点、突破相关生物医学应用瓶颈的核心。

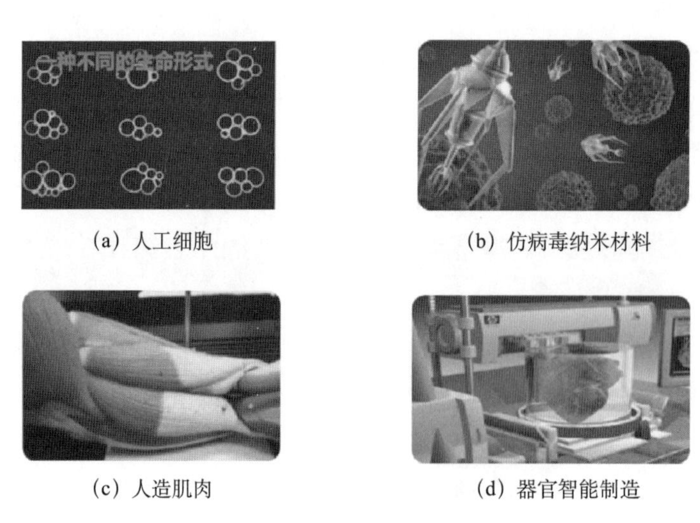

（a）人工细胞　（b）仿病毒纳米材料

（c）人造肌肉　（d）器官智能制造

图 20-4　原始生命材料的概念和内涵示意图

（二）发展历史和现状

原始生命材料的构筑及相关应用研究在近 10 年来飞速发展，包括该领域核心成员在内的各国科学家利用脂质体、蛋白质、DNA、多糖等多种源自生命体的基本单元构筑了具有仿细胞结构的原始生命材料，并将其用于生物分子合成 / 输运、细胞功能调控等领域。作为一类新兴的功能材料，原始生命材料展示了巨大的应用前景。

基于原始生命材料在探索生命起源、突破医学应用中的重要意义，如图 20-5 所示，美国霍华德·休斯医学研究所、德国马克斯·普朗克研究所等国际顶级科研机构纷纷在这一领域进行布局。我国在该领域的相关研究起步较晚，相关工作仍以不够聚焦的分散研究为主。为了紧密结合国家在大健康领域的长期布局，有必要基于金属基复合材料国家重点实验室这一重要国家级科研平台，统筹发展、长远规划，在原始生命材料及其生物医学应用中取得突破。

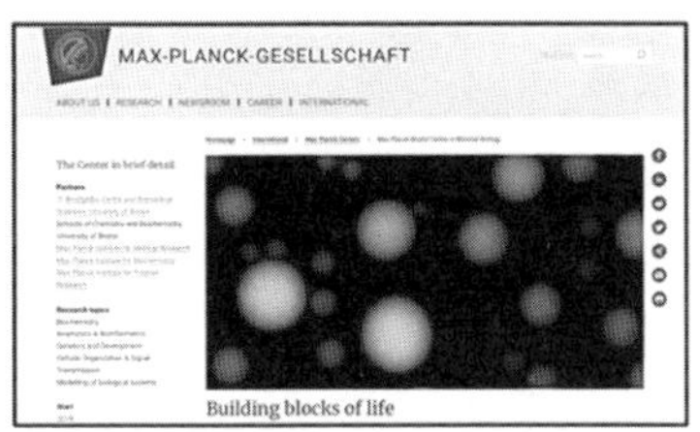

(a) 马克斯·普朗克布里斯托最小生物学研究所
(Max Planck Bristol Centre for Minimal Biology)
2015年英国布里斯托大学、德国马克斯·普朗克学会等欧洲研究机构发起

(b) 欧洲合成细胞联盟
[The European Synthetic Cell Initiative (SynCellEU)]
2017年由牛津大学、德国马克斯·普朗克学会等欧洲顶级研究机构发起

(c) 构筑合成细胞项目
[Building a Synthetic Cell (BaSyC)]
2017年由17家多学科的荷兰团队组建

(d) 生命起源联盟
[Origins of Life Initiative (OL)]
2007年由美国哈佛大学组建，
诺贝尔奖获得者Szostak教授领衔

图 20-5　国际上关于原始生命材料领域的研究中心

（三）重点研究方面和内容

原始生命材料领域的研究目标为以源自天然生命体的生物分子为基本单元，由多层级自组装人工构筑具有生命体结构和功能的新型智慧材料，并在系统探讨其生物功能的基础上开展前沿应用研究。主要有以下几个研究内容。

（1）新型原始细胞的构筑。

（2）原始细胞材料的结构与功能研究。

（3）原始细胞的高层级组装。

（4）原始生命材料与天然细胞间的信号传导及生物功能。

（5）原始器官与组织工程。

（四）对材料科学与技术推动作用及未来应用前景

蛋白质、多糖、磷脂等生物分子具有重要的生物学功能，在生命科学中备受关注。因此，基于生物分子所构筑的原始生命材料将对研究活体细胞的生物学功能、设计功能性人工生命体乃至开展疾病的细胞治疗等多个领域具有极其重要的意义。未来，原始生命材料制备新思想与新方法的涌现将快速推动人工合成生命体的发展，并将此推动作用拓展至合成生物学、临床医学等多个相关前沿领域。

三、遗态材料

（一）定义和内涵

师法自然是推动科学进步与技术创新的重要途径。自然界的生物经亿万年进化出精细构型并衍生出优异性能。如何才能创制既可以精准秉承自然界生物精细构型的优异性能又可以赋予材料人工特性的新型材料呢？通过多学科的交叉，近年来该领域的科学家创新性地提出了“遗态材料”这一学术新思想、研究新范式。

遗态材料就是以材料性能为导向，甄选和巧借自然界生物精细构型，通过构型与材质的复合，在保留其精细构型的同时，置换生物组分为特选的人工材质，构筑既秉承自然界生物精细构型特征，又有人工材质特性的新型材料。遗态材料为新型构型化复合材料设计、制备及应用提供了研究新范式。遗态材料的研究内涵是以材料性能为核心导向，甄选和巧借自然界生物精细构型，通过“构型传承、材质置换”，将自然界生物精细构型与人工材质复合，创制出系列高性能构型化复合材料，突破了现有方法难以精准再现自然界生物精细构型及优异性能的瓶颈。遗态材料的研究框架如图 20-6 所示。

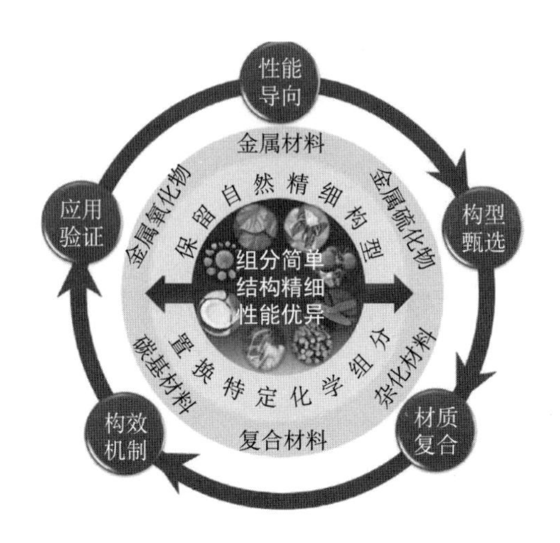

图 20-6　遗态材料的研究框架

（二）发展历史和现状

2004 年，上海交通大学提出“遗态材料”的学术思想和研究方法，并以昆虫蝴蝶、水陆生植物及微生物三大类生物的 50 余种生物构型为模板进行研究，证明了遗态材料的研究方法具有普适性和先进性，而后国内外多家研究机构开展了相关研究，其中代表性的工作如下。

国际上，美国哈佛大学主要针对生物微纳结构表征及仿生矿化功能材料制备，开发新的仿生遗态合成路线和加工策略利用方法；英国针对昆虫光学微纳结构表征与数值模拟开发涉及自然生物光学系统及相关生物构型特征的关键知识库，为遗态材料的研究提供构型和模型支撑。

在国内，中国科学院将生物构型研究的成果运用于纳米功能界面材料，揭示了生物体表面超疏水性的机理，开发了兼具杀菌、防辐照、防霉、不沾水、不沾油等一系列特殊表面效果的生物构型特点的织物；吉林大学提出了生物构型及其耦合、协同等单元和多元的启迪于生物构型的系统理论与工程模型，研制了多种具有生物构型特征的材料与相关装备。

（三）重点研究方面和内容

遗态材料研究面向世界科技前沿，契合材料高性能化的发展规律，近年来基于生物、物理、化学和工程等系列学科交叉有以下几个重点研究方面和内容。

（1）厘清生物精细构型中的关键构型要素对材料性能的影响机理，实现高性能构型化材料的设计和创制。

（2）多学科交叉，发展新的材料制备原理和技术，精准仿生自然界生物的精细构型，创制秉承生物精细构型的金属、金属氧化物及其复合材料。

（四）对材料科学与技术推动作用及未来应用前景

自提出以来，通过近20年的发展，遗态材料获得了广泛的关注与研究，引领了新型构型化复合材料的设计与制备研究，推动了学科交叉及相关领域的发展。部分基础研究成果支撑了多项应用验证，显示出巨大应用前景。当前，遗态材料研究尚存在一些局限性，有待于未来进一步拓展研究工作，主要有以下几个方面。

（1）在现有研究的基础上，进一步拓宽生物物种精细构型与材质组分的耦合构效研究范围，并逐步建立相关的数据库，为智能化、高性能化的新型构型材料的设计与制备提供指导。

（2）推动现有遗态材料在病理检测、光热海水淡化、卫星热控、装备隐身、高速动车器件的储能与电磁屏蔽等领域的应用验证，进一步扩大应用和工程化研究，并拓宽遗态材料在电子、交通、医药、公共安全等高科技领域的示范和应用。

四、微构电势差抗菌材料

（一）定义和内涵

微构电势差抗菌材料是指在材料表面微纳尺度上构造电势差使得微生物难以生存而具备抗菌性能的一类新材料。特定结构与成分的物质具有固定的电极电势，设计材料中不同电势的相与基体，从而构建微区电势差（micro-area potential difference，MAPD），可以通过材料的调幅分解、化学成分偏聚或析出第二相来实现。微构电势差抗菌材料可以是块体材料，也可以是经过表面处理后仅仅表面具有抗菌性能的材料。当微生物与材料表面接触时，微生物承受相应的电压，同时会发生电子转移，部分电子会转移到微生物内部，引起微生物生理功能的变化，如活性氧自由基（reactive oxyradical，ROS）增加。若转移的电荷数量达到一定程度，就会使微生物部分生理活动停止，最终死亡。微区电势差越大且存在电势差的微区数量越多，导致微生物死亡的能力就越强，即抗菌性能越强。当抗菌率≥90% 时，我们就称这种材料为抗菌材料。但是，微区电势差增大会导致材料的耐蚀性下降。因此，设计微构电势差抗菌材料需要实现抗菌性与耐蚀性的平衡。

（二）发展历史和现状

抗菌材料（包括抗菌金属材料、抗菌陶瓷和抗菌塑料）的发展具有比较长的研究历史，现在已经相继开发了多种材料，并在生物医学或日常生活制品中有广泛应用。目前，抗菌机理有金属离子抗菌（如银离子抗菌和铜离子抗菌）和光催化抗菌两类。金属离子抗菌利用金属离子与微生物的蛋白质络合，破坏蛋白质分子从而起到抗菌效果，但是其抗菌机理还没有达成共识，存在较大分歧；光催化抗菌利用光生空穴的氧化能力，在含水环境下生成活性氧自由基，实现对微生物细胞膜蛋白质的破坏从而达到抗菌的目的。

东北大学首次提出了金属材料微构电势差抗菌新机制，并采用生物相容性很好的 Au/Ta 设计钛合金，成功验证了这一新机制，相关原理如图 20-7 所示，并据此开发了系列抗菌钛合金和抗菌钴合金。

微构电势差抗菌材料作为一类抗菌材料设计的新概念，尽管有了初步研究进展，但是还有大量科学问题和关键技术有待突破，如在分子层面如何理解这种新型的抗菌机理、微生物与电子的交互作用、抗菌性能与力学性能一体化设计等。

（三）重点研究方面和内容

（1）微构电势差抗菌机理。研究不同微生物的耐电压行为及电子在微生物生理过程中的作用过程，定量描述微构电势差抗菌行为。

（2）金属材料力学 / 抗菌一体化设计。构建不同结构与成分的电极电势模型，并进行其抗菌性能理论预测，研究抗菌性能-力学性能-耐蚀性能的一体化设计新理论和材料制备新技术，评价新材料的力学与抗菌服役性能。

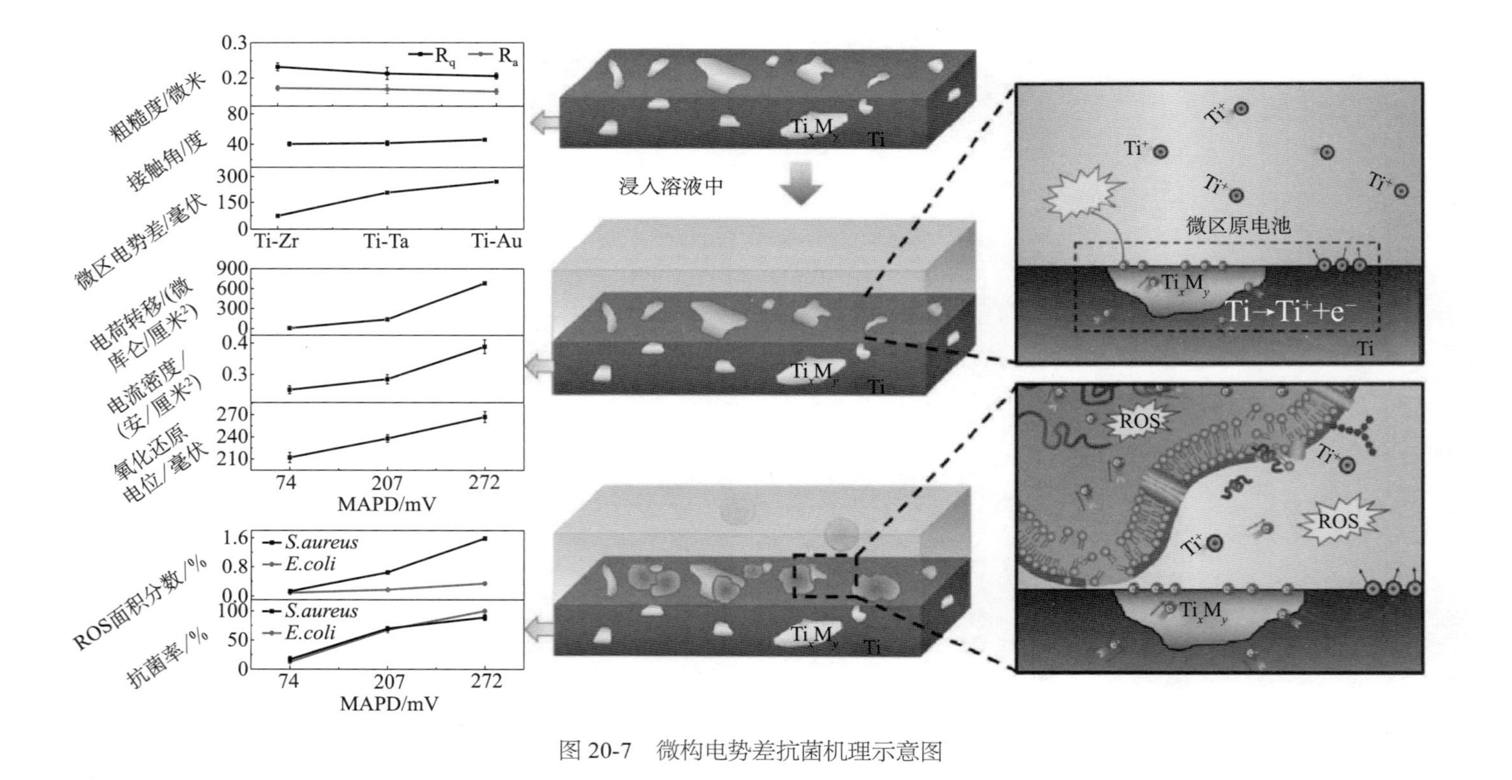

图 20-7　微构电势差抗菌机理示意图

（3）微构电势差抗菌材料的服役行为。研究微生物在微构电势差材料表面的增殖行为及微生物与材料的交互作用，特别是对材料耐蚀性能的影响。

（4）基于微构电势差抗菌理念的其他材料拓展。针对不同种类的金属材料和陶瓷基材料，将抗菌性能和材料的其他性能相结合，发展新型功能材料。

（四）对材料科学与技术推动作用及未来应用前景

构造微区电势差形成抗菌机理的设计思路完全区别于现有的铜/银/锌离子抗菌或光催化抗菌，能够更容易地发现更多新型抗菌材料体系，同时能够规避现有抗菌材料的重金属离子溶出的生物毒性，实现不同环境（低温、无光）下抗菌性能的优异性和普适性。微构电势差抗菌性能同时能够实现与力学性能和耐蚀性能的统一，大力推动抗菌新材料的快速发展，相关的发展历程如图 20-8 所示。

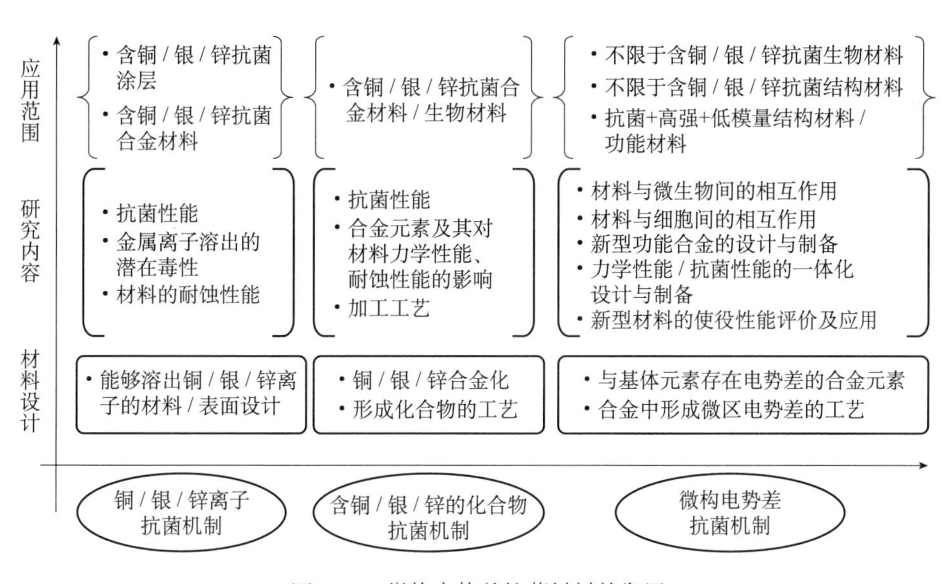

图 20-8　微构电势差抗菌材料的发展

微构电势差抗菌材料兼顾抗菌性能与力学性能，进一步扩大了其应用领域，具体的应用包括但不限于日常用品、户外产品、餐厨用品、医疗产品、食品加工行业、食品和药品存储产品、海洋工程、潮湿地区的建筑材料等。

第二节　智 能 材 料

一、定义与内涵

智能材料是指具有感知环境（包括内环境和外环境）刺激，对之进行分析、处理、判断，并采取一定的措施进行适度响应的具有智能特征的材料。智能材料同时具备传感、处理和执行三种基本功能。依据驱动场，智能材料可分为磁致伸缩材料、压电陶瓷、形状记忆合金和电流变液，其驱动场分别为磁场、应力场、温度场和电场。磁致伸缩材料是磁场作用下可发生伸长或缩短的材料；压电陶瓷是在机械力作用下电极化强度可发生改变的材料；形状记忆合金是低温状态下对其施加外力导致其发生塑性变形，再加热升高至奥氏体温度以上时，又能恢复原来状态的合金材料；电流变液是黏度随着电场强度的增大而增大，并随电场增大到一个阈值、发生液相到固相转变的新型智能材料。这些智能材料的原理示意如图 20-9 所示。

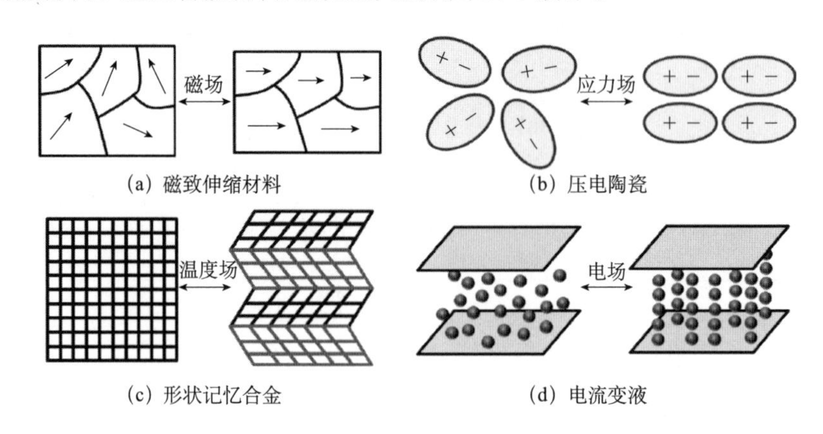

图 20-9　智能材料的原理示意图

二、发展历史与现状

1989 年，日本学者高木俊宜提出了“智能材料”的概念，而磁致伸缩材料、压电陶瓷、形状记忆合金和电流变液等材料的起源远早于这一概念。

磁致伸缩效应最早由焦耳于1842年在纯铁中发现。20世纪40年代，出现了以镍、钴等磁性金属和合金为代表的第一代磁致伸缩材料，其磁致伸缩系数达到40～50 ppm①；20世纪70年代，美国海军水面作战中心研发了以Tb-Dy-Fe合金为代表的第二代稀土基巨磁致伸缩材料，磁致伸缩系数达到1500～2000 ppm②。21世纪初，美国海军发明了第三代非稀土FeGa大磁致伸缩材料，磁致伸缩系数超过300 ppm。我国自主研发出微量稀土固溶的FeGa巨磁致伸缩带材，磁致伸缩系数可达1500 ppm以上③，媲美稀土基巨磁致伸缩材料。目前，磁致伸缩材料在通信、能源、航空航天和机械制造等领域已获得重要应用。

压电效应于1880年由居里兄弟在石英晶体中首先发现。1947年，人们在经过高压极化处理的$BaTiO_3$陶瓷中获得了大压电效应。1955年，人们研制了高性能锆钛酸铅（PZT④）压电陶瓷。近年来，以铌镁酸铅（PMN⑤）、铌镁酸铅–钛酸铅（PMN-PT）等为代表的高性能弛豫铁电体得到长足的发展。出于对环境友好型社会的追求，目前各国也致力于研制和发展无铅压电陶瓷。压电陶瓷在深海探测声呐、超声医疗仪、超声马达驱动器等领域具有广泛的应用。

形状记忆效应于1951年由瑞典化学家奥兰德在Au-Cd合金中发现。1963年，美国海军研究实验室发现具有优异形状记忆效应的Ni-Ti合金。随后，铜基、铁基、磁驱动形状记忆合金等相继被发现。Ni-Ti形状记忆合金在F-14雄猫舰载战斗机上的液压系统、人体骨骼内固定器械等方面获得了重要应用。

电流变液最早由温斯洛在1949年报道。20世纪80年代，布洛克提出无水电流变液。2003年，温维佳等研制的新型巨电流变液的强度满足了工程应用要求。目前电流变液主要应用于汽车悬挂系统主动控振和制动系统等阻尼器件上。

三、重点研究方面与内容

（1）重点研究智能材料重大科学新原理和新组织结构高性能智能材料设

① 1 ppm = 10^{-6}。

② COEY J M D. Magnetism and magnetic materials[M]. Cambridge: Cambridge UniversityPress, 2010.

③ 蒋成保, 贺杨堃. 铁镓磁致伸缩合金研究现状与发展趋势 [J]. 金属功能材料, 2016 , 23(6): 1-8.

④ P是铅元素Pb的缩写；Z是锆元素Zr的缩写；T是钛元素Ti的缩写。

⑤ P是铅元素Pb的缩写；M是镁元素Mg的缩写；N是铌元素Nb的缩写。

计方法与制备技术。研究铁基磁致伸缩材料纳米异质结构诱发大磁致伸缩效应机理。研制低饱和场高性能磁致伸缩带材和线材。研制环境友好型无污染的高性能无铅压电陶瓷。研究新型纳米复合与纳米改性高性能陶瓷设计与制备。研究高生物相容性生物医用形状记忆合金。

（2）重点研究满足特种环境服役需求智能材料制备加工技术，研制满足国家重大工程和关键应用领域需求的高性能智能材料。研究高性能高品质压电单晶生产技术。研制高疲劳寿命和微损、无损变形形状记忆合金。研究用于航空航天和 3D 打印的变形量精准可控形状记忆合金及其加工制备技术。

（3）重点研制基于智能材料的高性能器件与装置，满足国家航空、航天、航海、能源等核心产业和重大工程需求。研制大功率磁致伸缩超声换能器、深水换能器的结构设计与器件。研制苛刻环境下高度稳定性电流变液，并解决其高速剪切下易脱落、摩擦大等工程服役关键问题。研究电流变液与器件的相容性和大规模生产的工程应用问题。

四、对材料科学与技术推动作用及未来应用前景

智能材料已经逐渐在国防安全、智能制造、民生工程等领域崭露头角，智能材料的新应用对传统产业、制造业有望产生颠覆性变革。例如，磁致伸缩大功率水声换能器可以显著增强我国海军的反潜探索能力；基于形状记忆合金的飞行器的形状控制技术可以高效减重、降低风阻，提高飞行器的性能；压电陶瓷道路能源收集系统可以实现耗散能源的再利用，促进绿色智慧城市建设。

第三节　软　物　质

一、定义与内涵

软物质是指处于固体和理想流体之间的复杂的凝聚态物质，又称软凝聚

态物质，一般由大分子或基团组成。软物质的主要共同点是其基本单元之间的相互作用比较弱（约为室温热能量级），易受温度影响，熵效应显著，且易形成有序结构。因此，软物质具有显著热波动、多个亚稳态、介观尺度自组装结构、熵驱动的有序无序相变、宏观的灵活性等特征。简单地说，这些体系都体现了“小刺激、大反应”和强非线性的特性。这些特性并非仅仅由纳观组织或原子、分子水平的结构决定，更多地由介观多级自组装结构决定。

二、发展历史与现状

在软物质研究的早期，享誉世界的大科学家（如爱因斯坦、朗缪尔、弗洛里）都做出过开创性贡献，但软物质学科发展更加迅猛还是自德热纳 1991 年正式命名“软物质”以来。软物质领域不仅大大拓展了物理学的研究对象，而且对物理学基础研究［尤其是与非平衡现象（如生命现象）密切相关的物理学］提出了重大挑战。常见软物质体系包括胶体、液晶、高分子及超分子、泡沫、乳液、凝胶、颗粒物质、玻璃、生物体系等，具体如图 20-10 所示。软物质在人类的生活和生产活动中也得到广泛应用，不断吸引着物理、化学、力学、生物

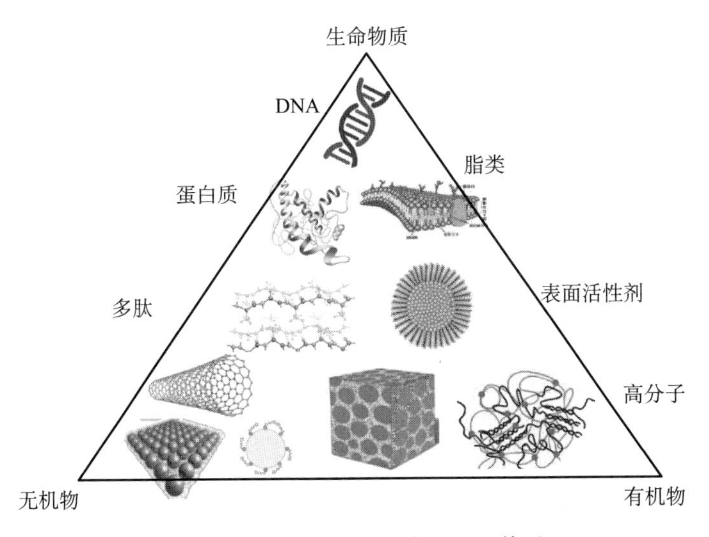

图 20-10　软物质包含的主要物质体系

学、材料科学、医学、数学等学科的大批研究者。近20年来，软物质更是快速发展成为一个高度交叉且庞大的研究方向，在基础科学和实际应用方面都有重大意义。

三、重点研究方面与内容

软物质科学研究致力于利用各类经典学科的互补性来同时研究多空间和多时间尺度上的结构与运动的多样性，着重考察体系的复杂性、易变性和非平衡态。主要研究方向如下：理性连续介质、生物膜泡理论；大分子的快速精准合成及其结构调控；准一维、二维受限空间到材料界面相；水的奇异性质与液-液相变、仿生多尺度凝胶材料等体系；DNA及蛋白质分子计算和组装、细菌运动中的物理生物学；等等。

四、对材料科学与技术推动作用及未来应用前景

软物质研究领域非常广泛，并不断深入新的层次。在相对论和量子力学的发展过程中也出现了一些观察问题的新见解，其中之一便是许多凝聚态系统中出现的尺度缩放对称性。这一对称性支配着物质进行连续相变的行为。导致这一现象的原因恰恰是力和随机涨落之间的结合。软物质的许多特性就是因此而形成的。软物质是一类复杂体系，这类物质的奇异特性和运动规律尚未得到很好的认识，丰富物理内涵和广泛应用背景已成为凝聚态物理研究重要前沿领域，推动跨越物理、化学、生物三大学科的交叉学科的发展。

软物质与人们生活休戚相关，在生产和技术上有广泛应用。对软物质的深入研究将对生命科学、化学化工、医学、药物、食品、材料、环境、工程等领域及人们日常生活产生广泛影响。软物质科学是通向生命科学的桥梁，任何生命结构（DNA、蛋白质等）都建立在软物质的基础之上。作为人类未来技术中的重要组成部分及生命本身不可或缺的基石，软物质的广泛研究和应用显得极其重要。

第四节　信 息 材 料

一、反铁磁信息材料

（一）定义和内涵

反铁磁信息材料是指可用于信息器件的反铁磁材料。不同于铁磁材料或亚铁磁材料，反铁磁材料内部两种或多种子晶格以一种净磁矩为零的方式排列，因而没有宏观磁矩和杂散磁力线。由于反铁磁交换耦合作用，反铁磁材料内禀自旋动力学更快，可达太赫兹量级。根据自旋结构的几何位形，反铁磁信息材料可以分为共线反铁磁信息材料和非共线反铁磁信息材料（图 20-11）。根据导电性，反铁磁信息材料可分为三大类，包括反铁磁金属［如 MnIr、MnPt、FeRh、Mn_3X（X = Sn，Ge，Ga，Pt，Ir，Rh）］、反铁磁半导体（如 Sr_2IrO_4、$CuFeS_2$ 及 $MnSiN_2$），以及反铁磁绝缘体（如 NiO、CoO、Cr_2O_3 和 $BiFeO_3$）。

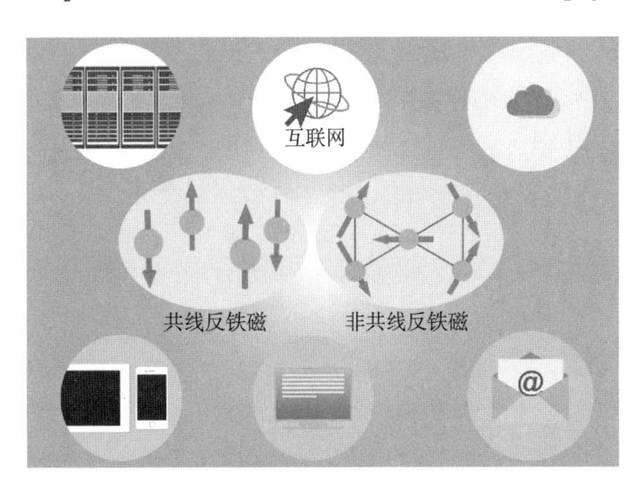

图 20-11　反铁磁信息材料的自旋结构及其在信息器件中的应用

（二）发展历史和现状

在相当长一段时期内，由于没有宏观磁矩和反铁磁自旋难以操控，反铁磁信息材料在信息器件中未能发挥核心作用，主要作为辅助材料应用于MRAM中，其作用在于钉扎铁磁层中的磁矩。因此，针对反铁磁信息材料的研究也主要集中在铁磁 / 反铁磁异质结中的交换偏置效应。自2011年第一个以反铁磁信息材料MnIr为核心存储介质的自旋阀器件被捷克研究团队报道以来，自旋电子学领域逐渐掀起了反铁磁信息材料的研究热潮，以FeRh、CuMnAs、MnPt和Mn_3Sn等反铁磁信息材料为核心功能层的信息器件也被相继报道。

（三）重点研究方面和内容

由于反铁磁信息材料没有宏观磁矩，其自旋对外界的磁场不敏感，这一本质特性也给有效操控反铁磁信息材料的自旋造成了很大困难。因此，反铁磁信息材料的研究主要聚焦于寻找有效的外场调控方式，以改变反铁磁信息材料的自旋状态，进而形成高 / 低阻态，实现信息存储。此外，反铁磁自旋器件大多基于自旋轨道耦合作用的各向异性磁电阻效应相关物理机制，单层膜器件的室温电信号输出很小（约0.1%），离实际应用所需相差甚远，急需开拓器件实现新机制。因此，目前反铁磁信息材料重点研究方向如下。

（1）探索更高效的反铁磁自旋调控方法。

（2）增大反铁磁自旋器件的室温电信号输出，以期实现能在室温下工作的低功耗、超快响应、大电信号输出的反铁磁信息器件。

（四）对材料科学与技术推动作用及未来应用前景

反铁磁材料在自然界数量庞大、种类繁多。相对于目前广泛应用于硬盘等存储器件的铁磁材料，反铁磁材料内禀自旋动力学更快、没有杂散磁力线、对外不显示宏观磁矩。这代表以反铁磁材料作为信息载体的存储器件写入速度更快、存储密度更高，并且可以抵抗强磁场干扰。反铁磁信息材料的特性与优势使其更符合当前数据存储量爆发式增长，以及信息技术飞速发展对写入速度、密度、稳定性等性能的高要求，有望满足未来航空航天特种芯片、5G、云计算、大数据、人工智能和类脑计算等高新信息技术的发展需要，具有广阔的发展前景和巨大的应用潜力。

二、拓扑材料

（一）定义和内涵

拓扑材料是一种单晶材料。和通常的金属和绝缘体分类不同，它不是根据带隙进行区分的，而是依据其体态波函数的整体性质来定义的。拓扑材料在动量空间中存在一个非零的与贝里相位有关的不变量，是一大类不能由朗道相变理论所描述的体系，有受对称性保护的边缘态 / 表面态。拓扑性质由于受到特定对称性的保护，在一定程度下不受缺陷、杂质等的影响。拓扑材料可以分为拓扑绝缘体、拓扑半金属和拓扑超导体三大类。拓扑绝缘体和拓扑超导体在其边缘呈现特殊的准粒子激发，包括螺旋狄拉克费米子、马约拉纳费米子等。拓扑半金属除了在其边缘具有特殊准粒子激发以外，体内也存在特殊的准粒子激发，包括三维狄拉克费米子、外尔费米子、多重简并费米子等。

（二）发展历史和现状

拓扑材料的研究源于量子霍尔效应和对石墨烯拓扑态的探索。2005 年，理论预言石墨烯是二维拓扑绝缘体（又称量子自旋霍尔效应绝缘体）。2007 年，在 HgTe/CdTe 量子阱中首次证实拓扑绝缘体理论。2009 年，三维拓扑绝缘体 $Bi_{1-x}Sb_x$ 在实验中被发现，迈向拓扑材料研究的新时代。一方面，拓扑材料从最初的受时间反演对称性保护的拓扑绝缘体发展到受各种类型空间对称性保护的拓扑材料，如拓扑晶体绝缘体、拓扑狄拉克半金属、拓扑外尔半金属等；从最初的非磁性拓扑材料发展到磁性拓扑半金属。基于拓扑材料，2013 年首次实现了反常量子霍尔效应的实验测量。另一方面，拓扑材料从单电子型拓扑材料发展到电子配对型拓扑超导材料。从 2012 年起，逐步在拓扑 / 超导异质结、铁基超导体等中实现了拓扑超导体，并在其中探测到马约拉纳零能模。探索拓扑超导在拓扑量子计算中的应用成为引领方向之一。

（三）重点研究方面和内容

拓扑材料重点研究内容如下。

（1）拓扑超导体的研究：拓扑超导体能产生马约拉纳费米子（零能模）

激发。和其他拓扑材料相比，拓扑超导体极其稀少，构造、寻找更多的异质结人工拓扑超导体和体材料拓扑超导体是重点研究内容。

（2）马约拉纳零能模的统计特性验证和拓扑量子比特研究：马约拉纳零能模是拓扑量子计算的载体，理论预言其具有非阿贝尔统计特性。在实验中进行验证并构造出基于马约拉纳零能模的拓扑量子比特是重点研究内容。

（3）拓扑自旋轨道矩材料和器件的研究：拓扑材料具有强自旋轨道耦合且边缘态有自旋轨道锁定特性，在自旋电子学方面（特别是在高性能 SOT-MRAM 应用方面）的探索是重点研究内容。

（4）拓扑材料中外尔点的应用研究：拓扑半金属中存在的外尔点具有特殊贝里曲率，在自旋流探测及光学特性方面具有显著增强效应，对拓扑半金属的应用可行性探索是重点研究内容。

（四）对材料科学与技术推动作用及未来应用前景

拓扑材料的研究不仅在实验中推动了高质量单晶材料的制备研究，特别是强自旋轨道耦合材料、非中心对称材料、磁性和超导材料的高精度制备，而且在材料计算学方面促进了高通量材料对称性分析、能带结构和拓扑特性计算的发展，形成了多个拓扑材料基因库。拓扑材料在未来的自旋电子学、新型光电器件、拓扑电子学器件及拓扑量子计算等方面都具有重要的应用前景。其中，基于拓扑材料的拓扑量子计算将成为量子计算领域极其重要的一条技术路线。

三、可穿戴皮肤材料

（一）定义和内涵

受人体皮肤启发，模仿皮肤特性用于可穿戴设备的材料称为可穿戴皮肤材料，如弹性材料、凝胶材料、膜材料。为模仿人类皮肤，可穿戴皮肤材料一般具备以下特性：①提供应变、压力、剪切力、生物电、温度、湿度和离子等多元传感能力；②材料柔软且可拉伸，很好地适应身体运动，同时仍保持稳定的电学传感功能；③具备模仿生物体的自我修复功能，显著延长其使用寿命。

（二）发展历史和现状

可穿戴皮肤材料最初应用于皮肤创面修复。随着材料科学和微纳加工技术的发展，人体皮肤的每一项单独功能（如可拉伸性、应变/应力传感、温/湿度传感和自愈合能力）都已被各种新型可穿戴皮肤材料很好地实现。2004年，日本东京大学的Someya等报道了一种高密度薄膜型压力传感器，实现了可穿戴皮肤材料的压力感知功能；2011年，美国西北大学的Kim等报道了一种包含生物电、温度和应变传感器的可穿戴皮肤材料；2018年，美国斯坦福大学的Wang等报道了一种具有皮肤般柔软度和变形性的聚合物晶体管阵列制造工艺，为下一代可穿戴皮肤的制备提供了通用平台。但是，目前可穿戴皮肤材料领域仍然存在诸多挑战。例如，如何实现高分辨度、高选择性、高灵敏度的环境/人体特征因子检测，如何满足人机智能交互需求，仍有待深入探究。

（三）重点研究方面和内容

可穿戴皮肤材料未来研究重点如下：如何实现材料对人体的适应性与长期服役稳定性；如何实现材料结构-环境-能量-信息功能一体化构筑；如何实现皮肤环境下的多模感知系统集成；如何实现材料的低成本、稳定化、规模化智能制造。具体包括以下几个方面。

（1）研究多场耦合应变下可穿戴皮肤材料抗信号串扰的多模态传感，实现材料室温自愈合性能及外界刺激下的结构功能稳定性。

（2）研制光能、机械能、热能、生物化学能等柔性可拉伸环境能源器件，实现可穿戴皮肤材料高集成度结构功能一体化，满足便携能量驱动的智能传感需求。

（3）通过材料、机械、信息、计算机、集成电路等多学科交叉，探究电子信号传感、智能感知与人机交互，实现可穿戴皮肤材料输出信号的交互与可视化。

（4）突破可穿戴皮肤材料大面积、低成本、稳定化智能制造瓶颈，实现国际“领跑”。

（四）对材料科学与技术推动作用及未来应用前景

可穿戴设备和现代电子信息技术伴随着人类对美好生活的向往飞速发展。

可穿戴皮肤材料将推动以材料学科为主体的多学科交叉，材料或者器件在多场耦合下形态（结构）和功能（机械、电子、化学）将更加贴近真实生物组织。在医疗应用场景下，通过获取人体生理信息并进行智能分析与介入，为用户与医护人员提供更强大的即时诊疗和远程医疗管理服务。通过可穿戴皮肤材料进行显示与交互，可实现有效、直观和无缝操作。与传统机械交互设备相比，可穿戴人机交互是未来的必然趋势，不仅提供更好的用户体验和应用普适度，而且将推动人与机器深度合作，从而衍生丰富多样的交互方式，为教育、医疗、安防、娱乐等领域提供新的可能。

第五节　超性能材料

一、超润滑材料

（一）定义和内涵

超润滑是国际上近30年来提出的一种极大突破现有润滑性能极限的颠覆性概念，是指发生相对运动的物体间摩擦力几乎为零甚至完全消失的现象。从工程角度来说，当材料的摩擦系数较传统润滑降低1～2个数量级（达到0.001量级及以下）时称为超润滑材料。超润滑是摩擦学研究的前沿领域，是纳米技术时代横跨物理、化学、力学、材料、机械、精密制造等诸多传统学科的交叉研究领域。超润滑材料及技术的工程化实现有望推动工业技术文明的变革性进步。

（二）发展历史和现状

人们早在20世纪初就发现了液体间摩擦作用接近零的状态，即超流现象。1990年，日本学者Hirano等通过理论模拟预测两个洁净固体晶面在非公度接触下摩擦力完全消失，并正式提出了“超润滑”的概念。随后，人们的研究工作主要集中在超润滑现象的实验获得。目前已经可以在二维材料、非晶碳薄膜、MoS_2 薄膜、聚合物、凝胶和水基大分子等材料表面获得超润滑性能，但是超润滑性能的获得都建立在极理想的实现条件上，如微纳接触尺度、理想单晶结构、低接触应力或特定基材等。因此，在宏观尺度、工程服役工况条件下获得普适性的超润滑性能是超润滑材料未来发展的主要方向（图 20-12）。

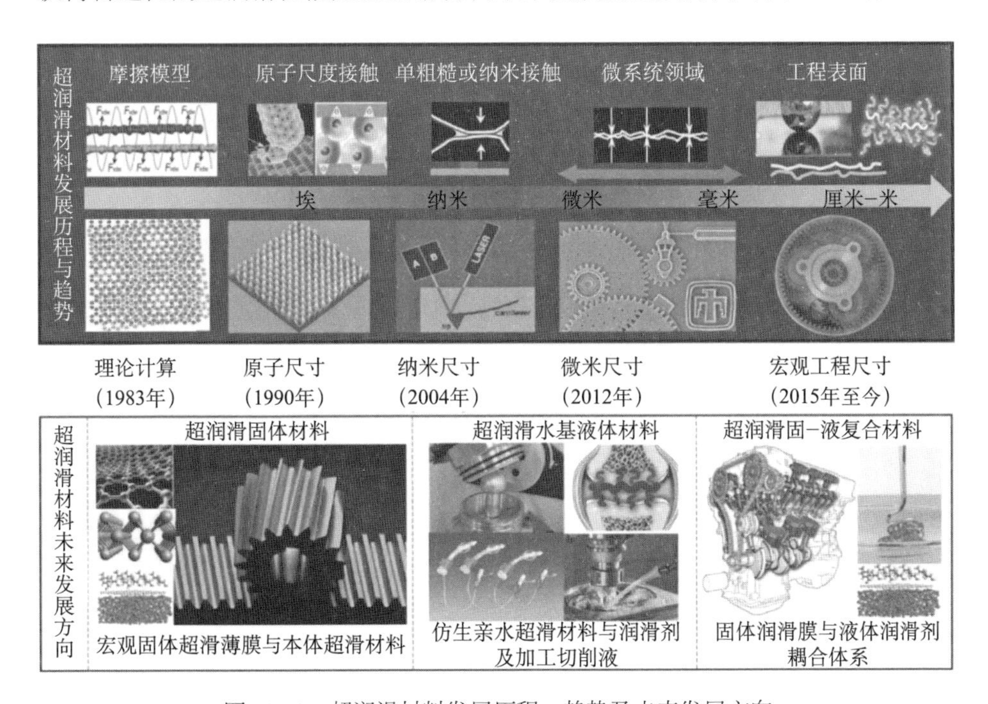

图 20-12　超润滑材料发展历程、趋势及未来发展方向

（三）重点研究方面和内容

（1）宏观尺度超润滑固体材料设计：揭示宏观尺度材料本征缺陷、化学相互作用、定序状态、晶格公度性对超润滑性能的影响规律，解析外加能量场驱动下材料的宏观 / 微观润滑规律与作用机制，结合表面增材制造先进技术与微纳阵列组合等设计思想，实现微纳超润滑态向宏观超润滑态的转化，并探索其在高精密装备上的应用验证。

（2）超润滑液体材料设计：开展超润滑液体材料在多尺度（微观到宏观）界面的吸附、水化和润滑机制研究，通过化学合成、结构改性和模拟预测等技术手段，发展兼备界面吸附、水化和减摩机制的大分子型液体润滑剂，进一步关注黏弹性和力学承载行为，发展可注射液体凝胶超润滑材料，探索仿生高承载、低摩擦和抗磨损一体化固–液超低摩擦软物质体系的设计与制备及其医疗器械应用验证。

（3）超润滑固–液复合表面工程设计：从原子/分子尺度研究润滑剂分子在改性金属表面的吸附、分解和重构行为，探明润滑剂与金属改性表面的机械化学反应机理，揭示改性金属表面与润滑剂分子之间的耦合作用对高载宽温域超润滑行为的制约机理，发展适用于高温高载苛刻服役环境的超润滑固–液复合材料与技术，探索在高端轴承、齿轮、柱塞泵及缸套活塞环等典型机械零部件的应用验证。

（四）对材料科学与技术推动作用及未来应用前景

摩擦是自然界普遍存在的物理现象。摩擦消耗了世界一次能源的1/3左右，摩擦伴随磨损造成了约60%的设备故障，每年造成我国数万亿元的经济损失。超润滑现象是摩擦学研究的重要前沿发现，是摩擦接近零的特殊状态。研究超润滑有利于揭示摩擦现象的起源和本质，建立全新的摩擦学和润滑设计理论；发展超润滑材料与技术是解决摩擦磨损问题的颠覆性途径，不仅为高技术装备设计和可靠性带来全面的技术革新，而且可推广至工业、医疗等各个领域，对于节能降耗、促进国民经济发展、改善人民生命健康水平具有深远的意义，对于制造强国、“双碳”目标等国家重大战略的实施都将产生积极的作用。

二、超材料

（一）定义和内涵

“超材料”之名来自英文单词metamaterials，词头meta有“超”“亚”“元”等含义。超材料的核心内涵是精确设计加工的人工结构，从材料→器件→装备→系统视角上“超越”材料，是新时代以材料为物质基础、多学科深度融合实现优异性能的方法。作为一类新概念材料，超材料包括负（零）折射率、负（零）介电常数、负泊松比、负（零）热膨胀系数等物性参数为负或近零的均质或非均质介质，以及微结构材料、序构材料、光子晶体、等离激元等。

（二）发展历史和现状

超材料的源头之一当属苏联科学家韦谢拉戈（Veselago）于1967年提出的猜想，即材料介电常数和磁导率同时为负。此外，基于周期性结构物质与波的相互作用发展的超晶格、光子晶体也是超材料的重要源头。随着相关领域的发展，1999年，英国帝国理工学院的Pendry等提出的人工结构实现了负介电常数和负磁导率，实现了韦谢拉戈的猜想，开启了metamaterials这个全新的领域。2004年，清华大学的周济将其中文命名为“超材料”，随后该名称逐渐被广大同行接受。超材料涉及物理场与物质的相互作用，电、磁、光、力、声、热等物理场角度的研究已经较深入，相互作用的“物质”一面——材料角度的研究也越来越受重视。尤其是，随着高精度加工技术的进步，各种精确加工的人工结构不断出现，推动了超材料的不断发展。

图20-13所示为2002～2020年以metamaterials为主题词在Web of Science数据库检索论文的学科分布情况。其中，物理、材料科学、光学、工程4个学科较多，后面几年工程学科增长较快。超材料向材料科学领域发展，向机械、电气、能源、航空航天、舰船、海洋等工程领域发展已经成为重要趋势。2019年，第一届全国超材料大会召开，来自不同学科、不同行业的近2000名代表参会，反映了超材料的活跃度。

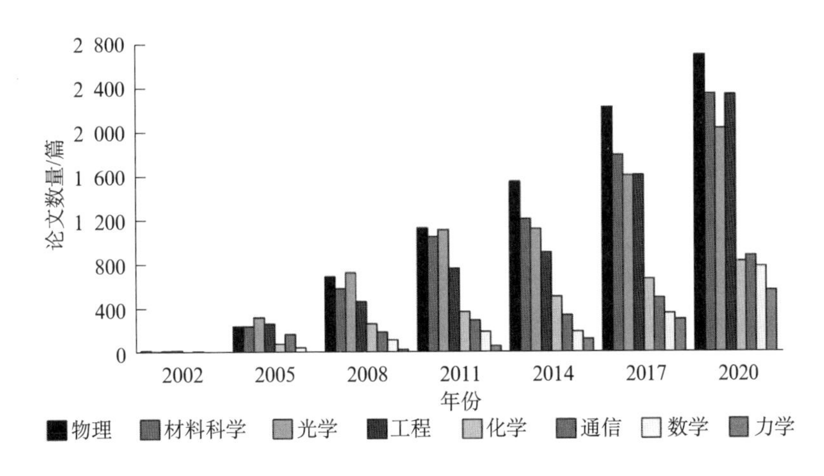

图20-13　以metamaterials为主题词在Web of Science数据库检索论文的学科分布情况（书后附彩图）

（三）重点研究方面和内容

超材料的内涵明确，已经形成了丰富的理论和技术体系。随着加工技术的进步，人工结构不断涌现，超材料将向多级化、多能化、低碳化发展。

（1）重点突破超材料与常规材料的深度融合，通过纤维、点阵、序构等材料构型实现轻质、承载、隐身、透波、感知等多功能一体化。

（2）重点突破大尺寸人工结构超材料，通过人工结构的跨尺度设计、增/减材制造等高精度加工，实现轻质、高强、消声、降噪等结构功能一体化。

（3）重点突破生物构型超材料及其复杂、多级、精细的遗态结构，通过结构实现优异性能，减少材料对组分的依赖，建立高性能材料的稀缺元素减量化理论。

（4）重点突破负物性参数材料，通过组分筛选和微结构设计，实现材料的负泊松比、负（零）热膨胀系数、负（零）介电常数等。

（5）重点突破人工结构“材料化”，将多种个性化人工结构变革为与其性能相似的通用化基础材料，以基础材料方式实现超材料的规模化利用。

（四）对材料科学与技术推动作用及未来应用前景

超材料打破了传统的材料→器件→装备→系统递进式研究模式，开启了材料+器件+装备+系统同步研究模式，对许多学科产生了深远影响。超材料连接了材料科学、信息科学、制造科学、人工智能等领域，极大地拓展了材料性能空间。在全球“工业4.0”进程持续深化、“智能+”应用领域不断扩大的背景下，超材料作为新概念材料具有很大的发展空间和广阔的应用前景。

三、异构材料

（一）定义和内涵

异构材料是指在材料的微观结构中同时存在强度差异大于100%的两种或多种组织，并且异构组织间协调变形和交互作用能够同时获得高强度、高韧性的新概念材料。

在塑性变形时，异构材料的软-硬组织间因塑性不兼容而产生交互作用，启动异变诱导应变硬化（hetero-deformation induced hardening，HDI hardening）新机制，使材料整体的加工硬化能力大幅提升，力学性能明显改善，突破了传统材料中强度与塑性的倒置关系，获得了新型高强高韧的工程结构材料。

（二）发展历史和现状

强度与拉伸塑性是结构材料中的一对矛盾体，经典的香蕉形倒置关系形象地描述了两者难以兼得。异构材料理念的提出最初是为了解决纳米金属材料拉伸塑性偏低的问题。平均晶粒尺寸减小至亚微米以下（纳米化）后，即便是铜、铝等延展性很好的金属，塑性也会大幅降低，严重限制了高强度纳米材料的工程应用。纳米材料塑性差的主要原因是，晶粒纳米化以后，材料的加工硬化能力丧失，难以维持其在高应力下的稳定塑性变形。此外，固溶强化、位错强化、析出强化等其他强化机制同样面临无法突破香蕉形倒置关系限制的问题。因此，如何改善高强度材料的拉伸塑性是学术界高度关注的一个问题。

基于颈缩失稳准则，人们逐渐认识到解决高强度材料拉伸塑性差问题的主要突破点在于有效提高材料的加工硬化率。但是，对于均匀结构材料（如金属），这几乎是一项无法完成的任务。这是由于金属中的绝大多数强韧化机制都会降低位错储存能力，以牺牲加工硬化率作为材料强化的代价。异构材料引入异变诱导应变硬化新机制，可以大幅提升材料的加工硬化能力，使材料在高应力状态下仍然维持高水平的加工硬化能力，抑制颈缩的发生并提高材料的拉伸塑性。目前，在钢铁、铜合金、铝合金、镁合金、锆合金、高熵合金等材料中的异构化设计获得了研究人员的广泛关注，并且已经取得大量的成功案例。自 2015 年“异构材料”的概念被正式提出以来，全球已有数百个课题组参与异构材料研究，该领域发表的论文数量呈指数级增长，美国矿物、金属与材料学会（The Minerals, Metals and Materials Society，TMS）会议、中国材料大会等国内外重要学术会议均已设立异构材料分会，这一新概念材料引起了学术界的广泛探讨。

此外，最新研究发现，异构材料设计理念不但能成功应用于结构材料中，而且对解决功能材料（如磁性材料）中一些存在倒置关系的物理性能有良好的效果。可见，异构材料本身不是指特定的材料，但以其作为新型的材料结构设计理念并最终实现，需要解决材料科学、力学、材料加工、物理、机械等多学科交叉的系列问题，具有广泛的研究与应用前景。如图 20-14 所示，不同类型的新型异构材料性能优异，且发展势头迅猛。

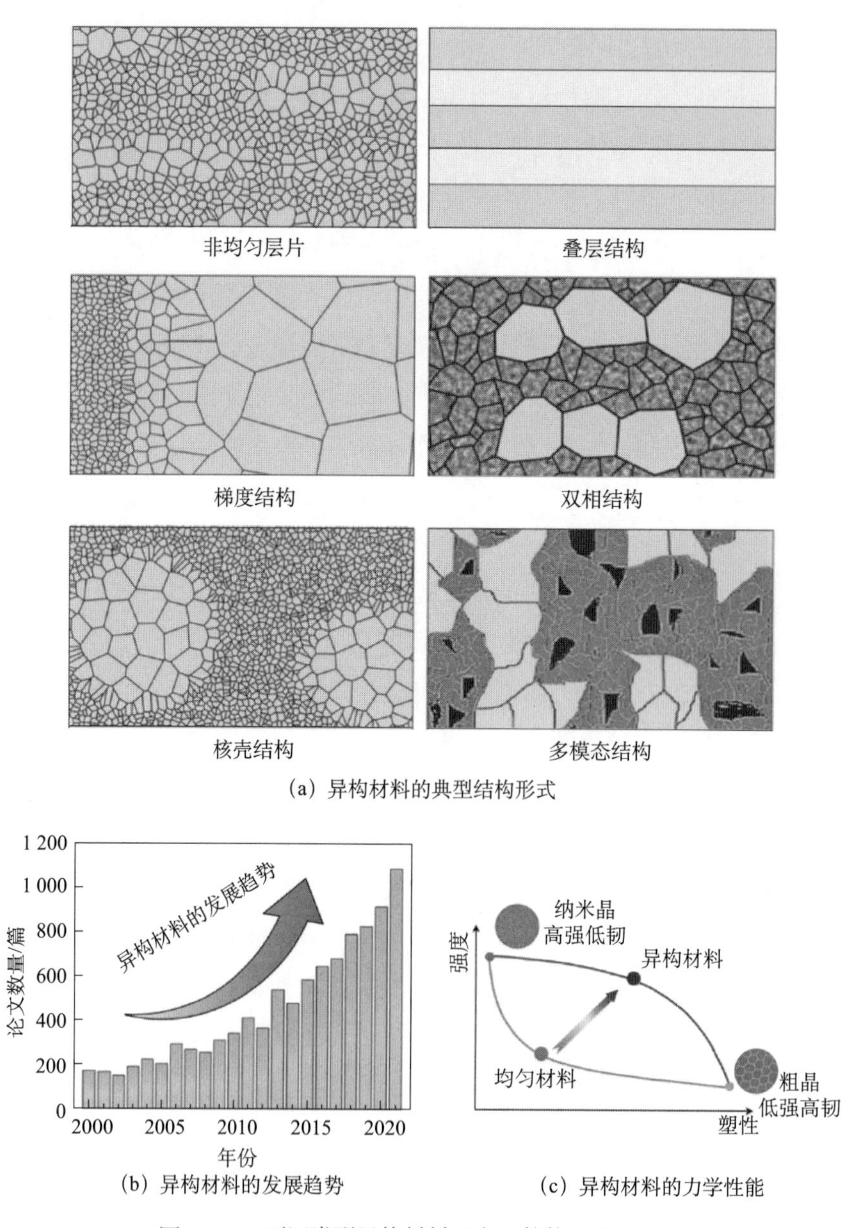

(a) 异构材料的典型结构形式

(b) 异构材料的发展趋势

(c) 异构材料的力学性能

图 20-14　不同类型异构材料及发展趋势和力学性能

（三）重点研究方面和内容

异构材料重点研究内容有以下几个方面。

（1）异构材料设计准则和调控原理。

（2）异构材料变形协调和强韧化机制。

（3）异构材料力学行为的跨尺度表征与测试。

（4）异构材料多尺度计算与模拟。

（5）异构材料制备加工技术和工业化应用。

（6）异构材料新位错理论。

（7）异构功能材料。

（四）对材料科学与技术推动作用及未来应用前景

在学术层面上，异构材料的变形和强韧化机制与传统均匀材料不尽相同，相关的研究有望发现金属塑性成形的新机制、提高材料性能的新原理，建立或完善新理论体系。发展的新实验装置、新理论计算方法还可以进一步应用到其他材料体系，产生系列科学新发现，更新人们的研究认知，推动科学技术的持续发展。

在技术层面上，异构材料设计理念要求立足于现有常规的工业化生产条件，在尽量不额外增加极端条件成形工艺的前提下，实现具有针对性的组织结构调控，充分考虑与工程应用衔接，为未来工业化生产提前布局。因此，异构材料具有应用对象范围广、可行性强等优点，为我国传统金属材料产业转型、大幅度提升国际竞争力提供必要支持。

在工程应用层面上，相关项目在异构材料研究、制备技术上取得的重要突破有望打破国外对一些高性能材料的技术垄断；形成的系列创新将作为异构材料走向产业化的重要知识产权与技术储备。

在人才建设层面上，异构材料领域的开辟将带动一批高水平研究基地的建设，可持续产出高质量成果，扩大我国在金属材料领域的国际学术优势，保持我国在相关领域的先进性，提高国际影响力。该领域将培养一批具有金属材料基础研究经验的高水平中青年优秀专业人才，满足社会在基础研究与工程应用方面日益提升的用人需求。

四、弹塑性陶瓷

（一）定义和内涵

传统陶瓷在室温和低温下几乎没有变形能力，仅在高温时才能变形。弹塑性陶瓷是指在室温甚至更低温度下表现出大的弹塑性变形能力的一类新型陶瓷。此外，弹塑性陶瓷还兼具高致密度、高强度、高韧性、耐高温等优异特性（图 20-15）。

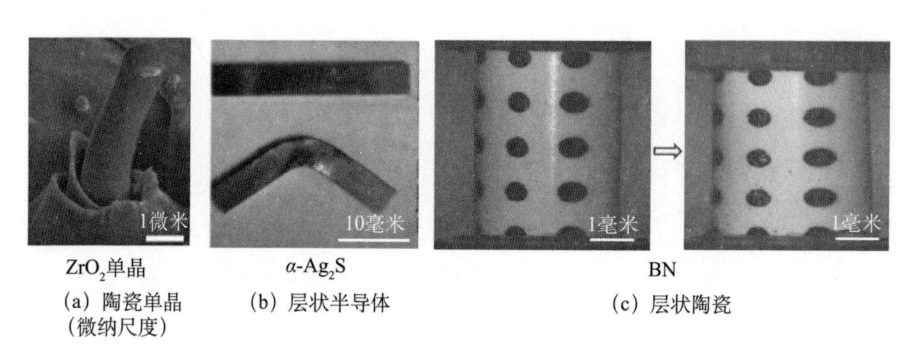

图 20-15　室（低）温弹塑性陶瓷

（二）发展历史和现状

陶瓷是陶器与瓷器的统称。中国是四大文明古国之一。陶瓷的发展史是中华文明史的一个缩影。在中国发现的陶器，时间可以追溯到 1 万年以前的新石器时代；瓷器是中华民族的一项伟大发明，其中商代的白陶就是最早的瓷器。传统陶瓷是以黏土等天然硅酸盐为主要原料烧成的制品；现代陶瓷又称新型陶瓷、精细陶瓷或特种陶瓷，常用氧化物、硼化物、碳化物和氮化物等原料烧结制成。因此，陶瓷现在已经成为许多无机非金属材料的通称。

相比于金属，陶瓷具有更高的硬度、强度和耐高温性，因此作为结构材料被广泛应用在各个领域。但是陶瓷有一个致命的缺点，即在常温和低温下几乎没有塑性，仅具有很小的弹性变形能力（应变通常小于 1%）。当超过这个弹性极限时，陶瓷将产生裂纹并迅速扩展，瞬间导致灾难性的破坏，限制了陶瓷在工程中的众多应用。目前仅发现陶瓷单晶在微纳尺度上可以具有一定的室温弹塑性变形能力。最近，我国学者在无机塑性半导体研究领域取得重要进展，发现二维层状半导体材料硫化银（Ag_2S）、硒化铟（InSe）在宏观尺度上具有大的室温塑性变形能力。另外，我国学者首次合成了兼具室温高塑性、高弹性和高强度的新型 BN 陶瓷。这种多晶陶瓷由独特的转角层状 BN 纳米片构成，其压缩变形可达 10% 以上。这一发现为弹塑性陶瓷的发展奠定了基础。

（三）重点研究方面和内容

弹塑性陶瓷作为一种新型陶瓷，需要探究其微观组织结构及弹塑性变形机制，优化合成工艺，同时提升其强度、韧性，发展室（低）温高弹塑性、高强度、高韧性的系列新型陶瓷。具体研究方面如下。

（1）研究弹塑性陶瓷的结构基元及其构筑方式，探索结构基元对陶瓷宏观性能的影响。

（2）探索新型弹塑性陶瓷。

（3）研究弹塑性陶瓷的大尺寸制备科学与技术。

（四）对材料科学与技术推动作用及未来应用前景

弹塑性陶瓷克服了传统陶瓷的弱点，具有像金属一样的大变形能力，兼具高强度、高韧性、耐高温等优异性能。弹塑性陶瓷作为我国原创的一类新型陶瓷，将在航空航天、军事、化工、冶金、电子等领域获得关键应用。

第六节　奇异结构材料

一、构型化复合材料

（一）定义和内涵

构型化复合材料是以构型化、复合化为基本手段，通过组成单元的空间、尺度人工调控，构成具有突破性、颠覆性力学与功能特性的新型材料。“复合化”是指在原有材料主体中引入具有特定力学与功能特性的新组分，赋予材料新性能；“构型化”是指以突破既有性能与机制局限为目标，可控设计复合组分的空间堆垛、排列方式、尺度分布，如有序结构、梯度结构、混杂结构等，激发复合组分协同响应。构型复合化可以打破材料性能单一、不足、矛盾等局限，获得具有变革性和颠覆性的高性能材料，满足航空航天、能源、交通等关键领域的材料需求（图 20-16）。

（二）发展历史和现状

以材料微结构为第一设计要素的构型化复合发展理念成为目前突破材料性能极限的重要手段之一。近年来，国内外围绕材料的构型复合化效益开展了探索研究。通过对组成相尺寸 / 种类 / 分布特性、复合组织等结构参量进行有序调控，创制出具有仿生、微纳砖砌、层状等典型复合构型的高性能结构与功能材料，突破了材料的常规、固有性能。作为高性能材料设计的新概念，构型复合化虽然取得一定进展，但对体系整体认知较有限，研究基础也十分薄弱。后续需要系统开展具有新奇、超优性能的复合组织与构型设计和创制，构型复合化设计的理论基础等一系列重大基础问题研究。

（三）重点研究方面和内容

构型化复合材料重点研究内容如下。

（1）构筑基于复合基元组分的突破性和创新性新材料体系，设计并选择促进材料变革性能的关键复合基元，关注具有新奇物化特性（如相变、力热转换、低维量子、多频谱隐身）材料的复合应用，建立复合基元的微纳结构、界面形态、尺寸分布等可控制备与调控基础。

（2）发展构型化复合材料的变革性性能的设计理论和方法，建立纳观-微观-宏观跨尺度理论模型，综合力、热、光、声、电、磁等多物理场使役条件，研究构型化（如有序结构、梯度结构、混杂结构）引发的组元耦合与超常复合效应，高效、精准筛选有效复合构型，构建高性能材料的构型逆向设计、自主化软件和数据库。

（3）发展新型制备基础与表征技术，重点关注基于“自下而上”的复合基元自组装新方法，兼具精细构型化调控与宏量化材料制备，创制变革性和颠覆性的高性能材料，开发构型化复合材料的跨尺度结构和性能表征技术，

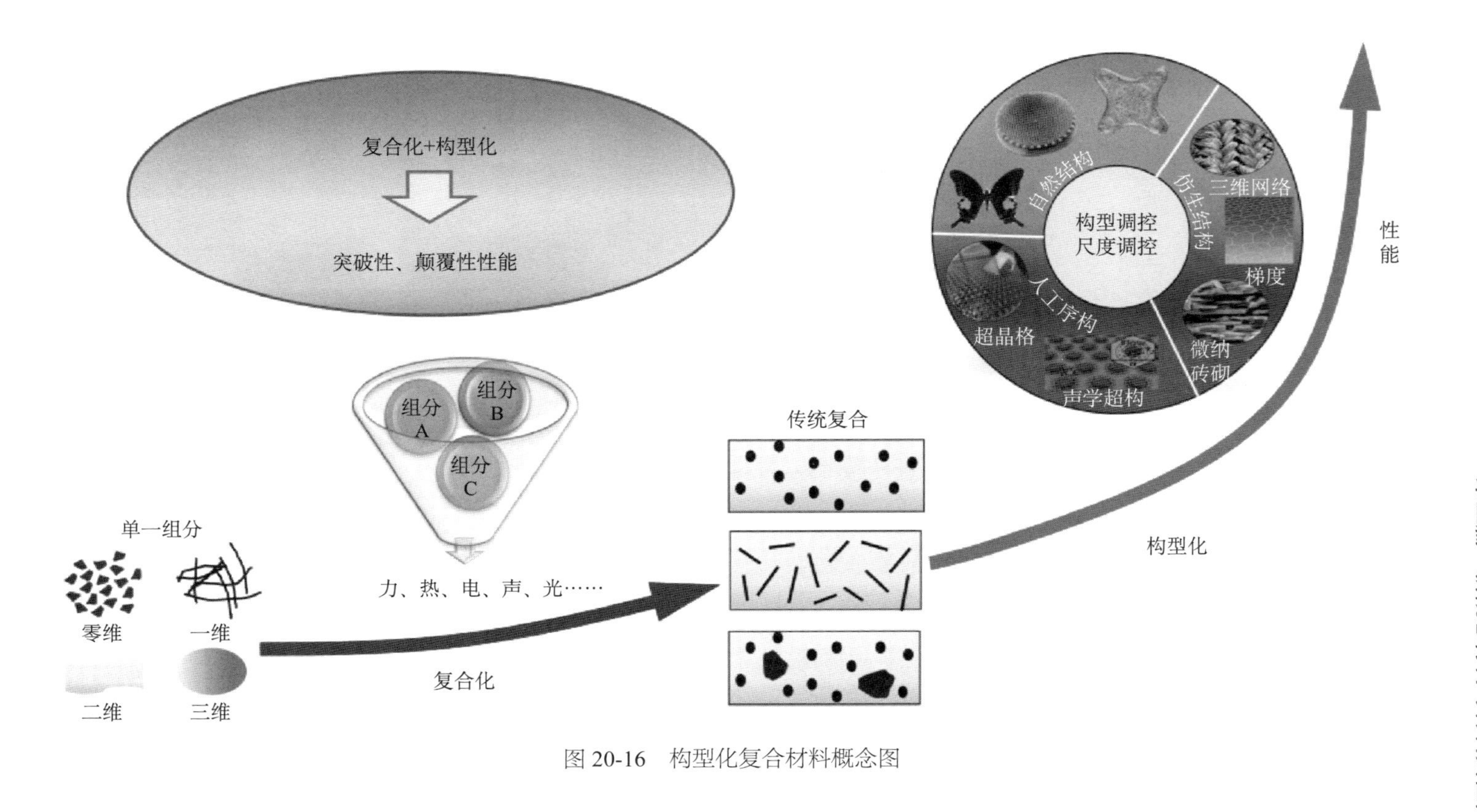

图 20-16　构型化复合材料概念图

实现使役条件下组织与结构演变的高效动态解析。

（4）构型与复合的协同关联效应。研究复合组分-构型设计-新奇性能新型构效关系，揭示构型效应、尺度效应、组分效应的耦合关联作用，明晰构型化所激发新现象、新性能的物理原理与作用机理，形成基于构型复合的高性能材料设计、制备理论体系，实现基础研究与应用双突破。

（四）对材料科学与技术推动作用及未来应用前景

构型化复合材料处于材料科学发展与研究前沿。当今世界科学技术迅速发展，现有材料体系受限于本征特性及固有机制，难以满足对材料性能和功能特性的迫切需求。构型化复合材料具有成分、结构可设计性优势，通过材料、力学、计算科学前沿技术的交叉融合，能够建立超优性能材料的预先设计与性能预测理论基础，结合材料设计的新制备原理与表征技术，突破既有材料机制与性能，形成基于构型复合的高性能材料通用设计新方法，提高我国在材料科学基础研究与应用领域的国际水平。

二、聚集体材料

（一）定义和内涵

聚集体材料是指在物质最小单元（如分子）之上、彼此相互作用、形成多级结构的新概念材料。聚集体材料研究主要关注复杂体系中单元间相互作用对介观和宏观材料的结构、性质和功能的影响及其关系。聚集体材料跳出现有分子科学的框架，是一种研究思维方式的创新，标志着从还原论到整体论研究哲学的重大范式转移。

（二）发展历史和现状

材料是文明发展、社会进步、经济建设和国防安全的物质基础。新材料可以促进颠覆性技术的出现，从而推动产业变革。当前，我国经济蓬勃发展，新材料产业及技术不断取得突破，但在某些领域还存在核心技术受制于人和“卡脖子”问题。例如，OLED 的发光层材料、体外诊断试剂，以及一些高端高分子功能材料等总体仍依赖进口。解决这些潜在隐患和“卡脖子”问题，加强我国材料前沿科学基础研究，对构建中国特色、中国风格、中国气派的学科体系、学术体系、话语体系具有重要意义。

现代科学技术的材料基础主要是分子科学，强调分子作为材料的基本组成单元对其性质和性能起关键作用。这种以分子科学为根基的新材料思想保障了全球经济发展对材料和技术的需求。但是，当前仍存在很多无法用分子科学解释或解决的问题。例如，细胞膜中的磷脂双分子层可保护细胞稳定地处于水环境中，但被剥离后可完全溶于水；传统有机发光分子在稀溶液中发光非常强，但聚集后发光大大减弱，甚至完全猝灭。上述事例共同的科学问题是分子聚集引起的“量变”会导致材料性质和功能的“质变”。

目前，聚集体材料研究还缺少系统、科学的理论指导和归纳总结。但我国已在聚集体材料的设计、理论机制及其应用等方面取得了阶段性成果（图 20-17）。例如，中国科学家提出的聚集诱导发光（aggregation-induced emission，AIE）科学概念和创制的材料体系可充分利用分子自然聚集增强发光效率，显著提升应用效果，产生了具有原创性和自主知识产权的新材料和新技术，在很大程度上改变了发光领域核心材料、技术和专利主要被国外研究机构垄断的现状，因此荣获 2017 年度国家自然科学奖一等奖。

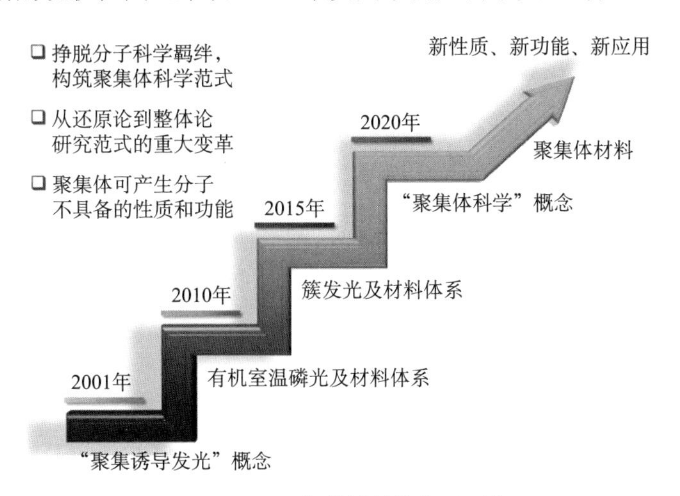

图 20-17　聚集体材料的发展历史

因此，对聚集体材料的研究有望发展自主知识产权的材料体系，建立聚集体材料理论和科学，解决材料领域“卡脖子”问题，引领新材料领域的变革性发展。

（三）重点研究方面和内容

通过学科交叉融合，从聚集体角度对材料的结构、性质和功能进行系统的研究并对其背后的规律进行揭示，推动聚集体材料研究从还原论到整体论的范式转变，属于研究策略上的重大创新，有助于在新材料研究领域实现源头上的方法论创新，直接提升我国在相关领域的创新水平。聚集体材料拟从如下方面开展研究。

（1）功能导向多尺度聚集体材料基元构筑。

（2）聚集动态过程的认知与调控。

（3）聚集体材料功能与机制。

（4）聚集体材料的高技术应用。

以上研究内容层层递进，互为因果，正向反馈，满足国家对自主知识产权新材料的重大战略需求。

（四）对材料科学与技术推动作用及未来应用前景

从本质上认识构筑基元结构、聚集行为及功能之间的关系，开发自主知识产权的聚集体材料，建立聚集体科学，引领聚集体材料研究，推动新材料的理论创新和知识体系的构建，也是应对未来能源、环境、健康、国防等领域所面临的“卡脖子”问题的前瞻性举措。这样有助于切实增强我国新材料发展和产业的核心竞争力，为构建中国特色、中国风格、中国气派的学科体系、学术体系、话语体系做出贡献。

三、六元环无机材料

（一）定义和内涵

六元环无机材料是一类以六元环结构为基本单元的无机材料，具有三重（C3）或六重（C6）旋转对称性。六元环无机材料一般由六元环结构基元通过范德瓦耳斯力、离子键、金属键或共价键结合构成，或者在二维/三维晶格中六元环结构层与其他原子层相互结合构成（图 20-18），具有新奇的物理、化学和力学等性质，有望在信息、能源等领域获得变革性应用。

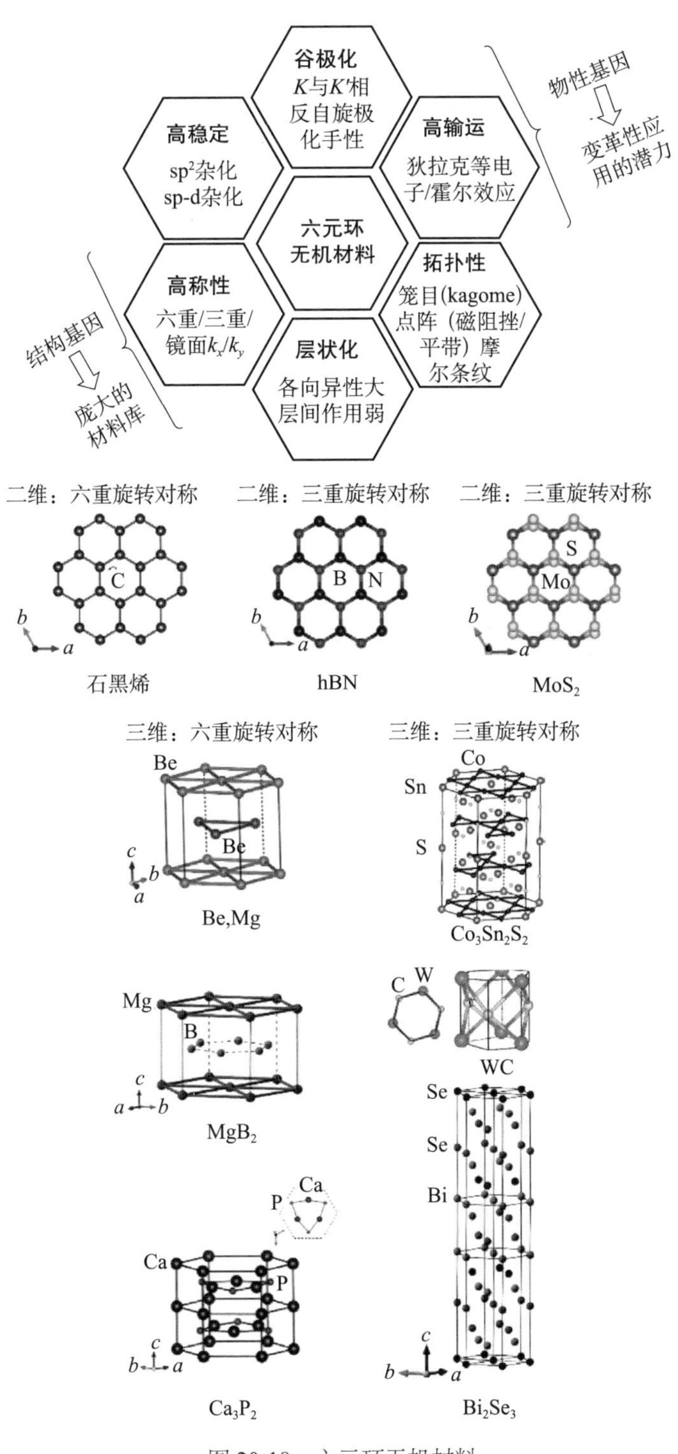

图 20-18　六元环无机材料

（二）发展历史和现状

六元环结构广泛存在于众多具有新奇特性的无机材料中，包括金属、半金属、半导体、绝缘体、超导体和拓扑绝缘体等。在已知的二维材料中，90%以上都是六元环无机材料，如石墨烯、hBN、过渡金属硫族化合物及我国科学家创制的 $MoSi_2N_4$ 材料体系；其他低维材料（如一维碳纳米管、零维富勒烯）也属于六元环无机材料。六元环结构单元也广泛存在于体材料中，如金属单质铍、镁、钛、锆、铪、铼、钌及 MgB_2、Bi_2Se_3 等化合物。然而，过去人们很少关注六元环结构基元的重要作用和共性之处。2020年，我国科学家从六元环结构基元出发，提出了“六元环无机材料”这一新概念。该概念从六元环结构基元这一独特的视角去审视物质世界，为新材料的创制和新物性的发现提供了新的范式和机遇，也为突破能源与信息材料的性能瓶颈带来了巨大前景。

（三）重点研究方面和内容

从六元环结构基元的角度研究六元环无机材料的共性基础理论，创制新型六元环无机材料，探索其独特物性和变革性应用，实现六元环无机材料共性基础理论—新材料创制—独特物性—变革性应用的全链条创新。

（1）六元环无机材料的共性基础理论：阐明六元环结构基元与材料物性的构效关系，预测设计性能独特的六元环无机材料，建立六元环无机材料数据库。

（2）六元环无机材料的制备理论和方法：解决现有六元环无机材料的控制制备和宏量制备难题，并创制性能独特的全新六元环无机材料。

（3）六元环无机材料的独特物性：重点研究六元环结构基元赋予材料的独特量子现象、超导、拓扑、自旋、催化及热学、力学和化学性质。

（4）六元环无机材料的变革性应用：重点探索六元环无机材料在高效碳中和、电子、光电与集成信息器件及超高温等极端使役环境中的应用。

（四）对材料科学与技术推动作用及未来应用前景

六元环无机材料开辟了新的材料创制范式，有望创制性能优异的全新材料，催生新的物理现象和物理效应等重大科学发现，促进量子科学、信息和能源技术、环境科学、空天科技等领域的快速发展，形成六元环无机材料新学科方向。

第二十一章

绿色制造与全生命周期设计

面对日益严峻的资源匮乏与环境污染问题，追求材料产业与资源环境协调、实现可持续发展已经成为全球共识。我国大规模工业化和经济高速增长的同时伴随着资源能源消耗与环境污染的急速增加，材料工业的能耗、产业发展带来的污染物排放等问题越来越凸显。

实现碳达峰、碳中和是我国向世界做出的庄严承诺。实现碳达峰、碳中和是一项多维、立体、系统的工程，需要产业、科技、社会等多个领域共同推进，亟待形成以科技创新牵引产业发展的新格局，依靠科技创新提升可再生能源比例、降低重点排放行业能耗和排放强度、提高能源利用效率、改善制造工艺、推进低碳原料替代等，从而兼顾经济发展与“双碳”目标实现。

随着各类材料基础研究和应用技术日趋完善、学科交叉日渐丰富、大数据技术应用日显便捷等，材料学界已从早期的替代毒害和稀缺元素、少合金化设计、节能减排与循环利用等单项研发努力，趋向基于全生命周期方法的材料生命周期工程研究。面向材料生命周期工程的材料设计开发是一个涵盖材料产品生态设计、绿色制造和高效服役等诸多研究内容，多学科深层次交叉的科学与技术研究国际前沿领域，从材料产品设计、资源获取开始，面向其生命周期全过程，追求满足使用性能、保护环境、促进经济发展的协同目标。在传统的材料设计方法中，材料组成元素的选用主要基于提升材料性能；

在面向材料生命周期工程的材料设计方法中，需要结合构成元素在材料全生命周期过程中对材料性能、资源能源、环境负荷等的综合贡献和影响进行评估，指导材料设计如何更合理地选用元素。

面向国家“双碳”目标，研究材料构成元素的资源-环境属性，探索材料在制备、加工、服役、循环再利用等各阶段构成元素的显性、隐性影响及其生命周期效应，是材料共性交叉领域的重要研究方向之一。根据材料组分的特点，存在化学计量比的体系（如大多数合金材料）对元素成分控制较精确，微量元素、掺杂元素、合金化元素等种类和含量的变化可直接影响性能，在面向材料生命周期工程的设计开发中（图 21-1），需要研究元素对性能的作用和分解再利用的综合效应；存在成分分布范围的体系（如以多主元为特征的高熵合金和以团簇组元为特征的胶凝材料）中材料成分按组元比例进行调控，需要研究材料组元的全生命周期特征，配合材料组元的稳定性调控，更广泛、更合理地选用材料构成元素。

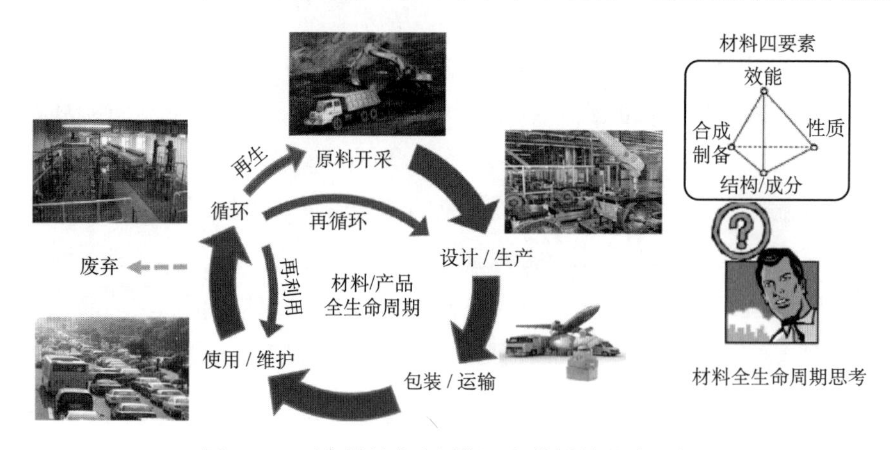

图 21-1　面向材料生命周期工程的材料设计开发

第一节　材料构成元素的生命周期效应与设计

一、科学意义与战略价值

材料是人类开展一切生产活动的物质基础，历来是生产力发展水平的重要标志，是促进社会经济发展的科技保障。随着我国经济建设的快速发展，新环境、新需求不断出现，材料科学与技术能否根据时代发展脉搏找准研究靶向，更好地服务于国家工业基础和经济竞争力的提升，已成为决定我国材料领域未来长远发展方向的关键因素。

改革开放以来，我国材料工业进入高速发展时期，钢铁、水泥、铝合金等基础材料的年产量长期居世界首位，是国家经济的重要组成部分，有力支撑了基础设施建设、城镇化、国防事业等重点领域的发展。以 2000 年为对比基准，截至 2020 年，我国的粗钢、铝、铜和水泥的年产量分别增长到约 8 倍、12 倍、7 倍和 4 倍（图 21-2）。在保障社会发展物质基础的同时，材料制造也是地球自然资源的主要消耗者，所引发的环境问题不容忽视。我国材料工业在现阶段仍然没有完全走出高能耗、高污染的传统粗犷发展模式。例如，黑色金属冶炼和压延加工、有色金属冶炼和压延加工、化学原料和化学制品制造、非金属矿物制品等四大材料行业的能耗常年呈现上升趋势，近年来在全国工业总能耗和全社会总能耗中的占比分别上升到 60% 和 40% 左右。

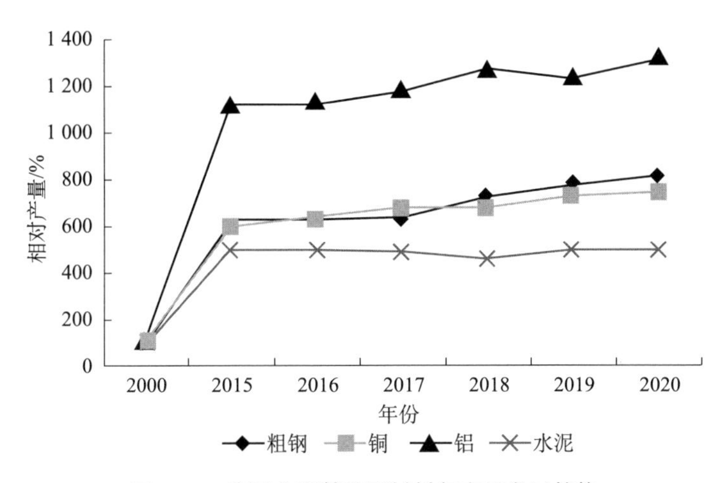

图 21-2　我国典型基础原材料年产量发展趋势

不同经济领域的交叉发展及传统产业链的优化升级使得材料工业与其上下游各生产部门之间的关系越发紧密，传统的材料设计与制备技术评价方法已很难涉及从上游原料获取到生产制造直至循环再生的全生命周期视角，也很难对一种新材料的产生和应用、一种新技术的实施与推广在我国目前经济发展规模下所可能产生的全局影响进行科学分析。因此，发展材料全生命周期设计理论与技术是全面提升材料绿色制造、服务社会水平的重要途径。

二、发展规律与研究特点

Science 于 2018 年 6 月底刊登了一篇美国麻省理工学院与英国剑桥大学合作发表的题为“Toward a sustainable materials system”的论文，阐述了材料生命周期工程理论在材料设计、研发与应用中的核心指导作用，指出了面对全球未来人口膨胀、资源短缺、环境恶化等挑战，应对材料产业基于全生命周期思想进行重新审视，深入研究与大力推广材料全生命周期可持续发展评价及应用。材料生命周期设计的核心思想是找准制约材料制造及其上下游相关工业全过程资源效率、环保控制、使用效能等关键指标的“技术七寸”，辨识从资源获取到废弃物再生过程中各个物质转化阶段之间除实际生产关系之外的自然科学关联模式；针对不同材料体系的本征特点，探寻“牵一发而动全身”的决定性制造环节，指导开发具有“四两拨千斤”实践效果的材料前沿科学与技术。这一思想的推广和应用将有助于促进传统产业发展与生态环境、“双碳”目标等国家重大战略方向的契合，在材料及其相关技术群的集成应用方面求“相生”去“相克”，推动材料生命周期全过程的协同发展。

化学元素是构成材料的基本单元。人类对化学元素及其周期规律的探索与认识已十分成熟，但是更好地利用已知的化学元素合成制备具有良好使用性能的材料，并实现化学元素向材料构成组元的可调控、规模化转变，长期以来都是促进材料科学与技术进步的重要基础研究。材料构成元素是基于生命周期原理进行材料设计的分析基元之一。随着数字化、智能化等信息技术在材料科学研究中的应用不断深化，有关材料性能主导元素的生命周期效应机理被定量解析，为材料科学与计算科学等学科交叉发展提供了理论基础，使得材料生命周期设计正在由传统的经验主导模式向理论预测、数据驱动与实验验证迭代优化的模式转变。通过解析材料成分、组织结构、工艺与性能（包括使用性能、资源-环境性能等）之间的关联机理，结合大数据技术与高通量迭代计算，建立材料全生命周期定量评价体系，实现对更宽组分范围、更复杂组织结构及材料构效关系等问题的全生命周期效应的科学认识，推动材料生命周期设计基础研究的发展。

三、发展现状与发展态势

建设发展材料生命周期数据库及其评价分析系统是基于生命周期效应进行材料设计开发的先决条件。国际上已有多个研究机构和跨国企业建立了通用型材料生命周期数据库（Ecoinvent、Gabi、ELCD 等），应用于评估多种材料产品的生命周期综合环境影响。在此技术条件的支持下，国际上有关材料行业联盟组织（世界钢铁协会、国际镁协会等）发布了相关材料产品的生命周期研究报告。虽然其中不乏关于我国相关行业的分析数据与评价结果，但是国外数据清单大多采用以西方生产技术为根本的基础数据库和评价指标体系，所代表的资源环境区域背景与我国实际情况相差较大。特别是，在碳排放核算、评价等低碳发展相关领域，国外数据库中的碳排放核算数据条目累积隐含了大量能源供应、交通运输等上游部门及其他区域性产业因素，极易产生以“西方视角”分析观察其他经济体的认识偏差。分析得到的某些错误结论在一定程度上影响了以低碳绿色发展为刚性约束条件的新时期全球贸易体系的公正性，无法满足我国原材料行业绿色可持续发展的实际要求。

我国材料生命周期设计与评价研究始于 20 世纪 90 年代末。“九五”期间，863 计划支持了首个国家层面的生态环境材料专项研究，由北京工业大学牵头，重庆大学、北京航空航天大学、清华大学等六所大学联合承担，研究了我国钢铁、水泥、铝、陶瓷等七类量大面广的典型材料。同期，我国生命周期评价相关国家标准制定完成（GB/T 24040—1999、GB/T 24041—2000、GB/T 24042—2002、GB/T 24043—2002，目前已被 GB/T 24040—2008、GB/T 24044—2008 代替），与国际上 ISO 14040 产品生命周期评价标准体系相对应。“十五”期间，北京工业大学及合作单位再次承担 863 计划相关项目，探索开展了材料生命周期工程技术的应用示范。“十一五”期间，国家三大主体科技计划（863 计划、973 计划、科技支撑计划）继续支持了生态环境材料的研究，进一步拓展了材料生命周期基础理论在不同类型材料体系中的应用。多年来，北京工业大学及合作单位开展了材料生命周期评价、材料循环再生、材料生产废弃物综合利用、材料流程减排等生态环境材料关键领域的研究工作，建立了工业大数据应用技术国家工程实验室，自主开发了本土化材料生命周期评价数据库（图 21-3），奠定了广泛开展材料生命周期评价研究的数据基础，丰富了材料生命周期基础理论的内涵，发展了生命周期基础理论在材料科学领域的实践方向。由于材料生命周期设计研究领域涉及材料科学、生态学、物理、化学等多个基础学科，在该领域的发展和人才培养方面，需要进一步开放学科知识边界，突破以传统行业为领域边界的人才培养模式，强化科学问题聚焦型的多领域交叉融合式人才培养。

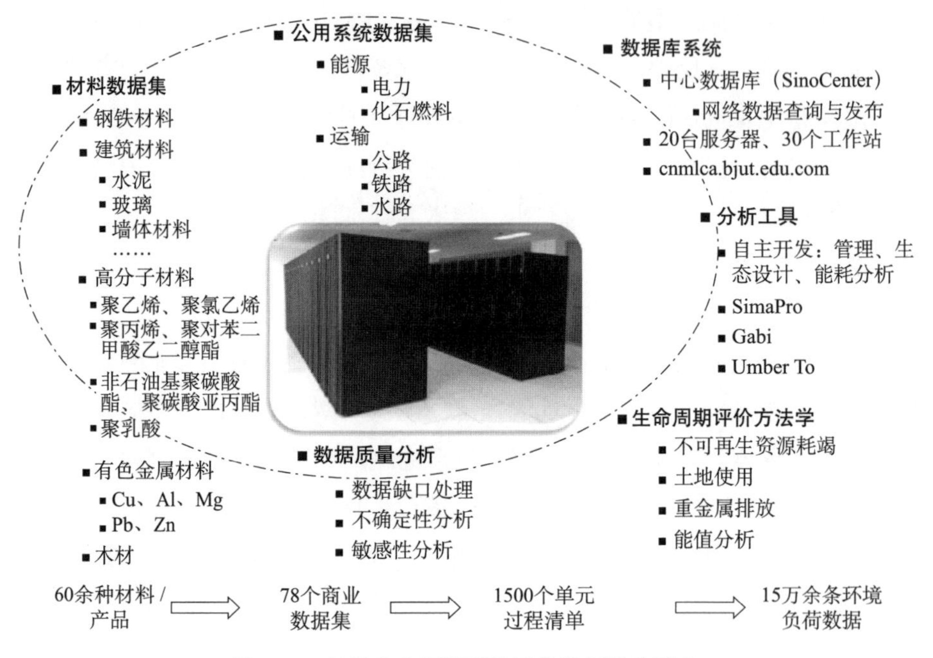

图 21-3　材料生命周期设计评价数据软件平台

四、发展思路与发展方向

随着经济的高速发展，我国资源人均储量小、自给率不足等问题日益明显，坚持环境保护与资源节约是我国经济长期发展的重要基础。作为人类社会与自然环境交换物质、能量的首要环节，科学表征材料生产过程的资源消耗强度对于制定冶金、建材等大宗材料行业的资源高效利用发展策略起到至关重要的作用。从 20 世纪 90 年代至今，材料生命周期资源耗竭特征化模型的研究一直处于“百家争鸣”的发展状态。尽管国际上已有学者开展了多种资源耗竭表征方法的研究，提出了基于资源的直接消耗量、基于资源开采所可能造成的未来环境影响、基于资源储量与开采量之间的数量关系等表征方法，并集成于生命周期评价国际权威方法体系 ReCiPe2016 中，但目前对资源耗竭问题的物理内涵仍未形成统一的认识。此外，与材料生命周期评价指标体系中的全球性环境影响类型相比，资源耗竭问题属于典型区域性问题，采用基于国外基础数据获得的特征化因子表征并分析我国材料生产流程的资源消耗强度，可能使研究结果产生严重的区域错位问题。因此，研究材料生产流程的物理化学机理，构建充分反映我国资源环境时空分布特征的材料生产资源消耗强度统一化表征方法，是未来我国材料生命周期设计研究的重要发展方向之一。

自加入世界贸易组织以来，我国各经济部门不可避免地参与到全球经济大分工之中，形成了世界制造中心的经济发展局面，为我国向制造强国的发展奠定了坚实基础。与此同时，随着气候变化问题逐渐成为国际贸易政策谈判的重要指向，已有众多研究机构和跨国企业通过建立生命周期技术数据应用平台，借助全产业链低碳约束向处于上游原材料供应环节的我国材料生产企业不断转移碳减排压力，目前我国企业对此问题的应对能力有限，只有少数前瞻企业能够利用前期技术积累或处于建设中的生命周期技术应用平台采取一定措施予以应对，尚难以全面支撑产业链全生命周期层面的低碳发展设计与实践。党的十九大明确将绿色发展提升到国家发展任务中更加突出的位置，党的十九届五中全会将“双碳”目标列入“十四五”规划和 2035 年远景目标。因此，突破材料制备全生命周期碳交互网络建模方法，开发建立新材料技术及其全产业链碳排放智能化分析算法与技术平台，是为材料产品在设计源头注入低碳基因、助力在材料行业有序实现“双碳”目标的重要科技保障。

第二节　合金化元素的配合稳定与调控分离

一、科学意义与战略价值

钴、锂、钨、钼、钒、锆、钽、铌和稀土元素等典型的合金化元素属于关键战略金属资源，作为先进材料制造的基础，广泛用于航空航天、国防、新能源、电子信息等领域，其持续供应关系工业产业、社会经济发展和国家安全。图 21-4 展示了不同特点的典型关键矿产对先进技术及重要领域的支撑。

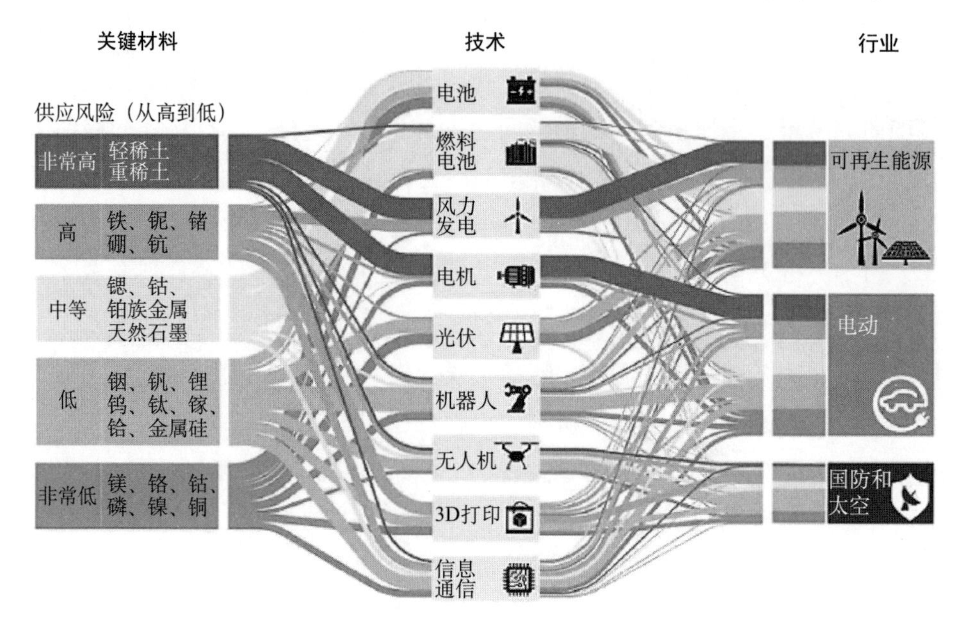

图 21-4　关键矿产的作用（书后附彩图）

近年来，美国和欧盟将关键矿产 / 原材料提升至区域战略的高度，力图促进国内生产，加强盟国（地区）合作，推进供应链转型，降低关键矿产供应风险；发展价值链，促进可持续开采，提升关键原材料的利用及循环再利用。美国、欧盟、日本等陆续出台了关键原材料相关政策文件，公布了关键矿产清单，如表 21-1 所示。2018 年，美国公布了对经济发展和国家安全至关重要的 35 种关键矿产，并围绕其进行战略布局，提出应对矿产进口依赖的 6 项行动纲领、24 项目标和 61 项建议；2009 年，日本出台了“稀有金属保障战略”，给出了 31 种优先考虑的战略矿产；2020 年，欧盟更新发布了 30 种关键矿产与来源国清单，并制定了相关研究计划。此外，澳大利、俄罗斯等也均在近年出台了各自的关键矿产 / 原材料和重要的矿产资源清单。2016 年 11 月，国务院批复通过《全国矿产资源规划（2016—2020 年）》，将 24 种矿产列入战略性矿产目录，其中包括我国具有优势地位的关键矿产钨（W）、稀土（rare earth，RE）、铟（In）、锗（Ge）、镓（Ga）、硒（Se）、铊（Tl）和碲（Te）等，以及紧缺的关键矿产锂（Li）、铍（Be）、铌（Nb）、钽（Ta）、锆（Zr）、铪

（Hf）、铼（Re）、铂族元素（platium group element，PGE）、铬（Cr）和钴（Co）等。由此可见，关键战略金属资源对国民经济及国家安全具有重要意义。

表21-1　主要经济体关键矿产清单

经济体	关键矿产种类
中国（2016）	金属矿产：锂、锆、钨、锡、稀土、铬、钴、铁、铜、铝、金、镍、钼、锑 非金属矿产：磷、钾盐、晶质石墨、萤石 能源矿产：石油、天然气、页岩气、煤炭、煤层气、铀
美国（2018）	金属矿产：锂、铍、铷、铯、铌、钽、锆、铪、钨、锡、稀土、钪、镓、锗、铟、碲、铼、铂族元素、铬、钴、锰、钒、钛、锑、铋、锶、镁和铝（矾土） 非金属矿产：钾盐、天然石墨、萤石、重晶石和砷 能源矿产：铀 气体矿产：氦
欧盟（2020）	锶、钛、铝土矿、锂、锑、轻稀土、磷、重晶石、镓、镁、钪、铍、锗、天然石墨、金属硅、铋、铪、钽、硼酸盐、铌、钨、钴、重稀土、铂族元素、钒、焦煤、铟、磷酸盐岩、萤石、天然橡胶
俄罗斯（2018）	第一类（优势矿产）：天然气、铜、镍、锡、钨、钼、钽、铌、钴、钪、锗、铂族元素、磷灰石矿、铁矿石、钾盐、煤炭、水泥原料等 第二类（稀缺矿产）：石油、铅、锑、金、银、金刚石、锌和高纯石英等 第三类（紧缺矿产）：铀、锰、铬、钛、铝土矿、锆、铍、锂、铼、钇族稀土、萤石、铸造用膨润土、长石原料、高岭石、大片白云母、碘、溴和光学原料等。
澳大利亚（2019）	金属矿产：锂、铍、铌、钽、锆、铪、钨、稀土、钪、镓、锗、铟、铼、铂族元素、铬、钴、锰、钒、钛、锑、铋和镁 非金属矿产：石墨 气体矿产：氦
日本（2009）	金属矿产：锂、铍、铷、铯、铌、钽、锆、铪、钨、稀土、镓、锗、硒、铟、碲、铼、铊、铂、钯、铬、钴、镍、钼、锰、钒、锑、钛、铋、锶和钡 非金属元素：硼 其中先考虑 10 种金属矿产：钛、铬、锰、钴、镍、钼、硼、锶、钡和钯

注：小括号内为给出清单的年份。

尽管我国关键战略金属资源矿产种类齐全，且储量位居世界前列，但长期以来以约 20% 的世界总储量占比承担着 90% 以上的世界资源供应，导致资源日益紧缺。《2012 年中国政府白皮书汇编》中指出，50 年的集中开采使我国的稀土和难熔金属矿产的储量急剧下降并造成了严重的环境污染。对于优势矿产稀土，我国已实现了从资源大国到生产大国、出口大国及应用大国的跨越，提取分离技术处于国际领先地位。对于难熔金属钨、钼，我国深加工材料和相关制造业也在不断升级，对竞争国家形成了一定压力。为了有效利用关键矿产资源、保护生态环境，我国已严格规范稀缺关键矿产资源的开采并合理降低供应，加快培育发展战略性新兴产业。随着欧盟、美国关键矿产的战略变化，我国获取境外资源的外部风险不断增加，关键矿产进出口挑战也日益严峻。因此，必须在新一轮科技革命和国际竞争中抓住机遇，占领关键矿产资源的制高点，实现典型合金化元素利用的绿色可持续发展，保障国家资源安全。

二、发展规律与研究特点

针对作为关键战略金属资源的钴、锂、钨、钼、钒、锆、钽、铌和稀土等合金化元素，随着优质矿产储量的急剧降低，外部获取风险增大，从材料元素全生命周期角度探索其循环利用规律以实现材料绿色可持续发展已成为必然趋势。关键战略金属循环利用领域的研究重点在于稀缺有价合金化元素的配合稳定与调控分离理论与技术，即通过沉淀、配合、萃取、吸附、电解等多种冶金分离方法，实现金属的富集和回收，获得再生金属或再生金属产品。再生金属往往与原生金属性质有别，这主要是由于在金属二次资源再生过程中存在杂质和晶型控制难度。因此，关键战略金属循环利用需要关注一系列系统科学技术问题，包括全生命周期工程指导下的资源性质分类、金属稳定分离、产物结构性能修复、产品高性能再造等，从而明确关键战略金属合金化元素分解再利用的综合效应。

目前的关键战略金属循环利用的研究尚未形成独立完整的科学理论和技术体系。有关研究依托于固废资源化过程，将关键战略金属二次资源作为工业过程的固废，在末端进行无害化和资源化处理。实际上，稀缺金属二次资源作为一种新型资源，应从生态环境全生命周期的维度对其中的合金化元素进行全新的理论和技术研究。以全生命周期视角，基于材料可持续性能，在材料制造链前端设计更利于产生回收循环再利用的新材料或材料组合，在循环再利用过程中实现低废物甚至零排放，达到绿色清洁再生闭环再利用的目的，并进一步制备环保高效的新型材料，最终建立合金化元素生命周期循环系统。当前，战略金属资源循环领域的科学发展需要高度重视关键战略金属二次资源的特质及其循环利用的紧迫性、战略性、特殊性及对材料科学的促进性。

三、发展现状与发展态势

发达国家对于关键战略金属二次资源的回收再利用已经具有较高的技术水平，且发展规模较大。世界发达国家对于关键战略金属二次资源的回收再利用已具有较高的技术水平，且发展规模较大。2020年，世界铝、铜、锌、铅四大再生金属消费量占比35.3%，发达国家这一指标达45%①。德国H. C. Starck公司拥有跨国的钨废料回收网络，再生钨约占整个企业钨原料的1/3②；日本平均每年从废催化剂中回收的金属超过10 000吨，二次电池的回收率高达84%；法国Eurecat公司是欧洲最大的废催化剂回收公司，每年回收能力为2500吨，占全球回收量的5%～10%③；比利时Umicore公司开发高温冶金法年处理废旧锂离子电池量可达7000吨，年处理二次金属料达25万吨以上，回收铜、铅、锌、锡、金、银、铂等有色金属数十种④。

发达国家都很重视战略金属二次资源的再生利用。美国国家科学基金会资助成立了产学研合作资源回收循环中心（Center for Resource Recovery and Recycling，CR3），通过科技创新和教育实现全球自然资源的回收、循环和可持续发展。2010年，欧盟成立了欧洲原材料创新伙伴组织（European Innovation Partnership on Raw Materials，EIPRW），通过技术革新获得可持续且安全的稀缺金属资源等关键矿产供应，包括对矿产的提取、处理及循环利用，并研究可合理替代关键稀缺矿产的材料，以降低欧洲对关键矿产的进口依赖。由韩国政府资助，韩国环境部成立了资源循环研发中心（R&D Center for Valuable Recycling），致力于提高金属资源的循环利用率并提高该国工业的竞争力。

在人才培养方面，多所世界名校已将资源循环相关内容纳入人才培养环节。例如，伍斯特理工学院（Worcester Polytechnic Institute，WPI）金属加工研究所（Metal Processing Institute，MPI）致力于金属锻造、热处理及资源回收循环利用等领域的研究；科罗拉多矿业学院（Colorado School of Mines，

① 2022年中国有色金属资源化利用专题调研与深度分析报告–中国循环经济协会（chinacace. org）.

② 行业报告——钨行业深度解析：从工业的牙齿到高端制造的脊梁. 2019-09-09.

③ 研究报告——全球与中国催化剂回收行业规模分析报告. 2022-12-27.

④ Reuter M A, Hudson C, Van S A, Heiskanen K, Meskers C, Hagelven C. Metal recycling: Opportunities, limits, infrastructure[R]. A Report of the Working Group on the Global Metal Flows to the International Resource Panel, 2013.

CSM）在地球自然资源的开采及管理（特别是在稀土金属资源的冶金处理）等方面享有盛名；鲁汶大学（Katholieke Universiteit Leuven）的资源高效利用是其重点研究方向之一，关注关键战略金属资源回收、二次资源在建筑材料中的应用、先进填埋开采及政策研究等；东京大学的国际资源回收循环中心（Global Center for Resource Recovery and Recycling）与欧洲、美国在资源循环领域长期开展合作研究。

在发达国家中，关键战略金属资源回收循环再生已经成为一个独立产业。我国关于关键战略金属资源回收循环再生起步较晚，科学技术水平、工业体系建设和政策法规管理制度等亟待发展完善，但目前也形成了一定的工业规模。例如，我国现有回收利用废钨的规模已近1500吨，约占硬质合金生产原料的1/4。我国以废旧电池及电子废弃物为原料循环再造超细钴镍粉末的规模化企业有格林美股份有限公司、广东邦普循环科技有限公司等，规模化回收利用废旧电池的技术已达到先进水平。我国在关键战略金属资源循环领域的研究主要依托稀土材料、稀贵金属材料及复杂有色金属材料，侧重选矿、冶金和化工，是基于冶金分离技术思路下的资源循环和材料制备研究。目前，我国尚未从二次资源源头特异性和再生材料终端易循环的角度，依据全生命周期设计材料及其回收过程、建立材料元素资源循环理论和技术体系，从而将关键战略金属资源循环领域从传统选矿、冶金和化工终端研究中剥离出来，重新整合成独立的交叉学科，并逐渐建立发展包括二次资源分类性质、分离提取技术、分离过程原理、产物结构性能修复、产品高性能再造、关键战略金属资源循环全生命周期体系建设等在内的基础理论和创新技术，推动该领域从经验发展向量化设计（虚拟过程）的变革，并解决能源和资源利用中的重大战略瓶颈问题，综合解析材料设计、制造、替代、使用、回收等全生命周期各因素复杂相互关系，优化物质和能量利用效率，产生核心技术，全面提升我国资源循环工业放大与调控水平和国际竞争力，实现资源循环过程工业的可持续发展。

在上述相关研究领域，北京工业大学与格林美股份有限公司合作，建立了稀缺金属材料元素配合-沉淀理论模型，开发了氨循环锰与镍钴两步法分离新技术，后者使实际生产中钴回收率由75.0%提高至94.8%。目前，全套产业化技术已在深圳市格林美高新技术股份有限公司、荆门市格林美新材料有限公司实现了工业化应用。氨循环锰与镍钴两步法分离技术主要通过沉淀、配合、萃取等冶金分离方法，实现金属的富集和回收，获得再生金属或再生金属产品。然而，仅关注冶金分离过程，还远不能实现材料的高性能循环再造。以钴、钨为例，再生钴产品比原生钴产品半峰宽大、结晶度差；与原生钨产品相比，再生钨产品的化学成分、物相组成的纯度、连续性和结晶度均较差。由此导致以其为原料制备的再生硬质合金制品的密度较低、硬度变化大、横向断裂强度低等问题。因此，除了进行有效的金属分离提取，还要需通过杂质和晶型控制等技术，对再生金属或再生金属产品进行一定的结构性能修复处理，使再生金属达到乃至超过原生金属性能，从而为制备高附加值材料提供基础。氨循环锰与镍钴两步法分离技术从材料元素的全生命周期角度探索其循环利用规律，实现二次资源的高值化再造。

四、发展思路与发展方向

针对不同类型的关键战略金属二次资源，本领域的发展趋势是通过寻找共性科学问题，交叉不同学科技术，实现关键战略金属合金化元素的全生命周期高效利用。关键战略金属资源利用的共性问题是多金属元素配合稳定与调控分离的基础科学规律。通过全生命周期多维度揭示元素定性富集及转移运动规律，从而建立全新而完整的材料元素资源循环理论和技术体系。关键战略金属资源循环是一个学科交叉且系统化的研究领域，其内涵包括易循环低碳材料设计制造、二次资源综合回收利用及再生关键战略金属新型环境材料制备。未来5～15年，关键战略金属合金化元素资源循环领域应重点发展以下几个方向。

（1）建立关键战略金属资源全生命周期过程资源能源利用和环境负荷的评价系统，优化循环过程，监控全流程物耗 / 能耗及环境影响指标，指导易循环低碳材料设计。

（2）建立普适性的关键战略金属资源物质分类表征数据库及循环过程模拟仿真技术，对稀缺关键战略金属资源及二次资源物质分类、组成及工艺过程中的定向流动等进行系统研究。

（3）研究关键战略金属资源循环中组元高效分离原理及技术，建立关键战略金属多介质多场配合稳定与调控分离理论体系并开发绿色低碳分离技术。

（4）发展关键战略金属资源的高效高附加值利用技术、再生产品结构性能修复技术和绿色低碳短流程资源-冶金-材料一体化制备技术。

（5）结合其他领域新技术（如生物技术、纳米技术、大数据技术、人工智能技术），发展面向未来科技和产业的新型合金化元素循环利用技术。

第三节　多主元合金中元素的分解与回收再利用

一、科学意义与战略价值

传统的合金设计是通过在某些主元素的基础上添加少量其他元素而发展起来的。与传统合金依托主元素的设计策略不同，以高熵合金为代表的多主元合金由多种元素构成，没有特定的、单一的主元素。高熵合金开发使传统的合金设计从相图的边角延伸到中间，从而极大地扩展了合金的成分调控空间，为传统金属材料的发展带来了新的思路。

已有研究结果表明，高熵合金表现出独特的力学性能、高温性能、耐蚀性能、耐磨性能、抗辐照性能等。例如，典型的 Cantor 合金 CrMnFeCoNi 在低温（77 开）下表现出超高的断裂韧性（200 兆帕・米 $^{1/2}$）和抗拉强度（1 吉帕），同时保持高达 70% 的断后伸长率，远超过现有材料的低温性能。利用粉末冶金法制备的共晶高熵合金 $Co_{25.1}Cr_{18.8}Fe_{23.3}Ni_{22.6}Ta_{8.5}Al_{1.7}$ 在 800℃下仍然保持高达 800 兆帕的屈服强度和大于 10% 的断后伸长率，远超过现有的高温合金。共晶高熵合金 $AlCoCrFeNi_{2.1}$ 除了在超低温到超高温范围内表现出突出的强韧性之外，还具有非常好的耐海水腐蚀能力，其良好的高温流动性也使其更易于铸造成形，有望替代钛合金用于船舶潜艇的建造。难熔高熵合金 VNbMoTaW 可以在 1600℃保持高的屈服强度，$AlMo_{0.5}NbTa_{0.5}TiZr$ 在 600～800℃具有高于 1500 兆帕的屈服强度，指标超过现有的 Inconel718 镍合金。高熵合金与传统合金力学性能的比较如图 21-5 所示。这些性能优势显示，高熵合金在航空航天、先进核能、生物工程、先进制造及国防工业等领域具有重要研究价值和极大应用潜力。

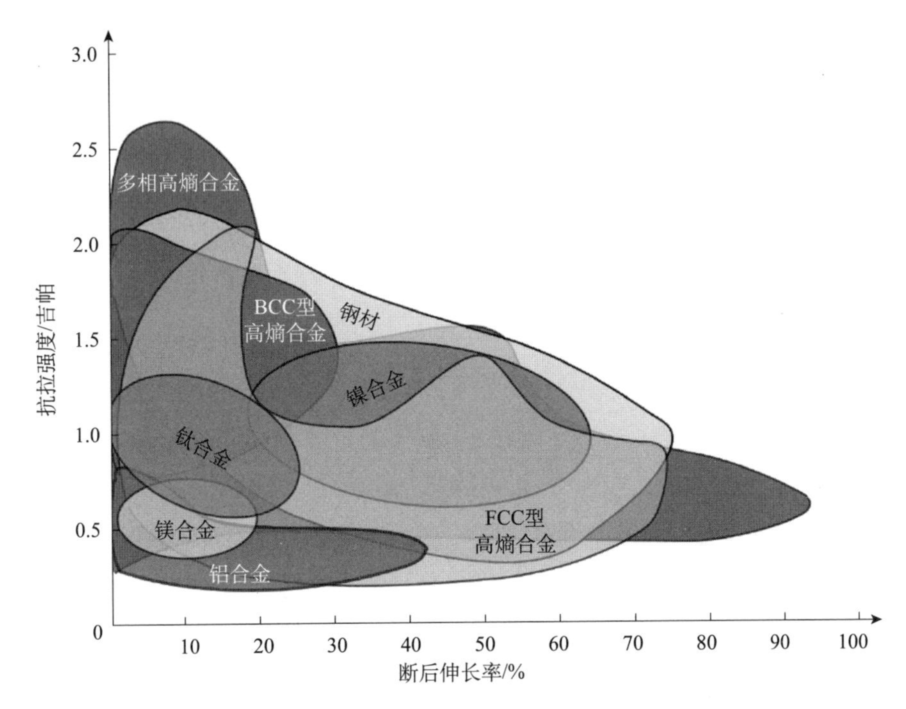

图 21-5　高熵合金与传统合金力学性能的比较（书后附彩图）

FCC 指面心立方（face centered cubic）

高熵合金是典型的多组元合金，实际上，在化学元素周期表中，除卤素、气体和放射性元素外的 72 种元素均可能作为高熵合金的构成元素。从成分上来划分，现阶段报道的高熵合金可以分为 3d 过渡金属高熵合金（如 CoCrFeNi 系、CoCrFeNiMn 系、CoCrFeNiCuAl 系）、轻质高熵合金（如 AlTiVCr 系、AlLiMgZnSn 系、AlCoCrFeNiTi 系）、镧系高熵合金（如 HoDyYGdTb 系、GdErHoTb 系）和难熔高熵合金（如 NbCrMoTaTiZr 系、NbMoTaW 系、TiZrHfNb 系）。高熵合金的成分特点使其在研制开发中涉及较多矿产资源（尤其一些稀贵金属资源，如 Ni、Co、W、Nb、Hf、Zr）和能源的消耗。我国矿产资源供需形势严峻，且资源安全随时可能因美国的威胁而受到冲击。为提高我国的资源利用效率，满足绿色可持续发展的要求，促进节能减排，推动碳达峰、碳中和，开展高熵合金生态环境材料、稀贵金属元素的循环再利用等研究尤为重要。

二、发展规律与研究特点

生态环境材料强调材料在其整个生命周期中具有较低的环境负荷和较高的循环利用率。高熵合金生态环境材料是在综合考虑高熵合金使用性能和环境协调性的基础上开发的性能优良、环境负荷小且循环利用率高的高熵合金材料。在追求高性能的同时需要关注高熵合金在制备、加工、使用到废弃再生生命周期过程中对环境的影响，加强生态设计在高熵合金研发中的应用。它的研究需要结合高熵合金生命周期评价，发展高熵合金生态环境材料设计新理论、新方法，通过高熵合金的设计、制备、循环再利用等系列技术创新，降低其在生命周期中对资源能源的消耗和对环境的影响。

三、发展现状与发展态势

生态环境材料设计开发已是材料科学与工程领域国内外高度重视的发展方向之一。我国在材料生态设计理论与方法、材料生命周期评价、材料环境负荷评价数据库及分析软件开发、材料生命周期工程工艺规划、绿色制造与清洁生产、资源循环再造技术等方面均取得了重大进展。然而，目前关于高熵合金生态环境材料的研发还非常有限，对高熵合金生命周期工程的相关研究尚未见报道。因此，亟须围绕高熵合金生态环境材料设计制备与生命周期工程开展研究，以使高熵合金的开发在获得优异性能的同时，力求做到最少的资源能源消耗、最小的环境污染；深入研究高熵合金的回收和循环再利用科学与技术，促进高熵合金的绿色可持续发展。

四、发展思路与发展方向

基于我国的资源发展形势、高熵合金的重要应用潜力及其在生产使用过程中可能带来的环境影响，研究高熵合金的生命周期特征及其对资源环境的影响规律，明确高熵合金生态环境材料的设计及循环准则。通过对高熵合金开展生命周期评价和生命周期工程的研究，系统优化高熵合金的设计制备、使用、回收等技术，降低高熵合金全生命周期中的资源能源消耗，协同提高高熵合金的性能、服役寿命和循环利用率，最终实现高性能高熵合金生态环境材料的设计开发，达到新型高性能高熵合金绿色可持续发展的目标。

高熵合金生态环境材料有以下几个主要发展方向。

（1）高熵合金的生命周期评价和数据库建设。高熵合金涉及元素众多、种类多样，应当根据我国国情逐步建立高熵合金的生命周期评价标准和生命周期数据库。根据高熵合金的性能需求和生命周期数据库对满足应用的高熵合金进行设计优选，从合金构成元素的选用上尽可能降低对资源和环境的影响。

（2）高熵合金生态环境材料制备。目前，高熵合金一般由液相法（如真空熔炼、气氛熔炼）或粉末冶金法制备，这两种方法所用的原材料均为高纯度金属单质，其中常用的有色金属单质通常由低品位的矿石冶炼得到，在这一过程中可能消耗较多的资源能源并产生一定环境污染。因此，改进高熵合金的制备工艺是高熵合金生态环境材料研究的重要方向。

（3）二次资源于高熵合金制备中的应用。高熵合金的成分一般较复杂，涉及金属元素种类较多，鼓励探索将其他合金中回收再生的元素用于高熵合金的冶炼制备，从而实现某些稀贵金属元素的高附加值循环利用。

（4）高熵合金的回收再利用。高熵合金中含有的大量金属元素决定了其较高的回收利用价值，但是高熵合金的多主元特征也增加了回收利用的难度。为了提高高熵合金的循环利用率，应大力发展高熵合金中元素的高效分离技术，实现高熵合金废弃物中元素可控分离。另外，应发展高熵合金的重熔再造技术等。

（5）高熵合金的结构 / 相稳定性研究。随着近年来高熵合金研究的迅速发展，体系相组成由早期的单相固溶体发展为多相合金。多相高熵合金中除固溶体相外，还可能包含一些有序或部分有序的金属间化合物析出相（如具有 B2、C15、$L1_0$、$L2_1$ 等结构的相）。这些析出相的结构、尺寸、分布等对高熵合金的性能有显著影响。同时，这些析出相和固溶体相中普遍存在的化学短程序（chemical short-range order，CSRO）的稳定性直接影响高熵合金的元素分离与回收利用。因此，高熵合金中结构 / 相的稳定性也是高熵合金生态环境材料研究的重点方向。

第四节　胶凝材料团簇生命周期特征及材料循环准则

一、科学意义与战略价值

胶凝材料是典型的存在成分分布范围的无机非金属材料。胶凝材料在我国经济社会发展中占有非常重要的地位。以胶凝材料中占比最高的硅酸盐水泥为例，其主要成分为硅酸盐、铝酸盐和铁铝酸盐，应用领域几乎遍布20个国民经济行业门类，并且水泥基材料在可预见的未来仍将是最重要的建筑材料。然而，庞大的水泥工业体量（截至2020年，我国水泥年产量已连续10年突破20亿吨，见图21-6）伴随着巨量的不可再生资源消耗和温室气体排放（2020年约排放 CO_2 13.6亿吨），对建材行业的可持续发展提出了严峻挑战。

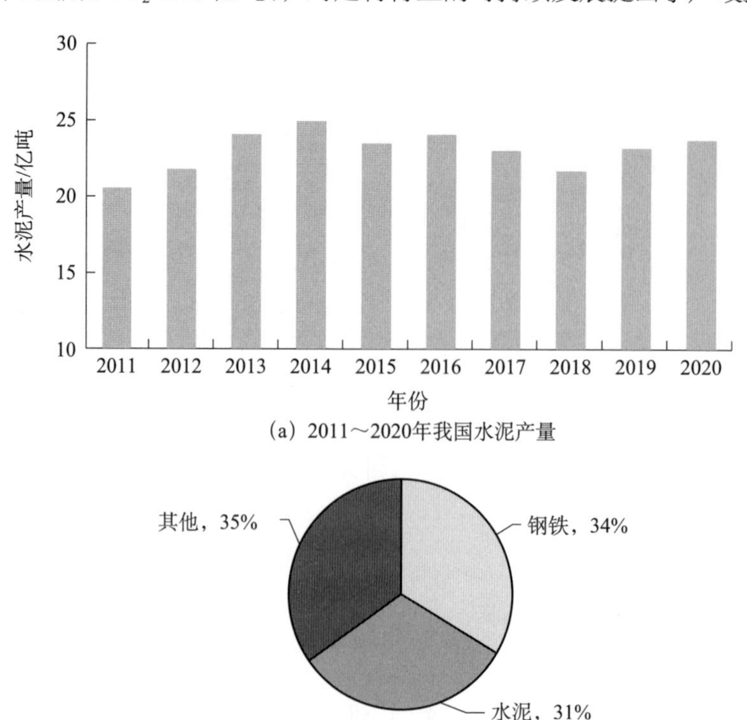

(a) 2011～2020年我国水泥产量

(b) 水泥碳排放占工业领域碳排放总量的比例

图21-6　2011～2020年我国水泥年产量和碳排放情况

《中华人民共和国国民经济和社会发展第十四个五年规划和2035年远景目标纲要》指出，“锚定努力争取2060年前实现碳中和，采取更加有力的政策和措施”。2021年的《政府工作报告》提出，“扎实做好碳达峰、碳中和各项工作。制定2030年前碳排放达峰行动方案。优化产业结构和能源结构”。为实现“双碳”目标，必须改变我国建材行业存在的生产方式粗放、能耗高、能效低的问题，积极发展绿色建材，减少其全生命周期的环境影响、提高能源资源利用效率，实现可持续发展。随着我国工业化、城市化、现代化建设的不断推进，胶凝材料绿色化、低碳化、循环化、智慧化是实现建材行业可持续发展的关键环节。为实现这一目标，需要从本质上理解胶凝材料在其生命周期内的结构演变，即以硅氧、铝氧团簇为基本单元的硅酸盐、铝酸盐、铝硅酸盐等胶凝材料的结构演化过程，以此为基础对胶凝材料工业过程进行再造，并与多行业联动、共享和协调发展，加快构建低碳发展的产业体系，共谋“碳中和”发展大计，开创“点石为金”“变废为宝”的新型工业时代。

二、发展规律与研究特点

胶凝材料团簇生命周期特征及材料循环准则是指以硅氧、铝氧为基本单元的硅酸盐、铝酸盐和铝硅酸盐胶凝材料在原料开采、生产、应用和废弃再循环的生命周期中的团簇演化规律，以及以低环境影响为目标对胶凝材料的生产、应用、循环的工业过程再造（图21-7）。以胶凝材料团簇生命周期特征及材料循环准则为指导，有利于实现材料环境影响的最小化、消纳固废最大化及材料的绿色可持续发展，助力建材工业实现碳达峰、碳中和。

胶凝材料团簇生命周期特征及材料循环准则是在当前建材行业面临优质原料日益减少的问题及行业碳减排任务繁重的形势下，发展循环经济、保护生态环境，确保我国实现碳达峰、碳中和的重要手段。它的研究重点在于，根据团簇演化规律开展新型胶凝材料体系设计、低品位资源和工业废渣等材料高效利用、低活性辅助胶凝材料高活性化、废弃胶凝材料资源化高效利用等相关新技术研究；建立符合我国国情的胶凝材料从原料开采、生产、应用到废弃再循环的全生命周期评价体系；以胶凝材料生命周期各个过程的环境影响为依据，对我国胶凝材料生产、应用、循环体系的工业流程进行再造。

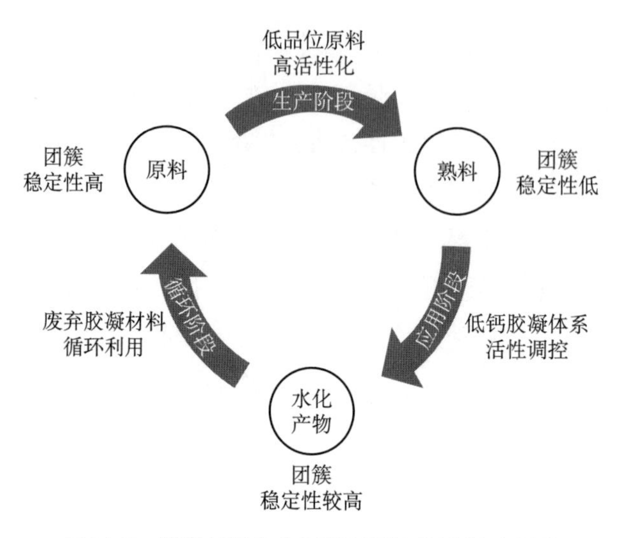

图 21-7　胶凝材料生命周期团簇演化过程示意图

胶凝材料的全生命周期可以看作以硅氧、铝氧团簇为基本单元的网络结构的演变过程。原料形成熟料的过程可以看作将网络从稳定转化为不稳定的过程，水化、硬化的过程是网络结构从不稳定向稳定演化的过程，循环再利用则是进一步将网络结构由稳定转化为不稳定的过程。这一演化过程决定了熟料的形成需要外界提供大量的能量，原料的网络结构越不稳定、熟料的网络结构越稳定，所需的能量越少。另外，低品位原料的网络结构稳定，难以向熟料的网络结构转化；网络结构较稳定的熟料的活性发挥较缓慢，难以满足工程应用需求；部分工业废渣作为辅助胶凝材料时网络结构演化缓慢甚至几乎不演化，使其难以应用。国外已有的材料生命周期评价方法与我国现行实际情况不匹配，不能很好地体现原料品位对环境的影响；以工业废渣等作为辅助胶凝材料时缺乏对工业废渣本身环境影响的描述方法。因此，关于胶凝材料团簇生命周期特征及材料循环准则的研究，需要关注应用低品位原料制备高品质产品的技术、低钙体系熟料活性调控技术、低活性废渣活性化技术、胶凝材料高耐久性技术、废弃胶凝材料循环利用技术，以及我国胶凝材料工业大数据积累、工业过程再造、资源循环全生命周期体系建设等系列科学问题。

关于胶凝材料团簇生命周期特征及材料循环准则的研究，应将工业过程与材料生命周期评价高度结合，并以此为基础指导工业过程的再造，最终建立循环体系。目前该领域尚未形成独立完善的科学理论和技术体系，依托胶凝材料团簇生命周期特征评价过程，可望在我国胶凝材料研发领域，从生态环境全生命周期的维度，开展全新的理论研究和技术开发，从而基于原料可持续性能，在生产、应用过程中降低环境影响，并在循环再利用过程中实现低排放。

三、发展现状与发展态势

降低胶凝材料生命周期碳排放是全球建材行业的研究热点，现有的主要途径包括减少水泥熟料生产的碳排放、减少水泥中熟料量、减少混凝土中水泥量、减少建筑中混凝土量、更高效再利用等。低碳水泥作为一种与普通硅酸盐水泥强度特征相当的低熟料水泥，逐渐成为有前景的普通硅酸盐水泥的替代品。2021 年以来，在国家政策的引导和支持下，水泥企业界和科技界积极响应国家号召，探讨水泥行业实现“双碳”目标的技术路径，加强全生命周期低碳、减碳、固碳技术的研究，水泥生产工艺过程中碳减排技术、低碳水泥材料体系、水泥工业碳排放及评价体系与碳汇等已经成为低碳胶凝材料的研究热点。

目前，国际上在不断研究和完善胶凝材料生命周期分析方法、建筑物性能指标与环境负荷评价体系等，典型代表有英国建筑研究院环境评估法（building research establishment environmental assessment method，BREEAM）、日本建筑物综合环境性能评价体系（comprehensive assessment system for building environmental efficiency，CASBEE）、美国能源与环境设计先锋（leadership in energy and environmental design，LEED）、德国可持续建筑评价体系（system of sustainable building certificate，SSBC）等。

国内在胶凝材料的原料、制备、应用与循环等领域开展了大量研究工作。北京工业大学工业大数据应用技术国家工程实验室建立了建材类生命周期清单网络数据库，基于生命周期评价定量分析了绿色节能建材从矿石开采、材料生产、运输使用直至最终废弃全生命周期过程的资源消耗与环境影响，据此进行了低环境负荷材料的择优筛选，为绿色建筑的科学选材提供了理论与数据支撑。武汉理工大学硅酸盐建筑材料国家重点实验室开展了矿渣水泥、低碳水泥的活性激发与作用机理等研究，重点关注多元胶凝材料、复合胶凝材料、辅助胶凝材料等的开发利用，从化学驱动与热力驱动入手调控水化进程，提高了钢渣、矿渣等工业废渣的资源利用率。绿色建筑材料国家重点实验室和高性能土木工程材料国家重点实验室等针对胶凝材料矿物掺合料在实际使用中的问题进行了优化研究；固废资源化利用与节能建材国家重点实验室等从固废地质聚合物和水泥窑协同处置系统入手对固废利用型辅助胶凝材料进行了研究；以安徽海螺水泥股份有限公司为代表的企业积极建立试点研究生物质替代燃料技术、富氧燃烧节能技术、综合能效提升改造技术等，开展低碳水泥研发与产业化工作。

目前，胶凝材料团簇生命周期研究方面仍然存在一定的局限性。一方面，再生型胶凝材料不断发展，缺乏对水泥胶凝材料在生产—使用—循环过程中生料矿物、熟料矿物、水化产物、再循环产物的系统评价；另一方面，由于国内外的数据清单在碳排放核算、评价等低碳发展相关领域存在差异性，国内不同行业材料的评估过程也存在不同，现有的生命周期评价准则无法满足我国绿色生态建材可持续发展的实际要求。此外，虽然低碳水泥、固废利用和辅助胶凝材料可以有效降低水泥生产与应用带来的能源消耗和碳排放量，但是这些新型胶凝材料在研发过程中仍然存在水化活性低导致复合胶凝体系早期水化发展较慢、水泥/混凝土早期性能不足而影响施工进程和固废利用率低等亟待解决的问题。因此，需要对胶凝材料团簇的演变规律与性能优化进行深入研究。

四、发展思路与发展方向

目前关于胶凝材料团簇生命周期特征及材料循环准则的研究尚未形成完整的理论技术体系，该方向未来有以下几个发展重点。

（1）以硅氧、铝氧团簇为基础组分，建立各种胶凝材料原料和辅助胶凝材料的资源物质分类表征数据库，系统研究团簇组元的分类、结构及其对胶凝材料性能的影响机理。

（2）建立胶凝材料团簇全生命周期的资源能源和环境负荷评价系统，结合“双碳”目标，指导新型胶凝材料体系的设计、制备、应用与团簇循环利用。

（3）研究硅氧、铝氧团簇的组分-结构-工艺-性能关系与调控规律，开发以团簇为基元的新型低碳胶凝材料体系。

（4）探索团簇活化方法，开发低品位原料、低活性废渣高效利用技术，以及基于团簇组分亚稳化的废弃胶凝材料高效自循环利用技术。

第二十二章

材料交叉学科前沿

20 世纪 60 年代，材料科学与工程从物理冶金与机械制造两个学科中衍生出来，并逐渐发展成为相对独立的学科，涉及材料设计与表征、材料制备、力学与功能行为及服役等研究内容。进入 21 世纪，航空航天、能源、交通、信息、人类健康等产业对先进材料的迫切需求，以及物理、化学、力学、生命等基础学科的进步，进一步推动了材料学科向前发展，孕育出材料交叉学科前沿领域。

从研究内容方面来看，与过去相比，材料研究的空间尺度在不断减小，对结构材料需要从介观、微观至纳米、原子等多尺度才能揭示其力学性能的本质，对功能材料甚或需要细至电子层次来揭示其物理、化学性能的本质。材料研究的手段也越来越依赖先进的表征技术，研究难度和成本也越来越高。此外，服役环境与材料的相互作用及其对材料性能的影响越来越受到重视。由于使用环境的复杂性日益加剧，仅依靠一般的实验室和普通的实验手段来开展材料服役性能的研究已难以满足现代新材料研发的需求。

从科学问题方面来看，材料研究拟解决的科学与技术问题形态发生了巨大的变化，已从重点解决单一、无关联的问题转变为研究问题组，进而发展为研究问题堆，从局限于材料学科的某个子领域发展到涵盖材料学科或相邻学科空间的众多分支，继而扩展到多学科领域交叉。材料科学与数学、物理、化学、生命科学等纯自然学科学领域间相关联的科学问题越来越复杂，问题间的内部联系也更加盘根错节，从不同视角看待各类问题所得出的结论似乎都有新的发现，但又难以结合为系统的研究依据，而此待解决科学问题正是推进材料交叉学科发展的内因，需要在交叉学科内重新规划和完善研究范式与方法，发现问题解决的新理论和新方法。图 22-1 给出了近年来新材料与基础科学、材料研发技术的相互关系。可以说，只要社会发展不停滞，对材料科学领域的跨学科研究就会产生持续的需求。

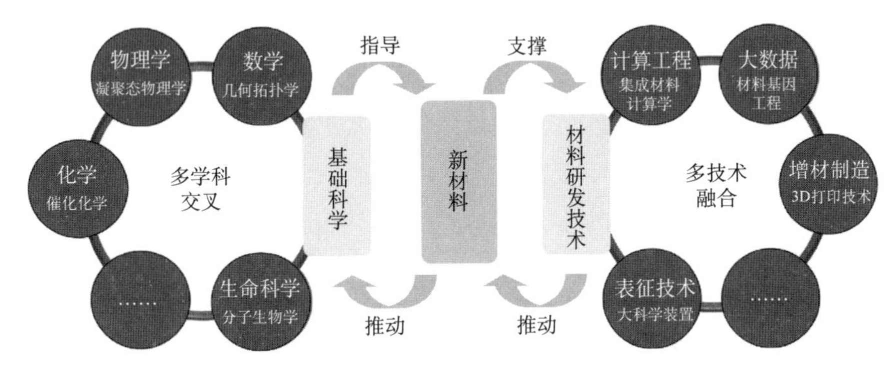

图 22-1　新材料与基础科学、材料研发技术的关联性

第一节　材料科学与自然科学交叉

一、材料科学与数学

材料学科的发展越来越离不开数学学科的支撑，计算数学、计算技术和计算材料学等三个分支将进一步汇聚，加快新材料从初期探索经开发、优化、验证、生产到首次投入市场的研制进程，改变长期以来需要数十年时间的缓慢状况。计算材料学注重材料计算理论算法研究，强调实现理论和材料设计的有机结合，特别是利用计算物理或者计算化学提供的行之有效的算法作为桥梁，以研究实际物质成分、结构和物性关系。相比较而言，计算数学强调

算法的计算精度、收敛性、稳定性等问题的研究，计算物理和计算化学更注重通用计算方法研究，关注算法简洁和结果解析，特别是能解决非线性和多变量问题。

与材料理论计算和设计密切相关的计算数学主要关注以下几个典型计算问题。

（1）传统的数理方程。数理方程是指在物理学、力学、工程技术等问题中经过简化后所得到的、反映客观物理量之间关系的一些偏微分方程。数理方程体现了问题的物理机制，以及状态的时间变化与相互作用的关系，如牛顿第二定律、麦克斯韦方程、薛定谔方程等。这些描述普遍规律的方程（又称为泛定方程）必须加上一定的初始条件和边界条件等定解条件才能求解。数理方程的常用解法包括行波法、分离变量法和积分变换法等。其中，行波法主要适用于解无界区域的齐次波动方程；分离变量法适用于解波动法方程、输运方程和稳定场方程等；积分变换法适用于无界区域或半无界区域的定解问题。

（2）高效数值计算方法。实际中的多数具体问题需要通过对描述物理规律的方程在一定初始条件、边界条件下进行数值求解，以获得数值结果。计算材料领域主要涉及两类数值计算技巧：实空间网格化［如宏观连续场（电磁场、流体力学）方程中的有限差分、有限元等］和基函数离散化（获得矩阵本征值方程，如第一性原理计算、电磁场计算中的矩量法等）。

（3）系统优化问题。通过对具体条件下方程的数值求解，能够得到原子分布、电荷分布、场源分布等决定物化性能的结构信息。在实际应用中更关心的是优化类问题，即求一系列不同参数结构对应的材料或系统最优性能。典型方法有微分求导、遍历搜寻、自洽迭代、智能优化算法。

（4）综合预测问题。通过已有数据集，预测未直接包含在数据集中结构的性能关系。典型方法有插值算法（数据集域内）和拟合包含待定系数的各类数理方程模型（数据集域外有一定的预测能力）。

（5）人工智能应用。人工智能是关于知识的学科，即怎样表示知识及怎样获得知识并使用知识的科学，包括机器学习、计算机视觉、自然语言处理、机器人、专家系统、知识图谱等方面。

（6）借鉴机器学习。机器学习主要是指关于算法和统计模型的科学研究，为人工智能的子集。机器学习算法通过学习建立样本数据的数学模型，以便在不明确编程以执行任务的情况下进行预测或决策。机器学习与相关研究领域的关系如下：计算统计侧重使用统计概率方法进行预测；数学优化研究为机器学习提供了方法、理论和应用领域；数据挖掘侧重通过无监督学习进行探索性数据分析。应用机器学习的成功范例是材料基因工程的实施。受人类基因组计划的启发，材料基因工程（也有人称为材料信息学）是将数学、统计学、信息学原理运用于材料科学和工程学的研究领域，也是一个迅速发展的新兴学科方向。材料基因工程的研究思想是希望通过高通量的第一性原理计算方法，结合已知可靠的实验数据，利用理论模拟，尽量多地尝试已知或未知的材料，构建其化学组成、晶体结构及各类性质的数据库（包括组合过程建模、材料特性数据库建立、材料数据管理和产品生命周期管理）；运用信息学、统计学等方法，利用大数据基础设施，使用机器学习解决方案，探索材料构成与性能之间的本构关系，并且将从一种材料收集的数据中学到的经验教训应用到另一种材料中，从而获得更多更深刻的认识，为特定应用发现新材料并优化其工艺技术，以实现材料设计的高成功率、材料生产的低成本，从而提高材料的研发效率。近年来，许多世界知名新材料与化工企业在这方面大举投资。目前基于材料基因工程的材料研发技术仍处于发展早期阶段，还需要更深入的研究。

材料科学与数学的交叉发展有以下趋势。

（1）从算法耦合技术角度上来讲，数学计算与设计高度关注计算效率和算法的完备性。近年来，对现有的成熟程序代码进行的代码重组和集成创新推动了跨尺度计算方法耦合和计算理论方面的研究。从纳观-微观-宏观视角进行跨尺度计算方法耦合是未来挑战方向，是为了解决大体系计算及计算效率而提出的总需求。

（2）建设材料智能设计集成通用平台，构建一体化材料计算设计流程，主要研究自动化、智能化地完成材料计算设计的配置、仿真和参数优化等工作，然后以功能插件的方式扩展智能平台的功能，简化材料计算设计的流程，提高材料计算设计的效率，使材料理论计算与材料设计更加自动化、智能化。

（3）进一步发展神经网络、共轭梯度、模拟退火等高级智能算法，这些智能算法与计算材料学相结合，可以解决材料计算设计中材料性质与参数对应关系的求解、材料性能最优参数组合的求解等问题。

二、材料科学与物理学

材料科学与物理学有密切的联系。物理学致力于研究物质的微观结构、运动方式及其相互作用的基本规律，从中衍生出一系列新的技术原理，为新材料的研发提供新的知识基础，主要内容包括物质的组成、结构、性质及其变化规律等，是典型的与材料学科交叉的科学研究领域。材料科学与物理学的有机结合便形成了一门交叉学科——材料物理。

发掘更多新材料、新物质、新特性和新器件是科学研究和战略发展的必然趋势。现代科学理论及实验手段使人类对微观和宏观世界产生了更丰富的认知，但物质存在及理论和实验的复杂化导致寻找新材料、新物质及其奇异性能的过程充满挑战性。利用已知元素可以制备出新的物质或材料，但其能否被真正认识和应用才是物质及其存在的意义与决定性因素，这正是材料科学能解决的问题。近数十年来，许多重大的科学进展依赖材料学家和物理学家的密切合作，物理学家对新现象给予解释，材料学家制备出相应的新型材料。在许多情况下，材料科学与物理学之间没有严格的界限。例如，智能材料的发展与物理现象的发现和物理理论的指导密不可分，是典型的跨学科交叉产物。

此外，基于物理学原理的检测技术也不断涌现，其中以同步辐射和中子散射的大科学装置最具有代表性。为了缩短新材料的研发周期，降低其研发成本，高通量表征成为材料基因工程的重要部分。同步辐射光源和中子源由于其自身的特点与优势，在材料的高通量表征中发挥了举足轻重的作用。

同步辐射光源具有高亮度、从红外到硬 X 射线的宽能谱，以及良好的准直性，可以探测原子、电子、声子等多种结构。利用所获得的各种尺寸的光斑，可以对埃-纳米-微米-毫米级的多尺度材料进行表征。中子不带电，但穿透性强，有强烈电磁转矩，对轻元素很灵敏，可辨别同位素和近邻元素。借助这些特性所发展的中子散射技术已被广泛应用于研究材料微观结构和观测材料内部动态行为，与同步辐射技术相辅相成。按照国家和地方制定的相关“十四五”科技规划，我国科研用大科学装置建设将会快速发展，为我国材料研究提供先进的平台，将极大地加快我国新材料创新和新技术革命。

三、材料科学与力学

自经典力学体系诞生至今，人们对物质的宏观力学性能已有了较深刻的认识并构建了完备的理论体系。随着材料服役条件的日益复杂化，如超高温、超高压、微观化、低维化等，材料力学的基础理论也有了突出的发展，呈现由宏观向微观发展，由单一、均匀介质向非均匀、多相介质发展的趋势。"微观尺度的结构改变会显著影响材料的宏观力学性能"这一学术观点已成为共识。器件的力学性能与材料的微观结构之间有很大的联系。这种宏观力学性能的变化主要是由材料内部微观缺陷（如空位、位错、晶界）差异引起的，制备与服役过程中材料多尺度微观组织与结构演化的规律性认识及其对宏观力学行为的影响机理是材料科学的研究重点之一。

人为调控微观缺陷可以改变材料的宏观力学性能。针对这一机制，人们发展了掺杂第二相、预加工等新工艺，以获得所需的力学性能。此外，铸造、锻造、焊接及各类热处理工艺等也常被用于调节材料的微观组织。时至今日，制备技术获得了长足发展，以此开发的新材料也被应用于诸多领域。相应地，各类缺陷对于材料宏观力学性能的影响机理的理论体系也日益完善。例如，细化晶粒能提高材料的力学性能。当晶粒尺寸减小至100纳米以下时，将会产生特殊的小尺寸效应、量子效应、表面效应和界面效应。尽管在宏观尺度上材料的成分和尺寸都不会改变，但其强度及韧性等力学性能会表现出巨大差异。因此，高效地制备可控尺寸的晶粒也是材料科学关注的热点。与此类似，随着现代技术的发展，诸多具有优异性能的新型低维材料得以制备出来，但现有的材料力学理论难以适用于评价低维材料的力学性能，这也为宏观材料力学的完善提供了机遇和挑战。

事实上，力学与材料科学的交叉已成为大势所趋。例如，对中低维材料的研究使宏观材料力学并不局限于传统连续介质的范畴，而是拓展到微观物质领域，以探索微观结构和宏观性能之间的本质关系。对于完全不同于传统材料的碳纳米管、薄膜等新物质，需要发展新实验方法、研发新测试技术以满足微/纳米结构力学性能测定的新需求。对于物质微观结构演变的研究，其空间尺寸可以从纳米到数米，时间尺度可以从数秒到数年，相应的宏观力学性能与其微观结构之间的关系研究无疑拓展了宏观材料力学的研究范畴，将材料科学与力学紧密地联系在一起。

四、材料科学与化学

材料科学的发展同样离不开化学。材料科学与化学的有机结合形成了材料化学这一交叉学科。材料化学是材料学科中的重要分支，其内涵主要是运用化学基本原理、方法和技术手段，从微观及聚集态尺度研究材料的化学组成、结构、设计、制备、表征、性能及应用，为开发变革性新材料奠定科学基础。

材料化学为高分子材料的研究做出了巨大贡献。自发现聚乙炔的高导电性能后，一系列导电高分子材料被成功制备出来。但人工合成的多类高分子材料无法自然降解，其废料会造成严重的环境污染，这是材料化学必须解决的问题。现阶段，材料化学的研究应着重结合智能化学与大数据分析，致力于精准创制新型材料，在实用需求的导向下精确调控材料特性，在新产业的发展驱动下实现高纯材料的低成本规模制备。例如，在维度调控方面，创新低维材料及其异质结构材料的可控制备、有序组装方法，揭示材料功能低维度效应的化学本质；在表 / 界面调控方面，精确阐明表 / 界面的传质、传荷和传能过程，创制表 / 界面性质为主导的新型功能材料，跨尺度揭示材料的作用机制与变化规律。

2011 年，我国催化工作者首次提出了影响国际催化领域的“单原子催化”新概念，迄今已经制备了大量不同类型的单原子催化剂。研究发现，对于某些反应，单原子催化剂较传统催化剂有更高的活性和选择性。但是，单原子催化科学还处在起步阶段，尤其是单原子催化剂还存在着制备方法不成熟、负载量较低、热稳定性较差及可催化反应的局限性等问题，需要材料界和化学界共同努力去发展单原子催化科学与催化技术。相信科技的进步、新的合成方法和先进的表征手段的出现，以及深入的机制研究和精确的理论计算等，一定会促进单原子催化科学的发展，推动单原子催化技术的工业化应用进程。

五、材料科学与生命科学和医学

现代医学正向再生和重建被损坏的身体组织和器官、修复和改善人体生理功能和微创治疗等方向发展，因此生物材料科学面临着全新的挑战。现阶段，生物材料学的研究内容涉及材料科学、生命科学、生物学、病理学、临床医学、药物学等学科，同时涉及工程技术与管理科学的范畴。作为新兴的前沿学科方向，生物材料学的发展主要经历了三个阶段。第一阶段是 20 世纪六七十年代发展起来的第一代生物材料，即惰性生物材料，其特点是不可降解，具有良好的生物安全性，植入体内后几乎没有毒性和免疫排斥反应，目前在临床仍然被大量采用。第二阶段是 20 世纪 80 年代发展起来的第二代生物材料，包括生物活性材料和生物可吸收材料。生物活性材料植入体内可以和周围环境发生良性生理作用，如生物活性玻璃、生物玻璃陶瓷等；生物可吸收材料在生理环境下可缓慢降解并被人体吸收，如聚乳酸、聚羟基乙酸等可降解医用高分子。在这一时期，组织工程学建立并发展成为生物材料学的重要分支。20 世纪 90 年代后期，随着干细胞和再生医学的发展，开发了第三代生物材料，即具有生物应答和细胞 / 基因激活特性的功能化生物材料，要求具有生物活性的同时可被降解吸收。它的特点是在体内生理环境中能够激发特定的细胞响应，从而介导细胞 / 干细胞的增殖、迁移、分化、蛋白质表达、细胞外基质形成等细胞行为，通过诱导组织再生实现损伤组织的修复和功能重建。该类材料目前已成为国内外生物材料领域的研究热点，可望在不久的将来应用于临床治疗。进入 21 世纪，随着现代生物学和现代材料学的快速发展，生物材料进入新的发展阶段。一方面，纳米技术、表面改性技术、3D 打印技术、干细胞技术等前沿科学技术与生物材料制造及临床转化密切结合，推进生物材料进入智能纳米生物材料时代；另一方面，生物材料的研究领域不断扩展，药物递送、肿瘤靶向诊疗、分子影像及诊断等已成为其前沿新领域，受生物启发的材料仿生制备技术也为新材料的开发提供了新的思路。

六、新材料的低成本规模制备技术

新物质或新材料的低成本规模制备技术是材料研究的重点。例如，硅单晶材料在以微电子技术为基础的信息时代革命中起到先导和核心作用。可见，新材料创制及其制备技术的发展影响和改变着人类社会发展的进程。

石墨烯具有良好的光学、电学、力学等特性，可以广泛应用于能源环境、生物医疗、电子器件、化工和航空航天等诸多领域。如何生产质量好、产量高、性能优异的石墨烯并将其可控地应用于各领域是材料研究关注的主要问题。2004 年，有人首先采用胶带反复黏附石墨的方法制备了少量单层石墨烯。该方法工艺流程简便、生产成本低，但是获得的石墨烯的尺寸很小、难以控制，并且产率不高，只能进行小规模的批量生产，很难实现石墨烯制备的产业化、规模化。在此之后，石墨烯的新制备技术得到长足的发展，涉及物理制备法（超临界流体剥离法）、化学制备法（氧化还原法和化学气相沉积法）及其他制备方法（掺杂法和有机合成法）。2014 年，有人发现了质子可较轻易地穿透石墨烯和 BN 等二维材料的现象。这一特性有望解决目前燃料电池中普遍存在的燃料渗透问题，突破燃料电池技术进一步推广应用的一大瓶颈。此外，石墨烯可作为优良载体，用于提高第二相的均匀性和分散性。

与之类似的还包括二维材料 MXene，其已被证实是一种先进储能材料。但由常规的氢氟酸腐蚀法制备的 MXene 存在层数堆叠严重、层间距过小、用作电极材料时比容量较低且循环性能差等问题。因此，开发结构和性能稳定的MXene基新型储能材料并拓展其应用具有重大的科学意义和实际应用价值。同样地，MXene 也需要经历材料的发现、制备、工业化再到应用等一系列过程。在这些过程中，需要利用新的表征技术来表征材料从宏观到微观的结构性能以期达到应用的目的，材料与其他学科的交叉学科（如材料信息学）则能缩短从材料发现到应用的过程。

第二节　材料科学与人工智能交叉

21 世纪初，随着计算机技术的迅速发展，人工智能技术取得重大突破，人工智能正与多个领域交叉并发挥重要作用。在材料领域，人工智能技术正对材料学研究和新材料开发进行颠覆性变革。首先，基于大数据挖掘的材料设计、加工和性能分析等可为新材料的研究和产业化提供有力的理论和应用依据。新的材料研究范式已经形成，材料科学领域传统的试错研究模式将更加深入地被人工智能技术改变。其次，人工智能与材料融合而产生的智能材料在生物医疗、环境保护、传感器、无人驾驶、智慧城市等领域取得长足进步，未来应用前景广阔。

一、研究现状与发展规律

（一）人工智能技术正在改变材料科学的研究范式

在材料科学领域，科研人员围绕着材料结构、性质、工艺和性能 4 个要素之间的关系开展研究。在近现代科学发展过程中，人类通过不断试错积累了巨量与材料科学相关的结构和性能数据。但这种传统研发范式耗时、耗力、耗资源，已经逐渐无法适应飞速发展的现代社会。在此背景下，人工智能技术为材料科学的发展带来了新的方案。2007 年，图灵奖得主詹姆斯·尼古拉·格雷（James Nicholas Gray）提出了科学研究的第四类范式——数据密集型范式，即利用大数据和人工智能处理大量的已知数据，然后通过计算得出之前未知的可信理论。将材料科学与人工智能相结合的材料信息学是帮助科学家获得大量数据中的隐藏关系、预测材料性能并指导材料合成和优化工艺参数的一门交叉学科。

目前，计算材料学的研究已经发展至第三代——统计驱动设计，即以机器学习为手段，以收集充足的物理化学数据为起点，总结规律特征，训练模型，并对材料的组分、结构及特性进行预测。

在统计驱动设计模式下，材料科学与人工智能学科正通过机器学习技术这座桥梁产生交叉，在关联庞大的材料结构、性能大数据的基础上，以高通量手段分析总结物理化学规律，并对具有新组分、结构的高性能材料进行精准预测，是材料研发的一个革命性发展方向，将对研发新材料起加速推进作用。当前，人工智能在材料科学领域的应用主要集中在以下几个方面。

（1）优化材料模拟方法。通过机器学习优化计算模型，改变“结构–性能”计算这种较简单的模式，把计算尺度从几百个原子在皮秒级时间跨度中的变化提升到百万个原子在纳秒级时间跨度中的变化，极大地增加了计算模型的尺寸和时间范围，帮助科研人员获得更加优化的计算结果。此外，通过机器学习技术，使用少量材料数据去训练人工智能，经过学习的人工智能可以准确地先行预测其他相关材料的结构和性能数据，从而大大减少了计算量。

（2）预测材料性质。机器学习技术可以帮助科研人员在合成材料前预测材料的结构和性质。基于机器学习建立人工智能模型，让人工智能学习材料在原子尺度下的电子排布、电负性、原子半径、原子体积、结合键等参数，从而预测其他类似材料的晶体学性质，可以高效地筛选目标材料。例如，美国西北大学构建的人工智能工具可识别材料的新特征，加快对发生金属–绝缘体转变材料的研发速度。在对材料性质预测的基础上，可对材料的力学、疲劳等性能做出预测，从而建立材料的本构关系，也可监控材料在服役过程中的健康和损伤状况。

（3）指导新材料合成。从计算机算法的角度来看，化学反应是一系列反应物、中间产物的相互联系和结合所产生的反应数据。这一系列反应数据可以用来建立数据结构或数据网络。算力逐渐增强的人工智能技术可以快速处理这些结构化数据，给出最优的反应路径，从而提供最优化的新材料合成策略。此外，人工智能可以给出材料的“逆合成”过程，辅助选择用于合成的初始材料和确定合理的合成路径。对于金属材料、有机高分子材料、复合材料等，利用人工智能可优化设计其结构、组分、成型工艺和加工过程，为进一步实现快速优化设计奠定基础。例如，美国麻省理工学院通过机器学习优化具有多种特性的3D打印材料，加快新材料的研发进程；德国亚琛工业大学基于机器学习系统快速准确地寻找特殊种类的催化剂。

（4）优化实验参数。在传统的材料研究中，实验参数的确定依赖大量的尝试和分析。人工智能使用已训练完成的神经网络对材料性能进行快速预测，形成迭代优化设计方法，以迅速优化设计参数。人工智能还可在材料制造及加工过程中快速判断材料在不同加工参数下的状态，并迅速做出调整，从而降低废品率。

（5）升级表征方法。先进表征手段的发展已经可以让科学家从原子尺度观察材料的变化和原子级的运动。人工智能的发展可以进一步增强表征能力，从而帮助科学家获得更强的表征技术。例如，通过机器学习手段，可以迅速从透射电子显微图片里寻找和分析材料的缺陷，给出缺陷的尺寸和特征，并进一步给出实时分析数据。

基于以上策略，目前人工智能技术已经在指导材料合成、发现新材料等诸多领域有了深入应用。

（二）人工智能系统的发展离不开新型材料的研发，各种传感器及其材料的开发与集成是人工智能发展的重要基础

初等的智能系统包括逻辑门、晶体管、集成电路及由它们组合而成的计算机系统，用来收集、存储信息，以及对信息进行逻辑运算。人工智能系统可自发感知并分析外界环境变化，同时做出超人类的表现，这些特性依赖刺激响应材料等先进材料的研究。目前应用于人工智能的刺激响应材料主要集中在传感器、可穿戴电子材料、智能光电材料、结构显色材料、生物传感材料等。传感器是人工智能应用必不可少的组成部分，为了感知外界刺激，需要系统集成压力传感器、位移传感器、温度传感器、电流传感器、气体传感器等器件。现阶段，可独立工作的传感器研发已经非常成熟，利用人工智能将各传感器集成为一个智能系统是未来发展的一个方向。可穿戴电子材料和智能光电材料在智能机器人、健康监控、医疗器械等领域应用广泛，具有特殊化学、电学和力学性能的柔性材料是发展可穿戴电子材料的基础。其中，聚合物材料因具有优异的机械可弯折特点而在可穿戴领域获得了广泛关注。此外，碳纳米管、石墨烯、金属纳米线等柔性纳米材料在柔性电子领域的应用取得了长足进步。结构显色材料可广泛应用于传感器、显示器、防伪标签等领域，光子晶体和非晶结构材料由于具有较好的仿生学特点，是用于结构显色的良好候选材料。随着人工智能和可穿戴传感器的发展，生物传感材料逐渐在健康监控、运动监控和人体周围环境监控中发挥巨大作用。可穿戴技术、生物传感材料及系统集成的发展，结合人工智能的数据处理能力，是实现人工智能生物传感器的基础。

二、发展趋势

人工智能在材料科学领域目前已经有了初步的应用，材料基因工程理念提出后，美国等国家基于人工智能技术开展了多个材料数据基础设施建设工程，旨在进一步提升材料研究效率，减少资源浪费，具体措施如下：①发展高通量材料模拟计算工具和方法，加快材料筛选和设计，减少耗时费力的试错实验；②发展和推广高通量材料实验技术及装备，快速、准确地获取材料计算所需大量的关键数据，对候选材料进行筛选和验证；③发展和完善材料

数据库/信息学工具，有效管理与利用材料从发现到应用全过程的数据链。

人工智能在材料科学领域的发展依赖高效的机器学习训练模型，即依赖足量的材料学数据。这些数据可以是公开的数据库、发表的论文和高通量实验设备的测试数据。

（1）我国人工智能平台依赖国外的问题需要受到重视。建立完善的材料数据库，并制定相应的数据标准和共享机制，是未来人工智能和材料科学交叉学科的首要任务。材料数据库可以帮助材料科学家快速获取准确的材料结构和性质数据，进一步基于人工智能技术处理这些数据，从而指导新材料的研究、预测新材料的性质。

（2）发展具有自主知识产权的大型尖端合成和表征设备，并在设备上集成传感器和人工智能软件也是人工智能在材料科学上应用的一个发展方向。合成和表征设备获得的材料数据可实时反馈到人工智能软件中，人工智能对数据进行实时分析，以此来帮助优化测试方法，获得最优的材料测试结果。材料结构表征数据也可以由人工智能实时分析，给出材料结构特征报告，并且通过比对材料数据库，进行材料的检测和识别。

（3）将人工智能在材料科学中的应用逐步运用到生产实际中也是未来的一个发展方向。用人工智能收集并分析大量产线数据，更大程度地结合实际生产规律和条件，从而建立最优的材料生产工艺，高效、稳定地生产先进材料；在已有的产线上结合人工智能，在材料生产过程中迅速分析判断材料在不同加工工艺下的状态，从而实现高效率、低缺陷材料制造。

相应地，人工智能的应用也离不开材料科学的发展。各种新型刺激响应材料、智能超材料、生物超材料、柔性可穿戴材料等的研发与应用是未来的一大趋势。人工智能与可穿戴电子的结合将向着多功能、自供能和高智能方向发展。这需要将多种柔性传感器（如温度、应变、湿度、压力等传感单元）进一步小型化和集成化，这对材料创新和结构设计提出了新的要求。此外，自供能或者自驱动材料的进一步发展也是实现人工智能应用的重要环节。随着人们生活水平的提高，健康监控功能的需求越来越大。随着人工智能生物传感器的发展，健康监控将从被动式监控逐渐转变为主动式监控。一方面，这对材料科学提出了更高要求，需要发展更多的新型材料和制备方法，以满足传感器高灵敏度、高精确度和高集成度的需求；另一方面，人工智能需要更高效、准确地收集数据，并结合先进算法提供更精准的健康监控策略。

三、学科发展布局

为促进材料科学与人工智能的交叉和创新发展，建议进行如下的学科布局（图 22-2）。建设中国的规模化、系统化的材料数据库并建立开放共享机制；开发基于人工智能的实验机器人；开发新型机器学习算法实现少数据量机器学习；材料测试加工设备中传感器和人工智能软件的集成；可用于人工智能的刺激响应材料、自供能材料、传感器、可穿戴电子材料等先进材料和器件的研发；柔性可穿戴器件的研究及其在相应应用领域的人工智能算法开发；传感器的小型化、集成化及智能化；智能超材料研发和制备方法探索。

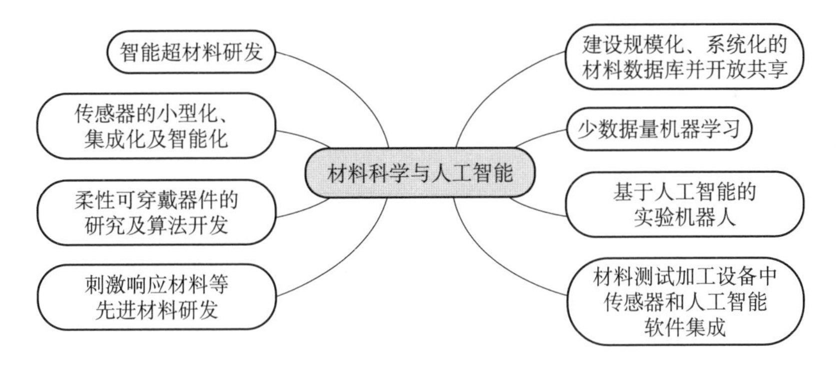

图 22-2　材料科学和人工智能交叉学科布局方向

经过上述学科布局，预计可以产生如下增长点和突破点。首先，通过机器学习等人工智能方法在材料科学中的应用，新材料的研发会更加快速、系统和深入，从而进一步促进算法的迭代，帮助材料的性能预测、设计和优化。材料加工企业利用人工智能可以进一步降低次品率，实现高效生产。其次，更多研究机构和研究人员参与到人工智能与材料科学的交叉学科中，材料基因工程的建设将更加完善和开放。最后，集成了人工智能的传感器、可穿戴柔性电子器件等逐步进入人们的生活中，通过健康监控、智能监护等深刻改变人们的生活。智能生物传感器的大规模应用也对人们的医疗和健康管理产生了重要影响。

四、学科发展的保障要素

（1）针对材料科学与人工智能交叉学科，全面梳理人工智能在材料科学中应用的优势和短板，充分了解和分析社会需求，对于优势方向给予重点支持，形成国际领先的技术与产品。

（2）为了实现我国人工智能在材料科学领域的快速发展，布局新一代的科研基础设施建设，需要更多科研人员参与材料科学和人工智能领域。因此，培养熟练掌握先进计算机技术的材料专业学生至关重要。未来可以在一些学校的材料专业先行试点，探索开设相关专业方向，在教授数学、物理和材料学知识的同时，强化计算机和编程教育，使学生掌握数据驱动等基本工具，培养一批既掌握材料学基础理论又懂得人工智能算法的学生，为未来材料数据库的建立和发展发挥作用。

（3）目前，中国是世界上发表论文数量最多的国家，尤其是在材料科学领域，每年海量的文献资料和实验数据可以通过机器学习技术形成完善的材料数据库，从而进一步指导新材料的开发和分析。建立材料数据库开放共享机制，让更多的科研人员参与到材料数据库的使用和建设中。

（4）结合智能设备、虚拟现实等技术，让人工智能背景下的材料科学走进校园，让学生可以学习到更丰富的材料科学知识；支持材料加工制造企业推进智能化改造，让智能制造协助高端材料的高效设计和加工，提升先进材料企业的竞争力；在优势院校成立产业学院，重点将可穿戴电子等有利于民生的研发方向产业化，快速推向市场，形成规模效应，带动上下游产业全面发展。

第三节　材料科学与生物医学交叉

作为材料科学领域的重要分支，生物材料近年来取得了长足的发展，尤其在抗击新冠疫情中发挥了重要作用。材料科学和生物医学的交叉学科具有鲜明特点，既涉及传统材料领域的材料科学、物理、化学等知识，又与生物学、医学等知识密切相关。与生物医学领域相关的材料涉及医用金属、医用高分子、医用陶瓷等材料，既包含医疗器械，又包含植入人体的生物相容性材料。因此，材料科学与生物医学交叉学科的发展综合体现了生物学、化学、材料学等多个学科的学术和工程水平。生物医学的发展对生物材料不断提出新的要求，推动了材料科学的发展。

一、研究现状与发展规律

材料科学与工程是研究材料的组成、结构、合成、加工与材料性能和用途关系的学科。其中，生物材料是用于与生命系统接触和发生相互作用，并能对其细胞、组织和器官进行诊断治疗、替换修复或诱导再生的一类特殊功能材料。生物医学是综合医学、生命科学和生物学的理论和方法而发展起来的前沿交叉学科，基本任务是运用生物学及工程技术手段研究和解决生命科学（特别是医学）中的有关问题。材料是生物医学研究、发展和应用的基础，生物医学技术的应用与发展离不开材料，材料的创新也会为生物医学的创新发展提供机遇。因此，材料科学与生物医学的交叉融合和共同发展对医疗技术的进步具有重要推动作用，由此对人类健康及社会发展具有重要意义。

材料在生物医学的发展与应用中一直扮演着重要角色，其中在医疗器械方面最明显。例如，骨科修复和替换中使用的金属材料在几百年前为纯铁与纯铜，20 世纪开始应用强度更高、生物相容性更好的不锈钢、钛合金、钴基合金，近年来又发展到抗菌金属、可降解金属，相关医疗技术持续提高，治疗效果越来越好。再如，针对冠状动脉狭窄而发展的介入治疗技术的支架材料从不锈钢到高强度的钴基合金，再到生物可吸收聚乳酸、生物可降解镁合金，支架的使用性能不断提升，治疗效果不断改善，支架植入后发生再狭窄的风险逐渐降低。此外，材料在诊断、治疗等药物方面也起到重要作用，如载药材料、药物递送材料等，可以提高诊断分辨率、增加药性、实现靶向递送等。基于器械材料在人体中发生的生物学效应，药械结合成为一个新的发展方向。例如，镁合金在人体环境的降解过程中会由于碱性升高、镁离子浓度升高、产生氢气等微环境改变而产生很多生物学效应，其中涉及对肿瘤细胞的灭活作用，由此有望发展一种治疗肿瘤的新方法。近年来，自身具有强烈抗菌功能的抗菌生物材料的研究与应用有望有效解决与植入物相关感染这一长期存在的临床问题，并可能大幅度降低临床上的抗生素用量。目前，生物材料在向着临床使用性能更佳、具备特定生物活性或生物功能性和促进组织再生的方向持续发展，我国在新型生物材料研究方面处于国际先进行列，其中部分方向处于引领地位。材料科学与生物医学的相互促进和交叉发展一定会有益于我国医疗技术的创新发展，从而产生更好和更新的疗效，使广大患者受益，产生重大的社会效益和经济效益。

二、发展趋势

随着社会的发展、技术的不断进步，以及人们生活水平的持续提高，公众对医疗技术水平的要求越来越高。这将更加有力地推动材料科学与生物医学的交叉融合和发展，进而产生更多的医疗技术突破和创新。预计在未来15年，材料科学与生物医学的交叉研究会更加深入，并初步形成相关理论体系，涌现多种具有实用价值的新型生物材料，并具有生物活性及生物功能性，如抗炎、促进血管化、促进成骨、抑制血栓形成、降低肿瘤细胞存活率等，可以诱导或促进生物组织再生，进而大大提高相关医疗器械的治疗水平，显著提升广大患者的生存率和生存质量。

预计在未来15年，中国将在自身具有生物活性（生物功能性）的新型生物材料研究与应用方面走在国际前列，产生更多引领国际发展的创新思想、创新理论、创新技术、创新材料、创新产品。针对广大人民在医疗方面与日俱增的需求，政府将出台更多、更好的政策和措施，大力推动创新成果的转化和应用，造福人民和社会。具体来看，以下几个方面是未来的重点发展方向。

（1）新型植入器械。无论是具有诱导组织再生生物功能的生物材料，还是其他需要植入人体的先进生物材料，或者是用于矫形、整形等外科手术的材料，均依赖新型植入器械。具有自主知识产权的新型植入器械将是我国未来的发展重点，由此带来的医用器械所需新材料的研发将至关重要。

（2）生物材料的表面改性工程。由于相当一部分植入人体的材料是不具备生物相容性的金属、陶瓷等材料，对这些材料进行表面改性尤为重要。研究和认识生物材料表/界面组织和结构，研发其表面表征和改性技术，是生物材料的一个研究重点，如具有特定生物功能表面的设计理论基础，以及表面改性和涂层装配制备及其工程化技术。

（3）药物载体材料。随着现代医学和生物学的发展，人们发现以先进药物载体材料对患者进行精准给药可以使难治愈疾病得到有效治疗。因此，研究药物载体材料的结构、组织和表/界面对其负载药物功能和靶向功能的影响是一个重要的发展方向。在此领域，具有较好生物相容性的碳材料、天然和合成高分子材料及水凝胶材料等可以发挥巨大作用。设计低毒、高生物相容性及特定靶向功能的药物载体材料并将其投入临床应用是需要重点开展的领域。

（4）人工器官材料。对于一些需要更换人体器官的重大疾病，人体器官配体无法满足大量的需求，因此开发人工器官（如人工心脏瓣膜、人造肝脏、人造肾脏）非常重要。人工器官不仅要实现其生物学功能，还需要具有耐久性和容易更换的特点。该类应用对材料的生物相容性、稳定性等因素要求极高，目前我国绝大部分此类材料依赖进口，是未来的一个重要发展方向。

（5）医疗诊断材料。目前我国高端医疗诊断设备依赖进口，国产化率不高。国家已经制定相关发展规划，激励高端医疗器械的研发，这也给了医疗诊断设备所需材料发展的机会。用于医学成像诊断的高灵敏度/高靶向性/高信号分辨率的医用材料、用于恶性肿瘤等疾病早期诊断的高检测灵敏度生物芯片材料等是重要发展方向。

三、学科发展布局

为促进材料科学与生物医学的交叉和创新发展，针对新型生物材料的研究发展，建议进行如下的学科布局（图 22-3）。抗菌生物材料对生物体内感染的抑制作用及相关机制研究；抗凝生物材料在生物体血管内对血栓形成的抑制作用及相关机制研究；促血管化生物材料在生物体内对血管形成的促进作用及相关机制研究；抗肿瘤生物材料在生物体内对肿瘤活性抑制作用及相关机制研究；基于生物活性（生物功能性）和促进组织再生的新型生物材料研究；新型生物材料对生物体免疫系统的影响及调控途径研究；基于生物活性（生物功能性）生物材料应用的创新医疗技术及器械研究；基于药械结合的新型生物材料研究。

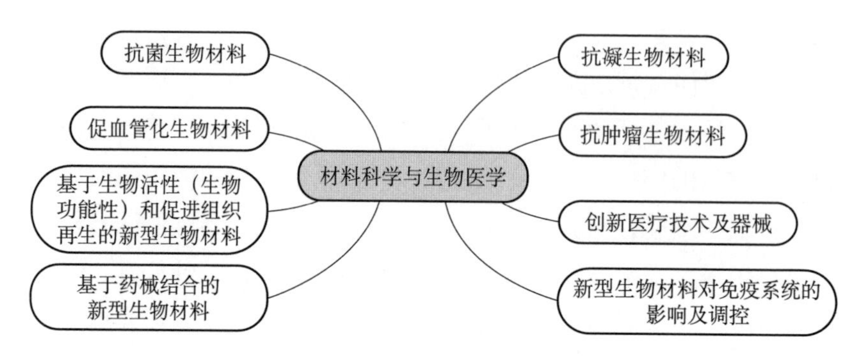

图 22-3　材料科学与生物医学交叉学科布局方向

经过上述的学科布局，预计可产生如下增长和突破点。通过学科交叉，以抗菌生物材料为主要代表的新型生物材料研究更加系统和深入，形成中国引领国际的抗菌生物材料体系，抗菌生物材料在医疗器械制造中得到广泛应用，临床上与植入材料相关的感染发生率显著下降，临床上的抗生素用量也会明显下降，社会效益和经济效益显著；在我国形成材料科学与生物医学交叉融合和促进相互发展的模式及多个方面基础研究成果，在以生物活性（生物功能性）和促进组织再生为标志的新型生物材料及应用方面实现众多突破，推动以材料创新促进我国医疗技术及产品的创新发展。

四、学科发展的保障要素

（1）全面梳理科学问题与社会需求。针对材料科学与生物医学交叉学科，梳理和归纳材料科学与生物医学交叉研究中的诸多科学问题，面向国家相关的战略需求，遴选具有国际竞争力的研究方向和研究团队，给予优先支持，推动其研究发展，使之成为“卡他人脖子”的优势技术和产品。

（2）强化交叉学科领域的专业建设。未来材料科学与生物医学交叉学科的发展依赖大量人才投身到该领域。依托一些优势高校重点发展该方向，为科研界和产业界培养后备人才力量。此外，需形成该交叉学科的科研梯队，通过大型团队项目、重点项目、面上项目等多层次科研项目支持，形成高质量的交叉学科创新队伍，为该领域的发展提供有力保障。

（3）建设国产化医疗设备。目前医疗设备的进口率过高，严重阻碍中国医用器械和材料的发展。发展国产化医疗设备，可以带动材料科学在生物医学领域的发展。依托高校和企业，建立医疗设备国产化的工程技术体系，逐步取代进口设备，由此可实现医用材料和器械的快速突破。

（4）构建知识产权体系。鼓励在生物材料领域开展原始创新，取得原创成果，形成系统化的专利和知识产权。为医疗设备和医用材料国产化奠定基础；加强与医学临床相关学科的交流，特别针对重大疾病的诊断和治疗进行生物材料研究。

第四节　颠覆性技术背景下的材料科学

颠覆性技术又称为破坏性技术，由哈佛大学的克莱顿·克里斯坦森（Clayton M. Christensen）于 1995 年在其著作《创新者的窘境》（*The Innovator's Dilemma*）中首次提出，被定义为以意想不到的方式取代现有主流技术的技术，其蕴含的破坏性、变革性思想溯源于经济学家熊彼特于 1912 年提出的“创造性破坏”。如今，“颠覆性技术”这一概念得到广泛应用，不同行业的学者与机构根据自身研究视角或定位需求阐述颠覆性技术的概念。例如，我们可以切身感受的典型颠覆性技术——互联网、电子商务、物联网，给包括中国在内的世界各国带来了从研发、生产、物流仓储到消费习惯的巨大改变，提升了整个行业的运行效能和产出效率。对于材料科学，颠覆性技术是指通过应用对已有传统或主流技术途径产生根本性替代效果的全新技术，带来新材料、新结构、新功能、新性能或更多的应用价值。2020 年 3 月，北约科技组织（NATO Science & Technology Organization）发布的《2020—2040 科技发展趋势：探索科技前沿》（*Science & Technology Trends 2020—2040: Exploring the Edge*）中阐明了北约重视的八大新兴颠覆性技术，具体包括数据科学、人工智能、自主性、量子技术、太空技术、高超声速技术、生物科技与人类增强技术、新型材料与制造技术，并指出未来 20 年的科技发展趋势将呈现智能化、互联化、分布式化和数字化四大特点。在我国，党的十九大报告强调了“突出关键共性技术、前沿引领技术、现代工程技术、颠覆性技术创新”。习近平总书记曾经指出，“一些重大颠覆性技术创新正在创造新产业新业态”[①]。2016年,“颠覆性技术创新”被写入《国家创新驱动发展战略纲要》和《“十三五”国家科技创新规划》。

一、研究现状与发展趋势

石器时代、铜器时代、铁器时代均以材料的特性与应用特征作为时代划分的标志。现代种类繁多的材料已经成为人类社会发展的重要物质基础，人类生活中使用的各种材料，如金属材料、有机高分子材料、陶瓷材料、玻璃材料、晶体材料等。工业革命与科学技术的发展促使材料不断更新换代，新型材料不断涌现、更加多样化。未来在先进结构材料、先进功能材料、人工晶体、生物医用材料、高性能纤维、新能源材料、稀土材料、超导材料、超材料、半导体材料、空间材料、传感探测材料及石墨烯材料等领域都将涌现一些颠覆性技术。这些颠覆性技术与材料相融合将改变人们的生活方式，推动社会文明进步。

颠覆性技术引领的材料技术的整体发展态势如下：材料制备与应用向低维化、微纳化、人工结构发展，材料结构功能一体化、功能材料智能化、材料与器件集成化、制备及应用过程绿色化成为材料研发的重要方向；材料研发周期缩短、可应用材料品种快速增加；材料与物理、化学、信息、生物等多学科交叉融合加剧，多学科交叉在材料创新中的作用越来越重要；材料研发向更加惠及民生的方向发展，并在资源和能源的可持续发展中发挥越来越重要的作用。

超材料是指通过在材料关键物理尺寸上的结构有序设计突破某些表观自然规律的限制，获得超出自然界原有普通物理特性的超常材料。超材料有望成为一系列颠覆性技术的源头。超材料在基本结构、性能和实现方法上与常规材料完全不同，是具有重要军事应用价值和广泛应用前景的前沿技术领域。

① 央广网. 习近平指出科技创新的三大方向[EB/OL]. (2016-06-02)[2022-02-19]. http://m.cnr.cn/news/20160602/t20160602_522304197.html?ivk_sa=1024320u.

与常规材料相比，超材料主要具有新奇人工结构、超常物理性质、可采用逆向设计思路实现“按需定制”等特征。目前研究较多的超材料包括电磁超材料、负折射率超材料、负热膨胀系数机械超材料、光电直接转化超材料、超磁材料、超宽带吸波材料、超材料透镜与全光信息元器件等。超材料是一项具有深远意义的科学突破，它带来了一种全新的构造方式，能通过人工结构单元实现各种功能，由此产生很多超常物理性质。超材料在很多领域的应用都有可能诱发颠覆性技术，因此获得国际上的广泛关注。

半导体材料与技术是当代信息社会发展的基石。经过 70 余年的发展，摩尔定律已经接近半导体材料与技术的极限，“后摩尔时代”半导体领域的颠覆性技术主要包括新材料、新架构、先进封装和先进工艺。在新材料方面，主要通过全新物理机制实现全新的逻辑、存储及互联概念和器件，推动半导体产业的革新。例如，拓扑绝缘体、二维超导材料等奠定了全新的高性能逻辑和互联器件的基础，新型磁性材料和新型阻变材料制备了高性能磁性存储器（如 MRAM 和阻变存储器），第三代化合物半导体材料（SiC、GaN 等）是发展高温、高频、大功率电子器件的优选材料。

新能源材料主要有光伏材料、储氢材料、燃料电池材料等。能源发展技术预测对国家政策制定和企业战略谋划都意义重大，能源科技的发展将深刻地影响未来能源格局。能源材料科技是当今科技创新最主要和最活跃的领域之一。在油气、氢能、储能、核聚变能等方面都有可能出现颠覆性技术，都会极大地改变世界能源供需格局。

作为制造业迅速发展的一项新兴技术，3D 打印技术催生着材料领域的变革。在 3D 打印领域，材料是技术的核心之一，3D 打印过程不仅涉及成形工艺，还包含材料制造工艺、材料技术的深度参与，将材料工艺嵌入 3D 打印技术中，实现材料、成形工艺同步开发。3D 打印广泛应用在机械制造、医疗、建筑、汽车制造等行业，突破金属粉末材料的制备技术是未来 3D 打印技术面向高端制造领域的关键。在航空航天领域，3D 打印在制造高温合金方面具有传统工艺所无可比拟的优势，3D 打印技术将成为高温合金制造业的颠覆性技术。

超导材料是一种在一定条件下能排斥磁力线且呈现电阻为零的特性的新型材料。超导材料是当代凝聚态物理最重要的研究方向之一，也是颠覆性技术和新材料领域一个十分活跃的重要前沿。超导材料按其化学成分可分为元素材料、合金材料、化合物材料和超导陶瓷。颠覆性技术与超导材料研究相结合有望获得室温及以上的超导材料。

自只有单原子层厚的石墨烯被发现以来，石墨烯独特的结构让它具有更导电、更传热、更坚硬、更透光等优异的电学、热学、力学、光学性能。由此，由单层原子组成的二维材料引起了人们的极大关注。二维材料具有独特的电学、光学和力学性能，如高导电性、柔韧性和强度，成为激光、光伏、传感器和医疗等领域很有前景的材料。自石墨烯被发现后，近年来，人们相继发现了以磷烯、硅烯、锗烯、铪烯、锡烯、BN、InSe、MoS_2为代表的过渡金属硫化物及过渡金属碳化物等百余种二维材料，极大地提升了二维材料的性能，并拓展了其应用。

生物医用材料是用于对生物体进行诊断、治疗、修复或替换其病损组织、器官或增进其功能的新型高技术材料，是研究人工器官和医疗器械的基础，已成为材料学科的重要分支。生物医用材料是当代科学技术中涉及学科最广泛的多学科交叉领域，涉及材料、生物和医学等相关学科，是现代医学两大支柱——生物技术和生物医学工程的重要基础。基于当代材料科学与技术、细胞生物学和分子生物学的进展，在分子水平上深化了材料与机体间相互作用的认识，加之现代医学的进展和临床巨大需求的驱动，生物医用材料与产业正在发生变革，已处于实现意义重大的突破的边缘——再生人体组织，并进一步发展到再生人体器官，打开无生命材料转变为有生命组织的大门。

材料基因工程与机器学习给材料传统研发模式及思维方式带来变革，实现快速、低耗、创新发展新材料，核心关键问题为建立高通量自动流程计算模型，实现高通量材料组合设计、制造与检测，以及材料数据库融合协同运作。通过建模与计算实现对材料成分设计、结构预测、加工制备及服役行为和过程的定量表述，揭示材料化学因素和结构因素与材料性能、功能之间的相关机制及内在规律，为创制新材料、实现按需设计材料提供科学基础。

二、学科发展布局

为促进颠覆性技术背景下的材料科学创新发展，从两个维度开展颠覆性技术材料科学研究发展，建议进行如下的研究布局（图 22-4）。一个维度是研究范式下的颠覆性技术，包括颠覆性的材料计算 / 高通量筛选技术研究、颠覆性的材料制备技术研究、颠覆性的材料加工技术研究、颠覆性的材料表征技术研究、颠覆性的材料应用技术研究。另一个维度是在颠覆性的材料研究范式下的具有重要应用背景的材料，这是一个开放式研究布局，随着时间的推移和技术的进步可以不断扩展。聚焦国家重大需求，目前布局的颠覆性技术材料研究主要包括先进结构材料、先进功能材料、人工晶体、生物医用材料、高性能纤维、新能源材料、稀土材料、超导材料、超材料、第三代半导体材料、传感探测材料、石墨烯与新型二维材料。

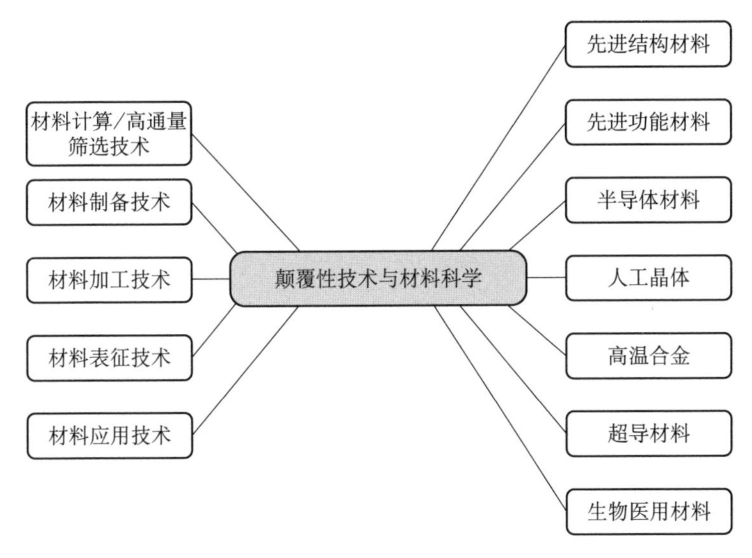

图 22-4　颠覆性技术与材料科学学科布局方向

三、学科发展的保障要素

材料基础理论研究和原始创新是颠覆性技术的源头，没有基础研究的厚积薄发，就没有能力掌握材料科学领域的颠覆性技术，材料产业发展就难以迈向高端水平。材料科学领域应进一步加强前瞻性、导向性应用基础研究，为新材料、新工艺、新流程的涌现奠定坚实的科学技术基础。

材料科学正面临多维度的发展格局，多学科交叉越来越受关注。打造有效的学科交叉、背景交叉、开放和共享的运行机制，促进学科融合，联合攻关，为材料科学颠覆性技术发展提供土壤。重视材料设计、材料制备、材料表征和工程技术研究，促进交叉领域内部技术相互渗透、相互借鉴，促成材料开发环节的颠覆性技术产生与发展。

营造材料科学领域颠覆性技术的产生和发展环境，加强顶层设计，建立材料科学颠覆性技术的长效研究机制。建立灵活、宽容的颠覆性技术发展环境，优化科研项目筛选与评审机制。营造敢于挑战权威、宽容失败、自由探索的创新氛围，鼓励科研人员勇于超越现有技术体系与模式，尝试新的研究思路，充分激发科研人员的创造力。

重视材料科学颠覆性技术投入，建立科学评价制度。以国家进口替代材料、“卡脖子”材料、重大项目、重大工程等需求为导向，聚焦关键基础材料、先进基础工艺和核心制备技术，加强材料领域应用技术的积累，加大支持力度，特别是对一些独特的颠覆性技术创新项目进行择优资助。建立新的项目评价制度，以促进颠覆性技术的培育与发展为导向，项目主管部门进一步加强理论研究，逐步建立颠覆性技术的识别、培育机制与评价标准。

第二十三章

新概念材料与传统材料变革

第一节　新概念材料

一、科学意义与战略价值

近年来，随着科学技术的快速发展，各行业对材料性能和功能的要求不断提高，新理论、新技术不断涌现，新概念材料的研究已成为各国争先发展的新领域，各国科研机构纷纷在该领域提前布局，并吸引了大批材料科学研究人员投身其中。新概念材料是指新近发展的或正在研发的现象奇特、性能超群的一些材料，具有比传统材料更加优异的性能。新概念材料涉及声学、光学、生物、能源、信息、通信、催化等多个领域（图 23-1），包括量子材料、智能材料、人工微纳结构材料、新型二维材料、新型仿生材料、新概念能源材料、新概念催化材料、新概念信息材料、新型非平衡态材料、人机深度融合的关键新材料、新型生物医用材料等。首先，新概念材料的研究与开发对提升我国的原创研究水平、开发材料创新体系、占领基础理论高地具有十分重要的意义；其次，新概念材料对变革材料研究范式，提出新的材料研究方法和材料制备、加工、服役新理论具有重要引领和开拓作用；最后，高端制造和重大工程中的很多关键瓶颈问题也需要开发新材料或协同多材料体系加以解决。新概念材料的研究与开发可为社会经济的发展提供支撑和引领，通过“一代材料，一代装备”更好地服务国家战略需求。

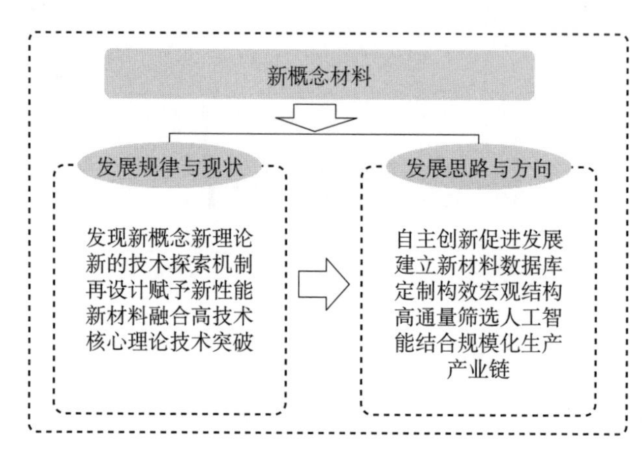

图 23-1　新概念材料的发展规律与方向

二、发展规律与研究特点

新概念材料涉及多个领域，涵盖量子材料、高温超导材料、纳米材料、能源材料等新材料领域，与信息、能源、生物等高技术加速融合，大数据、数字仿真等技术在新材料研发设计中的作用不断突出，新概念材料创新步伐持续加快。

目前，新概念材料的研究发展十分迅猛，主要集中在以下几个方面。

（1）侧重发现新的理论与新的概念，包括量子材料、超材料、新型二维材料、智能材料、高熵合金等。通过对新材料体系的发现、多学科的交叉，产生新的理论，赋予新的理解，重新揭示制备工艺、组织结构、材料组分和材料性能的内在关联。

（2）侧重采用新的技术、表征手段、研究方法确定材料演变与失效机制，包括新概念能源材料、新概念催化材料、新概念非平衡态材料等。通过对材料真实反应过程中物质变化的深入研究，以及对材料实际反应表 / 界面结构、微反应局域环境的原位表征，建立明确的材料动态演变行为与构效关系，以及利用材料基因工程、高能量制备与筛选、机器学习等新研究方法探索新的材料体系与设计理论。

（3）侧重对传统材料重新设计，赋予传统材料新的性能，包括新型复合材料、人工微纳结构材料、新型生物医用材料、新型仿生材料等。在传统材料的基础上，通过构建材料复合、杂化等材料体系，发展多尺度、多维度、多自由度相互作用的材料体系，获得具有比传统材料性能更加优异的材料。

三、发展现状与发展态势

当前，新概念材料正在与纳米技术、生物技术、机器学习、信息技术等相互融合，功能材料智能化、结构功能一体化的发展趋势日趋明显。美国、日本、德国等纷纷在新概念材料领域制定出台相应的战略规划，如材料基因组计划、欧盟能源技术战略计划及2030年国家生物经济战略等，涉及量子材料、新型仿生材料、新概念信息材料、新概念能源材料、新型生物医用材料等多个领域，以求抢占新概念材料产业的制高点。目前，国际上新概念材料发展趋势主要体现在三个方面：①高度重视新概念材料基础及应用研究；②聚焦新概念材料主要方向，发布重点战略；③将新概念材料纳入国家制造业创新网络，材料发展以产业化为导向。

近些年，我国也出台了一系列政策方针支持新概念材料领域发展，如《新材料产业发展指南》《“十四五”原材料工业发展规划》等。新一轮科技革命与产业变革蓄势待发，全球新材料产业竞争格局正在发生重大调整，我国应推动新材料与信息、能源、生物等高技术的加速融合，持续加快新材料创新步伐。目前，我国发掘新概念材料的速度在不断加快，新概念材料研究取得了许多突破性进展。

（1）新的理论、新的概念、新的材料体系不断涌现。例如，近年来探索出的多种新型量子拓扑材料（包括拓扑绝缘体、拓扑半金属等）具有奇特的表面态和低能耗的电子输运等性质，为未来电子材料和器件乃至基于量子拓扑体系与计算的信息技术创新提供了多种可能。利用带电分子基团取代无机离子，首次制备得到无金属钙钛矿铁电体，为钙钛矿家族增添了新成员。

（2）通过新的技术、表征手段、研究方法确定材料反应表/界面结构，实现对材料原子尺度物质变化的深入研究。例如，将扫描透射电子显微技术与第一性原理计算理论相结合，在薄膜陶瓷中发现了区别于晶体、准晶体和非晶体的新结构——一维有序结构（一维有序晶体），更新了对固态物质结构的认识。应用色差校正透射电子显微技术，在国际上首次通过实验手段获得了材料内部原子面分辨的磁圆二色谱，并定量计算出每一层原子面原子的轨道自旋磁矩比。利用极低温-强磁场-扫描探针显微镜联合系统，首次于高温下观察到在铁基超导体中马约拉纳束缚态，这预示着其他高温超导体也可能存在马约拉纳任意子，为马约拉纳物理研究开辟了新的方向。

（3）通过对传统材料的重新设计赋予传统材料新的性能。例如，打破传统对金刚石“硬”的认知，研制了兼具高弹性与高强度的单晶纳米金刚石，实现从“不可兼得”到“可兼得”的转变。将适量的氧添加于高熵合金中，发现了一种新型间隙原子存在状态，同时提高了合金强度和合金塑性，打破了对间隙固溶强化的传统认知。

目前，我国在新概念材料领域的基础理论和关键技术方面取得了许多重大突破，提升了我国在新概念材料前沿领域的研究地位，为高端制造业的发展奠定了坚实的基础。但总体而言，我国新概念材料产业起步晚、底子薄，自主创新不足，受制于人的问题非常突出。在信息显示、运载工具、能源动力、高档数控机床和机器人五大领域常用的244种关键的新概念材料中，中国仅有13项材料国际领先、39项材料国际先进，与国外有较大差距的材料有101种[①]。新概念材料已经成为国家竞争力关键领域，大力发展新概念材料势在必行。我国新概念材料发展任务艰巨，需要强化基础创新，突破关键核心技术，补齐新概念材料的短板，完善新概念材料产业链配套设施建设。

四、发展思路与发展方向

新概念材料研究不仅可在新理论、新方法、新技术方面取得原创性的突破，还可为新器件、先进装备、重大工程提供材料基础，是目前材料研究领

① 黄思维, 干勇. 中国先进材料发展战略[J]. 高科技与产业化, 2020, (11): 16-19.

域的热点方向之一。通过新研究范式的变革，先进材料研究方法、新材料表征技术的发展，以及多学科、多领域的交叉，将涌现更多新、奇、特材料。

目前重点关注的新概念材料如下。

（1）可能在物理、信息、人工智能等领域引起重大变革的量子材料、智能材料、新概念信息材料等。加大对该类材料的研发力度，在基础研究和应用开发中走自主创新的道路，利用材料基因工程和高通量计算系统搜索筛选，建成相关材料数据库，并建立有自主知识产权的产业链，实现跨越式发展。

（2）可能在生物医药、生命科学等领域得到应用的新型生物医用材料、新型仿生材料、电子皮肤、柔性材料等。将仿生理念与材料制备技术相结合，通过微结构设计拓展材料的结构组分和性能，实现特殊性能可定制化的宏观结构，设计并制备结构功能一体化和功能多样化的新型高性能材料，提升并完善材料的智能化水平，做到集材料结构、智能处理、执行控制等系统于一身，以满足各种复杂环境和不同应用背景的特殊需求。

（3）可能在新能源、能量转换与存储等领域产生突破的新概念能源材料、新概念催化材料等。例如，通过引入功能基元和序构构建新型高性能材料，满足新能源、能量转换与存储等领域对材料的需求，解决其中的关键科学问题与技术问题，逐步实现按需设计变革性和颠覆性新材料的目标。

（4）可能在重大工程、重要装备中得到应用的高熵合金、高强高韧结构材料和深海深空用新材料等。将高通量筛选和人工智能相结合，改善现有制备方法，推动工业大批量生产进程，为新概念材料领域带来新突破。

第二节　新型复合材料与杂化材料

一、科学意义与战略价值

作为我国关键战略材料的重要组成，新型复合材料与杂化材料不仅作为保障国家重大战略实施和高端装备发展的重要物质基础，还与信息技术、新能源技术、生物技术深度融合，共同推动制造业向高端化发展。新型复合材料与杂化材料的总体定位与目标如下：以创建和发展材料多组分、多尺度、多层次复合原理与材料设计理论为重要引领，以面向国家重大工程和支柱产业的高性能复合材料、面向新能源技术的高效能源转换和储存材料、面向生命科学的纳米复合生物材料、面向信息技术的信息功能杂化材料和面向变革性技术的前沿新材料为主要突破点，聚焦材料科学相关的关键共性科学问题，以及引领未来技术的新型复合材料与杂化材料的重要科学问题，推进材料科学与工程技术领域的融合和发展。

二、发展规律与研究特点

复合材料是指通过人工复合的方式将一定数量比的两种或两种以上的组元组成多相、各相间有明显界面且具有特殊性能的材料。杂化材料特指组元在纳米尺度或分子尺度的复合材料。复合材料发明和应用的历史悠久，几千年前的草梗合泥筑墙、麻纤维和土漆制备的漆器等作为复合材料雏形仍沿用至今。现代复合材料的研究始于 1900 年前后。在过去这 100 多年里，一系列高性能先进复合材料体系的研创和快速发展不仅将复合材料的基体扩充至金属、无机非金属、有机高分子三大类材料，广泛地应用于航空航天、交通、海洋、能源及医疗领域，复合方式也从传统的两组分、宏观尺度复合向多组分、多尺度、多层次新型复合材料与杂化材料转变。新型复合材料与杂化材料领域除遵循材料科学自身发展的规律（材料的设计、制备、表征、性能调控及其服役特性等共性科学问题）外，由于其本身涉及多种材料体系的复合及杂化，作为侧重材料引领和促进学科交叉的重要载体，还需要进一步明晰复合材料的多维度、多尺度、多自由度的异质 / 异构界面及其相互作用规律。

三、发展现状与发展态势

新型材料的基础研究、开发应用反映了一个国家的科学技术水平与产业竞争力，是衡量综合国力的重要标志之一。在新材料发展与应用中，复合材料由于具有轻质、高强、低碳环保、性能与功能可设计性等优点，已经在航空航天、轨道交通、舰船车辆、新能源、医疗健康、基础设施建设等重要领域得到广泛的应用，属于未来国家重点支持发展的战略性新材料产业。

复合材料按照材料的基体种类可以分为树脂基复合材料、金属基复合材料、碳基/陶瓷基复合材料三大类。其中发展最早的是树脂基复合材料，1900年前后，以第一种工业化酚醛树脂复合材料 bakelite 为标志，翻开了现代复合材料学科发展的新篇章；1963 年，美国 NASA 首次报道了用液相浸渗方法制备出 10% 钨丝增强铜复合材料，这成为金属基复合材料的研究起点；1987 年，日本丰田中央研究所首次报道了纳米层状蒙脱土与尼龙的纳米复合材料，掀起了新型杂化材料的研究新热潮。

树脂基复合材料具有比强度、比刚度高，可设计性强，抗疲劳断裂性能好，耐蚀、结构尺寸稳定性好的独特优点，广泛应用于航空、航天、交通及能源领域，特别是在航空领域，其用量已成为衡量飞机先进性的重要标志。在我国树脂基复合材料发展的近几十年里，以中国航发北京航空材料研究院、大连理工大学、哈尔滨工业大学等科研机构为代表，在树脂基复合材料的基础研究领域取得了一系列成果：探究了耐高温聚合单元结构设计及高性能树脂的合成机理、高性能环氧树脂基体的低温固化机制，建立了树脂流动浸润模型，发展了固化变形控制和制造过程工艺优化技术。

自 1981 年起，我国启动金属基复合材料的研究，以国家重大战略需求和学科发展前沿为导向，由哈尔滨工业大学、西北工业大学、上海交通大学等研究机构为代表，以铝、镁、钛合金等轻质金属为基体，深入研究了不同性质、形态、尺寸的非金属和碳基增强体及其组元间的协同效应对金属基复合材料的宏观性能的影响规律，建立了高性能轻质合金的多元复合强韧化理论，研创了一系列金属基复合材料批量制备技术，保证了国防工业和国家重大工程领域装备的高性能、低成本的技术需求。

先进 C/C 基和陶瓷基复合材料具有高比刚度、高比强度、耐超高温、耐强腐蚀、抗强辐照等优点，已经成为未来极端服役环境中材料的重要组成部分。自 20 世纪 80 年代开始，中国航发北京航空材料研究院、西北工业大学、国防科技大学等科研机构取得了一些有代表性的进展，如陶瓷基复合材料微纳多尺度强韧化机理，研制了一系列轻质、耐超高温 C/C 基和陶瓷基复合材料体系。

纳米杂化材料研究虽然不过短短 30 多年，但是在上海交通大学、中国科学技术大学、中国科学院、北京航空航天大学、武汉理工大学等单位的引领下，我国在有机–无机杂化纳米颗粒的精准合成及其有序组装、仿生高性能纳米杂化材料的结构设计 / 自组装及应用、基于光 / 磁 / 电 / 热等智能响应的纳米杂化功能材料设计等领域做出了一系列开创性的工作。

我国复合材料与杂化材料研究正处于从初步发展阶段和快速增长阶段过渡为跨越发展阶段的关键时期。但是，我国复合材料与杂化材料科学研究的国际地位与我国材料产业规模还不相称，高水平成果的占比还不高，特别是在前沿领域的原创性成果与美国、日本及欧洲等发达国家或地区尚有差距，系统性多学科前沿交叉、密切合作的高水平基础研究相对薄弱。因此，建立复合材料与杂化材料的多层次、多尺度的结构和功能的设计准则，发展新的复合理念和杂化方法，加强变革性技术和复合材料与杂化材料的深度融合，为我国新型复合材料制造技术向整体化、自动化、数字化和智能化发展奠定坚实的材料基础。

到 2035 年，进一步从国家层面强化战略导向，以现有的复合材料与杂化材料国家重点实验室引领性发展为突破点，充分整合全国创新资源，建立目标导向、绩效管理、协同攻关、开放共享的新型运行机制，同其他各类科研机构、大学、企业研发机构形成功能互补、良性互动的协同创新发展格局。

四、发展思路与发展方向

以国家重大战略需求和学科发展前沿为导向，在新型复合材料与杂化材料基础方面提供关键性、共性的理论依据和原理性技术支撑，在应用方面为国家重大战略领域提供高品质、多品种、宏量化的关键重要材料和构件（图 23-2）。

到 2035 年，新型复合材料与杂化材料应重点发展以下几个方向。

（1）新型结构功能一体化复合材料与杂化材料的超常调制。超常条件下

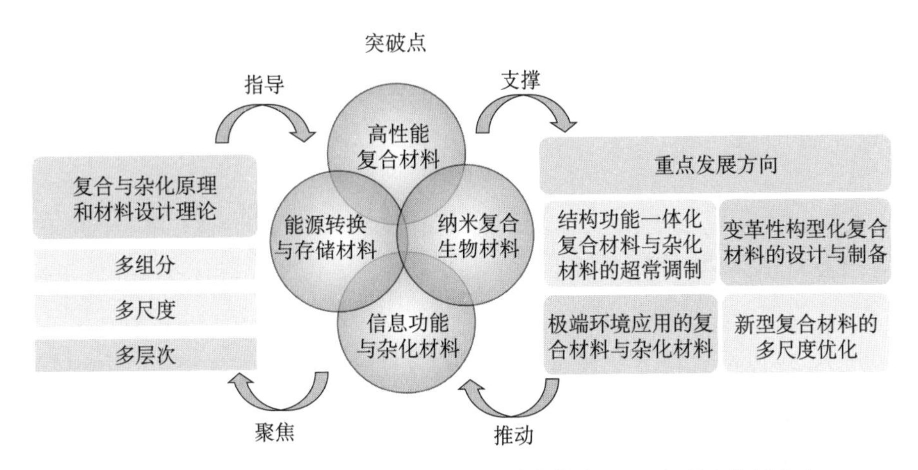

图 23-2　新型复合材料与杂化材料的总体定位和 2035 年重点发展方向

多相反应体系中相变过程与化学反应热力学和动力学调控机制研究；金属材料液-固相变、固态相变和成形改性的超常调制研究；超常条件下新型复合材料与杂化材料多尺度设计及可控合成机理研究；多功能复合材料与杂化材料的性能调控研究，结构功能一体化金属-无机-树脂基复合材料与杂化材料的设计与成形机理研究。

（2）具有变革性的构型化高性能复合材料的设计与制备。具有变革性性能与功能构型化复合材料的关键基元的设计和构筑；构型化复合材料的变革性性能的设计理论和方法研究，纳观-微观-宏观跨尺度理论模型优化；复合材料体系-复合构型设计-复合技术-宏观性能耦合机制与协同精确控制机理研究；构型化所激发新现象、新性能的物理原理与作用机理研究。

（3）极端环境应用的新型复合材料与杂化材料。极端环境与材料耦合模拟理论和方法研究；极端环境下复合材料与杂化材料的损伤、失效和破坏机理探究；极端环境下复合材料与杂化材料的服役性能评价；极端环境下复合材料与杂化材料的全寿命预测评估。

（4）新型复合材料的多尺度优化。面向计算材料科学的学习方法和智能调控机制研究；复合材料协同多尺度计算模型优化，基于人工智能的复合材料的设计与优化方法开发；复合材料的跨尺度、全生命周期的计算模拟；新型复合材料智能化高通量设计理论研究。

第三节　先进制造关键材料

一、科学意义与战略价值

进入21世纪，世界制造业竞争格局发生重大调整，先进制造技术已经成为国际竞争的制高点。发展先进制造技术是提升我国综合国力、保障国家安全、建设制造强国的战略需求。我国先进制造技术基础科学研究相对薄弱，尤其是部分关键材料基础研究的原创性成果缺失，严重制约了我国先进制造技术的创新和升级。另外，“十四五”时期是我国应对气候变化、实现“双碳”目标的关键期和窗口期，推动开展先进制造关键材料研究对于促进工业实现绿色低碳转型、提升资源利用率、如期实现“双碳”目标具有重要战略意义。

随着先进制造技术的快速发展，其新型关键材料需求不断涌现，所需材料的服役性能快速提升。在开展先进制造关键材料研制过程中，亟待解决新型关键材料设计、表征、制备、服役特性等共性基础科学问题。因此，开展先进制造关键材料基础研究对发展材料科学理论与技术和提升我国先进制造业竞争力有重要的科学意义和战略价值。

二、发展规律与研究特点

先进制造关键材料研究是针对当前制约我国先进制造技术发展的新型材料的优化设计、制备技术和服役性能等方面的科学研究。在先进制造关键材料领域，新型材料研究的目标源于先进制造技术的设计需求，该领域科学研究具有显著的需求导向。先进制造关键材料的科学研究一般是在现有材料研究成果的基础上，通过理论分析、计算模拟和实验验证等传统方法开展材料成分设计、制备机理及服役特性科学问题研究，实现材料性能的按需设计并推动材料的工程应用。

在信息化、智能化和可持续发展的背景下，新兴信息技术、绿色发展理念和先进制造业深度融合，引发了先进制造关键材料应用需求的深刻变革。先进制造关键材料研究正在向信息化、极限化和绿色化方向发展，采用信息化、数字化技术研究新型关键材料相变机理和成型机制，通过人工智能设计调控新型关键材料成分和结构，利用极端条件进行新型关键材料合成制备和服役性能研究，开展全生命周期优化控制的新型关键材料绿色制造，已成为先进制造关键材料研究的发展趋势。

三、发展现状与发展态势

先进制造关键材料是发展先进制造技术的关键基础之一。近年来，先进制造关键材料取得了一批重要突破和实质性进展，如高性能钢、轻合金、高温合金、高性能碳纤维材料、增材制造材料等，有力支撑了我国高速铁路、载人航天、海洋工程、能源装备等领域先进制造业的发展。

按照《国家创新驱动发展战略纲要》和《国家中长期科学和技术发展规划纲要（2006—2020年）》要求，我国先进制造技术将向信息化、极限化和绿色化的方向发展，但总体来看，在先进制造关键材料领域研究水平还面临巨大挑战，体现在以下几个方面。

（1）原创性工作缺失。虽然我国材料领域研究单位众多，发表论文数量国际领先，但先进制造关键材料的原创性成果数量相对较少，拥有自主知识产权的先进制造关键材料研发落后。

（2）关键材料产业化不足。我国材料方面的基础研究主要集中在高校和科研院所，企业主要开展成熟型材料生产制备，这造成了关键材料研发与应用技术的结合不够紧密。先进制造关键材料面向实际服役环境下的研究缺失，先进制造关键材料应用开发和产业化能力不足，导致先进制造关键材料的产学研脱节。

（3）缺少针对性的评价体系和质量标准。我国先进制造关键材料研发飞速发展，新型材料品种较多，但缺少与先进制造关键材料研究适配的必要评价体系和质量标准，使生物、能源和环境等领域的先进制造关键材料规范化发展受到制约。

（4）相关经费支持不足。我国在材料领域研究方面的投入呈增加趋势，但就我国先进制造关键材料的实际需求和未来发展前景来看，对该方面的针对性投入仍然不足，亟须加强对先进制造关键材料预研的稳定支持。

我国先进制造关键材料的研究仍然面临巨大挑战，任重道远，许多先进制造关键材料仍然依赖进口，特别是在高端制造、信息化和智能化制造、生物制造、绿色制造、极端制造，以及高性能工具等所需先进制造关键材料研发领域亟待突破。

四、发展思路与发展方向

先进制造关键材料研究领域的发展思路是强化先进制造关键材料及其制备技术的材料绿色制造与全寿命优化控制过程科学研究，重点发展全新时空背景下材料合成制备与服役性能研究，在高端制造依赖的关键材料、信息化和智能化制造中的关键材料、生物制造中的关键材料、绿色制造中的关键材料、极端制造中的关键材料、高性能工具材料和其他先进制造关键材料等领域形成一批具有自主知识产权的新型关键材料，促进先进制造技术的创新发展，服务智能制造和绿色制造方向产业升级。

先进制造关键材料研究领域的发展方向是瞄准先进制造关键材料发展的最前沿，以自主研发为主要途径，力争突破原有材料限制，创建先进制造技术急需的新型关键材料体系，构筑先进制造关键材料设计-表征-制备-服役特性的材料设计理论。具体重点发展方向如下。

（1）发展航空、航天、航海等领域高端制造需求的关键材料制备机理和应用技术，重点研究服役环境下合金变形机制、强化机理和腐蚀机制，轻质合金的强韧化机理和应用，碳纤维与碳纤维复合材料及其制备技术，高性能纤维与高性能纤维复合材料及其制备机理。

（2）发展信息化和智能化制造中的关键材料制备机理和应用技术，重点研究第三代半导体材料大尺寸单晶、信息功能陶瓷等高性能信息探测、传输、计算与存储功能材料的制备机理和制备方法。

（3）发展生物制造中的关键材料制备机理和应用技术，重点研究高性能生物医用材料的功能性、相容性和服役寿命规律，功能性生物材料绿色制备机理与应用技术。

（4）发展全生命周期高效绿色循环再利用高性能合金、高分子材料等基础材料制备机理和应用技术，重点研究功能材料能量转换 / 存储效率的物理机制，新型催化材料功能调控机理及设计理论，高性能分离膜材料及其制备方法。

（5）发展极端环境的关键材料的制备机理和服役性能研究，重点研究强物理场作用下智能玻璃、工业陶瓷、特种合金等新型材料制备加工、组织和性能调控机理，空间、仿空间环境下的凝固行为及晶体形核和生长过程。

（6）发展具有重要应用背景高性能工具材料的制备机理和服役性能研究，重点研究超硬材料、超低密度材料、特种工程塑料、特种玻璃的应用机理及其制备方法。

第四节 关键工程材料

一、科学意义与战略价值

国家重大工程对政治、经济、社会、科技、环境保护、公众健康和国家安全等领域具有重要影响，对经济社会发展具有强大的牵引作用。习近平同志指出："'两弹一星'、载人航天、探月工程等一批重大工程科技成就，大幅度提升了中国的综合国力和国际地位。三峡工程、西气东输、西电东送、南水北调、青藏铁路、高速铁路等一大批重大工程建设成功，大幅度提升了中国的基础工业、制造业、新兴产业等领域创新能力和水平，加快了中国现代化进程。"[①]新兴技术的交叉融合正在引发新一轮科技革命和产业变革，任何一个领域的重大工程科技突破都可能为世界发展注入新的活力。

在土木建筑、资源环境、能源开发、交通运载等重大工程中，材料发挥着举足轻重的支撑作用。工程技术的发展对材料提出了更高的要求，高性能新材料的研发也为工程技术应用提供了重要基础。基于工程与材料之间的相

① 习近平. 让工程科技造福人类、创造未来——在2014年国际工程科技大会上的主旨演讲[EB/OL]. (2014-06-03). http://www.xinhuanet.com/politics/2014-06/03/c_1110968875.htm[2022-07-20].

互关系，研究关键工程材料的交叉科学内涵，促进前沿基础与应用贯通，将使材料更好地满足国家重大工程中的迫切需求，同时对形成有特色的材料科学研究创新体系具有重要意义。

二、发展规律与研究特点

关键工程材料领域主要针对工程建设使用的关键结构和功能材料开展基础理论研究和应用基础研究，其研究对象涉及金属材料、无机非金属材料、有机高分子材料、复合材料体系，研究内容包括工程材料设计、工程材料组织结构与性能关系、工程材料加工工艺、工程材料服役行为等方面。

关键工程材料研究主要有以下几个发展规律和特点。

（1）以应用需求为导向。工程建设都有明确的设计要求，每项工程都有各自的选材标准。如果现有材料库不能满足工程的设计需求，就需要开展针对性的科技攻关。

（2）研究内容点多面广。根据工程建设的不同性质，工程材料种类繁多。同时，工程材料存在应用场景多、性能要求差异大等特点，其研究工作既要面向通用需求，也要面向高精尖特等关键需求。

（3）注重交叉融合。某一类型的材料可以供不同的工程领域使用，某一工程领域需要使用不同类型的材料，关键工程材料具有明显的交叉融合特征，这就需要相关研究与从业人员具有丰富的知识结构和开阔的学术视野。

三、发展现状与发展态势

国家重大工程的实施离不开材料的支撑作用。经过数十年的发展，我国已形成门类齐全的材料产业，钢铁、铝镁钛等有色金属、稀土金属、建材、高分子纤维等百余种材料产量达到世界第一。同时，产业结构不断优化，传统产业转型升级，新材料产业方兴未艾。我国材料产业的规模和质量为航空航天、交通运载、能源资源、工程建设、环境治理等领域的重大工程实施提供了坚实的物质保障。

在具体工程领域，相关关键工程材料发展现状分述如下。

（1）关键土建工程材料。我国建筑材料生产规模持续扩大，技术水平显著进步，已成为全球建材领域最大生产国和消费国，主要产业主导技术装备达到世界先进或领先水平。水泥窑外分解、浮法玻璃、玻璃纤维池窑拉丝等先进生产工艺已占据了主导地位，高性能碳纤维、特种陶瓷、高端石英玻璃、高性能复合材料等科技研发取得丰硕成果。关键土建工程材料发展态势如下：面向重大工程特殊需求的特种水泥、轻质高强金属结构材料、高强复合材料、玻璃等；面向绿色发展的土建工程材料，如生态水泥等；土建工程材料的智能化、功能化；面向空间、海洋、深地等极端特殊条件的土建工程材料。

（2）关键环境工程材料。随着我国对环境保护和生态文明建设的日益重视，环境工程材料得到了长足发展。环境工程材料包括环境净化材料、环境修复材料及环境替代材料。面对水污染、大气污染、固废、噪声、放射性、电磁辐射等问题，在吸附材料、过滤材料、催化转化材料、固体隔离材料、辐射防护材料等领域形成了我国的环境工程材料体系。关键环境工程材料发展态势如下：高性能、多用途、长寿命、低成本关键环境工程材料与制备技术；新型催化材料，新型辐射防护材料，全生命周期的绿色制造环境工程材料，与环境工程相关的清洁能源材料。

（3）关键资源工程材料。资源开发与利用是国家发展的重要动力，与其相关的工程材料主要包括油气开采与输运工程用材料、矿物开采与冶金工程用材料、资源高效与循环利用工程用材料、新型能源开发用材料等。我国资源工程材料的发展与我国的资源结构密切相关，在形成较完备的工程材料体系的基础上，正在向着智能化、绿色化发展。关键资源工程材料发展态势如下：面向苛刻环境的油气资源开发用特种结构材料，资源转化用高性能催化材料，新型能源开发用关键材料。

（4）关键能源工程材料。能源是经济社会发展的命脉，在“双碳”目标的框架下，我国的能源结构特点决定了能源安全发展战略要着力提高传统能源利用效率并开发新型能源资源。因此，关键能源工程材料将发挥越来越重要的作用。关键能源工程材料发展态势如下：先进能源动力系统用特种合金，核电、风电、太阳能发电等关键能源工程材料，先进储能材料，高容量电池材料。

（5）关键电工工程材料。电力是发展生产和提高人类生活水平的重要物质基础。电力的应用在不断深化和发展，电气自动化是国民经济和人民生活现代化的重要标志。关键电工工程材料主要包括先进导电材料、先进绝缘材料、先进半导体材料、先进磁性材料、先进储能材料等。关键电工工程材料发展态势如下：超常环境、极端条件下的电工材料，强磁场用高性能超导材料，特种稀土磁性材料，高质量半导体材料，低成本、长寿命、高安全且兼顾能量与功率密度的新型储能材料。

（6）重大交通工程关键材料。随着经济发展水平的提高，我国的道路交通、轨道交通、航空、水运等交通工程基础设施取得了突飞猛进的发展。在当前信息化的时代背景下，重大交通工程关键材料将向更加智能、环保、安全的方向发展。重大交通工程关键材料发展态势如下：特殊地质条件交通工程材料，智能交通关键功能材料，交通安全信息材料，环保型交通工程材料。

（7）重大运载工程关键材料。近30年来，我国在重大运载工程领域取得了举世瞩目的成绩，空间站、运载火箭、高速列车、大型飞机等运载工具的成功研制一方面提升了我国的运载水平，另一方面带动了相关行业的快速发展。未来先进材料将继续支撑高效安全的运载工具研制。重大运载工程关键材料发展态势如下：特种高强轻质金属材料、无机非金属材料、有机高分子材料和复合材料，新型耐高温材料，特种润滑密封材料，新能源汽车用关键储能、电控材料，特种钢铁材料。

（8）重大海洋工程关键材料。建设海洋强国是我国的战略目标之一，这需要先进海洋工程装备提供的强有力支撑，同时对我国海洋工程装备用材料提出了更高的要求。重大海洋工程关键材料将在建设海洋强国过程中发挥越来越重要的作用。重大海洋工程关键材料发展态势如下：深海能源钻采平台用高性能金属材料、复合材料，大型船舶用高品质钢，海洋工程用耐蚀材料，海洋监测用功能材料。

（9）传统工程材料变革性研究。重大工程建设离不开传统工程材料，在新时代创新发展的背景下，传统工程材料也需要开展变革性研究，以满足重大工程对材料性能、环保低碳等方面的更高要求。传统工程材料变革性研究发展态势如下：基于材料基因工程和人工智能的逆向材料设计，变革性材料制备技术，先进工程材料全链条绿色制造与清洁应用。

四、发展思路与发展方向

关键工程材料研究领域的发展思路是以国家重大工程领域的迫切需求为导向，重视材料全生命周期的绿色化，借助人工智能、自动化制造等前沿技术，整合国内研究和生产优势力量，开展系统性学科交叉与联合创新，形成一批具有自主知识产权的新型关键工程材料，为我国重大工程储备高性能新型关键工程材料体系和生产能力。

关键工程材料研究领域的重点发展方向如下。

（1）关键工程材料体系建设与优化。面向国家重大工程领域对材料纯、高、特、新的强烈需求，系统梳理我国工程材料领域基础研究和制备技术方面存在的问题，探索优化完善我国重大工程用关键材料体系，形成支撑重大工程建设的自主可控且完备的物质基础。

（2）工程材料共性科学研究仪器装备研制。针对工程材料领域共性科学问题和材料制备、分析测试、服役性能评估等共性技术问题，研制原创性科学仪器和大型装备，如关键工程材料的超常制备技术装备、大尺寸关键工程材料性能测试装备、工程材料长周期服役环境模拟装备等，建立共性科学研究平台，服务于关键工程材料研发。

（3）传统工程材料的基础理论创新和变革性设计制备。研究传统工程材料组织性能关系，基于材料基因工程和人工智能的逆向材料设计方法，探索性能提升的有效途径，建立创新性理论。同时，采用变革性组织性能调控与合成制备技术，实现传统工程材料的跨越式提升。研究对象涉及先进钢铁材料、先进有色金属材料、先进建筑材料、先进石化材料、特种稀土磁性材料、高质量半导体材料、新型耐高温材料等。

（4）关键工程材料的轻质化、智能化、绿色化。研究材料的组织调控与强韧化机理，探索工程材料智能化方法与应用，关注材料全生命周期与环境的交互作用，实现先进工程材料全链条绿色制造与清洁应用。研发特种高强轻质金属 / 无机非金属 / 复合材料、智能有机高分子材料、功能化智能玻璃、智能交通关键功能材料等。优先发展实现“双碳”目标急需的关键环境工程、能源与资源工程用材料，特别是污染治理用催化材料、高效核电 / 风电 / 太阳能发电新能源材料、先进储氢材料、低成本 / 长寿命且兼顾能量与功率密度的新型储能电池材料、新能源汽车用材料等。

（5）面向复杂苛刻环境的特种工程材料。研究苛刻环境下工程材料的服役损伤与失效机理，开发能够在深空、深海、深地等苛刻复杂服役环境下使用的工程材料，包括极端特殊条件的土建工程材料、新型辐射防护材料、面向苛刻环境的油气资源开发用特种结构材料、特殊地质条件交通工程材料、海洋工程用耐蚀材料等。

第二十四章

材料共性科学

第一节　材料设计与表征新方法

一、科学意义与战略价值

新材料是发展高端制造业的物质基础，是高新技术发展的先导。要发展好新材料产业，必须“材料先行，应用带动”，低成本高效率的材料研发范式是新材料产业顺利发展的基础。但是目前我国新材料领域的研发效率仍然较低，且传统的试错型材料研究方法存在“三高三长”的缺点：高投入、高难度、高门槛；长研究周期、长验证周期、长应用周期。这严重限制了新材料的研发效率、极大地增加了新材料的研发成本，并始终制约着新材料产业在我国的顺利发展。因此，亟须在新材料的研发过程中引入一系列新概念、新理论、新技术，在材料设计与表征方面开发变革性的前沿技术与方法，在提升新材料研发效率的同时降低研发成本。通过材料学科与物理、化学、信息、人工智能等多学科交叉融合，可以开发新的材料探索模式并变革材料研发思路，培养具有新思想和新理念的材料工作者。通过实验-计算-理论的集成创新，重点解决新材料在设计、制备和表征中的关键共性科学与技术问题，在实现新材料功能与性能颠覆性提升的同时，显著缩短研发周期并降低研发成本，大幅度提升我国在新材料领域的研发效率和创新能力，增强我国在新材料领域的知识与技术储备，提升应对高性能新材料需求的快速反应和生产能力，最终显著加速我国新材料和高端制造业的发展。

二、发展规律与研究特点

区别于传统的试错型材料设计方法，材料设计与表征新方法通过将材料学与物理、信息、人工智能等多学科交叉互融，实现理性设计-高效实验-大数据技术的深度融合并创新材料设计理念，从而显著降低新材料研发过程中的时间、人力和资金成本，提升材料研发效率，满足现代材料技术的高速发展与创新要求。目前，材料设计与表征新方法主要展现出以下规律和特点。

（1）材料计算方法向多尺度、多维度发展，材料实验向高通量发展，全面推进材料数据库建设，逐步实现理论计算、实验技术和数据库之间的协作共享与深度融合，在提升新材料研发效率的同时促进新材料的应用。

（2）材料实际服役过程中的微结构特征与性能演变过程表征成为研究重点，材料表征技术向多尺度、多维度、多时空分辨率的高通量分析方向发展。

（3）在材料设计与表征中逐渐融入机器学习、神经网络等人工智能技术，在优化理论计算方法的同时，对海量、高维度的数据进行深入挖掘并识别数据中的规律趋势，使得材料逆向设计成为可能。

（4）变革现有材料设计理念并探索颠覆性材料成为新的热点，前沿探索中逐渐重视突破现有材料中元素种类、结构排序的限制，通过引入功能基元、序构等新概念，探索具有颠覆性或新功能的变革性材料。

（5）材料研究领域与信息、数理、化学等其他领域逐渐融合，多学科项目群和多学科交叉与集成的趋势正在形成。

三、发展现状与发展态势

目前，材料与物理、化学、信息、人工智能等多学科的交叉融合已经成为全球材料研发领域的统一趋势，关于材料设计与表征的新概念、新理论、新技术不断涌现，并已成为国际新材料研究的热点领域与前沿战略要地。例如，很多发达国家已经将材料基因组计划提升为国家战略，强调材料科学与数学、物理、人工智能、化学等多学科融合，加速材料大数据技术的发展，变革材料研发文化，加速本国新材料和高端制造业的发展，在新一轮材料革命性发展中抢占先机。基于以上理念，发达国家的科研机构通过多学科交叉，在材料设计与表征领域提出并发展了许多新理论、新方法，显著提高了新材料的研发效率并取得了一系列变革性、颠覆性的成果（图 24-1）。

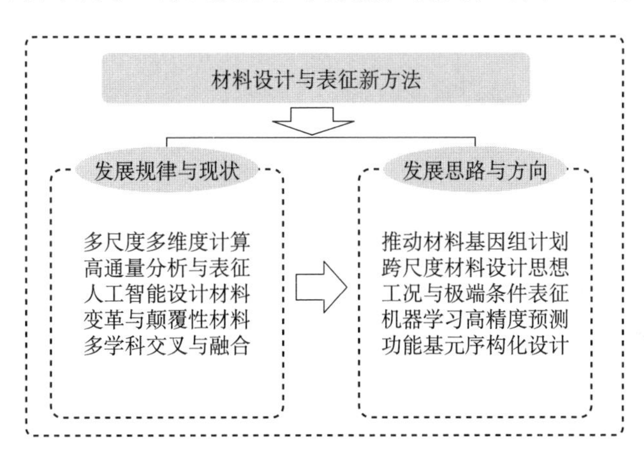

图 24-1　材料设计与表征新方法发展规律与方向

（1）基于高通量表征与合成，结合高通量筛选，实现对多种生物、能源领域用材料的鉴别与排序。

（2）通过多尺度、多维度计算模拟，成功预测一系列候选材料，并通过后续实验成功验证了一批能源、结构、航空材料。

（3）基于大量数据，采用机器学习、神经网络等人工智能系统分析海量表征结果并找出特征性参量，通过数据挖掘成功预测一系列新型金属、有机高分子、钙钛矿等材料的性能。

（4）开发大量多尺度多维高通量与原位表征技术，实现了多种材料由小尺度、低维向大尺度、多维关联成像，并在材料服役试验中实现对其损伤演化过程的直接观测，进而获得微观力学特征演化的表征和测量，在金属材料、复合材料、生物材料研究中获得了广泛应用。

综观各国，谁能率先在材料设计与表征新方法方面实现突破，谁就能在新一轮材料革命性发展中占有先机、占据战略制高点。

我国在材料设计与表征新方法领域同样反应迅速，并出台了一系列政策方针支持该领域发展。例如，2015 年，科技部启动“材料基因工程关键技术与支撑平台”重点专项，开展材料基因工程基础理论、关键技术与装备、验证性示范应用的研究；2016 年，《科技部关于发布国家重点研发计划高性能计算等重点专项 2016 年度项目申报指南的通知》启动了“材料基因工程关键技术与支撑平台”重点专项；2021 年，国家自然科学基金委员会发布“功能基元序构的高性能材料基础研究”重大研究计划 2021 年度项目指南。基于上述支持，我国科研机构在材料设计与表征新方法领域的设计优化、关键技术与装备、示范应用、平台建设方面取得了一系列令人瞩目的进展。

（1）在新材料设计、优化表征与性能提升方面，开发了一系列高通量物性计算和机器学习方法，创新了多种原位高通量表征技术（如原位同步辐射 X 射线衍射、原位电子显微镜），筛选出了多种超高性能的金属玻璃、合金、纳米晶体、拓扑材料、钙钛矿、能源和医用材料等。

（2）在关键技术和装备研发方面，开发了多种材料高通量计算设计软件，并研发了一批具有自主知识产权的高通量表征与分析装备，显著提高了材料设计与表征评价过程的效率，为后续材料数据库的规模化建设和应用提供了技术支持和示范，并以此为基础在高温合金、磁性材料、催化材料、超导材料及材料数据库建设方面取得了突破性进展。

（3）在工程化应用示范方面，通过高通量实验设计筛选出多种性能颠覆性提升的新型催化材料，显著改进了多种特种合金的生产工艺并实现了其性能的显著提升，研发的复合材料在航空航天领域展现了广阔前景，并有效推进了一系列稀土材料和生物医用材料的市场化进程。

（4）在平台建设方面，目前已建成上海材料基因组工程研究院、材料基因工程北京市重点实验室、北京材料基因工程高精尖创新中心、深圳材料基因组工程大科学平台等平台，为我国在材料设计与表征新方法领域的进步提供了持续的动力和坚实的保障。由此可见，我国在多学科交叉促进材料设计与表征领域已产出了一批原创性的基础理论和关键技术，显著提升了我国在材料科技前沿领域的研究水平和地位，为我国新材料领域和高端制造业的发展打下了坚实的基础。

四、发展思路与发展方向

基于以上背景与讨论，针对新材料产业的发展方向与研究前沿，结合我国相关研究进展，目前在材料设计与表征新方法领域仍存在许多共性挑战。例如，目前针对材料的表征测试技术手段越来越多，所得数据、图像在广度和深度上越来越复杂，亟须进一步利用高通量、人工智能等技术实现对表征测试结果的快速、精准分析与判断。

（1）更加有效地将材料微观组成结构特征与其全时空服役性能关联起来，在高通量获取微区成分和性能的前提下，高效构建其结构特性与复杂环境下服役性能之间的映射关系。

（2）材料科学领域的数据具有获取成本高、过于集中或分散、缺乏统一处理标准等特点，获取数据量大、分布均匀、特征参量完整且匹配的数据集存在较大困难，极大地限制了机器学习等人工智能技术在预测材料领域的准度与精度。

（3）目前材料的研究模式多以前期研究经验为基础，在不同应用领域有针对性地选取化学元素周期表中特定、有限的元素种类和周期-准周期的材料结构，难以设计具有变革性和颠覆性的新材料。

因此，基于目前新材料领域发展与竞争的国际背景，我国亟须进一步开发新的材料基础研究范式，重点解决材料在设计、制备和表征中的关键共性问题，开发颠覆性的材料设计与表征前沿技术，变革新材料探索模式与研发文化，有效提升高性能新材料的研发效率并缩短研发周期，大幅度提升我国在新材料领域的创新能力和水平，最终显著加速我国新材料和高端制造业的发展。具体来说，应重点发展以下几个方向。

（1）通过实验-计算-理论的集成创新，借助材料大数据技术的发展，融合高通量计算（理论）、高通量实验（制备和表征）和专用数据库三大技术，变革材料的研发理念和模式，建立海量、精准的数据库与平台，实现新材料研发由“经验指导实验”的传统模式向“理论预测、实验验证”的新模式转变，显著提高新材料的研发效率。

（2）实现从原子尺度到宏观尺度材料的建模与模拟，阐明材料多尺度性质之间的关联关系，提出跨尺度材料设计思想，建立适合跨尺度模拟的理论与方法，实现对多维材料力学、光学、电学等理化性质的精准预测。

（3）实现实际工况条件与极端条件（包括高温、高压、腐蚀等）下对材料服役过程的高分辨精确观测，表征材料组成结构在服役时的演变与失效过程，建立真实服役过程图像，总结并深入理解材料演变与失效规律，提出针对性提高实际服役性能的材料设计与调控准则。

（4）进一步将机器学习应用在材料的设计与表征中，实现对材料组成结构特性的快速表征与系统归纳，构建材料组成结构与性质之间的映射关系，并提升材料在大尺度（时间、空间）上第一性原理与分子动力学模拟的精度与效率，实现对新材料性质的高精度预测。

（5）利用人工智能中的机器学习、神经网络等技术，发展基于大数据与人工智能的材料合成预测方法，将材料合成数字化并进行准确预测，推动材料合成进入数字时代。

（6）突破传统材料中元素种类的限制，将功能基元和序构的概念引入新材料研发中，解决其中的关键科学问题与技术问题，揭示功能基元序构材料中蕴含的规律，在信息、能源和极端服役等领域探索可按需设计的具有变革性和颠覆性的新材料。

以上重大突破将形成真正具有变革性的底层技术创新，为材料设计与表征领域带来巨大突破，并引发材料科学等领域的颠覆性创新，增强我国在新材料领域的知识和技术储备，对促进我国高端装备关键材料的技术进步和产品升级具有重要意义。

第二节　新材料制备技术与数字制造

一、科学意义与战略价值

发展新材料制备技术与数字制造是实现新概念材料从理论设计到实验室

研究再到产业应用的关键环节。在新材料领域，既需要发展高性能复合材料、高温合金、超临界发电材料、新能源材料、新型基础设施建设保障用材料等关键结构、功能新材料，又需要发展新一代芯片材料、量子材料、智能化拟人用材料、高温 / 室温超导材料等颠覆性前瞻材料。发展新材料的精准制备技术、跨尺度调控技术、特殊条件制备技术等，推动材料制备技术从传统的物理法、化学法的试错思路向数字化、高通量、绿色制造技术转变是新材料从认识到发展过程所必需的。同时，发展与大数据和数字仿真等技术相结合的新材料数字制造技术对于快速、高效、定向合成新概念材料等具有重要推动作用，新材料数字制造技术的突破有利于冲破在材料合成过程中一些客观条件的限制，推动我国材料与制造技术向着精准化、高效化、绿色化的方向发展。因此，发展新材料制备技术与数字制造是我国发展高端制造业、实现信息化和智能化的前提，是当代及未来支撑我国先进制造业发展的基础，是推动我国经济结构转型升级的重要驱动力。

二、发展规律与研究特点

新材料制备技术与数字制造是新材料学科发展的基石和载体，需要研究人员对材料制备技术进行不断探索，在传统制备基础上进行创新创造。近年来，新材料制备技术与数字制造领域呈现新的发展规律，不断突破传统技术的限制，重点向超常规技术、绿色化技术、高通量技术等方向发展，与其他学科交叉融合得越来越深，并逐步呈现精准化、智能化、数字化的发展新方向。新材料制备技术与数字制造领域的发展具有以下几个特点。

（1）为开发新材料的特殊结构和优异性能，材料制备技术由传统化学工艺、烧结工艺向跨尺度调控和精准化制备方向发展，并开发了超高压、微重力等极端条件下的新材料制备技术。

（2）为推动传统材料的再功能化和特殊功能化，材料制备技术由无外场作用向超强外场、多外场耦合作用等超常制备技术方向发展，并发展了以水、醇等绿色溶剂替代有机溶剂的绿色制备技术。

（3）大数据、数字仿真等技术推动新材料的制备向数字化、智能化、精准化的制备方向快速发展，也推动了材料高通量制备技术的设计开发。

（4）学科交叉在新材料制备技术开发方面发挥着越来越重要的作用，材料的结构功能一体化制备技术得到人们的广泛关注。

（5）设计颠覆性前瞻新材料制备方法的相关技术正在得到初步探索和尝试，如制备新一代半导体材料、量子材料、高温超导材料等，正在从概念和理论设计向可控制备转型。

三、发展现状与发展态势

近年来，全球主要国家和地区均积极布局新材料产业，重视新材料技术研发，尤其是美国、日本、俄罗斯、韩国等。我国也积极推动本土新材料制备技术与研发，《中国制造 2025》将新材料确定为战略重点领域，提出要加快新材料制备关键技术和装备技术的研发。当前，新材料制备技术与数字制造领域的发展在原始创新、突破性技术创新和学科交叉融合等方面取得了重要进展并呈现出鲜明的发展态势。

（1）行业分工更加细化。为了满足行业对新材料的优异性能和特殊功能的需求，新材料的精准制备技术、传统材料超常制备和极端环境制备技术得到迅速发展。以开发国防领域用含能结构材料为例，鉴于对该类材料引燃、引爆二次反应性能提出的更高要求，最新发展了高压扭转、爆炸成型、放电等离子烧结等材料制备技术。高压扭转技术利用大塑性变形实现相变过程中均匀分布的大角度晶界的纳米结构，制备的材料具有变形均匀、变形抗力降低、变形量增加的优势；爆炸成型技术利用炸药爆炸瞬间释放的冲击波带来的高温、高压作用制备材料，由于爆炸作用时间极短，会形成密度较大的压坯；放电等离子烧结技术在加压过程中利用等离子体进行烧结来制备高致密度材料，具有加热均匀、升温速度快、烧结温度低、烧结时间短等特点，可以精确合成高能量、高致密度、高强度含能材料。

（2）材料的跨尺度合成技术在航空发动机用高温合金、储能电极材料、光电显示等领域均有广泛应用。通过高温闪烧、离子注入等合成技术，可实现材料从宏观到微观再到原子尺度的连续跨尺度调控。例如，高温闪烧技术是利用外加电场与合适的温度共同作用，实现材料的快速致密化。同时，由于这种合成技术具有超快的特点，可以实现高熵陶瓷的制备、复合材料尺寸的调控、缺陷类型的转变。离子注入技术是利用入射离子在材料中损失能量后滞留在材料中以达到表面改性的目的，该种方法可以极大地延长材料的使用寿命。利用这些制备技术可以使材料制备、加工、使役过程中的结构–功能特性得到有效控制。

（3）新材料的数字制造近年来快速发展，高通量制备技术得到初步应用。“互联网 +”、材料基因工程、大数据、数字仿真、增材制造等技术的发展为新材料数字制造和高通量制备技术的发展提供技术支撑，推动相关技术快速发展。新材料的数字制造与高通量制备技术将材料计算模拟和材料信息学 / 数据库有机融合、协同发展、互相补充，可以有效加速材料研发与应用，使材料科学实现按需设计的终极目标。利用已建立的大数据理论，将传统材料研究中采用的顺序迭代方法改为并行处理方法，以量变引起材料研究效率的质变，在短时间内完成大量样品的制备。目前，传统实验为高通量实验提供基础数据，高通量制备结果为后续预测实验提供指南，高通量制备技术在由传统经验方法向新型预测方法的过渡中扮演着承上启下的关键角色。同时，高通量实验可为材料模拟计算提供海量的基础数据，充实材料数据库，材料模拟计算的结果可通过高通量实验进行验证，优化、修正计算模型。最后，高通量实验可快速地提供有价值的研究成果，直接加速材料的筛选和优化。随着我国新材料制备技术的快速发展和材料基因工程在研发过程中的广泛采用，高通量实验的重要性将日益彰显。

（4）新材料制备技术与信息、能源、农业、生物等学科技术领域加速交叉融合，同时在材料制备过程中更加侧重环境保护。目前，以国家战略工程、新型基础设施建设、公共卫生、环境保护等应用为导向的材料设计–制备–功能一体化技术越来越受到重视。例如，开发高压液压元件材料、高柔性电缆材料、耐高温绝缘材料，以实现信息的快速传递；开展高容量储氢材料、质子交换膜燃料电池及防护材料的制备与研究，以实现传统燃料向新型能源的转变；开发农机离合器活塞材料、湿式离合器摩擦材料等，以满足农业作业环境及特种装备需求；突破非晶合金关键制备技术，大力发展稀土永磁节能电机及配套稀土永磁材料、高温多孔材料、金属间化合物膜材料、高效热电材料，推进其在节能环保重点项目中的应用。

（5）具有颠覆性前瞻新材料合成技术正在初步探索。智能仿生材料、下一代智能化机器人用材料、高温/室温超导材料、新型超材料、新一代芯片材料、量子材料等新材料体系正在经历从结构设计到合成制备的突破，相关合成技术正在逐步探索和发展。

四、发展思路与发展方向

新材料制备技术与数字制造领域正在随着新概念材料的提出而呈现新的发展思路和方向。多项研究成果表明，机器学习、量子计算等先进信息技术能够带来科研范式的巨大变革，使新材料研发速度提升百倍、千倍。随着人工智能、大数据、超级计算机、量子计算等先进信息技术的迅速发展，未来新材料将会进一步与信息技术融合，从而实现材料制备技术向精准化、智能化和绿色化等方向的发展（图24-2）。

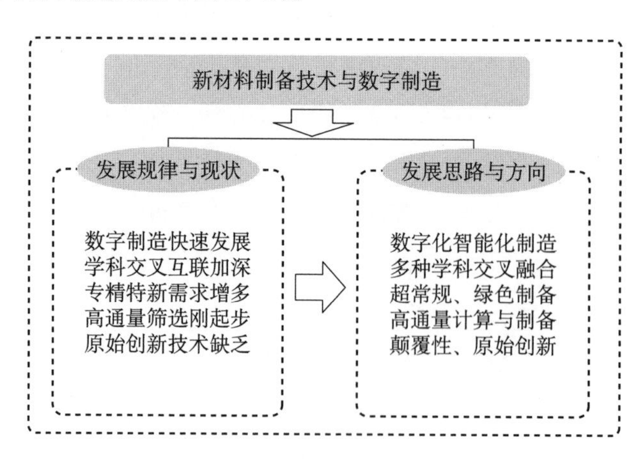

图24-2　新材料制备技术与数字制造发展规律与方向

（1）在新材料的结构设计、可控制备、性能提升等方面与高通量实验和数字制造技术相结合，以大数据中材料基因工程重大共性技术研究平台作为支撑，探索从微观到介观再到宏观的材料跨尺度制备方法，实现百种乃至上千种材料体系的筛选制备，开展新材料理性设计、材料改性及工艺优化的新技术与新方法研究，极大地缩短新材料的设计、研发周期。

（2）基于专、精、特、新等高精尖领域对新材料特殊结构与优异性能的明确需求，设计满足乃至突破特殊需求的新材料制备技术，将高通量制备技术与极端条件制备技术相结合，开展新材料的精准制备和超快合成，满足新型基础设施建设、公共安全卫生等前沿领域对新材料特殊性能的要求。

（3）重视原始创新和颠覆性技术创新，从原子、电子尺度设计开发颠覆性前瞻新材料的跨尺度制备技术，实现在微观尺度上对材料的精准调控，同时加强材料与信息、能源、生物等技术领域的学科交叉融合，实现传统材料的超常制备、创新设计新材料，突破重点应用领域所需材料，推动5G/6G相关配套用材料、前沿生物材料、新能源材料等的制备开发。

（4）发展传统材料的超常制备技术、绿色制备技术和回收利用技术，完善超高温、超高压、外加电磁场、强腐蚀环境、多因素耦合等极端条件下的材料制备技术，以满足能源化工、核电反应、航空航天等核心领域对关键材料的重大需求。

（5）加强材料数字制造技术在更广泛领域的高精度、高难度新材料制备加工方面的探索与应用，如开发超复杂结构材料精准快速制备，推动信息通信、航空航天、精密仪器、轨道交通等领域关键结构材料的开发。

（6）继续创新与探究颠覆性新概念材料的制备技术，发展智能仿生材料、未来智能化机器人所需材料、新型超材料、新一代芯片材料、量子材料等颠覆性新材料体系的制备技术是占领新材料制备技术制高点的关键。

第三节　多功能集成材料与器件

一、科学意义与战略价值

功能材料是指因其优良或独特的物理、化学、生物等非结构功能而作为应用对象的材料。多功能化和多功能集成是功能材料与器件发展的一个新方向，也是新材料技术领域的发展趋势之一。这一新兴方向突出体现了材料引领相关交叉学科领域的特点，不仅有利于促进材料学科与物理、化学、生命等基础学科的深度交叉融合，而且为信息、能源、制造、交通、健康、国防等领域的关键技术迭代和产业链发展提供先进材料与器件基础。材料与器件的多功能集成可以很好地契合节能、环保、绿色等先进发展理念，将在电子、生物、航空、航天、海洋等高科技领域得到越来越广泛的应用。特别地，面向信息化、智能化、微型化等的多功能集成材料与器件的研发必将在以人工智能、物联网、机器人等为代表的新一轮科技革命中发挥支撑性作用。

二、发展规律与研究特点

传统功能材料一般在电学、磁学、光学、热学、声学、力学、化学、生物学等方面具有某一优良的功能或功能转化特性，并被用于非结构目的。多功能材料是指同时具备两种或两种以上功能的功能材料。材料的多功能化和器件的多功能集成是功能材料与器件发展的自然结果，也是人类活动信息化、智能化、便捷化、绿色化等发展趋势对材料与器件提出的新要求。多功能集成材料与器件的发展主要是由需求牵引的：一是面向智能化、信息化、便捷化，如用于移动通信、智能家居、智能健康等场景的微型、柔性、可穿戴材料与器件；二是面向节能、环保、绿色，在降低能耗的同时，提高材料的信息承载密度和功能集成化，并实现可持续重复利用；三是面向极端条件和复杂环境，如深空探测、深海探测、深地探测、智慧城市等。多功能集成材料与器件的研究方式可以从材料的物理化学基本原理出发，探索和发现新材料，开发具有多种功能的新材料与新器件，也可以从应用需求出发，采用复合、组装、集成等途径设计多功能集成材料和制备多功能集成器件。

三、发展现状与发展态势

多功能集成材料与器件是新材料领域的核心，对高新技术的发展起着重要的推动和支撑作用。在全球新材料研究领域，功能材料约占 85%。随着信息社会的到来，特种功能材料对高新技术的发展起着重要的推动和支撑作用，是 21 世纪信息、生物、能源、环保、空间等高技术领域的关键材料，成为世界各国新材料领域研究发展的重点，也是世界各国高技术发展中战略竞争的热点。近年来，多功能集成材料与器件领域的主要进展如下。

（1）基于新材料的多功能器件研究取得了较大进展。例如，基于具有压电、稀磁、阻变等多功能的氧化锌基新材料，发展了相应的声表面波滤波器、磁传感器和阻变存储器等器件。基于有机光色谱薄膜，开展了新型多功能光偏置光子器件研制，实现了基于有机光色谱薄膜的图像转换开关器件和多种全光逻辑门器件，并用于光限幅器。基于弛豫铁电单晶的超高压电性能、突出的热释电性能、电光性能，以及与磁致伸缩材料复合形成磁电复合材料的超高磁电耦合性能，关键新材料在医用超声换能器、热释电红外探测器、电光器件、磁电型弱磁传感器领域得到应用。

（2）针对多功能需求进行逆向设计是多功能集成材料与器件发展的主要思路，深入开展材料多功能耦合与集成新原理、新机制研究为多功能集成材料与器件取得突破性进展提供了重要基础。例如，根据使用需求，在随机多孔及规则多孔材料研究的基础上，将泡沫材料和蜂窝、波纹等点阵材料复合，设计兼具超轻、承载、吸能、吸声等多功能特性的新型混杂多孔材料和结构。为了满足生物医学、柔性电子、环境保护等领域的不同需求，设计并研发一系列同时具有良好生物相容性、高力学性能的多功能自愈合、高强度、抗撕裂、磁性、发光、导电、抗菌等水凝胶材料。利用磁驱动多功能合金能够在磁场作用下产生磁致形状记忆效应、磁热效应、磁阻效应、磁热传导效应、弹热效应、交换偏置效应、超弹性等多功能特性，发展不同用途的传感和驱动材料。通过多铁性材料制备、磁电耦合机理与功能调控研究，揭示若干典型单相材料中铁电微观物理根源与磁电耦合新机理，设计制备一系列具有优异磁电耦合性能的磁电复合材料。

（3）多功能复合材料是实现材料多功能集成的重要途径。例如，基于稀土配合物的多功能磁 / 光纳米复合材料为药物释放、生物传感器和成像等领域提供丰富的材料资源。以金属–有机骨架的定向构筑为基础，通过多种方法将功能基元与金属–有机骨架材料进行复合，制备具有吸附、分离、检测等多种特性的复合功能分子基材料。基于碳气凝胶 / 硅橡胶复合材料的多功能柔性电子器件不但可以作为应变传感器实现对人体健康和行动的监测，还可以具备电热理疗功能。

（4）面向智能化、信息化、微型化、便捷化是多功能集成材料与器件发展的重点方向。例如，机器人用功能材料主要包括柔性导电与半导电材料、电能转化材料、热能转化材料与机械能转化材料等，如何进一步开发和应用功能材料以推动机器人向着更灵活、更智能的方向发展是多功能集成材料与器件研究着重需要解决的问题。近年来，用于人体健康检测、运动监测、手势识别、药物输送、医学理疗等方面的柔性可穿戴设备发展迅速，涉及柔性膜材料与器件、柔性电子材料与器件、柔性传感材料与器件等，是多功能集成材料与器件研究的重要方向。此外，智能汽车、智能家居、智能安防、智能无人系统、智能医疗设备、物联网等也是多功能集成材料与器件发展的重要领域。

（5）面向极端条件与复杂环境也是多功能集成材料与器件发展的重要方向。极端条件包括超高压、超高温、强辐照、强磁场、强激光等，涉及航空、航天、海洋、核能等诸多领域。《中华人民共和国国民经济和社会发展第十三个五年规划纲要》提出要加强深海、深地、深空、深蓝四个领域的战略高技术部署，包括载人航天工程、探月工程、火星探测、海洋装备、海洋钻井平台、深海资源勘探、国家海洋权益维护、地球深部矿物和能源勘探开发、网络空间、信息技术、人工智能、环境保护、生态治理等具有极端条件或复杂环境的领域，这些领域对材料与器件的适用性、安全性、可靠性提出了苛刻要求，也为多功能集成材料与器件提供了广阔的发展空间。

四、发展思路与发展方向

多功能集成材料与器件的主要发展思路是面向信息化、智能化、微型化、便捷化、绿色化等社会发展需求，采用复合、组装、集成等技术途径实现材料与器件的多功能化，同时开展材料多功能耦合与集成新原理、新机制探索，揭示材料、结构与系统集体响应、协同工作的原理，发展多功能集成新材料。重点发展方向如下。

（1）材料多功能耦合与集成新原理、新机制、新方法。基于材料的物理化学基本原理，研究多物理场作用下材料的物理、化学、生物学效应及多种效应的耦合机制和调控方法，设计合成具有多种功能的新材料和具有奇异功能组合的新材料，研究由单纯功能耦合衍生出新功能的机制和方法，基于新材料制备多功能器件，研究通过复合、组装、集成等途径实现材料与器件多功能化的具体方法。

（2）多功能集成驱动的逆向材料设计。以所要实现的材料/器件功能及多功能集成效果为目标，利用已有材料结构、性能与功能的有关知识，从微观、宏观、工程等层次对材料的化学组成、电子/原子/分子结构、显微组织、工艺参数等进行设计。充分利用相关材料数据库、材料设计专家系统、人工智能、计算材料学等材料设计工具。

（3）面向信息化、智能化、微型化、便捷化的多功能集成材料与器件。针对信息的获取、传递、存储、处理和控制等过程和具体应用场景，研究具有多功能集成的芯片材料、光电子材料、存储材料、传感材料、显示材料、电池材料等。面向该领域对材料与器件的微型化、便捷化、柔性化等重要需求，以材料多功能集成为引领，开展相关材料与器件关键科学技术问题研究。

（4）面向极端条件与复杂环境的多功能集成材料与器件。针对以深海、深地、深空、深蓝为代表的极端条件和复杂环境，采用复合、组装、集成等途径，研究和发展既具备耐持久、耐高压、耐高/低温、耐蚀、耐强场、抗辐照等优异性能，又具备信息感知、能量转换、智能修复等先进功能的材料和器件。

第二十五章

新概念材料与材料共性科学的优先发展领域与政策建议

随着科学技术的快速发展，新理论、新技术不断涌现，对材料性能和功能的要求不断提高，发展新概念材料及材料的交叉融合已成为趋势。在材料基础研究的范式中，亟待解决新型材料的设计、制备、表征、性能调控及其服役特性等共性科学问题。同时，国家重大工程中的很多关键瓶颈问题需要开发新概念材料、协同多材料体系加以解决。因此，新概念材料与材料共性科学面向国家重大产业技术对材料纯、高、特、新的强烈需求，聚集材料科学相关的关键共性科学问题，以及引领未来技术的新概念材料和颠覆性技术关键材料的重要科学问题，推进材料科学与工程技术领域的融合和发展。

第一节　优先发展领域

新概念材料与材料共性科学主要聚焦材料引领交叉、关键共性和技术支撑等三个方面的理论基础研究及应用基础研究，其优先发展领域总结如下。

一、材料引领与交叉科学研究

材料引领和交叉科学研究着重新概念材料、新型复合材料与杂化材料、多功能集成材料与器件等。通过项目研究，研发现象奇特、性能超群及具有比传统材料更加优异性能的新概念材料，设计面向智能化和信息化等多功能集成材料与器件，揭示材料、结构与系统集体响应、协同工作的原理；发展多尺度、多维度、多自由度相互作用的复合材料与杂化材料体系。

（一）新概念材料

新概念材料是指新近发展的或正在研发的现象奇特、性能超群的材料，具有比传统材料更加优异的性能。本领域旨在通过项目研究，研发现象奇特、性能超群及具有比传统材料更加优异性能的新概念材料。

新概念材料涉及声学、光学、生物、能源、信息、通信、催化等多个领域，优先发展领域包括但不限于：①量子材料；②人工微纳结构材料；③新型二维材料；④新型仿生材料；⑤新概念能源材料；⑥新概念催化材料；⑦新概念信息材料；⑧新型非平衡态材料；⑨人机深度融合的关键新材料；⑩新型生物医用材料等。

（二）新型复合材料与杂化材料

新型复合材料与杂化材料旨在以创建和发展材料多组分、多尺度、多层次复合原理与材料设计理论为重要引领，以面向国家重大工程和支柱产业的高性能复合材料、面向新能源技术的高效能源转换和储存材料、面向生命科学的纳米复合生物材料、面向信息技术的信息功能杂化材料和面向变革性技术的前沿新材料为主要突破点，聚焦材料科学相关的关键共性科学问题，以及引领未来技术的新型复合材料与杂化材料的重要科学问题，推进材料科学与工程技术领域的融合和发展。

新型复合材料与杂化材料优先发展领域包括但不限于：①新型结构功能一体化复合材料与杂化材料的超常调制；②具有变革性的构型化高性能复合

材料的设计与制备；③极端环境应用的新型复合材料与杂化材料；④新型复合材料的多尺度优化等。

（三）多功能集成材料与器件

多功能化和多功能集成是功能材料与器件发展的新方向，该方向不仅有利于促进多学科深度交叉融合，而且为信息、能源、制造、交通、健康、国防等领域的关键技术迭代和产业链发展提供先进材料与器件基础。

材料与器件的多功能集成可以很好地契合节能、环保、绿色等先进发展理念，将在电子、生物、航空、航天、海洋等高科技领域得到越来越广泛的应用。特别地，面向信息化、智能化、微型化等的多功能集成材料与器件的研发必将在以人工智能、物联网、机器人等为代表的新一轮科技革命中发挥支撑性作用。

多功能集成材料与器件优先发展领域包括但不限于：①材料多功能耦合与集成新原理、新机制、新方法；②多功能集成驱动的逆向材料设计；③面向信息化、智能化、微型化、便捷化的多功能集成材料与器件；④面向极端条件与复杂环境的多功能集成材料与器件等。

二、材料关键共性科学研究

材料关键共性科学研究着重材料设计与表征新方法、新材料制备技术与数字制造等。通过项目研究，建立材料设计与性能预测的理论与模型；探索材料制备技术与数字制造的新范式；发展材料表/界面、缺陷和电子结构等先进的原位和非原位表征技术。

（一）材料设计与表征新方法

区别于传统的试错型材料设计方法，材料设计与表征新方法将材料学与物理、信息、人工智能等多学科交叉互融，实现理性设计-高效实验-大数据技术的深度融合并创新材料设计理念，从而显著降低新材料研发过程中的时间、人力和资金成本，提升材料研发效率，以满足现代材料技术的高速发展与创新要求。

材料设计与表征新方法优先发展领域包括但不限于：①材料基因工程；②功能基元序构化设计；③材料大尺度设计与模拟；④服役环境与特殊环境下材料设计与原位表征；⑤基于人工智能新方法的材料设计、预测、合成与表征等。

（二）新材料制备技术与数字制造

发展新型材料的精准制备技术、跨尺度调控技术、特殊条件制备技术等，推动材料制备技术从传统的物理法、化学法的试错思路向数字化、高通量、绿色制造技术转变，对于快速、高效、定向合成新概念材料等具有重要推动作用，推动我国材料与制造技术向着精准化、高效化、绿色化的方向发展。

新材料制备技术与数字制造优先发展领域包括但不限于：①材料精准制备；②材料高通量、数字化和智能化制备；③环境友好的绿色制备；④传统材料的超常制备；⑤极端条件下的新材料制备；⑥跨尺度材料制备等。

三、材料支撑性科学研究

材料支撑性科学研究侧重先进制造关键材料、关键工程材料等。通过项目研究，研发面向高端制造和国家重大工程的关键支撑需求材料，突破关键材料和技术，提高国家先进制造和关键工程重点领域新材料的全链条贯通、交叉集成和实际应用水平。

（一）先进制造关键材料

随着先进制造技术的快速发展，其新型关键材料需求不断涌现，所需材料的服役性能快速提升。因此，开展先进制造关键材料基础研究对发展材料科学理论与技术和提升我国先进制造业竞争力有重要的科学意义和战略价值。

先进制造关键材料优先发展领域包括但不限于：①先进制造关键材料体系建设与优化；②先进制造关键材料共性科学问题研究；③传统制造材料的基础理论与技术创新；④先进制造关键材料的功能化、智能化、绿色化；⑤面向复杂苛刻环境的先进制造关键材料；⑥具有重要应用背景的先进制造关键材料的制备机理和服役性能研究等。

（二）关键工程材料

基于工程与材料之间的相互关系，研究关键工程相关材料的交叉科学内涵，促进前沿基础与应用贯通，将使材料更好地满足国家重大工程中的迫切需求，同时对形成有重要特色的材料科学研究创新体系具有重要意义。

关键工程材料优先发展领域包括但不限于：①关键工程材料体系建设与优化；②工程材料共性科学研究仪器装备研制；③传统工程材料的基础理论创新和变革性设计制备；④关键工程材料的轻质化、智能化、绿色化；⑤面向复杂苛刻环境的特种工程材料；⑥具有重要应用背景高性能工具材料的制备机理和服役性能研究等。

第二节　发展政策建议

为推动新概念材料与材料共性科学的发展，有效解决新型材料研究中的关键共性科学问题及高端制造和重大工程中的诸多关键瓶颈问题，应优化资助布局，调整资助政策，完善管理模式，助力新概念材料与材料共性科学领域研究高质量发展，增强我国源头创新能力。具体政策建议如下。

（一）推动建设基础研究基地，制定学科中长期发展规划

推动建设基础研究基地需要加强对基础研究的稳定支持和多元化投入，建设高水平的科研基地，同时要加大对重大科学问题超前部署，制定学科中长期发展规划，促进基础理论研究和应用基础研究的融通发展。

（1）以大项目的形式开展重点立项，对于有重大影响的研究给予长期持续和稳定的项目支持。

（2）设立战略性基础研究组织或基地，加强基础创新投入，根据本领域发展目标定期开展相关研讨会议，推动跨学科的联合研究。

（3）坚持基础研究、立足长远发展，聚焦国家重大需求与变革性技术，制定中长期发展指南和规划，针对国家产业发展中的“卡脖子”问题进行重

点攻关和提前布局。

（二）构建基础研究与产业创新相融合的创新发展格局

作为科技创新的源头活水，基础研究是实现科技自立自强和构建新发展格局的最基本依托，对于改变传统模仿型创新路径、推动前沿基础技术突破、促进科技与经济的紧密结合均具有举足轻重的作用。同时充分发挥科技创新的引领作用和科技创新人才的支撑作用，鼓励和支持各类企业创新平台建设，推动企业成为科技创新的主体。

（1）从共性基础研究和应用场景出发，鼓励高校与同领域高新技术企业联合进行项目申报，鼓励企业的技术研发负责人牵头项目申报，对企业配套资金提出具体要求，促进前沿基础与应用贯通，推动产学研高效结合。

（2）加强国家自然科学基金委员会与地方政府间的交流与合作，结合区域产业特色开展相关重点技术研发，将特色科技创新体系与区域经济社会发展有机结合。

（三）鼓励自主创新，重视创新人才发现与培养

立足科研实践是培养造就创新型科技人才的根本途径，充分利用我国科技创新的广阔天地，鼓励自主科研创新，把优秀科技人才凝聚培养与重大科技任务、重大科研布局、重大创新平台建设等有机结合起来，为优秀科技人才脱颖而出、茁壮成长提供更加肥沃的土壤。

（1）鼓励原创探索类研究，采用小额资助与连续资助相结合的形式支持高风险、原创性研究。

（2）针对青年科研人员设立多种形式的激励计划，对优秀青年科研人员进行分阶段奖励。

（3）加大对工程材料科学领域人才的支持力度，建设高水平人才队伍，培养和造就一批进入世界科技前沿的优秀学术带头人。

（四）强化科学问题凝练机制，完善成果贯通机制

进一步强化完善科学问题凝练机制，推动理论成果的共享与传播，不断加大向其他应用类科技计划推送的力度；加速推进有应用前景的成果向生产

力的转化，加强向地方政府、行业及企业的成果推送服务，精准对接经济社会发展需求。

（1）借鉴发达国家的前期经验，组织开展多种形式的科学发展创新创意大赛，征集可能在未来引发变革性发展的“金点子”，对于面向国家重大工程急需的研究构建应急资助渠道。

（2）鼓励工程材料设计、制备、性能调控和服役的共性科学问题研究，支持基于新方法、新概念、新理论的工程材料研究科学装置研制。

（3）通过设置奖项、加大资金支持等一系列措施推动相关研究成果向应用转化，产生具有变革性、颠覆性的世界领先技术。

（五）结合学科特点，促进多学科交流与合作

优化建设学科布局，同时结合学科特点，促进学科交叉融合，把发展科技第一生产力、培养人才第一资源、增强创新第一动力更好地结合起来，发挥基础研究深厚、学科交叉融合的优势，成为基础研究的主力军和重大科技突破的生力军。

（1）在国内培育和发展具有国际影响力的学术平台和论坛，定期邀请国内外材料、物理、化学、生物、信息、人工智能等相关领域专家学者进行线上/线下交流，掌握学科前沿热点与最新动态。

（2）充分考虑学科特点，鼓励不同学科之间的交流，以国家重大需求为导向，定期进行多学科交叉主题研讨，激发创新灵感与研究方向，推动具有变革性、颠覆性学术思想与研究方向的产生。

本篇参考文献

白子龙 , 2006. 智能材料研究进展及应用综述 [J]. 军民两用技术与产品 , 3(437): 15-20.

陈斐 , 黄梅 , 沈强 , 等 , 2018. 氮化钛多孔陶瓷的制备、孔隙结构调控及其力学、导电性能 [J]. 酸盐学报 , 46(9): 1244-1249.

陈敬全 , 2014. 欧盟基础研究资助格局 , 机制及其启示 [J]. 全球科技经济瞭望 , 29(11): 60-65.

陈祥宝 , 张宝艳 , 邢丽英 , 2009. 先进树脂基复合材料技术发展及应用现状 [J]. 中国材料进展 , 28(6): 1-11.

程时杰 , 2017. 先进电工材料进展 [J]. 中国电机工程学报 , 37(15): 4273-4285.

程世超 , 2021. 纳米材料蛋白冠的非原位和原位表征技术研究进展 [J]. 能源化工 , 42(5): 33-37.

崔素萍 , 黎瑶 , 李琛 , 等 , 2016. 水泥生命周期评价研究与实践 [J]. 中国材料进展 , 35(10): 761-768.

崔亚宁 , 任伟 , 2019. 拓扑量子材料的研究进展 [J]. 自然杂志 , 41(5): 348-357.

都有为 , 2014. 磁性材料进展概览 [J]. 功能材料 , 45(10): 10001-10004.

杜善义 , 2007. 先进复合材料与航空航天 [J]. 复合材料学报 , 24(1): 1-12.

范润华 , 彭华新 , 2020. 超材料 [M]. 北京 : 中国铁道出版社 .

方岱宁 , 2000. 先进复合材料的宏微观力学与强韧化设计 : 挑战与发展 [J]. 复合材料学报 , 2: 1-7.

付彭怀 , 彭立明 , 丁文江 , 2018. 汽车轻量化技术 : 铝 / 镁合金及其成型技术发展动态 [J]. 中国工程科学 , 20(1): 84-90.

宫声凯 , 尚勇 , 张继 , 等 , 2019. 我国典型金属间化合物基高温结构材料的研究进展与应用 [J].

金属学报, 55(9): 1067-1076.

宫子琪, 陈子勇, 柴丽华, 等, 2013. 含 Er 高 Nb TiAl 基合金抗循环氧化性能研究 [J]. 金属学报, 49: 1369-1373.

郭万林, 费雯雯, 2015. 固液界面动电效应的研究进展 [J]. 振动 . 测试与诊断, 35(4): 603-612.

国家统计局, 2021. 中国统计年鉴 2021[M]. 北京 : 中国统计出版社 .

国家自然科学基金委员会工程与材料科学部, 2017. 冶金与矿业学科发展战略研究报告 [M]. 中国 : 科学出版社 .

胡文军, 李建国, 刘占芳, 等, 2004. 介观尺度计算材料学研究进展 [J]. 材料导报, 7: 12-14.

黄时进, 2020. 全面提升我国原始创新能力 [N]. 学习时报, 2020-11-25(A6).

黄思维, 干勇, 2020. 中国先进材料发展战略 [J]. 高科技与产业化, (11): 16-19.

黄晓旭, 吴桂林, 钟虓龚, 等, 2016. 先进材料多维多尺度高通量表征技术 [J]. 电子显微学报, 35(6): 567-568.

黄学杰, 赵文武, 邵志刚, 等, 2020. 我国新型能源材料发展战略研究 [J]. 中国工程科学, 22(5): 60-67.

贾明星, 2019. 七十年辉煌历程新时代砥砺前行——中国有色金属工业发展与展望 [J]. 中国有色金属学报, 29(9): 1801-1808.

贾豫冬, 刘凡, 朱宏康, 2019.《材料研究前沿 : 十年调查》概要 [J]. 中国材料进展, 38(6): 626-630.

蒋成保, 贺杨堃, 2016. 铁镓磁致伸缩合金研究现状与发展趋势 [J]. 金属功能材料, 23(6): 1-8.

雷东移, 郭丽萍, 刘加平, 等, 2017. 泡沫混凝土的研究与应用现状 [J]. 功能材料, 48(11): 11037-11042.

李琛, 董诗婕, 2021. 碳达峰碳中和背景下水泥行业结构调整之路 [J]. 中国水泥, 9: 10-15.

李德群, 2020. 融合数字化网络化智能化技术, 助力材料成形制造创新发展——《材料数字化智能化成形专辑》卷首语 [J]. 中国机械工程, 31(22): 1.

李冬俊, 党朋, 蔡西川, 等, 2021. 国内材料基因工程与新材料研究概况 [C]. 厦门 : 中国材料大会 2021.

李玲, 向航 . 2002. 功能材料与纳米技术 [M]. 北京 : 化学工业出版社 .

李能, 孔周舟, 陈星竹, 等, 2020. 新型二维材料光催化与电催化研究进展 [J]. 无机材料学报, 35(7): 735-747.

李天昕, 卢一平, 曹志强, 等, 2021. 耐火高熵合金在反应堆结构材料领域的机遇与挑战 [J].

金属学报, 57(1): 42-54.

李伟峰, 马素花, 沈晓冬, 2021. 我国水泥工业减碳技术现实路径刍议 [J]. 新世纪水泥导报, 27(6): 12-17.

李向阳, 冯谞, 2020. 信息化与工业企业科技创新融合水平测度及提升策略研究 [J]. 工业技术经济, 39(12): 6

李扬, 刘传宝, 周济, 等, 2019. 超材料隐身理论应用于多物理场的研究进展 [J]. 中国材料进展, 38(1): 30-41.

李仲平, 冯志海, 徐樑华, 等, 2020. 我国高性能纤维及其复合材料发展战略研究 [J]. 中国工程科学, 22(5): 28-36.

梁秀兵, 崔辛, 胡振峰, 等, 2018. 新型仿生智能材料研究进展 [J]. 科技导报, 36(22): 131-144.

林海, 郑家新, 林原, 等, 2017. 材料基因组技术在新能源材料领域应用进展 [J]. 储能科学与技术, 6(5): 990-999.

林旷野, 刘文, 陈雪峰, 2018. 超级电容器隔膜及其研究进展 [J]. 中国造纸, 37(12): 67-73.

刘宝来, 2021. 用新技术推动材料管理的智能化数字化进步 [J]. 机电产品开发与创新, 34(4): 3.

刘海平, 吴大林, 杜中华, 2021. 强化建设规划指导，推动学科内涵发展 [J]. 新教育时代电子杂志, 9: 214.

刘克松, 江雷, 2014. 仿生多功能集成材料 [C]. 北京: 中国化学会第 29 届学术年会.

刘敏, 2019. 新型硫铝酸盐水泥泡沫混凝土的制备与研究 [J]. 新型建筑材料, 46(3): 151-154.

刘石双, 曹京霞, 周毅, 等, 2021. Ti_2AlNb 合金研究与展望 [J]. 中国有色金属学报, 31(11): 3106-3126.

刘婷婷, 潘复生, 2019. 镁合金“固溶强化增塑”理论的发展和应用 [J]. 中国有色金属学报, 29: 2050-2063.

刘小平, 吕凤先, 2021. 2020 年基础前沿交叉领域发展态势与趋势 [J]. 世界科技研究与发展, 43(5): 575-591.

罗垂敏, 2007. 数字化制造技术 [J]. 电子工艺技术, 28(1): 3.

吕敬旺, 2019. 打破传统合金化理论, 走进“合金新世界”——高熵合金与非晶材料分论坛侧记 [J]. 中国材料进展, 38(10): 2.

米晓希, 汤爱涛, 朱雨晨, 等, 2021. 机器学习技术在材料科学领域中的应用进展 [J]. 材料导报, 35(15): 15115-15124.

缪昌文, 穆松, 2020. 混凝土技术的发展与展望 [J]. 硅酸盐通报, 39(1): 1-11.

聂祚仁, 刘宇, 孙博学, 等, 2016. 材料生命周期工程与材料生态设计的研究进展 [J]. 中国材料进展, 35: 161-170.

欧阳钟灿, 2000. 软物质—— 21 世纪跨物理、化学、生物三大学科的前沿科学 [M]. 长沙: 湖南教育出版社.

潘云炜, 董安平, 杜大帆, 等, 2021. CrCoNi 基多主元合金研究进展 [J]. 中国材料进展, 40(4): 241-250.

彭海琳, 刘忠范, 2012. 狄拉克材料的控制生长与新概念光电器件 [C]. 成都: 中国化学会第 28 届学术年会.

秦四勇, 彭梦云, 裴逸, 等, 2015. 寡肽自组装纳米材料研究进展 [J]. 中国科学: 化学, 45(2): 124-138.

司晨, 陈鹏程, 段文晖, 2013. 石墨烯材料的电子功能化设计: 第一原理研究进展 [J]. 科学通报, 58(35): 3665-3679.

宋锡滨, 2020. 新材料产业化过程各阶段与产业发展超研发阶段 [J]. 中国工业和信息化, 5: 34-42.

宿彦京, 付华栋, 白洋, 等, 2020. 中国材料基因工程研究进展 [J]. 金属学报, 56(10): 1313-1323.

孙中体, 李珍珠, 程观剑, 等, 2019. 机器学习在材料设计方面的研究进展 [J]. 科学通报, 64(32): 3270-3275.

唐之享, 2007. 推进高校自主创新提高人才培养质量 [J]. 湖南农业大学学报 (社会科学版), 8(1): 69-73

陶绪堂, 穆文祥, 贾志泰, 2020. 宽禁带半导体氧化镓晶体和器件研究进展 [J]. 中国材料进展, 39(2): 113-123.

田民波, 2015. 材料学概论 [M]. 北京: 清华大学出版社.

田永君, 2018. 纳米结构超硬块材研究进展 [J]. 科学通报, 63(14): 1321-1331.

田源, 葛浩, 卢明辉, 等, 2019. 声学超构材料及其物理效应的研究进展 [J]. 物理学报, 68(19): 7-18.

屠海令, 张世荣, 李腾飞, 2016. 我国新材料产业发展战略研究 [J]. 中国工程科学, 18(4): 90-100.

万勇, 冯瑞华, 姜山, 等, 2019. 材料科技领域发展态势与趋势 [J]. 世界科技研究与发展, 41(2): 164-171.

万志远, 陈银平, 2020. 金属增材制造技术的研究概况 [J]. 模具技术, 1: 59-63.
汪洪, 项晓东, 张澜庭, 2018. 数据 + 人工智能是材料基因工程的核心 [J]. 科技导报, 36(14): 15-21.
汪寿阳, 陶睿, 王珏, 2021. 优化科学基金资助政策, 助力基础研究高质量发展 [J]. 中国科学院院刊, 36(12): 1434-1440.
王达, 2020. 日本第 11 次技术预见方法及经验解析 [J]. 今日科苑, (1): 10-15.
王大友, 闫果, 王庆阳, 等, 2015. 实用化 MgB_2 超导线带材制备技术研究进展 [J]. 中国材料进展, 34(6): 389-395.
王海舟, 2015. 材料基因组计划中的新材料表征技术实验平台 [C]. 北京: 分析科学　创造未来——纪念北京分析测试学术报告会暨展览会创建 30 周年.
王慧远, 李超, 李志刚, 等, 2019. 纳米增强体强化轻合金复合材料制备及构型设计研究进展与展望 [J]. 金属学报, 55(6): 683-691.
王琴, 王健, 吕春祥, 等, 2015. 氧化石墨烯对水泥基复合材料微观结构和力学性能的影响 [J]. 新型炭材料, 30(4): 349-356.
王天民, 郝维昌, 王莹, 等, 2011. 生态环境材料——材料及其产业可持续发展的方向 [J]. 中国材料进展, 30(8): 8-16.
王欣, 2021. 新工科背景下高校创新型工程人才的培养 [J]. 学校党建与思想教育, (10): 81-83.
王宣平, 段合露, 孙玉文, 等, 2020. 增材制造金属零件抛光加工技术研究进展 [J]. 表面技术, 49(4): 1-10.
魏群义, 彭晓东, 2007. 材料信息学的研究现状及发展趋势分析 [J]. 材料导报, 4: 1-4.
吴圣川, 吴正凯, 康国政, 等, 2021. 先进材料多维多尺度高通量表征研究进展 [J]. 机械工程学报, 57(16): 37-65.
吴智深, 刘加平, 邹德辉, 等, 2019. 海洋桥梁工程轻质、高强、耐久性结构材料现状及发展趋势研究 [J]. 中国工程科学, 21(3): 31-40.
武高辉, 匡泽洋, 2020. 装备升级换代背景下金属基复合材料的发展机遇和挑战 [J]. 中国工程科学, 22(2): 79-90.
肖寒, 弭孟娟, 王以林, 2021. 二维磁性材料及多场调控研究进展 [J]. 物理学报, 70(12): 19.
肖立业, 刘向宏, 王秋良, 等, 2018. 超导材料及其应用现状与发展前景 [J]. 中国工业和信息化, 8: 30-37.
谢建新, 2007. 材料先进制备与成形加工技术 [M]. 北京: 科学出版社.

谢建新，宿彦京，薛德祯，等，2021. 机器学习在材料研发中的应用 [J]. 金属学报，57(11): 1343-1361.

谢曼，干勇，王慧，2020. 面向 2035 的新材料强国战略研究 [J]. 中国工程科学，22(5): 1-9.

徐冬翔，2021. 典型新概念材料助力未来战斗机多维性能融合发展 [J]. 国际航空，2021(5): 4.

闫晗，秦培鑫，刘知琪，2021. 共线反铁磁和非共线反铁磁自旋的外场操控中国材料进展 [J]. 中国材料进展，40(11): 881-893.

严东生，1986. 新型材料和材料科学及其在现代科技、经济和社会发展中的作用 [J]. 世界科学，(1): 9-12

阎晓峰，2021. 铭记党的功绩 坚持党的领导 弘扬建材精神 为实现“宜业尚品、造福人类”建材行业发展新目标而不懈奋斗——在中国建筑材料联合会党委庆祝中国共产党成立 100 周年大会上的讲话 [J]. 中国建材，7: 22-33

杨俊杰，张扬，陈国印，等，2018. 石墨烯纤维的制备与应用 [J]. 中国材料进展，37(5): 356-366.

杨珂珂，2018. 化工新材料产业技术突破 [J]. 山东化工，47(11): 77-79.

杨亲民，2004. 新材料与功能材料的发展趋势 [J]. 功能材料信息，1(3): 22-26.

殷景华，王雅珍，鞠刚，1999. 功能材料概论 [M]. 哈尔滨：哈尔滨工业大学出版社.

尹林，黄华，袁广银，等，2019. 可降解镁合金临床应用的最新研究进展 [J]. 中国材料进展，38(2): 126-137.

于相龙，周济，2021. 力学超材料的构筑与超常性能 [M]. 合肥：中国科学技术大学出版社.

曾庆高，2006. 新型多功能集成光路器件 (MIOC)[D]. 成都：电子科技大学.

张荻，2013. 自然启迪的遗态材料 [M]. 杭州：浙江大学出版社.

张荻，熊定邦，李志强，2020. 铜基复合材料的构型多功能化 [J]. 材料科学与工艺，28(3): 109-115.

张晴，任文才，成会明，2019. 石墨烯基分离膜研究进展 [J]. 中国材料进展，38(9): 887-896.

张守明，张笔峰，张斌，2020. 从先进材料发展看我国科技安全现状和治理 [J]. 材料导报，34(S2): 1182-1185.

赵继成，2013. 材料基因组计划中的高通量实验方法 [J]. 科学通报，58(35): 3647-3655.

赵隆源，2019. 基于六自由度并联机构的复杂曲面增材制造技术研究 [D]. 哈尔滨：哈尔滨工业大学.

赵永庆，葛鹏，辛社伟，2020. 近五年钛合金材料研发进展 [J]. 中国材料进展，39(7): 527-534.

曾小勤 , 丁文江 , 应燕君 , 等 , 2011. 镁基能源材料研究进展 [J]. 中国材料进展 , 30(2): 35-43.

郑捷 , 陈景恒 , 雷震东 , 等 , 2016. 绿色建筑材料研究与应用综述及发展趋势 [J]. 地震工程学报 , 38(6): 985-990.

中国工程院化工 , 冶金与材料工程学部 , 中国材料研究学会 , 2020. 中国新材料产业发展年度报告 [M]. 北京 : 化学工业出版社 .

中国建筑节能协会 , 2021. 建筑外保温高质量发展助力行业实现碳达峰 [N]. 中国建材报 , 2021-09-29(1).

周济 , 2012. 制造业数字化智能化 [J]. 学会 , (10): 5.

周济 , 2017. 超材料与自然材料的融合 [M]. 北京 : 科学出版社 .

周廉, 2012. 中国生物医用材料科学与产业现状及发展战略研究 [M]. 北京: 化学工业出版社.

周伟男 , 陈银广 , 2016. 金属有机骨架材料在环境工程领域的应用进展 [J]. 环境污染与防治 , 38(12): 96-102.

邹毅 , 李昊 , 2020. 夏热冬冷地区低碳绿色建筑地方适用性研究 [J]. 中外建筑 , (9): 76-78.

AI X, LI Y H, LI Y W, et al, 2021. Recent progress on the smart membranes based on two-dimensional materials[J]. Chinese chemical letters volume, 33(6): 2832-2844.

AMENT L J P, VEENENDAAL M, DEVEREAUX T P, et al, 2011. Resonant inelastic X-ray scattering studies of elementary excitations[J]. Reviews of modern physics,83(2): 705-767.

BALTZ V, MANCHON A, TSOI M, et al, 2018. Antiferromagnetic spintronics[J]. Reviews of modern physics, 90(1): 015005.

BANERJEE A, BERNOULLI D, ZHANG H T, et al, 2018. Ultralarge elastic deformation of nanoscale diamond[J]. Science, 360(6386): 300-302.

BRUNNER D, TAERI-BAGHBADRANI S, SIGLE W, et al, 2001. Surprising results of a study on the plasticity in strontium titanate[J]. Journal of the American chemical society, 84(5): 1161-1163.

BUTLER K T, DAVIES D W, CARTWRIGHT H, et al, 2018. Machine learning for molecular and materials science[J]. Nature, 559(7715): 547-555.

CHEN H R, 2010. Shape memory alloys: Manufacture, properties and applications[M]. New York: Nova Science Publishers, Inc.

CHEN M, BRISCOE W H, ARMES S P, et al, 2009. Lubrication at physiological pressures by polyzwitterionic brushes[J]. Science, 323(5922): 1698-1701.

CHEN Y L, MA Y, YIN Q F, et al, 2021. Advances in mechanics of hierarchical composite materials[J]. Composites science and technology, 214(29): 108970.

CHENG L F, SUN M Y, YE F, et al, 2018. Structure design, fabrication, properties of laminated ceramics: A review[J]. International journal of lightweight materials and manufacture,1(3): 126-141.

COEY J M D, 2010. Magnetism and magnetic materials[M]. Cambridge: Cambridge University Press.

DULSKI M, GAWECKI R, SULOWICZ S, et al, 2021. Key properties of a bioactive Ag-SiO_2/TiO_2 coating on NiTi shape memory alloy as necessary at the development of a new class of biomedical materials[J]. International journal of molecular sciences, 22(2): 507.

DZIECIOL A J, MANN S, 2012. Designs for life: Protocell models in the laboratory[J]. Chemical society reviews, 41(1): 79-85.

ERDEMIR A, MARTIN J M, 2007. Superlubricity[M]. Amsterdam: Elsevier.

FAN J X, ZHANG L, WEI S S, et al, 2021. A review of additive manufacturing of metamaterials and developing trends[J]. Materials today, 50: 303-328.

FAN L Z, HE H C, NAN C W, 2021. Tailoring inorganic-polymer composites for the mass production of solid-state batteries[J]. Nature reviews materials, 6: 1003-1019.

FAN T X, CHOW S, ZHANG D, 2009. Biomorphic mineralization: From biology to materials[J]. Progress in materials science, 54(5): 542-659.

FISCHER C C, TIBBETS K J, MORGAN D, et al, 2006. Predicting crystal structure by merging data mining with quantum mechanics[J]. Nature materials, 5(8): 641-646.

FU Q G, ZHANG P, ZHUANG L, et al, 2022a. Micro/nano multiscale reinforcing strategies toward extreme high-temperature applications: Take carbon/carbon composites and their coatings as the examples[J]. Journal of materials science and technology, 96(6): 31-68.

FU S, ZHANG Y, QIN G W, et al, 2021. Antibacterial effect of Ti-Ag alloy motivated by Ag-containing phases[J]. Materials science and engineering:C, 128: 112266.

FU S, ZHANG Y, YANG Y, et al, 2022b. An antibacterial mechanism of titanium alloy based on micro-area potential difference induced reactive oxygen species[J]. Journal of materials science and technology, 119: 75-86.

FU S, ZHAO X T, YANG L, et al, 2022c. A novel Ti-Au alloy with strong antibacterial properties and excellent biocompatibility for biomedical application[J]. Materials science and engineering:C, 133: 112653.

GAO C C, MIN X, FANG M H, et al, 2021a. Innovative materials science via machine learning[J].Advanced functional materials, 32: 2108044.

GAO N, LI M, TIAN L F, et al, 2021b. Chemical-mediated translocation in protocell-based microactuators[J].Nature chemistry, 13: 868-879.

GEIM A K, NOVOSELOV K S, 2007. The rise of graphene[J]. Nature materials, 6: 183.

GENNES P G, BADOZ J, 1996. Fragile objects: Soft matter, hard science, and the thrill of discovery (Translated by Axel Reisinger)[M]. New York: Copernicus Books.

GLUDOVATZ B, HOHENWARTER A, CATOOR D, et al, 2014. A fracture-resistant high-entropy alloy for cryogenic applications[J]. Science, 345(6201): 1153-1158.

GO Y K, LEAL C, 2021. Polymer-lipid hybrid materials[J]. Chemical reviews, 121(22): 13996-14030.

GOLMOHAMMADZADEH R, FARAJI F, RASHCHI F, 2018. Recovery of lithium and cobalt from spent lithium ion batteries (LIBs) using organic acids as leaching reagents: A review[J]. Resources conservation and recycling, 136: 418-435.

GU G X, TAKAFFOLI M, BUEHLER M J, 2017. Hierarchically enhanced impact resistance of bioinspired composites[J]. Advanced materials, 29(28): 1700060.

GUAN H T, XIAO H, OUYANG S H, et al, 2022. A review of the design, processes, and properties of Mg-based composites[J]. Nanotechnology reviews, 11(1): 712-730.

HAMLEY I W, 2007. Introduction to Soft Matter: Synthetic and biological self-assembling materials[M]. Hoboken: John Wiley and Sons.

HAN L, XU X, LI Z, et al, 2020. A novel equiaxed eutectic high-entropy alloy with excellent mechanical properties at elevated temperatures[J]. Materials research letters, 8(10): 373-382.

HAUTIER G, FISCHER C C, JAIN A, et al, 2010. Finding nature's missing ternary oxide compounds using machine learning and density functional theory[J]. Chemistry of materials, 22(12): 3762-3767.

HIMANEN L, GEURTS A, FOSTER A S, et al, 2019. Data-driven materials science: status, challenges, and perspectives[J].Advanced science, 6(21): 1900808.

HOD O, MEYER E, ZHENG Q S, et al, 2018. Structural superlubricity and ultralow friction across the length scales[J]. Nature, 563(7732): 485-492.

HONG Y L, LIU Z B, WANG L, et al, 2020. Chemical vapor deposition of layered two-dimensional $MoSi_2N_4$ materials[J]. Science, 369(6504): 670.

HU S, LOZADA-HIDALGO M, WANG F C, et al, 2014. Proton transport through one-atom-thick crystals[J]. Nature, 516(7530): 227.

HUANG B, PAN Z F, SU X Y, et al, 2018. Recycling of lithium-ion batteries: Recent advances and perspectives[J]. Journal of power sources, 399: 274-286.

HUEBSCH N, MOONEY D J, 2009. Inspiration and application in the evolution of biomaterials[J]. Nature, 462(7272): 426-432.

ISAYEV O, OSES C, TOHER C, et al, 2017. Universal fragment descriptors for predicting properties of inorganic crystals[J]. Nature Communications, 8: 15679.

IZUMI Y, IIZUKA A, HO H J, 2021. Calculation of greenhouse gas emissions for a carbon recycling system using mineral carbon capture and utilization technology in the cement industry[J]. Journal of cleaner production, 312: 127618.

JIN X, LIU C, XU T, et al, 2020. Artificial intelligence biosensors: Challenges and prospects[J]. Biosensors and bioelectronics, 165: 12412.

JOESAAR A, MANN S, GREEF T, 2019. DNA-based communication in populations of synthetic protocells[J]. Nature nanotechnology, 14(4): 369-378.

JOHN A R, TAKAO S, HUANG Y, 2010. Materials and mechanics for stretchable electronics[J]. Science, 327(5973): 1603-1607.

JONES R A L, 2002. Soft condensed matter[M]. New York: Oxford University Press.

JUNGWIRTH T, MARTI X, WADLEY P, et al, 2016. Antiferromagnetic spintronics[J]. Nature nanotechnology, 11(3): 231-241.

KALAJ M, BENTZ K C, AYALA S, et al, 2020. MOF-polymer hybrid materials: from simple composites to tailored architectures[J]. Chemical reviewers, 120(16): 8267-8302.

KARMUHILAN M, SOOD A K, 2018. Intelligent process model for bead geometry prediction in WAAM[J]. Materials today: Proceedings, 5(11): 24005-24013.

KIM D H, LU N, MA R, et al, 2011. Epidermal electronics[J]. Science, 333(6044): 838-843.

KOGA S, WILLIAM D S, PERRIMAN A W, et al, 2011. Peptide-nucleotide microdroplets as a step towards a membrane-free protocell model[J]. Nature chemistry, 3(9): 720-724.

KOWALSKI P S, BHATTACHARYA C, AFEWERKI S, et al, 2018. Smart biomaterials: Recent advances and future directions[J]. ACS biomaterials science and engineering, 4(11): 3809-3817.

LAI A, DU Z, GAN C, et al, 2013. Shape memory and superelastic ceramics at small scales[J]. Science, 341(6153): 1505-1508.

LEI Z F, LIU X J, WU Y, et al, 2018. Enhanced strength and ductility in a high-entropy alloy via ordered oxygen complexes[J]. Nature, 563(7732): 546-550.

LI P P, JU P F, JI L, et al, 2020. Toward robust macroscale superlubricity on engineering steel substrate[J]. Advanced materials, 32(36): 2002039.

LI R H, MA H, CHENG X Y, et al, 2016. Dirac node lines in pure alkali earth metals[J]. Physical review letters, 117(9): 096401.

LI W, LIU P, LIAW P K, 2018. Microstructures and properties of high-entropy alloy films and coatings: A review[J]. Materials research letters, 6(4): 199-229.

LI W D, XIE D, LI D Y, et al, 2021. Mechanical behavior of high-entropy alloys[J]. Progress in materials science, 118: 10077.

LIU C, FANG C, SHAO C, et al, 2021a. Single-step synthesis of AgNPs@rGO composite by e-beam from DC-plasma for wound-healing band-aids[J]. Chemical engineering journal advances, 8: 100185.

LIU G, CHEN X Q, LIU B L, et al, 2021b. Six-membered-ring inorganic materials: Definition and prospects[J]. National science review, 8(1): nwaa248.

LU Y, AIMETTI A A, LANGER R, et al, 2017. Bioresponsive materials[J]. Nature reviews materials, 2(1): 16075.

LU Y, DONG Y, GUO S, et al, 2015. A promising new class of high-temperature alloys: Eutectic high-entropy alloys[J]. Scientific reports, 4: 6200.

MA E, WU X L, 2019. Tailoring heterogeneities in high-entropy alloys to promote strength-ductility synergy[J]. Nature communications, 10: 5623.

MA E, ZHU T, 2017. Towards strength-ductility synergy through the design of heterogeneous nanostructures in metals[J]. Materials today, 20(6): 323-331.

MA L W, NIE Z R, XI X L, et al, 2013. Cobalt recovery from cobalt-bearing waste in sulphuric and citric acid systems[J]. Hydrometallurgy, 136: 1-7.

MA W J, ZHANG Y, PAN S W, et al, 2021. Smart fibers for energy conversion and storage[J]. Chemical society reviews, 50(12): 7009-7061.

MASAO, 2013. Soft matter physics[M]. New York: Oxford University Press.

MATSUHISA N, NIU S M, O'NEILL S J K, et al, 2021. High-frequency and intrinsically stretchable polymer diodes[J]. Nature, 600(7888): 246-252.

MEYERS M A, MCKITTRICK J, CHEN P Y, 2013. Structural biological materials: critical mechanics-materials connections[J]. Science, 339(6121): 773-779.

MILLER S A, JOHN V M, PACCA S A, et al, 2018. Carbon dioxide reduction potential in the global cement industry by 2050[J]. Cement and concrete research, 114: 115-124.

MUHLBAUER S, HONECKER D, PERIGO E A, et al, 2019. Magnetic small-angle neutron scattering[J]. Reviews of modern physics, 91(1): 015004.

NAGUIB M, MASHTALIR O, CARLE J, et al, 2012. Two-dimensional transition metal carbides[J]. ACS nano, 6(2): 1322-1331.

NIE S, ZHOU J, YANG F, et al, 2022. Analysis of theoretical carbon dioxide emissions from cement production: Methodology and application[J]. Journal of cleaner production, 334: 130270.

NIE Z R, MA L W, XI X L, 2014. "Complexation-precipitation" metal separation method system and its application in secondary resources[J]. Rare metals, 33(4): 369-378.

NIE Z R, ZUO T Y, 2003. Ecomaterials research and development activities in China[J]. Current opinion in solid state and materials science, 7(3): 217-223.

NOVOSELOV K S, MISHCHENKO A, CARVALHO A, et al, 2016. 2D materials and van der Waals heterostructures[J]. Science, 353(6298): aac9439.

OLIVETTI E A, CULLEN J M, 2018. Toward a sustainable materials system[J]. Science, 360(6396): 1396-1398.

ORDOÑEZ J, GAGO E J, GIRARD A, 2016. Processes and technologies for the recycling and recovery of spent lithium-ion batteries[J]. Renewable and sustainable energy reviews, 60: 195-205.

PENG P, HU H M, SHAO Y Y, et al, 2019. Design and optimization of damping materials for power equipment based on material gene engineering technology[J]. Energy procedia, 158: 6632-6636.

QIAN Y, ZHANG X W, XIE L H, et al, 2016. Stretchable organic semiconductor devices[J]. Advanced materials, 28(42): 9243-9265.

RACCUGLIA P, ELBERT K C, ADLER P D F, et al, 2016. Machine-learning-assisted materials discovery using failed experiments[J]. Nature, 533(7601): 73-76.

RONG M M, LIU H, SCARAGGI M, et al, 2020. High lubricity meets load capacity: Cartilage mimicking bilayer structure by brushing up stiff hydrogels from subsurface[J]. Advanced functional materials, 30(39): 2004062.

SCHMALZ G, GALLER K M, 2017. Biocompatibility of biomaterials—Lessons learned and considerations for the design of novel materials[J]. Dental materials, 33(4): 382-393.

SCHNEIDER M, 2019. The cement industry on the way to a low-carbon future[J]. Cement and concrete research, 124: 105792.

SCRIVENER K L, JOHN V M, GARTNER E M, et al, 2018. Eco-efficient cements: Potential economically viable solutions for a low-CO_2 cement-based materials industry[J]. Cement and concrete research, 114: 2-26.

SHA W X, GUO Y Q, YUAN Q, et al, 2020. Artificial intelligence to power the future of materials science and engineering[J]. Advanced intelligent systems, 2(4): 1900143.

SHEN X, ZHENG Q, KIM J K, 2021. Rational design of two-dimensional nanofillers for polymer nanocomposites toward multifunctional applications[J]. Progress in materials science, 115: 100708.

SHI A, ZHU C S, FU S, et al, 2020. What controls the antibacterial activity of Ti-Ag alloy, Ag ion or Ti_2Ag particles[J]. Materials science and engineering: C, 109: 110548.

SHI C J, QU B, PROVIS J L, 2019. Recent progress in low-carbon binders[J]. Cement and concrete research, 122: 227-250.

SHI X, CHEN H, HAO F, et al, 2018. Room-temperature ductile inorganic semiconductor[J]. Nature materials, 17(5): 421-426.

SI Y F, DONG Z C, JIANG L, 2018. Bioinspired designs of superhydrophobic and superhydrophilic materials[J]. ACS central science, 4(9): 1102-1112.

ŠMEJKAL L, MOKROUSOV Y, YAN B, et al, 2018. Topological antiferromagnetic spintronics[J]. Nature physics, 14(3): 242-251.

SOMEYA T, SEKITANI T, IBA S, et al, 2004. A large-area, flexible pressure sensor matrix with organic field-effect transistors for artificial skin applications[J]. PNAS, 101(27): 9966-9970.

SOUSA V, BOGAS J A, 2021. Comparison of energy consumption and carbon emissions from clinker and recycled cement production[J]. Journal of cleaner production, 306(7): 127277.

SRIDHARAN N, NOAKES M W, NYCZ A, et al, 2018. On the toughness scatter in low alloy C-Mn steel samples fabricated using wire arc additive manufacturing[J]. Materials science and engineering: A, 713: 18-27

STEIBEL J, 2019. Ceramic matrix composites taking flight at GE aviation[J]. American ceramic society bulletin, 98(3): 30-33.

SU B L, ZHAO D Y, 2020. Hierarchy: From nature to artificial[J]. National science reviews, 7(11): 1623-1623.

SWAIN N, MISHRA S, 2019. A review on the recovery and separation of rare earths and transition metals from secondary resources[J]. Journal of cleaner production, 220: 884-898.

TAN C L, CHEN J Z, WU X J, et al, 2018. Epitaxial growth of hybrid nanostructures[J]. Nature reviews materials, 3: 17089.

TANG B Z, 2020. Aggregology: Exploration and innovation at aggregate level[J]. Aggregate, 1(1): 4-5.

TIAN H, 2005. Electrorheological fluids: Non-aqueous suspensions[M]. Amsterdam: Elsevier.

TU Y J, ZHAO Z, LAM J W Y, et al, 2021. Aggregate science: Much to explore in the meso world[J]. Matter, 4(2): 338-349.

VAZQUEZ-GUARDADO A, YANG Y Y, ROGERS J A, 2022. Challenges and opportunities in flexible, stretchable and morphable bio-interfaced technologies[J]. National science review, 9(10): nwac016.

WANG B, ZHOU X C, GUO Z G, et al, 2021a. Recent advances in atmosphere water harvesting: Design principle,materials, devices, and applications[J]. Nano today, 40: 101283.

WANG C F, DONG L, PENG D F, et al, 2019a. Tactile sensors for advanced intelligent systems[J]. Advanced intelligent systems, 1(8): 1900090.

WANG D F, KONG L Y, FAN P, et al, 2018a. Evidence for Majorana bound states in an iron-based superconductor[J]. Science, 362(6412): 333-335.

WANG J H, FENG F L, ZHU F, et al, 2019b. Recent progress in micro-supercapacitor design, integration, and functionalization[J]. Small methods, 3(8): 1800367.

WANG J J, ZHANG Z, DING J, et al, 2021b. Recent progresses of micro-nanostructured transition metal compound-based electrocatalysts for energy conversion technologies[J]. Science China-materials, 64(1): 1-26.

WANG S H, XU J, WANG W C, et al, 2018b. Skin electronics from scalable fabrication of an intrinsically stretchable transistor array[J]. Nature, 555: 83-88.

WANG X L, GAO X D, ZHANG Z H, et al, 2021c. Advances in modifications and high-temperature applications of silicon carbide ceramic matrix composites in aerospace: A focused review[J]. Journal of the European ceramic society, 41(9): 4671-4688.

WANG Z C, TAVABI A H, JIN L, et al, 2018c. Atomic scale imaging of magnetic circular dichroism by achromatic electron microscopy[J]. Nature materials, 17(3): 221-225.

WEGST U G K, BAI H, SAIZ E, et al, 2015. Bioinspired structural materials[J]. Nature materials, 14(1): 23-26.

WEI T, JIN M, WANG Y C, et al, 2020. Exceptional plasticity in the bulk single-crystalline van der Waals semiconductor InSe[J]. Science, 369(6503): 542-545.

WU X L, ZHU Y T, 2017. Heterogeneous materials: A new class of materials with unprecedented mechanical properties[J]. Materials research letters, 5(8): 527-532.

WU X L, ZHU Y T, 2021. Heterostructured materials: Novel materials with unprecedented mechanical properties[M]. New York: Jenny Stanford Publishing.

WU Y J, ZHANG Y, ZHANG S S, et al, 2020. The rise of plastic deformation in boron nitride ceramics[J]. Science China materials, 64(1): 46-51.

XI X L, NIE Z R, JIANG Y B, et al, 2009. Preparation and characterization of ultrafine cobalt powders and supported cobalt catalysts by freeze-drying[J]. Powder technology, 191(1-2): 107-110.

XIA Y L, HE Y, ZHANG F H, et al, 2021. A review of shape memory polymers and composites: Mechanisms, materials, and applications[J]. Advanced materials, 33(6): 2000713.

XIANG H J, CHEN Y, 2020. Materdicine: Interdiscipline of materials and medicine[J]. View, 1(3): 20200016.

XIE Y, GAO M, WANG F, et al, 2018. Anisotropy of fatigue crack growth in wire arc additive manufactured Ti-6Al-4V[J]. Materials science and engineering: A, 709: 265-269

YAN H, FENG Z, QIN P, et al, 2020. Electric-field-controlled antiferromagnetic spintronic devices[J]. Advanced materials, 32(12): 1905603.

YAN L L, YANG X B, ZHANG Y Q, et al, 2021. Porous Janus materials with unique asymmetries and functionality[J]. Materials today, 51: 626.

YAN Q, DONG H H, SU J, et al, 2018. A Review of 3D printing technology for medical applications[J]. Engineering, 4(5): 729-742.

YANG J C, MUN J, KWON S Y, et al, 2019. Electronic skin: Recent progress and future prospects for skin-attachable devices for health monitoring, robotics, and prosthetics[J]. Advanced materials, 31(48): 1904765.

YE H Y, TANG Y Y, LI P F, et al, 2018. Metal-free three-dimensional perovskite ferroelectrics[J]. Science, 361(6398): 151-155.

YEH J W, CHEN S K, LIN S J, et al, 2004. Nanostructured high-entropy alloys with multiple principal elements: Novel alloy design concepts and outcomes[J]. Advanced engineering materials, 6(5): 299-303.

YIN D Q, CHEN C L, SAITO M, et al, 2019. Ceramic phases with one-dimensional long-range order[J]. Nature materials, 18(1): 19-23.

YU K L, FAN T X, LOU S, et al, 2013. Biomimetic optical materials: Integration of nature's design for manipulation of light[J]. Progress in materials science, 58(6): 825-873.

ZHAN J H, LI J, WANG G L, et al, 2021. Review on the performances, foaming and injection molding simulation of natural fiber composites[J]. Polymer composites, 42(3): 1305-1324.

ZHANG C, CHEN F, HUANG Z F, et al, 2019a. Additive manufacturing of functionally graded materials: A review[J]. Materials science and engineering: A, 764(9): 138209.

ZHANG D, 2012. Morphology genetic materials templated from nature species[M]. Berlin-Heidelberg: Springer.

ZHANG D, ZHANG W, GU J, et al, 2015. Inspiration from butterfly and moth wing scales: Characterization, modeling, and fabrication[J]. Progress in materials science, 68: 67-96.

ZHANG E, ZHAO X T, HU J L, et al, 2021. Antibacterial metals and alloys for potential biomedical implants[J]. Bioactive materials, 6(8): 2569-2612.

ZHANG H K, ZHAO Z, TURLEY A T, et al, 2020a. Aggregate science: From structures to properties[J]. Advanced materials, 32(36): 2001457.

ZHANG J Z, 2010. Biomedical applications of shape-controlled plasmonic nanostructures: A case study of hollow gold nanospheres for photothermal ablation therapy of cancer[J]. Journal of physical chemistry letters, 1(4): 686-695.

ZHANG S J, LI F, YU F P, et al, 2018. Recent developments in piezoelectric crystals[J]. Journal of the Korean ceramic society, 55(5): 419-439.

ZHANG X, CHEN L F, LIM K H, et al, 2019b. The pathway to intelligence: Using stimuli-responsive materials as building blocks for constructing smart and functional systems[J]. Advanced materials, 31(11): 1804540.

ZHANG X, ZHAO N Q, HE C N, 2020b. The superior mechanical and physical properties of nanocarbon reinforced bulk composites achieved by architecture design—A review[J]. Progress in materials science, 113: 100672.

ZHANG Z, 2019. The analysis of the characteristic development of material chemistry specialty under the background of “big materials”[J]. Advances in higher education, 3(3): 172.

ZHANG Z H, WANG Z W, SHI T, et al, 2020c. Memory materials and devices: From concept to application[J]. Infomat, 2(2): 261-290.

ZHAO Z, HE W, TANG B Z, 2021. Aggregate materials beyond ALEgens[J]. Accounts of materials research, 2(12): 1251-1260.

ZHAO Z, ZHANG H, LAM J W Y, et al, 2020. Aggregation-induced emission: New vistas at aggregated level[J]. Angewandte chemie international edition, 59(25): 9888-9907.

ZHENG H, ZHANG W J, LI B W, et al, 2022. Recent advances of interphases in carbon fiber-reinforced polymer composites: A review[J]. Composites part B: Engineering, 233(15): 109639.

ZHENG Y M, 2019. Bioinspired design of materials surfaces[M]. Amsterdam: Elsevier.

ZHONG L S, ZHU L M, ZHENG Y M, et al, 2021. Recent advances in biomimetic fog harvesting: Focusing on higher efficiency and large-scale fabrication[J]. Molecular systems design and engineering, 6(12): 986-996.

ZHONG T, GOLDNER P, 2019. Emerging rare-earth doped material platforms for quantum nanophotonics[J]. Nanophotonics, 8(11): 2003-2015.

ZHOU J, CUI T J, PENG H X, et al, 2019. Special issue: Metamaterial research[M]. Washington DC: Science Partner Journal.

ZHU H, LI Z, ZHAO C X, et al, 2021a. Efficient interlayer charge release for high-performance layered thermoelectrics[J]. National science reviews, 8 (2): nwaa085.

ZHU Y T, AMEYAMA K, ANDERSON P M, et al, 2021b. Heterostructured materials: Superior properties from hetero-zone interaction[J]. Materials research letters, 9(1): 1-31.

关键词索引

B

C

D

E

F

G

H

J

K

L

M

N

P

Q

R

S

T

W

X

Y

Z

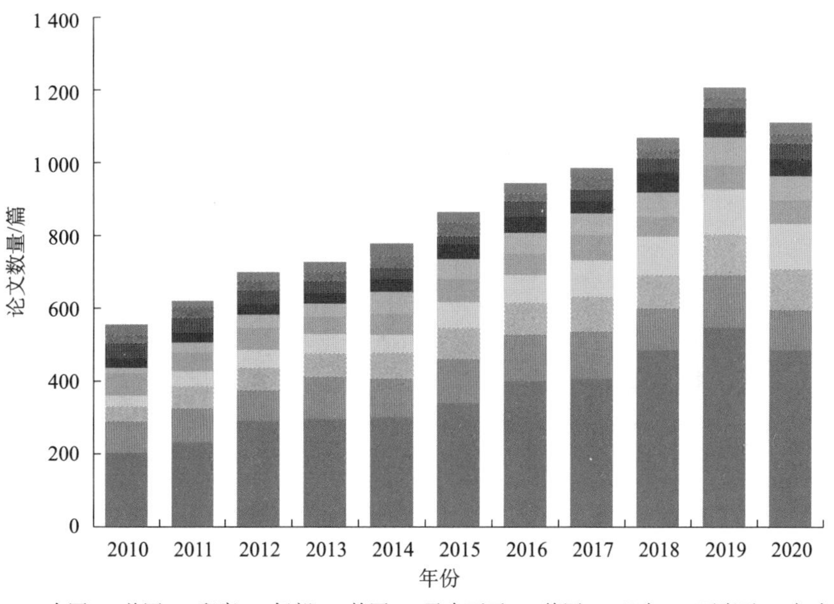

图 16-4　主要国家聚芳醚论文发表年度态势

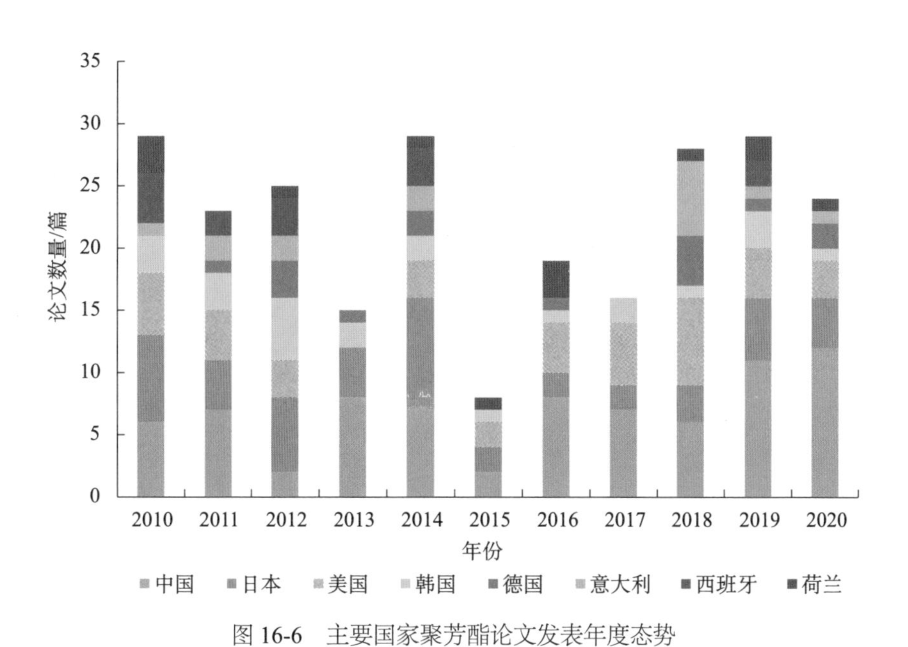

图 16-6　主要国家聚芳酯论文发表年度态势

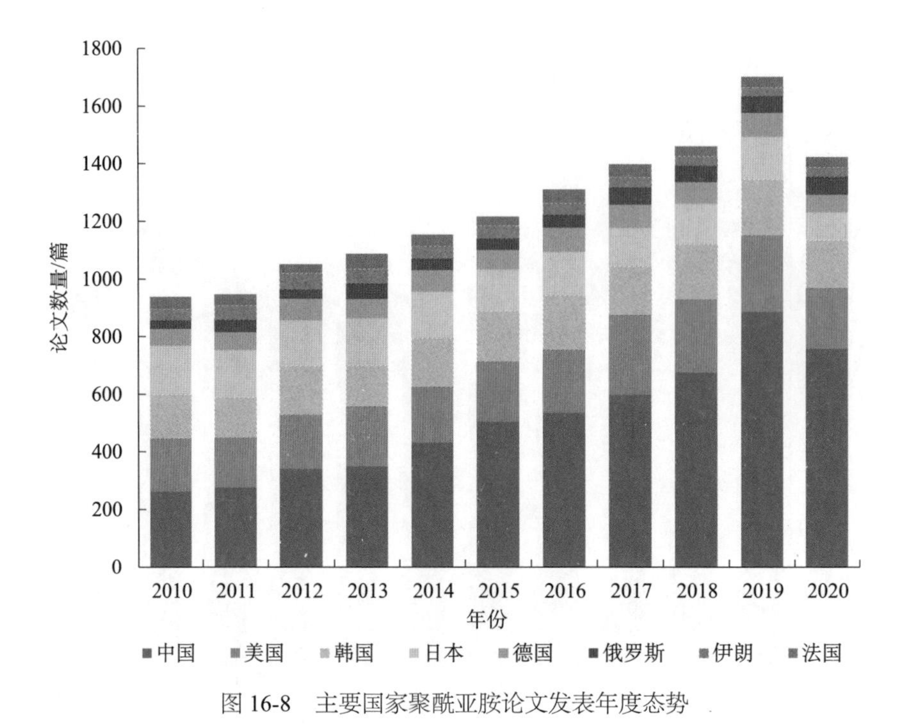

图 16-8 主要国家聚酰亚胺论文发表年度态势

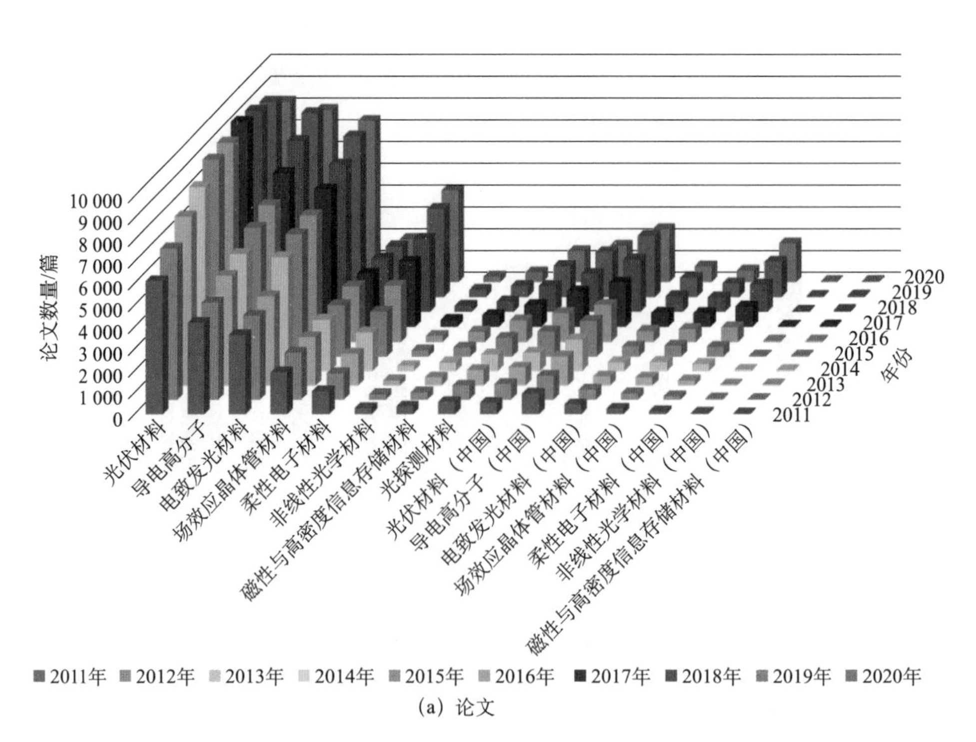

(a) 论文

图 17-7 光电磁功能有机高分子材料领域各分支方向发表论文和申请专利情况

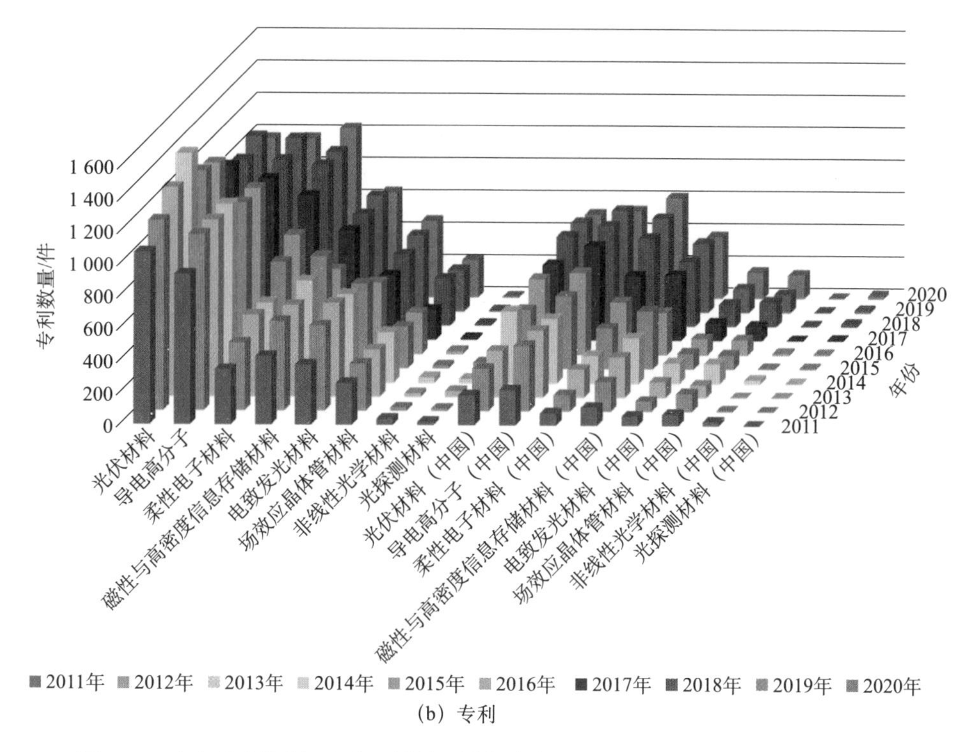

（b）专利

图 17-7　光电磁功能有机高分子材料领域各分支方向发表论文和申请专利情况（续）

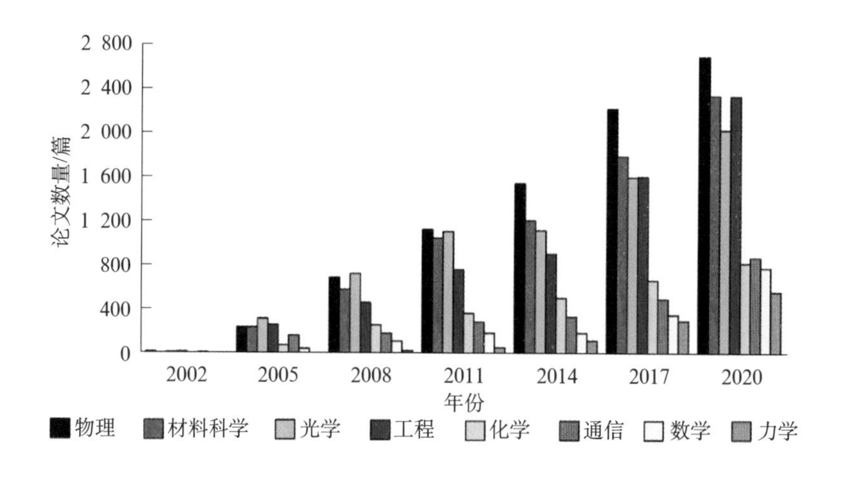

图 20-13　以 metamaterials 为主题词在 Web of Science 数据库检索论文的学科分布情况

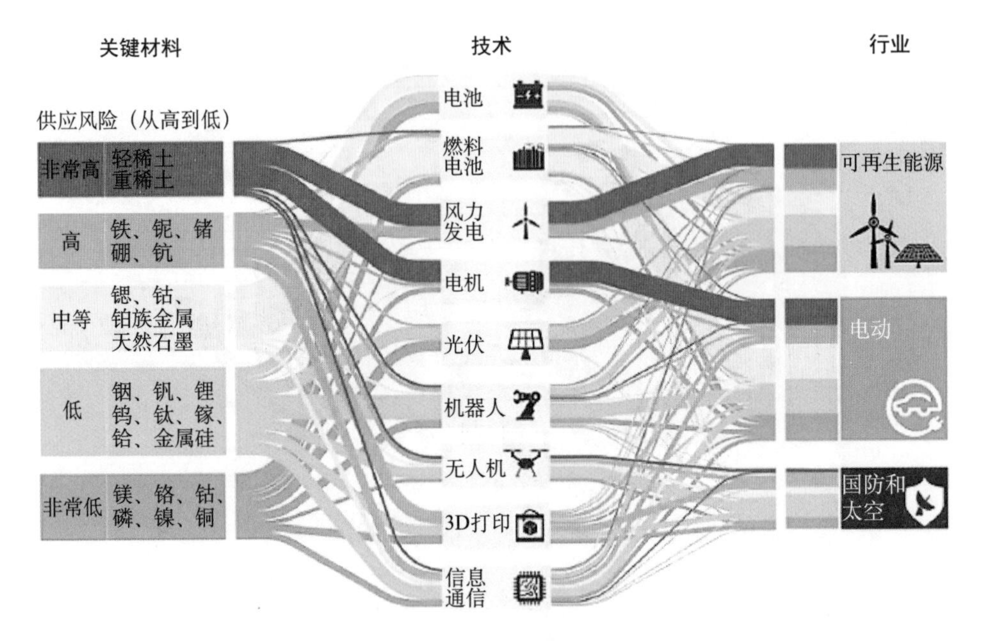

图 21-4　关键矿产的作用

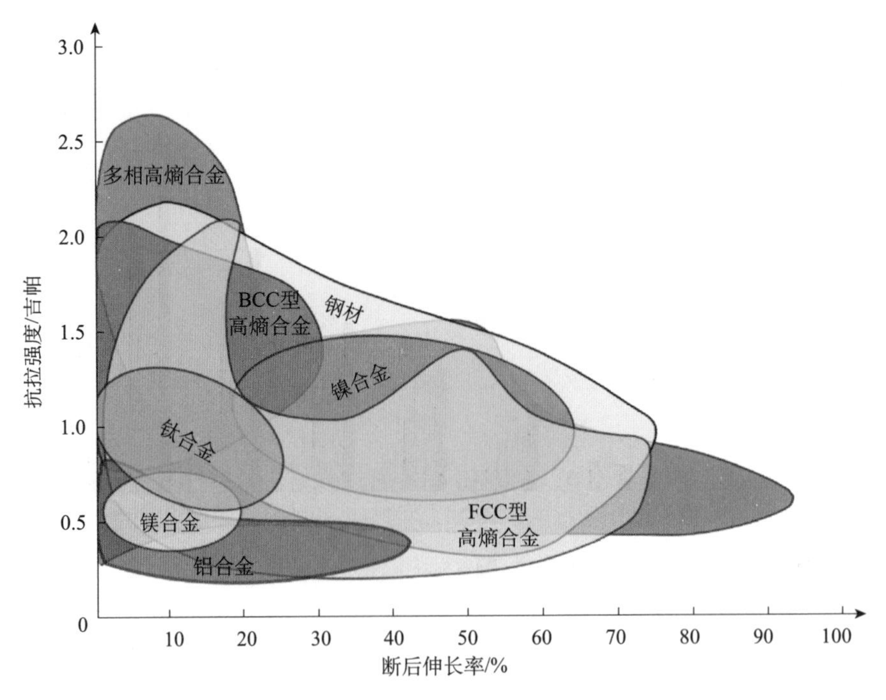

图 21-5　高熵合金与传统合金力学性能的比较

FCC 指面心立方（face centered cubic）